G. Mühlbach

M A T H E M A T I K

für Studierende der Wirtschaftswissenschaften

Definitionen, Regeln, Sätze, Algorithmen, Methoden und
314 durchgerechnete Beispiele,
davon 87 Anwendungsbeispiele aus den Wirtschaftswissenschaften und
42 gelöste Klausuraufgaben

Hannover, im Oktober 2000

1. Auflage

Verlag: **Binomi Verlag, Am Bergfelde 28, 31832 Springe**
Tel: 05045–528
Fax: 05045–9110160
email: binomi@t–online.de
http://www.binomiverlag.de

Druck: Hahn–Druckerei, Im Moore 17, 30167 Hannover

Zu beziehen beim Verlag oder im Buchhandel
ISBN 3–923 923–26–0

Hannover 11/00

Inhaltsverzeichnis

Vorwort

Das hiermit vorgelegt Buch ist eine überarbeitete Fassung meines Skriptes, das seit etlichen Jahren an der Universität Hannover als Grundlage der Erstsemester-Vorlesungen "Mathematik für Studierende der Wirtschaftswissenschaften I,II" verwendet wird. Es bemüht sich vordringlich um zwei Ziele:

- den mathematischen Lehrstoff möglichst eng den Bedürfnissen und Wünschen eines Studiums der Wirtschaftswissenschaften anzupassen, und

- in der Präsentation des Lehrstoffes auf die sehr unterschiedlichen Vorkenntnisse Rücksicht zu nehmen, die erfahrungsgemäß Studierende der Wirtschaftswissenschaften besitzen.

Das erste Ziel ist (zumindest für das Studium der Wirtschaftswissenschaften an der Universität Hannover) dadurch erreicht worden, dass die Inhalte eng mit dem Fachbereich Wirtschaftswissenschaften abgesprochen worden sind. Nach einer Umfrage unter allen Dozenten des Fachbereiches Wirtschaftswissenschaften ist eine letzte Absprache im Sommer 1999 erfolgt und liegt den hier dargestellten Inhalten zugrunde. In den Lehrveranstaltungen der "Mathematik für Studierende der Wirtschaftswissenschaften I" (V2+Ü2) werden die Kapitel 1 bis 5 und in den Lehrveranstaltungen der "Mathematik für Studierende der Wirtschaftswissenschaften II" (V2+Ü2) die Kapitel 6 bis 8 (mit Auslassungen) behandelt.
Auch die modernen Wirtschaftswissenschaften bedienen sich heute der Sprache der Mathematik. Nicht nur Wahrscheinlichkeitsrechnung und Statistik, seit jeher wichtig für die Wirtschaftswissenschaften, bedürfen einer soliden mathematischen Grundlage. Auch immer mehr Teilgebiete der eigentlichen Betriebs- und Volkswirtschaftslehre setzen Mathematikkenntnisse voraus. Hier sind keine abstrakten mathematischen Theorien gemeint, wie sie vielleicht in der "Mathematischen Wirtschaftstheorie" benötigt werden, sondern es handelt sich um klassische Grundgebiete der Mathematik wie Analysis (besonders in mehreren Veränderlichen) und lineare Algebra. Das Bedürfnis nach "mehr Mathematik" steht im Gegensatz zum Umfang der Vorkenntnisse und den Fähigkeiten im Umgang mit mathematischen Fragen, die Studienanfänger "mitbringen". Um hier einen gewissen Ausgleich zu erzielen, wird in Hannover (wie auch anderenorts) den Lehrveranstaltungen ein kompakter Vorkurs vorgeschaltet. Durch Wiederholung des untentbehrlichen Schulstoffes soll eine tragfähige Grundlage für die Mathematik-Lehrveranstaltungen gelegt werden. Im Vorkurs, zu dem eine schriftliche Ausarbeitung vorliegt [1], kann und soll den unterschiedlichen Mathematik-Vorkenntnissen der Studierenden Rechnung getragen werden. Durch intensive Mitarbeit im Vorkurs und gegebenenfalls eigenes gründliches Nacharbeiten der darin behandelten Beispiele und Aufgaben sollten sich auch erhebliche Defizite an Vorkenntnissen aus der Schulmathematik abbauen lassen.

Im Hinblick auf die genannten Ziele wird die Mathematik im vorliegenden Buch vornehmlich in ihrer Funktion als Hilfswissenschaft dargestellt. Mit Rücksicht auf die

[1] Vorkurs zur Mathematik für Studierende der Wirtschaftswissenschaften, Wiederholung von Schulmathematik in 3 Wochen: Mathematik in Aufgaben und Beispielen, G. MÜHLBACH, Binomi Verlag, 1992, ISBN 3-923923-25-2.

Schwierigkeiten des Studienanfängers werden mathematische Begriffe, Sachverhalte oder Verfahren in der Regel zuerst im Rahmen eines anschaulichen, einführenden Beispiels erörtert. Beim Selbststudium erschrecke man nicht, wenn in einem ersten Beispiel Bezeichnungen verwendet werden, deren formale Definition man evtl. erst einige Seiten später findet. Die unbefangene Benutzung von Symbolen in den einleitenden Beispielen, deren Bedeutung oft selbsterklärend ist, kann erfahrungsgemäß Verständnisschwierigkeiten abmildern, die sich oft bei der Verarbeitung abstrakter mathematischer Definitionen einstellen. Nach den einleitenden Beispielen folgen formale Definitionen, Sätze oder "rezeptartige Beschreibungen" von Lösungsverfahren, die anschließend durch weitere Beispiele erläutert werden. Viele mathematische Sätze werden ohne formalen Beweis mitgeteilt. Dies geschieht aus drei Gründen: einmal soll die Mathematik hier nicht als Selbstzweck sondern als Hilfsmittel dargestellt werden, zum anderen sind wesentliche Beweisideen auch den Beispielen zu entnehmen, und zum dritten wird in der Vorlesung der eine oder andere Beweis ergänzt. Die Beispiele sind zumeist in Form von vollständig ausformulierten Fragen bzw. Aufgaben präsentiert, um den Studierenden die Gelegenheit zu geben, sich zunächst selbständig an deren Lösung zu versuchen. Erfahrungsgemäß ist jeder eigene Lösungsversuch (mit Bleistift und Papier, evtl. dem Taschenrechner, und mit Rückblick auf das einleitende Beispiel, die gerade eingeführten Begriffe und behandelten Sätze) für einen dauerhaften Lernerfolg wesentlich effizienter als das bloße Durchlesen der Lösungen, die unmittelbar anschließend abgedruckt sind. Praktisch wird es so sein, daß man beim eigenen Lösungsversuch hier und da "stecken bleibt". Dann werfe man einen Blick auf die angegebene Lösung, um zu sehen, wie es weitergehen kann. Der sich dabei (hoffentlich) einstellende aha-Effekt ist wertvoll sowohl für das Verständnis als auch für das Einprägen des Gelernten.

Nach Möglichkeit sind die Beispiele den Wirtschaftswissenschaften entnommen, um damit von vornherein zu zeigen, wie dort die "gelernte Mathematik" konkret angewendet wird. Die Betonung des Anwendungsbezuges geschieht nicht zuletzt in der Hoffnung, damit auch jene Studierenden der Wirtschaftswissenschaften, die in ihrer Schulzeit (aus welchen Gründen auch immer) Mathematik weitgehend "abgewählt" haben, besser oder überhaupt zu motovieren, sich die für die Wirtschaftswissenschaften relevanten Grundkenntnisse der Mathematik anzueignen. Neben zahlreichen "Anwendungsbeispielen" ist in der Neuauflage 2000 jedem Kapitel ein Abschnitt mit durchgerechneten Klausuraufgaben angefügt worden. Dies ist aus zwei Gründen geschehen: Zum einen sollen und wollen die Studierenden von vornherein auch auf den "Ernstfall" hin trainieren, der in Hannover in Form je einer zweistündigen Klausur nach jeder der beiden o.g. Mathematik-Lehrveranstaltungen zu absolvieren ist. Durch die Bearbeitung von "Klausuraufgaben" kann der oder die Studierende sich auf den zu erwartenden Schwierigkeitsgrad einstellen. Weil die einführenden Beispiele in diesem Skript oder auch die ersten Übungsaufgaben naturgemäß relativ einfach sind, kann bei alleiniger Durcharbeitung solcher Beipiele und Aufgaben hinsichtlich der Anforderungen leicht ein falscher Eindruck entstehen.

Der zweite Grund ist der folgende. Es ist eine alte Erfahrung, dass die beste Vorbereitung auf Klausuren das Lösen von Klauraufgaben ist! Es bleibt anzumerken, dass die meisten der "Klausuraufgaben" echt sind, d.h. zumeist früher gestellt worden sind. Einige sind von mir "neu erfunden" worden, da sie neue Stoffe betreffen, die früher in den Lehrveranstaltungen nicht behandelt wurden. Aus historischen Gründen haben die Aufgaben nur angenähert denselben Schwierigkeitsgrad. Während für Beispiele, zumal die schwierigeren, oft mehrere Lösungen besprochen werden, habe ich bei den Klausuraufgaben versucht, den jeweils einfachsten und kürzesten Lösungsweg darzustellen.

Nun noch ein paar technische Anmerkungen: Definitionen, Sätze und Formeln werden in jedem Abschnitt neu fortlaufend durchnumeriert, unabhängig davon sind die Beispiele in jedem Abschnitt in der Form (**B**1),(**B2**),... numeriert und Klausuraufgaben in der Form (**K1**), (**K2**),... Innerhalb eines Abschnittes wird auf Formeln, Sätze oder Beispiele durch Angabe deren Nummer verwiesen, bei Verweisen auf Formeln oder Beispiele eines anderen Abschnitts werden der Formel- oder Beispielnummer die Kapitel- und die Abschnittsnummer vorangestellt. So bezieht sich z. B. ein Hinweis auf 1.3(3) auf die Rechenregeln für Logarithmen, die man unter (3) im Abschitt 1.3 des 1. Kapitels findet, und ein Hinweis auf 1.3(B1) zielt auf das Beispiel 1 im Abschnitt 1.3. Neben einem Verzeichnis der zitierten Literatur ist auch eine Liste weiterführender Literatur angefügt.

Ich hoffe, daß das Symbolverzeichnis und der bewußt ausführlich gehaltene Index nützliche Hilfen sind sowohl dafür, Übungs- und endlich auch Klausuraufgaben erfolgreich bearbeiten zu können, als auch dafür, sich die Bedeutung im späteren Studium vorkommender mathematischer Symbole und Begriffe rasch wieder vergegenwärtigen zu können.

Hannover, im Oktober 2000 G. Mühlbach

Kapitel 1

Funktionen

1.1 Zahlen, Größen und Funktionen in den Wirtschaftswissenschaften

Zwei Grundgrößen der Ökonomie sind **Menge** und **Preis** eines Gutes. Bei der Menge muss man unterscheiden, ob das Gut unbeschränkt teilbar ist oder nicht.

	= **Stückzahl** (bei nicht unbeschränkt teilbarem Gut) [Bsp: Autos, Wohnungen]
Menge eines Gutes	
	= **reelle Zahl · Dimensionseinheit** (bei unbeschränkt teilbarem Gut: dimensionsbehaftete Mengenangabe) [Bsp: Flüssigkeiten, Gase, Zeit]

Preis eines Gutes = **reelle Zahl · Geldeinheit / Mengeneinheit**

In der Mathematik bleiben die jeweiligen Dimensionseinheiten unberücksichtigt, und im allgemeinen wird ein unbeschränkt teilbares Gut vorausgesetzt: man rechnet mit dimensionslosen Größen = reellen Zahlen. Die Darstellung der Ergebnisse hat stets unter Verwendung dimensionsbehafteter Größen zu erfolgen: die jeweiligen Dimensionseinheiten sind anzugeben!
Wenn jedem Wert einer Größe p [z.B. dem Preis p eines Gutes] genau ein Wert x einer anderen Größe [z.B. die nachgefragte Menge x jenes Gutes, das auf einem bestimmten Markt zum Preis p angeboten wird] zugeordnet ist, nennt man die Zuordnung

$$p \mapsto x = f(p)$$

eine **Funktion** [im Bsp: **Nachfragefunktion**: die nachgefragte Menge ist eine Funktion des Preises].

Bei der Darstellung einer Größe als Funktion von einer oder von mehreren anderen Größen liegt in der Ökonomie eine besondere Schwierigkeit darin, dass die genaue Abhängigkeit formelmäßig oft nicht bekannt ist. Z.B. wird die genaue Form einer Nachfragefunktion meist unbekannt sein, aus der wirtschaftswissenschaftlichen Analyse ergeben sich lediglich einige Eigenschaften solcher Funktionen:

- die nachgefragte Menge nimmt mit steigendem Preis ab = die Funktion f ist streng monoton fallend,
- es gibt einen Preis, bei dem die Nachfrage gleich Null ist,
- auch beim Preis Null bleibt die Nachfrage endlich,
- kleinen Preisänderungen entsprechen kleine Änderungen in der nachgefragten Menge.

(B1) Als eine Funktion einfachster Art mit diesen Eigenschaften wird oft eine lineare Abhängigkeit

$$x = f(p) = a + bp \quad , a > 0, b < 0$$

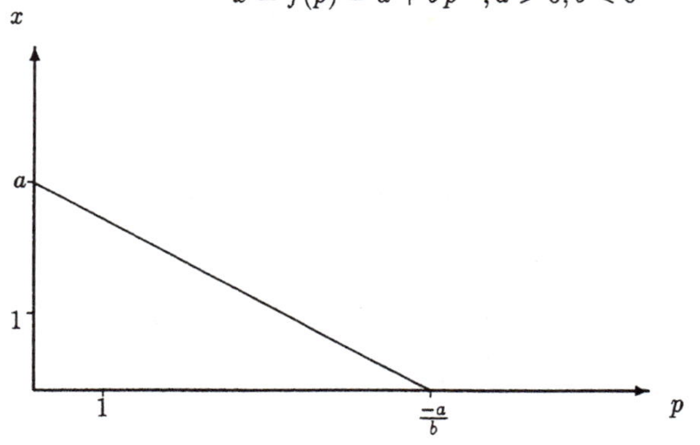

angenommen.

Von noch größerer Bedeutung für die Wirtschaftswissenschaften ist das **Idealisierungsproblem**: es sind die relevanten Faktoren zu finden, von denen die betrachtete Größe abhängt, wobei man im Einzelfall wieder oft auf die Ermittlung des genauen Abhängigkeitsgesetzes (= die Spezifizierung der Funktion durch ökonometrische und statistische Untersuchungen) verzichten wird, weil das einen unverhältnismäßig hohen Aufwand erfordert. Wohl aber werden für theoretische wirtschaftliche Analysen gewisse Eigenschaften der untersuchten Funktion bedeutsam sein [z.B. Monotonieeigenschaften, Symmetrieeigenschaften, Periodizität, Konvexität, Existenz von Extremwerten u.a.].

In der Regel sind die für die Wirtschaftswissenschaften interessanten Funktionen solche von mehreren Variablen. Z.B. ist die Nachfrage nach einem Gut gewiß eine

Funktion des Preises dieses Gutes, aber sicher auch abhängig von den Preisen von Konkurrenzgütern, vom Einkommen, von der Zeit usw. In solchen Fällen wird es zweckmäßig sein, nur den Einfluß eines Faktors isoliert zu untersuchen. Die übrigen Einflußgrößen werden dabei als konstant angesehen. Wenn sich einer der Werte der übrigen Einflußgrößen ändert, wird sich die Lage und evtl. auch die Gestalt der betrachteten Funktion als Funktion des isolierten Faktors verändern. Wenn z.B. die Einkommen steigen, wird sich die gesamte Nachfragefunktion in "Richtung einer größeren Nachfrage" verschieben.

Wenn eine Nachfragefunktion $x = f(p)$ formelmäßig bekannt ist, interessiert sich die Ökonomie gewöhnlich für quantitative Fragen der Art:

- Um wieviel (evtl. näherungsweise) ändert sich x, wenn p um Δp Einheiten verändert wird?
- Für welchen Wert von p wird der Gewinn = Erlös − Kosten maximal ?
- Wo liegt die Gewinnschwelle ?

(B2) Wieviel DM Telefongebühren hat ein Teilnehmer zu zahlen, wenn er in einem Monat Gespräche mit insgesamt x Gebühreneinheiten geführt hat ?
Grundgebühr: DM 27, Preis pro Gebühreneinheit: DM 0.23,[1]
20 Gebühreneinheiten sind frei. Dabei erfolgt alternativ

a) Ablesung und Abrechnung beliebiger Bruchteile von Gebühreneinheiten;

b) Ablesung und Abrechnung nur ganzer Gebühreneinheiten;

c) Ablesung beliebiger Bruchteile von Gebühreneinheiten und Abrechnung nur ganzer Gebühreneinheiten, wobei eine angefangene Gebühreneinheit voll in Rechnung gestellt wird.

Lsg:

Es seien y DM an monatlichen Telefongebühren zu bezahlen, wenn x die Anzahl der "verbrauchten" Gebühreneinheiten ist. Dann ist y eine Funktion von x mit der Funktionsgleichung

a)

$$y = f(x) = \begin{cases} 27 & \text{für } 0 \leq x \leq 20 \\ 27 + (x - 20) \cdot 0.23 & \text{für } 20 \leq x \end{cases}$$

Die Definition enthält hier eine Fallunterscheidung. Die Funktion ist "stückweise" durch zwei verschiedene Terme definiert. Hier ist der Definitionsbereich der Funktion f $\mathcal{D}_f = I\!R^+$, und ihr Wertebereich ist

[1] In der Mathematik werden Dezimalzahlen mit dem **Dezimalpunkt** geschrieben, der ganze Einheiten von den gebrochene Einheiten trennt. Im Alltag wird zu diesem Zweck noch das **Dezimalkomma** verwendet.

$\mathcal{W}_f = [27, \infty)$.

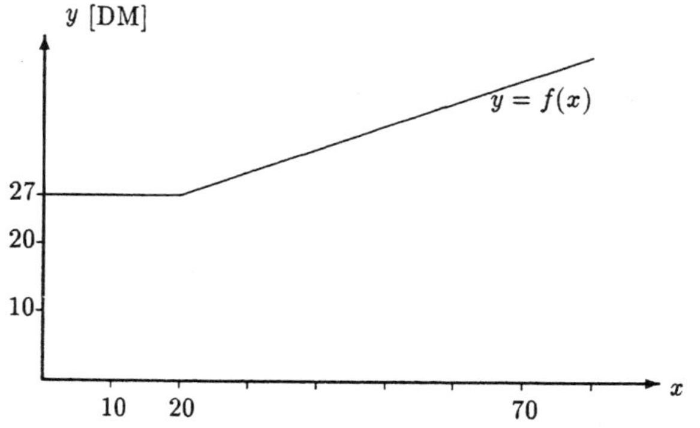

b) Wird dagegen angenommen, dass nur ganze Gebühreneinheiten abgelesen und abgerechnet werden, so lautet die Funktionsgleichung

$$y = g(x) = \begin{cases} 27 & \text{für } 0 \le x \le 20 \\ 27 + (x - 20) \cdot 0.23 & \text{für } 20 \le x \in I\!N \end{cases}$$

x = Zählerstand des Gebühreneinheitenzählers am Monatsende. g ist eine Funktion der diskreten Variablen $x \in I\!N_0$. Hier ist der Definitionsbereich von g $\mathcal{D}_g = I\!N_0$, und der Wertebereich ist $\mathcal{W}_g = \{27,\ 27 + 0.23,\ 27 + 2 \cdot 0.23,\ 27 + 3 \cdot 0.23,\ \ldots\}$

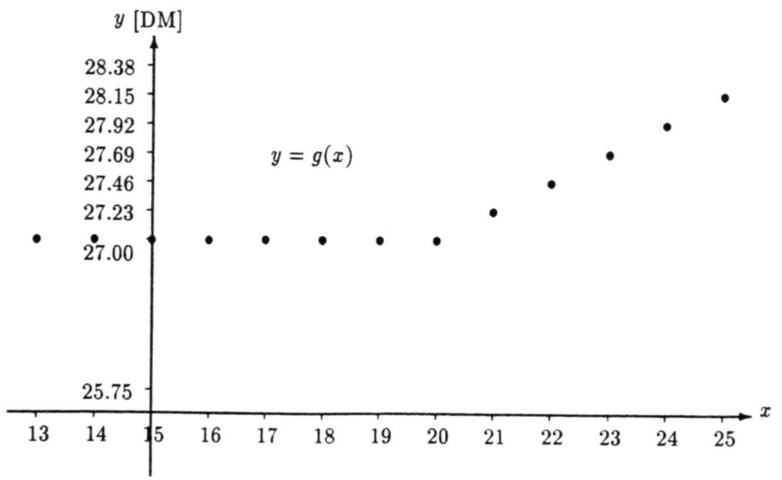

c) Wird angenommen, dass zwar beliebige Bruchteile von Gebühreneinheiten abgelesen, aber nur ganze Gebühreneinheiten abgerechnet werden, wobei eine angefangene Gebühreneinheit voll in Rechnung gestellt wird, so lautet die Funktionsgleichung

$$y = h(x) = \begin{cases} 27 & \text{für } 0 \leq x \leq 20 \\ 27 +]x - 20[\cdot 0.23 & \text{für } 20 \leq x \end{cases}$$

Hierbei ist $]u[$ definiert als die kleinste ganze Zahl, die größer oder gleich u ist.

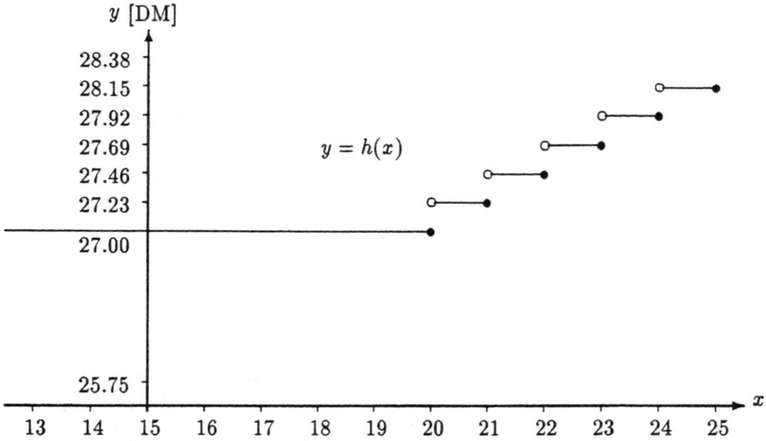

Man beachte, dass in der graphischen Darstellung der Funktionen g und h (der besseren Übersichtlichkeit halber) größere Einheiten gewählt worden sind als in der Darstellung von f. Außerdem sind die Koordinatenachsen so gewählt, dass sie sich im Punkt (15; 25.52) schneiden.

Bem.: Dieses Beispiel zeigt, dass je nach Abrechnungsverfahren (x als kontinuierliche Variable ("Zeit") betrachtet in a) und c) bzw. als diskrete Variable in b)) die Darstellung verschieden ist. Quantitativ ist der Unterschied zwischen den drei Funktionen aber nicht groß : er beträgt an jeder Stelle x höchstens eine Gebühreneinheit. Dieselbe Schwierigkeit tritt prinzipiell auf bei der funktionalen Darstellung ökonomischer Größen, wenn diese zeitabhängig sind. Beide Möglichkeiten (die Zeit als kontinuierliche bzw. als diskrete Variable zu behandeln) sind im Gebrauch.

1.2 Allgemeine Definitionen; Begriff der Umkehrfunktion

(1) Def.: Es seien A und B nichtleere Mengen. Wenn jedem Element $x \in A$ durch eine Vorschrift f genau ein Element $y = f(x) \in B$ zugeordnet ist, sagt man, es ist auf A eine **Funktion** f definiert, mit Werten in B, und benutzt dafür die Zeichen

$$f : \begin{cases} A & \rightarrow & B \\ x & \mapsto & f(x) \end{cases} \qquad \text{oder}$$

$$x \mapsto f(x), \quad x \in A \qquad \text{oder}$$

$$A \ni x \mapsto f(x) \in B \qquad \text{oder}$$

$$x \mapsto y = f(x) \qquad \text{oder}$$

$$y = f(x) \qquad \text{oder}$$

$$y = y(x).$$

(B1) $f : I\!R \rightarrow I\!R$, $x \mapsto y = f(x) = 1 + \frac{1}{2}x.$

Sprechweisen: Dem **Argument** $x \in A$ wird durch die Funktion f der **Funktionswert** $y = f(x)$ zugeordnet. Für die **unabhängige Variable** x kann jedes Element $x \in A$ eingesetzt werden. $A = \mathcal{D}_f$ heißt der **Definitionsbereich** und B der **Wertebereich** oder die **Wertmenge** von f. Die Menge $\mathcal{W}_f := \{y \in B$: es gibt ein $x \in \mathcal{D}_f$ mit $y = f(x)\}$ aller Funktionswerte von f heißt der **genaue Wertebereich** von f. Wenn die unabhängige Variable x $\mathcal{D}_f$ durchläuft, durchläuft die **abhängige Variable** y den genauen Wertebereich. Die Gleichung $y = f(x)$ heißt die **Funktionsgleichung** der Funktion f. Durch sie wird im allg. die Zuordnung $x \mapsto y = f(x)$ formelmäßig hergestellt, wobei $f(x)$ konkret als Term definiert ist.

Bem.: Bei der Beschreibung von ökonomischen Zusammenhängen durch Funktionen ist der ökonomisch sinnvolle Definitionsbereich, d.h. der **sachbezogene Definitionsbereich** meist kleiner als der mathematisch mögliche. So ist z.B. für die Nachfragefunktion $x = f(p) = a + b\,p$ aus 1.1 (B1) der sachbezogene Definitionsbereich das Intervall $[0, -\frac{a}{b}]$, als Gerade ist f auf $I\!R$ fortsetzbar.

(2) Def.: Unter **reellwertigen Funktionen** versteht man Funktionen $f : A \rightarrow B$ mit $B \subset I\!R$, bei **reellen Funktionen** ist zusätzlich $A \subset I\!R$.

Bem.: Reelle Funktionen können graphisch dargestellt werden in einem cartesischen Koordinatensystem der Ebene $I\!R \times I\!R = I\!R^2$: man zeichnet die Punktmenge

$$f := \{(x, y) : x \in A \ \text{ und } \ y = f(x)\},$$

die auch **Graph** von f genannt wird. Beispiele: 1.1(B1), 1.1(B2)

(B2) Graph der Funktion $\mathbb{R} \ni x \mapsto y = f(x) = 1 + \frac{1}{2}x$

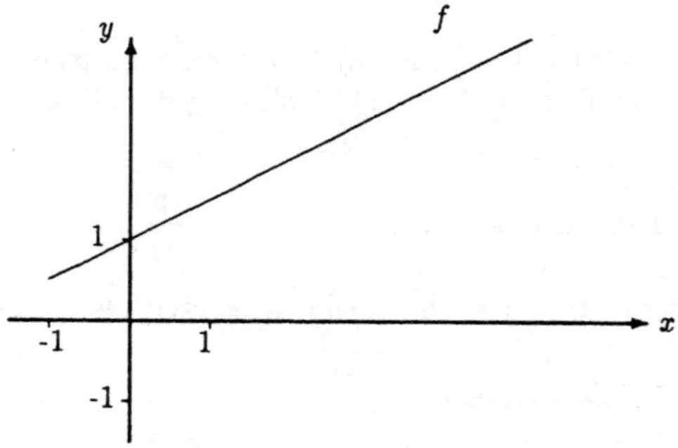

(B3) Graph der **Betragsfunktion**

$$\mathbb{R} \ni x \mapsto y = |x| = \begin{cases} x & \text{wenn } x \geq 0 \\ -x & \text{wenn } x < 0 \end{cases}$$

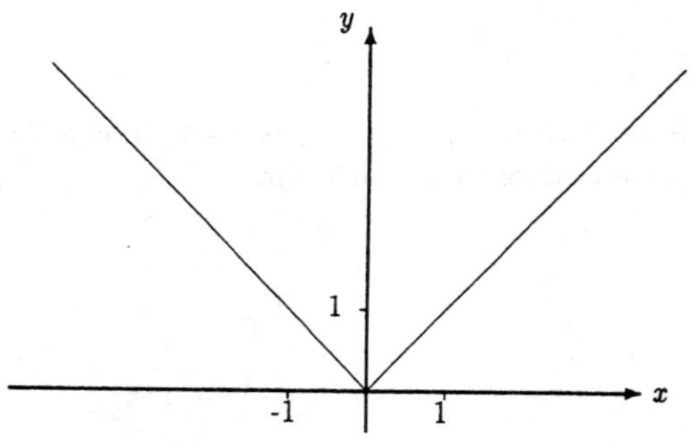

(B4) Man skizziere den Graphen der Funktion $\mathbb{R} \ni x \mapsto y = f(x) = |1 + \frac{1}{2}x|$

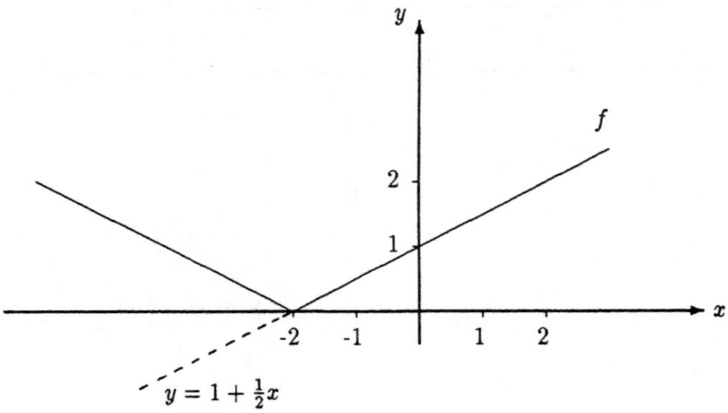

(3) Def.: Eine Funktion $f : A \to B$ heißt **injektiv** oder **umkehrbar**: gdw zu jedem $y \in B$ gibt es höchstens ein x mit $y = f(x)$.

(B5) $f : I\!R \mapsto I\!R$, $y = f(x) = 1 + \frac{1}{2}x$ ist injektiv, weil es zu jedem $y \in I\!R$ genau ein $x \in I\!R$ gibt, nämlich $x = 2(y-1)$ [Auflösung der Gleichung $y = 1 + \frac{1}{2}x$ nach x], mit $f(x) = 1 + \frac{1}{2}2(y-1) = y$.

(B6) Gegeben sei die Funktionsgleichung $y = f(x) = \dfrac{x}{x-1}$

a) Welches ist ein größtmöglicher Definitionsbereich von f als reelle Funktion ?

b) Man skizziere den Graphen von f.

c) Ist f injektiv ?

Lsg:

a) $\mathcal{D}_f = \{x : x \in I\!R \quad \text{und} \quad x \neq 1\}$

b) $y = f(x) = \dfrac{x}{x-1} = \dfrac{x-1+1}{x-1} = 1 + \dfrac{1}{x-1} \Leftrightarrow$

$$y - 1 = \frac{1}{x-1} \Leftrightarrow \eta = \frac{1}{\xi}$$

mit den "Substitutionen" $\eta = y - 1$, $\xi = x - 1$, die eine Parallelverschiebung des Koordinatensystems bedeuten.

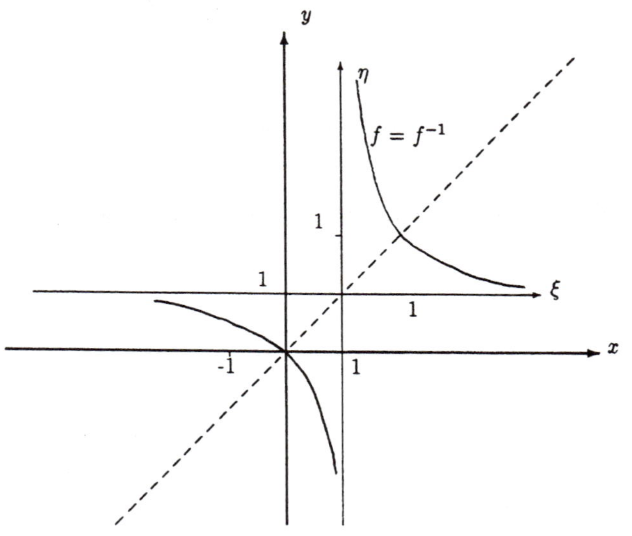

c) f ist injektiv, denn aus $f(x_1) = \dfrac{x_1}{x_1 - 1} = f(x_2) = \dfrac{x_2}{x_2 - 1}$ folgt $x_1(x_2 - 1) = x_2(x_1 - 1)$, wegen $x_1 \neq 1$, $x_2 \neq 1$, und hieraus $x_1 = x_2$.

(4) Def.: Ist $f : A \to B$ eine injektive Funktion, so heißt die Funktion

$$\begin{array}{rlll} f^{-1}: & \mathcal{W}_f & \to & \text{A} \\ & y & \mapsto & \text{dasjenige } x \text{ mit } y = f(x) \end{array}$$

die zu f **inverse Funktion** oder die **Umkehrfunktion** von f.

Bem.: Die Umkehrfunktion f^{-1} von f macht die durch f vermittelte Zuordnung gerade wieder rückgängig:

$$\begin{array}{rcl|lcl|cl} & & & x & \overset{f}{\mapsto} & y = f(x) & = & f(f^{-1}(y)) \\ f^{-1}(f(x)) & = & f^{-1}(y) = & x & \overset{f^{-1}}{\leftarrow} & y = f(x) & & \end{array}$$

(5) Folgerungen:

(i) $(f^{-1})^{-1} = f$

(ii) für alle $x \in \mathcal{D}_f$ gilt $f^{-1}(f(x)) = x$.

(iii) für alle $y \in \mathcal{W}_f$ gilt $f(f^{-1}(y)) = y$.

Bem.: In der Mathematik ist bei der graphischen Darstellung reeller Funktionen die folgende **Konvention** üblich: Die unabhängige Variable wird auf der Abzissenachse dargestellt (und im allg. mit x bezeichnet). Bei Funktionen, die ökonomische Zusammenhänge beschreiben, ist aber von einer Umbenennung der Variablen abzuraten, da diese gewöhnlich eine bestimmte ökonomische Bedeutung haben. Es ist dann besser, die Koordinatenachsen doppelt zu beziffern, wenn man eine Funktion und ihre Umkehrfunktion in demselben Koordinatensystem darstellen will, wobei beide Male die unabhängige Variable auf der Abzissenachse dargestellt ist.

(B7) Man ermittle für die folgenden Punkte P_k deren Spiegelpunkte $\overline{P_k}$ an der 1. Winkelhalbierenden $y = x$ in einem cartesischen Koordinatensystem:

$P_1 = (2,1)$	$\overline{P_1} =$
$P_2 = (1,2)$	$\overline{P_2} =$
$P_3 = (2,2)$	$\overline{P_3} =$
$P_4 = (x,y)$	$\overline{P_4} =$

Lsg:

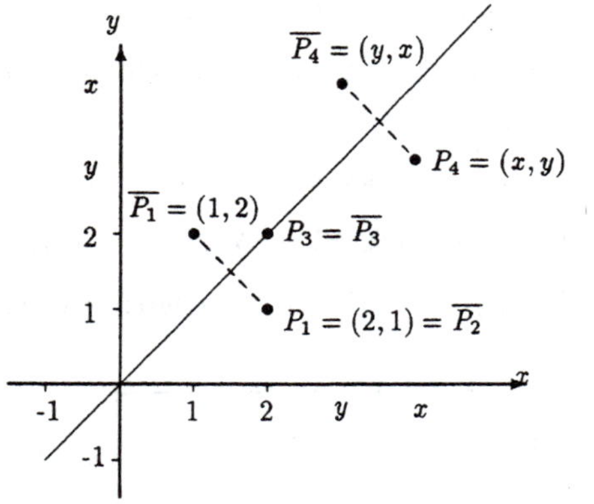

Man erhält den Spiegelpunkt $\overline{P_4} = (y, x)$ von $P_4 = (x, y)$ durch Vertauschen der Koordinaten. Begründung: Die Strecke $\overline{P_4, \overline{P_4}}$ ist Diagonale eines Quadrates, dessen andere Diagonale von der 1. Winkelhalbierenden gebildet wird. Folglich steht $\overline{P_4, \overline{P_4}}$ auf dieser senkrecht und wird von ihr halbiert.

Bem.: Ist $y = f(x)$ eine injektive Funktion, so erhält man die Umkehrfunktion f^{-1} von f, indem man

1.) die Gleichung $y = f(x)$ nach x auflöst: $x = f^{-1}(y)$, und evtl.

2.) y mit x vertauscht: $y = f^{-1}(x)$.

Wenn f eine reelle, injektive Funktion ist, so ist der Graph von f^{-1}, in demselben cartesischen Koordinatensystem dargestellt, das Spiegelbild von f an der 1. Winkelhalbierenden $y = x$ (der **identischen Funktion** oder **Identität** $y = \mathrm{id}(x) := x$).

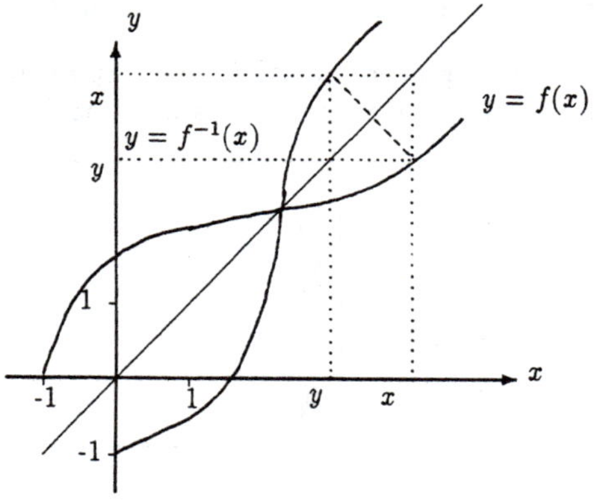

(B8) Die Funktion $f : \mathbb{R} \to \mathbb{R}$, $y = f(x) = 1 + \frac{1}{2}x$ aus (B2) und (B5) besitzt die inverse Funktion $f^{-1} : \mathbb{R} \to \mathbb{R}$, $y = f^{-1}(x) = 2(x - 1)$.

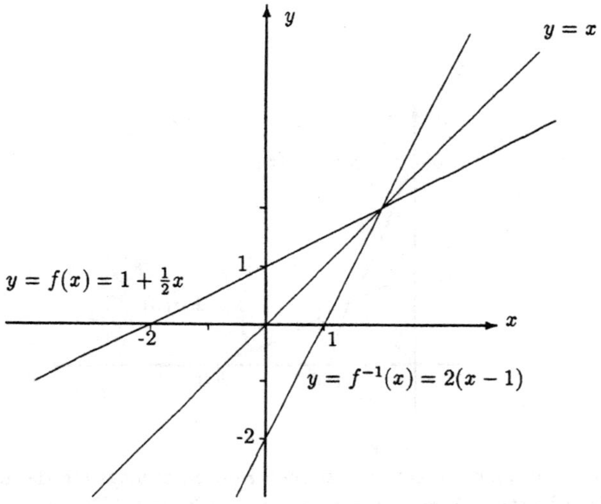

(B9) Wie lautet die Funktionsgleichung der inversen Funktion von $y = f(x) = \dfrac{x}{x-1}$ aus (B6) ? Man skizziere f^{-1}.

Lsg:

1.) Auflösung von $y = f(x) = \dfrac{x}{x-1}$ nach x : $(x \neq 1)$

$$y = \frac{x}{x-1} \Leftrightarrow y\,(x-1) = x \Leftrightarrow x\,(y-1) = y$$

$$\Leftrightarrow x = \frac{y}{y-1} =: f^{-1}(y)$$

2.) Vertauschen von x und y: $y = f^{-1}(x) = \dfrac{x}{x-1}$

(in diesem Beispiel gilt also $f^{-1}(x) = f(x)$), vgl. die Skizze zu (B6).

(B10) Es sei x die Ausbringungsmenge eines Gutes, das auf einem bestimmten Markt zum Preis p abgesetzt werden kann. Die Nachfragefunktion $p \mapsto x = f(p)$ [vgl. Abschnitt 1.1, insbesondere 1.1(B1)] ist im allgemeinen streng monoton fallend, also injektiv. Es werde angenommen, dass (0,100) und (200,0) Punkte der Nachfragefunktion sind. Man skizziere eine mögliche Nachfragefunktion $x = f(p)$ und deren Umkehrfunktion in demselben Koordinatensystem, wobei die unabhängige Variable jeweils auf der Abzissenachse abgetragen wird.

Lsg:

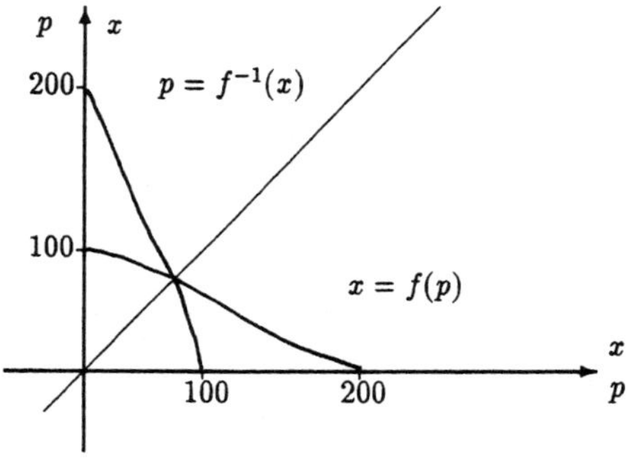

Bem.: Wenn f in einem nicht-cartesischen Koordinatensystem dargestellt ist, z.B. wenn die Koordinatenachsen unterschiedlich geteilt sind, läßt sich die Umkehrfunktion f^{-1} im allgemeinen nicht durch "einfache Spiegelung" an der Geraden $x = y$ konstruieren.

(B11) Man skizziere die Umkehrfunktion zu $y = f(x) = 4 - 2x$ in demselben, gegebenen Koordinatensystem.

Lsg:

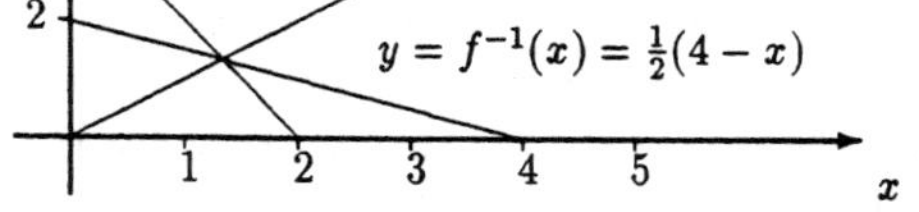

1.3 Verknüpfungen von Funktionen

(1) Def.: Sind f und g zwei reellwertige Funktionen mit den Definitionsbereichen $\mathcal{D}_f$ bzw. $\mathcal{D}_g$, und ist $\mathcal{D}_f \cap \mathcal{D}_g \neq \emptyset$, so definiert man ihre **Summe**, ihr **Produkt** und ihren **Quotienten** punktweise

$$(f+g)(x) := f(x) + g(x) \qquad \text{für } x \in \mathcal{D}_f \cap \mathcal{D}_g,$$

$$(f \cdot g)(x) := f(x) \cdot g(x) \qquad \text{für } x \in \mathcal{D}_f \cap \mathcal{D}_g,$$

$$(\frac{f}{g})(x) := \frac{f(x)}{g(x)} \qquad \text{für } x \in \mathcal{D}_f \cap \{x \in \mathcal{D}_g : g(x) \neq 0\}.$$

Ist c eine reelle Zahl, so sei

$$(c \cdot f)(x) := c \cdot f(x) \quad \text{für alle } x \in \mathcal{D}_f.$$

(B1) **Polynome** sind Funktionen, die sich aus Konstanten und der Identität $\mathrm{id}(x) := x$ mit den Verknüpfungen Addition und Multiplikation erzeugen lassen. **Rationale Funktionen** werden aus Konstanten und der Identität mittels Addition, Multiplikation und Division erzeugt.

Ein Polynom in der **Normaldarstellung** hat die Form

$$\mathbb{R} \ni x \longmapsto p(x) = \sum_{k=0}^{n} a_k \cdot x^k$$

mit **Koeffizienten** a_k. Wenn $a_n \neq 0$, heißt die Zahl n der (genaue) **Grad** des Polynoms p. Zwei Polynome $p(x)$ wie oben und $q(x) = \sum_{k=0}^{m} b_k \cdot x^k$ sind (als Funktionen) einander gleich gdw korrespondierende Koeffizienten stimmen überein, d.h. es ist $m = n$ und $a_k = b_k$ für alle $k = 1, \ldots, n$. Auf dieser Feststellung beruht die "Methode des **Koeffizientenvergleichs**".

Bsp: Sind $p(x) = (x-1)^2 - 1$ und $q(x) = x(x-2)$ dieselben Polynome? Zur Beantwortung der Frage werden beide Polynome in die Normaldarstellung gebracht:

$$\begin{array}{rclcl} p(x) & = & (x-1)^2 - 1 & = & x^2 \; -2x \\ q(x) & = & x(x-2) & = & x^2 \; -2x \end{array}$$

Der Vergleich der Koeffizienten ergibt: $p = q$.

(B2) Ein Artikel wird mit fixen Kosten von 200 DM und variablen Kosten von 50 DM/Stück produziert. Der Verkaufspreis beträgt 90 DM/Stück. Wie lauten die Gleichungen

- der Kostenfunktion,
- der Erlösfunktion,

- der Gewinnfunktion,
- der Durchschnittskostenfunktion (Stückkostenfunktion)

als Funktion der Ausbringungsmenge x ?

Lsg:

Bei einer Ausbringungsmenge [**output**] von x Stück mögen Kosten in Höhe von $K(x)$ DM entstehen und der Erlös $E(x)$ DM, der Gewinn $G(x)$ DM und die Stückkosten $k(x)$ DM/Stück betragen. Dann lautet die

$$\begin{array}{lll}
\text{Kostenfunktion :} & K(x) & = 200 + 50\,x \\
\text{Erlösfunktion :} & E(x) & = 90\,x \\
\text{Gewinnfunktion :} & G(x) & = (E-K)(x) = E(x) - K(x) \\
 & & = 90\,x - (200 + 50\,x) \\
 & & = 40\,x - 200 \\
\text{Stückkostenfunktion :} & k(x) & = (\frac{K}{id})(x) = \frac{K(x)}{x} = \frac{200 + 50\,x}{x}
\end{array}$$

(2) Def.: Es seien $f : A \to B$ und $g : B \to C$ Funktionen. Dann ist durch

$$(g \circ f)(x) := g(f(x))\,,\; x \in A$$

eine Funktion $g \circ f : A \to C$ definiert, die die **Komposition** oder **Verkettung** (**zusammengesetzte** oder **mittelbare Funktion**) von f und g heißt [Reihenfolge beachten: "erst f, dann g"].

Bem.: Man liest $(g \circ f)(x)$ "g verknüpft mit f, an der Stelle x" und $g(f(x))$ "g von f von x".

(B3) Geg:

$$\begin{array}{llll}
\mathbb{R} & \ni x \mapsto & f(x) = x^2 + 1 & \in \mathbb{R}^+ \\
\mathbb{R}^+ & \ni y \mapsto & g(y) = \sqrt{y} & \in \mathbb{R}^+
\end{array}$$

Man ermittle die Funktionsgleichung der Kompositionen $g \circ f$ und $f \circ g$.

Lsg:

$$\begin{array}{llll}
\mathbb{R} & \ni x \mapsto & (g \circ f)(x) = \sqrt{f(x)} = \sqrt{x^2+1} & \in \mathbb{R}^+ \\
\mathbb{R}^+ & \ni y \mapsto & (f \circ g)(y) = g(y)^2 + 1 = y + 1 & \in \mathbb{R}^+.
\end{array}$$

(B4) Man schreibe die Funktion

$$\mathbb{R} \ni x \mapsto z = h(x) = (1 - x^2)^{10} \in \mathbb{R}$$

als mittelbare Funktion zweier Funktionen f und g.

Lsg:

$$h = g \circ f$$

mit

$$\begin{array}{llll} I\!R & \ni x \mapsto & y = f(x) = 1 - x^2 & \in I\!R \\ I\!R & \ni y \mapsto & z = g(y) = y^{10} & \in I\!R \ . \end{array}$$

(B5) Gegeben seien die Funktionen

$$\begin{aligned} I\!R \ni x \mapsto y = f(x) &= (x-2)^2 + (x-2) - 1 \\ I\!R \ni x \mapsto y = g(x) &= bx(x-1) - 2x + a, \qquad a, b \in I\!R \\ I\!R \ni x \mapsto y = h(x) &= \frac{f(x)}{g(x)} \\ I\!R \ni x \mapsto y = k(x) &= \sqrt{h(x)}. \end{aligned}$$

a) Welche der Funktionen sind Polynome? Welche sind rationale Funktionen?

b) Für welche Parameter $a, b \in I\!R$ sind f und g identische Funktionen?

Lsg.:

a) f und g sind Polynome und als solche auch ("ganze") rationale Funktionen. Die Funktion h ist eine gebrochen rationale Funktion. Die Funktion k ist keine rationale Funktion, weil k die Komposition einer rationalen Funktion h mit der nichtrationalen Wurzelfunktion ist.

b) In Normalform lauten die Polynome f und g

$$\begin{aligned} f(x) &= x^2 - 3x + 1 \\ g(x) &= bx^2 - (b+2)x + a. \end{aligned}$$

Vergleich der Koeffizienten ergibt: genau für $a = 1$ und $b = 1$ sind die Polynome f und g identisch.

1.4 Potenz- und Wurzelfunktionen

Eine **Potenz** (im mathematischen Sinne) ist ein Ausdruck a^β, dabei heißt a die **Basis** und β der **Exponent** der Potenz. Man erhält eine

Potenzfunktion $x \mapsto x^\beta$, wenn man bei festem Exponenten β die Basis variiert,

und man erhält eine

Exponentialfunktion $x \mapsto a^x$, wenn man bei fester Basis a den Exponenten variiert.

(1) Def.: Es sei $n \in I\!N_0$. Die Funktion

$$x \mapsto y = x^n := \underbrace{x \cdot \ldots \cdot x}_{n}$$

heißt **Potenzfunktion** mit dem Exponenten n. Sie ist auf $I\!R$ definiert. In diesem Zusammenhang wird $x^0 := 1$ definiert für $x \neq 0$.

(B1) Man skizziere die Potenzfunktionen mit den Exponenten $n = 0, 1, 2, 3$.

Lsg: Man erhält für

$n = 0$ die konstante Funktion $y = 1$ für $x \neq 0$

$n = 1$ die **Identität** auf $I\!R$, $y = x$ (1. Winkelhalbierende)

$n = 2$ die **Normalparabel** $y = x^2$

$n = 3$ die **kubische Normalparabel** $y = x^3$

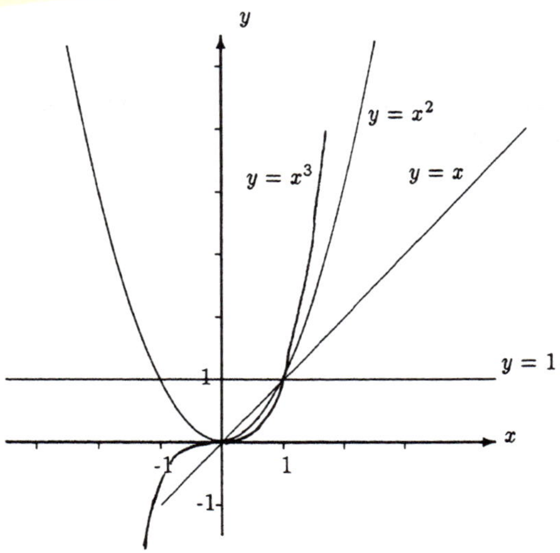

(2) Def.: Für ungerades $n \in I\!N$ wird die **Wurzelfunktion**

$$I\!R \ni x \mapsto \sqrt[n]{x} =: x^{\frac{1}{n}} \in I\!R$$

als Umkehrfunktion der Potenzfunktion $\mathbb{R} \ni x \mapsto x^n \in \mathbb{R}$ definiert, für gerades $n \in \mathbb{N}$ wird die **Wurzelfunktion**

$$\mathbb{R}^+ \ni x \mapsto \sqrt[n]{x} =: x^{\frac{1}{n}} \in \mathbb{R}^+$$

als Umkehrfunktion der auf $\mathbb{R}^+$ eingeschränkten Potenzfunktion $\mathbb{R}^+ \ni x \mapsto x^n \in \mathbb{R}^+$ definiert. Bem: Für $n = 2$ wird der Wurzelexponent weggelassen. $\sqrt[2]{x} =: \sqrt{x}$.

(B2) Man skizziere die Wurzelfunktionen $y = \sqrt{x}$ und $y = \sqrt[3]{x}$ und ihre Umkehrfunktionen und bestimme $\sqrt[3]{8}$, $\sqrt[3]{-8}$, $(\sqrt[3]{2})^3$, $\sqrt{(-2)^2}$ und $\sqrt{u^2}$, $u \in \mathbb{R}$.

Lsg:
$y = \sqrt[3]{x}$ ist das Spiegelbild an der 1. Winkelhalbierenden der kubischen Normalparabel.
$y = \sqrt{x}$ ist das Spiegelbild an der 1. Winkelhalbierenden der "rechten Hälfte" der Normalparabel.

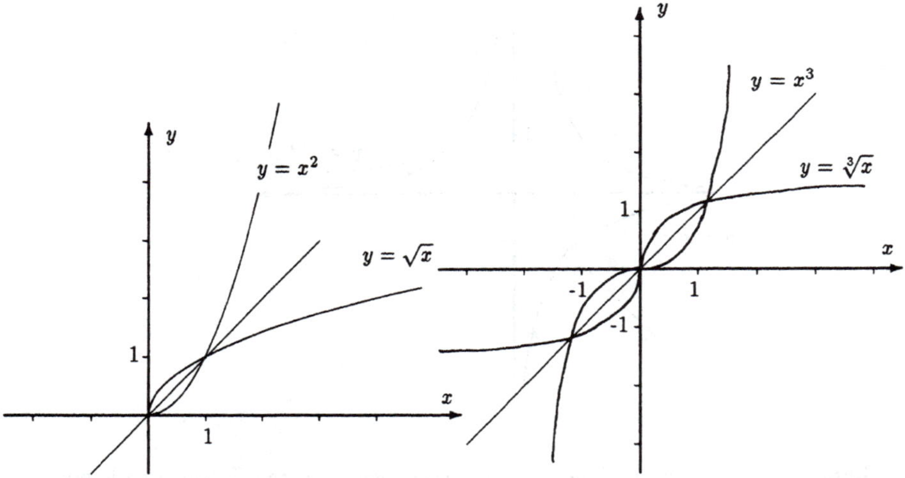

$$\sqrt[3]{8} = \sqrt[3]{2^3} = 2, \quad \sqrt[3]{-8} = \sqrt[3]{(-2)^3} = -2,$$
$$(\sqrt[3]{2})^3 = 2, \quad \sqrt{(-2)^2} = \sqrt{2^2} = 2,$$
$$\sqrt{u^2} = \sqrt{|u|^2} = |u|.$$

Überlegung nach der allgemeinen Regel: f sei eine injektive Funktion.

Geg: c, Ges: x mit $f(x) = c$.

Lsg: $\boxed{f(x) = c \iff x = f^{-1}(c)}$

(3) Def.: Für $n \in \mathbb{N}$ heißt die Funktion

$$x \mapsto y = x^{-n} = \frac{1}{x^n}$$

die **Potenzfunktion** mit dem negativen Exponenten $-n$. Sie ist nur für $x \neq 0$ definiert.

(B3) Man skizziere die Potenzfunktion $y = x^{-n}$ für $n = 1, 2$.

Lsg:
Man erhält für den Exponenten

-1	die **Normalhyperbel**	$y = x^{-1} = \dfrac{1}{x}$,
-2	ihr Quadrat	$y = x^{-2} = \dfrac{1}{x^2}$

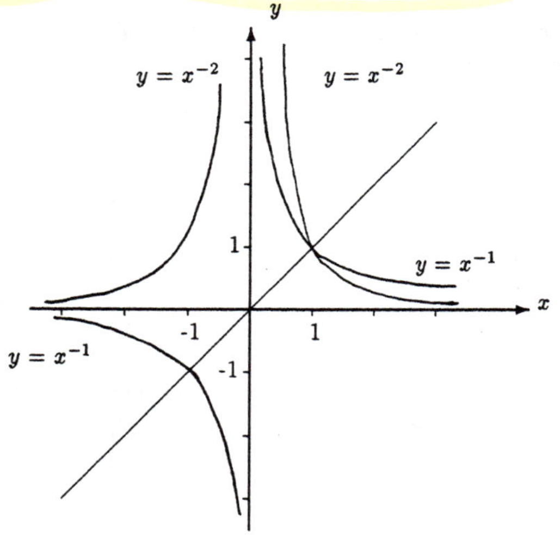

Bem.: Alle Potenzfunktionen mit negativem ganzzahligen Exponenten haben an der Stelle $x = 0$ eine **Pol** genannte Singularität. Bei Annäherung an den Punkt $x = 0$ wachsen die Funktionswerte x^{-n} über alle Grenzen: diese Funktionen haben die y-Achse als **Asymptote**. Sie besitzen auch die x-Achse als **Asymptote**, weil sich ihre Graphen für unbeschränkt wachsende x $(x \to \infty)$ der x-Achse beliebig nähern. Gleiches gilt für unbeschränkt fallende x $(x \to -\infty)$.

Bem.: Alle Potenzfunktionen $x \mapsto x^n$, $n \in \mathbb{Z}$, sind für gerades n gerade und für ungerades n ungerade.

(4) Def.: Es sei $m \in \mathbb{Z}$ und $n \in \mathbb{N}$. Dann heißt die Funktion

$$0 < x \mapsto x^{\frac{m}{n}} := \sqrt[n]{x^m} \in \mathbb{R}^+$$

die **Potenzfunktion** mit dem (gebrochenen) Exponenten $\frac{m}{n}$.

(B4) Man skizziere die Potenzfunktion $y = x^{\frac{2}{3}}$ und ihre Umkehrfunktion.

Lsg:

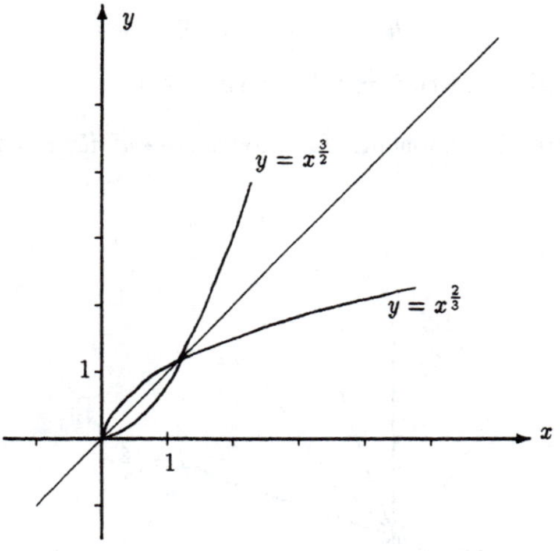

Bem.: Wenn $a > 0$ und β eine irrationale Zahl ist; kann man die Potenz a^β durch einen Grenzübergang erklären und durch Potenzen a^r mit rationalen Exponenten beliebig genau annähern. Wir werden später Potenzen mit reellen Exponenten auf die natürliche Exponentialfunktion zurückführen.

(5) Rechenregeln für Potenzen $(a > 0,\ b > 0;\ \beta \in I\!R,\ \gamma \in I\!R)$

(i)	$a^{\beta+\gamma}$	$=$	$a^\beta \cdot a^\gamma$	
(ii)	$(a \cdot b)^\beta$	$=$	$a^\beta \cdot b^\beta$	
(iii)	$(a^\beta)^\gamma$	$=$	$a^{\beta \cdot \gamma}$	
(iv)	$\dfrac{a^\beta}{a^\gamma}$	$=$	$a^{\beta-\gamma}$	
(v)	$a^{-\gamma}$	$=$	$\dfrac{1}{a^\gamma}$	
(vi)	c^0	$:=$	1	für $c \neq 0$
(vii)	0^β	$:=$	0	für $\beta > 0$.

"Additionstheorem der Exponentialfunktion"

Exponential- und Logarithmusfunktionen

Wir nehmen an dieser Stelle an, dass eine Erklärung für die Potenz a^β mit positiver reeller Basis a und reellem Exponenten β bekannt ist.

Def.: Es sei a eine positive Zahl ungleich 1. Die Funktion

$$\mathbb{R} \ni x \mapsto a^x \in \mathbb{R}^+$$

heißt die **Exponentialfunktion** mit der Basis a.

(B1) Man skizziere die Exponentialfunktionen $x \mapsto a^x$ für $a = 2,\ 4,\ \frac{5}{4},\ \frac{1}{2}$.

Lsg:

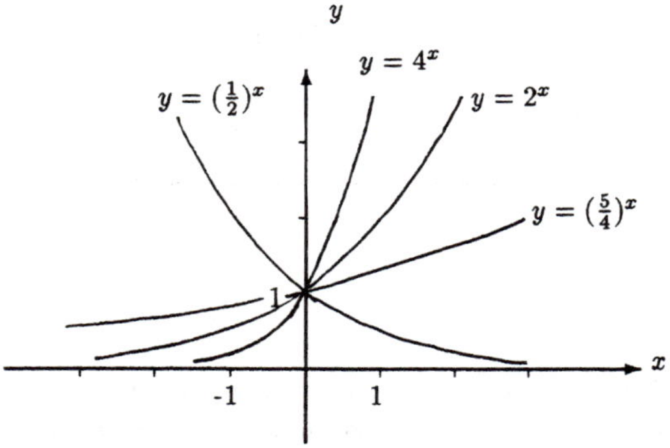

Bem.: Alle Exponentialfunktionen sind streng monoton, und jede besitzt die Menge $(0, \infty)$ aller positiven reellen Zahlen als genaue Wertemenge. Deshalb gibt es zu jedem $a > 0, a \neq 1$ und zu jedem $c > 0$ ein $\beta \in \mathbb{R}$ mit $a^\beta = c$. Dieses von a und c abhängige β wird **Logarithmus** von c zur Basis a genannt und $\beta = \log_a c$ geschrieben:

$$\begin{aligned} a^\beta = c \quad &\Leftrightarrow \quad \beta &&= \log_a c \\ &\Leftrightarrow \quad a^{\log_a c} &&= c \\ &\Leftrightarrow \quad \log_a a^\beta &&= \beta \end{aligned}$$

(2) Def.: Die **Logarithmusfunktion zur Basis** a

$$x \mapsto \log_a x$$

ist die Umkehrfunktion der Exponentialfunktion mit der Basis a

$$x \mapsto a^x.$$

Sie ist auf dem Intervall $(0, \infty)$ definiert, für $a > 1$ streng monoton wachsend, und besitzt $\mathbb{R}$ als genaue Wertemenge. Die Logarithmen zur Basis 10 heißen **dekadische** oder **Briggsche Logarithmen**.

(B2)

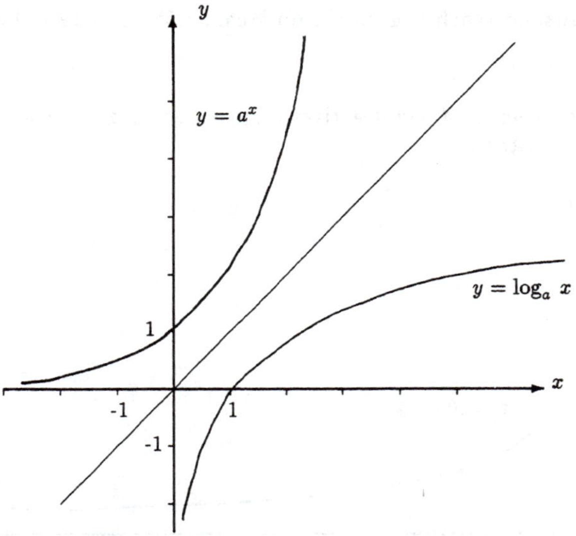

$\log_{10} 1 = ?$ $\log_2 1 = ?$ $\log_a 1 = ?$

$\log_2 8 = ?$ $\log_{10} c = -2,\ c = ?$

$\log_{\frac{1}{a}} c = \log_a u,\ u = ?$

(3) Rechenregeln für Logarithmen ($a > 0,\ a \neq 1,\ b > 0,\ c > 0$):

(i)	$\log_a(b \cdot c)$	$=$	$\log_a b + \log_a c$
(ii)	$\log_a \frac{b}{c}$	$=$	$\log_a b - \log_a c$
(iii)	$\log_a \frac{1}{c}$	$=$	$-\log_a c$
(iv)	$\log_a b^\beta$	$=$	$\beta \cdot \log_a b,\ \beta \in \mathbb{R}$

"Additionstheorem des Logarithmus"

Bem: Das Additionstheorem des Logarithmus wird in Wirtschaftswissenschaften und Statistik häufig dazu verwendet, um Potenzfunktionen oder Exponentialfunktionen zu "linearisieren".

(B3) In der Nachfragetheorie wird die sog.

Marshallsche Nachfragefunktion [Schn] p.55 | konkretes Beispiel:

$p \mapsto x = \beta_0 \cdot p^{\beta_1}$ | $p \mapsto x = 10 \cdot p^{-\frac{1}{2}}$

diskutiert. Hier ist β_1 ein negativer Exponent, und β_0 ist eine positive Konstante.

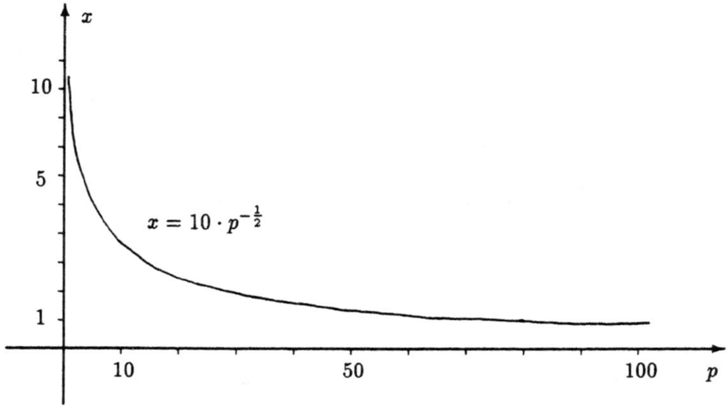

Durch Anwendung der Logarithmusfunktion (zu einer beliebigen Basis, z.B. zur Basis 10) auf beide Seiten der Funktionsgleichung ("**Logarithmieren der Gleichung**") erhält man

$\log_{10} x = \log_{10} \beta_0 + \beta_1 \log_{10} p$ | $\log_{10} x = \log_{10} 10 - \frac{1}{2} \log_{10} p = 1 - \frac{1}{2} \log_{10} p.$

Substituiert man $v = \log_{10} x$ und $u = \log_{10} p$, so ist v als Funktion von u ein Polynom 1. Grades

$v = c + \beta_1 u \quad \text{mit } c = \log_{10} \beta_0$ | $v = 1 - \frac{1}{2} u.$

Schreibt man unter die Teilpunkte der u-Achse [diese ist eine mit u bezifferte Zahlengerade] die zugehörigen p-Werte, so erhält man eine **logarithmisch geteilte p-Skala**. In gleicher Weise kann man mit der v-Achse verfahren: man erhält eine logarithmisch geteilte x-Skala.

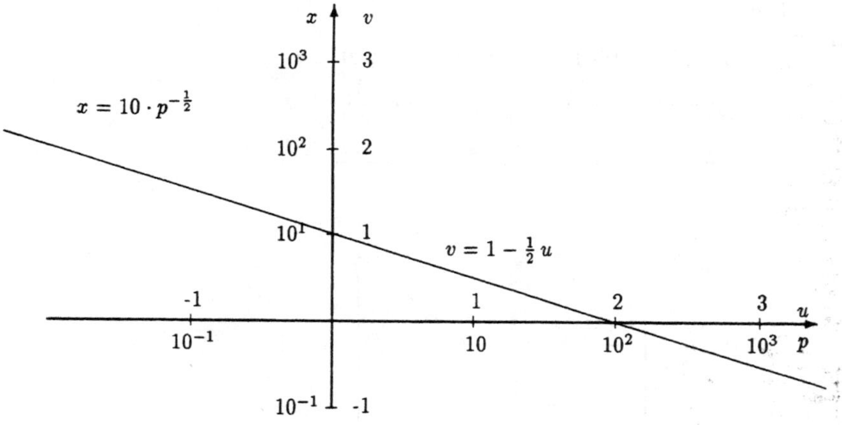

Bem.: Ein Koordinatensystem bestehend aus zwei zueinander senkrechten logarithmisch geteilten Achsen heißt auch **doppelt-logarithmisch**. Solche Koordinatensysteme befinden sich als **doppelt-logarithmisches Koordinatenpapier** im Handel. Jede Potenzfunktion ist in einem doppelt-logarithmischen Koordinatensystem als Gerade darstellbar, und umgekehrt entspricht jeder Geraden in einem solchen Koordinatensystem eine Potenzfunktion. Die Steigung der Geraden im u, v-System ist der Exponent der Potenzfunktion im p, x-System und der v-Achsenabschnitt ist $c = \log \beta_0$.

(B4) Das durchschnittliche jährliche Pro-Kopf-Einkommen in den entwickelten bzw. in den weniger entwickelten Regionen der Erde in den Jahren 1970 - 1980 hat sich als Funktion der Zeit gemäß $z = z(t) = 2500 \cdot (\frac{7}{5})^{\frac{t}{10}}$ bzw. $y = y(t) = 220 \cdot (\frac{12}{11})^{\frac{t}{10}}$ vergrößert. Hier bedeuten

- t die Anzahl der Jahre nach 1970,
- $z(t)$ das durchschnittliche jährliche Pro-Kopf-Einkommen in den entwickelten Regionen und
- $y(t)$ das durchschnittliche jährliche Pro-Kopf-Einkommen in den weniger entwickelten Regionen, gemessen in Dollar des Jahres 1970

Quelle: W. W. Leontief: Die Weltwirtschaft im Jahre 2000, Spektrum der Wissenschaft, Nov. 1980, p. 142.

a) Wie hoch waren die durchschnittlichen Pro-Kopf-Einkommen in den Jahren 1970, 1975, 1980 ?

b) Man skizziere den Graphen der Funktion y.

c) Man logarithmiere die Funktiongleichung von y und z und gebe möglichst einfache graphische Darstellungen von y und z in einem Koordinatensystem.

Lsg:

a)

Jahr	1970	1975	1980
t	0	5	10
$z(t)$	2500	2958.0	3500
$y(t)$	220	229.8	240

b)

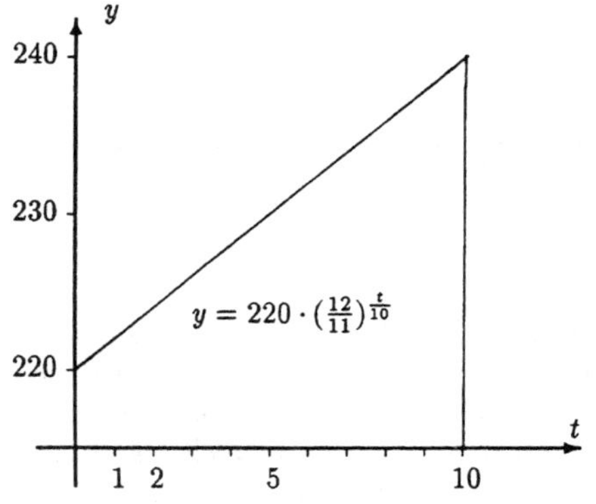

c)
$$\begin{aligned} w = \log_{10} z &= \log_{10} 2500 + \frac{t}{10} \log_{10} \frac{7}{5} \\ &= 3.398 + 0.0146 \cdot t \\ v = \log_{10} y &= \log_{10} 220 + \frac{t}{10} \log_{10} \frac{12}{11} \\ &= 2.342 + 0.0038 \cdot t \end{aligned}$$

Setzt man $w = \log_{10} z$ bzw. $v = \log_{10} y$, so werden w bzw. v als Funktionen von t Polynome 1. Grades, die sich (trotz beachtlicher Größenunterschiede zwischen y und z) in einem Koordinatensystem darstellen lassen:

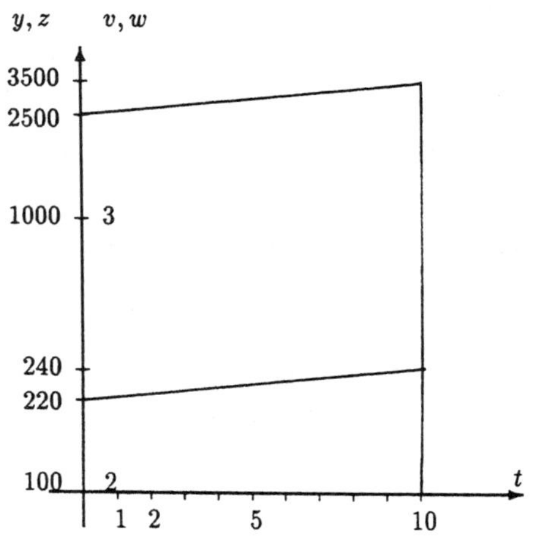

Bem.: Ein Koordinatensystem bestehend aus zwei zueinander senkrechten Achsen, von denen eine äquidistant und die andere logarithmisch geteilt ist, heißt **einfach-logarithmisch**. Solche Koordinatensysteme befinden sich als **einfach-logarithmisches Koordinatenpapier** im Handel. Wenn die Abzisse äquidistant und die Ordinate logarithmisch geteilt sind, ist jede Exponentialfunktion $y = c \cdot a^x$ als Gerade $v = \gamma + \alpha \cdot x$, $v = \log c$, $\alpha = \log a$ darstellbar, und umgekehrt entspricht jeder Geraden in solch einem einfach-logarithmischen Koordinatensystem eine Exponentialfunktion. Die Steigung α der Geraden ist der Logarithmus der Basis a und der v-Achsenabschnitt ist $\gamma = \log c$.

Frage: Welche Funktionen sind in einem einfach logarithmischen Koordinatenpapier, bei dem die Ordinate äquidistant und die Abzisse logarithmisch geteilt ist, als Geraden darstellbar ?

Bem.: Wachstumsvergleiche von Potenzfunktionen, Exponential- und Logarithmusfunktionen für $x \to \infty$:

(i) Wenn $m < n$ ist, wächst die Potenzfunktion $x \mapsto x^n$ schneller als die Potenzfunktion $x \mapsto x^m$:

$$\lim_{x\to\infty} \frac{x^m}{x^n} = 0$$

(ii) Wenn $a > 1$ ist, wächst die Exponentialfunktion $x \mapsto a^x$ schneller als jede Potenzfunktion $x \mapsto x^n$:

$$\lim_{x\to\infty} \frac{x^n}{a^x} = 0$$

(iii) Wenn $1 < a < b$ ist, wächst die Exponentialfunktion $x \mapsto b^x$ schneller als die Exponentialfunktion $x \mapsto a^x$:

$$\lim_{x\to\infty} \frac{a^x}{b^x} = 0$$

(iv) Jede Potenzfunktion $x \mapsto x^\beta$ mit positivem Exponenten β wächst schneller als jede Logarithmusfunktion $x \mapsto \log_a x$ für $a > 1$:

$$\lim_{x\to\infty} \frac{\log_a x}{x^\beta} = 0.$$

1.6 Klausuraufgaben

(K1) Zur Funktion

$$[-1,\infty) \ni x \longmapsto y = f(x) = \pi \cdot (x+1)^2 + 1$$

bestimme man die Umkehrfunktion, sofern sie existiert. Man skizziere gegebenenfalls f und f^{-1} in einem Koordinatensystem, wobei (in der Zeichnung) die unabhängige Variable beidemale mit x bezeichnet werde.

Lsg.: Der Definitionsbereich der Funktion f ist $\mathcal{D}_f = [-1,\infty)$ gegeben und der Wertebereich von f ist $\mathcal{W}_f = [1,\infty)$. Die gegebene Funktion f ist umkehrbar gdw zu jedem y aus $\mathcal{W}_f$ gibt es höchstens ein x in $\mathcal{D}_f$ von f mit $y = f(x)$. Die Funktionsgleichung $y = f(x) = \pi \cdot (x+1)^2 + 1$ läßt sich eindeutig nach x auflösen: $x = -1 + \sqrt{\frac{y-1}{\pi}}$, so dass $x \geq 1$. Dazu hat man die positive Wurzel zu nehmen. Vertauscht man nun die Namen der Variablen x und y, so erhält man die Funktionsgleichung der Umkehrfunktion zu

$$y = f^{-1}(x) = \sqrt{\frac{x-1}{\pi}} - 1, \quad x \in \mathcal{W}_f = [1,\infty).$$

Damit ist der Graph von f^{-1} das Spiegelbild des Graphen von f an der Winkelhalbierenden $y = x$.

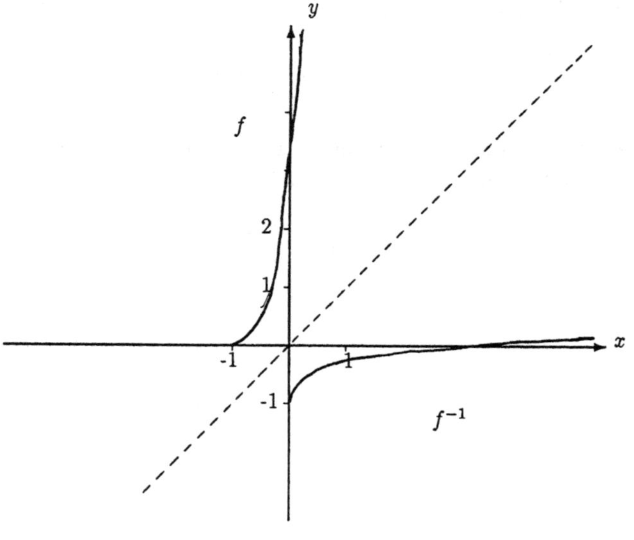

(K2) a) Man linearisiere durch Logarithmieren (zur Basis 10) und geeignete Substitution die Funktion

$$[1,100] \ni x \longmapsto y = f(x) = \frac{200}{x^{\frac{1}{2}\log_{10} 200}}.$$

b) Man skizziere den Graphen der Funktion f in einem doppelt-logarithmischen Koordinatensystem, das man sich selber erstellen möge.

c) Man ermittle die Umkehrfunktion von f, falls sie existiert, und stelle diese gegebenenfalls (gestrichelt) in demselben doppelt-logarithmischen Koordinatensystem dar.

Lsg.:

a) Logarithmieren der Funktionsgleichung zur Basis 10 ergibt mit den Substitutionen $v = \log y$ und $u = \log x$

$$\begin{aligned} v = \log y &= \log \frac{200}{x^{\frac{1}{2}\log 200}} \\ &= \log 200 - \log \left[x^{\frac{1}{2}\cdot\log 200}\right] \\ &= \log 200 - \frac{1}{2}\cdot\log 200\cdot\log x \\ &= \log 200(1 - \frac{1}{2}\log x) \\ &= \log 200(1 - \frac{1}{2}u) \end{aligned}$$

b) Wegen $\log 200 = 2.30$ (Taschenrechner) ist der Graph der gegebenen Funktion in doppelt-logarithmischem Papier

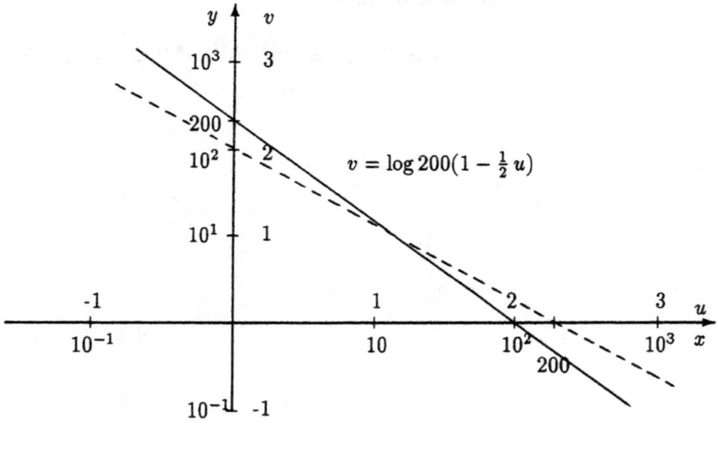

c) Die Umkehrfunktion f^{-1} von f läßt sich auf zwei Weisen ermitteln:

(i) aus der Funktionsgleichung von f durch

1.) Auflösung von $y = f(x) = \frac{200}{x^{\frac{1}{2}\log 200}}$ nach x:

$$\begin{aligned} x^{\frac{1}{2}\log 200} &= \frac{200}{y} \\ \Leftrightarrow \quad (\tfrac{1}{2}\log 200)\log x &= \log 200 - \log y \\ \Leftrightarrow \quad \log x &= \frac{\log 200 - \log y}{\frac{1}{2}\log 200} = 2 - \frac{2}{\log 200}\log y \\ \Leftrightarrow \quad x &= 10^{(2-\frac{2}{\log 200}\log y)} \\ \Leftrightarrow \quad x &= 100 \cdot 10^{-\frac{2}{\log 200}\log y} = 100 \cdot y^{-\frac{2}{\log 200}} \end{aligned}$$

2.) Vertauschung von x mit y:

$$y = f^{-1}(x) = 100 \cdot x^{-\frac{2}{\log 200}}$$

(ii) aus der Funktionsgleichung von v als Funktion von u:

$$v = \log 200(1 - \frac{1}{2}u)$$

durch

1.) Auflösung dieser Gleichung nach u:

$$u = 2 - \frac{2}{\log 200}v$$

2.) Vertauschen von u mit v:

$$v = 2 - \frac{2}{\log 200}u, \quad v = \log y,\ u = \log x$$

und Delogarithmieren

$$y = f^{-1}(x) = 10^{(2-\frac{2}{\log 200}\log x)} = 100 \cdot x^{-\frac{2}{\log 200}}.$$

Kapitel 2

Differentialrechnung der Funktionen einer Veränderlichen

2.1 Folgen und Reihen; Grenzwerte

(B1) Jemand hat am 1. Januar 1950 ein Konto eröffnet und K DM [$K = 2000$] eingezahlt. Welches ist der Kontostand jeweils am 1. Januar der folgenden Jahre, wenn keine weiteren Kontobewegungen stattfinden, der jährliche Zinssatz konstant gleich p % [$p = 5$] ist und die Zinsen nach jedem Jahr gutgeschrieben und dann mitverzinst werden (**Zinseszins bei jährlicher Verzinsung**)?
Nach wieviel Jahren hat sich das Kapital verdoppelt?

Lsg:

$$r = \frac{p}{100} \quad \text{jährl. Zinssatz} \quad r = 0.05$$
$$q = 1 + r \quad \text{Zinsfaktor} \quad q = 1.05$$

Datum	Kontostand in DM [Formel]	Kontostand in DM [Zahlenbsp.]
1.1.1950	$a_1 = K$	$a_1 = 2000$
1.1.1951	$a_2 = K + K\,r = K\,q$	$a_2 = 2000 \cdot 1.05 = 2100$
1.1.1952	$a_3 = K\,q + K\,q\,r = K\,q^2$	$a_3 = 2000 \cdot 1.05^2 = 2205$
...	...	...
1.1.1950 + n	$a_{n+1} = K\,q^n$	$a_{n+1} = 2000 \cdot 1.05^n$
...	...	...
1.1.1960	$a_{11} = K\,q^{10}$	$a_{11} = 2000 \cdot 1.05^{10} = \underline{3257.79}$

$$a_{n+1} = K\,q^n = 2K \quad \Rightarrow \quad n = \frac{\log 2}{\log q} = \frac{\log 2}{\log 1.05} = \underline{14.2}$$

[Basis der Logarithmen beliebig, z.B. gleich 10]

(B2) Jemand hat am 1. Januar 1950 K DM [$K = 2000$] in seinen Sparstrumpf gelegt und legt am 1. Januar jedes folgenden Jahres d DM [$d = 500$] hinzu. Wieviel hat er am 1. Januar 2000?

Lsg:

Datum	Kontostand in DM [Formel]	Kontostand in DM [Zahlenbsp.]
1.1.1950	$a_1 = K$	$a_1 = 2000$
1.1.1951	$a_2 = K + d$	$a_2 = 2500$
1.1.1952	$a_3 = K + 2d$	$a_3 = 3000$
.	.	.
.	.	.
.	.	.
$1.1.1950 + n$	$a_{n+1} = K + n\,d$	$a_{n+1} = 2000 + n\,500$
.	.	.
.	.	.
.	.	.
1.1.2000	$a_{51} = K + 50\,d$	$a_{51} = 2000 + 50 \cdot 500 = \underline{27\,000}$

(B3) Jemand hat am 1. Januar 1950 ein Konto eröffnet und darauf K DM [K = 2000] eingezahlt. Der jährliche Zinssatz sei konstant gleich p % [p = 5]. Jeweils am 1. Januar der folgenden Jahre werden d DM [d = 500] auf das Konto eingezahlt . Welches ist der Kontostand am 1. Januar 2000, wenn die Zinsen nach jedem Jahr gutgeschrieben und dann mitverzinst werden (**Zinseszins bei jährlicher Verzinsung**)?

Lsg:

$$r = \frac{p}{100} \quad \text{jährl. Zinssatz} \quad r = 0.05$$
$$q = 1 + r \quad \text{Zinsfaktor} \quad q = 1.05$$

Datum	Kontostand in DM [Formel]		Kontostand in DM
1.1.1950	a_1	$= K$	$a_1 = 2000$
1.1.1951	a_2	$= K\,q + d$	$a_2 = 2600$
1.1.1952	a_3	$= K\,q^2 + d\,q + d$	$a_3 = 3230$
.		.	.
.		.	.
.		.	.
$1.1.1950 + n$	a_{n+1}	$= K\,q^n + d\,(q^{n-1} + q^{n-2} + \ldots + q + 1)$	$a_{n+1} = 2000 \cdot 1.05^n$
		$= K\,q^n + d\,\dfrac{q^n - 1}{q - 1}$	$+500\,\dfrac{1.05^n - 1}{0.05}$
.		.	.
.		.	.
.		.	.
1.1.2000	a_{51}	$= K\,q^{50} + d\,\dfrac{q^{50} - 1}{q - 1}$	$a_{51} = \underline{127\,608.20}$

(1) Def.: Eine **Folge** ist eine Funktion, definiert auf der Menge $\mathbb{N}$ der natürlichen Zahlen. Eine **endliche Folge** ist eine Funktion, definiert auf einem "Anfangsstück" $\{1, 2, ..., N\}$ von $\mathbb{N}$.

Schreibweisen:

$$\left.\begin{aligned} a:\ & \mathbb{N} \to B \\ & n \mapsto a(n) =: a_n \end{aligned}\right\} \quad :\Leftrightarrow \quad (a_n)_{n\in\mathbb{N}} = (a_n)_{n=1,2,...}$$

n heißt **Folgenindex** (unabhängige Variable), durchläuft die Menge $\mathbb{N}$ der natürlichen Zahlen, die die **Indexmenge** der Folge $(a_n)_{n\in\mathbb{N}}$ heißt; a_n heißt n-tes **Glied der Folge** $(a_n)_{n\in\mathbb{N}}$.

Eine Folge

$$\begin{aligned} a:\ & \mathbb{N} \to B \\ & n \mapsto a_n \end{aligned} = (a_n)_{n\in\mathbb{N}} \text{ heißt}$$

relle Zahlenfolge	:gdw $B \subset \mathbb{R}$
Funktionenfolge	:gdw B ist eine Menge von Funktionen
Mengenfolge	:gdw B ist eine Menge von Mengen
Vektorfolge	:gdw B ist eine Menge von Vektoren
etc.	

Bem.: Da Folgen spezielle Funktionen sind, können für sie die bei Funktionen eingeführten Begriffsbildungen benutzt werden (insbesondere bei reellen Zahlenfolgen Monotonie, Beschränktheit, Schranken, etc).

Bem.: In den Anwendungen werden oft Folgen mit anderen Indexmengen, etwa $\mathbb{N}_0$ an Stelle von $\mathbb{N}$ betrachtet. Es ist leicht, die folgenden Erörterungen entsprechend zu modifizieren.

Bem.: Für reelle Zahlenfolgen gibt es drei Möglichkeiten der Darstellung:

1) als Funktion in einem Koordinatensystem;

   Bsp: $a_n = \dfrac{4n+10}{n+1}$

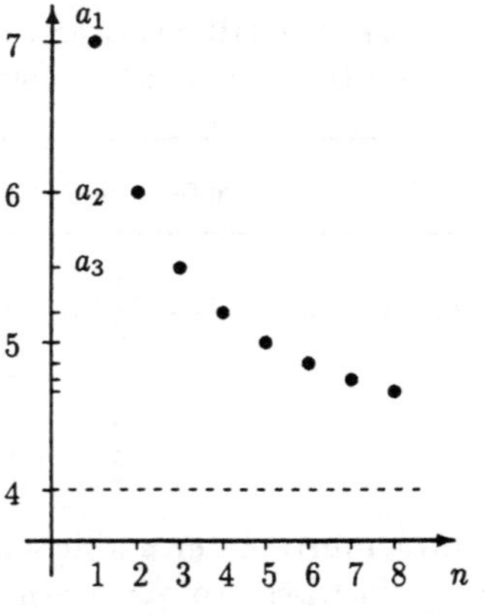

2) als Punkte a_n auf der Zahlengeraden;

3) als Wertetabelle; Bsp:

n	1	2	3	4	5	6	7	8	...
a_n	7	6	$\frac{11}{2}$	$\frac{26}{5}$	5	$\frac{34}{7}$	$\frac{19}{4}$	$\frac{42}{9}$	...

(2) Def.: Eine reelle Zahlenfolge $(a_n)_{n\in N}$ heißt eine

konstante Folge :gdw für alle $n \in I\!N$ ist $a_n = a_1$,

arithmetische Folge :gdw es gibt $a \in I\!R$, $d \in I\!R$, so daß für alle $n \in I\!N$ $\boxed{a_n = a + (n-1)\cdot d}$.

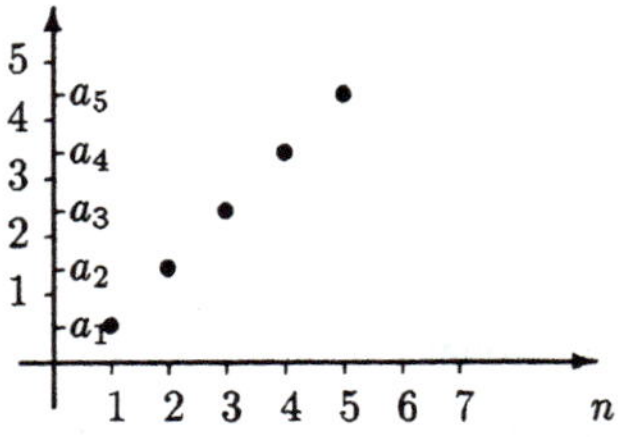

Kennzeichen arithmetischer Folgen: die Differenz aufeinanderfolgender Glieder ist konstant (gleich d).

Die Punkte (n, a_n) liegen auf einer Geraden.

Bsp: $a_n = \frac{1}{2} + (n-1)\cdot 1$

Eine reelle Zahlenfolge $(a_n)_{n\in N}$ heißt eine **geometrische Folge** :gdw es gibt $c, q \in I\!R\backslash\{0\}$, so daß für alle $n \in I\!N$ $\boxed{a_n = c\cdot q^{n-1}}$

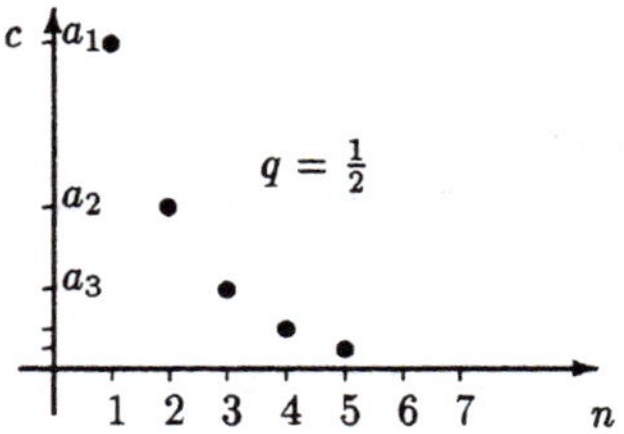

Kennzeichen geometrischer Folgen: der Quotient aufeinanderfolgender Glieder ist konstant (gleich q).

(3) Satz: Ist $(a_k)_{k\in N}$ eine arithmetische Folge mit dem Anfangsglied a_1 und der Differenz d, $a_k = a_1 + (k-1)\,d$, so ist die Summe der ersten n Glieder

$$\boxed{s_n = a_1 + a_2 + \ldots + a_n = n\cdot\left(a_1 + \frac{n-1}{2}d\right) = \frac{n}{2}\cdot(a_1 + a_n)}$$

Beweis:
$$\begin{aligned} s_n = a_1 + a_2 + \ldots + a_n &= \frac{1}{2}(a_1 + a_2 + \ldots + a_n + \\ &\qquad a_n + a_{n-1} + \ldots + a_1) \\ &= \frac{n}{2}(2\,a_1 + (n-1)\,d) = \frac{n}{2}(a_1 + a_n)\end{aligned}$$

(4) Satz: "Summenformel der endlichen geometrischen Reihe":
Ist $(a_k)_{k\in N}$ eine geometrische Folge mit dem Anfangsglied a_1 und dem Quotienten q, $a_k = a_1\cdot q^{k-1}$, so ist die Summe der ersten n Glieder

$$s_n = a_1 + a_1\,q + a_1\,q^2 + \ldots + a_1\,q^{n-1} = \begin{cases} a_1 \dfrac{q^n - 1}{q - 1} & \text{falls } q \neq 1 \\ n \cdot a_1 & \text{falls } q = 1 \end{cases}$$

Beweis:

$$\begin{aligned} s_n \cdot (1-q) &= a_1\,(1 + q + q^2 + \ldots + q^{n-1})(1-q) \\ &= a_1\,(1 + q + q^2 + \ldots + q^{n-1} \\ &\qquad -q - q^2 - \ldots - q^{n-1} - q^n) \\ &= a_1\,(1 - q^n) \end{aligned}$$

Wenn $q \neq 1$ ist, folgt $s_n = a_1 \cdot \dfrac{1-q^n}{1-q} = a_1 \cdot \dfrac{q^n - 1}{q - 1}$.

Wenn $q = 1$ ist, ist die Behauptung unmittelbar einzusehen.

(B4) Einfaches Modell einer dynamischen Wirtschaftstheorie [Gol]:

n	durchlaufe $\mathbb{N}$	(Zeit in Jahren, von einem festen Zeitpunkt t_0, etwa 1.1.1990 an gemessen)
Y_n	Volkseinkommen	zum Zeitpunkt n (Daten des letzten Jahres)
C_n	Konsum	zum Zeitpunkt n (Daten des letzten Jahres)
I_n	Investitionen	zum Zeitpunkt n (Daten des letzten Jahres)

Über die Zusammenhänge zwischen diesen Größen werden folgende Annahmen gemacht (diese legen ein **wirtschaftstheoretisches Modell** fest): es gibt Zahlen m, $0 < m < 1$, $c \geq 0$, $r \geq 0$, so daß für alle $n \in \mathbb{N}$

$$\left.\begin{aligned} C_n &= c + m \cdot Y_n \\ I_n &= Y_n - C_n \\ Y_{n+1} - Y_n &= r \cdot I_n \end{aligned}\right\} \text{ ein System von Differenzengleichungen für } Y_n, C_n, I_n$$

Wenn Y_1, m, c, r gegeben sind, bestimme man für beliebiges $n \in \mathbb{N}$ Y_n, C_n, I_n.

Zahlenbsp:

Y_1 = 500 Milliarden DM
n = 10 Jahre
m = 0.5
r = 0.5
c = 100 Milliarden DM

Lsg:

Aus dem System der Differenzengleichungen kann man C_n und I_n eliminieren. Man erhält eine Differenzengleichung für Y_n:

$$\begin{aligned} Y_{n+1} - Y_n &= r \cdot I_n = r \cdot (Y_n - C_n) = r \cdot (Y_n - c - m \cdot Y_n) \\ Y_{n+1} &= Y_n \cdot \underbrace{(1 + r \cdot (1-m))}_{=:\alpha > 1} \underbrace{- r \cdot c}_{=:\beta} =: Y_n \cdot \alpha + \beta \end{aligned}$$

Zahlenbsp: $\alpha = 1 + \frac{1}{4} = \frac{5}{4}$

$$\beta = -0.5 \cdot 100 \cdot 10^9 = -50 \cdot 10^9 \text{ DM}$$

Zeit [in Jahren] nach t_0	Y_n [in Milliarden DM] Formel	Y_n[in Mrd. DM] Zahlenbeispiel
1	Y_1 gegeben	$Y_1 = 500$
2	$Y_2 = \alpha \cdot Y_1 + \beta$	$Y_2 = 575$
3	$Y_3 = \alpha(\alpha \cdot Y_1 + \beta) + \beta$	$Y_2 = 668.75$
	$= \alpha^2 Y_1 + (\alpha + 1) \cdot \beta$	
4	$Y_4 = \alpha^3 Y_1 + (\alpha^2 + \alpha + 1) \cdot \beta$	$Y_4 = 785.94$
.	.	. .
.	.	. .
.	.	. .
n	$Y_n = \alpha^{n-1} \cdot Y_1 + (\alpha^{n-2} + ... + \alpha + 1) \cdot \beta$	. .
	$= \alpha^{n-1} \cdot Y_1 + \frac{\alpha^{n-1} - 1}{\alpha - 1} \beta$	. .
	$= \alpha^{n-1} \cdot (Y_1 + \frac{\beta}{\alpha - 1}) - \frac{\beta}{\alpha - 1}$	
10	$Y_{10} = \alpha^9 \cdot (Y_1 + \frac{\beta}{\alpha - 1}) - \frac{\beta}{\alpha - 1}$	$Y_{10} = \underline{2435.2}$
	$C_{10} = c + m \cdot Y_{10}$	$C_{10} = \underline{1267.5}$
	$I_{10} = Y_{10} - C_{10}$	$I_{10} = \underline{1167.7}$

(B5) Mit Hilfe eines Taschenrechners berechne man die ersten 9 Glieder der Folge $(b_m)_{m \in \mathbb{N}_0}$,

$$b_m := \sqrt[2^m]{2}$$

Lsg:

m	2^m	$b_m = \sqrt[2^m]{2} = \sqrt{\sqrt[2^{m-1}]{2}} = \sqrt{b_{m-1}}$
0	1	$b_0 = \qquad\qquad = 2$
1	2	$b_1 = \sqrt{b_0} \qquad = 1.414\,213\,562$
2	4	$b_2 = \sqrt[4]{2} = \sqrt{b_1} = 1.189\,207\,115$
3	8	$b_3 = \sqrt[8]{2} = \sqrt{b_2} = 1.090\,507\,733$
4	16	$b_4 = \sqrt[16]{2} = \sqrt{b_3} = 1.044\,273\,782$
5	32	$b_5 = \sqrt[32]{2} = \sqrt{b_4} = 1.021\,897\,149$
6	64	$b_6 = \sqrt[64]{2} = \sqrt{b_5} = 1.010\,889\,286$
7	128	$b_7 = \sqrt[128]{2} = \sqrt{b_6} = 1.005\,429\,901$
8	256	$b_8 = \sqrt[256]{2} = \sqrt{b_7} = 1.002\,711\,275$
.	.	. . .
.	.	. . .
.	.	. . .
23	2^{23}	$b_{23} \qquad = \sqrt{b_{22}} = 1.000\,000\,083$
.	.	. . .
.	.	. . .
.	.	. . .
26	2^{26}	$b_{26} \qquad = \sqrt{b_{25}} = 1.000\,000\,010$
27	2^{27}	$b_{27} \qquad = \sqrt{b_{26}} = 1.000\,000\,005$
.	.	. . .
.	.	. . .
.	.	. . .
31	2^{31}	$b_{31} \qquad = \sqrt{b_{30}} = 1.0$

(5) Def.: Eine reelle Zahlenfolge $(a_n)_{n\in N}$ heißt **konvergent gegen die Zahl** $a \in I\!R$:gdw die Folgenglieder a_n kommen der Zahl a schließlich beliebig nahe (wenn nur der Folgenindex n genügend groß ist)

:gdw zu jeder positiven Zahl ϵ gibt es einen Index $n_0 \in I\!N$, so daß
für alle $n \geq n_0$ $\quad |a_n - a| < \epsilon$ ist.

Die Zahl a heißt dann der **Grenzwert** der Zahlenfolge, in Zeichen

$$a =: \lim_{n\to\infty} a_n \quad \Leftrightarrow \quad a_n \to a \quad \text{für } n \to \infty.$$

Bem.: Eine Folge mit dem Grenzwert 0 heißt eine **Nullfolge.**

Def.: Es seien a eine reelle Zahl und ϵ eine positive reelle Zahl. Unter der **ϵ-Umgebung** von a versteht man das offene Intervall

$$\mathcal{U}_\epsilon(a) := \{x \in I\!R : \mid x - a \mid < \epsilon\} = (a - \epsilon, \;\; a + \epsilon).$$

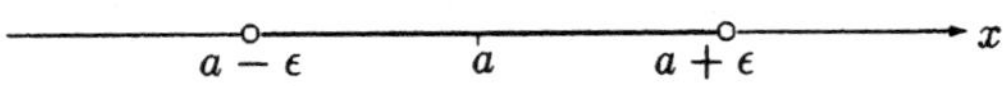

mit dem Mittelpunkt a und den Endpunkten $a - \epsilon$ und $a + \epsilon$. Unter der **punktierten ϵ-Umgebung** von a versteht man die Menge

$$\mathcal{U}^*_\epsilon(a) := \{x \in I\!R : \;\; 0 < \mid x - a \mid < \epsilon\}.$$

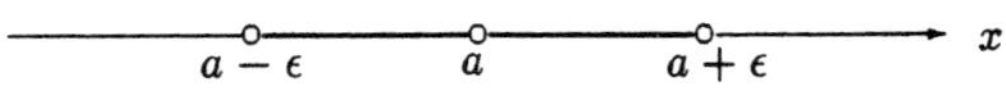

Bem.: Eine reelle Zahlenfolge $(a_n)_{n\in N}$ ist konvergent gegen a gdw in jeder ϵ-Umgebung von a liegen alle Folgenglieder, höchstens endlich viele ausgenommen.

(6) Cauchysches Konvergenzkriterium (Vollständigkeitsaxiom der reellen Zahlen): Eine reelle Zahlenfolge $(a_n)_{n\in N}$ ist konvergent dann und nur dann, wenn es zu jeder positiven Zahl ϵ einen Index $n_0 \in I\!N$ gibt, so daß für alle $n \geq n_0$ und $m \geq n_0$

$$\mid a_n - a_m \mid < \epsilon.$$

(7) Def.: Eine reelle Zahlenfolge heißt **divergent** :gdw sie ist nicht konvergent. Eine reelle Zahlenfolge $(a_n)_{n\in N}$ heißt **bestimmt divergent gegen** ∞ :gdw zu jeder positiven Zahl K gibt es einen Index $n_0 \in I\!N$, so daß für alle $n \geq n_0$ $\; a_n \geq K$ ist. Man schreibt dann auch

$$\lim_{n\to\infty} a_n = \infty \quad \Leftrightarrow \quad a_n \to \infty \quad \text{für } n \to \infty.$$

Aufgabe: Man formuliere die Definition des Begriffes "eine reelle Folge (a_n) ist **bestimmt divergent gegen** $-\infty$".

(8) Satz: (a_n) konvergent $\underset{\not\Leftarrow}{\Rightarrow}$ (a_n) beschränkt

(9) Satz von den "endlich vielen Änderungen":
Läßt man endlich viele Glieder einer Folge weg, oder ändert man endlich viele Folgenglieder ab, so bleibt das Konvergenzverhalten der Folge davon unberührt.

(10) Konvergenzkriterium für monotone Zahlenfolgen:
Eine monotone Folge reeller Zahlen ist konvergent dann und nur dann, wenn sie beschränkt ist. In diesem Falle gilt

$$\lim_{n\to\infty} a_n = \begin{cases} \sup\{a_n : n \in \mathbb{N}\}, & \text{wenn } (a_n) \text{ monoton wächst} \\ \inf\{a_n : n \in \mathbb{N}\}, & \text{wenn } (a_n) \text{ monoton fällt.} \end{cases}$$

Man benutzt für die monotone Konvergenz auch die Zeichen $a_n \nearrow a$ bzw. $a_n \searrow a$.

Beispiele für konvergente reelle Zahlenfolgen:

(i) $\lim\limits_{n\to\infty} a = a$ [in Worten: eine konstante Folge $(a_n)_{n\in\mathbb{N}}$, $a_n = a$ für alle $n \in \mathbb{N}$ ist konvergent mit dem Grenzwert a]

(ii) $\lim\limits_{n\to\infty} \dfrac{1}{n^\alpha} = 0$ wenn $\alpha > 0$

(iii) $\lim\limits_{n\to\infty} q^n = 0$ gdw. $|q| < 1$

(iv) $\lim\limits_{n\to\infty} \sqrt[n]{a} = 1$ wenn $a > 0$

(v) $\lim\limits_{n\to\infty} \sqrt[n]{n} = 1$

Beispiele für divergente reelle Zahlenfolgen:

(i) $\lim\limits_{n\to\infty} [a_1 + (n-1)\,d] = \infty$ wenn $d > 0$

(ii) $\lim\limits_{n\to\infty} c \cdot q^n = \infty$ wenn $q > 1$ und $c > 0$

(iii) $(c \cdot q^n)$ ist divergent wenn $q \leq -1$ und $c \neq 0$

(iv) $\lim\limits_{n\to\infty} \sqrt[n]{n!} = \infty$

(11) Majorantenkriterium:
Es sei $(a_n)_{n\in\mathbb{N}}$ eine reelle Zahlenfolge, $(b_n)_{n\in\mathbb{N}}$ eine Nullfolge nicht negativer reeller Zahlen und $a \in \mathbb{R}$. Wenn es einen Index n_1 gibt, so daß für alle $n \geq n_1$

$$|a_n - a| \leq b_n$$

gilt, so ist die Folge $(a_n)_{n\in\mathbb{N}}$ konvergent gegen a.

(B6) Ist (a_n) mit $a_n = 1 + \frac{(-1)^n}{n}$ konvergent? Wenn ja, bestimme man $\lim_{n\to\infty} a_n$.

Lsg: Die gegebene Folge ist konvergent gegen 1, wegen

$| a_n - 1 | = | \frac{(-1)^n}{n} | = \frac{1}{n}$ für alle n; und $b_n = \frac{1}{n}$ ist eine Nullfolge.

(12) Regeln für das Rechnen mit Grenzwerten:
Sind $(a_n)_{n\in \mathbb{N}}$ und $(b_n)_{n\in \mathbb{N}}$ konvergente reelle Zahlenfolgen, so sind auch die Folgen $(a_n + b_n)$, $(a_n - b_n)$, $(a_n \cdot b_n)$ und für $\alpha \in \mathbb{R}$ $(\alpha \cdot a_n)$ konvergent, und es gilt

(i) $\lim_{n\to\infty} (a_n \pm b_n) = \lim_{n\to\infty} a_n \pm \lim_{n\to\infty} b_n$

(ii) $\lim_{n\to\infty} (a_n \cdot b_n) = (\lim_{n\to\infty} a_n) \cdot (\lim_{n\to\infty} b_n)$

(iii) $\lim_{n\to\infty} (\alpha \cdot a_n) = \alpha \cdot \lim_{n\to\infty} a_n.$

Wenn alle Glieder $b_n \neq 0$ sind und $\lim_{n\to\infty} b_n \neq 0$ ist, gilt auch

(iv) $\lim_{n\to\infty} \frac{a_n}{b_n} = \frac{\lim_{n\to\infty} a_n}{\lim_{n\to\infty} b_n}$

Merkregel: Man kann mit Grenzwerten rechnen wie mit reellen Zahlen, solange alles "definiert" ist, was man hinschreibt.

(B7)

$$\lim_{n\to\infty} \frac{n^2+n}{2n^2+1} = \ ?$$

Lsg:

$$\lim_{n\to\infty} \frac{n^2+n}{2n^2+1} = \lim_{n\to\infty} \frac{1+\frac{1}{n}}{2+\frac{1}{n^2}} = \frac{\lim(1+\frac{1}{n})}{\lim(2+\frac{1}{n^2})} = \frac{1+\lim\frac{1}{n}}{2+\lim\frac{1}{n^2}} = \frac{1}{2}.$$

Tipp zur **Grenzwertberechung von rationalen Funktionen**: Division von Zähler und Nenner durch die im Nenner vorkommende Potenz mit größtem Exponenten.

(B8)

$$\lim_{n\to\infty} \frac{4n^2+8n+1}{5n^2-n+1} \cdot (1+\frac{1}{n}) = \ ?$$

Lsg:

$$\begin{aligned} \lim_{n\to\infty} \frac{4n^2+8n+1}{5n^2-n+1} \cdot (1+\frac{1}{n}) &= \lim \frac{4+\frac{8}{n}+\frac{1}{n^2}}{5-\frac{1}{n}+\frac{1}{n^2}} \cdot \lim(1+\frac{1}{n}) = \\ &= \frac{4}{5} \cdot 1 = \frac{4}{5}. \end{aligned}$$

(B9)

$$\lim_{n\to\infty}(\sqrt{n+1}-\sqrt{n}) = \ ?$$

Lsg:

$$\begin{aligned}\lim_{n\to\infty}(\sqrt{n+1}-\sqrt{n}) &= \lim(\sqrt{n+1}-\sqrt{n})\frac{\sqrt{n+1}+\sqrt{n}}{\sqrt{n+1}+\sqrt{n}}\\ = \lim_{n\to\infty}\frac{n+1\ -n}{\sqrt{n+1}+\sqrt{n}} &= \lim\frac{1}{\sqrt{n+1}+\sqrt{n}} = 0.\end{aligned}$$

(13) Def.: Es sei $(a_n)_{n\in N}$ eine Folge und

$$I\!N \ni k \overset{n}{\mapsto} n(k) = n_k \in I\!N$$

eine streng monoton wachsende Funktion. Dann heißt die Folge $(a_{n(k)})_{k\in N}$ eine **Teilfolge** der Folge (a_n).

Bsp.: Man betrachte die Folge $(a_n)_{n\in N}$, wobei $a_n = (-1)^n\frac{n+1}{n+2} = (-1)^n(1-\frac{1}{n+2})$ ist. Welches sind die Teilfolgen der Glieder mit geraden bzw. ungeraden Indizes?

Die Teilfolge $I\!N \ni k \mapsto n(k) = 2k$ der geraden natürlichen Zahlen ist streng wachsend, und die dazugehörige Teilfolge

$$(a_{2k})_{k\in N}, \quad a_{2k} = (-1)^{2k}\frac{2k+1}{2k+2} = 1 - \frac{1}{2k+2}$$

ist die gesuchte Teilfolge der Glieder mit geraden Indizes.
Die Teilfolge $I\!N \ni k \mapsto n(k) = 2k-1$ der ungeraden natürlichen Zahlen ist streng wachsend, und die dazugehörige Teilfolge

$$(a_{2k-1})_{k\in N}, \quad a_{2k-1} = (-1)^{2k-1}\frac{2k}{2k+1} = -1 + \frac{1}{2k+1}$$

ist die gesuchte Teilfolge der Glieder mit ungeraden Indizes.

(14) Def.: Eine Zahl $\alpha \in I\!R$ heißt ein **Häufungspunkt** der reellen Zahlenfolge $(a_n)_{n\in N}$:gdw in jeder ϵ-Umgebung von α liegen unendlich viele Glieder der Folge.

Bsp.: Die Folge $(a_n)_{n\in N}$, wobei $a_n = (-1)^n\frac{n+1}{n+2} = (-1)^n(1-\frac{1}{n+2})$ ist, besitzt genau die zwei Häufungspunkte

$$\alpha_1 = -1 \quad \text{und} \quad \alpha_2 = 1.$$

Begründung: Für $n = 2k-1, k \in I\!N$ ist nach dem vorstehenden Beispiel

$$\lim_{k\to\infty} a_{2k-1} = \lim_{k\to\infty}(-1+\frac{1}{2k+1}) = -1 =: \alpha_1,$$

und für $n = 2k, k \in I\!N$ ist

$$\lim_{k\to\infty} a_{2k} = \lim_{k\to\infty}(1 - \frac{1}{2k+2}) = 1 =: \alpha_2.$$

(15) Satz: Eine Zahl $\alpha \in I\!R$ ist ein Häufungspunkt der reellen Zahlenfolge $(a_n)_{n\in N}$ dann und nur dann, wenn es eine Teilfolge $(a_{n(k)})_{k\in N}$ von $(a_n))$ gibt, die gegen α konvergiert.

(16) Satz: Jede beschränkte reelle Zahlenfolge (a_n) besitzt einen kleinsten Häufungspunkt α_1 und eine größten Häufungspunkt α_2. Diese heißen die **Häufungsgrenzen** von (a_n) und werden mit

$$\alpha_1 =: \liminf_{n\to\infty} a_n \quad \text{und} \quad \alpha_2 =: \limsup_{n\to\infty} a_n$$

bezeichnet. Wenn (a_n) eine nach oben (bzw. nach unten) unbeschränkte Zahlenfolge ist, setzt man

$$\alpha_2 = \liminf_{n\to\infty} a_n := \infty \text{ bzw. } \alpha_1 = \limsup_{n\to\infty} a_n := -\infty.$$

Andere Namen für α_1 sind **untere Häufungsgrenze** oder **limes inferior** und für α_2 **obere Häufungsgrenze** oder **limes superior** von (a_n). Weiterhin sind die Bezeichnungen

$$\alpha_1 = \underline{\lim}_{n\to\infty} a_n, \quad \alpha_2 = \overline{\lim}_{n\to\infty} a_n$$

im Gebrauch.

(17) Def.: Gegeben sei eine reelle Zahlenfolge $(a_k)_{k\in N}$. Die Folge der **Teilsummen** $(s_n)_{n\in N}$,

$$s_n := a_1 + a_2 + \cdots + a_n,$$

heißt die **unendliche Reihe** mit den **Gliedern** a_k, in Zeichen

$$\sum_{k=1}^{\infty} a_k = (s_n)_{n\in N}.$$

Die Reihe $\sum_{k=1}^{\infty} a_k$ heißt **konvergent** mit der **Summe** s, in Zeichen

$$\sum_{k=1}^{\infty} a_k = s \qquad \text{:gdw} \qquad \lim_{n\to\infty} s_n = s.$$

Eine unendliche Reihe heißt **divergent** :gdw sie ist nicht konvergent. Eine unendliche Reihe $\sum_{k=1}^{\infty} a_k$ heißt **absolut konvergent** :gdw $\sum_{k=1}^{\infty} |a_k|$ ist konvergent.

(18) Satz: Jede absolut konvergente Reihe ist konvergent. Dabei gilt

$$|\sum_{k=1}^{\infty} a_k| \leq \sum_{k=1}^{\infty} |a_k|.$$

(B10)

$$\sum_{k=1}^{\infty}(\frac{1}{5})^k = \ ?$$

Lsg:

$$\begin{aligned} s_n = \sum_{k=1}^{n}(\frac{1}{5})^k &= \frac{1}{5} + (\frac{1}{5})^2 + ... + (\frac{1}{5})^n \\ &= \frac{1}{5}(1 + \frac{1}{5} + ... + (\frac{1}{5})^{n-1}) \\ &= \frac{1}{5} \cdot \frac{1-(\frac{1}{5})^n}{1-\frac{1}{5}} = \frac{1}{4} \cdot (1 - (\frac{1}{5})^n) \end{aligned}$$

$$\lim_{n\to\infty} s_n = \frac{1}{4}, \text{ weil } \lim_{n\to\infty}(\frac{1}{5})^n = 0.$$

(B11)

$$\sum_{k=1}^{\infty}\frac{1}{k(k+1)} = \ ?$$

Lsg:

$$\begin{aligned} s_n = \sum_{k=1}^{n}\frac{1}{k(k+1)} &= \frac{1}{1\cdot 2} + \frac{1}{2\cdot 3} + \cdots + \frac{1}{n\,(n+1)} \\ &= (1 - \frac{1}{2}) + (\frac{1}{2} - \frac{1}{3}) + \cdots + (\frac{1}{n} - \frac{1}{n+1}) \\ \text{(eine "Teleskopsumme")} \quad &= 1 - \frac{1}{n+1} \to 1 \text{ für } n \to \infty. \end{aligned}$$

(B12) $\sum_{k=1}^{\infty}\frac{1}{k} = \ ?$ **"harmonische Reihe"**

Lsg: Die harmonische Reihe ist bestimmt divergent gegen $+\infty$, weil für $m \in I\!N$

$$s_{2^m} = \sum_{k=1}^{2^m}\frac{1}{k} = 1 + \frac{1}{2} + \underbrace{\frac{1}{3} + \frac{1}{2^2}}_{2^1} + \underbrace{\frac{1}{5} + \frac{1}{6} + \frac{1}{7} + \frac{1}{2^3}}_{2^2}$$

Anzahl der Summanden:

$$+ \underbrace{\frac{1}{9} + \cdots + \frac{1}{2^4}}_{2^3} + \underbrace{\frac{1}{17} + \cdots + \frac{1}{2^5}}_{2^4} + \cdots + \underbrace{\frac{1}{2^{m-1}+1} + \cdots + \frac{1}{2^m}}_{2^{m-1}}$$

$$\geq 1 + \frac{1}{2} + \frac{2^1}{2^2} + \frac{2^2}{2^3} + \frac{2^3}{2^4} + \cdots + \frac{2^{m-1}}{2^m} = 1 + \frac{m}{2}$$

beliebig groß wird.

Zusatzfrage: Kann man die Divergenz der harmonischen Reihe mit einem Computer feststellen?

(19) Satz:

$$\sum_{k=1}^{\infty} a_k \text{ konvergent } \underset{\not\Leftarrow}{\Rightarrow} \lim_{n\to\infty} a_k = 0$$

(20) Summenformel der unendlichen geometrischen Reihe:
Die unendliche geometrische Reihe mit dem Quotienten x

$$\sum_{k=0}^{\infty} x^k \qquad \text{ist konvergent} \qquad \text{gdw. } |x| < 1.$$

Ihre Summe ist

$$\boxed{\sum_{k=0}^{\infty} x^k = \frac{1}{1-x} \qquad \text{wenn } |x| < 1.}$$

(B13) Barwert einer zukünftigen Zahlung (= Diskontieren = Abzinsen) bei jährlicher Verzinsung:
Ein Betrag von K DM [$K = 10\,000$] ist nach Ablauf von n Jahren [$n = 10$] fällig. Der Kapitalmarktzins betrage p % p.a. [$p = 5$]. Welcher Betrag y DM muß jetzt angelegt werden, damit er unter Zinseszins bei jährlicher Verzinsung in n Jahren auf K DM wächst?

Der gesuchte Betrag y DM heißt der **Barwert** oder **diskontierter Wert** von K DM, die nach Ablauf von n Jahren verfügbar sind.

Lsg: Unter Zinseszins bei jährlicher Verzinsung mit p % wachsen y DM in n Jahren auf K DM an:

$$K = y \cdot (1+r)^n \quad , \quad r = \frac{p}{100}$$

Also ist der gesuchte Barwert

Formel	Zahlenbeispiel
$y = \dfrac{K}{(1+r)^n}$	$y = \dfrac{10\,000}{1.05^{10}} = 6139.13$ DM

(B14) Barwert eines zukünftigen Kapitalstromes bei jährlicher Verzinsung:

Geg: Ein "**Ertragsstrom**" $K_0, K_1, \ldots, K_n$: jeweils am Ende des Jahres j ($j = 0, \ldots, n$) wird ein Geldbetrag der Höhe K_j fällig ("**nachschlüssige Zahlungen**" oder "**nachschüssige Rente**").

Zinsfuß : p % p.a.
Zinsfaktor : $q = 1 + \frac{p}{100} = 1 + r$

Ges: Barwert y DM des Ertragsstromes, bei Zinseszins mit jährlicher Verzinsung
a) am Ende des Jahres 0
b) am Anfang des Jahres 0
c) am Anfang des Jahres k $(k \in \mathbb{Z})$.

Lsg:

Zeit t [Jahre]	0	1	2	$\cdots$	k	$\cdots$	n	$n+1$
zum Zeitpunkt t fälliger Betrag [DM]		K_0	K_1	$\cdots$	K_k	$\cdots$	K_{n-1}	K_n
Barwert y_t zum Zeitpunkt t	y_0	y_1		$\cdots$	y_k			

a) $y_1 = K_0 + \frac{K_1}{q} + \frac{K_2}{q^2} + \cdots \frac{K_n}{q^n}$

[Addition der einzelnen Barwerte gemäß (B13)]

1. Sonderfall: "Ertragsstrom von konstanter Höhe":

$$K_0 = K_1 = K_2 = \cdots K_n = K :$$

$$y_1 = K \cdot \frac{q - q^{-n}}{q-1} = K \cdot \frac{q}{r} \cdot (1 - q^{-n-1})$$

2.Sonderfall: "unendlicher Ertragsstrom von konstanter Höhe":

$$K_0 = K_1 = K_2 = \cdots = K, \quad n \to \infty:$$

$$y_1 = K \cdot \frac{q}{r}$$

b) $y_0 = \frac{y_1}{q}$

c) $y_k = y_0 \cdot q^k$

(B15) Barkauf – Ratenkauf:

Welches Angebot für den Kauf einer Ware ist günstiger?

Kapitalmarktzins : 5 % p.a.
Zinsfaktor : $q = 1.05, \quad r = q - 1 = 0.05$

(1)	Barkauf zum Preis von	$K = 10\,000$ DM
(2)	Ratenkauf: sofortige Anzahlung von	500 DM
	Rest in 10 Jahresraten zu	1 200 DM
(3)	Ratenkauf: keine Anzahlung	
	Rest in 50 Jahresraten zu	550 DM

Lsg:
Barwert der Zahlungsreihe (2):

$$\begin{aligned} y &= 500 + 1200\,(\frac{1}{q} + \frac{1}{q^2} + \cdots + \frac{1}{q^{10}}) \\ &= 500 + \frac{1200}{q} \cdot \frac{1 - q^{-10}}{1 - q^{-1}} \\ &= 500 + \frac{1200}{r} \cdot (1 - q^{-10}) = 500 + \frac{1200}{0.05}(1 - 1.05^{-10}) \\ &= 500 + 24000 \cdot 0.386\,086\,746\,5 \\ &= \underline{9\,766.08 \;\; \text{DM}} \end{aligned}$$

Barwert der Zahlungsreihe (3):

$$y = \frac{550}{r}(1 - q^{-50}) = \underline{10\,040.76}$$

(B16) Rentabilität einer Investition:
Bei Einsatz einer Maschine können jährlich Einsparungen von B DM gemacht weden. Man rechnet mit einem "internen Zinsfuß" von p % (=: "**Kalkulationszinsfuß**", höher als der Kapitalmarktzins).

Veranschlagte Nutzungsdauer der Maschine:	n Jahre
Veranschlagter Restwert der Maschine:	R DM

Wie hoch darf der Anschaffungspreis K [in DM] höchstens sein, damit die Investition noch lohnend erscheint?

Vereinbarung: Einsparungen werden am Jahresende anfällig.

Lsg: Kaufpreis $\leq$ Barwert des Ertragsstromes

$$K \leq \frac{B}{q} + \frac{B}{q^2} + \cdots + \frac{B}{q^n} + \frac{R}{q^n} = \frac{B}{r}(1 - q^{-n}) + \frac{R}{q^n}$$

$$q := 1 + \frac{p}{100} =: 1 + r$$

(21) Regeln für das Rechnen mit unendlichen Reihen:
(Absolut) konvergente Reihen dürfen gliedweise addiert werden oder mit einer reellen Zahl multipliziert werden: die entstehenden Reihen sind wieder (absolut) konvergent, und es gilt

$$\sum_{k=1}^{\infty} a_k = a, \quad \sum_{k=1}^{\infty} b_k = b, \quad c \in \mathbb{R} \quad \Rightarrow \quad \begin{array}{l} \sum_{k=1}^{\infty}(a_k + b_k) = a + b \\ \sum_{k=1}^{\infty} c \cdot a_k = c \cdot a \end{array}$$

Zwei absolut konvergente Reihen dürfen beliebig multipliziert werden. Jede Produktreihe ist absolut konvergent mit stets gleichem Wert:

$$(\sum_{k=1}^{\infty} a_k)(\sum_{j=1}^{\infty} b_j) = \sum_{(k,j)=(1,1)}^{(\infty,\infty)} a_k \cdot b_j$$

(B17) $\displaystyle\sum_{k=1}^{\infty} \frac{3^k + 2^k}{6^k} = \ ?$

Lsg:

$$\sum_{k=1}^{\infty} \frac{3^k + 2^k}{6^k} = \sum_{k=1}^{\infty}(\frac{1}{2^k} + \frac{1}{3^k}) = \sum_{k=1}^{\infty} \frac{1}{2^k} + \sum_{k=1}^{\infty} \frac{1}{3^k} = \frac{1}{2} \cdot \sum_{s=0}^{\infty} \frac{1}{2^s} + \frac{1}{3} \cdot \sum_{t=0}^{\infty} \frac{1}{3^t} =$$

$$\frac{1}{2} \frac{1}{1 - \frac{1}{2}} + \frac{1}{3} \frac{1}{1 - \frac{1}{3}} = \frac{3}{2}$$

(22) Vergleichskriterien für unendliche Reihen:
Es seien $\sum_{k=1}^{\infty} c_k$ eine konvergente Reihe mit positiven Gliedern und $\sum_{k=1}^{\infty} d_k$ eine gegen $+\infty$ divergente Reihe mit positiven Gliedern. $\sum_{k=1}^{\infty} a_k$ und $\sum_{k=1}^{\infty} b_k$ seien zwei unendliche Reihen.

(i) Wenn es einen Index k_0 gibt, so daß für alle $k \geq k_0$ $|a_k| \leq c_k$ gilt, ist $\sum_{k=1}^{\infty} a_k$ absolut konvergent.

(ii) Wenn es einen Index k_1 gibt, so daß für alle $k \geq k_1$ $b_k \geq d_k$ gilt, so ist $\sum_{k=1}^{\infty} b_k$ divergent gegen $+\infty$

(B18) Ist $\displaystyle\sum_{k=1}^{\infty} \frac{1}{(k+1)^2}$ konvergent oder divergent ?

Lsg: Die Reihe ist konvergent, da für alle $k \geq 1$ $\quad \frac{1}{(k+1)^2} \leq \frac{1}{k(k+1)}$

und nach (B11) $\sum_{k=1}^{\infty} \frac{1}{k(k+1)} = 1$ konvergent ist.

(B19) Ist $\sum_{k=1}^{\infty} \frac{1}{\sqrt{k^2+1}}$ konvergent oder divergent ?

Lsg: Die Reihe ist divergent, da für alle $k \geq 1$ $\quad \frac{1}{\sqrt{k^2+1}} \geq \frac{1}{\sqrt{2} \cdot k}$

und nach (B12) $\sum_{k=1}^{\infty} \frac{1}{k}$ divergent ist.

(23) Wurzelkriterium für unendliche Reihen mit positiven Gliedern (hinreichend):
Eine unendliche Reihe

$$\sum_{k=1}^{\infty} a_k \quad \text{mit positiven Gliedern } a_k > 0 \text{ ist}$$

konvergent,	wenn	$\limsup_{k\to\infty} \sqrt[k]{a_k} < 1$	bzw.
divergent,	wenn	$\limsup_{k\to\infty} \sqrt[k]{a_k} > 1.$	
(Keine Aussage,	wenn	$\limsup_{k\to\infty} \sqrt[k]{a_k} = 1.)$	

(20) Quotientenkriterium für unendliche Reihen mit positiven Gliedern (hinreichend):
Eine unendliche Reihe

$$\sum_{k=1}^{\infty} a_k \quad \text{mit positiven Gliedern } a_k > 0 \text{ ist}$$

konvergent,	wenn	$\limsup_{k\to\infty} \frac{a_{k+1}}{a_k} < 1$	bzw.
divergent,	wenn	$\limsup_{k\to\infty} \frac{a_{k+1}}{a_k} > 1.$	
(Keine Aussage,	wenn	$\limsup_{k\to\infty} \frac{a_{k+1}}{a_k} = 1.)$	

(B20) Man zeige: Die Reihe $\sum_{k=0}^{\infty} \frac{x^k}{k!}$ ist für jedes $x \in I\!R$ absolut konvergent.

1. Lsg. (mit dem Quotientenkriterium): Für $x = 0$ ist nichts zu zeigen. Wenn $x \neq 0$, folgt für $a_k := \frac{|x|^k}{k!}$

$$\frac{a_{k+1}}{a_k} = \frac{\frac{|x|^{k+1}}{k!}}{\frac{|x|^k}{k!}} = \frac{|x|}{k+1} \to 0 \text{ für } k \to \infty.$$

Damit ist die Behauptung eine Folge des Quotientenkriteriums.

2. Lsg. (mit dem Wurzelkriterium): Wegen $\sqrt[k]{k!} \to \infty$ nach einem Beipiel für divergente Zahlenfolgen folgt

$$\sqrt[k]{\frac{|x|^k}{k!}} = \frac{|x|}{\sqrt[k]{k!}} \to 0$$

für alle $x \in I\!R$, wenn $k \to \infty$. Damit ist die Behauptung eine Folge des Wurzelkriteriums.

2.2 Natürliche Exponentialfunktion und natürlicher Logarithmus

(1) Satz: Die unendliche Reihe $\sum_{k=0}^{\infty} \frac{x^k}{k!}$ ist für jedes $x \in I\!R$ absolut konvergent.

Bew. von (1): Die Behauptung folgt sowohl aus dem Quotientenkriterium als auch aus dem Wuzelkriterium, vgl. 2.1(B20). Alternativ kann man sie wie folgt beweisen:

1. Sei $0 \leq x$. Wir wählen ein $m \in I\!N$ mit $x < m$. Dann folgt für $n > 2m$

$$s_n = \sum_{k=0}^{n} \frac{x^k}{k!} = \sum_{k=0}^{2m} \frac{x^k}{k!} + \frac{x^{2m+1}}{(2m+1)!} + \frac{x^{2m+2}}{(2m+2)!} + \cdots + \frac{x^n}{n!}$$

$$= \sum_{k=0}^{2m} \frac{x^k}{k!} + \frac{x^{2m}}{(2m)!} \cdot \left(\frac{x}{2m+1} + \frac{x^2}{(2m+1)(2m+2)} + \cdots + \frac{x^{n-2m}}{(2m+1)\cdots n}\right)$$

$$\leq \sum_{k=0}^{2m} \frac{x^k}{k!} + \frac{x^{2m}}{(2m)!} \cdot \left(\frac{1}{2} + \frac{1}{2^2} + \cdots + \frac{1}{2^{n-2m}}\right)$$

[denn wegen $x < m$ ist $\frac{x}{m} < 1$ und $\frac{x}{2m+1} < \frac{x}{2m} < \frac{1}{2}$, $\frac{x}{2m+2} < \frac{x}{2m} < \frac{1}{2}$ etc.]

$$\leq \sum_{k=0}^{2m} \frac{x^k}{k!} + \frac{x^{2m}}{(2m)!} \cdot \underbrace{\left(\frac{1}{1-\frac{1}{2}} - 1\right)}_{=1} =: K$$ (eine von n unabhängige obere Schranke).

(s_n) ist also eine monoton wachsende und beschränkte reelle Folge, also konvergent, nach dem Konvergenzkriterium für monotone Zahlenfolgen.

2. Sei $x < 0$. Dann folgt nach 1. $\sum_{k=0}^{\infty} \frac{|x|^k}{k!}$ ist konvergent, also $\sum_{k=0}^{\infty} \frac{x^k}{k!}$ absolut konvergent, also konvergent nach 1.1(14).

(2) Def.: Die Funktion

$$I\!R \ni x \quad \mapsto \quad \exp(x) \quad := \quad \sum_{k=0}^{\infty} \frac{x^k}{k!}$$

heißt die **natürliche Exponentialfunktion**, und die Zahl

$$e := \exp(1) \; = \; \sum_{k=0}^{\infty} \frac{1}{k!} \; = 2.718\,281\,828...$$

heißt die **Eulersche Zahl.**

(3) Satz: Additionstheorem der Exponentialfunktion
Für alle reellen Zahlen x, y gilt

$$\boxed{\exp(x+y) = \exp(x) \cdot \exp(y)}$$

Bew. von (3): $(\sum_{k=0}^{\infty} \frac{x^k}{k!}) \cdot (\sum_{j=0}^{\infty} \frac{y^j}{j!}) = \sum_{n=0}^{\infty} \frac{(x+y)^n}{n!}$ nach 1.1(17) und der nachstehenden "Multiplikationstafel":

	1	y	$\frac{y^2}{2!}$	$\frac{y^3}{3!}$	$\frac{y^4}{4!}$	$\dots$	$\dots$	$\frac{y^n}{n!}$	$\dots$
1	1	y	$\frac{y^2}{2!}$	$\frac{y^3}{3!}$	$\frac{y^4}{4!}$	$\dots$	$\dots$	$\frac{y^n}{n!}$	$\dots$
x	x	xy	$\frac{xy^2}{2!}$	$\frac{xy^3}{3!}$	$\frac{xy^4}{4!}$	$\dots$	$\frac{xy^{n-1}}{(n-1)!}$	$\frac{xy^n}{n!}$	$\dots$
$\frac{x^2}{2!}$	$\frac{x^2}{2!}$	$\frac{x^2y}{2!}$	$\frac{x^2y^2}{2!\,2!}$	$\frac{x^2y^3}{2!\,3!}$	$\dots$	$\dots$	$\dots$	$\dots$	$\dots$
$\frac{x^3}{3!}$	$\frac{x^3}{3!}$	$\frac{x^3y}{3!}$	$\dots$	$\dots$	$\dots$	$\dots$	$\dots$	$\dots$	$\dots$
$\frac{x^4}{4!}$	$\frac{x^4}{4!}$	$\frac{x^4y}{4!}$	$\dots$	$\dots$	$\dots$	$\dots$	$\dots$	$\dots$	$\dots$
$\vdots$	$\vdots$	$\vdots$	$\vdots$	$\vdots$	$\vdots$	$\vdots$	$\vdots$	$\vdots$	$\vdots$
$\vdots$	$\vdots$	$\frac{x^{n-1}y}{(n-1)!}$	$\vdots$	$\vdots$	$\vdots$	$\vdots$	$\vdots$	$\vdots$	$\vdots$
$\frac{x^n}{n!}$	$\frac{x^n}{n!}$	$\dots$	$\dots$	$\dots$	$\dots$	$\dots$	$\dots$	$\dots$	$\dots$
$\vdots$									

Die Summe aller Elemente in der n-ten Schrägzeile ($n = 0, 1, 2, ...$) ist

$$\frac{x^n}{n!} + \frac{x^{n-1}y}{(n-1)!} + \frac{x^{n-2}y^2}{(n-2)!\,2!} + \dots + \frac{xy^{n-1}}{(n-1)!} + \frac{y^n}{n!}$$

$$= \frac{1}{n!}\left[x^n + \binom{n}{1}x^{n-1}y + \binom{n}{2}x^{n-2}y^2 + \dots + \binom{n}{n-1}xy^{n-1} + y^n\right] = \frac{1}{n!}\cdot(x+y)^n$$

nach dem Binomischen Lehrsatz. Dazu und zu den **Binomialkoeffizienten** $\binom{n}{k}$ vgl. [Mü] p. 21.

(4) Bem: Für alle rationalen Zahlen $\frac{p}{q}$ ($p \in \mathbb{Z}$, $q \in \mathbb{N}$) ist $\exp(\frac{p}{q}) = e^{(p/q)}$.

(5) Def.: Für alle reellen Zahlen x wird definiert

$$e^x := \exp(x).$$

(B1) Mit Hilfe eines Taschenrechners überprüfe man die folgende Wertetabelle der natürlichen Exponentialfunktion:

x	e^x		
0	e^0		$= 1$
1	e^1	$= e$	$= 2.718\,281\,828$
2	e^2		$= 7.389\,056\,099$
-1	e^{-1}	$= \frac{1}{e}$	$= 0.367\,879\,441\,2$
-2	e^{-2}	$= \frac{1}{e^2}$	$= 0.135\,335\,283\,2$
$\sqrt{2}$	$e^{\sqrt{2}}$		$= 4.113\,250\,379$
10	e^{10}		$= 22026.465\,79$
100	e^{100}		$= 2.688\,117\,1 \cdot 10^{43}$

(6) Def.: Die Umkehrfunktion der natürlichen Exponentialfunktion heißt die **natürliche Logarithmusfunktion**

$$x \mapsto \ln x \qquad (\ln := \log_e)$$

Sie ist für $x > 0$ definiert, streng monoton wachsend und besitzt $\mathbb{R}$ als genaue Wertemenge.

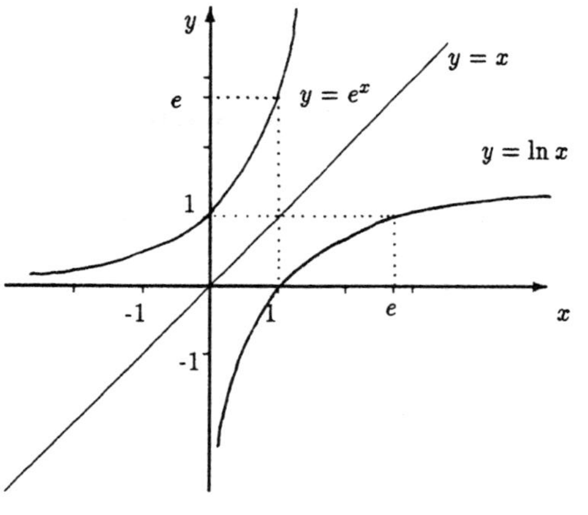

(B2) Mit Hilfe eines Taschenrechners überprüfe man die folgende Wertetabelle der natürlichen Logarithmusfunktion:

x	$\ln x$	
1	$\ln 1$	$= 0$
e	$\ln e$	$= 1$
e^{-1}	$\ln e^{-1}$	$= -1$
2.5	$\ln 2.5$	$= 0.916\,290\,731\,9$
7.389 056 099		$= 2$
0.5	$\ln 0.5$	$= -0.693.147\,180\,6$
0.001		$= -6.907\,755\,279$

(7) Satz: Additionstheorem der Logarithmusfunktion
Für alle positiven reellen Zahlen x und y gilt

$$\begin{aligned} \ln(x \cdot y) &= \ln x + \ln y \\ \ln(\frac{x}{y}) &= \ln x - \ln y \\ \ln(\frac{1}{y}) &= -\ln y \\ \ln a^x &= x \cdot \ln a \quad (a > 0,\ x \in I\!R) \end{aligned}$$

(8) Def.: Es sei a eine positive reelle Zahl ungleich 1 und x eine beliebige reelle Zahl. Dann ist die Potenz a^x durch

$$a^x := e^{x \cdot \ln a} = \left[e^{\ln a^x}\right]_{\text{Merkregel}}$$

definiert.

(B3) Man berechne mit einem Taschenrechner $c = 1.05^{1.423}$

a) über die nat. Exponentialfunktion;

b) über die Taste y^x.

Lsg:

a)
$$\begin{aligned} c &= 1.05^{1.423} = e^{\ln 1.05^{1.423}} = e^{1.423 \cdot \ln 1.05} \\ &= e^{1.423 \cdot 0.04879\ldots} = e^{0.069428\ldots} \\ &= \underline{1.071\,895\,315} \end{aligned}$$

b) $c = 1.05^{1.423} = \underline{1.071\,895\,315}$ (Taste y^x)

(B4) Beziehungen zwischen Logarithmusfunktionen mit verschiedenen Basen: Man zeige: Je zwei Logarithmusfunktionen $y = \log_a x$ und $y = \log_b x$ sind zueinander proportional: es gibt $c \in I\!R$, so dass für alle $x > 0$

$$\log_a x = c \cdot \log_b x.$$

Man bestimme c und berechne $\log_2 37 =$?

Lsg:
Für alle $x > 0$ und $g > 0,\ g \neq 1$ gilt

$$\begin{aligned} x &= a^{\log_a x} = (g^{\log_g a})^{\log_a x} &&= g^{\log_g a \cdot \log_a x} \quad \nwarrow \text{Vergleich der} \\ &= b^{\log_b x} &&= g^{\log_g b \cdot \log_b x} \quad \leftarrow \text{Eponenten:} \end{aligned}$$

$$\log_a x = \frac{\log_g b}{\log_g a} \cdot \log_b x$$

$$\text{Folg: } c = \underline{\frac{\log_g b}{\log_g a}} = \underbrace{\log_a b}_{(g=a \text{ gesetzt})} = \underbrace{\frac{1}{\log_b a}}_{(g=b \text{ gesetzt})} = \underbrace{\frac{\ln b}{\ln a}}_{(g=e \text{ gesetzt})}$$

Bsp: $\log_2 37 = \ ?$
Lsg: $\log_2 37 = c \cdot \ln 37 = \frac{1}{\ln 2} \cdot \ln 37 = \underline{5.209\,453\,366}$ $(b = g = e$ gesetzt$)$

(9) Satz: Für jede reelle Zahl r ist

$$\boxed{\lim_{n\to\infty} (1 + \frac{r}{n})^n = e^r}.$$

Bew. von (9) (nur für $r > 0$): Sei für $n \in I\!N$ $t_n := (1 + \frac{r}{n})^n$.

a) Für alle $n \in I\!N$ gilt $t_n \leq e^r$.

Bew. von a):

$$\begin{aligned} t_n &= (1 + \frac{r}{n})^n = 1 + \binom{n}{1}\frac{r}{n} + \binom{n}{2}\frac{r^2}{n^2} + \cdots + \binom{n}{n}\frac{r^n}{n^n} \\ &= 1 + r + \frac{r^2}{2!}(1 - \frac{1}{n}) + \frac{r^3}{3!}(1 - \frac{1}{n})(1 - \frac{2}{n}) + \cdots + \frac{r^n}{n!}(1 - \frac{1}{n})\cdots(1 - \frac{n-1}{n}) \\ &\leq 1 + \frac{r}{1!} + \frac{r^2}{2!} + \frac{r^3}{3!} + \cdots + \frac{r^n}{n!} + \cdots \quad = \quad e^r \end{aligned}$$

b) Die Folge (t_n) ist streng monoton wachsend.

Bew. von b): Folgt aus der Darstellung von t_n unter a).
Folgerung aus a) und b): $\lim\limits_{n\to\infty} t_n =: T$ existiert, und es gilt $T \leq e^r$

c) $T = e^r$

Bew. von c): Seien $m, n \in I\!N$ und $n < m$. Dann ist

$$\begin{aligned} t_m &= \underbrace{1 + \frac{r}{1!} + \frac{r^2}{2!}(1 - \frac{1}{m}) + \cdots + \frac{r^n}{n!}(1 - \frac{1}{m})(1 - \frac{2}{m})\cdots(1 - \frac{n-1}{m})}_{:=t^*_{m,n}} + \\ &\quad \cdots + \frac{r^m}{m!}(1 - \frac{1}{m})\cdots(1 - \frac{m-1}{m}) \quad \geq \quad t^*_{m,n}. \end{aligned}$$

Für jedes n ist die Folge $(t^*_{m,n})_{m \geq n}$ für $m \to \infty$ konvergent gegen die n-te Teilsumme s_n der Reihe $\sum\limits_{j=0}^{\infty} \frac{r^k}{k!} = e^r$: $\quad \lim\limits_{m\to\infty} t^*_{m,n} = s_n \leq \lim\limits_{m\to\infty} t_m = T \leq e^r$

Folgerung: $\lim\limits_{n\to\infty} s_n = e^r \quad \leq T \quad \leq e^r$, also $T = e^r$.

(B5) Zinseszins bei beliebiger Zinsperiode; stetige Verzinsung:
Jemand hat am 1. Januar 1950 ein Konto eröffnet und K DM [$K = 10\,000$] eingezahlt. Welches ist der Kontostand nach Ablauf von x Jahren [$x = 10$, $x = 40$], wenn keine weiteren Kontobewegungen stattfinden, der Zinsfuß konstant p % p.a. [$p = 5$] beträgt und die Zinsen jeweils nach Ablauf von $\frac{1}{m}$ Jahr [$m = 2$, $m = 4, m = 12$] gutgeschrieben und dann mitverzinst werden (Zinseszins bei $\frac{1}{m}$-jährlicher Verzinsung):
Was folgt für $m \to \infty$ bei festem x und festem p ?

Lsg:

jährlicher Zinssatz:	$r = \dfrac{p}{100}$	$r = 0.05$
$\frac{1}{m}$-jährl. Zinssatz:	$r_m = \dfrac{p}{100 \cdot m} = \dfrac{r}{m}$	$r_m = \dfrac{0.05}{m}$
Zinsfaktor bei $\frac{1}{m}$-jährlicher Verzinsung:	$q_m = 1 + r_m = 1 + \dfrac{r}{m}$	$q_m = 1 + \dfrac{0.05}{m}$

Datum	Kontostand in DM $\frac{1}{m}$-jährl. Verzinsung Formel	Kontostand in DM $m = 2$ halbj. V.	Kontostand in DM $m = 4$ viertelj. V.	Kontostand in DM $m = 12$ monatl. V.
1.1.1950	$a_1 = K$	10 000	10 000	10 000
$1.1.1950 + \frac{1}{m}$	$a_2 = K + K \cdot r_m = K \cdot q_m$	10 250	10 125	10 041.67
$1.1.1950 + \frac{2}{m}$	$a_3 = Kq_m + Kq_m r_m = Kq_m^2$	10 506.25	10 251.56	10 041.67
$1.1.1950 + \frac{k}{m}$	$a_{k+1} = K \cdot q_m^k$			
1.1.1960 = 1.1.1950 + 10	$a_{10\cdot m+1} = K \cdot q_m^{10\cdot m}$	16 386.16	16 436.19	16 470.09
1.1.1990 = 1.1.1950 + 40	$a_{40\cdot m+1} = K \cdot q_m^{40\cdot m}$	72 095.68	72 980.21	73 584.17
$1.1.1950 + x$	$a_{x\cdot m+1} = K \cdot q_m^{x\cdot m}$			

Bei $\frac{1}{m}$-jährlicher Verzinsung eines Kapitals von K DM zu einem Zinssatz von p% p.a. wächst dieses in x Jahren auf

$$\boxed{y = a_{x\cdot m+1} = K \cdot (1 + \frac{r}{m})^{x\cdot m}, \quad r = \frac{p}{100}.}$$

Für $m \to \infty$, bei festem x und festem p folgt

$$\lim_{m\to\infty} a_{x\cdot m+1} = \lim_{m\to\infty} K \cdot (1 + \frac{r}{m})^{x\cdot m} = K \cdot e^{r\cdot x}$$

Diesen Grenzfall bezeichnet man als **stetige Verzinsung.**

Bei stetiger Verzinsung eines Kapitals von K DM zu einem Zinssatz von $p\%$ p.a. wächst dieses in x Jahren auf y DM,

$$\boxed{y = K \cdot e^{r \cdot x}, \quad r = \frac{p}{100}}$$

Zinssatz $p\%$ p.a. $[p = 5]$	Kapital in DM	Kontostand in DM nach x Jahren $[x = 10]$ bei $\frac{1}{m}$ -jährl. Verzinsung $[m = 12]$	bei stetiger Verzinsung $m \to \infty$
$r = \frac{p}{100}$	K	$K \cdot (1 + \frac{r}{m})^{xm}$	$K \cdot e^{rx}$
$r = 0.05$	10 000	16 470.09	16 487.21

Bem.: Weil $(1 + \frac{r}{m})^m \nearrow e^r$ für $m \to \infty$ monoton wachsend ist, wächst ein Kapital bei stetiger Verzinsung schneller als bei $\frac{1}{m}$-jährlicher Verzinsung $(1 < m)$ und dabei schneller als bei jährlicher Verzinsung $(m = 1)$.

(B6) Barwert einer Zahlung bei $\frac{1}{m}$-jährlicher Verzinsung bzw. bei stetiger Verzinsung:
Ein Betrag von K DM $[K = 10\,000]$ ist nach Ablauf von x Jahren $[x = 10]$ fällig. Der Kapitalmarktzins betrage konstant p % p.a. $[p = 5]$. Welcher Betrag y DM muss jetzt angelegt werden, damit er unter Zinseszins bei einer Zinsperiode von $\frac{1}{m}$ Jahr $[m = 4,\ m = 12,\ m = \infty]$ in x Jahren auf K DM wächst ?

Der gesuchte Betrag y DM heißt der **Barwert** oder **diskontierter Wert** von K DM, der nach Ablauf von x Jahren verfügbar ist.

Lsg:
Unter Zinseszins bei $\frac{1}{m}$-jährlicher Verzinsung mit $p\%$ p.a. wachsen y DM in x Jahren auf K DM an:

$$K = y \cdot (1 + \frac{r}{m})^{x \cdot m}, \quad r = \frac{p}{100}.$$

Also ist der gesuchte Barwert

$\frac{1}{m}$-jährl. Verzinsung Formel	Zahlenbeispiele: $K = 10\,000,\ x = 10\ r = 0.05$ $m = 4$ (vierteljährl. Verzg.)	$m = 12$ (monatl. Verzg.)
$y = \dfrac{K}{(1 + \frac{r}{m})^{x \cdot m}}$	$y = \dfrac{10\,000}{(1 + \frac{0.05}{4})^{10 \cdot 4}} = 6\,084.13$	$y = \dfrac{10\,000}{(1 + \frac{0.05}{12})^{10 \cdot 12}} = 6\,071.32$

stetige Verzinsung	Zahlenbeispiel: $K = 10\,000,\quad x = 10\quad r = 0.05$
$y = K \cdot e^{-r \cdot x}$	$y = 10\,000 \cdot e^{-0.05 \cdot 10}$ $= 6\,065.31$

Bem.: Der Barwert y DM in einem gegebenen Zeitpunkt hängt von den Parametern $r = \frac{p}{100}$ und m ab, vom Zinssatz und der Häufigkeit des Zinszuschlages. Er ist umso kleiner, je höher der Zinssatz ist, und je häufiger die Zinszuschläge erfolgen.

Zur Begründung vgl. b) im Beweis von Satz (9).

Bem.: "Stetige Wachstumsprozesse" wie das Wachstum einer Population (Bsp: Tumor-Zellen, Tiere, Völker, radioaktiver Zerfall etc.) werden durch "stetige Verzinsung" beschrieben. Man vergleiche dazu auch Abschnitt 8.2.

2.3 Grenzwerte von Funktionen; asymptotisches Verhalten

(B1) Nähern sich die Funktionswerte von $y = f(x) = \frac{x}{x-1}$ für unbeschränkt wachsende x, d.h. $x \to \infty$, einem "Grenzwert"? Man betrachte eine Skizze des Graphen von f [vgl. 1.2(B6)].

Lsg:
Es ist $y = f(x) = \dfrac{x}{x-1} = 1 + \dfrac{1}{x-1}$, so dass für große $x > 1$ $f(x) \approx 1$ ist.
Genauer: der Abstand von $f(x)$ und 1,

$$|f(x) - 1| = \frac{1}{|x-1|},$$

wird umso kleiner, je größer $x > 1$ wird. Er wird beliebig klein! Ist ϵ eine beliebig vorgegebene positive reelle Zahl, so wird $|f(x) - 1| < \epsilon$ für hinreichend große x. Man hat nur $x > 1$ und $\dfrac{1}{|x-1|} = \dfrac{1}{x-1} < \epsilon$ zu verlangen, d.h. $x - 1 > \dfrac{1}{\epsilon}$ oder äquivalent: $x > 1 + \dfrac{1}{\epsilon}$.

(1) Def.: Es sei $f : [a, \infty) \to I\!R$ eine reelle Funktion, definiert auf einem Intervall $[a, \infty)$, und α eine reelle Zahl. Man sagt, für $x \to \infty$ **konvergiert** $f(x)$ gegen α, in Zeichen:

$$\lim_{x\to\infty} f(x) = \alpha \quad :\Leftrightarrow \quad f(x) \to \alpha \quad \text{für } x \to \infty$$

:gdw die Funktionswerte $f(x)$ sind von α beliebig wenig entfernt, wenn nur x genügend groß ist;

:gdw zu jeder positiven Zahl ϵ gibt es ein $x_0 > a$, so dass $f(x) \in \mathcal{U}_\epsilon(\alpha)$ für alle x mit $x_0 < x$;

:gdw zu jeder positiven Zahl ϵ gibt es ein $x_0 > a$, so dass $|f(x) - \alpha| < \epsilon$ für alle x mit $x_0 < x$.

Wenn für eine Gerade g mit der Gleichung $y = a + b \cdot x$

$$\lim_{x\to\infty} [f(x) - (a + b \cdot x)] = 0$$

gilt, sagt man, g ist eine **Asymptote** von f für $x \to \infty$.

(B2) Man definiere den Begriff "für $x \to -\infty$ konvergiert $f(x)$ gegen α" und die Zeichen $\lim\limits_{x\to-\infty} f(x) = \alpha$ bzw. $f(x) \to \alpha$ für $x \to -\infty$ analog zur Definition (1), und man gebe ein Beispiel. Man definiere den Begriff "eine Gerade g ist Asymptote von f für $x \to -\infty$" analog zu obiger Definition.

(B3) Hat die Funktion

$$y = f(x) = \frac{\frac{1}{2}x^2 + x + 1}{x + 1}$$

Asymptoten für $x \to \pm\infty$?

Lsg:

$y = f(x) = \frac{1}{2}(x+1) + \frac{1}{2}\frac{1}{x+1}$

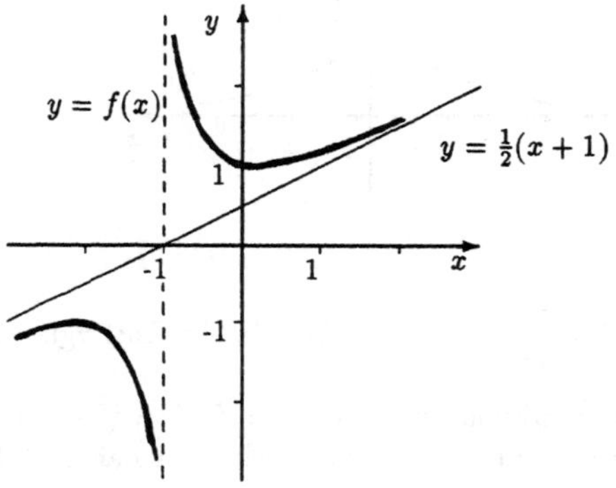

Die Funktion f besitzt für $x \to \pm\infty$ die Gerade $y = \frac{1}{2}(x+1)$ als Asymptote, denn **Polynomdivision** ergibt

$$
\begin{array}{rcccccl}
 & (\frac{1}{2}x^2 & + & x & + & 1) & :(x+1) = \frac{1}{2}x + \frac{1}{2} + \frac{1}{2}\cdot\frac{1}{x+1} \\
(-) & \frac{1}{2}x^2 & + & \frac{1}{2}x & & & \\
\hline
 & & & \frac{1}{2}x & + & 1 & \\
 & & (-) & \frac{1}{2}x & + & \frac{1}{2} & \\
\hline
 & & & & & \frac{1}{2} &
\end{array}
$$

und deswegen ist

$$\lim_{x\to\pm\infty}[f(x) - \frac{1}{2}(x+1)] = \lim_{x\to\pm\infty}\frac{1}{2}\frac{1}{x+1} = 0.$$

Beispiele für Grenzwerte:

(i) $\lim\limits_{x\to\infty}\frac{1}{x} = 0, \quad \lim\limits_{x\to-\infty}\frac{1}{x} = 0.$

(ii) $\lim\limits_{x\to\infty} a^{-x} = 0, \quad \lim\limits_{x\to-\infty} a^{x} = 0 \quad$ für $a > 1$.

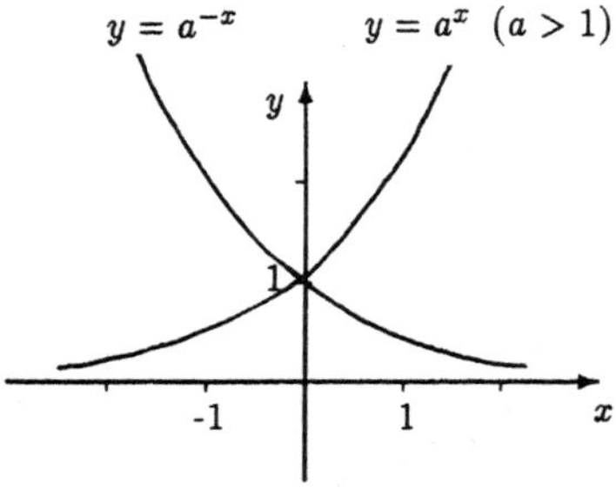

(iii) $$\lim_{x\to\infty}(1+\frac{r}{x})^x = e^r \quad (r \in \mathbb{R} \text{ beliebig, fest}) \text{ vgl. } 1.2(9)\ .$$

(B4) Nähern sich die Funktionswerte von $y = f(x) = \frac{x^2-1}{x-1}$, $\mathcal{D}_f = (1,\infty)$, einem "Grenzwert", wenn x sich der 1 von rechts her nähert ? Man skizziere den Graphen von f.

Lsg:
Die Funktion f ist an der Stelle $x = 1$ nicht definiert. Für alle $x > 1$ gilt aber

$$f(x) = \frac{x^2-1}{x-1} = \frac{(x-1)(x+1)}{x-1} = x+1. \quad \text{Es ist } f(x) \approx 2, \text{ wenn } x \approx 1.$$

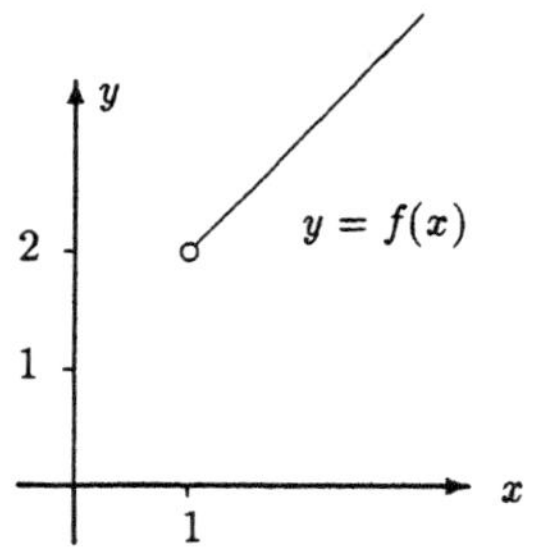

$f(x)$ ist von 2 beliebig wenig entfernt, wenn x von 1 hinreichend wenig entfernt ist: ist $\epsilon > 0$ beliebig klein vorgegeben, so ist $|f(x) - 2| = |x - 1| < \epsilon$, wenn nur $0 < x - 1 < \epsilon$ ist.

(2) Def.: Es sei $f : (x_0, b) \to \mathbb{R}$ eine reelle Funktion, die in einem Intervall (x_0, b) mit dem linken Endpunkt x_0 und einem rechten Endpunkt $b > x_0$ definiert ist, und α sei eine reelle Zahl. Man sagt, für $x \to x_0+$ (gesprochen: für x gegen x_0 von rechts her) **konvergiert** $f(x)$ gegen α, in Zeichen

$$\lim_{x\to x_0+} f(x) = \alpha \quad :\Leftrightarrow f(x) \to \alpha \text{ für } x \to x_0+$$

:gdw die Funktionswerte $f(x)$ sind von α beliebig wenig entfernt, wenn nur $x > x_0$ von x_0 hinreichend wenig entfernt ist;

:gdw zu jeder positiven Zahl ϵ gibt es eine positive Zahl δ, so dass $f(x) \in \mathcal{U}_\epsilon(\alpha)$ für alle $x \in (x_0, x_0 + \delta)$;

:gdw zu jeder positiven Zahl ϵ gibt es eine positive Zahl δ, so dass $|f(x) - \alpha| < \epsilon$ für alle x mit $0 < x - x_0 < \delta$.

Aufgabe: Man definiere den Begriff "für $x \to x_0-$ konvergiert $f(x)$ gegen α" und die Zeichen $\lim\limits_{x \to x_0-} f(x) = \alpha$ bzw. $f(x) \to \alpha$ für $x \to x_0-$ und gebe ein Beispiel.

(B5) Man untersuche die **Signumfunktion**

$$y = \operatorname{sign} x \begin{cases} 1 & \text{wenn } x > 0 \\ 0 & \text{wenn } x = 0 \\ -1 & \text{wenn } x < 0 \end{cases}$$

darauf, an welchen Stellen einseitige Grenzwerte existieren.

Lsg:

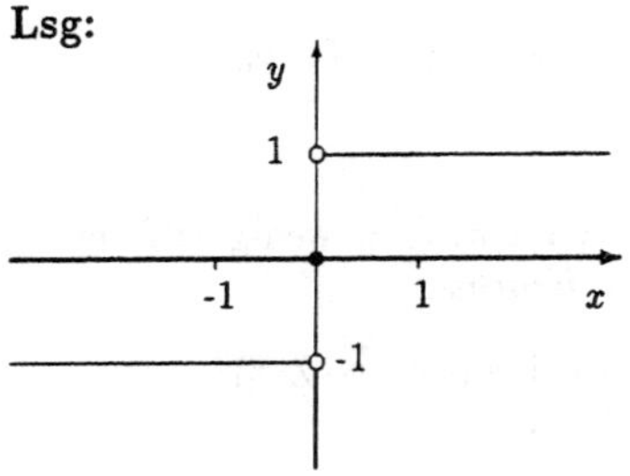

$$\lim_{x \to x_0+} \operatorname{sign} x = \begin{cases} 1 & \text{wenn } x_0 \geq 0 \\ -1 & \text{wenn } x_0 < 0 \end{cases}$$

$$\lim_{x \to x_0-} \operatorname{sign} x = \begin{cases} 1 & \text{wenn } x_0 > 0 \\ -1 & \text{wenn } x_0 \leq 0 \end{cases}$$

(B6) Die rationale Funktion $y = f(x) = \frac{1}{2} \cdot \frac{x^2 - a^2}{x - a}$, $a \in I\!R$ fest, ist nur an der Stelle $x = a$ nicht definiert. Nähern sich die Funktionswerte einem "Grenzwert", wenn sich x der Stelle a nähert ?

Lsg:
Für alle $x \neq a$ gilt

$$f(x) = \frac{1}{2} \cdot \frac{x^2 - a^2}{x - a} = \frac{1}{2} \cdot \frac{(x - a)(x + a)}{x - a} = \frac{1}{2}(x + a)$$

Für $x \approx a$ $(x \neq a)$ ist $f(x) \approx \frac{1}{2}(a + a) = a$.
Genauer: $f(x)$ kommt der Zahl a beliebig nahe, wenn

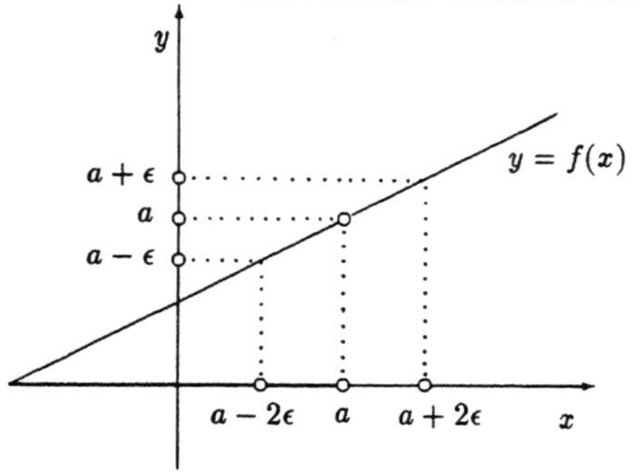

x der Zahl a genügend nahe kommt. Ist $\epsilon > 0$ beliebig vorgegeben, so wird $|f(x) - a| = \frac{1}{2}|x - a| < \epsilon$, wenn nur $\frac{1}{2}|x - a| < \epsilon$ ist, äquivalent $|x - a| < 2\epsilon$.

(3) Def.: Es sei $f : \mathcal{U}^*_\gamma(x_0) \to \mathbb{R}$ eine reelle Funktion, die in einer gewissen punktierten Umgebung $\mathcal{U}^*_\gamma(x_0)$ eines Punktes $x_0 \in \mathbb{R}$ definiert ist, und α sei eine reelle Zahl. Man sagt für $x \to x_0$ **konvergiert** $f(x)$ gegen α, in Zeichen

$$\lim_{x \to x_0} f(x) = \alpha \quad \Leftrightarrow \quad f(x) \to \alpha \text{ für } x \to x_0$$

:gdw die Funktionswerte $f(x)$ sind von α beliebig wenig entfernt, wenn x von x_0 hinreichend wenig entfernt ist;

:gdw zu jeder positiven Zahl ϵ gibt es eine positive Zahl δ, so dass $f(x) \in \mathcal{U}_\epsilon(\alpha)$ für alle $x \in \mathcal{U}^*_\delta(x_0)$;

:gdw zu jeder positiven Zahl ϵ gibt es eine positive Zahl δ, so dass $|f(x) - \alpha| < \epsilon$ für alle x mit $0 < |x - x_0| < \delta$;

:gdw rechtsseitiger und linksseitiger Grenzwert existieren und beide sind gleich α;

:gdw $\lim\limits_{x \to x_0+} f(x) = \lim\limits_{x \to x_0-} f(x) = \alpha$.

(B7) Existiert $\lim\limits_{x \to 0} \dfrac{x}{|x|}$?

Lsg: Für $x \neq 0$ ist $\dfrac{x}{|x|} = \operatorname{sign} x$. $\lim\limits_{x \to 0} \dfrac{x}{|x|}$ existiert nicht, da zwar die einseitigen Grenzwerte $\lim\limits_{x \to 0+} \dfrac{x}{|x|} = 1$, $\lim\limits_{x \to 0-} \dfrac{x}{|x|} = -1$ existieren, diese aber nicht übereinstimmen.

(4) Satz: Zusammenhang zwischen Grenzwerten von Funktionen und von Zahlenfolgen ($x_0 \in \mathbb{R}$ oder $x_0 = \infty$ oder $x_0 = -\infty$):

$$\lim_{x \to x_0} f(x) = \alpha \quad \text{gdw} \quad \begin{cases} \text{für jede Folge } (x_n)_{n \in \mathbb{N}} \text{ von} \\ \text{Punkten, die im Definitionsbereich von } f \\ \text{liegen, so dass} \\ \qquad \lim_{n \to \infty} x_n = x_0 \\ \text{ist, gilt} \\ \qquad \lim_{n \to \infty} f(x_n) = \alpha \end{cases}$$

Bem.: Der Satz bleibt gültig, wenn nur monotone Folgen (x_n) betrachtet werden.

(B8) Es sei $f : [a, \infty) \to \mathbb{R}$ eine monoton wachsende und beschränkte Funktion. Existiert $\lim_{x \to \infty} f(x)$?

Lsg: $\lim_{x \to \infty} f(x) = \sup_{x > a} f(x) :=$ kleinste obere Schranke von f auf $[a, \infty)$, nach (4) und dem Konvergenzkriterium für montone Zahlenfolgen .

(5) Def.: Es seien a, b reelle Zahlen. Dann heißt

$\min\{a, b\} := \begin{cases} a & \text{wenn } a \leq b \\ b & \text{sonst} \end{cases}$ das **Minimum** von a und b

$\max\{a, b\} := \begin{cases} b & \text{wenn } a \leq b \\ a & \text{sonst} \end{cases}$ das **Maximum** von a und b.

(B9) Man ermittle für $y = f(x) = \min\{x, 10 - x\}$

a) $\lim_{x \to 0} f(x) = ?$ b) $\lim_{x \to 5} f(x) = ?$

Lsg:

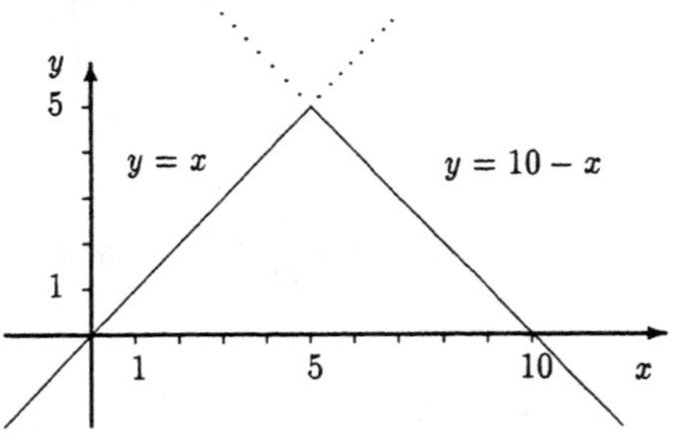

a) in einer Umgebung $\mathcal{U}_\delta(0)$ (für $\delta < 5$) ist $f(x) = x$, also $\lim_{x \to 0} f(x) = \lim_{x \to 0} x = 0$.

b) Wegen
$$\begin{aligned} \lim_{x \to 5-} f(x) &= \lim_{x \to 5-} x = 5 && \text{und} \\ \lim_{x \to 5+} f(x) &= \lim_{x \to 5+} (10 - x) = 5 && \text{ist} \\ \lim_{x \to 5} f(x) &= 5 \end{aligned}$$

(6) Beispiele für Grenzwerte:

(i) $\lim\limits_{x \to x_0} x = x_0.$

(ii) $\lim\limits_{x \to 0}(1 + r\,x)^{\frac{1}{x}} = e^r$ (e: Eulersche Zahl, $r \in \mathbb{R}$ beliebig fest).

(iii) $\lim\limits_{x \to 0} \frac{\sin x}{x} = 1.$

(iv) $\lim\limits_{x \to 0} \frac{e^x - 1}{x} = 1.$

Bem.: Die Grenzwerte (iii) und (iv) werden nur innerhalb der Mathematik gebraucht.

Bew. von (iii): Da $y = \frac{\sin x}{x}$ eine gerade Funktion ist, genügt es $\lim_{x \to 0+} \frac{\sin x}{x} = 1$ zu zeigen.

1. $0 < x < \frac{\pi}{2} \;\Rightarrow\; \sin x < x < \tan x.$

   Bew. von 1.: Vergleich der Fächeninhalte zweier Dreiecke mit gemeinsamer Grundseite der Länge 1 und der Höhe sin x bzw tan x mit dem Flächeninhalt des Kreissektors zum Bogen x

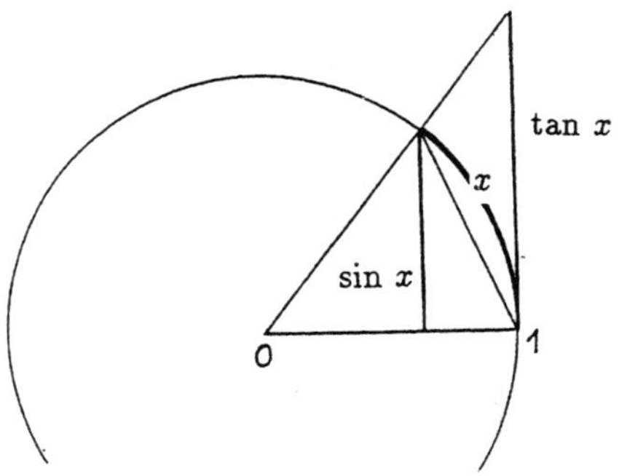

$$\frac{1}{2} \cdot 1 \cdot \sin x \le \pi \cdot 1^2 \cdot \frac{x}{2\pi} \le \frac{1}{2} \cdot 1 \cdot \tan x$$

2.

$$0 < x < \frac{\pi}{2} \quad \Rightarrow \quad 1 - x^2 < \frac{\sin x}{x} < 1$$

Bew. von 2.: $\frac{\sin x}{x} < 1$ [nach 1.]

$0 < x < \frac{\pi}{2} \Rightarrow \frac{x}{\sin x} < \frac{\tan x}{\sin x} = \frac{1}{\cos x}$ [nach 1.]

$\Rightarrow \frac{\sin x}{x} > \cos x > \cos^2 x = 1 - \sin^2 x > 1 - x^2$

↑ da $0 < \cos x < 1$ ↑ nach 1.

Folgerung aus 1., 2.: Zu jeder beliebig vorgegebenen positiven Zahl ϵ gibt es eine positive Zahl δ, $0 < \delta < \min\{\sqrt{\epsilon}, \frac{\pi}{2}\}$, so dass für alle x mit $0 < x < \delta$ $|\frac{\sin x}{x} - 1| = 1 - \frac{\sin x}{x} < x^2 < \epsilon$ ist.

Bew: von (iv):

$$
\begin{aligned}
e^x &= 1 + \frac{x}{1!} + \frac{x^2}{2!} + \cdots \\
e^x - 1 &= \frac{x}{1!} + \frac{x}{2!} + \cdots \\
\frac{e^x - 1}{x} &= 1 + \frac{x}{2!} + \frac{x^2}{3!} + \cdots \\
\frac{e^x - 1}{x} - 1 &= \frac{x}{2!} + \frac{x^2}{3!} + \cdots \quad \text{ist absolut konvergent}
\end{aligned}
$$

$$
\begin{aligned}
0 < |x| < 1 \Rightarrow |\frac{e^x - 1}{x} - 1| &< |x| \cdot (\frac{1}{2!} + \frac{1}{3!} + \cdots) \\
&= |x| \cdot (1 + \frac{1}{1!} + \frac{1}{2!} + \frac{1}{3!} + \cdots - 2) \\
&= |x| \cdot (e - 2) \\
&< |x|
\end{aligned}
$$

Folgerung: zu jeder beliebig vorgegebenen Zahl $\epsilon > 0$ gibt es eine positive Zahl $\delta = \min\{\epsilon, 1\}$, so dass für alle x mit $0 < |x| < \delta$ $|\frac{e^x-1}{x} - 1| < \epsilon$ ist.

(B10) Existiert $\lim_{x \to 1} \frac{x}{x-1}$?

Lsg: $\lim_{x \to 1} \frac{x}{x-1}$ existiert nicht, da die rationale Funktion $y = f(x) = \frac{x}{x-1}$ an der Stelle $x = 1$ einen Pol hat: f ist in jedem punktierten Intervall $\mathcal{U}_\delta^*(1)$ unbeschränkt. Man vgl. 1.2(B6)

(B11) Existiert $\lim_{x \to 0} \sin \frac{1}{x}$?

Lsg:
$\lim_{x \to 0} \sin \frac{1}{x}$ existiert nicht, da die Funktion $y = f(x) = \sin \frac{1}{x}$ in jedem offenen Intervall, das den Nullpunkt enthält, unendlich oft zwischen den Werten + 1 und - 1 "hin und her schwankt"

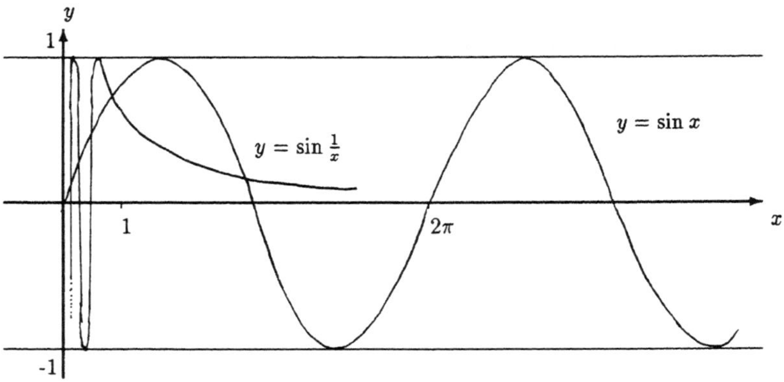

(7) Regeln für das Rechnen mit Grenzwerten:
Es sei x_0 eine reelle Zahl, oder x_0 bedeute eines der Symbole $+\infty$, $-\infty$. Wenn $\lim_{x\to x_0} f(x)$ und $\lim_{x\to x_0} g(x)$ existieren und $c \in I\!R$ ist, dann existieren auch die Grenzwerte

$\lim_{x\to x_0}[f(x)+g(x)]$, $\lim_{x\to x_0}[f(x)\cdot g(x)]$, $\lim_{x\to x_0}[c\cdot f(x)]$, und es gelten

$$\begin{array}{lll} \text{(i)} & \lim_{x\to x_0}[f(x)+g(x)] & = \lim_{x\to x_0} f(x) + \lim_{x\to x_0} g(x) \\ \text{(ii)} & \lim_{x\to x_0}[f(x)\cdot g(x)] & = (\lim_{x\to x_0} f(x))\cdot(\lim_{x\to x_0} g(x)) \\ \text{(iii)} & \lim_{x\to x_0}[c\cdot f(x)] & = c\cdot \lim_{x\to x_0} f(x) \end{array}$$

Wenn es ein Intervall (a,b) gibt, so dass $x_0 \in (a,b)$ und für alle $x \in (a,b)$ mit $x \neq x_0$ $g(x) \neq 0$ gilt und $\lim_{x\to x_0} g(x) \neq 0$ ist, so gilt auch

$$\text{(iv)} \quad \lim_{x\to x_0} \frac{f(x)}{g(x)} = \frac{\lim_{x\to x_0} f(x)}{\lim_{x\to x_0} g(x)}$$

Bem.: Der Satz gilt analog für einseitige Grenzwerte.

(B12) Bei der Produktion einer Ware entstehen Stückkosten in Höhe von $K_1 = 50$ DM/Stück, wenn für die Ausbringungsmenge x gilt: $0 \leq x \leq 100$. Sollen mehr als 100 Stück pro Tag produziert werden, so steigen die Stückkosten für jedes weitere Stück auf $K_2 = 80$ DM/Stück. Man bestimme die Funktion

a) der Gesamtkosten $K = K(x)$ in Abhängigkeit von der Ausbringungsmenge x;

b) der **durchschnittlichen Stückkosten**

$$k(x) = \frac{\text{Gesamtkosten } K(x)}{\text{Ausbringungsmenge } x}$$

und ermittle, falls der Grenzwert existiert,

c) $\lim\limits_{x\to\infty} k(x)$.

Annahme: Das betrachtete Gut ist beliebig teilbar.

Lsg:

a)

$$K(x) = \begin{cases} 50 \cdot x & \text{für } 0 \leq x \leq 100 \\ 50 \cdot 100 + 80 \cdot (x - 100) & \text{für } 100 \leq x \\ = 80x - 3000 & \end{cases}$$

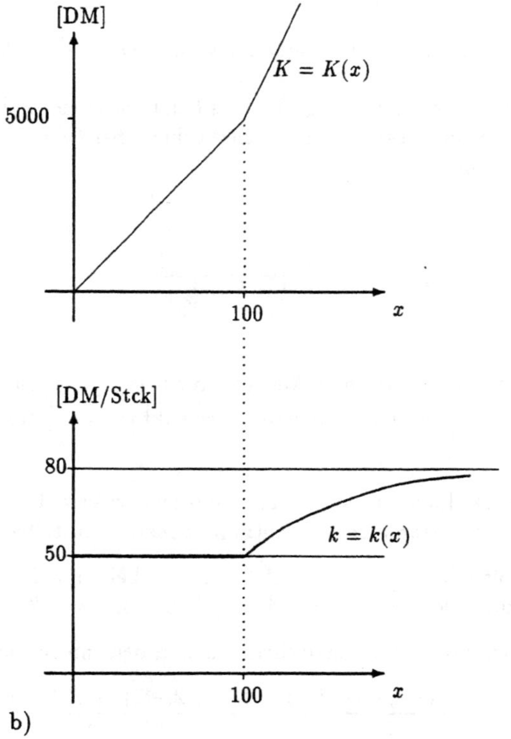

b)

$$k(x) = \begin{cases} 50 & \text{für } 0 \leq x \leq 100 \\ 80 - \frac{3000}{x} & \text{für } 100 \leq x \end{cases}$$

c) $\lim\limits_{x\to\infty} k(x) = 80 - \lim\limits_{x\to\infty} \dfrac{3000}{x} = 80.$

(B13) Man skizziere den Graphen der Funktion

$$y = f(x) = \frac{x^3 + 4x^2 - 9x - 36}{4(x^2 + x - 2)} = \frac{(\frac{1}{4}x + 1)(x + 3)(x - 3)}{(x - 1)(x + 2)} \quad ^{*)}$$

$$= \frac{1}{4}(x+3) - \frac{5}{2}\frac{x+3}{(x-1)(x+2)} = \frac{1}{4}(x+3) - \frac{5}{6}(\frac{4}{x-1} - \frac{1}{x+2}) \quad ^{**})$$

Lsg:

Der dritten Darstellung von f, die man durch Polynomdivision des Zählerpolynoms durch das Nennerpolynom erhält, entnimmt man, dass für $x \to \pm\infty$

$$f(x) - \frac{1}{4}(x+3) = -\frac{5}{2}\frac{x+3}{x^2+x-2} \to 0$$

strebt. Also ist für $x \to \pm\infty$ die Gerade $y = g(x) = \frac{1}{4}(x+3)$ Asymptote von f.
Dagegen liefert die erste Darstellung von f als Quotient zweier Polynome, je in "**additiver Normaldarstellung**", nach Ausklammern von x^3 im Zähler und von x^2 im Nenner,

$$f(x) = \frac{x}{4} \cdot \frac{1 + \frac{4}{x} - \frac{9}{x^2} - \frac{36}{x^3}}{1 + \frac{1}{x} - \frac{2}{x^2}},$$

und daraus folgt nur die schwächere Aussage: für $x \to \pm\infty$ verhält sich $f(x)$ **asymptotisch** wie $\frac{x}{4}$, weil der Grenzwert des Faktors von $\frac{x}{4}$ für $x \to \pm\infty$ gleich 1 ist

Der zweiten Darstellung *) von f als Quotient zweier Polynome, je vollständig in Linearfaktoren zerlegt, entnimmt man unmittelbar:

f besitzt Polstellen bei $x = -2$ und bei $x = 1$;
f besitzt Nullstellen bei $x = -4$ $x = -3$ u. $x = 3$;

Daraus ergibt sich jeweils das Vorzeichen von f in den Intervallen

Intervall	$(-\infty, -4)$	$(-4, -3)$	$(-3, -2)$	$(-2, -1)$	$(1, 3)$	$(3, \infty)$
sign f	$-$	$+$	$-$	$+$	$-$	$+$

Mit diesen Informationen kann man bereits eine grobe Skizze des Graphen von f anfertigen, die später mit Methoden der Differentialrechnung (Extremwertbestimmung, Wendepunkte usw.) präzisiert werden kann.

Eine gute Grundlage zur Herstellung einer Skizze ist auch die vierte Darstellung **) der rationalen Funktion f als Summe ihrer "**Partialbrüche**", die von relativ einfacher Gestalt sind und "graphisch addiert" werden können.

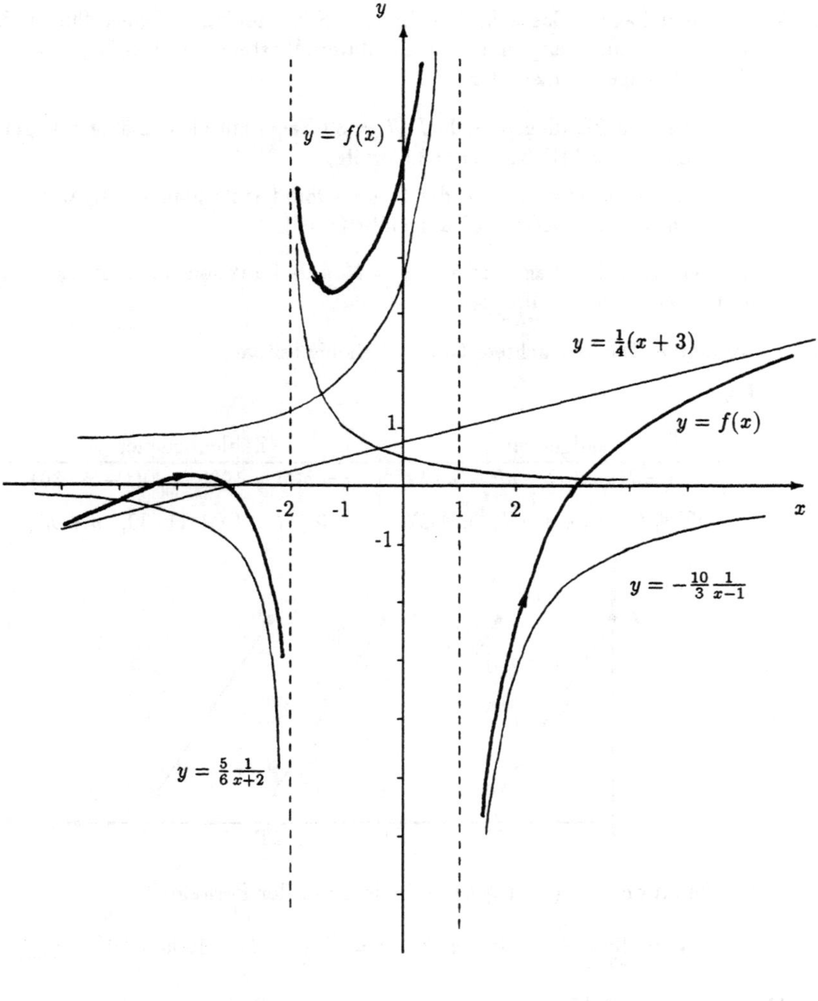
y
y = f(x)
y = ¼(x + 3)
1
y = f(x)
-2
-1
1
2
x
-1
y = −10/3 · 1/(x−1)
y = 5/6 · 1/(x+2)

2.4 Stetigkeit, Eigenschaften stetiger Funktionen

(B1) In einem Lager (Gastank, Benzintank, Ersatzteillager, Baustofflager ö.ä.) befinde sich zum Zeitpunkt $t = 0$ ein Materialbestand von B ME. $[B = 1000]$. Es werde angenommen, dass

- über die Planungsperiode T $[T = 30$ Tage$]$ ein gleichmäßiger Lagerabgang von a ME/Tag $[a = 30]$ erfolgt;
- im Zeitpunkt $n \cdot T$ wird das Lager sofort (Auffülldauer = 0) wieder auf den Maximalbestand B aufgefüllt ($n = 1, 2, \ldots$).

Man ermittle den Lagerbestand $y = b(t)$ als Funktion der Zeit, skizziere b und berechne $m := \lim\limits_{t \to T-0} b(t)$.

Annahme: Das betrachtete Gut ist beliebig teilbar.

Lsg:

allgemein	Zahlenbeispiel
$y = b(t) = B - a(t - nT)$	$y = b(t) = 1000 - 30(t - n \cdot 30)$
$nT \leq t < (n+1) \cdot T, \quad n \in I\!N_0$	$n \cdot 30 \leq t < (n+1) \cdot 30, \quad n \in I\!N_0$

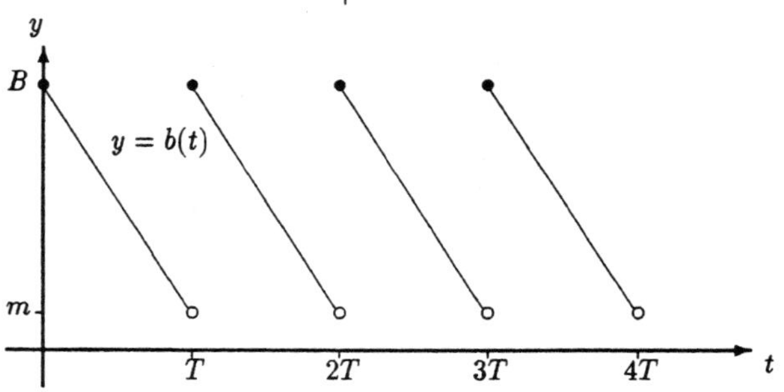

Die Funktion b ist (für $t \geq 0$) periodisch mit der Periode T.

$$m := \lim_{t \to T-0} b(t) = B - a \cdot T \;\Big|\; m = \lim_{t \to 30-0} b(t) = 1000 - 30^2 = \underline{100}$$

(1) Def.: Es sei $x_0 \in I\!R$ und f eine reelle Funktion, die in einer ϵ-Umgebung von x_0 definiert ist. f heißt **an der Stelle x_0 stetig** :gdw

$$\lim_{x \to x_0} f(x) = f(x_0) = f(\lim_{x \to x_0} x)$$

:gdw der Grenzwert von $f(x)$ für $x \to x_0$ ist gleich dem Funktionswert $f(x_0)$;

:gdw Grenzwertzeichen und Funktionszeichen dürfen vertauscht werden.

(B2) Man gebe analoge Definitionen für die Begriffe "f ist an der Stelle x_0 linksseitig [bzw. rechtsseitig] stetig".

(2) Def.: Eine reelle Funktion f heißt **stetig** :gdw f ist an jeder Stelle $x_0 \in \mathcal{D}_f$ stetig.

Beispiele stetiger Funktionen:

(i) Jedes Polynom ist stetig.

(ii) Jede rationale Funktion ist stetig.

(iii) Jede Potenzfunktion ist stetig.

(iv) Die Funktionen sin, cos, tan, cotan sind stetig.

(v) Die Exponential- und Logarithmusfunktionen sind stetig.

Bem.: Aus den Regeln für das Rechnen mit Grenzwerten 2.3(7) folgt: Summe, Produkt und Quotient stetiger Funktionen sind stetig.

(B3) Man untersuche, ob die Funktionen aus 2.3(B12)

$$K(x) = \begin{cases} 50\,x & \text{für } 0 \leq x \leq 100 \\ 80\,x - 3000 & \text{für } 100 \leq x \end{cases} \quad \begin{matrix}\text{Gesamt-} \\ \text{kosten}\end{matrix}$$

bzw.

$$k(x) = \begin{cases} 50 & \text{für } 0 \leq x \leq 100 \\ 80 - \frac{3000}{x} & \text{für } 100 \leq x \end{cases} \quad \begin{matrix}\text{durchschnittliche} \\ \text{Stückkosten}\end{matrix}$$

stetig sind.

Lsg: Beide Funktionen K und k sind sicher stetig an allen von $x_0 = 100$ verschiedenen Stellen $x \in [0, \infty)$, weil sie in einer Umgebung von x mit einer rationalen Funktion übereinstimmen. Beide sind aber auch an der "Nahtstelle" $x_0 = 100$ stetig, wegen

$$\begin{aligned} K(100) &= 5\,000 = \lim_{x \to 100-} K(x) = \lim_{x \to 100+} K(x) = \lim_{x \to 100} K(x) \\ k(100) &= 50 = \lim_{x \to 100-} k(x) = \lim_{x \to 100+} k(x) = \lim_{x \to 100} k(x). \end{aligned}$$

"Man kann den Graphen in einem Zug, ohne abzusetzen, zeichnen."

Beispiele unstetiger Funktionen:

(i) Die Signum-Funktion 2.3(B5) ist an der Stelle 0 unstetig.

(ii) Die Funktion

$$f(x) = \begin{cases} \frac{1}{2} \cdot \frac{x^2 - a^2}{x - a} & \text{für } x \neq a \\ 2a & \text{für } x = a \end{cases}$$

ist an der Stelle $x = a$ unstetig, wenn $a \neq 0$, da $\lim_{x \to a} f(x) = a$ [vgl. 2.3(B6)]. An allen Stellen $x \neq a$ ist f stetig (als Quotient stetiger Funktionen).

(iii) Die Funktion "Lagerbestand als Funktion der Zeit" (B1) ist unstetig an den Stellen $t = n \cdot T$ ($n \in \mathbb{N}$) mit "Sprüngen" der Größe $B - m$.

(iv) Die Funktion

$$y = \begin{cases} \sin \frac{1}{x} & \text{für } x \neq 0 \\ 0 & \text{für } x = 0 \end{cases}$$

[vgl. 2.3(B11)] ist an der Stelle $x = 0$ unstetig.

(3) Satz von der Stetigkeit der Umkehrfunktion:
Es sei $I \subset \mathbb{R}$ ein Intervall und $f : I \to \mathbb{R}$ streng monoton wachsend und stetig. Dann ist die Umkehrfunktion $f^{-1} : \mathcal{W}_f \to I$ auch streng monoton wachsend und stetig.

(4) Def.: Es sei $f : A \to \mathbb{R}$ eine reellwertige Funktion. Man sagt, f besitzt an der Stelle $x_1 \in A$ ein **absolutes Maximum** $f(x_1)$ **auf** A :gdw für alle $x \in A$ gilt

$$f(x) \leq f(x_1).$$

Aufgabe: Man gebe eine analoge Definition für den Begriff "absolutes Minimum von f auf A".

(B4) Besitzt die in (B1) betrachtete Funktion "Lagerbestand als Funktion der Zeit" auf $\mathbb{R}^+$ ein absolutes Maximum [Minimum] ? Welche Größe hat es, und zu welchen Zeitpunkten wird es angenommen ?

Lsg:
Die Funktion b aus (B1) besitzt auf $\mathbb{R}^+$ das absolute Maximum B, das an den Stellen $t = n \cdot T$ ($n \in \mathbb{N}_0$) angenommen wird. Streng genommen besitzt b auf $\mathbb{R}^+$ kein absolutes Minimum !

(B5) Besitzt die Funktion der durchschnittlichen Stückkosten aus 2.3(B12)

$$k(x) = \begin{cases} 50 & \text{für } 0 \leq x \leq 100 \\ 80 - \dfrac{3000}{x} & \text{für } 100 \leq x \end{cases}$$

ein absolutes Maximum [Minimum] auf $\mathbb{R}^+$?

Lsg:
k besitzt ein absolutes Minimum der Größe 50, das an allen Stellen x mit $0 \leq x \leq 100$ angenommen wird. k besitzt 80 als kleinste obere Schranke. Da 80 kein Funktionswert ist, besitzt k kein absolutes Maximum auf $\mathbb{R}^+$.

(B6) Man ermittle (falls vorhanden) das absolute Maximum [Minimum] der Funktion [vgl. 2.3(B9)]

$$\mathbb{R} \ni x \mapsto y = f(x) = \max\{0, \min\{x, 10 - x\}\}$$

Lsg:

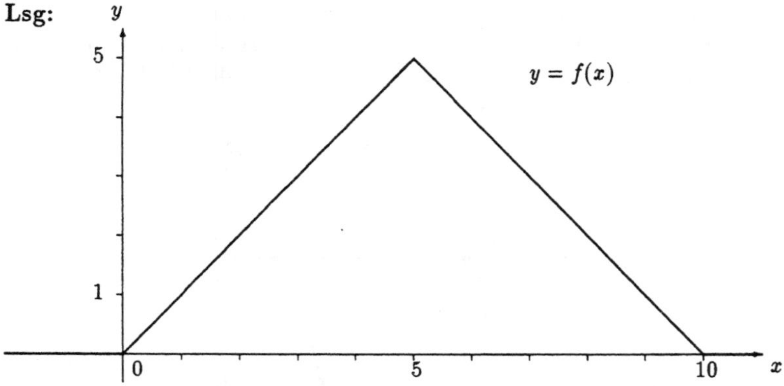

f besitzt auf $I\!R$ ein absolutes Maximum der Größe 5, das an der Stelle $x = 5$ angenommen wird. f besitzt auf $I\!R$ ein absolutes Minimum der Größe 0, das an allen Stellen $x \leq 0$ oder $x \geq 10$ angenommen wird.

(5) Satz vom absoluten Maximum von Karl Weierstrass:
Wenn $I = [a, b]$ ein abgeschlossenes und beschränktes Intervall ist und $f: I \to I\!R$ stetig, so ist $\mathcal{W}_f$ wieder ein abgeschlossenes und beschränktes Intervall. Insbesondere besitzt f auf I sowohl ein absolutes Maximum als auch ein absolutes Minimum, und f nimmt jeden Wert dazwischen an mindestens einer Stelle von I an (**"Zwischenwertsatz für stetige Funktionen von B. Bolzano"**).

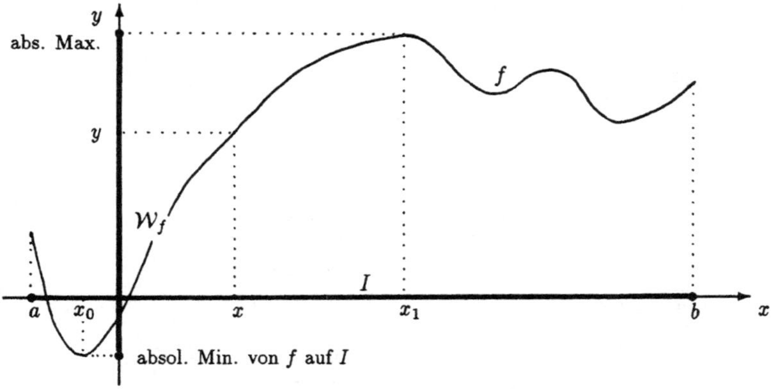

(B7) Man finde Intervalle, in denen die Funktion

$$I\!R \ni x \to y = f(x) = x^3 - 3x^2 + 1$$

jeweils eine Nullstelle besitzt. Hinweis: Man stelle eine Wertetabelle

x	-1	0	1	2	3
$f(x)$					

auf.

Lsg:
f ist als Polynom stetig. Nach dem Zwischenwertsatz von Bolzano besitzt f

wegen	$f(-1) = -3,$	$f(0) = 1$	im Intervall	[-1, 0]	eine Nullstelle,
wegen	$f(0) = 1,$	$f(1) = -1$	im Intervall	[0, 1]	eine Nullstelle,
wegen	$f(2) = -3,$	$f(3) = 1$	im Intervall	[2, 3]	eine Nullstelle.

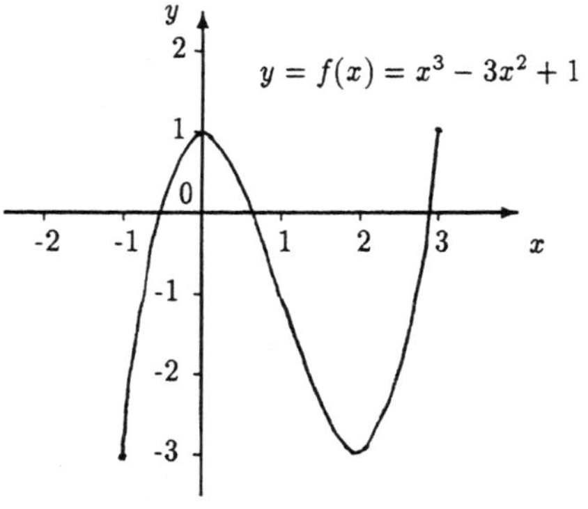

(6) Satz von der Stetigkeit mittelbarer Funktionen:
Sind $I \subset \mathbb{R}$, $J \subset \mathbb{R}$ und $f : I \to J$ und $g : J \to \mathbb{R}$ Funktionen, so dass f an der Stelle $x_0 \in I$ und g an der Stelle $y_0 = f(x_0) \in J$ stetig sind, so ist auch die mittelbare Funktion.

$$I \ni x \quad \mapsto \quad (g \circ f)(x) \;=\; g(f(x))$$

an der Stelle x_0 stetig.

(B8) a) $\lim\limits_{x\to 1} \sqrt{\dfrac{x^2-1}{x-1}} = ?$ b) $\lim\limits_{x\to 2} e^{\sqrt{x^2+5}} = ?$

Lsg:

a) $\lim\limits_{x\to 1} \sqrt{\dfrac{x^2-1}{x-1}} = \sqrt{\lim\limits_{x\to 1} \dfrac{x^2-1}{x-1}} = \sqrt{\lim\limits_{x\to 1} \dfrac{(x-1)(x+1)}{x-1}} =$
$\sqrt{\lim\limits_{x\to 1} x+1} = \sqrt{2}$
wegen der Stetigkeit der Wurzelfunktion.

b) $\lim\limits_{x\to 2} e^{\sqrt{x^2+5}} = e^{\lim\limits_{x\to 2} \sqrt{x^2+5}} = e^{\sqrt{\lim\limits_{x\to 2}(x^2+5)}} = e^{\sqrt{2^2+5}} = e^3$

da alle involvierten Funktionen stetig sind.

2.5 Definition der Ableitung, Differentiale

(B1) Bei der Produktion eines (unbeschränkt teilbaren) Gutes entstehen $K(x)$ Geldeinheiten (GE) Gesamtkosten, wenn x Mengeneinheiten (ME) des Gutes produziert werden. Momentan werden x_0 ME produziert, und es entstehen Gesamtkosten in Höhe von $K(x_0)$ GE. Wenn die Produktion um Δx ME geändert wird (erhöht, wenn $\Delta x > 0$ bzw. verringert, wenn $\Delta x < 0$), man also

$$x_1 = x_0 + \Delta x$$

ME produziert,

(i) um wieviel GE verändern sich dann die Gesamtkosten: $\Delta K = ?$

(ii) Wieviel GE/ME betragen die durchschnittlichen Kosten pro zusätzlich produzierter ME ($\Delta x > 0$) ?

(iii) Wie ist $\lim\limits_{\Delta x \to 0} \dfrac{\Delta K}{\Delta x} = \lim\limits_{x_1 \to x_0} \dfrac{K(x_1) - K(x_0)}{x_1 - x_0} =: K'(x_0)$ anschaulich zu interpretieren ?

Zahlenbeispiele:

a) $K(x) = 1 + x$

b) $K(x) = \dfrac{5}{12}(x-2)^3 + \dfrac{7}{12}(x-2)^2 + (x-2) + 3$

$x_0 = 2$

α) $\Delta x = 2$	; $x_1 =$	$x_0 + \Delta x =$	4
β) $\Delta x = 1$	; $x_1 =$		3
γ) $\Delta x = 0.1$	; $x_1 =$		2.1

Lsg:

(i) Wenn sich die Produktion von x_0 um Δx auf $x_1 = x_0 + \Delta x$ verändert, verändern sich die Gesamtkosten von $K(x_0)$ auf $K(x_1)$; die Änderung der Gesamtkosten beträgt also

$$\Delta K = K(x_1) - K(x_0) = K(x_0 + \Delta x) - K(x_0).$$

(ii) Die durchschnittlichen Kosten pro zusätzlich produzierter ME betragen

$$\frac{\Delta K}{\Delta x} = \frac{K(x_1) - K(x_0)}{x_1 - x_0} \quad \frac{GE}{ME}$$

Anschaulich ist der Quotient $\frac{\Delta K}{\Delta x}$ die Steigung der Sekante durch die Punkte $(x_0, K(x_0))$ und $(x_1, K(x_1))$ des Graphen von K.

(iii) Der Grenzwert

$$\lim_{\Delta x \to 0} \frac{\Delta K}{\Delta x} = \lim_{x_1 \to x_0} \frac{K(x_1) - K(x_0)}{x_1 - x_0} \quad := \quad K'(x_0)$$

gibt die Steigung der Tangente an die Funktion K im Punkte $(x_0, K(x_0))$ an. Man bezeichnet $K'(x_0)$ als die "**Grenzkosten**". Die Grenzkosten

$K'(x_0)$ geben (näherungsweise) die momentanen Mehrkosten an, die für die Produktion einer weiteren (hinreichend kleinen) ME erforderlich sind.

Zahlenbeispiel a) Änderung der Gesamtkosten: $\Delta K = x_1 - x_0 = \Delta x$						
x_0	Δx	x_1	$K(x_0)$	$K(x_1)$	(i)ΔK	(ii)$\frac{\Delta K}{\Delta x}$
2	2	4	3	5	2	1
2	1	3	3	4	1	1
2	0.1	2.1	3	3.1	0.1	1

$$\text{(iii)} \quad K'(x_0) = \lim_{\Delta x \to 0} \frac{\Delta K}{\Delta x} = \lim_{x_1 \to x_0} \frac{K(x_1) - K(x_0)}{x_1 - x_0} = 1$$

Zahlenbeispiel b) Änderung der Gesamtkosten: $\Delta K = K(x_1) - K(x_0) = \frac{5}{12}(\Delta x)^3 + \frac{7}{12}(\Delta x)^2 + \Delta x$						
x_0	Δx	x_1	$K(x_0)$	$K(x_1)$	(i)ΔK	(ii)$\frac{\Delta K}{\Delta x}$
2	2	4	3	$\frac{32}{3}$	$\frac{23}{3}$	$\frac{23}{6} = 3.8$
2	1	3	3	5	2	2
2	0.1	2.1	3	3.10625	0.10625	1.0625

$$\text{(iii)} \quad \lim_{\Delta x \to 0} \frac{\Delta K}{\Delta x} = \lim_{\Delta x \to 0} \frac{K(x_0 + \Delta x) - K(x_0)}{\Delta x} = \lim_{\Delta x \to 0} \frac{\frac{5}{12}(\Delta x)^3 + \frac{7}{12}(\Delta x)^2 + \Delta x}{\Delta x} = \underline{1}$$

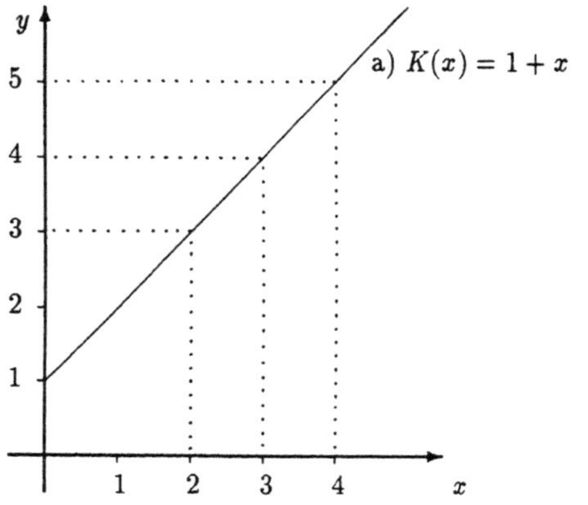

b) $K(x) = \frac{5}{12}(x-2)^3 + \frac{7}{12}(x-2)^2 + (x-2) + 3$

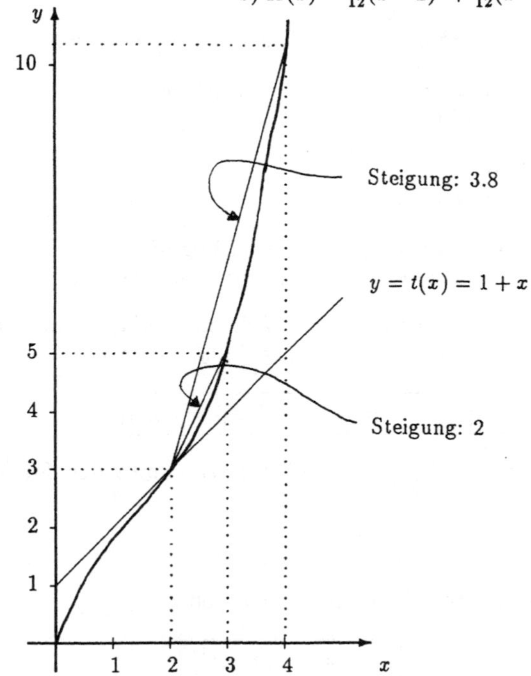

(1) Def.: Es sei $I \subset \mathbb{R}$, $x_0 \in I$ und $f : I \to \mathbb{R}$. Die Funktion f heißt **an der Stelle x_0 differenzierbar** :gdw der Grenzwert des Differenzenquotienten

$$\lim_{x \to x_0} \frac{f(x) - f(x_0)}{x - x_0} = \lim_{\Delta x \to 0} \frac{f(x_0 + \Delta x) - f(x_0)}{\Delta x} =: f'(x_0)$$

existiert. Man nennt diesen Grenzwert den **Differentialquotienten (1. Ordnung)** oder den Wert der **(ersten) Ableitung von f an der Stelle** x_0, und benutzt die

Schreibweisen:

$$f'(x_0) = \frac{df}{dx}(x_0) = \frac{df(x)}{dx} |x = x_0$$

(gesprochen: f Strich von x_0 gleich df nach dx an der Stelle x_0.)

Eine Funktion $f : I \to \mathbb{R}$ heißt **auf I differenzierbar** :gdw f ist an jeder Stelle $x_0 \in I$ differenzierbar, in Randpunkten x_0 eines Intervalles ggfs. einseitig "von innen" differenzierbar.
Eine reelle Funktion f heißt **(stetig) differenzierbar** :gdw f ist in jedem Punkt des Definitionsbereiches $\mathcal{D}_f$ von f differenzierbar (und f' stetig).

Ist $f : I \to \mathbb{R}$ auf I differenzierbar, so heißt die Funktion

$$I \ni x \mapsto f'(x)$$

die **(erste) Ableitung** von f.

In den Wirtschaftswissenschaften übliche Bezeichnungskonvention:

Wenn f . . .-Funktion heißt, nennt man die erste Ableitung
f' **Grenz . . .-Funktion.**

Bsp: f Kosten-Funktion,
f' Grenzkosten-Funktion.

Aufgabe: Man gebe eine analoge Definition der Begriffe "f ist an der Stelle x_0 linksseitig [bzw. rechtsseitig] differenzierbar".

(2) Def.: Ist $f : I \to \mathbb{R}$ an der Stelle $x_0 \in I$ differenzierbar, so heißt die Gerade t durch den Punkt $(x_0, f(x_0))$ mit der Steigung $f'(x_0) =: \tan \alpha_0$

$$\boxed{y = t(x) = f(x_0) + f'(x_0)(x - x_0)}$$

die **Tangente an die Funktion** f (oder auch **Tangente der Funktion** f) **im Punkt** $(x_0, f(x_0))$. Ist

$$dx := \Delta x := x - x_0$$

irgendein **Zuwachs der unabhängigen Variablen** x, so ist

$$\boxed{dy \;= f'(x_0) \cdot dx}$$

der zu dx gehörige Zuwachs der Tangente t (beim Übergang von der Stelle x_0 zur Stelle $x = x_0 + dx$). Man bezeichnet $dy = f'(x_0)\,dx$ als das **Differential (1. Ordnung)** von f an der Stelle x_0.

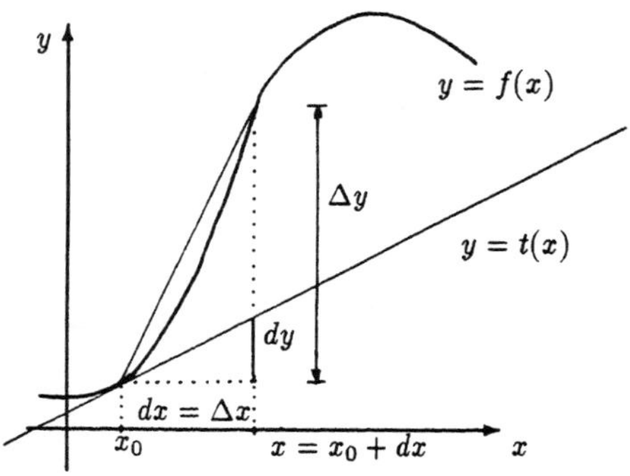

Es ist

$$\Delta y = f(x) - f(x_0) = f(x_0 + dx) - f(x_0)$$

der **Zuwachs der Funktion** f beim Übergang von der Stelle x_0 zur Stelle $x = x_0 + dx$. Für einen hinreichend kleinen Zuwachs dx kann der (i. allg. leichter zu berechnende) Wert des Differentials dy als Näherung für Δy angesehen werden, die umso besser sein wird, je kleiner dx ist:

$$\boxed{\Delta y = f(x_0 + dx) - f(x_0) \quad \approx \quad dy = f'(x_0) \cdot dx}$$

Variation der Funktion $\approx$ Variation der Tangente
beim Übergang von x_0 zu $x_0 + dx$.

Bem: $f : I \to I\!R$ ist an der Stelle $x_0 \in I$ differenzierbar :gdw f **ist an der Stelle** x_0 **linear approximierbar** :gdw

$$\Delta y - dy =: r(\Delta x) \quad \text{und} \quad \lim_{\Delta x \to 0} \frac{r(\Delta x)}{\Delta x} = 0.$$

(B2) Wie lautet die Gleichung der Tangente an die Kostenfunktion $K(x) = \frac{5}{12}(x-2)^3 + \frac{7}{12}(x-2)^2 + (x-2) + 3$ aus (B1) im Punkte $(x_0, K(x_0))$, $x_0 = 2$?

1. Lsg: Es ist $K(x_0) = 3$ und nach (B1)

$K'(x_0) = \lim_{\Delta x \to 0} \frac{K(x_0 + \Delta x) - K(x_0)}{\Delta x} = 1.$

Die Gleichung der Tangente t an die Funktion K im Punkt $(2, 3)$ lautet

$y = t(x) = K(x_0) + K'(x_0) \cdot (x - x_0) = 3 + 1 \cdot (x - 2) = 1 + x.$

2. Lsg:

$\Delta K = K(x_0 + \Delta x) - K(x_0) = \frac{5}{12}(\Delta x)^3 + \frac{7}{12}(\Delta x)^2 + \Delta x, \quad dK = K'(x_0) \cdot \Delta x$

$\Delta K - dK = K(x_0 + \Delta x) - \underbrace{[K(x_0) + K'(x_0) \cdot \Delta x]}_{=t(x)} = \frac{5}{12}(\Delta x)^3 + \frac{7}{12}(\Delta x)^2 =: r(\Delta x)$

Wegen $\lim_{\Delta x \to 0} \frac{r(\Delta x)}{\Delta x} = 0$ lautet die Gleichung der Tangente t an die Funktion K im Punkte $(2, 3)$

$$y = t(x) = K(x_0) + K'(x_0) \cdot \Delta x = 3 + 1 \cdot \Delta x = 3 + 1 \cdot (x - 2) = 1 + x.$$

(4) Satz: f ist an der Stelle x_0 differenzierbar $\overset{\Rightarrow}{\underset{\not\Leftarrow}{}}$ f ist an der Stelle x_0 stetig

(B3)

a) Man zeige, dass die Funktion $I\!R \ni x \mapsto y = f(x) = x^2$ an jeder Stelle $x_0 \in I\!R$ differenzierbar ist und berechne den Wert der Ableitung $f'(x_0)$.

b) Man ermittle die Gleichung der Tangente t an die Funktion f im Punkte $(1, 1)$.

c) Man berechne das Differential (1. Ordnung) von f an der Stelle $x_0 = 1$ für die Zuwächse $dx = 1$, $dx = 0.1$ und $dx = 0.01$ und vergleiche mit dem jeweiligen Zuwachs der Funktion f beim Übergang von der Stelle $x_0 = 1$ zur Stelle $x = 1 + dx$.

Lsg:

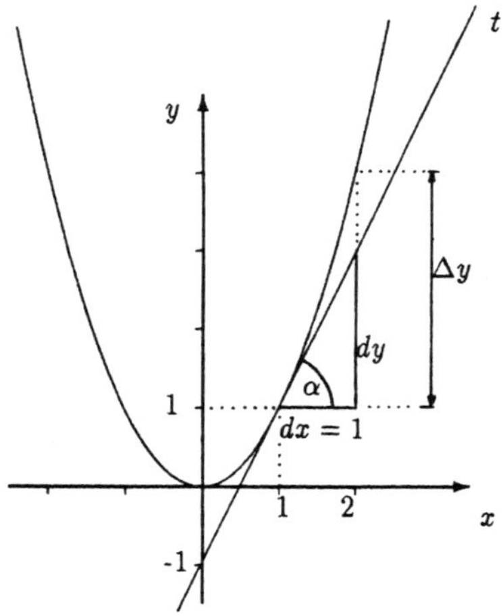

a) Wegen

$$\lim_{x\to x_0} \frac{f(x)-f(x_0)}{x-x_0} = \lim_{x\to x_0} \frac{x^2-x_0^2}{x-x_0} = \lim_{x\to x_0} \frac{(x-x_0)(x+x_0)}{x-x_0} = 2\,x_0$$

ist die Funktion f an jeder Stelle $x_0 \in \mathbb{R}$ differenzierbar [vgl. 2.3(B6)]; ihre Ableitung ist die Funktion

$$\mathbb{R} \ni x \mapsto f'(x) = 2x.$$

b) Die Tangente t an die Funktion f im Punkte $(1,1)$ hat die Gleichung

$$y = t(x) = 1 + 2\cdot(x-1) = -1 + 2x.$$

c) $x_0 = 1$

$dx = x_0$	$x = x_0 + dx$	$dy = 2\,dx$	$\Delta y = x^2 - x_0^2$
1	2	2	$2^2 - 1^2 = 3$
0.1	1.1	0.2	$1^2 - 1^2 = 0.21$
0.01	1.01	0.02	$1.01^2 - 1^2 = 0.0201$

(B4) Gegeben sei die Preis-Absatz-Funktion eines Betriebes ([Schn] p. 189)

$$\mathbb{R}^+ \ni x \mapsto p = P(x) = -\frac{10}{8}(x-8)$$

Hier bezeichne $P(x)$ den Preis in Geldeinheiten (GE) pro Mengeneinheit (ME) eines produzierten Gutes, wenn x ME pro Zeitperiode (z.B. ein Monat) abgesetzt werden können.

a) Man skizziere den Graphen der Funktion P.

b) Man ermittle die Gleichung der zugehörigen Nachfragefunktion $x = P^{-1}(p)$.

c) Man ermittle die Gleichung der Erlösfunktion $e = E(x)$.

d) Man ermittle die Gleichung der Grenzerlösfunktion $e' = E'(x)$.

e) Momentan werden pro Zeitperiode $x_0 = 3$ ME produziert und abgesetzt. Welches ist der zugehörige Marktpreis ?

f) Um wieviel ändert sich der Preis pro ME, wenn Produktion und Absatz um 10% [1%] erhöht werden ?

g) Um wieviel ändert sich dabei der Erlös ? Man berechne die prozentualen Änderungen des Erlöses exakt und näherungsweise mit Hilfe der Differentiale und vergleiche die Ergebnisse.

Lsg:

a)

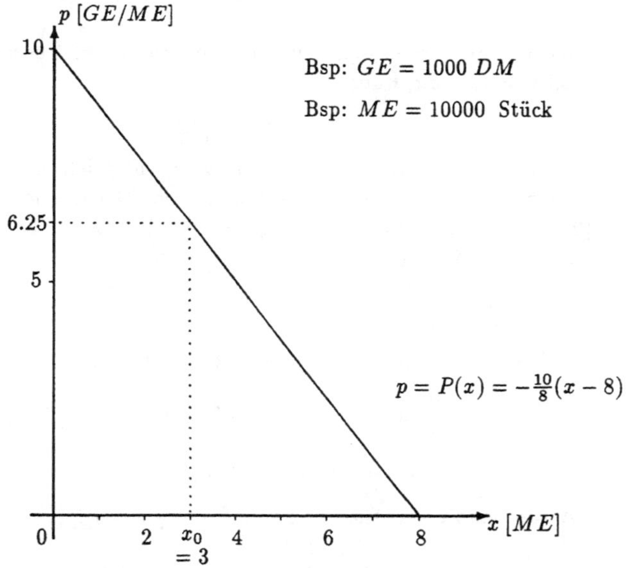

b) Die zugehörige Nachfragefunktion ist die Umkehrfunktion von P:

$$x = P^{-1}(p) = 8 - \frac{8}{10} \cdot p.$$

$x = P^{-1}(p)$ ist die Menge des produzierten Gutes, das zum Preis von p GE/ME in der Zeitperiode abgesetzt werden kann.

c) Die Erlösfunktion hat die Gleichung

$$e = E(x) = p(x) \cdot x = -\frac{10}{8}x(x-8) = -\frac{10}{8}(x^2 - 8x).$$

d) Die Grenzerlösfunktion hat die Gleichung

$$e' = E'(x) = -\frac{10}{8} \cdot (2x - 8).$$

e) Der zur Produktionshöhe $x_0 = 3\ ME$ gehörige Marktpreis ist

$$p_0 = P(x_0) = -\frac{10}{8}(3-8) = \frac{50}{8} = 6.25\ \ GE/ME.$$

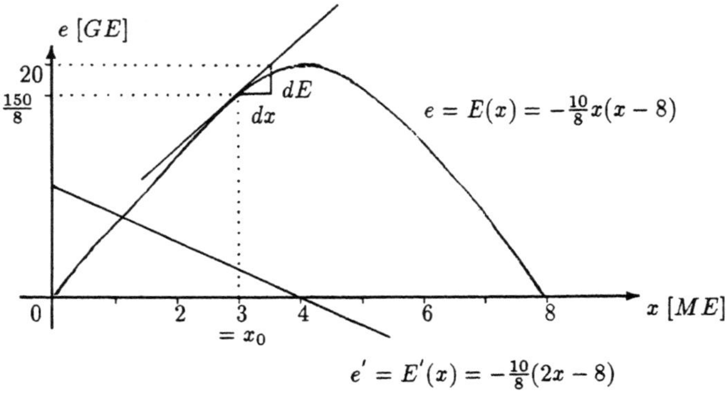

f) Eine Produktionserhöhung um 10% bedeutet den Übergang von $x_0 = 3$ zu $x = x_0 + dx$, wobei

$$\frac{dx}{x_0} = \frac{10}{100},$$

also $dx = 0.3$ beträgt. Dem Zuwachs dx entspricht ein Zuwachs $dp = -\frac{10}{8}\ dx = -\frac{3}{8}$, was einer Preissenkung von 6% entspricht.
[Bei einer Produktionserhöhung um 1% wird $dx = 0.03$ und $dp = -\frac{3}{80}$ entsprechend 0.6%].

g) Änderung des Erlöses bei $dx = 0.3$:
exakte Rechnung:

$$\begin{aligned}\Delta E = \ & E(x_0 + dx) - E(x_0) = E(3,3) - E(3) = \\ & = -\frac{10}{8}(3.3 - 8) \cdot 3.3 + \frac{10}{8}(3 - 8) \cdot 3 \\ & = \frac{10}{8}(4.7 \cdot 3.3 - 15) = \underline{0.6375}\end{aligned}$$

entsprechend einer Änderung von E um $q\% = \underline{3.4\%}$:

$$\frac{0.6375}{\frac{150}{8}} = \frac{q}{100}, \quad q = 3.4$$

[Bei einer Produktionserhöhung um 1%, $dx = 0.03$, erhöht sich der Erlös um 0.39%].

Änderung des Erlöses bei $dx = 0.3$:
Näherungsrechnung mit den Differentialen:

$$\begin{aligned}\Delta E \approx dE = E'(x_0)\, dx \ & = -\frac{10}{8}(2x_0 - 8) \cdot dx \\ & = -\frac{10}{8}(6 - 8) \cdot 0.3 = \underline{0.75},\end{aligned}$$

entsprechend einer Vergrößerung des Erlöses um $\underline{4\%.}$
[Bei einer Produktionserhöhung um 1%, $dx = 0.03$ wird

$$\begin{aligned}\Delta E \approx dE = E'(x_0)\, dx \ & = -\frac{10}{8}(2x_0 - 8) \cdot dx \\ & = -\frac{10}{8}(6 - 8) \cdot 0.03 = \underline{0.075},\end{aligned}$$

entsprechend einer Vergrößerung des Erlöses um 0.4%.]
Man beachte die Güte der Näherung:

Produktions-erhöhung dx	Erhöhung des Erlöses ΔE	Differential dE
10%	3.4%	4%
1%	0.39%	0.4%

2.6 Differentiationsregeln und Ableitungen der wichtigsten Funktionen

(1) Differentiationsregeln:
Wenn in den folgenden Formeln alle rechts vom Gleichheitszeichen vorkommenden Ableitungen existieren, ist die links vom Gleichheitszeichen vorkommende Funktion differenzierbar, und es gilt die Formel:

(i)	$(f+g)'$	$=$	$f'+g'$		**Summenregel**
(ii)	$(c\cdot f)'$	$=$	$c\cdot f'$	(c eine reelle Zahl)	**Konstantenregel**
(iii)	$(f\cdot g)'$	$=$	$f'\cdot g+f\cdot g'$		**Produktregel**
(iv)	$(\frac{f}{g})'$	$=$	$\frac{f'\cdot g-f\cdot g'}{g^2}$		**Quotientenregel**

(B1) Man berechne die 1. Ableitung der folgenden Funktionen:

a) $e=E(x)=-\frac{10}{8}x(x-8)$

b) $y=k(x)=\frac{x^2+x+1}{x}$

Lsg:

a) $e'=E' \quad =-\frac{10}{8}\cdot[x-8+x]$ nach der Konstantenregel

$\quad =-\frac{10}{8}(2x-8)$ u. d. Produktregel

alternativ:

$e=E(x) \quad =-\frac{10}{8}(x^2-8x)$ nach der Konstantenregel

$e'=E'(x) \quad =-\frac{10}{8}(2x-8)$ u. d. Summenregel

b) $y'=k'(x) \quad =\frac{(2x+1)x-(x^2+x+1)}{x^2}=\frac{x^2-1}{x^2}$ n. d. Quotientenregel

(2) Kettenregel:
Sind $I\subset I\!R$ und $J\subset I\!R$ und $f:I\to J$ und $g:J\to I\!R$ Funktionen, so dass f an der Stelle $x_0\in I$ und g an der Stelle $y_0=f(x_0)$ differenzierbar sind, so ist auch die zusammengesetzte Funktion $g\circ f$ an der Stelle x_0 differenzierbar, und es gilt:

$$(g\circ f)'(x_0)=g'(y_0)\cdot f'(x_0)=\frac{dg}{dy}\cdot\frac{dy}{dx}$$

Merkregel: $$\frac{d}{dx}g(\underbrace{f(x)}_{=:y})=\frac{dg}{dy}\cdot\frac{dy}{dx}$$

(B2) Man berechne die 1. Ableitung der folgenden Funktionen:

a) $z = h(x) = (1-x^2)^{10}$ Hinweise: $\frac{d}{dy}y^{10} = 10 \cdot y^9$

b) $z = h(x) = \sqrt{1+x^2}$. $\frac{d}{dy}y^{\frac{1}{2}} = \frac{1}{2} \cdot y^{-\frac{1}{2}}$

Lsg:

a)
$$\begin{aligned} z = h(x) &= (1-x^2)^{10} =: y^{10} && =: g(y) \text{ mit } y := f(x) := 1-x^2 \\ &= g(f(x)) = (g \circ f)(x) && [\text{vgl. } 1.3(\text{B4}).] \\ z' = h'(x) &= \frac{dg}{dy} \cdot \frac{dy}{dx} && = g'(f(x)) \cdot f'(x) \\ &= 10 \cdot y^9 \cdot (-2x) && = 10 \cdot (1-x^2)^9(-2x) \\ & && = \underline{-20x(1-x^2)^9} \end{aligned}$$

b)
$$\begin{aligned} z = h(x) = & \sqrt{1+x^2} =: \sqrt{y} && =: g(y) \text{ mit } y := f(x) := 1+x^2 \\ z' = h'(x) &= \frac{dg}{dy} \cdot \frac{dy}{dx} && = g'(f(x)) \cdot f'(x) \\ &= \frac{1}{2}y^{-\frac{1}{2}}\, 2x && = \underline{\frac{x}{\sqrt{1+x^2}}} \end{aligned}$$

(3) Ableitung einer inversen Funktion:

Es sei $I \subset I\!R$ ein Intervall und $I \ni x \mapsto y = f(x) \in I\!R$ umkehrbar und differenzierbar auf I. Dann ist auch die Umkehrfunktion f^{-1} von f differenzierbar, und es gilt

ohne Umbenennung bzw. mit Umbenennung der der Variablen	
$x = f^{-1}(y)$	$y = f^{-1}(x)$
$(f^{-1})'(y) = \frac{1}{f'(x)\,\vert_{f(x)=y}} = \frac{dx}{dy} = \frac{1}{\frac{dy}{dx}\,\vert_{f(x)=y}}$ $(y \in \mathcal{W}_f)$	$(f^{-1})'(x) = \frac{1}{f'(f^{-1}(x))}$ $(x \in \mathcal{W}_f)$

Teilbeweis: Bei Verzicht auf den Existenzbeweis der Ableitung $f^{-1'}$ erhält man diese durch Differentiation von $f^{-1}(f(x)) = x$ nach der Kettenregel:

$$\frac{d}{dx}f^{-1}(f(x)) \quad = \quad f^{-1'}(y) \cdot f'(x)\,|_{f(x)=y} \quad = \quad \frac{d}{dx}x = 1$$

und Auflösung nach $f^{-1'}(y)$.

(B3) Man berechne die 1. Ableitung der inversen Funktion von

$$a)\quad y = f(x) = \frac{x}{x-1}$$
$$b)\quad y = f(x) = a^x \ (a > 0, a \neq 1); \text{ Hinweis: } f'(x) = a^x \cdot \ln a.$$

Lsg:

$$a)\quad y = f(x) = \frac{x}{x-1} = 1 + \frac{1}{x-1}, \quad y - 1 = \frac{1}{x-1},$$
$$y' = f'(x) = \frac{x-1-x}{(x-1)^2} = \frac{-1}{(x-1)^2} \quad \text{[Quotienten- od. Kettenregel].}$$

Ableitung von $x = f^{-1}(y)$ [ohne Umbenennung der Variablen]:

$$f^{-1'}(y) = \frac{1}{f'(x)\,|_{f(x)=y}} = -(x-1)^2\,|_{f(x)=y} = \frac{-1}{(y-1)^2}.$$

Ableitung von $y = f^{-1}(x)$ [mit Umbenennung der Variablen]:

$$f^{-1'}(x) = \frac{1}{f'(y)\,|_{y=f^{-1}(x)}} = -(y-1)^2\,|_{y=f^{-1}(x)=\frac{x}{x-1}} \quad \text{n. 1.2(B9)}$$
$$= \frac{-1}{(x-1)^2}$$

Worin liegt der Vorteil der 1. Berechnungsmethode ?

b) Die zu $y = f(x) = a^x$ inverse Funktion ist $y = f^{-1}(x) = \log_a x$. Sie ist für alle $x > 0$ differenzierbar, mit der Ableitung

$$(\log_a x)' = \frac{1}{f'(f^{-1}(x))} = \frac{1}{a^{\log_a x} \cdot \ln a} = \frac{1}{x \cdot \ln a}.$$

Bem.:

$$\alpha > 1 \quad \Rightarrow \quad y = x^\alpha$$

ist im Nullpunkt rechtsseitig differenzierbar, und es gilt $y'(0) = 0$.

$$0 < \alpha < 1 \quad \Rightarrow \quad y = x^\alpha$$

ist im Nullpunkt nicht rechtsseitig differenzierbar.

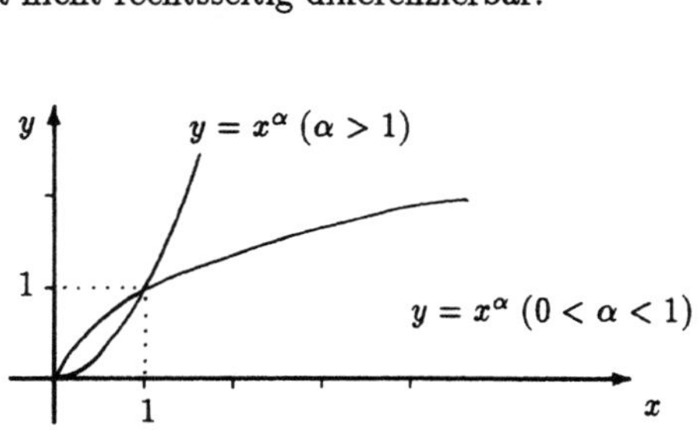

(5) Ableitungen der wichtigsten elementaren Funktionen:

$f(x)$ od. $\int g(x)\,dx$	$f'(x)$ od. $g(x)$	Bemerkung
x^n	$n \cdot x^{n-1}$	$n \in \mathbb{R}$
$\dfrac{x^{\alpha+1}}{\alpha+1}$	x^α	$\alpha \in \mathbb{R},\ \alpha \neq -1$
$\sqrt[n]{x} = x^{\frac{1}{n}}$	$\frac{1}{n} x^{\frac{1}{n}-1}$	$n \in \mathbb{N}$
e^x	e^x	
a^x	$a^x \cdot \ln a$	$a > 0,\ a \neq 1$
$\ln\lvert x\rvert$	$\dfrac{1}{x}$	
$\log_a \lvert x\rvert$	$\dfrac{1}{x \cdot \ln a}$	$a > 0,\ a \neq 1$
$\sin x$	$\cos x$	
$\cos x$	$-\sin x$	
$\tan x$	$\dfrac{1}{\cos^2 x}$	
$\cot x$	$\dfrac{-1}{\sin^2 x}$	

(B4) Man zeige: Wenn f eine differenzierbare reelle Funktion ohne Nullstellen ist, so gilt

$$\frac{d}{dx} \ln |f(x)| = \frac{f'(x)}{f(x)} =: \left\{ \begin{array}{l} \textbf{logarithmische} \\ \textbf{Ableitung} \text{ von } f \\ \text{an der Stelle } x \end{array} \right.$$

Lsg:

$z = \ln |f(x)| = \ln |y| \quad$ mit $y = f(x)$.

Nach der Kettenregel ist

$$z' = \frac{d}{dx} \ln |f(x)| = \frac{d}{dy} \ln |y| \cdot \frac{dy}{dx} = \frac{1}{y} \cdot f'(x) = \frac{f'(x)}{f(x)}.$$

2.7 Begriff der Elastizität

> Wie mißt man die Änderung einer Größe $K = K(t)$ beim Übergang von t zu $t + \Delta t$?

(A) absolute Änderungsmaße	von K beim Übergang von t zu $t + \Delta t$:
(i) **absolute Änderung** oder **Variation**	$\Delta K := K(t + \Delta t) - K(t)$
(ii) **Änderungsrate** oder **durchschnittliche Änderung**	$\frac{\Delta K}{\Delta t}$ ["...rate" hier: der Quotient $\frac{\Delta K}{\Delta t}$]
(ii') **momentane Änderungsrate**	$\lim\limits_{\Delta t \to 0} \frac{\Delta K}{\Delta t} = K'(t)$
(R) relative Änderungsmaße	von K beim Übergang von t zu $t + \Delta t$:
(i) **relative Änderung**	$\frac{\Delta K}{K(t)}$
(ii) **prozentuale Änderung**	$p = 100 \cdot \frac{\Delta K}{K(t)}$ % $\left[\begin{array}{ccc} \Delta K & \hat{=} & p\% \\ K & \hat{=} & 100\% \end{array}\right]$
(iii) **relative Änderungsrate**	$W(K, t, \Delta t) := \frac{\Delta K}{K(t) \cdot \Delta t}$
(iv) **durchschnittliche Elastizität**	$E(K, t, \Delta t) := \frac{\frac{\Delta K}{K(t)}}{\frac{\Delta t}{t}} = \frac{\Delta K \cdot t}{K(t) \cdot \Delta t}$
(iii') **Wachstumsrate**	$w(K, t) := \lim\limits_{\Delta t \to 0} W(K, t, \Delta t) = \lim\limits_{\Delta t \to 0} \frac{\Delta K}{\Delta t \cdot K(t)}$ $= \frac{K'(t)}{K(t)}$ [log. Ableitung]
(iv') **(Punkt-) Elastizität**	$e(K, t) := \lim\limits_{\Delta t \to 0} E(K, t, \Delta t) = \lim\limits_{\Delta t \to 0} = \frac{\frac{\Delta K}{K(t)}}{\frac{\Delta t}{t}}$ $= \frac{\frac{dK}{K(t)}}{\frac{dt}{t}} = \frac{K'(t) \cdot dt \cdot t}{K(t) \cdot dt}$

Bem.: Die **durchschnittliche Elastizität** $E(K, t, \Delta t)$ ist der Proportionalitätsfaktor zwischen der prozentualen Änderung von K und der von t:

$$\boxed{\frac{100 \cdot \Delta K}{K(t)} = E(K, t, \Delta t) \cdot \frac{100 \cdot \Delta t}{t}}$$

d.h. $E(K, t, \Delta t)$ gibt an, um wieviel Prozent sich $K = K(t)$ ändert, wenn t um 1% wächst. Für hinreichend kleine Änderungen $dt = \Delta t$ gibt die **(Punkt-) Elastizität** $e(K, t)$ in Näherung an, um wieviel Prozent sich $K = K(t)$ ändert, wenn t um 1% wächst:

$$\boxed{\frac{100 \cdot \Delta K}{K(t)} \approx \frac{100 \cdot dK}{K(t)} = \frac{100 \cdot K'(t) \cdot dt}{K(t)} = e(K, t) \cdot \frac{100 \cdot dt}{t}}$$

(B1) Für zwei Betriebe B_1 bzw. B_2 bezeichne $K_1(t)$ bzw. $K_2(t)$ die Höhe des Kapitalstocks [in GE] zum Zeitpunkt t:

t	2	3
$K_1(t) = 400 + 10(t-2) + 10(t-2)^2$	400	420
$K_2(t) = 6000 + 120(t-2) + 30(t-2)^2$	6000	6150

Wie kann man die Änderungen von $K_1(t)$ bzw. $K_2(t)$ beim Übergang vom Zeitpunkt $t = 2$ zum Zeitpunkt $t = 3$ messen, wie beim Übergang von $t = 2$ zu $t + \Delta t$ für $\Delta t \to 0$?

Wie kann man sie miteinander vergleichen ?

Welche Meßgrößen messen die Änderungen absolut,

welche beziehen sich auf relative Änderungen ?

Man achte auf die Dimensionen der Meßgrößen !

Lsg:

(A) Meßgrößen, die die Änderungen beim Übergang vom Zeitpunkt t zum Zeitpunkt $t + \Delta t$ absolut messen ($i = 1, 2$):

	$t,\ t+\Delta t$	$t = 2, \quad \Delta t = 1\ ZE$
(i)	$\Delta K_i(t) = K_i(t+\Delta t) - K_i(t)$ $=:$ absolute Änderung von K_i beim Übergang von t zu $t+\Delta t$	$\Delta K_1(t) = 420 - 400 = 20\ GE$ $\Delta K_2(t) = 6150 - 6000 = 150\ GE$
(ii)	$\dfrac{\Delta K_i}{\Delta t} = \dfrac{K_i(t+\Delta t) - K_i(t)}{\Delta t}$ Änderungsrate von K_i im Intervall $[t, t+\Delta t]$	$\dfrac{\Delta K_1(t)}{\Delta t} = 20\ \frac{GE}{ZE}$ $\dfrac{\Delta K_2(t)}{\Delta t} = 150\ \frac{GE}{ZE}$

	$t,\ t+\Delta t,\ \Delta t \to 0$	$t = 2, \quad \Delta t \to 0\ ZE$
(ii')	$\lim\limits_{\Delta t \to 0} \dfrac{\Delta K_i}{\Delta t} = K_i'$ $=$ momentane Änderungsrate von K_i zum Zeitpunkt t	$K_1'(t) = 10\ \frac{GE}{ZE}$ $K_2(t)' = 120\ \frac{GE}{ZE}$

(R) Meßgrößen, die die Änderungen beim Übergang vom Zeitpunkt t zum Zeitpunkt $t + \Delta t$ relativ messen ($i = 1, 2$):

	$t,\ t+\Delta t$	$t=2,\quad \Delta t = 1\quad ZE$
(i)	$\dfrac{\Delta K_i(t)}{K_i}$ =: relative Änderung von K_i beim Übergang vom Zeitpunkt t zum Zeitpunkt $t+\Delta t$	$\dfrac{\Delta K_1(t)}{K_1} = \dfrac{20}{400} = \dfrac{1}{20}$ $\dfrac{\Delta K_2(t)}{K_2} = \dfrac{150}{6000} = \dfrac{1}{40}$
(ii)	$p_i = 100 \cdot \dfrac{\Delta K_i(t)}{K_i(t)}\%$ prozentuale Änderung von K_i beim Übergang von t zu $t+\Delta t,\ K_i(t) = 100\%$	$p_1 = 5\%$ $p_2 = 2.5\%$
(iii)	$\dfrac{\Delta K_i(t)}{K_i(t)\cdot\Delta t} =: W(K_i, t, \Delta t)$ =: relative Änderungsrate von K_i im Intervall $[t, t+\Delta t]$	$\dfrac{\Delta K_1(t)}{K_1(t)\cdot\Delta t} = \dfrac{1}{20} = \dfrac{1}{ZE}$ $\dfrac{\Delta K_2(t)}{K_2(t)\cdot\Delta t} = \dfrac{1}{40} = \dfrac{1}{ZE}$
(iv)	$\dfrac{\Delta K_i(t)}{K_i(t)\cdot\Delta t}\cdot t =: E(K_i, t, \Delta t)$ =: durchschnittl. Elastizität von K_i im Intervall $[t, t+\Delta t]$	$\dfrac{\Delta K_1(t)}{K_1(t)\cdot\Delta t}\cdot t = \dfrac{2}{20} = \dfrac{1}{10}$ $\dfrac{\Delta K_2(t)}{K_2(t)\cdot\Delta t}\cdot t = \dfrac{2}{40} = \dfrac{1}{20}$

	$t,\ t+\Delta t,\ \Delta t \to 0$	$t=2,\ \Delta t \to 0\ ZE$
(*iii'*)	$\lim\limits_{\Delta t\to 0}\dfrac{\Delta K_i(t)}{K_i(t)\Delta t} = \dfrac{K_i'(t)}{K_i(t)} := w(K_i, t)$ =: Wachstumsrate von K_i zum Zeitpunkt t	$\dfrac{K_1'(t)}{K_1(t)} = \dfrac{10}{400} = \dfrac{1}{40}\ \dfrac{1}{ZE}$ $\dfrac{K_2'(t)}{K_2(t)} = \dfrac{120}{6000} = \dfrac{1}{50}\ \dfrac{1}{ZE}$
(*iv'*)	$\lim\limits_{\Delta t\to 0}\dfrac{\Delta K_i(t)}{K_i(t)\Delta t}\cdot t = \dfrac{K_i'(t)}{K_i(t)}\cdot t := e(K_i, t)$ =: Elastizität von K_i bzgl. t an der Stelle t	$e(K_1, t) = \dfrac{2}{40} = \dfrac{1}{20}$ $e(K_2, t) = \dfrac{2}{50} = \dfrac{1}{25}$

Bem: Alle angeführten Meßgrößen werden zum Vergleich gleichartiger Größen (wie in diesem Bsp. K_1 und K_2) herangezogen. Zum Vergleich verschiedenartiger, zeitabhängiger Größen eignen sich nur die Meßgrößen, die relative Änderungen messen, da sie unabhängig von den Dimensionen der verglichenen Größen sind. Zum Vergleich verschiedenartiger Größen, die von verschiedenartigen unabhängigen Variablen abhängen, eignen sich nur dimensionslose Meßgrössen, insbesondere die Elastizitäten. In jedem Falle ist es bei vergleichenden Betrachtungen unbedingt erforderlich, die Meßgrößen anzugeben, auf denen sie beruhen!

(1) Def.: Es sei f eine reelle Funktion, die an der Stelle x differenzierbar ist. Dann heißt die logarithmische Ableitung von f and der Stelle x

$$w(f,x) := \frac{f'(x)}{f(x)} \quad \text{(falls } f(x) \neq 0)$$

die **Rate der relativen Änderung von** f an der Stelle x (wenn x die Zeit bedeutet auch die **Wachstumsrate** von f zum Zeitpunkt x).

$$e(f,x) := \frac{f'(x)}{f(x)} \cdot x = w(f,x) \cdot x \quad (\text{ falls } f(x) \neq 0 \text{ und } x \neq 0)$$

heißt die **(Punkt-)Elastizität** der Funktion f bzgl. x an der Stelle x.

Bem: In den Wirtschaftswissenschaften werden die folgenden Sprechweisen verwendet:

Die Größe $y = f(x)$ heißt an der Stelle x

elastisch	wenn	$\lvert e(f,x)\rvert > 1$,
von der Elastizität 1	wenn	$\lvert e(f,x)\rvert = 1$,
unelastisch	wenn	$\lvert e(f,x)\rvert < 1$.

Graphische Ermittlung der Elastizitätsbereiche:

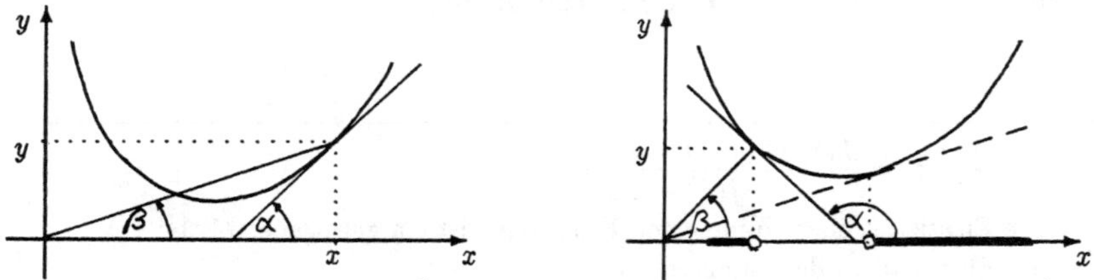

$\tan\beta = \frac{y}{x}$ $\quad \tan\alpha = \frac{dy}{dx}$ $\qquad\qquad$ $\tan\beta = \frac{y}{x}$ $\quad \tan\alpha = \frac{dy}{dx}$

$$y = f(x) \text{ ist an der Stelle } x \textbf{ elastisch } \iff |e(f,x)| = \left|\frac{\frac{dy}{dx}}{\frac{y}{x}}\right| = \left|\frac{\tan\alpha}{\tan\beta}\right| > 1$$

(2) Mathematische Bedeutung der Elastitzität:
Die Elastizität der Funktion f bzgl. x an der Stelle x ist der Quotient der logarithmischen Ableitungen von $f(x)$ und x:

$$e(f,x) = \frac{\frac{d \log_a |f(x)|}{dx}}{\frac{d \log_a |x|}{dx}} =: \frac{d \log_a |f(x)|}{d \log_a |x|} = \frac{\frac{f'(x)}{f(x)} \cdot \frac{1}{\ln a}}{\frac{1}{x} \cdot \frac{1}{\ln a}}.$$

[Die Basis a der Logarithmen ist beliebig.]

Wird die Funktion $\mathbb{R}^+ \ni x \mapsto y = f(x) \in \mathbb{R}^+$ in einem doppelt logarithmischen Koordinatensystem dargestellt [vgl. 1.5(B5), die Basis a der Logarithmen ist hier beliebig]:

$$\begin{aligned} u &:= \log_a x \\ &\Updownarrow \\ a^u &= x \\ \\ v &:= \log_a f(x) \\ &= \log_a f(a^u) \\ &= h(u), \end{aligned}$$

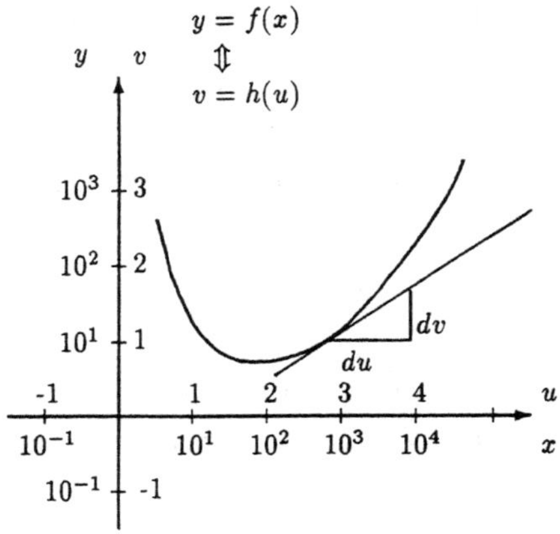

so ist $e(f,x)$ die Steigung der Funktion h an der Stelle $u = \log_a x$:

$$e(f,x) = \frac{f'(x)}{f(x)} \cdot x = \frac{d\ \log_a |f(x)|}{d\ \log_a |x|} = \frac{dv}{du}.$$

(3) Regeln für das Rechnen mit Elastizitäten:

(i) $e(f+g,x) = \dfrac{f(x)\cdot e(f,x) + g(x)\cdot e(g,x)}{f(x)+g(x)}$

Die Elastizität einer Summe von Funktionen ist ein gewogenes Mittel der Elastizitäten der Summanden.

(ii) $e(f\cdot g,x) = e(f,x) + e(g,x)$

Die Elastizität eines Produktes von Funktionen ist die Summe der Elastizitäten der einzelnen Faktoren.

(iii) $e(\dfrac{f}{g},x) = e(f,x) - e(g,x)$

Die Elastizität eines Quotienten zweier Funktionen ist die Differenz der Elastizitäten von Zähler und Nenner.

(iv) $e(f\circ g,x) = e(g,y)\cdot e(f,x), \quad y = f(x)$

Die Elastizität der Verkettung zweier Funktionen ist das Produkt der Elastitzitäten der verketteten Glieder an einander entsprechenden Stellen.

(v) $e(f^{-1},y) = \dfrac{1}{e(f,x)}, \quad y = f(x)$

Die Elastizität einer Umkehrfunktion ist gleich dem reziproken Wert der Elastizität der Funktion.

(B2) Man berechne die Elastizitäten der folgenden Funkionen [a und b sind Konstanten].

a) $y = f(x) = a \cdot x^b$

b) $y = g(x) = a \cdot e^{\alpha(x)}$

c) $y = h(x) = ax + b$

Lsg:

a) $e(f,x) = \dfrac{a \cdot b \cdot x^{b-1} \cdot x}{ax^b} = b$

Die Elastizität einer Potenzfunktion ist konstant gleich dem Exponenten.

b) $e(g,x) = \dfrac{a \cdot e^{\alpha(x)}}{a \cdot e^{\alpha(x)}} \cdot \alpha'(x) \cdot x = \alpha'(x) \cdot x$

c) $e(h,x) = \dfrac{a \cdot x}{ax+b}$

(B3) Welche Funktionen besitzen eine konstante Änderungsrate $w(f,x) = r$ $(r \in I\!R, r \neq 0)$?

Lsg:

$$w(f,x) = \frac{f'(x)}{f(x)} = r \quad \Leftrightarrow \quad \frac{d \ln | f(x) |}{dx} = r$$

$$\Leftrightarrow \ln |f(x)| = r \cdot x + c_1 \quad \Leftrightarrow \quad f(x) = c \cdot e^{rx}$$

$(c_1 \in I\!R$ beliebig$)$ $\qquad$ $(0 \neq c \in I\!R$ beliebig$)$.

Genau die Exponentialfunktionen $y = c \cdot e^{rx}$ $(0 \neq c \in I\!R)$ besitzen die konstante Änderungsrate r.

(B4) Es sei $x = N(p)$ eine Nachfragefunktion nach einem unbeschränkt teilbaren Gut. Man berechne die Elastizität $e(N,p)$ [genannt die **Preiselastizität der Nachfrage**] und die Elastizität $e(P,x)$, $P = N^{-1}$ [genannt die **Preisflexibilität der Nachfrage**].

Zahlenbeispiel: $p = 6.25$, $x = N(6.25) = 3$, $N'(6.25) = -\frac{8}{10}$ [vgl. 2.5(B4)]

Lsg:

$e(N,p) = \dfrac{N'(p)}{N(p)} \cdot p$	$e(N,p) = \dfrac{-\frac{8}{10}}{3} \cdot 6.25 = \underline{-\dfrac{5}{3}}$.

Wenn der Preis, ausgehend von $p = 6.25 GE/ME$ um 1% erhöht wird, wird die Nachfrage um etwa $\frac{5}{3}$% sinken.

$e(P,x) = \dfrac{1}{e(N,p)}$, $x = N(p)$	$e(P,x) = \underline{-\dfrac{3}{5}}$

Wenn die Nachfrage, ausgehend von $x = N(6.25) = 3$ um 1% wachsen soll, muss der Preis um etwa $\frac{3}{5}$% gesenkt werden.

2.8 Mittelwertsatz; Ableitungen höherer Ordnung und Taylorscher Satz

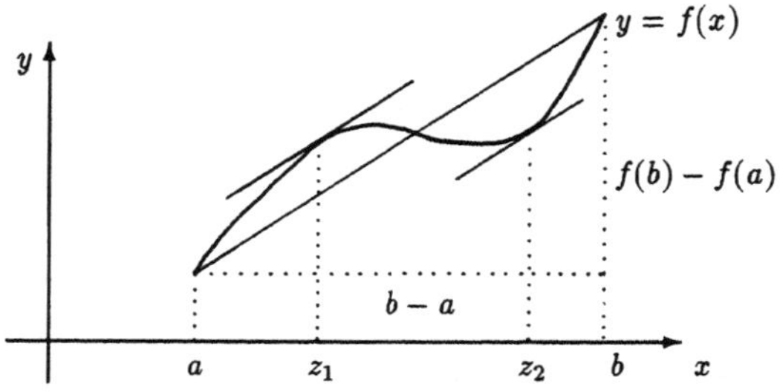

(1) Mittelwertsatz der Differentialrechnung:
Ist $[a, b]$ ein beschränktes, abgeschlossenes Intervall und ist $f : [a, b] \to I\!R$ im abgeschlossenen Intervall $[a, b]$ stetig, im offenen Intervall (a, b) differenzierbar, so gibt es (mindestens) eine Stelle $z \in (a, b)$ mit

$$\frac{f(b) - f(a)}{b - a} = f'(z).$$

(2) Satz: Gilt $f'(x) = 0$ für alle Punkte eines Intervalles $[a, b]$, so ist f auf $[a, b]$ konstant.

(3) Hinreichendes Monotoniekriterium:
Ist I ein Intervall und ist $f : I \to I\!R$ differenzierbar, und gilt $f'(x) \geq 0 \quad (> 0)$ in allen Punkten des Intervalles I (höchstens endlich viele ausgenommen), so ist f (streng) monoton wachsend auf I.

(B1) Wo ist die Funktion $y = f(x) = x^3 - 3x^2 + 1$ monoton ? [Vgl. 2.4(B8)].

Lsg: $y' = f'(x) = 3x^2 - 6x = 3x(x - 2)$

wechselt das Vorzeichen an den Stellen $x = 0$ und $x = 2$:

Intervall	$(-\infty, 0)$	$(0, 2)$	$(2, \infty)$
sign f'	$+$	$-$	$+$

f ist im Intervall $(-\infty, 0]$ streng monoton wachsend,
f ist im Intervall $[0, 2]$ streng monoton fallend,
f ist im Intervall $[2, \infty)$ streng monoton wachsend.

(4) Def.: Besitzt eine reelle Funktion $f : I \to I\!R$ auf I eine Ableitung 1. Ordnung $f' : I \to I\!R$, die an der Stelle $x_0 \in I$ differenzierbar ist, so heißt

$$(f')'(x_0) =: f''(x_0)$$

der **Differentialquotient** oder der **Wert der Ableitung 2. Ordnung** von f an der Stelle x_0. Ist f' auf I differenzierbar, so heißt $(f')' := f''$ die **Ableitung 2. Ordnung** von f. Analog werden Ableitungen höherer Ordnung definiert.

Schreibweisen: ↙ gesprochen: d n y nach dx hoch n

$$f^{(n)}(x) = \frac{d^n y}{d\,x^n} = (\frac{d}{dx})^n f(x)$$

Bem.: Unter der Ableitung nullter Ordnung einer Funktion $y = f(x)$ versteht man die Funktion selbst.

(B2) Man berechne die Ableitungen n-ter Ordnung von
$y = f(x) = x^3 - 3x^2 + 1$ für $n = 0, 1, 2, \ldots$ [vgl. 2.4(B8)]

Lsg:

$$\begin{array}{lllll} y & = & f(x) & = & x^3 - 3x^2 + 1 \\ y' & = & f'(x) & = & 3x^2 - 6x \\ y'' & = & f''(x) & = & 6x - 6 \\ y''' & = & f'''(x) & = & 6 \\ y^{(n)} & = & f^{(n)}(x) & = & 0 \quad \text{für } n \geq 4. \end{array}$$

(5) Satz von Taylor:
Die reelle Funktion $f : [a, b] \to \mathbb{R}$ besitze in $[a, b]$ eine stetige Ableitung n-ter Ordnung ($n \in \mathbb{N}_0$) und in (a, b) eine Ableitung der Ordnung $n+1$. Wenn x_0 und x Punkte aus $[a, b]$ sind, dann gibt es eine Zahl z zwischen x_0 und x, so dass

$$\underbrace{f(x) = \underbrace{f(x_0) + \frac{f'(x_0)}{1!}(x - x_0) + \frac{f''(x_0)}{2!}(x - x_0)^2 + \cdots + \frac{f^{(n)}(x_0)}{n!}(x - x_0)^n}_{:= p_n(x) = \text{"Taylorpolynom } n\text{-ten Grades von } f \text{ zum Entwicklungspunkt } x_0\text{"}} + R_n(x, x_0)}_{\text{"Taylorentwicklung } n\text{-ter Ordnung von } f \text{ zum Entwicklungspunkt } x_0\text{"}}$$

$:= p_n(x) =$ "**Taylorpolynom** n-ten Grades von f zum **Entwicklungspunkt** x_0"

"**Taylorentwicklung** n-ter Ordnung von f zum Entwicklungspunkt x_0"

$$R_n(x, x_0) = \frac{f^{(n+1)}(z)}{(n+1)!}(x - x_0)^{n+1} =$$ "Lagrangesche Form" des **Taylorrestgliedes**

Bem.: Die Taylorpolynome einer hinreichend oft differenzierbaren Funktion approximieren die Funktion in einer Umgebung des Entwicklungspunktes. Im allg. ist die Approximation umso besser und in einer umso größeren Umgebung des Entwicklungspunktes gültig, je höher der Grad der Taylorpolynome ist. Diese Situation zeigt die folgende Graphik, in der neben der "komplizierten Funktion"

$$f(x) = \exp(\frac{-x}{(2 - \cos(x))^2})$$

auch die Taylorpolynome $p0, p1, p2$ bzw. $p8$ der Grade 0,1,2 bzw. 8 von f zum

Entwicklungspunkt $x_0 = 0$ eingezeichnet sind.

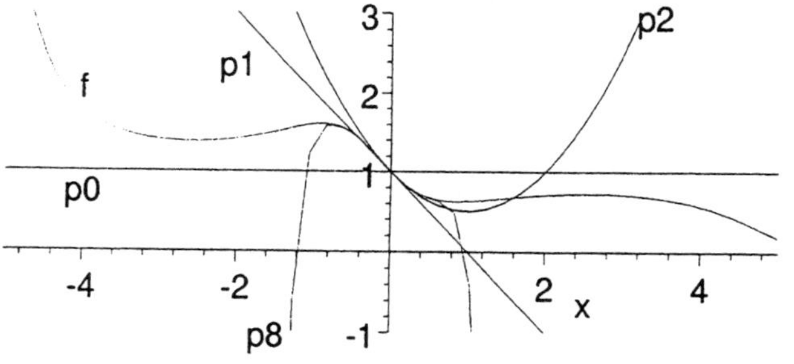

(B3) Man ermittle das Taylorpolynom 3. Grades von

$$y = K(x) = \frac{5}{12}x^3 - \frac{23}{12}x^2 + \frac{11}{3}x$$

zum Entwicklungspunkt $x_0 = 2$ und das zugehörige Restglied. [Vgl. 2.5(B1)b)]

Lsg:

$$\begin{aligned} K(x) &= \frac{5}{12}x^3 - \frac{23}{12}x^2 + \frac{11}{3}x, & K(2) &= 3 \\ K'(x) &= \frac{5}{4}x^2 - \frac{23}{6}x + \frac{11}{3}, & \frac{K'(2)}{1!} &= 1 \\ K''(x) &= \frac{5}{2}x - \frac{23}{6}, & \frac{K''(2)}{2!} &= \frac{7}{12} \\ K'''(x) &= \frac{5}{2}, & \frac{K'''(2)}{3!} &= \frac{5}{12} \\ K^{(4)}(x) &= 0, \end{aligned}$$

Taylorpolynom 3. Grades von $y = K(x)$ zum Entwicklungspunkt $x_0 = 2$:

$$p(x) = 3 + (x-2) + \frac{7}{12}(x-2)^2 + \frac{5}{12}(x-2)^3 = K(x),$$

da das zugehörige Restglied $R_3(x, x_0) = 0$, wegen $K^{(4)}(x) = 0$.

(B4) Man berechne (ohne Taschenrechner) $e^{0.1}$ auf 5 Dezimalen genau.

Lsg: Taylorentwicklung n-ter Ordnung von $y = e^x$ um den Entwicklungspunkt $x_0 = 0$ ergibt

$$e^x = 1 + \frac{1}{1!}x + \frac{1}{2!}x^2 + \cdots + \frac{1}{n!}x^n + \frac{e^z}{(n+1)!}x^{n+1}$$

mit einer unbekannten, zwischen 0 und x gelegenen Zahl z.
$x = 0.1$ eingesetzt:

$$e^{0.1} = 1 + \frac{0.1}{1!} + \frac{0.1^2}{2!} + \cdots + \frac{0.1^n}{n!} + \frac{e^z}{(n+1)!}0.1^{n+1}$$

Für $n = 3$ (durch Probieren zu finden) ist der Fehler F

$$0 \le F := \frac{e^z}{4!} \cdot 0.1^4 \le \frac{e^{0.1}}{24} \cdot 0.1^4 \le \frac{1.2}{24} \cdot 0.0001 = \frac{1}{2} \cdot 10^{-5},$$

also

$$\begin{array}{rcl} e^{0.1} & = & 1 \\ & + & 0.1 \\ & + & 0.005 \\ & + & 0.00017 + F \\ \hline & = + & \underline{1.10517} + F. \end{array}$$

(6) Def.: Es sei I ein Intervall. Eine reelle Funktion $f : I \to \mathbb{R}$ heißt auf I **konvex** :gdw für jede Zahl α, $0 \le \alpha \le 1$, und für je zwei Punkte $x_1,\ x_2 \in I$ gilt

"der Bogen liegt unterhalb der Sehne"

$$f(\alpha \cdot x_1 + (1-\alpha) \cdot x_2) \quad \le \quad \alpha \cdot f(x_1) + (1-\alpha) \cdot f(x_2)$$

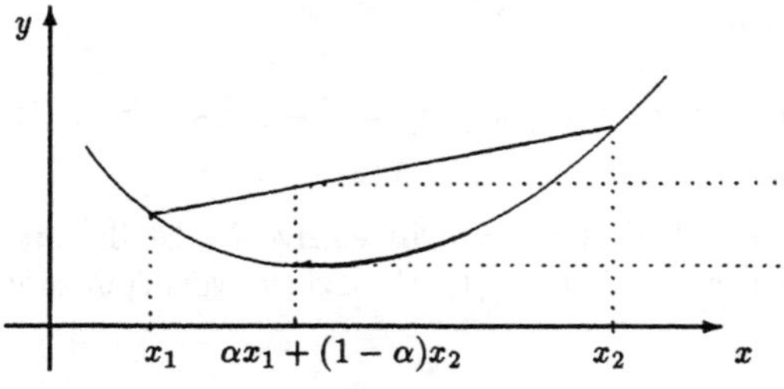

f heißt auf I **streng konvex** :gdw für jede Zahl α, $0 < \alpha < 1$ und für je zwei verschiedene Punkte $x_1, x_2 \in I$ gilt

$$f(\alpha \cdot x_1 + (1-\alpha) \cdot x_2) < \alpha \cdot f(x_1) + (1-\alpha) \cdot f(x_2)$$

f heißt auf I **(streng) konkav** :gdw $-f$ ist auf I (streng) konvex.

(7) Hinreichendes Konvexitätskriterium:
Ist $I \subset \mathbb{R}$ ein Intervall, und besitzt $f : I \to \mathbb{R}$ auf I eine Ableitung 2. Ordnung, so ist f auf I (streng) konvex, wenn für alle Punkte $x \in I$ $f''(x) \ge 0$ (> 0) gilt.

(B5) Man untersuche, wo die Funktion $y = f(x) = x^3 - 3x^2 + 1$ konvex bzw. konkav ist. [Vgl. (B2) und 2.4(B8)]

Lsg:
$y'' = f''(x) = 6x - 6 = 6(x-1)$
besitzt nur eine Nullstelle bei $x = 1$, an der f'' sein Vorzeichen wechselt von $-$ nach $+$. Folglich ist f im Intervall $(-\infty, 1)$ streng konkav und im Intervall $(1, \infty)$ streng konvex.

(8) Def.: Es sei $I \subset \mathbb{R}$ ein Intervall und $f : I \to \mathbb{R}$ eine stetige reelle Funktion. Ein Punkt $(x_0, f(x_0))$ mit $x_0 \in I$ heißt ein **Wendepunkt** von f :gdw x_0 ist ein gemeinsamer Endpunkt

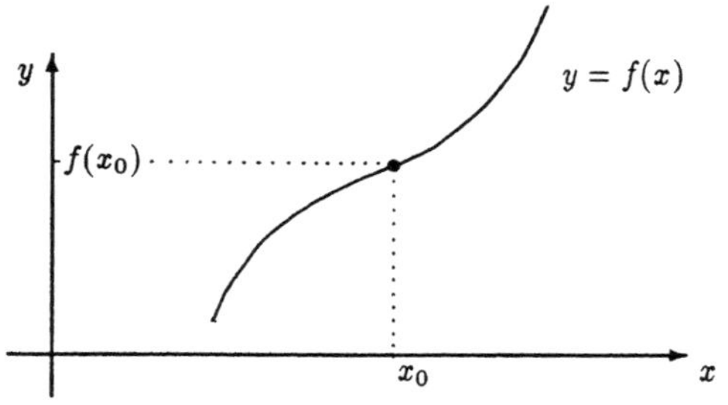

zweier Intervalle, so dass f in einem der Intervalle konvex und im anderen konkav ist.

(9) Hinreichendes Kriterium für einen Wendepunkt:
Es sei $I \subset \mathbb{R}$ ein Intervall und $f : I \to \mathbb{R}$ besitze auf I eine Ableitung 2. Ordnung. Wenn f'' an der Stelle $x_0 \in I$ eine Nullstelle mit Vorzeichenwechsel besitzt, ist $(x_0, f(x_0))$ ein Wendepunkt von f.

(B6) Man ermittle die Wendepunkte von $y = f(x) = x^3 - 3x^2 + 1$ [vgl. (B5) und 2.4(B8)].

Lsg: $y'' = f'' = 6 \cdot (x - 1)$ besitzt $x_0 = 1$ als einzige Nullstelle mit einem Vorzeichenwechsel von $-$ nach $+$. Also ist (1, -1) einziger Wendepunkt von f.

(10) Newtonsches Verfahren zur numerischen Nullstellenbestimmung:

Geg: $f : [a, b] \to \mathbb{R}$ differenzierbar, monoton und konvex (oder konkav) mit $f(a) \cdot f(b) < 0$.

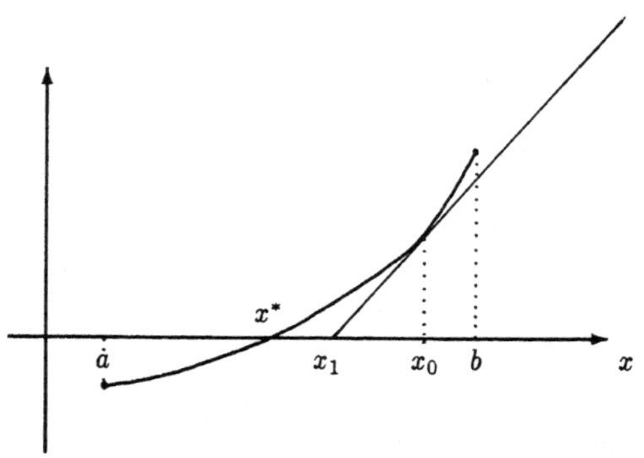

Ges: x^* mit $f(x^*) = 0$.

Lsg: Wähle einen Startwert x_0 genügend nahe bei x^*.

(N) berechne [die Nullstelle der Tangente an f im Punkte $(x_0, f(x_0))$]

$$x_1 = x_0 - \frac{f(x_0)}{f'(x_0)}$$

Iteration des Verfahrens: wiederhole (N) mit x_1 an der Stelle von x_0 etc. Das liefert eine Folge (x_n),

$$\boxed{x_{n+1} = x_n - \frac{f(x_n)}{f'(x_n)}}$$

die "schnell" gegen x^* konvergiert.

(B7) Mit dem Newtonschen Verfahren berechne man die Nullstellen von

$$y = f(x) = x^3 + x - 1 \quad \text{im Intervall } [a, b] = [0, 1].$$

Lsg: Es ist

$$\begin{aligned} y = f(x) &= x^3 + x - 1, && \text{für } x \in [0,1] \\ f'(x) &= 3x^2 + 1 && \geq 1 \\ f''(x) &= 6x && \geq 0 \\ f(0) &= -1, && f(1) = 1. \end{aligned}$$

f besitzt als streng monoton wachsende Funktion im Intervall $[0, 1]$ genau eine Nullstelle x^*. Wählt man als Startwert $x_0 = 1$, so liefert das Newtonsche Verfahren:

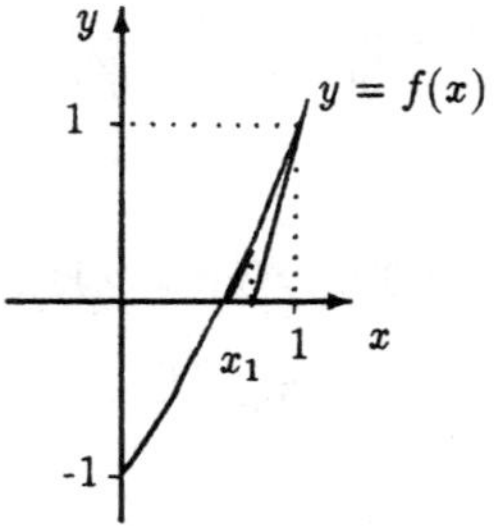

n	x_n	$f(x_n) =$ $x_n^3 + x_n - 1$	$f'(x_n) =$ $3x_n^2 + 1$	$x_{n+1} = x_n$ $-f(x_n)/f'(x_n)$
0	1	$1 + 1 - 1 = 1$	$3 \cdot 1 + 1 = 4$	$1 - 1/4 = 3/4$
1	0.75	0.171 875	2.687 5	0.686 046 51
2	0.686 046 51	0.008 941	2.411 979	0.682 339 58
3	0.682 339 58	0.000 282 30	2.396 762	0.682 327 80
4	0.682 372 80	0.000 000 00		

$x_4 = 0.682\,372\,80$ ist eine sehr gute Näherung für x^*.

2.9 Potenzreihen und analytische Funktionen

(1) Def.: Es sei $(a_k)_{k\in N_0}$ eine gegebene Zahlenfolge. Eine unendliche Reihe der Form

$$\sum_{k=0}^{\infty} a_k \cdot (x - x_0)^k$$

heißt eine **Potenzreihe** zum Entwicklungspunkt x_0 mit den Koeffizienten $a_0, a_1, \ldots$ und den **Gliedern** $a_k \cdot (x - x_0)^k$.

(2) Konvergenzradius: Zu jeder Potenzreihe wie in (1) gibt es ein $R \in [0, \infty]$, so daß die Potenzreihe

- für jedes x mit $|x - x_0| < R$ absolut konvergiert und
- für jedes x mit $|x - x_0| > R$ divergiert.
- Für die x mit $|x - x_0| = R$ ist keine allgemeine Aussage möglich.

Die "Zahl" R [$R = \infty$ ist möglich] heißt der **Konvergenzradius** der Potenzreihe und der "Kreis" (die R-Umgebung von x_0)

$$\mathcal{U}_R(x_0) := \{x : |x - y_0| < R\}$$

heißt ihr **Konvergenzkreis**.

(3) Für den Konvergenzradius der Potenzreihe (1) gilt die **Formel von Cauchy-Hadamard**:

$$R = \frac{1}{\limsup_{k\to\infty} \sqrt[k]{|a_k|}}.$$

(4) Wenn alle Koeffizienten $a_k \neq 0$ sind (für $k \geq k_0$), ist

$$R = \lim_{k\to\infty} |\frac{a_k}{a_{k+1}}|,$$

falls dieser Grenzwert (eigentlich oder uneigentlich) existiert.

(4) Bem.: Die n-te Teilsumme der Potenzreihe (1) ist das Polynom

$$p_n(x) := \sum_{k=0}^{n} a_k \cdot (x - x_0)^k.$$

(5) Mit Potenzreihen kann man rechnen wie mit Polynomen:

- man kann sie miteinander vergleichen: zwei Potenzreihen mit demselben Entwicklungspunkt sind einander gleich gdw korrespondierende Koeffizienten stimmen jeweils überein. Darauf beruht die Methode des **Koeffizientenvergleichs** von Potenzreihen.
- man kann sie (gliedweise) addieren und subtrahieren;
- man kann sie multiplizieren;
- man kann sie dividieren, indem man den Quotienten als Potenzreihe mit unbestimmten Koeffizienten ansetzt, diese mit der Nenner-Potenzreihe multipliziert und Koeffizientenvergleich macht;
- man kann sie ineinander einsetzen ("komponieren");
- man kann sie (gliedweise) differenzieren;
- man kann sie (gliedweise) integrieren;

Hilfe: Man denke sich die obere Summationsgrenze ∞ in jeder Potenzreihe durch ein großes n ersetzt und rechne mit den so entstehenden Polynomen wie gewohnt.

(6) Wenn ihr Konvergenzradius $R > 0$ ist, ist die Grenzfunktion der Potenzreihe

$$\mathcal{U}_R(x_0) \ni x \mapsto f(x) := \sum_{k=0}^{\infty} a_k \cdot (x - x_0)^k$$

eine mindestens in $\mathcal{U}_R(x_0)$ definierte Funktion f. Es gilt

$$a_k = \frac{f^{(k)}(x_0)}{k!}, \qquad k \in I\!N_0 \, .$$

Die Potenzreihe $\sum_{k=0}^{\infty} a_k \cdot (x - x_0)^k$ ist die "**Taylorreihe** von f zum Entwicklungspunkt x_0":

$$f(x) = \sum_{k=0}^{\infty} \frac{f^{(k)}(x_0)}{k!} \cdot (x - x_0)^k, \qquad |x - x_0| < R.$$

(7) Def.: Es sei G eine nichtleere Menge reeller (oder komplexer) Zahlen. Eine Funktion

$$G \ni x \mapsto f(x)$$

heißt **analytisch** in G :gdw für jedes $x_0 \in G$ ist die **Taylorreihe** von f zum Entwicklungspunkt x_0

$$f(x) = \sum_{k=0}^{\infty} \frac{f^{(k)}(x_0)}{k!} \cdot (x - x_0)^k$$

in einem Kreis $\mathcal{U}_\rho(x_0)$ mit $\rho = \rho(x_0) > 0$ konvergent.

(B1) a) Für welche x ist $\sum_{k=0}^{\infty} k(x+1)^k$ konvergent?
b) Welche Funktion wird durch die Potenzreihe dargestellt?

Lsg.: a) Die Koeffizienten der gegebenen Potenzreihe sind $a_k = k$, ihr Entwicklungspunkt ist $x_0 = -1$. Der Konvergenzradius R läßt sich hier am einfachsten mit der Formel aus (4) berechnen:

$$R = \lim_{k\to\infty} \frac{a_k}{a_{k+1}} = \lim_{k\to\infty} \frac{k}{k+1} = 1.$$

Den gleichen Wert liefert die Formel von Cauchy-Hadamard

$$R = \frac{1}{\limsup_{k\to\infty} \sqrt[k]{k}} = \frac{1}{\lim_{k\to\infty} \sqrt[k]{k}} = 1.$$

b) Es ist

$$\begin{aligned}
\sum_{k=0}^{\infty} k(x+1)^k &= (x+1)\sum_{k=1}^{\infty} k\cdot(x+1)^{k-1} \\
&= (x+1)\cdot\frac{d}{dx}\sum_{k=0}^{\infty}(x+1)^k \\
&= (x+1)\frac{d}{dx}\frac{1}{1-(x+1)} \\
&= (x+1)\frac{d}{dx}\left(-\frac{1}{x}\right) \\
&= (x+1)\frac{1}{x^2} = \frac{1}{x} + \frac{1}{x^2}, \qquad |x+1| < 1.
\end{aligned}$$

(B2) Man bestimme die Taylorreihen der folgenden Funktionen jeweils zum Entwicklungspunkt $x_0 = 0$ und ihren Konvergenzradius.
a) $f(x) = e^x$
b) $f(x) = \sin(x)$
c) $f(x) = \cos(x)$.

Lsg.:
a) Die Ableitungen der natürlichen Exponentialfunktion lauten

$$f^{(n)}(x) = e^x, \qquad \text{also} \qquad \frac{f^{(n)}(0)}{n!} = \frac{1}{n!},$$

damit ist die Taylorreihe der Exponentialfunktion

$$e^x = \sum_{n=0}^{\infty} \frac{x^n}{n!}, \qquad x \in \mathbb{R} \;.$$

Sie ist für alle $x \in \mathbb{R}$ absolut konvergent, da ihr Konvergenzradius

$$R = \frac{1}{\limsup \frac{1}{\sqrt[n]{n!}}} = \infty$$

unendlich ist. Man vergleiche mit der Definition 2.2(2).

b) Die Ableitungen der Funktion $f(x) = \sin(x)$ lauten

$$\left(\frac{d}{dx}\right)^n \sin(x) = \begin{cases} \sin(x) & \text{falls } n = 4k, \\ \cos(x) & \text{falls } n = 4k+1, \\ \text{-}\sin(x) & \text{falls } n = 4k+2, \\ \text{-}\cos(x) & \text{falls } n = 4k+3. \end{cases}$$

für $k \in \mathbb{N}_0$. Deshalb sind die Taylorkoeffizienten der Funktion $f(x) = \sin(x)$ zum Entwicklungspunkt $x_0 = 0$ für $m \in \mathbb{N}_0$

$$\frac{f^{(n)}(0)}{n!} = \begin{cases} 0 & \text{falls } n = 2m, \\ \frac{(-1)^m}{(2m+1)!} & \text{falls } n = 2m+1. \end{cases}$$

Damit lautet die Taylorreihe von $f(x) = \sin(x)$

$$\sin(x) = \sum_{m=0}^{\infty} \frac{(-1)^m x^{2m+1}}{(2m+1)!}, \qquad x \in \mathbb{R}.$$

Sie ist für alle $x \in \mathbb{R}$ absolut konvergent, da der Konvergenzradius der Reihe gleich

$$R = \frac{1}{\limsup_{m\to\infty} \frac{1}{\sqrt[2m+1]{(2m+1)!}}} = \infty$$

ist.

b) Die Ableitungen der Funktion $f(x) = \cos(x)$ lauten

$$\left(\frac{d}{dx}\right)^n \cos(x) = \begin{cases} \cos(x) & \text{falls } n = 4k, \\ \text{-}\sin(x) & \text{falls } n = 4k+1, \\ \text{-}\cos(x) & \text{falls } n = 4k+2, \\ \sin(x) & \text{falls } n = 4k+3. \end{cases}$$

für $k \in \mathbb{N}_0$. Deshalb sind die Taylorkoeffizienten der Funktion $f(x) = \cos(x)$ zum Entwicklungspunkt $x_0 = 0$ für $m \in \mathbb{N}_0$

$$\frac{f^{(n)}(0)}{n!} = \begin{cases} \frac{(-1)^m}{(2m)!} & \text{falls } n = 2m, \\ 0 & \text{falls } n = 2m+1. \end{cases}$$

Damit lautet die Taylorreihe von $f(x) = \cos(x)$

$$\cos(x) = \sum_{m=0}^{\infty} \frac{(-1)^m x^{2m}}{(2m)!}, \qquad x \in \mathbb{R}.$$

Sie ist für alle $x \in \mathbb{R}$ absolut konvergent, da der Konvergenzradius der Reihe gleich

$$R = \frac{1}{\limsup_{m\to\infty} \frac{1}{\sqrt[2m]{(2m)!}}} = \infty$$

ist.

2.10 Extremwertbestimmung

(1) Def.: Es sei $I \subset I\!R$ und $f : I \to I\!R$. Man sagt, f besitze an der Stelle $x_0 \in I$ ein **lokales** oder **relatives Maximum** der Größe $f(x_0)$:gdw es gibt eine Zahl $\delta > 0$, so dass f an der Stelle x_0 ein absolutes Maximum auf $\mathcal{U}_\delta(x_0) \cap I$ besitzt :gdw für alle $x \in \mathcal{U}_\delta(x_0) \cap I$ gilt

$$f(x) \le f(x_0).$$

Ein lokales Maximum $f(x_0)$ heißt **strenges lokales Maximum** :gdw es gibt eine Zahl $\delta > 0$, so dass für alle $x \in \mathcal{U}_\delta^*(x_0) \cap I$ gilt

$$f(x) < f(x_0).$$

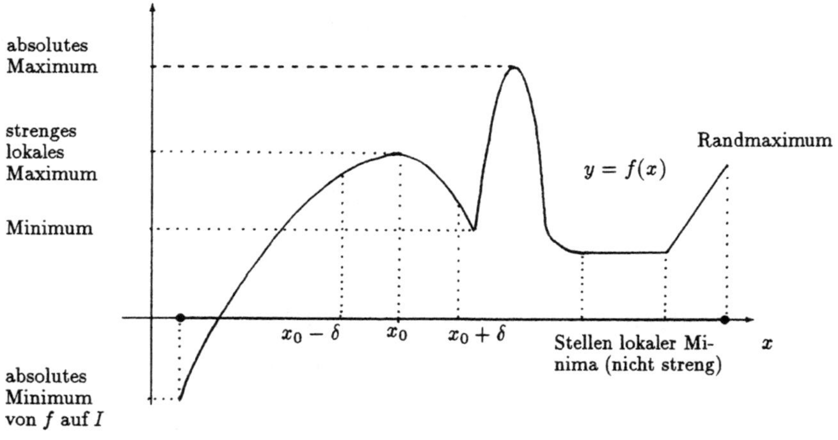

Aufgabe: Man definiere analog den Begriff "**lokales** oder **relatives Minimum**" einer reellen Funktion.

Bem: Ein **lokales** oder **relatives Extremum** einer reellen Funktion ist ein lokales Maximum oder Minimum.

(2) Eine notwendige Bedingung für ein relatives Extremum:
Es sei $I = (a, b)$ ein offenes Intervall und $f : I \to I\!R$ auf I differenzierbar. Wenn f an der Stelle $x_0 \in I$ ein relatives Extremum besitzt, ist notwendig x_0 ein **stationärer Punkt von** f: es gilt $f'(x_0) = 0$.

(3) Hinreichende Bedingungen für ein relatives Extremum:
Es sei $I = (a, b)$ ein offenes Intervall und $f : I \to I\!R$ auf I differenzierbar. Wenn $x_0 \in I$ eine Nullstelle von f' mit Vorzeichenwechsel ist:

(i) $f'(x_0) = 0$ =: x_0 ist ein **stationärer Punkt** von f, und

(ii) f' wechselt an der Stelle x_0 sein Vorzeichen

von + nach − $\Rightarrow$ relatives Maximum

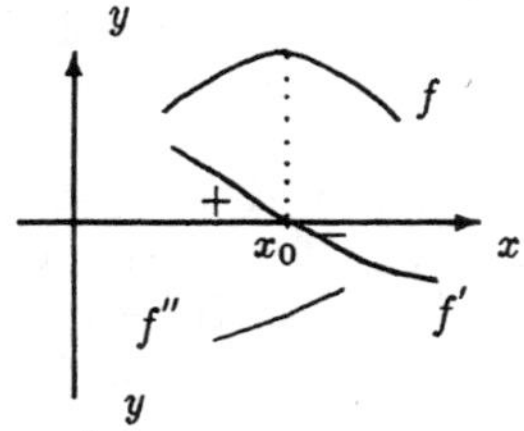

von − nach + $\Rightarrow$ relatives Minimum

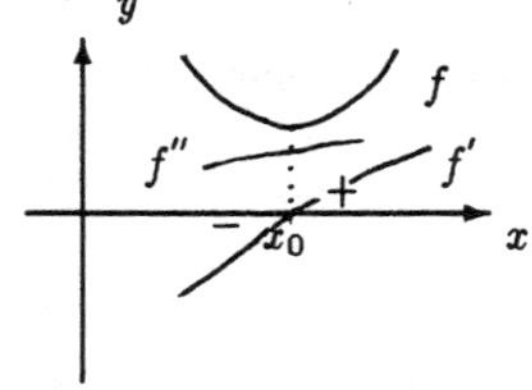

dann besitzt f an der Stelle x_0 ein relatives Extremum der angegebenen Art.

Wenn $f'(x_0) = 0$ und $f''(x_0)$ existieren, gilt

$$f''(x_0) \begin{matrix} < 0 & \Rightarrow & \text{relatives Maximum} \\ > 0 & \Rightarrow & \text{relatives Minimum} \end{matrix}$$

Zur praktischen Bestimmung von Extremwerten:
Ist $I \subset \mathbb{R}$ ein abgeschlossenes, beschränktes Intervall und $f : I \to \mathbb{R}$ stetig, aber evt. in einzelnen Punkten von I nicht differenzierbar, hat man die Funktionswerte von f in den Randpunkten von I und an den Stellen, wo f nicht differenzierbar ist, zu ermitteln und der Größe nach mit den Funktionswerten an den stationären Punkten von f zu vergleichen.

(B1) Man bestimme die relativen und absoluten Extremwerte der Funktion $y = f(x) = x^3 - 3x^2 + 1$ im Intervall [-1, 4] [vgl. 2.4(B8)].

Lsg: Notwendige Bedingung für relative Extrema in (-1, 4):

$$y' = f'(x) = 3x^2 - 6x = 3x(x-2) \overset{!}{=} 0$$
$$y'' = f''(x) = 6(x-1)$$

Stationäre Punkte: $x_1 = 0,\ x_2 = 2$

hinreichende Bedg.: $f''(x_1) = -6 < 0 \Rightarrow$ $x_1 = 0$ Stelle eines relativen Max.

$f''(x_2) = 6 > 0 \Rightarrow$ $x_2 = 2$ Stelle eines relativen Min.

x	-1	0	2	4
$f(x)$	-3	1	-3	17

Die Funktion f besitzt im Intervall $[-1, 4]$ ein absolutes Minimum der Größe -3, das an den Stellen -1 (Randminimum) und 2 (strenges lokales Minimum) angenommen wird; f besitzt ein strenges lokales Maximum der Größe 1 an der Stelle $x_1 = 0$ und ein strenges absolutes Maximum der Größe 17 bei $x = 4$ (Randmaximum).

(B2) Ein Kreditnehmer A bietet einem Kreditgeber für einen Kredit von x DM, $0 \leq x \leq L$, pro Zinsperiode einen Zinsertrag von $F_1(x)$ DM. Ein anderer Kreditnehmer B bietet demselben Kreditgeber für einen Kredit von x DM pro Zinsperiode einen Zinsertrag von $F_2(x)$ DM.

Zahlenbeispiel:
$$\begin{aligned} L &= 20\,000 \quad \text{DM} \\ F_1(x) &= \frac{1}{L}(80x + \frac{20}{L}x^2) \\ F_2(x) &= \frac{1}{L}(50x + \frac{50}{L}x^2) \end{aligned}$$

Wie soll der Kreditgeber sein Kapital von L DM an die beiden Kreditnehmer aufteilen, damit sein Zinsertrag maximal wird ?

Wie ist diese Frage zu beantworten, wenn man nur weiß, dass F_1 und F_2 konvexe Funktionen sind ?

Lsg:
Es bezeichne $Z(x)$ DM den Zinsertrag pro Zinsperiode, den der Kreditgeber erzielt, wenn er an A x DM und an B $L - x$ DM verleiht, $0 \leq x \leq L$:

$$\begin{aligned} Z(x) &= F_1(x) + F_2(L - x) \\ &= \frac{1}{L}(80x + \frac{20}{L}x^2 + 50(L - x) + \frac{50}{L}(L - x)^2). \end{aligned}$$

Notwendige Bedingung für ein relatives Extremum von Z in $(0, L)$:

$$\begin{aligned} Z'(x) &= \frac{1}{L}(80 - 50 + \frac{40}{L} \cdot x - \frac{100}{L}(L - x)) \stackrel{!}{=} 0 \\ & \qquad 30 - 100 + \frac{140}{L}x = 0, \quad \underline{\bar{x} = \frac{L}{2}} \\ Z''(\bar{x}) &= \frac{140}{L^2} > 0 \Rightarrow \text{ rel. Minimum an der Stelle } \bar{x}. \end{aligned}$$

x	0	$\bar{x} = L/2$	L
$Z(x)$	$F_2(L) = 100$	rel = abs. Min	$F_1(L) = 100$

Der Zinsertrag wird maximal, wenn der Kreditgeber sein gesamtes Kapital in Höhe von L DM an einen Kreditnehmer (A oder B) verleiht.

Bem.: Da die Funktion $x \mapsto Z(x)$ im Zahlenbeispiel eine nach oben geöffnete Parabel ist, muss ein Randmaximum vorliegen. Dasselbe gilt, wenn man nur weiß, dass F_1 und F_2 konvexe Funktionen sind; denn dann ist auch die Funktion $x \mapsto F_2(L - x)$ konvex und $Z(x) = F_1(x) + F_2(L - x)$.

(B3) **Lokale Maxima einer Erlösfunktion:**
Gegeben sei die Erlös-Funktion eines Betriebes aus der Produktion eines

Artikels

$$[0,8] \ni x \mapsto e = E(x) = -\frac{10}{8}x(x-8).$$

Man ermittle ihre lokalen Maxima [vgl. 2.5(B5)].

Lsg: Notwendige Bedingung für relative Extrema in (0, 8):

$$e' = E'(x) = -\frac{10}{8}(2x-8) \overset{!}{=} 0, \quad x = 4.$$

Hinreichende Bedingung: E' wechselt an der Stelle $x = 4$ sein Vorzeichen von + nach −, also besitzt E an dieser Stelle ein lokales Maximum der Größe $E(4) = 20$. Wegen

x	0	4	8
$E(x)$	0	20	0

ist es zugleich das absoute Maximum von E auf $[0, 8]$.

(B4) **Berechnung der optimalen Bestellmenge** (:= Bestellmenge, bei der die Summe der Bestellkosten und Lagerkosten, bezogen auf eine Mengeneinheit der Bestellmenge, am geringsten ist) [Gul]

Bezeichnungen (nach Gutenberg):

x	Bestellmenge
α	bestellfixe Kosten
β	bestellproportional Kosten
$K(x) = \alpha + \beta x$	Bestellkosten
$k(x) = \frac{\alpha}{x} + \beta$	durchschnittliche Bestellkosten = Bestellkosten pro Mengeneinheit
p	Lagerkosten pro ME und ZE
m	Materialbedarf pro ZE
T	Planungsperiode

Voraussetzungen:

1) Der Bedarf in der Planungsperiode ist konstant.
2) Der Materialpreis ist unabhängig von der Bestellmenge.
3) Es bestehen keine Beschaffungsbeschränkungen.
4) Über die Planungsperiode erfolgt ein gleichmäßiger Lagerabgang.

Man berechne

(i) den Lagerbestand als Funktion der Zeit;
(ii) den Zusammenhang zwischen Bestellmenge, Planungsperiode und Materialbedarf pro ZE;
(iii) die Lagerkosten als Funktion der Bestellmenge;
(iv) die durchschnittlichen Gesamtkosten;
(v) die optimale Bestellmenge, zu der minimale durchschnittliche Gesamtkosten gehören.

Lsg:

(i) Aus den Voraussetzungen 1), 3) und 4) folgt, dass der Lagerbestand sich als Funktion der Zeit in 2 Weisen darstellen läßt:

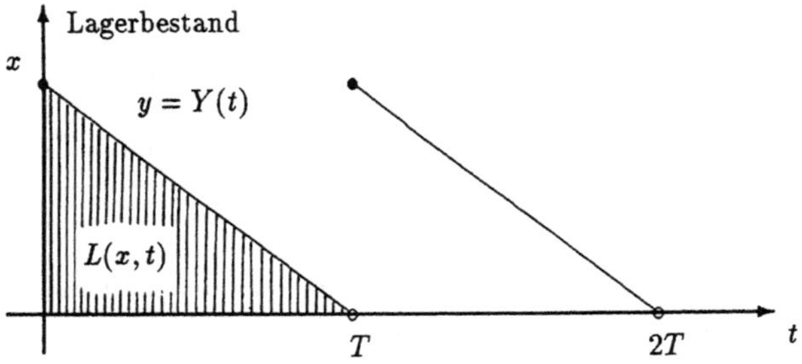

$$y = Y(t) = -m(t-T) \Leftrightarrow \frac{y}{x} + \frac{t}{T} = 1 \Leftrightarrow y = -\frac{x}{T}t + x$$

(ii) Durch Koeffizientenvergleich (der Steigungen) erhält man hieraus den Zusammenhang zwischen x, T und m:

$$m = \frac{x}{T}.$$

Bem: $m \cdot T = x$ ist auch unmittelbar klar aus den Bedeutungen der Größen m, T, x.

(iii) Die Lagerkosten als Funktion der Bestellmenge x und der Planungsperiode T betragen

$$L(x,T) = p \cdot \frac{x}{2} \cdot T \qquad \text{Flächeninhalt des schraffierten Dreiecks.}$$

Die Lagerkosten als Funktion der Bestellmenge x allein sind

$$L(x, \frac{x}{m}) =: L(x) = p \cdot \frac{x^2}{2m}$$

(iv) Die durchschnittlichen Gesamtkosten, bezogen auf die Mengeneinheit der Bestellmenge, betragen

$$g(x) = \frac{K(x) + L(x, \frac{x}{m})}{x} = k(x) + \frac{p \cdot x}{2m} = \frac{\alpha}{x} + \beta + \frac{p \cdot x}{2m}$$

(v) Notwendige Bedingungen für die optimale Bestellmenge:

$$g'(x) = \frac{-\alpha}{x^2} + \frac{p}{2m} \stackrel{!}{=} 0, \quad x_0 = (\frac{2\alpha m}{p})^{\frac{1}{2}}.$$

Hinreichende Bedingung: g' hat an der Stelle x_0 einen Vorzeichenwechsel von $-$ nach $+$, also besitzt g an der Stelle x_0 ein relatives (hier: absolutes) Minimum.

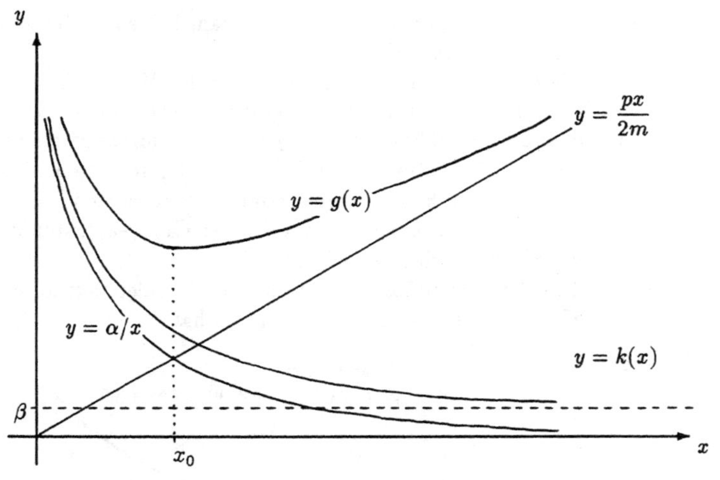

$$x_0 = \sqrt{\frac{2\alpha m}{p}} \qquad \textbf{"Wilson-Formel"}$$

Bem.: Wegen $\frac{p \cdot x_0}{2m} = \frac{\alpha}{x_0}$ ist die optimale Bestellmenge x_0

die Abzisse des Schnittpunktes der Funktionen $y = \frac{\alpha}{x}$ und $y = \frac{p \cdot x}{2m}$.

(B5) Beziehungen zwischen verschiedenen Kostenfunktionen [Wö]

Bezeichnungen (nach Wöhe):

x	output = Menge eines produzierten Gutes
$K(x) = K_f + K_v(x)$	Gesamtkosten bei Produktion von x Mengeneinheiten
K_f	fixe Kosten
K_v	variable Kosten
$k(x) := \frac{K(x)}{x}$	Stückkosten = Durchschnittskosten
$k_v(x) := \frac{K_v(x)}{x}$	variable Stückkosten
$K'(x)$	Grenzkosten (= 1. Ableitung von K)

Voraussetzungen:

1) Das betrachtete Gut ist unbeschränkt teilbar.
2) K ist stetig differenzierbar, monoton wachsend, und an einen konkaven Bogen schließt sich ein konvexer an; kurz: K ist "S- förmig" (Originalton Wöhe).

Man überlege sich,

(i) wie man aus dem Graphen der Gesamtkosten K die Stückkosten k graphisch erhalten kann;

(ii) wie man aus dem Graphen der variablen Kosten K_v die variablen Stückkosten k_v graphisch erhalten kann;

(iii) dass die "Stückkostenkurve" $y = k(x)$ in ihrem Minimum von der "Grenzkostenkurve" $y = K'(x)$ geschnitten wird;

(iv) dass auch die Funktion der variablen Stückkosten $y = k_v(x)$ in ihrem Minimum von der Grenzkostenfunktion $y = K'(x)$ geschnitten wird;

(v) dass die Gesamtkostenfunktion ihren Wendepunkt an der Stelle des Minimums der Grenzkostenfunktion hat.

Lsg:

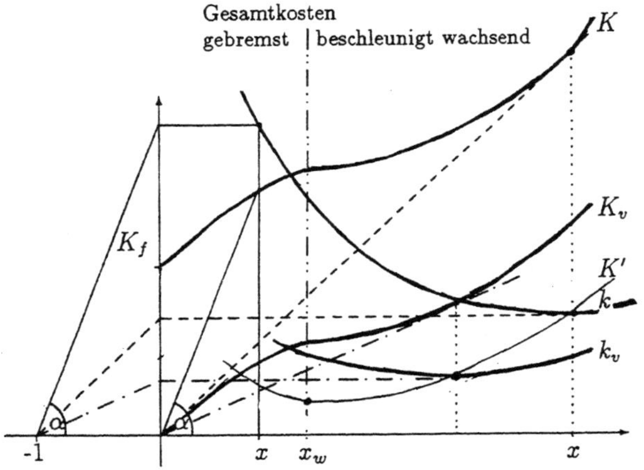

(i) Zu einer Geraden durch den Ursprung, die mit der positiven x-Achse den Winkel α bildet und die die Gesamtkostenfunktion im Punkte $(x, K(x))$ schneidet, wird $\tan\alpha$ (ihre Steigung), z. B. mit der skizzierten Hilfskonstruktion, ermittelt. Dann definiert die Zuordnung

$$x \mapsto \tan\alpha = \frac{K(x)}{x} = k(x)$$

die gesuchte Funktion.

(ii) Die "Stückkostenkurve" $y = k(x)$ wird in ihrem Minimum von der "Grenzkostenkurve" $y = K'(x)$ geschnitten, weil bei minimalen $k(x)$ die zur Ermittlung von $k(x)$ verwendete Gerade Tangente an die Funktion $y = K(x)$ ist, deren Steigung ist gleich $K'(x)$.

Rechnerischer Nachweis:

$$\frac{d}{dx}k(x) = \frac{d}{dx}\left(\frac{K(x)}{x}\right) = \frac{K' \cdot x - K(x)}{x^2} = \frac{K'(x) - k(x)}{x} \stackrel{!}{=} 0$$

$$\Rightarrow K'(x) = k(x) \quad \text{als notwendige Bedingung für ein Extremum von } k(x)$$

Frage: Welche Elastitzität besitzt K an dieser Stelle?

(iv) Begründung analog wie unter (iii).

(v) Allgemein gilt: Wenn eine stetig differenzierbare Funktion K an einer Stelle x_w einen Wendepunkt $(x_w, K(x_w))$ hat, dann besitzt die Ableitung 1.Ordnung K' an der Stelle x_w einen relativen Extremwert.

(B6) Das gewinnmaximierende Unternehmen ([Schn] p.192, [Schu] p. 208):

Bezeichnungen:

x	output = Menge eines produzierten Gutes
$K(x)$	Gesamtkosten bei Produktion von x Mengeneinheiten, als S-förmig vorausgesetzt
$K'(x)$	Grenzkosten
$p = P(x)$	"Preis-Absatz-Funktion", $P(x)$ ist der Preis der ME des produzierten Gutes, wenn x ME pro Zeitperiode abgesetzt werden können.
$e = E(x) = P(x) \cdot x$	Erlös beim output x
$g = G(x) = E(x) - K(x)$	Gewinn beim output x

Frage: Bei welchem output x wird der Gewinn maximal ?

1. Fall Voraussetzung: Das Unternehmen nimmt an, dass sein Angebot keinen Einfluß auf den Marktpreis p des produzierten Gutes hat:
$p = P(x) = \text{const.}$
[Annahme der **vollkommenen Konkurrenz** unter Anbietern und Nachfragern].

2. Fall Voraussetzung: Das Unternehmen hat eine **Monopolstellung**, die Nachfrager verhalten sich als **Mengenanpasser**, und die Preis-Absatz-Funktion $p = P(x)$ ist bekannt.

Zahlenbeispiel für den 2. Fall:

$$K(x) = (x-1)^3 + 4(x-1) + 6$$

$$p = P(x) = -\frac{10}{8}(x-8)$$

Lsg:

1. FALL: vollkommene Konkurrenz

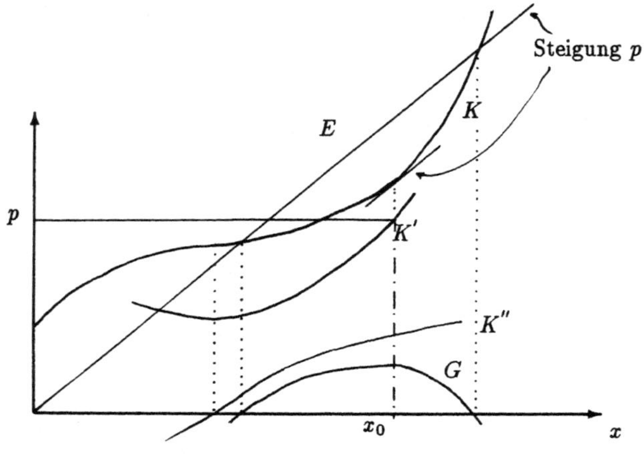

1. Fall: **vollkommende Konkurrenz:**

Erlös:	$E(x)$	$=$	$p \cdot x.$	
Gewinn = Erlös − Kosten:	$G(x)$	$=$	$p \cdot x - K(x).$	
Notw. Bed. f. e. rel. Max.:	$G'(x_0)$	$=$	$p - K'(x_0)$	$\stackrel{!}{=} 0$
$\Leftrightarrow$	p	$=$	$K'(x_0).$	
Hinr. Bed. f. e. rel. Max.:	$G''(x_0)$	$=$	$-K''(x_0)$	< 0

(ist im skizzierten Beispiel erfüllt.)

Regel: Im Falle vollkommender Konkurrenz bietet ein Unternehmen die Menge x_0 an, bei der der Marktpreis p und die Grenzkosten $K'(x_0)$ übereinstimmen.

2. FALL: Angebotsmonopolist, Nachfrager = Mengenanpasser:

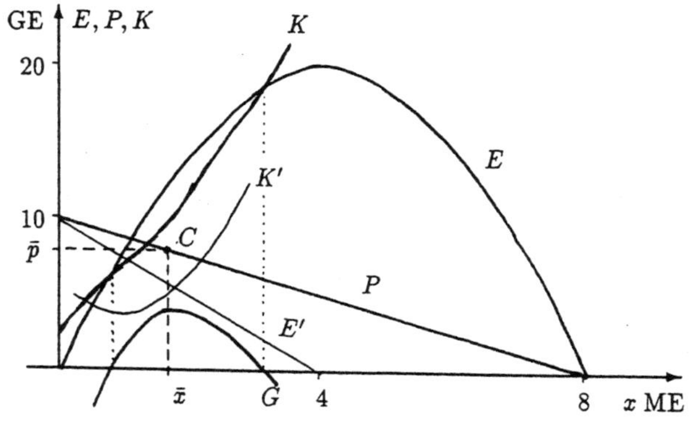

Bem: Der Punkt $C = (\bar{x}, \bar{p})$, wobei

$$\begin{aligned} \bar{x} &= \text{gewinnmaximaler output} \\ &= \text{Abzisse des Schnittpunktes von } E' \text{ und } K' \quad \text{und} \\ \bar{p} = P(\bar{x}) &= \text{gewinnmaximaler Preis} \end{aligned}$$

heißt **Cournotscher Punkt**, weil die Bestimmung des optimalen Produktionsplans eines Monopolisten auf Cournot (1938) zurückgeht.

2. Fall: **Angebotsmonopolist, Nachfrager = Mengenanpasser:**

Formel	konkretes Beispiel
Erlös $= E(x) = P(x) \cdot x$	$E(x) = -\frac{10}{8}x(x-8)$
Gewinn $=$ Erlös $-$ Kosten	
$G(x) = E(x) - K(x)$	$G(x) = -\frac{10}{8}x(x-8) - (x-1)^3$
$= P(x) \cdot x - K(x)$	$-4(x-1) - 6$

notwendige Bedingung für ein relatives Maximum:

$G'(\bar{x}) = E'(\bar{x}) - K'(\bar{x})$	$G'(\bar{x}) = -\frac{10}{8}(2\bar{x}-8) - 3(\bar{x}-1)^2 - 4$
$= P(\bar{x}) + P'(\bar{x}) \cdot \bar{x} - K'(\bar{x})$	$\stackrel{!}{=} 0$
$\stackrel{!}{=} 0$	

Regel: ([Schu] p. 211) "Die gewinnmaximierende Menge wird dort realisiert, wo die Grenzkosten gleich dem Grenzerlös sind".

$G'(\bar{x}) = 0 \Leftrightarrow$	$G'(\bar{x}) = 0 \Leftrightarrow$
$P(\bar{x}) \cdot [1 + \frac{P'(\bar{x})}{P(\bar{x})} \cdot \bar{x}] = K'(\bar{x})$	$3(\bar{x}-1)^2 + \frac{10}{8} \cdot 2\bar{x} + 4 - 10 = 0$
$\Leftrightarrow$	$\Leftrightarrow \bar{x}^2 - \frac{7}{6}\bar{x} - 1 = 0$
$P(\bar{x}) \cdot [1 + e(P, \bar{x})] = K'(\bar{x})$	$\underline{\bar{x} = 1.74}, \quad \bar{p} = P(\bar{x}) = \underline{7.825}$

$e(P, \bar{x}) := \frac{P'(\bar{x})}{P(\bar{x})} \cdot \bar{x}$ ist die **Preisflexibilität der Nachfrage**, sie ist gleich

$$=: \frac{1}{\eta(\bar{p})} := \frac{1}{e(N, \bar{p})}, \quad \bar{p} = P(\bar{x}) \qquad \text{[vgl: 2.7(B4)]}$$

dem reziproken Wert der **Preiselastizität der Nachfrage.**

$\eta(\bar{p}) := e(N, \bar{p}) = \frac{N'(\bar{p})}{N(\bar{p})} \cdot \bar{p}$ wobei $N = P^{-1}$ die zu P gehörige Nachfragefunktion ist.

Bem.: Es ist $\eta(\bar{p}) < 0$, da $N(p)$ fallend ist.

Regel: Ein Gewinnmaximum kann nur an einer Stelle $\bar{x}$ realisiert werden, wo

$$\underbrace{\text{Grenzerlös} = P(\bar{x}) \cdot [1 + \frac{1}{\eta(\bar{p})}]}_{\textbf{"Amoroso-Robinson-Formel"}} = \text{Grenzkosten.}$$

2.11 Klausuraufgaben

(K1) Herr B. hat sich ein Auto angeschafft. Er hat 8000 Euro angezahlt, und er hat 8 Jahresraten in Höhe von je 2000 Euro zu bezahlen.

a) Man berechne den Barwert der Zahlungen, wenn der Zinsfuß 7 % p.a. beträgt, die Anzahlung sofort und die 1. Rate genau nach einem Jahr fällig sind.

b) Der Kaufpreis bei Barzahlung betrage 20 000 Euro. Welche Anzahlung muss der Händler fordern, um dem Kunden die Bezahlung der Restsumme in 8 Jahresraten von 1800 Euro anbieten zu können? (Zinsfuß: 7 % p.a.)

Lsg.:

a) Der Barwert der Zahlungsreihe

Zeit t [Jahre]	0	1	2	3	4	5	6	7	8
zum Zeitpunkt t fälliger Betrag [DM]	K_0	K_1	K_1	K_1	K_1	K_1	K_1	K_1	K_1

wobei $K_0 = 8000$ Euro und $K_1 = 2000$ Euro beträgt, ist nach 2.1(B14) mit $q = 1.07$

$$\begin{aligned} y_0 &= K_0 + K_1\left(\frac{1}{q^1} + \frac{1}{q^2} + \frac{1}{q^3} + \ldots + \frac{1}{q^8}\right) \\ &= K_0 + K_1 \cdot \frac{1}{q} \cdot \left(1 + \frac{1}{q^1} + \ldots + \frac{1}{q^7}\right) \\ &= K_0 + K_1 \cdot \frac{1}{q} \cdot \left(\frac{\frac{1}{q^8} - 1}{\frac{1}{q} - 1}\right) \\ &= K_0 + K_1 \cdot \frac{1 - q^{-8}}{q - 1} \\ &= 8000 + 2000 \cdot \frac{1 - 0.5820}{0.07} \\ &= 19943 \quad \text{Euro} \end{aligned}$$

b) Die gesuchte Anzahlung werde mit A bezeichnet. Damit soll gelten

$$20000 = A + 1800 \cdot \frac{1 - q^{-8}}{q - 1}.$$

Daraus folgt durch Auflösung nach A

$$\begin{aligned} A &= 20000 - 1800 \cdot \frac{1 - q^{-8}}{q - 1} \\ &= 20000 - 1800 \cdot \frac{1 - 0.5820}{0.07} \\ &= 9251 \quad \text{Euro} \end{aligned}$$

(K2) Im Land Utopia gilt folgende Einkommenssteuerregelung:
Für Jahresbruttoeinkommen von B [GE] beträgt die Steuerschuld:

$$S_n := \begin{cases} 0 & \text{falls } n = 0 \\ W \cdot i + W \cdot (i + i^2) + \ldots + W \cdot (i + i^2 + i^3 + \ldots + i^n) & \text{falls } n \geq 1 \end{cases}$$

wobei

$$\begin{aligned} W &= 10\,000 \text{ GE} \\ i &= 0.4 \\ n &= \max\{0, \left[\frac{B - 10 \cdot W}{10\,000}\right]\} \\ [x] &= \text{größte ganze Zahl, die kleiner oder gleich } x \text{ ist und} \\ \text{GE} &= \text{Geldeinheiten bezeichnen.} \end{aligned}$$

a) Bis zu welchem Jahresbruttoeinkommen ist dieses steuerfrei?

b) Welches ist der Spitzensteuersatz (in %) der am höchsten besteuerten 10 000 GE im Grenzübergang $B \to \infty$?

c) Wie hoch ist die Einkommenssteuer bei einem Jahresbruttoeinkommen von $B = 150\,000$ GE?

d) Man gebe für die Steuerschuld eine möglichst einfache Formel an. (Hinweis: Verwenden Sie die Summenformel der endlichen geometrischen Reihe.)

Lsg.:

a) Das Jahresbruttoeinkommen B bleibt steuerfrei gdw

$$\left[\frac{B - 100\,000}{10\,000}\right] < 1.$$

Aus dieser Bedingung ergibt sich, wenn mit einer Genauigkeit von hunderstel GE gerechnet wird, als höchstes steuerfreies Jahresbruttoeinkommen $B = 109\,999.99$ GE.

b) Der Spitzensteuersatz ergibt sich aus dem letzten Summanden der Steuerformel:

$$\begin{aligned} p_s &= \frac{10\,000 \cdot (i + i^2 + \ldots + i^n)}{10\,000} \\ &= i + i^2 + \ldots + i^n \\ &= i \cdot (1 + i + i^2 + \ldots + i^{n-1}) \end{aligned}$$

Mit der Summenformel 2.1(4) der endlichen geometrischen Reihe findet man

$$\begin{aligned} \lim_{n \to \infty} p_s &= \lim_{n \to \infty} i \cdot \frac{1 - i^n}{1 - i} \\ &= \frac{i}{1 - i} = \frac{2}{3} = 66.67\% \text{ da } |i| = 0.4 < 1. \end{aligned}$$

c) Zum Jahreseinkommen $B = 150\,000$ GE gehört $n = [\frac{B-100\,000}{10\,000}] = 5$. Die fällige Einkommenssteuer berägt

$$\begin{aligned} S_5 &= 10\,000 \cdot (i + (i+i^2) + (i+i^2+i^3) \quad +(i+i^2+i^3+i^4) \\ &\qquad\qquad\qquad\qquad\qquad\qquad +(i+i^2+i^3+i^4+i^5)) \\ &= 10\,000 \cdot (5i + 4i^2 + 3i^3 + 2i^4 + i^5) \quad = 28\,934.40 \text{ GE.} \end{aligned}$$

d) Es sei $n \geq 1$. Dann kann die gegebene Formel für die Steuerschuld S_n mit Hilfe der Summenformel der endlichen geometrischen Reihe vereinfacht werden zu:

$$\begin{aligned} S_n &= 10\,000 \cdot \sum_{k=1}^{n} (\sum_{l=1}^{k} i^l) \\ &= 10\,000 \cdot \sum_{k=1}^{n} i \cdot (\sum_{l=0}^{k-1} i^l) \\ &= 10\,000 \cdot \sum_{k=1}^{n} i \cdot \frac{1-i^k}{1-i} \\ &= 10\,000 \cdot \frac{i}{1-i} \cdot (\sum_{k=1}^{n} (1-i^k) \\ &= 10\,000 \cdot \frac{i}{1-i} \cdot (n - (i + i^2 + i^3 + \ldots + i^n)) \\ &= 10\,000 \cdot \frac{i}{1-i} \cdot (n - i(1 + i + i^2 + \ldots + i^{n-1})) \\ &= 10\,000 \cdot \frac{i}{1-i} \cdot (n - i\frac{1-i^n}{1-i}). \end{aligned}$$

(K3) a) Zeigen Sie: Die Reihe $\sum_{i=1}^{\infty} a_i = \frac{2}{7} + \frac{3}{17} + \frac{4}{27} + \frac{5}{37} + \ldots$ ist divergent. (Hinweis: Bestimmen Sie eine Darstellung des allgemeinen Gliedes a_i und zeigen Sie, dass für alle $i = 1, 2, \ldots$ $a_i > \frac{1}{10}$ gilt.)

b) Für welche $x \in I\!R$ ist die folgende Potenzreihe

$$f(x) = \sum_{n=2}^{\infty} n \cdot x^n$$

konvergent? Man bestimme gegebenenfalls die Funktion $f(x)$, die durch diese Potenzreihe dargestellt wird.

c) Man bestimme $f(0)$, $\frac{f'(0)}{1!}$, $\frac{f''(0)}{2!}$, $\frac{f'''(0)}{3!}$.

Lsg.:

a)

$$\begin{aligned} a_1 &= \frac{2}{7} \\ a_2 &= \frac{3}{7+10} \end{aligned}$$

$$\begin{aligned} a_3 &= \frac{4}{7+2\cdot 10} \\ a_4 &= \frac{5}{7+3\cdot 10} \\ \ldots & \quad \ldots \\ a_i &= \frac{i+1}{7+(i-1)\cdot 10} \end{aligned}$$

Diese Formel stimmt für $i = 1, 2, 3, 4, 5, \ldots$ und stellt das allgemeine Glied der Reihe dar. Es läßt sich nach unten abschätzen durch

$$a_i = \frac{i+1}{7+(i-1)\cdot 10} \geq \frac{i}{10+(i-1)\cdot 10} = \frac{i}{i\cdot 10} = \frac{1}{10}$$

für $i = 1, 2, 3, \ldots$. Folgerung: Die Reihe ist divergent, da ihre Glieder keine Nullfolge bilden.

b) Die Potenzreihe

$$\sum_{n=2}^{\infty} n\cdot x^n = \sum_{n=0}^{\infty} a_n\cdot x^n$$

hat die Koeffizienten

$$a_0 = 0,\ a_1 = 0,\ a_2 = 2,\ a_3 = 3,\ \ldots\ a_n = n,\ \ldots$$

Zur Berechnung ihres Konvergenzradius' wird die Formel von Cauchy-Hadamard verwendet:

$$R = \frac{1}{\limsup_{n\to\infty}\sqrt[n]{|a_n|}} = \frac{1}{\limsup_{n\to\infty}\sqrt[n]{n}} = \frac{1}{\lim_{n\to\infty}\sqrt[n]{n}} = 1$$

da $\lim_{n\to\infty}\sqrt[n]{n} = 1$ bekannt ist.

Für $x = 1$ ist die Reihe divergent, da ihre Glieder keine Nullfolge bilden. Für $x = -1$ ist die Reihe $\sum_{n=2}^{\infty} n\cdot(-1)^n$ aus demselben Grund divergent. Es ist

$$\begin{aligned} \sum_{n=2}^{\infty} n\cdot x^n &= x\cdot\sum_{n=2}^{\infty} n\cdot x^{n-1} \\ &= x(\underbrace{\sum_{n=0}^{\infty} n\cdot x^{n-1}}_{=\frac{d}{dx}(\frac{1}{1-x})} -1) \\ &= x\cdot(\frac{1}{(1-x)^2}-1) \quad \text{für } |x|<1, \end{aligned}$$

da Potenzreihen in ihrem Konvergenzkreis gliedweise differenziert werden dürfen, und

$$\sum_{n=0}^{\infty} x^n = \frac{1}{1-x} \qquad \text{für } |x| < 1$$

bekannt ist, sowie

$$\frac{d}{dx}\sum_{n=0}^{\infty} x^n = \sum_{n=0}^{\infty} n \cdot x^{n-1} = \frac{d}{dx}\left(\frac{1}{1-x}\right)$$

für $|x| < 1$. Also ist

$$f(x) = x \cdot \left(\frac{1}{(1-x)^2} - 1\right).$$

c) Die Potenzreihe ist die Taylorreihe ihrer Summe, deshalb ist

$$\begin{aligned} \frac{f^{(n)}(0)}{n!} &= n \quad \text{für alle } n \geq 2 \text{ und} \\ \frac{f'(0)}{1!} &= 0 \\ \frac{f(0)}{0!} &= 0 \end{aligned}$$

Alternative Lösung von c):
Aus der Potenzreihe erkennt man, indem man für $x = 0$ einsetzt, $f(0) = 0$. Wird die Potenzreihe gliedweise differenziert, erhält man der Reihe nach für $|x| < 1$

$$\begin{aligned} f'(x) &= \sum_{n=2}^{\infty} n^2 \cdot x^{n-1} \\ f''(x) &= \sum_{n=2}^{\infty} n^2(n-1)x^{n-2} \\ f'''(x) &= \sum_{n=2}^{\infty} n^2(n-1)(n-2)x^{n-3} \end{aligned}$$

$$\begin{aligned} f'(0) &= 0 \\ f''(0) &= 4 \\ f'''(0) &= 3^2 \cdot 2 \end{aligned}$$

also $\frac{f(0)}{0!} = 0, \frac{f'(0)}{1!} = 0, \frac{f''(0)}{2!} = 2, \frac{f'''(0)}{3!} = 3$.
Eine dritte Möglichkeit, c) zu lösen, besteht darin, die Ableitungen der Funktion $f(x)$ zu berechnen und daraus die gewünschten Taylorkoeffizienten.

(K4) Eine Versicherung bietet Verträge zur Bildung eines Kapitals an zu den Konditionen:

- 40 jährliche Zahlungen, jeweils am 1.1. ab dem 1.1.2000, von $Z = 2000$ Euro;

- über die Laufzeit fester jährlicher Zinssatz von p Prozent;
- Auszahlung des Guthabens am 1.1.2040.

a) Wie groß ist das Gesamtguthaben K am 1.1.2040, wenn $p = 4.5\%$ beträgt?

b) Wenn die Versicherung am 1.1.2040 das Kapital $K = 200\,000$ Euro auszahlt, wie hoch ist der Zinssatz p (in Prozent)? (Hinweis: Bei geeigneter Wahl des Startwertes genügen 2 Newtonschritte.)

Lsg.:

a) Mit $p = 0.045$, $q = 1.045$ und $Z = 2\,000$ ist das Gesamtguthatben K zum 1.1.2040

$$K = \sum_{k=1}^{40} Z \cdot q^k = Z \cdot q \cdot \sum_{k=0}^{39} q^k = Z \cdot q \cdot \frac{q^{40} - 1}{q - 1} = 223\,693.38 \text{ Euro}$$

b) Jetzt ist $q = 1 + p$ unbekannt und aus der Gleichung

$$Z \cdot q \cdot \frac{q^{40} - 1}{q - 1} = 200\,000$$

zu ermitteln. Diese ist wegen $K = 200\,000$ und $Z = 2\,000$ äquivalent mit jeder der Gleichungen

$$\begin{aligned} q(q^{40} - 1) = 100(q - 1) \quad &\Leftrightarrow \quad q^{41} - q = 100(q - 1) \\ &\Leftrightarrow \quad f(q) := q^{41} - 101 \cdot q + 100 = 0 \end{aligned}$$

Diese Gleichung muss eine Lösung besitzen, die in der Nähe von $q = 1.045$ liegt. Sie wird mit dem Newton-Verfahren näherungsweise bestimmt. Dazu benötigt man die Ableitung der Funktion $f(q)$:

$$f'(q) = 41 \cdot q^{40} - 101.$$

Die Iterationsformel des Newton-Verfahrens lautet:

$$q_{n+1} = q_n - \frac{f(q_n)}{f'(q_n)} = q_n - \frac{q_n^{41} - 101q_n + 100}{41q_n^{40} - 101}$$

Für $n = 0$ erhält man $q_1 = 1.041\,122$, und für $n = 1$ $q_2 = 1.0405$. Der gesuchte Zinssatz beträgt also (näherungsweise) 4.05 %.

(K5) Bestimmen Sie für die reelle Funktion $f(x) = \ln\sqrt{4 - x^2}$

a) den Definitionsbereich und den genauen Wertebereich;

b) das Taylorpolynom $p_2(x)$ 2. Grades von f zum Entwicklungspunkt $x_0 = 0$;

c) den Fehler $R(f, 0.1) := f(0.1) - p_2(0.1)$. (Rechnung mit 5 Dezimalen)

d) Ermitteln Sie den Konvergenzradius der Potenzreihe $\varphi(x) = \sum_{n=1}^{\infty} \frac{x^n}{n \cdot 2^n}$.

Lsg.:

a) Der Definitionsbereich der Funktion f ist die Menge

$$\mathcal{D}_f = \{x : 4-x^2 > 0\} = \{x : (2-x)(2+x) > 0\} = \{x : -2 < x < 2\} = (-2,2).$$

Der genaue Wertebereich von f ist die Menge

$$\mathcal{W}_f = (-\infty, \ln 2],$$

da die Funktion ln streng monoton ist und $\ln(0+) = -\infty, \ln\sqrt{4} = \frac{1}{2}\ln 4 = \frac{1}{2}\ln 2^2 = \ln 2$.

b) Die Funktionsgleichung von f läßt sich umformen zu

$$f(x) = \ln\sqrt{4-x^2} = \ln(4-x^2)^{\frac{1}{2}} = \frac{1}{2}\ln(4-x^2).$$

Damit findet man $f(0) = \ln 2$ und

$$\begin{aligned} f'(x) &= \frac{1}{2}\frac{-2x}{4-x^2} &&= -\frac{x}{4-x^2} \\ f''(x) &= -\frac{4-x^2-x(-2x)}{(4-x^2)^2} &&= -\frac{4+x^2}{(4-x^2)^2} \end{aligned}$$

und daraus

$$f'(0) = 0, \;\; f''(0) = -\frac{1}{4}.$$

Deshalb lautet das Taylorpolynom 2. Grades von f zum Entwicklungspunkt $x_0 = 0$

$$p_2(x) = \ln 2 + 0 \cdot x - \frac{1}{2!4}x^2 = \ln 2 - \frac{1}{8}x^2.$$

c) Das Taylor-Restglied an der Stelle 0.1 hat den Wert

$$\begin{aligned} R(f, 0.1) &= f(0.1) - p_2(0.1) \\ &= \ln\sqrt{4-0.1^2} - p_2(0.1) \\ &= 0.691\,90 - 0.693\,15 + 0.001\,25 = 0. \end{aligned}$$

Bei Rundung auf 5 Stellen nach dem Dezimalpunkt sind die Werte identisch, der Fehler also 0.

d) Die Koeffizienten a_n der gegebenen Potenzreihe $\varphi(x) = \sum_{n=1}^{\infty} \frac{x^n}{n \cdot 2^n} =: \sum_{n=1}^{\infty} a_n \cdot x^n$ sind $a_n = \frac{1}{n \cdot 2^n}$. Die Formel 2.9(4) für den Konvergenzradius liefert

$$R = \lim_{n\to\infty} \frac{a_n}{a_{n+1}} = \lim_{n\to\infty} \frac{\frac{1}{n2^n}}{\frac{1}{(n+1)2^{n+1}}} = \lim_{n\to\infty} \frac{n+1}{n} \cdot 2 = 2.$$

Die Potenzreihe konvergiert also absolut für $|x| < 2$.

Dasselbe Ergebnis liefert die Formel von Cauchy-Hadamard 2.9(3)

$$\begin{aligned} R &= \frac{1}{\limsup_{n\to\infty} \sqrt[n]{|a_n|}} \\ &= \frac{1}{\limsup_{n\to\infty} \sqrt[n]{\frac{1}{n\cdot 2^n}}} \\ &= \frac{1}{\lim_{n\to\infty} \sqrt[n]{\frac{1}{2^n}} / \lim_{n\to\infty} \sqrt[n]{n}} \\ &= \frac{1}{\frac{1}{2}/1} = 2. \end{aligned}$$

(K6) a) Man bestimme $a, b \in I\!R$ so, dass die Funktion f mit

$$f(x) = \begin{cases} x & \text{für } 0 \le x \le 81 \\ a\sqrt{x} + b & \text{für } 81 < x \end{cases}$$

für alle $x \geq 0$ stetig differenzierbar wird.

Es sei für $x > 0$ $\quad g(x) := \dfrac{40 + f(x)}{\sqrt{x}}$.

b) Berechnen Sie die Extremwerte der Funktion g für die Werte von a und b, die gemäß a) bestimmt sind.

c) Man ermittle $\lim_{x\to\infty} g(x)$.

Lsg.:

a) Da f bei $x = 81$ differenzierbar sein soll, muss f notwendigerweise an dieser Stelle stetig sein. Diese Bedingung liefert

$$x = 81 = a\sqrt{81} + b,$$

also die Gleichung

$$9a + b = 81$$

für die unbekannten Parameter a und b. Eine zweite Gleichung erhält man aus der Forderung

$$f'(81-0) = \lim_{x\to 81-0} f'(x) = f'(81+0) = \lim_{x\to 81+0} f'(x),$$

die nach Differenzieren der beiden Darstellungen von $f(x)$ links von $x = 81$ und rechts von diesem Punkt die zweite Gleichung

$$1 = \frac{a}{2\sqrt{81}} = \frac{a}{18}$$

liefert. Die beiden Gleichungen haben die Lösung $a = 18$ und $b = -81$. Mit diesen Parametern ist die Funktion

$$f(x) = \begin{cases} x & \text{für } 0 \le x \le 81 \\ 18\sqrt{x} - 81 & \text{für } 81 < x \end{cases}$$

für alle $x \geq 0$ stetig differenzierbar, nach Konstruktion an der "Nahtstelle" $x = 81$, und an allen anderen Stellen, weil die Funktion $x \mapsto x$ für alle reellen x stetig differenzierbar ist und die Funktion $x \mapsto 18\sqrt{x} - 81$ für alle $x > 0$ stetig differenzierbar ist.

b) Die Funktion g besitzt die Gleichung

$$g(x) = \frac{40 + f(x)}{\sqrt{x}} = \begin{cases} \frac{40+x}{\sqrt{x}} & \text{für } 0 \leq x \leq 81 \\ \frac{-41+18\sqrt{x}}{\sqrt{x}} & \text{für } 81 < x \end{cases}$$

Sie besitzt die (nach Konstruktion) stetige Ableitung

$$g'(x) = \begin{cases} \dfrac{\sqrt{x} - (40 + x)\frac{1}{2\sqrt{x}}}{x} & \text{für } 0 \leq x \leq 81 \\ \dfrac{\frac{18}{2\sqrt{x}} \cdot \sqrt{x} - (-41 + 18\sqrt{x})\frac{1}{2\sqrt{x}}}{x} & \text{für } 81 < x \end{cases}$$

Die notwendige Bedingung für Extrema $g'(x) = 0$ liefert hier

$$\sqrt{x} - (40 + x)\frac{1}{2\sqrt{x}} = 0 \quad \Leftrightarrow \quad 2x - (40 + x) = 0$$
$$\Leftrightarrow \quad x - 40 = 0 \Leftrightarrow x = 40.$$

Da $g'(x)$ an der Stelle $x = 40$ sein Vorzeichen von − nach + wechselt, besitzt g also an dieser Stelle ein Minimum der Größe

$$g(40) = \frac{40 + 40}{\sqrt{40}} = \frac{80}{\sqrt{40}} = 12.65$$

c) Der gesuchte Grenzwert ist

$$\lim_{x \to \infty} g(x) = \lim_{x \to \infty} \frac{-41 + 18\sqrt{x}}{\sqrt{x}} = 18.$$

(K7) Es sei $x = N(p) = 200 - \frac{1}{2}p$ eine Nachfragefunktion. Man bestimme

a) den sachlichen Definitionsbereich von N und

b) graphisch und

c) rechnerisch die Bereiche, wo N elastisch bzw. unelastisch ist.

d) Um wieviel Prozent verändert sich die Nachfrage, wenn der Preis $p = 300$ um 2 Prozent reduziert wird?

Lsg.:

a) Um die Nachfragefunktion bequem zeichnen zu können, wird ihre Gleichung in der Achsenabschnittsform geschrieben:

$$x = 200 - \frac{1}{2}p \quad \Leftrightarrow \quad \frac{x}{200} + \frac{p}{400} = 1$$

Der sachliche Definitionsbereich von N als Funktion von p ist das Intervall $0 \leq p \leq 400$, weil der Preis p natürlich nichtnegativ ist und die Nachfrage ebenfalls.

b) aus der Skizze der Nachfragefunktion

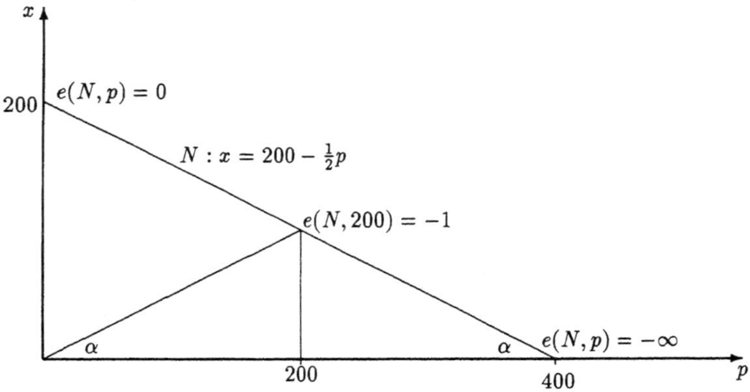

| $-1 < e(N,p) < 0$ | $-\infty < e(N,p) \leq -1$ |

liest man den Elastitzitätsbereich der Nachfragefunktion ab. Die Nachfrage ist unelastisch genau für die Preise $0 \leq p < 200$.

c) Die rechnerische Bestimmung der Elastizitätsbereiche geht von der Definition der Elastitzität $e(N,p)$ von N als Funktion von p

$$e(N,p) = \frac{N'(p)}{N(p)}p = \frac{-\frac{1}{2}}{200 - \frac{1}{2}p}p = \frac{-\frac{1}{2}p}{200 - \frac{1}{2}p}$$

aus. Es ist $e(N,p) \leq 0$ für alle $0 \leq p < 400$ und

$$\begin{aligned}
e(N,p) = -1 \quad &\Leftrightarrow \quad \frac{-\frac{1}{2}p}{200-\frac{1}{2}p} = -1 \\
&\Leftrightarrow \quad 200 = p \quad \text{und} \\
-1 < e(N,p) < 0 \quad &\Leftrightarrow \quad -1 < \frac{-\frac{1}{2}p}{200-\frac{1}{2}p} < 0 \\
&\Leftrightarrow \quad \tfrac{1}{2}p - 200 < -\tfrac{1}{2}p < 0 \\
&\Leftrightarrow \quad p < 200 \quad \text{und} \\
-\infty < e(N,p) \leq -1 \quad &\Leftrightarrow \quad -\infty < \frac{-\frac{1}{2}p}{200-\frac{1}{2}p} \leq -1 \\
&\Leftrightarrow \quad 200 \leq p < 400.
\end{aligned}$$

d) Näherungsweise ist die Veränderung von N (in Prozent) =

$$(-2) \cdot e(N,300) = (-2)\frac{-\frac{1}{2}300}{200 - \frac{1}{2}300} = \frac{300}{50} = 6\%.$$

Alternativ kann man die Veränderung von N exakt berechnen aus der Differenz $\Delta N = N(294) - N(300) = 3$, denn 2 % von 300 sind 6. Damit beträgt die prozentuale Änderung von $N = 100 \cdot \frac{3}{50} = 6\%$.

(K8) Man untersuche die Funktion $y = f(x) = \dfrac{x^2+x+1}{x^2+x-2}$ auf:

a) Definitionsbereich, Nullstellen, Asymptoten,

b) Extremwerte,

c) Konvexität und

d) fertige eine Skizze des Graphen von f an.

Lsg.:

a) Es ist vorteilhaft, die Funktionsgleichung von f umzuformen. Mit quadratischer Ergänzung jeweils im Zähler und Nenner erhält man

$$\begin{aligned} y = f(x) &= \frac{x^2+x+1}{x^2+x-2} \\ &= \frac{(x+\frac{1}{2})^2+\frac{3}{4}}{(x+\frac{1}{2})^2-\frac{9}{4}}. \end{aligned}$$

Daraus liest man ab:
α) der Zähler und damit f besitzen keine Nullstellen.
β) der Nenner $N := x^2+x-2 = (x+\frac{1}{2})^2 - \frac{9}{4}$ besitzt die Nullstellen $(x+\frac{1}{2})^2 = \frac{9}{4} \Leftrightarrow x_{1,2} = \pm\frac{3}{2} - \frac{1}{2} = -2,\ 1$. Deshalb ist der Definitionsbereich von f $\mathcal{D}_f = I\!R \setminus \{-2, 1\}$. Die Funktion f besitzt vertikale Asymptoten an den Stellen $x = -2$ und $x = 1$.
Division des Zählers durch den Nenner ergibt

$$\begin{aligned} y = f(x) &= \frac{x^2+x-2+3}{x^2+x-2} \\ &= 1 + \frac{3}{x^2+x-2} = 1 + \frac{3}{N} \end{aligned}$$

wobei für den Nenner die Abkürzung $N = x^2+x-2$ benutzt wird. Daraus erkennt man: die Funktion f besitzt die horizontale Asymptote $y = 1$ für $x \to \pm\infty$.

b) Man berechnet die Ableitung von f am einfachsten durch Anwendung der Kettenregel auf die letzte Darstellung:

$$y' = f'(x) = (-3)\frac{N'}{N^2} = (-3)\frac{2x+1}{(x^2+x-2)^2}$$

weil $N' = 2x+1$ ist. Daraus ergibt sich das folgende Vorzeichenverhalten von f':

	$-\infty < x < -2$	$-2 < x < -\frac{1}{2}$	$-\frac{1}{2} < x < 1$	$1 < x < \infty$
sign $f'(x)$	+	+	−	−

Die Funktion f ist also in den Intervallen $(-\infty, -2)$, $(-2, -\frac{1}{2})$ monoton wachsend und in den Intervallen $(-\frac{1}{2}, 1)$, $(1, \infty)$ monoton fallend. Weiterhin sieht man, dass f' an der Stelle $x = -\frac{1}{2}$ eine Nullstelle mit Vorzeichenwechsel von + nach − besitzt, also die Funktion f ein relatives Maximum der Größe $f(-\frac{1}{2}) = -\frac{1}{3}$. Da f' sonst überall in $\mathcal{D}_f$ definiert und von Null verschieden ist, besitzt f keine weiteren relativen Extrema.

c) Mit der Quotientenregel berechnet man

$$\begin{aligned} y'' &= f''(x) = (-3)\frac{N'' \cdot N^2 - N'^2 2N}{N^4} = (-3)\frac{N'' \cdot N - 2N'^2}{N^3} \\ &= (-3)\frac{2(x^2+x-2) - 2(2x+1)^2}{(x^2+x-1)^3} = 18\frac{(x+\frac{1}{2})^2 + \frac{3}{4}}{(x^2+x-2)^3}. \end{aligned}$$

Es ist also

$$\operatorname{sign} y'' = \operatorname{sign} N = \begin{cases} + & \text{für } x < -2 \text{ oder } x > 1 \\ - & \text{für } -2 < x < 1 \end{cases}$$

Die Funktion f ist konvex in den Intervallen $(-\infty, -2)$ und $(1, \infty)$ und konkav im Intervall $(-2, 1)$.

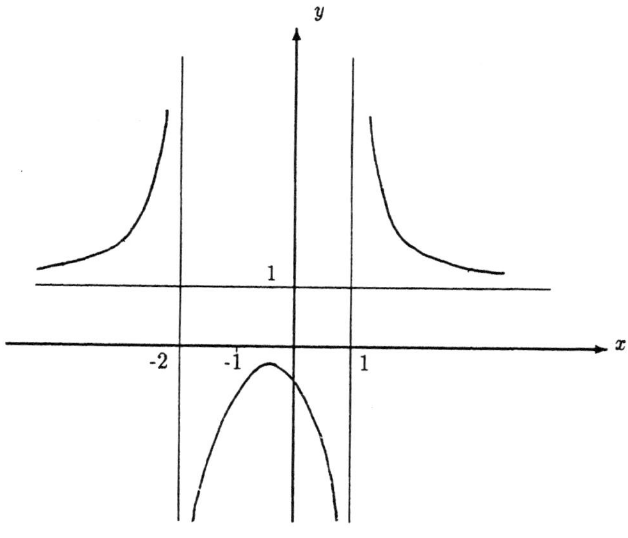

d)

Kapitel 3

Integralrechnung der Funktionen einer Veränderlichen

3.1 Flächeninhalt und Stammfunktion

(B1) In der folgenden Tabelle sind die Lagerkosten pro Zeiteinheit $y = f(t)$ zum Zeitpunkt t für eine Tonne Butter angegeben. Man stelle die Lagerkosten pro Zeiteinheit als Funktion der Zeit t [in Monaten] graphisch dar und berechne die jährlichen Lagerkosten L für eine Tonne Butter.

a)

Zeit t	1. Jan. - 31. Dez.
y [DM / Monat]	150

b)

Zeit t	[Monate]	y [DM / Monat]
Jan.	1	100
Febr.	2	100
März	3	120
April	4	120
Mai	5	150
Juni	6	200
Juli	7	200
Aug.	8	200
Sept.	9	150
Okt.	10	120
Nov.	11	100
Dez.	12	100

Lsg:

a)

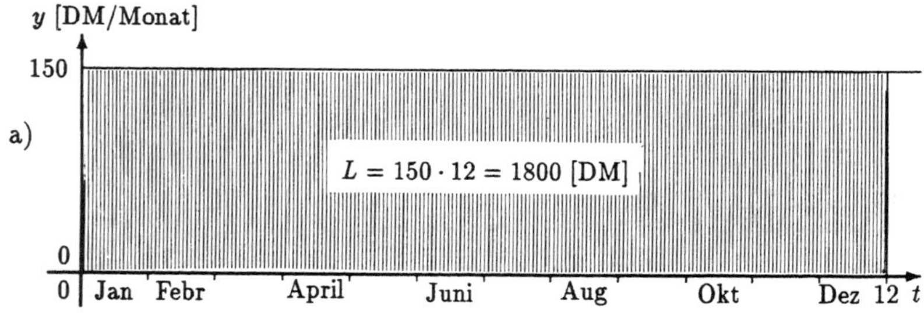

b) $y = f(t) =$ Lagerkosten pro Zeiteinheit für eine Tonne Butter als Funktion der Zeit t [in Monaten]

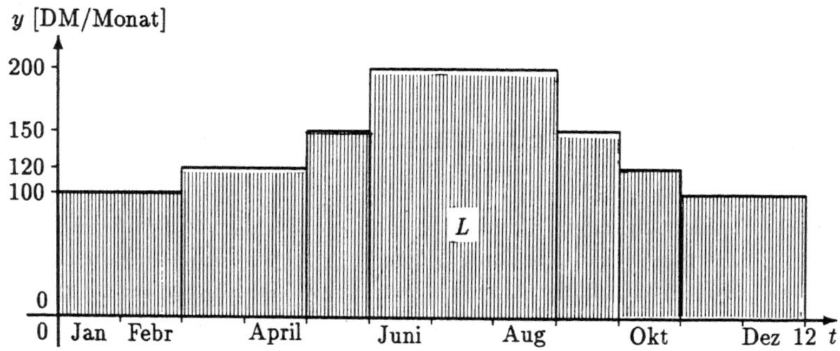

$$\begin{aligned} L &= 100 \cdot 2 + 120 \cdot 2 + 150 \cdot 1 + 200 \cdot 3 + 150 \cdot 1 + 120 \cdot 1 + 100 \cdot 2 \\ &= 1660 \text{ [DM]} \\ &= \text{Summe der Flächeninhalte der schraffierten Rechtecke.} \end{aligned}$$

Durch langjährige Beobachtung hat man gefunden, daß die Lagerkosten pro Zeiteinheit für eine Tonne Butter sehr gut durch

$$y = f(t) = 155 - 65 \cdot \cos\left(2\pi \frac{t-1}{12}\right)$$

beschrieben werden. Man skizziere den Graphen von f und überlege sich anschaulich, wie in diesem Fall L ermittelt werden kann.

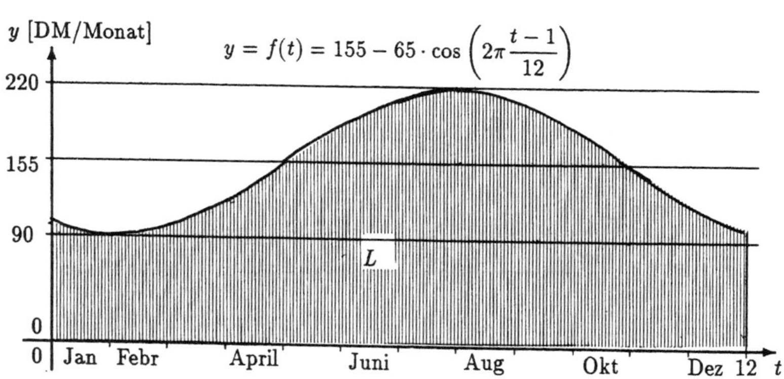

L = Flächeninhalt zwischen f und der t-Achse in den Grenzen von 0 bis 12 (schraffiert)

Gesucht ist eine einfache Berechnungsmethode für solche Flächeninhalte. Dazu vgl. man 5.3 (B4).

(1) Def: Es sei $[a, b] \subset \mathbb{R}$ ein beschränktes, abgeschlossenes Intervall und $f : [a, b] \to \mathbb{R}$ stetig. Dann heißt die Funktion

$[a, b] \ni x \to F_a(x) :=$
Flächeninhalt zwischen f und der x-Achse in den Grenzen von a bis x (schraffiert), der positiv zu rechnen ist, wenn f in $[a, x]$ oberhalb der x-Achse verläuft, und negativ, wenn f in $[a, x]$ unterhalb der x-Achse verläuft,

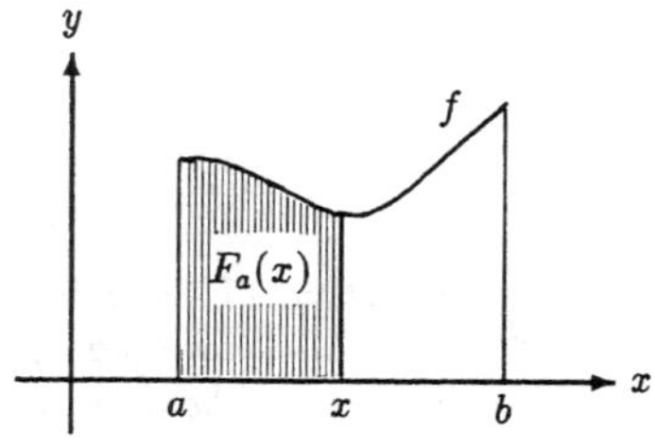

die zu f und zum Anfangspunkt a gehörige **Flächenfunktion**. Sie wird auch mit

$$F_a(x) =: \int_a^x f(t)\,dt$$

bezeichnet und **bestimmtes Integral** von f in den Grenzen von a bis x genannt. t heißt die **Integrationsvariable**. Diese kann beliebig bezeichnet werden, [1] wobei nur Doppelbezeichungen zu vermeiden sind. f heißt der **Integrand**, a heißt **untere Integrationsgrenze** und x **obere Integrationsgrenze**.

Bem: Der Begriff "Flächeninhalt zwischen einer stetigen Funktion f und der x-Achse" wird hier als anschaulicher Grundbegriff verwendet. Seine strenge mathematische Erklärung als Grenzwert von Summen von Rechtecksflächeninhalten wird an dieser Stelle unterdrückt. Dazu vergleiche man 5.2(2). Gesucht ist eine einfache Berechnungsmethode für solche Flächeninhalte.

(2) Eigenschaften des bestimmten Integrals stetiger Funktionen:

(i) Für $b < a$ wird definiert: $F_a(b) := -F_b(a)$

$$\boxed{\int_b^a f(t)\,dt =: -\int_a^b f(t)\,dt.}$$

(ii) Wenn $a < b$ und für alle $t \in [a, b]$ $\;f(t) \geq 0\;$ ist, gilt

[1] genauso wie ein Summationsindex $\sum_{\nu=1}^{n} a_\nu = \sum_{k=1}^{n} a_k$ beliebig ist

$F_a(b) = \int_a^b f(t)dt =$ Flächeninhalt zwischen f und der t-Achse in den Grenzen von a bis b.

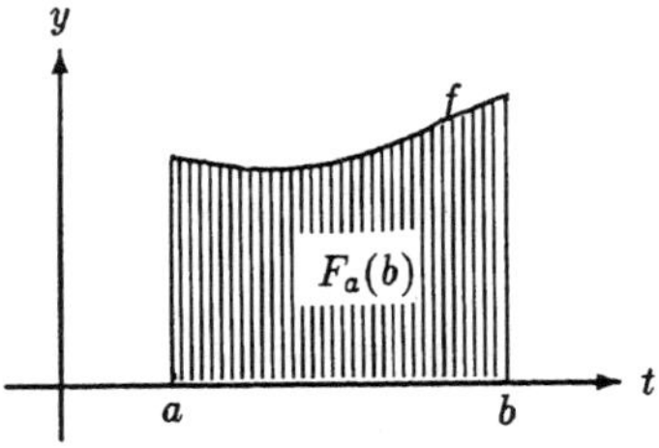

(iii) Wenn $a < b$ und für alle $t \in [a, b]$ $f(t) \leq 0$ ist, gilt

$F_a(b) = \int_a^b f(t)dt = -$ Flächeninhalt zwischen f und der t-Achse in den Grenzen von a bis b.

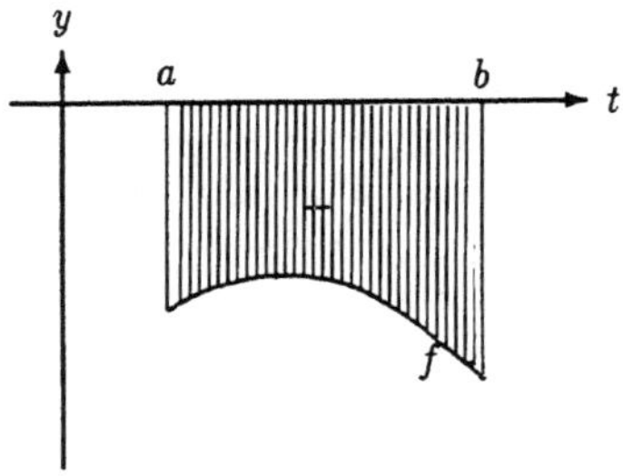

(iv) Für alle $c, x \in [a, b]$ gilt $F_a(x) = F_a(c) + F_c(x)$,

$$\boxed{\int_a^x f(t)\,dt = \int_a^c f(t)\,dt + \int_c^x f(t)\,dt.}$$

(v) $$\boxed{\int_a^b [f(x) + g(x)]\,dx = \int_a^b f(x)\,dx + \int_a^b g(x)\,dx}$$ **Summenregel**

(vi) $$\boxed{\int_a^b c \cdot f(x)\,dx = c \cdot \int_a^b f(x)\,dx \quad (c \in I\!R)}$$ **Konstantenregel**

Eine Konstante kann vor das Integralzeichen gezogen werden.

(vii) $f(x) \leq g(x)$ für alle $x \in [a, b] \Rightarrow \int_a^b f(x)\,dx \leq \int_a^b g(x)\,dx$ **Monotonie**

(viii) $\left|\int_a^b f(x)\,dx\right| \leq \int_a^b |f(x)|\,dx \leq M \cdot |b - a|$, wenn M eine Schranke von $|f|$ auf $[a, b], a < b$, ist.

(ix) Es gibt eine Zahl ξ zwischen a und b, so dass

$$\boxed{\int_a^b f(x)\,dx = f(\xi) \cdot (b - a)}$$ **Mittelwertsatz der Integralrechnung**

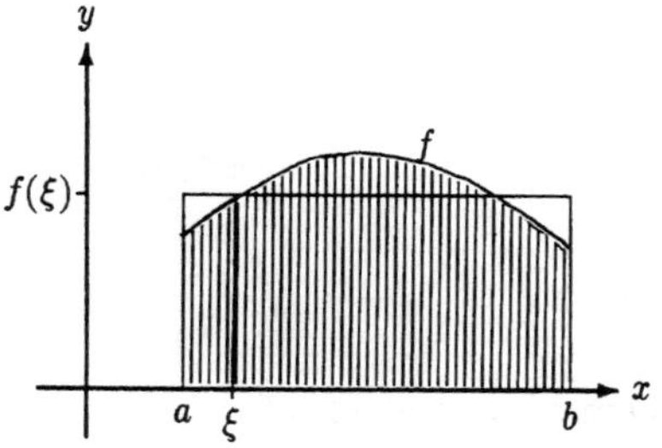

Beweis von (ix): Seien m bzw. M das absolute Minimum bzw. Maximum von f auf $a \le x \le b$ (vgl. 2.4(5)). Dann gilt für alle $x \in [a,b]$ $m \le f(x) \le M$, woraus mit (vii) $m(b-a) \le \int_a^b f(x)dx \le M(b-a)$ folgt, oder $m \le \frac{1}{b-a}\int_a^b f(x)dx \le M$. Nach dem Zwischenwertsatz für stetige Funktionen 2.4(5) nimmt f jeden Wert zwischen seinem Minimum und Maximum an mindestens einer Stelle von $[a,b]$ an. Also gibt es ein $\xi \in [a,b]$, so daß $\frac{1}{b-a}\int_a^b f(x)\,dx = f(\xi)$ ist.

(3) Def: Es sei $I \subset \mathbb{R}$ ein Intervall und $f: I \to \mathbb{R}$. Wenn es eine differenzierbare Funktion $F: I \to \mathbb{R}$ gibt, so daß

$$F' = f$$

ist, heißt F eine **Stammfunktion** von f auf I. Die Menge aller Stammfunktionen von f heißt das **unbestimmte Integral** von f, in Zeichen

$$\int f(x)\,dx = \quad F(x) + c := \{F \mid F: I \to \mathbb{R} \text{ und } F' = f\}$$

(unkorrekte, aber übliche Schreibweise).

$c \in \mathbb{R}$ ist eine beliebige Konstante, eine sog. **Integrationskonstante.**

(4) Satz: Einzigkeit von Stammfunktionen:
Je zwei Stammfunktionen F und G einer Funktion f unterscheiden sich nur um eine additive Konstante : es gibt $c \in \mathbb{R}$, so daß $F = G + c$.

Beweis von (4): Wegen $(F-G)' = F' - G' = f - f = 0$ ist $F - G = \text{const} = c$, nach 2.8(2).

(B2) Man ermittle Stammfunktionen von

a) $f(x) = x^n \quad (n \neq -1)$

b) $f(x) = \frac{1}{x}$

c) $f(x) = e^x$

d) $f(x) = \cos x$.

Lsg: Nach Tabelle 2.6(5) der Ableitungen der wichtigsten elementaren Funktionen ist

a) $$\int x^n\,dx = \frac{x^{n+1}}{n+1} + c \qquad (n \neq -1)$$

b) $\int \frac{dx}{x} = \ln|x| + c$

c) $\int e^x\,dx = e^x + c$

d) $\int \cos x\,dx = \sin x + c.$

(5) Satz: Existenz von Stammfunktionen:
Jede Flächenfunktion einer stetigen Funktion f ist eine Stammfunktion von f, und zwar ist die zu f und a gehörige Flächenfunktion diejenige Stammfunktion von f, die an der Stelle $x = a$ eine Nullstelle besitzt.

Beweis von (5): Wegen $F_a(x+h) = F_a(x) + F_x(x+h)$ ist

$$\begin{aligned}
\lim_{h\to 0} \frac{F_a(x+h) - F_a(x)}{h} &= \lim_{h\to 0} \frac{1}{h} F_x(x+h) \\
&= \lim_{h\to 0} \frac{1}{h} \int_x^{x+h} f(t)\,dt \\
&= \lim_{h\to 0} f(\xi) \quad \text{wobei } \xi \text{ zwischen } x \text{ und } x+h \text{ liegt, nach dem Mittelwertsatz der Integralrechnung} \\
&= f(x) \quad \text{weil } f \text{ stetig ist.}
\end{aligned}$$

(B3) Die momentanen Lagerkosten $y = f(t)$ pro ME und ZE eines Gutes setzen sich additiv zusammen aus einer Konstanten A [GE / (ME· ZE)] und einem Summanden, der proportional zum Lagerbestand ist, mit einem Proportionalitätsfaktor γ [GE / (ME^2· ZE)]. Es werde angenommen, daß zum Zeitpunkt $t = 0$ ein Lagerbestand von B ME vorhanden ist, und daß über die Zeitperiode T ein gleichmäßiger Lagerabgang bis zum Lagerbestand von m ME zum Zeitpunkt T erfolgt [vgl. 2.4(B1)].

Man stelle f graphisch dar und ermittle die Lagerkosten pro ME für eine Zeitperiode.

Lsg:

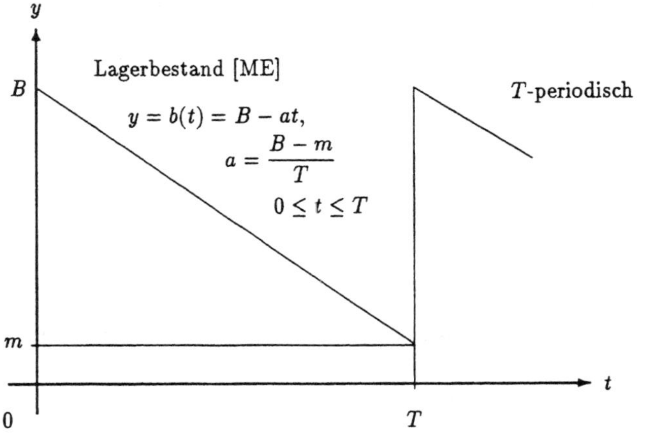

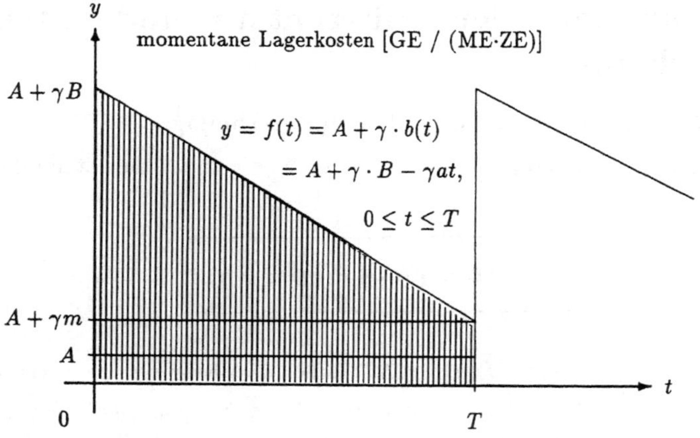

Lagerkosten pro ME und pro Zeitperiode $T =$

$$\begin{aligned}\int_0^T f(t)\,dt &= \frac{1}{2}(A + \gamma m + A + \gamma B)\cdot T\\ &= A\cdot T + \frac{\gamma}{2}(m+B)\cdot T\end{aligned}$$

= Flächeninhalt zwischen f und der t-Achse in den Grenzen von 0 bis T [Flächeninhalt eines Trapezes, schraffiert]

3.2 Hauptsatz der Differential- und Integralrechnung

(1) Hauptsatz der Differential- und Integralrechnung:

Es seien $I \subset \mathbb{R}$ ein Intervall, $a, b, x \in I$, $f \to \mathbb{R}$ stetig und F eine Stammfunktion von f auf I. Dann ist

$$\boxed{\int_a^b f(t)\,dt = F(b) - F(a) =: [F(t)]_a^b}.$$

Beweis von (1): $\int_a^x f(t)\,dt = F_a(x)$ ist als Funktion der oberen Grenze x eine Stammfunktion von f [n. 3.1(5)]. Je zwei Stammfunktionen von f unterscheiden sich nur um eine additive Konstante [n. 3.1(4)]. Es gibt also ein $c \in \mathbb{R}$, so daß für alle $x \in I$ $F_a(x) = F(x) + c$. Dann gilt $F_a(a) = 0 = F(a) + c$, also $c = -F(a)$, und $F_a(b) = \int_a^b f(t)\,dt = F(b) + c = F(b) - F(a)$.

(B1) Man berechne die folgenden bestimmten Integrale:

a) $\int_0^1 x^n\,dx \qquad (n \geq 0)$

b) $\int_1^2 \frac{dx}{x}$

c) $\int_{-1}^1 e^x\,dx$

d) $\int_{-\pi/2}^{\pi/2} \cos x\,dx$

e) $\int_0^{\pi} \cos x\,dx$

und interpretiere die Ergebnisse unter d) und e) graphisch.

Lsg:

a) $\int_0^1 x^n\,dx = \left[\frac{x^{n+1}}{n+1}\right]_0^1 = \frac{1}{n+1}[1-0] = \frac{1}{n+1}$

b) $\int_1^2 \frac{dx}{x} = [\ln x]_1^2 = \ln 2 - \ln 1 = \ln 2$

c) $\int_{-1}^1 e^x\,dx = [e^x]_{-1}^1 = e^1 - e^{-1}$

d) $\int_{-\pi/2}^{\pi/2} \cos x\,dx = [\sin x]_{-\pi/2}^{\pi/2} = \sin\frac{\pi}{2} - \sin\left(-\frac{\pi}{2}\right) = 1 - (-1) = 2$

e) $\int_0^\pi \cos\, dx = [\sin x]_0^\pi = \sin\pi - \sin 0 = 0$

Graphische Interpretation zu

d) $\int_{-\pi/2}^{\pi/2} \cos x\, dx = 2$ ist der Flächeninhalt zwischen der cos-Funktion und der x-Achse in den Grenzen von $-\frac{\pi}{2}$ bis $\frac{\pi}{2}$ (schraffiert).

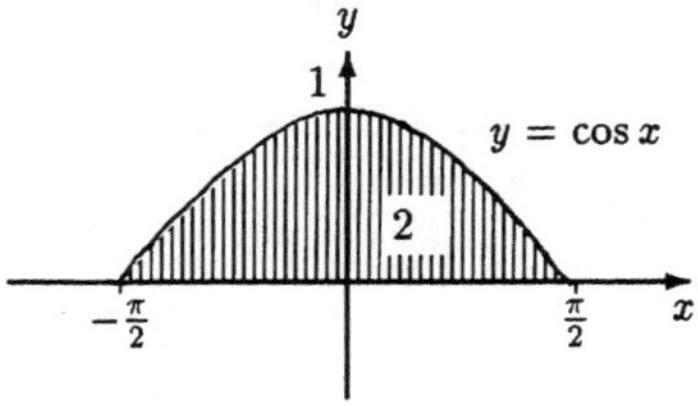

e) $\int_0^\pi \cos x\, dx = 0$ ist die Summe zweier absolut gleich großer, aber dem Vorzeichen entgegengesetzter Flächeninhalte.

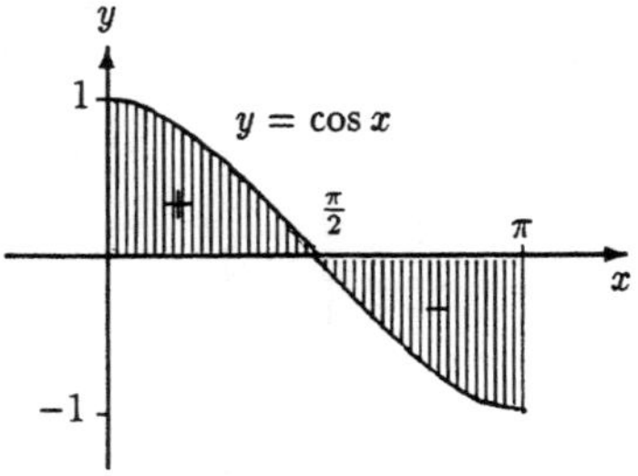

(2) Riemannsche Summen:
Es sei $[a,b] \subset I\!R$ ein beschränktes und abgschlossenes Intervall; $f : [a,b] \to I\!R$ sei stetig. Es sei

$$a = x_0 < x_1 < \ldots < x_n = b$$

eine **Zerlegung des Intervalls** $[a,b]$ mit der **Feinheit** [:= Länge des längsten Teilintervalles (x_{i-1}, x_i)]

$$\delta := \max_{i=1,\ldots,n} (x_i - x_{i-1}).$$

Es seien $\xi_1, \xi_2, \ldots, \xi_n$ beliebige "**Zwischenpunkte**":

$$x_0 \le \xi_1 \le x_1 \le \xi_2 \le x_2 \le \ldots \le x_{n-1} \le \xi_n \le x_n.$$

Dann gilt

(3) $$\boxed{\int_a^b f(x)\, dx = \lim_{\delta\to 0} \sum_{i=1}^n f(\xi_i)\cdot(x_i - x_{i-1}).}$$

Bem: Die Summe

$$\sum_{i=1}^n f(\xi_i)\cdot(x_i - x_{i_1})$$

heißt die **Riemannsche Summe** von f zur Zerlegung $a = x_0 < x_1 < \ldots < x_n = b$ von $[a,b]$ und zu den Zwischenpunkten $\xi_i \in [x_{i-1}, x_i]$. Für $\delta \to 0$, d.h. für unbegrenzt fein werdende Zerlegungen streben die Riemannschen Summen einer stetigen Funktion f gegen das bestimmte Integral von f in den Grenzen von a bis b, gleichgültig wie die Zwischenpunkte ξ_i in $[x_{i-1}, x_i]$ gewählt werden $(i = 1, \ldots, n)$.

Bem: Es kann bewiesen werden, daß die Riemannschen Summen für $\delta \to 0$ gegen einen eindeutig bestimmten Grenzwert streben, den man dann als $\int_a^b f(x)\,dx$ definieren wird, wenn $f : [a,b] \to \mathbb{R}$ beschränkt ist und "nicht zu viele Unstetigkeiten" besitzt. Z.B. existiert $\int_a^b f(x)\,dx$ für jede beschränkte monotone Funktion $f : [a,b] \to \mathbb{R}$.

(4) Def: Es sei $[a,b] \in \mathbb{R}$ ein beschränktes, abgeschlossenes Intervall. Eine Funktion $f : [a,b] \to \mathbb{R}$ heißt **stückweise stetig** :gdw es gibt eine Zerlegung $a = x_0 < x_1 < \ldots < x_n = b$ von $[a,b]$, und für $i = 1, \ldots, n$ gibt es stetige Funktionen $g_i : [x_{i-1}, x_i] \to \mathbb{R}$, so daß f auf dem offenen Intervall (x_{i-1}, x_i) mit g_i übereinstimmt: für alle $x \in (x_{i-1}, x_i)$ gilt $f(x) = g_i(x)$ $(i = 1, \ldots, n)$.

f stückweise stetig auf $[a,b]$

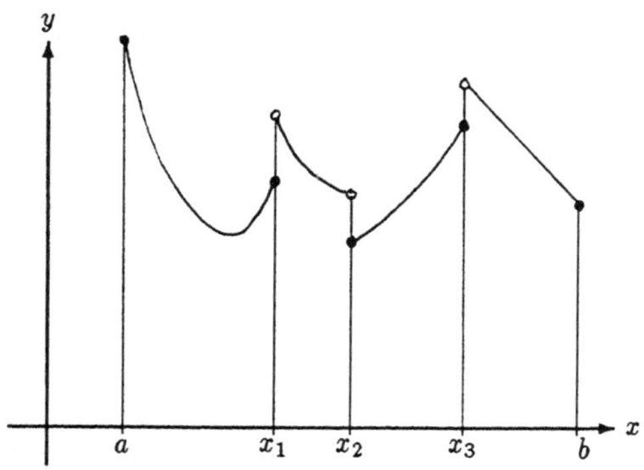

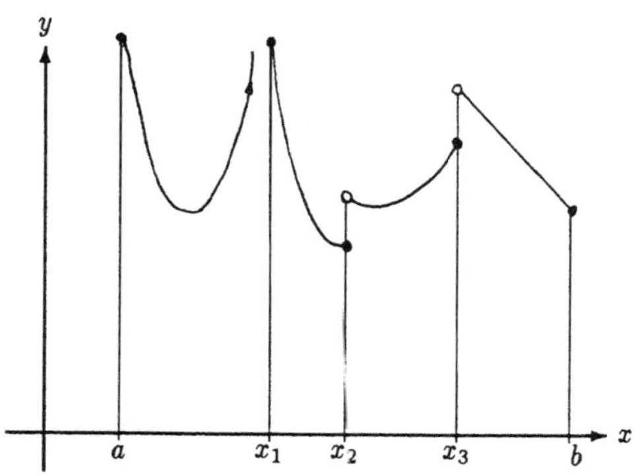

f nicht stückweise stetig auf $[a,b]$

(5) Bestimmtes Integral stückweise stetiger Funktionen:
Es sei f stückweise stetig auf $[a,b]$, wobei für eine Zerlegung $a = x_1 < x_2 < \ldots < x_n = b$ und stetige Funktionen $g_i : [x_{i-1}, x_i] \to \mathbb{R}$ für alle $x \in (x_{i-1}, x_i)$ $f(x) = g_i(x)$ ist $(i = 1, \ldots, n)$. Ist dann für $i = 1, \ldots, n$ G_i auf $[x_{i-1}, x_i]$ eine Stammfunktion von

g_i, so gilt

$$\begin{aligned}\int_a^b f(x)\,dx &= \int_{x_0}^{x_1} f(x)\,dx + \int_{x_1}^{x_2} f(x)\,dx + \ldots + \int_{x_{n-1}}^{x_n} f(x)\,dx \\ &= \int_{x_0}^{x_1} g_1(x)\,dx + \int_{x_1}^{x_2} g_2(x)\,dx + \ldots + \int_{x_{n-1}}^{x_n} g_n(x)\,dx \\ &= G_1(x_1) - G_1(x_0) + G_2(x_2) - G_2(x_1) + \ldots + G_n(x_n) - G_n(x_{n-1}).\end{aligned}$$

(B2) Es sei $y = f(t)$ die in 3.1(**B1**)b) definierte Funktion. Man berechne $\int_0^{12} f(t)\,dt$ mit Hilfe von (5).

Lsg: f ist eine **Treppenfunktion** (d.h. stückweise konstant), also stückweise stetig. Wenn $f(t) = c = g_i(t)$ im i-ten Teilintervall (t_{i-1}, t_i) gilt, kann als Stammfunktion $G_i(t) = c \cdot t$ gewählt werden. Deshalb ist

$$\begin{aligned}\int_0^{12} f(t)\,dt &= [100 \cdot t]_0^2 + [120 \cdot t]_2^4 + [150 \cdot t]_4^5 + [200 \cdot t]_5^8 + [150 \cdot t]_8^9 \\ &\quad + [120 \cdot t]_9^{10} + [100 \cdot t]_{10}^{12} \\ &= 100 \cdot 2 + 120 \cdot 2 + 150 \cdot 1 + 200 \cdot 3 + 150 \cdot 1 + 120 \cdot 1 + 100 \cdot 2 \\ &= 1660 \text{ [DM]}.\end{aligned}$$

egrationsregeln und ökonomische Anwen-gen

urch Umkehrung der Differentiationsregeln 2.6(1) gewinnt man die

(1) Integrationsregeln zur Berechnung unbestimmter Integrale:
Wenn in den folgenden Formeln alle rechts vom Gleichheitszeichen vorkommenden Stammfunktionen existieren, hat auch der Integrand links vom Gleichheitszeichen eine Stammfunktion, und es gilt die Formel:

(i) $\int (f(x) + g(x))\, dx = \int f(x)\, dx + \int g(x)\, dx$ **Summenregel**

(ii) $\int c \cdot f(x)\, dx = c \cdot \int f(x)\, dx \quad (c \in \mathbb{R})$ **Konstantenregel**

(iii) $\int f'(x) g(x)\, dx = f(x) \cdot g(x) - \int f(x) g'(x)\, dx$ **Regel der partiellen Integration**

(B1) Man berechne Stammfunktionen für die folgenden Funktionen:

a) $h(x) = x^2 + e^x$
b) $h(x) = 100x^3$
c) $h(x) = e^x \cdot x$

Lsg:

a) $\int (x^2 + e^x)\, dx = \int x^2\, dx + \int e^x\, dx = \frac{x^3}{3} + e^x + c$

b) $\int 100x^3\, dx = 100 \int x^3\, dx = 100 \cdot \frac{x^4}{4} + c = 25x^4 + c$

c) $\int e^x \cdot x\, dx = e^x \cdot x - \int e^x \cdot 1\, dx = e^x \cdot x - e^x + c$

(2) Substitutionsregel für unbestimmte Integrale:

Wenn $\int f(x)\, dx$ existiert, die **Substitutionsfunktion** $x = g(t)$ differenzierbar und $f \circ g$ definiert ist, so gilt (Anwendung von links nach rechts)

(*i*) $$\int f(\underbrace{g(t)}_{=x}) \cdot \underbrace{g'(t)\, dt}_{=dx} = \left[\int f(x)\, dx\right]_{x=g(t)} .$$

Wenn die Substitutionsfunktion $x = g(t)$ noch umkehrbar ist
(Rücksubstitution: $t = g^{-1}(x)$), so gilt (Anwendung von links nach rechts)

(*ii*) $$\int f(x)\, dx = \left[\int f(g(t)) \cdot g'(t)\, dt\right]_{t=g^{-1}(x)} .$$

Merkregel: $\int f(x)\, dx = \int f(g) \frac{dg}{dt}\, dt = \int f(g)\, dg$

(B2) Man berechne die folgenden unbestimmten Integrale:

a) $\int (t^2+1)^{10} \cdot 2t\,dt$ b) $\int \frac{1}{(2x-1)^5}\,dx$

c) $\int \frac{g'(t)}{g(t)}\,dt$ d) $\int \cos 2\pi \frac{x-1}{12}\,dx$

Lsg:

a)
$$\int (t^2+1)^{10} \cdot 2t\,dt = \int x^{10}\,dx = \frac{x^{11}}{11} + c = \frac{(t^2+1)^{11}}{11} + c$$

Subst.: $x = g(t) = t^2+1$, $dx = g'(t)\,dt = 2t\,dt$

b)
$$\int \frac{dx}{(2x-1)^5} = \int \frac{\frac{1}{2}dt}{t^5} = \frac{1}{2}\int t^{-5}\,dt = \frac{1}{2}\frac{t^{-4}}{-4} + c = -\frac{1}{8}\frac{1}{(2x-1)^4} + c$$

Subst.: $2x-1 = g^{-1}(x) = t$

$\Leftrightarrow$ $x = g(t) = \frac{t+1}{2}$

$dx = g'(t)\,dt = \frac{1}{2}\,dt$

Rücksubst.: $t = g^{-1}(x) = 2x-1$

c)
$$\int \frac{g'(t)}{g(t)}\,dt = \int \frac{dx}{x} = \ln|x| + c = \ln|g(t)| + c$$

Subst.: $x = g(t)$, $dx = g'(t)\,dt$

d)
$$\int \cos 2\pi \frac{x-1}{12}\,dx = \int \frac{6}{\pi}\cos t\,dt = \frac{6}{\pi}\sin t + c = \frac{6}{\pi}\sin \pi\frac{x-1}{6} + c$$

Subst.: $2\pi \cdot \frac{x-1}{12} = \pi\frac{x-1}{6} = g^{-1}(x) = t$

$\Leftrightarrow$ $x = g(t) = 1 + \frac{6t}{\pi}$

$dx = g'(t)\,dt = \frac{6}{\pi}\,dt$

Rücksubst.: $t = \pi\frac{x-1}{6}$

(3) Substitutionsregel für bestimmte Integrale:
Es sei $f : [a,b] \to I\!R$ stetig. Die **Substitutionsfunktion** $x = g(t)$ mit $\mathcal{W}_g = [a,b]$

sei differenzierbar, umkehrbar (**Rücksubstitution** $t = g^{-1}(x)$), und die Ableitung $x' = g'(t)$ sei stetig. Dann gilt

$$\boxed{\int_a^b f(x)\,dx = \int_{g^{-1}(a)}^{g^{-1}(b)} f(g(t)) \cdot g'(t)\,dt.}$$

Bem: Zur Berechnung eines bestimmten Integrales $\int_a^b f(x)\,dx$ mit der Substitutionsregel hat man also zwei Möglichkeiten:

(a) Anwendung der Substitutionsregel für unbestimmte Integrale, evt. mit Rücksubstitution, und Anwendung des Hauptsatzes auf das Intervall $[a, b]$.

(b) Anwendung der Substitutionsregel für bestimmte Integrale, wobei die Grenzen mit transformiert werden.

(B3) Man berechne $\displaystyle\int_1^2 \frac{dx}{2x-1}$ auf zwei Weisen.

1. Lsg: gemäß (a)

$$\int \frac{dx}{2x-1} = \int \frac{\frac{1}{2}dt}{t} = \frac{1}{2}\int \frac{dt}{t} = \frac{1}{2}\ln|t| + c = \frac{1}{2}\ln|2x-1| + c$$

Subst.: $2x - 1 = g^{-1}(x) = t$

$\Leftrightarrow \quad x = g(t) = \dfrac{t+1}{2}$

$dx = g'(t)\,dt = \dfrac{1}{2}dt$

Rücksubst.: $t = 2x - 1$

$$\int_1^2 \frac{dx}{2x-1} = \left[\frac{1}{2}\ln|2x-1|\right]_1^2 = \frac{1}{2}[\ln 3 - \ln 1] = \frac{1}{2}\ln 3$$

2. Lsg: gemäß (b)

$$\int_1^2 \frac{dx}{2x-1} = \int_{g^{-1}(1)}^{g^{-1}(2)} \frac{\frac{1}{2}dt}{t} = \int_1^3 \frac{\frac{1}{2}dt}{t} = \frac{1}{2}[\ln|t|]_1^3 = \frac{1}{2}[\ln 3 - \ln 1] = \frac{1}{2}\ln 3$$

Subst.: $2x - 1 = g^{-1}(x) = t$

$\Leftrightarrow \quad x = g(t) = \dfrac{t+1}{2}$

$dx = g'(t)\,dt = \dfrac{1}{2}dt$

Transformation der Integrationsgrenzen:

x	$t = g^{-1}(x)$
1	1
2	3

(B4) Man berechne a) die jährlichen Lagerkosten, b) die Lagerkosten für das Winterhalbjahr (1. Okt.-31. März) für eine Tonne Butter, wenn die Lagerkosten pro Zeiteinheit und Tonne durch die Funktion

$$y = f(t) = 155 - 65 \cdot \cos 2\pi \frac{t-1}{12} \quad [\text{DM / Monat}\cdot\text{Tonne}]$$

beschrieben werden [vgl. 3.1(B1)c)].

Lsg:

a) Jährliche Lagerkosten für 1 to Butter =

$$\int_0^{12} \left(155 - 65 \cdot \cos \pi \frac{t-1}{12}\right) dt \qquad = 155 \cdot 12 - 65 \int_0^{12} \cos 2\pi \frac{t-1}{6}\, dt$$

$$= 155 \cdot 12 - 65 \left[\frac{6}{\pi} \sin \pi \frac{t-1}{6}\right]_0^{12} \qquad \text{nach (B2)d)}$$

$$= 155 \cdot 12 - 65 \cdot \frac{6}{\pi} \left[\sin \frac{11\pi}{6} - \sin(-\frac{\pi}{6})\right] = 155 \cdot 12 - 65 \cdot \frac{6}{\pi} \left[-\frac{1}{2} + \frac{1}{2}\right]$$

$$= 155 \cdot 12 = 1860 \quad [\text{DM / to}]$$

b) Lagerkosten für 1 to Butter im Winterhalbjahr =

$$\int_{-3}^{3} \left(155 - 65 \cdot \cos 2\pi \frac{t-1}{12}\right) dt \qquad = 155 \cdot 6 - 65 \cdot \frac{6}{\pi} \left[\sin \pi \frac{t-1}{6}\right]_{-3}^{3}$$

$$= 155 \cdot 6 - 65 \cdot \frac{6}{\pi} \left[\sin \frac{\pi}{3} + \sin \frac{2}{3}\pi\right] = 155 \cdot 6 - 65 \cdot \frac{6}{\pi} \cdot \sqrt{3}$$

$$\approx 930 - 215 = 715 \quad [\text{DM/to}]$$

(B5) Es sei $x = f(p)$ die in einem bestimmten Zeitraum nachgefragte Menge x eines Gutes, das von einem Hersteller auf einem bestimmten Markt zum Preis p [GE/ME] abgeboten wird [**Nachfragefunktion**]. Welchen Umsatz kann der Produzent insgesamt erzielen [**Gesamtumsatz**], wenn er den Preis von $p = \overline{\overline{p}}$ stetig auf den Wert $p = \overline{p}$ ($\overline{p} < \overline{\overline{p}}$) absenkt? Dabei werde angenommen, daß die Preisänderungen in Schritten von $\triangle p$ so langsam erfolgen, daß alle zu einem bestimmten Preis "Kaufwilligen" die Ware zu diesem Preis auch kaufen, und der Grenzübergang $\triangle p \to 0$ durchgeführt.

Lsg:

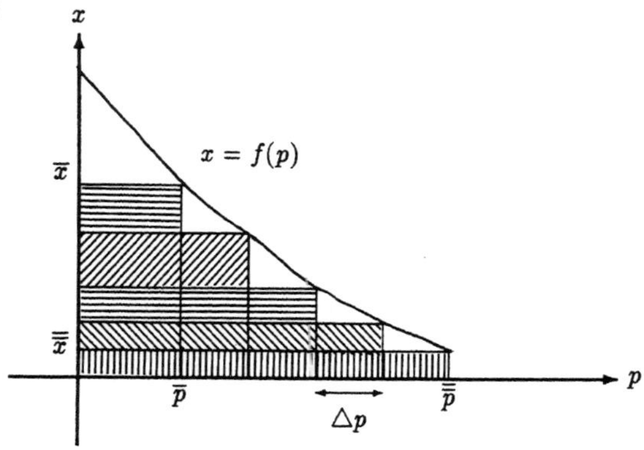

Zum Preis $\overline{\overline{p}}$ kaufen $\overline{\overline{x}} = f(\overline{\overline{p}})$ Kunden, was zu einem Umsatz $\overline{\overline{p}} \cdot \overline{\overline{x}}$ führt (Flächeninhalt des vertikal schraffierten Rechtecks). Eine anschließende Preissenkung um $\triangle p$ bringt weitere $f(\overline{\overline{p}} - \triangle p) - f(\overline{\overline{p}})$ Käufer und einen zusätzlichen Umsatz von

$$(\overline{\overline{p}} - \triangle p) \cdot [f(\overline{\overline{p}} - \triangle p) - f(\overline{\overline{p}})] \approx -(\overline{\overline{p}} - \triangle p) \cdot f'(\overline{\overline{p}} - \triangle p) \cdot \triangle p,$$

nach dem Mittelwertsatz der Differentialrechnung (Flächeninhalt des schräg schraffierten Rechteckes).

Nochmalige Preissenkung um $\triangle p$ bringt einen zusätzlichen Umsatz von

$$(\overline{\overline{p}} - 2\triangle p) \cdot [f(\overline{\overline{p}} - 2\triangle p) - f(\overline{\overline{p}} - \triangle p)] \approx -(\overline{\overline{p}} - 2\triangle p) \cdot f'(\overline{\overline{p}} - 2\triangle p) \cdot \triangle p$$

(Flächeninhalt des waagerecht schraffierten Rechteckes).

Ist nach n-maliger Preissenkung um $\triangle p$ der Endpreis $\overline{p}$ erreicht, $n \cdot \triangle p := \overline{\overline{p}} - \overline{p}$, so ist der Gesamtumsatz $\approx$

$$\overline{\overline{p}} \cdot \overline{\overline{x}} - \sum_{i=1}^{n} (\overline{\overline{p}} - i\triangle p) \cdot f'(\overline{\overline{p}} - i\triangle p) \cdot \triangle p \quad \text{(schraffiert).}$$

Den Gesamtumsatz bei stetiger Preissenkung von $\overline{\overline{p}}$ auf $\overline{p}$ erhält man durch den Grenzübergang $\triangle p \to 0$ zu

$$\text{Gesamtumsatz } = \overline{\overline{p}} \cdot \overline{\overline{x}} - \int_{\overline{p}}^{\overline{\overline{p}}} p \cdot f'(p)\, dp.$$

Nach der Anschauung müßte auch gelten:

$$\text{Gesamtumsatz } = \overline{p} \cdot \overline{x} + \int_{\overline{p}}^{\overline{\overline{p}}} f(p)\, dp.$$

Diese Vermutung trifft zu. Beweis: Formt man das Integral $\int_{\overline{p}}^{\overline{\overline{p}}} p \cdot f'(p)\, dp$ mit partieller Integration um, so folgt

$$\int_{\overline{p}}^{\overline{\overline{p}}} p \cdot f'(p)\, dp = [p \cdot f(p)]_{\overline{p}}^{\overline{\overline{p}}} - \int_{\overline{p}}^{\overline{\overline{p}}} f(p)\, dp.$$

Damit ist in der Tat der

$$\begin{aligned}\text{Gesamtumsatz} &= \overline{\overline{p}} \cdot \overline{\overline{x}} - \int_{\overline{p}}^{\overline{\overline{p}}} p \cdot f'(p)\, dp \\ &= \overline{\overline{p}} \cdot \overline{\overline{x}} - \overline{\overline{p}} \cdot f(\overline{\overline{p}}) + \overline{p} \cdot f(\overline{p}) + \int_{\overline{p}}^{\overline{\overline{p}}} f(p)\, dp \\ &= \overline{p} \cdot \overline{x} + \int_{\overline{p}}^{\overline{\overline{p}}} f(p)\, dp.\end{aligned}$$

(B6) Es bezeichne $p = P(x)$ die Umkehrfunktion von f aus (B5). Man zeige, daß der Gesamtumsatz bei stetiger Preissenkung von $\overline{\overline{p}}$ auf $\overline{p}$ gleich ist mit

$$\text{Gesamtumsatz} = \overline{\overline{p}} \cdot \overline{\overline{x}} + \int_{\overline{\overline{x}}}^{\overline{x}} P(x)\, dx$$

und interpretiere dieses Resultat anschaulich / graphisch.

Lsg: Substitution von $p = P(x)$ in

$$\text{Gesamtumsatz} = \overline{\overline{p}} \cdot \overline{\overline{x}} - \int_{\overline{p}}^{\overline{\overline{p}}} p \cdot f'(p)\, dp$$

ergibt nach der Substitutionsregel für bestimmte Integrale

$$\text{Gesamtumsatz} = \overline{\overline{p}} \cdot \overline{\overline{x}} - \int_{\overline{x}}^{\overline{\overline{x}}} P(x)\, dx = \overline{\overline{p}} \cdot \overline{\overline{x}} + \int_{\overline{\overline{x}}}^{\overline{x}} P(x)\, dx$$

wegen $dp = P'(x)\, dx = \dfrac{1}{f'(p)}\, dx$.

Auch mit der **Preis-Absatz-Funktion** $p = P(x)$ des Gutes ist der Gesamtumsatz bei stetiger Preissenkung von $\overline{\overline{p}}$ auf $\overline{p}$ als ein Flächeninhalt (schraffiert) darstellbar. Dieser geht offenbar durch Spiegelung an der 1. Winkelhalbierenden $y = x$ aus dem zuvor betrachteten hervor, genauso wie f und P auseinander hervorgehen.

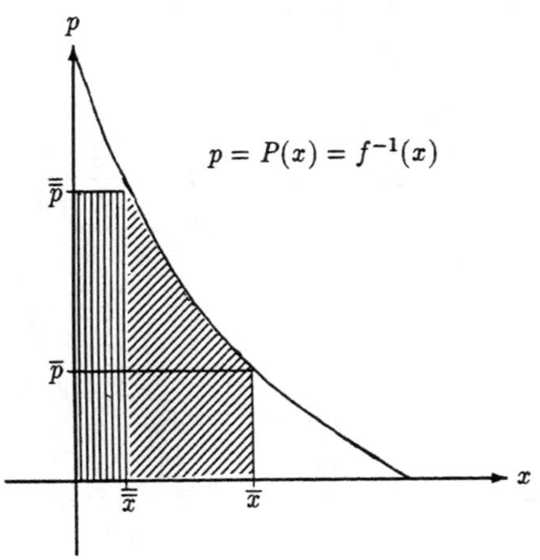

(B7) Zahlenbeispiel zu (B5),(B6):

Man berechne den Gesamtumsatz bei stetiger Preissenkung von $\overline{\overline{p}} = 9$ auf $\overline{p} = 3$ zu der Nachfragefunktion

$$x = f(p) = -\frac{8}{10}(p - 10)$$

auf vier Arten.

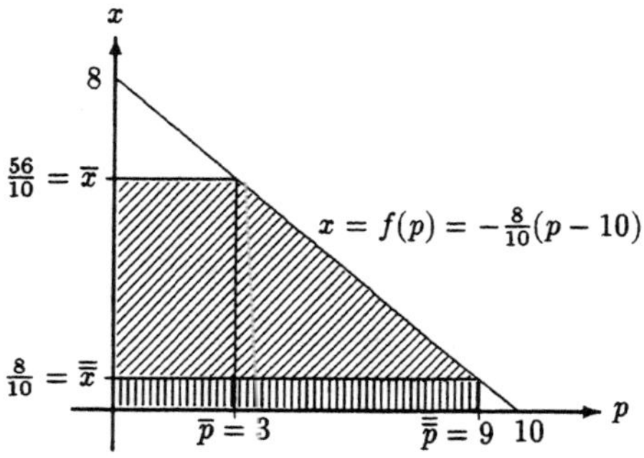

1. Lsg: Integration der Grenznachfragefunktion multipliziert mit p:

$$\begin{aligned}
\text{Gesamtumsatz} &= \overline{\overline{p}} \cdot \overline{\overline{x}} - \int_{\overline{p}}^{\overline{\overline{p}}} p \cdot f'(p)\, dp \\
&= 9 \cdot \frac{8}{10} + \int_3^9 p \cdot \frac{8}{10}\, dp \\
&= \frac{72}{10} + \frac{8}{10}\left[\frac{p^2}{2}\right]_3^9 = \frac{72}{10} + \frac{4}{10}(81 - 9) \\
&= \frac{5 \cdot 72}{10} = 36
\end{aligned}$$

2. Lsg: Integration der Nachfragefunktion:

$$\begin{aligned}
\text{Gesamtumsatz} &= \overline{p} \cdot \overline{x} + \int_{\overline{p}}^{\overline{\overline{p}}} f(p)\, dp \\
&= 3 \cdot \frac{56}{10} + \int_3^9 -\frac{8}{10}(p - 10)\, dp \\
&= \frac{168}{10} - \frac{8}{10} \cdot \int_3^9 (p - 10)\, dp = \frac{168}{10} - \frac{4}{10}\left[(p - 10)^2\right]_3^9 \\
&= \frac{168}{10} - \frac{4}{10} \cdot [1 - 49] = \frac{168 + 48 \cdot 4}{10} \\
&= \frac{360}{10} = 36
\end{aligned}$$

3. Lsg: Integration der Preis-Absatz-Funktion

$$p = f^{-1}(x) = P(x) = -\frac{10}{8}(x - 8), \quad \begin{aligned} \overline{x} &= f(\overline{p}) = f(3) = 56/10 \\ \overline{\overline{x}} &= f(\overline{\overline{p}}) = f(9) = 8/10 \end{aligned}$$

$$\begin{aligned}\text{Gesamtumsatz } &= \overline{\overline{p}} \cdot \overline{\overline{x}} + \int_{\overline{\overline{x}}}^{\overline{x}} P(x)\,dx \\ &= 9 \cdot \frac{8}{10} + \int_{8/10}^{56/10} -\frac{10}{8}(x-8)\,dx = \underline{36}\end{aligned}$$

4. Lsg: Elementare Berechnung des schraffierten Flächeninhaltes eines Trapezes und eines Rechteckes:

$$\begin{aligned}\text{Gesamtumsatz } &= \overline{\overline{p}} \cdot \overline{\overline{x}} + (\overline{x} - \overline{\overline{x}}) \cdot \frac{\overline{p} + \overline{\overline{p}}}{2} \\ &= \frac{72}{10} + \frac{48}{10} \cdot 6 = \underline{36}\end{aligned}$$

(B8) Es sei $x = \Psi(p)$ die Menge eines Gutes, die dessen Produzenten anzubieten bereit sind, wenn sie den Preis p dafür erhalten [**Angebotsfunktion**]. Es werde angenommen, daß Ψ streng monoton wachsend ist.

Es sei $x = f(p)$ die nachgefragte Menge eines Gutes, das auf einem bestimmten Markt zum Preis p angeboten wird [**Nachfragefunktion**]. Es werde angenommen, daß f streng monoton fallend ist.

Durch das Wechselspiel von Angebot und Nachfrage stellt sich auf dem Markt ein Gleichgewichtspreis p_M ein, bei dem Angebot und Nachfrage gleich sind:

$$x_M = \Psi(p_M) = f(p_M).$$

Dabei wird der Umsatz $U = p_M \cdot x_M$ erzielt.

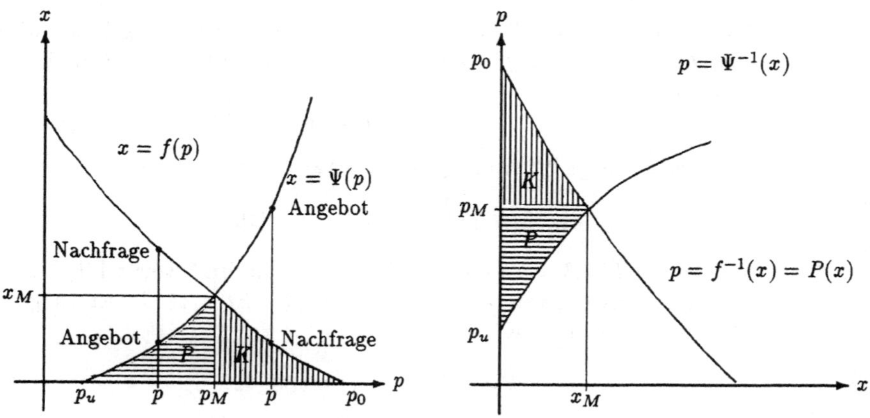

Manche Kunden wären auch bereit, einen höheren Preis als den Marktpreis p_M zu zahlen. Bei stetiger Preisreduzierung vom Höchstpreis p_0 zum Marktpreis p_M wäre ein zusätzlicher Umstatz K erreichbar (schraffiert). Falls, wie angenommen, die gesamte Ware zum Preis p_M angeboten wird, sparen die Kunden den Betrag

$$K = \int_{p_M}^{p_0} f(p)\,dp = \int_0^{x_M} P(x)\,dx - p_M \cdot x_M.$$

Nach Alfred Marshall (1890) nennt man K die **Konsumentenrente** ([Var] p. 163). Sie ist ein (grobes) Maß für den Nutzen, den ein Konsument aus dem Kauf des Gutes zum Preis p_M erzielt.

Manche Produzenten wären auch bereit, ihre Waren unter dem Marktpreis p_M zu verkaufen. Wenn sie zum Marktpreis p_M verkaufen, erzielen sie eine Mehreinnahme

$$P = \int_{p_u}^{p_M} \Psi(p)\, dp = p_M \cdot x_M - \int_0^{x_M} \Psi^{-1}(x)\, dx.$$

P heißt (in Analogie zu K) die **Produzentenrente** ([Var] p. 224).

(B9) Kapitalwert eines stetigen Ertragsstromes bei stetiger Verzinsung: Kosten und Erträge, die zu verschiedenen Zeitpunkten anfallen, sind erst vergleichbar, wenn sie auf einen festen Zeitpunkt t_0 bezogen werden. Liegt der Zeitpunkt t_0 vor allen betrachteten Zeitpunkten, so hat man den **Barwert** der Kosten bzw. Erträge zum Zeitpunkt t_0 zu ermitteln und miteinander zu vergleichen. Liegt der Zeitpunkt t_0 nach allen betrachteten Zeiten, so hat man die **Endwerte** der Kosten bzw. Erträge zum Zeitpunkt t_0 miteinander zu vergleichen. Bezogen auf einen beliebigen Zeitpunkt t spricht man allgemein vom **Kapitalwert** oder **Ertragswert**. Für diskrete Zahlungen und jährliche bzw. $(1/m)$- jährliche Verzinsung vgl. 2.1(B12),(B13),(B14),(B15) und 2.2(B2),(B3). Hier sollen Bar-, Ertrags- und Endwert eines stetigen Ertragsstromes bei stetiger Verzinsung berechnet werden.

Annahmen:

1) In einem Zeitintervall $[t_0, T]$ werden Erträge stetig in der Zeit erzielt; für jeden Zeitpunkt $t \in [t_0, T]$ sei $B(t)$ der im Zeitintervall $[t_0, t]$ erzielte Ertrag. Die Funktion

$$[t_0, T] \ni t \to B(t)$$

besitze eine stetige Ableitung (**Grenzertrag**)

$$[t_0, T] \ni t \to B'(t) =: b(t).$$

Die Funktion b heißt auch **stetiger Ertragsstrom im Intervall** $[t_0, T]$. Der Ertragszuwachs in einem kleinen Intervall $[t, t + \triangle t] \subset [t_0, T]$ der Länge $\triangle t$ ist dann näherungsweise

$$B(t + \triangle t) - B(t) \approx b(t) \cdot \triangle t.$$

2) Die kontinuierlich anfallenden Erträge werden laufend auf ein Konto eingezahlt und stetig verzinst mit einem Zinsfuß von $p\%$ p.a. entsprechend einem Zinssatz $r = p/100$, wobei r eine stückweise stetige Funktion der Zeit t sein darf.

a) Man ermittle die Ertragswerte $K(t_0)$ [**Barwert**], $K(t^*)$ zu einem beliebigen Zeitpunkt t^* [**Kapitalwert**] und $K(T)$ [**Endwert**] eines stetigen Ertragsstromes b unter den Annahmen 1) und 2).

b) Man berechne diese Werte für einen konstanten stetigen Ertragsstrom b bei stetiger Verzinsung mit konstantem Zinssatz $r = p/100$ (p = Zinsfuß p.a.).

c) Man berechne diese Werte für das Zahlenbeispiel
$t_0 = 0$, $T = 10$ [Jahre]
$r = \text{const} = 10\%$ p.a.
$b(t) = t$ [1000 DM/Jahr].

Lsg:

a) Wird das Intervall $[t_0, T]$ in n Teilintervalle der Länge $\triangle t = \dfrac{T - t_0}{n}$ zer-

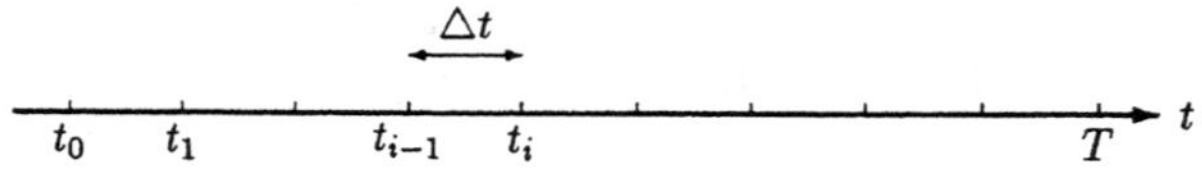

legt,
und wird der Wert zum Zeitpunkt t^* des im i-ten Zeitintervall (t_{i-1}, t_i) $(i = 1, \ldots, n)$ erzielten Ertrages $B(t_i) - B(t_{i-1}) \approx b(t_{i-1}) \cdot \triangle t$, den man sich im Zeitpunkt t_{i-1} erzielt denken kann, berechnet (durch stetiges Auf- oder Abzinsen) – dieser ist $e^{-r(t_{i-1})\cdot(t_{i-1}-t^*)} \cdot b(t_{i-1}) \cdot \triangle t$ – so erhält man den gesuchten Ertragswert näherungsweise durch Summation als

$$\sum_{i=1}^{n} e^{-r(t_{i-1})\cdot(t_{i-1}-t^*)} \cdot b(t_{i-1}) \cdot \triangle t.$$

Im Grenzübergang $\triangle t \to 0$ erhält man den gesuchten **Ertragswert** [**Kapitalwert** zum Zeitpunkt t^*]

$$K(t^*) = \int_{t_0}^{T} e^{-r(t)\cdot(t-t^*)} \cdot b(t)\,dt, \quad r(t) = \frac{p(t)}{100}.$$

Insbesondere lauten **Barwert**

$$K(t_0) = \int_{t_0}^{T} e^{-r(t)\cdot(t-t_0)} \cdot b(t)\,dt$$

und **Endwert**

$$K(T) = \int_{t_0}^{T} e^{r(t)\cdot(T-t)} \cdot b(t)\,dt.$$

b) Für einen konstanten stetigen Ertragstrom b bei stetiger Verzinsung mit konstantem Zinssatz $r = p/100$ wird der Kapitalwert zum Zeitpunkt t^*

$$K(t^*) = \int_{t_0}^{T} b \cdot e^{-r\cdot(t-t^*)}\,dt = b \cdot e^{rt^*} \cdot \left[\frac{-1}{r} e^{-rt}\right]_{t_0}^{T}$$
$$= \frac{b}{r} e^{rt^*} \cdot \left[e^{-rt_0} - e^{-rT}\right]$$

$$K(t^*) = \frac{b}{r} \cdot \left[e^{r(t^*-t_0)} - e^{r(t^*-T)}\right], \quad r = \frac{p}{100}.$$

Barwert: $K(t_0) = \frac{b}{r} \cdot \left[1 - e^{-r(T-t_0)}\right]$

Endwert: $K(T) = \frac{b}{r} \cdot \left[e^{r(T-t_0)} - 1\right]$.

c) Zahlenbsp.:

$$K(t^*) = \int_0^{10} t \cdot e^{-\frac{1}{10}(t-t^*)}\,dt$$

partielle Integration:
$b(t) = t, \quad b'(t) = 1$
$g'(t) = e^{-\frac{1}{10}(t-t^*)}$
$g(t) = -10e^{-\frac{1}{10}(t-t^*)}$

$$= \left[t \cdot (-10) \cdot e^{-\frac{1}{10}(t-t^*)}\right]_0^{10} - \int_0^{10} (-10) \cdot e^{-\frac{1}{10}(t-t^*)}\,dt$$

$$= -100\, e^{\frac{t^*}{10}-1} + 10 \cdot \left[(-10) \cdot e^{-\frac{1}{10}(t-t^*)}\right]_0^{10}$$

$$= -100\, e^{\frac{t^*}{10}-1} - 100 \cdot \left[e^{\frac{t^*}{10}-1} - e^{\frac{t^*}{10}}\right]$$

$$= 100\, e^{\frac{t^*}{10}} \cdot \left[1 - 2e^{-1}\right].$$

Barwert: $K(0) = 100 \cdot \left[1 - 2e^{-1}\right] = 26,42$ [1000 DM]

Endwert: $K(10) = 100 \cdot [e - 2] = 71,83$ [1000 DM]

(B10) Ein Industrieprodukt erfordert zum Zeitpunkt t_0 Investitionskosten in Höhe von a [GE]. Es liefert im Zeitraum $[t_0, T]$ einen stetigen Ertragstrom $b = b(t)$ [GE/Jahr].

a) Welches ist der Barwert $v(t_0)$ des Gewinns bei stetiger Verzinsung mit dem Zinsfuß von konstanten $p\%$ p.a.?

b) Der Barwert $v(t_0)$ soll nach $T - t_0$ Jahren durch stetige Abschreibung mit der konstanten Rate δ auf den **Restwert** R [GE] vermindert werden:

$$R = v(t_0) \cdot e^{-\delta(T-t_0)}.$$

Wie groß ist δ zu wählen?

c) Welcher Wert ergibt sich für δ, wenn $b(t) = \text{const} = b$ ist?

Lsg:

a) $v(t_0) = \int_{t_0}^{T} e^{-r(t-t_0)} \cdot b(t)\,dt - a, \quad r = \frac{p}{100}.$

b) $e^{\delta(T-t_0)} = \frac{v(t_0)}{R}, \quad \delta = \frac{1}{T-t_0} \cdot \ln \frac{v(t_0)}{R}$

c) $v(t_0) = b \cdot \int_{t_0}^{T} e^{-r(t-t_0)}\,dt - a = -\frac{b}{r}\left[e^{-r(t-t_0)}\right]_{t_0}^{T} - a$

$$= \frac{b}{r}\left[1 - e^{-r(T-t_0)}\right] - a$$

$$\delta = \frac{1}{T-t_0} \cdot \ln \frac{\frac{b}{r}\left[1 - e^{-r(T-t_0)}\right] - a}{R}.$$

3.4 Uneigentliche Integrale

(B1) Man berechne

$$\text{a)}\ F(b) := \int_0^b \frac{2t}{(1+t^2)^2}\,dt = ?, \qquad \lim_{b\to\infty} F(b) = ?$$

$$\text{b)}\ G(b) := \int_0^b \frac{2t}{1+t^2}\,dt = ?, \qquad \lim_{b\to\infty} G(b) = ?$$

und interpretiere die Ergebnisse anschaulich / graphisch.

Lsg:

a)
$$\int \frac{2t}{(1+t^2)^2}\,dt = \qquad \text{Subst.: } x = g(t) = 1+t^2, \quad dx = g'(t)\,dt = 2t\,dt$$

$$= \int \frac{dx}{x^2} = \int x^{-2}\,dx =$$

$$= -\frac{1}{x} + c = -\frac{1}{1+t^2} + c$$

$$F(b) = \int_0^b \frac{2t}{(1+t^2)^2}\,dt = \left[-\frac{1}{1+t^2}\right]_0^b = 1 - \frac{1}{1+b^2}$$

$$\lim_{b\to\infty} F(b) = \lim_{b\to\infty} \left(1 - \frac{1}{1+b^2}\right) = 1$$

b)
$$\int \frac{2t}{1+t^2}\,dt = \int \frac{dx}{x} = \qquad \text{Subst.: } x = g(t) = 1+t^2, \quad dx = g'(t)\,dt = 2t\,dt$$

$$= \ln|x| + c = \ln(1+t^2) + c$$

$$G(b) = \int_0^b \frac{2t}{1+t^2}\,dt = \left[\ln(1+t^2)\right]_0^b = \ln(1+b^2)$$

$$\lim_{b\to\infty} G(b) = \lim_{b\to\infty} \ln(1+b^2) = \infty$$

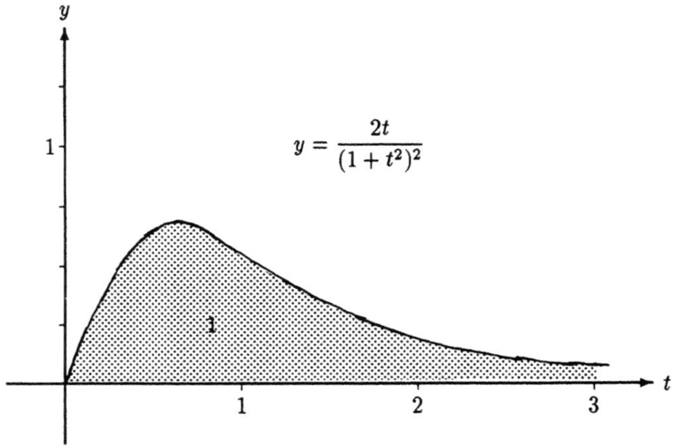

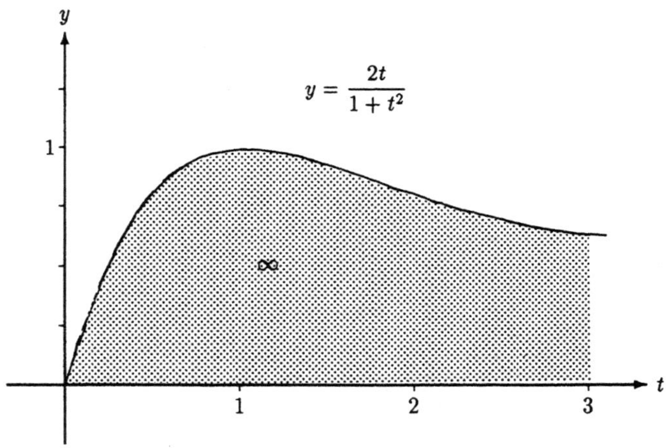

(B2) Man berechne für $u > 0$

a) $F(u) = \int_u^1 \frac{dx}{\sqrt{x}} = ?, \qquad \lim_{u \to 0+} F(u) = \ ?$

b) $G(u) = \int_u^1 \frac{dx}{x^2} = \ ?, \qquad \lim_{u \to 0+} G(u) = ?$

und interpretiere die Ergebnisse anschaulich / graphisch.

Lsg:

a) $F(u) = \int_u^1 x^{-\frac{1}{2}}\, dx = \left[\frac{x^{\frac{1}{2}}}{\frac{1}{2}} \right]_u^1 = 2 \cdot \left[\sqrt{x}\right]_u^1 = 2(1 - \sqrt{u})$

$$\lim_{u\to 0+} F(u) = \lim_{u\to 0+} 2\cdot(1-\sqrt{u}) = 2$$

b) $$G(u) = \int_u^1 x^{-2}\,dx = \left[\frac{x^{-1}}{-1}\right]_u^1 = -\left(1-\frac{1}{u}\right)$$

$$\lim_{u\to 0+} G(u) = \lim_{u\to 0+}\left(\frac{1}{u}-1\right) = \infty$$

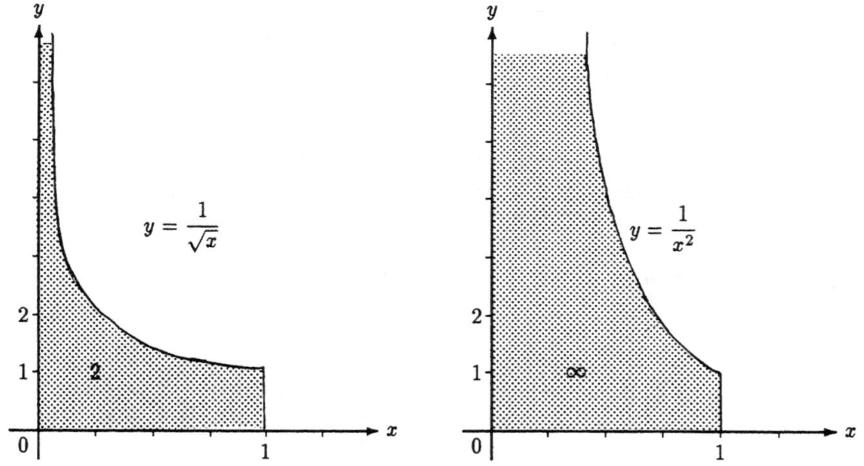

(1) Def.:

Uneigentliche Integrale sind bestimmte Integrale $\int_a^b f(t)\,dt$

1) über unendlich lange Integrationsintervalle [Bsp.: $\int_0^\infty \frac{2t}{(1+t^2)^2}\,dt$]

   oder / und

2) über unbeschränkte Funktionen (mit endlich vielen Unendlichkeitsstellen) [Bsp.: $\int_0^1 \frac{dx}{\sqrt{x}}$].

Sie sind besonders für Wahrscheinlichkeitsrechnung und Statistik wichtig. Uneigentliche Integrale werden durch Grenzwerte definiert. Existiert der jeweilige Grenzwert, so heißt das uneigentliche Integral **konvergent**, andernfalls **divergent**. Ein uneigentliches Integral $\int_a^b f(t)\,dt$ heißt **absolut konvergent**, wenn das uneigentliche Integral $\int_a^b |f(t)|\,dt$ konvergent ist.

(2) Jedes abolut konvergente uneigentliche Integral ist konvergent, die Umkehrung ist falsch.

(3) Def:

(i) Sei $a \in \mathbb{R}$. $\boxed{\int_a^\infty f(t)\,dt := \lim_{b\to\infty} \int_a^b f(t)\,dt,}$ wenn für jedes $b \geq a$ das Integral $\int_a^b f(t)\,dt$ existiert.

(ii) Sei $b \in \mathbb{R}$. $\boxed{\int_{-\infty}^b f(t)\,dt := \lim_{a\to-\infty} \int_a^b f(t)\,dt,}$ wenn für jedes $a \leq b$ das Integral $\int_a^b f(t)\,dt$ existiert.

(iii) Sei $c \in \mathbb{R}$ beliebig. $\boxed{\int_{-\infty}^\infty f(t)\,dt := \int_{-\infty}^c f(t)\,dt + \int_c^\infty f(t)\,dt.}$

(B3) a) $\int_0^\infty e^{-t}\,dt = ?$ b) $\int_0^\infty t \cdot e^{-t}\,dt = ?$

Lsg:

a)
$$\begin{aligned}\int_0^\infty e^{-t}\,dt &= \lim_{b\to\infty} \int_0^b e^{-t}\,dt = \lim_{b\to\infty} \left[-e^{-t}\right]_0^b \\ &= \lim_{b\to\infty} \left[1 - e^{-b}\right] = 1\end{aligned}$$

b)
$$\begin{aligned}\int te^{-t}\,dt &= -te^{-t} + \int e^{-t}\,dt \\ &= -te^{-t} - e^{-t} + c \\ &= -e^{-t}(t+1) + c\end{aligned}$$

Partielle Integration:
$f(t) = t \quad f'(t) = 1$
$g'(t) = e^{-t} \quad g(t) = -e^{-t}$

$$\begin{aligned}\int_0^\infty te^{-t}\,dt &= \lim_{b\to\infty} \int_0^b te^{-t}\,dt = \lim_{b\to\infty} \left[-e^{-t}(t+1)\right]_0^b \\ &= \lim_{b\to\infty} \left[1 - e^{-b}(1+b)\right] = 1\end{aligned}$$

(B4) Welches ist der Barwert zum Zeitpunkt $t = 0$ eines unendlichen stetigen konstanten Ertragstromes $b(t) = \text{const} = b$ bei stetiger Verzinsung mit dem konstanten Zinsfuß $p\%$ p.a.? [Man vgl. dazu auch (B9)b).]

Lsg:

$$\begin{aligned}K(0) &= \int_0^\infty be^{-rt}\,dt = b \cdot \int_0^\infty e^{-rt}\,dt \qquad r = \frac{p}{100} \\ &= b \cdot \lim_{T\to\infty} \int_0^T e^{-rt}\,dt = b \cdot \lim_{T\to\infty} \left[\frac{-1}{r} e^{-rt}\right]_0^T \\ &= \frac{b}{r} \cdot \lim_{T\to\infty} \left[1 - e^{-rT}\right] = \frac{b}{r}.\end{aligned}$$

(4) Def:

(i) Es sei $f : [a, b) \to I\!R$, und für alle c mit $a < c < b$ sei $\int_a^b f(t)\,dt$ definiert.

$$\boxed{\int_a^b f(t)\,dt := \lim_{c \to b-} \int_a^c f(t)\,dt.}$$

(ii) Es sei $f : (a, b] \to I\!R$, und für alle c mit $a < c < b$ sei $\int_c^b f(t)\,dt$ definiert.

$$\boxed{\int_a^b f(t)\,dt := \lim_{c \to a+} \int_c^b f(t)\,dt.}$$

(B5) $\displaystyle\int_2^{11} \frac{dt}{\sqrt{t-2}} = \ ?$

Lsg:

$$\int \frac{dt}{\sqrt{t-2}} = \int \frac{dx}{\sqrt{x}} = 2 \cdot \sqrt{x} + c \qquad \text{Subst.: } x = g(t) = t - 2$$
$$= 2 \cdot \sqrt{t-2} + c \qquad dx = g'(t)\,dt = dt$$

$$\int_2^{11} \frac{dt}{\sqrt{t-2}} = \lim_{a \to 2+} \int_a^{11} \frac{dt}{\sqrt{t-2}} = \lim_{a \to 2+} \left[2 \cdot \sqrt{t-2}\right]_a^{11}$$
$$= \lim_{a \to 2+} (2 \cdot 3 - 2 \cdot \sqrt{a-2}) = 6.$$

(B6) $\displaystyle\frac{1}{2} \int_0^{\infty} \frac{dx}{\sqrt{x}(1+\sqrt{x})^2} = \ ?$

Lsg: Das Integral ist uneigentlich sowohl an der unteren als auch an der oberen Grenze. Man zerlegt es in die Summe zweier Integrale

$$\frac{1}{2} \int_0^{\infty} \frac{dx}{\sqrt{x}(1+\sqrt{x})^2} = \frac{1}{2} \int_0^1 \frac{dx}{\sqrt{x}(1+\sqrt{x})^2} + \frac{1}{2} \int_1^{\infty} \frac{dx}{\sqrt{x}(1+\sqrt{x})^2},$$

die jeweils ein uneigentliches Integral "reinen Typs" sind.

Unbestimmte Integration:

$$\frac{1}{2} \int \frac{dx}{\sqrt{x}(1+\sqrt{x})^2} = \qquad \text{1. Substitution:}$$
$$\qquad t = g^{-1}(x) = \sqrt{x}$$
$$\int \frac{dt}{(1+t)^2} = \qquad x = g(t) = t^2$$
$$\qquad dx = 2t\,dt$$
$$\int \frac{du}{u^2} = -\frac{1}{u} + c = \qquad \text{2. Substitution:}$$
$$-\frac{1}{1+t} + c = -\frac{1}{1+\sqrt{x}} + c \qquad 1 + t = u, \quad dt = du$$

$$\frac{1}{2}\int_0^1 \frac{dx}{\sqrt{x}(1+\sqrt{x})^2} = \lim_{a\to 0+}\left[\frac{-1}{1+\sqrt{x}}\right]_a^1 = \lim_{a\to 0+}(-\frac{1}{2}+\frac{1}{1+\sqrt{a}}) = \frac{1}{2}$$

$$\frac{1}{2}\int_1^\infty \frac{dx}{\sqrt{x}(1+\sqrt{x})^2} = \lim_{b\to \infty}\left[\frac{-1}{1+\sqrt{x}}\right]_1^b = \lim_{b\to \infty}(\frac{1}{2}-\frac{1}{1+\sqrt{b}}) = \frac{1}{2}$$

$$\frac{1}{2}\int_0^\infty \frac{dx}{\sqrt{x}(1+\sqrt{x})^2} = 1$$

3.5 Klausuraufgaben

(K1) Es sei $a > 0$.

a) Bestimmen Sie m und b in Abhängigkeit von a so, dass die Funktion

$$y = f(x) = \begin{cases} \frac{1}{\sqrt{x}} & 0 < x < a \\ m(x-b) & a \leq x \end{cases}$$

auf $(0, \infty)$ stetig differenzierbar ist.

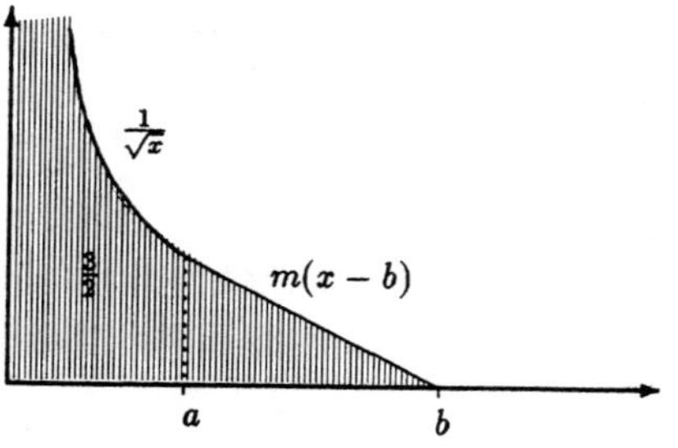

b) Bestimmen Sie a so, dass

$$\int_0^b f(x,a)dx = \frac{3}{2}.$$

(Man vgl. die Skizze.)

Lsg.:

a) Notwendigerweise muss die Funktion f bei $x = a$ stetig sein. Das liefert die Gleichung

$$\frac{1}{\sqrt{a}} \stackrel{!}{=} m(a-b).$$

Es ist

$$\frac{\partial}{\partial x} f(x,a) = \begin{cases} -\frac{1}{2}x^{-\frac{3}{2}} & 0 < x < a \\ m & x > a. \end{cases}$$

Die Forderung, dass f' stetig sein soll, liefert die Gleichung

$$-\frac{1}{2}a^{-\frac{3}{2}} \stackrel{!}{=} m.$$

Wird m in die erste Gleichung eingesetzt, so erhält man die folgende Beziehung zwischen a und b:

$$a^{-\frac{1}{2}} = -\frac{1}{2}a^{-\frac{3}{2}} \cdot (a-b) \quad \Leftrightarrow \quad -2a = a - b \quad \Leftrightarrow \quad b = 3a.$$

Damit lautet die Funktionsgleichung für die gesuchte Funktion in Abhängigkeit von dem Parameter a

$$f(x,a) = \begin{cases} \frac{1}{\sqrt{x}} & 0 < x \leq a \\ -\frac{1}{2}a^{-\frac{3}{2}}(x-3a) & a \leq x < \infty \end{cases}$$

$f(x,a)$ ist nach Konstruktion auf $(0,\infty)$ stetig differenzierbar, weil die Funktionen $x \mapsto \frac{1}{\sqrt{x}}$ und $x \mapsto -\frac{1}{2}a^{-\frac{3}{2}}(x-3a)$ beide auf $(0,\infty)$ stetig differenzierbar sind und an der "Nahtstelle" $x = a$ per Konstruktion f' stetig ist.

b) Die Forderung

$$\int_0^b f(x,a)dx \stackrel{!}{=} \frac{3}{2}$$

liefert eine Bestimmungsgleichung für den Parameter a:

$$\begin{aligned}
\int_0^b f(x,a)da &= \int_0^a x^{-\frac{1}{2}}dx + \int_a^{3a} -\frac{1}{2}a^{-\frac{3}{2}}(x-3a)dx \\
&= 2a^{\frac{1}{2}} + (-\frac{1}{2})a^{-\frac{3}{2}}\left[\frac{x^2}{2} - 3ax\right]_a^{3a} \\
&= 2a^{\frac{1}{2}} + (-\frac{1}{2})a^{-\frac{3}{2}}\underbrace{\left[\frac{9a^2}{2} - 9a^2 - \frac{a^2}{2} + 3a^2\right]}_{=-2a^2} \\
&= 2a^{\frac{1}{2}} + a^{\frac{1}{2}} = 3a^{\frac{1}{2}} \stackrel{!}{=} \frac{3}{2} \\
&\Rightarrow\ a^{\frac{1}{2}} = \frac{1}{2} \quad \Rightarrow \quad a = \frac{1}{4}.
\end{aligned}$$

(K2) Es sei $f(x) = (x+1)^{-3}$.

a) Bestimmen Sie die zu f gehörende Flächenfunktion $F_0(x)$.

b) Untersuchen Sie, ob das uneigentliche Integral $\int_0^\infty f(x)dx$ konvergiert. Gegen welchen Wert konvergiert es gegebenenfalls?

c) Wie ist die Zahl $a > 1$ zu wählen, damit das Integral $\int_0^\infty (x+1)^{-a}dx$ gegen 1 konvergiert?

Lsg.:

a) Die Flächenfunktion $F_0(x)$ ist definitionsgemäß die Funktion

$$F_0(x) = \int_0^x \frac{dt}{(t+1)^3} = \left[-\frac{1}{2}(t+1)^{-2}\right]_0^x = -\frac{1}{2}(x+1)^{-2} + \frac{1}{2}.$$

Sie ist für $x > -1$ definiert.

b) Das uneigentliche Integral konvergiert gdw der folgende Grenzwert existiert:

$$\int_0^\infty f(x)\,dx = \lim_{x\to\infty} F_0(x) = \lim_{x\to\infty} -\frac{1}{2}(x+1)^{-2} + \frac{1}{2} = \frac{1}{2}.$$

c) Der gesuchte Parameter a ist aus der Gleichung

$$\int_0^\infty (x+1)^{-a}dx \stackrel{!}{=} 1$$

zu bestimmen. Nach Definition des uneigentlichen Integrals bedeutet dies

$$\begin{aligned}\int_0^\infty (x+1)^{-a}dx &= \lim_{b\to\infty}\int_0^b (x+1)^{-a}dx \\ &= \lim_{b\to\infty}\left[\frac{1}{1-a}(x+1)^{1-a}\right]_0^b \\ &= \lim_{b\to\infty}\left[\frac{1}{1-a}\underbrace{(b+1)^{1-a}}_{\to 0}-\frac{1}{1-a}\right] \\ &= -\frac{1}{1-a}\stackrel{!}{=}1\end{aligned}$$

Daraus ergibt sich unmittelbar $a = 2$.

(K3) Gegeben ist die Funktion $f(x) = \dfrac{e^x}{e^x+1}$.

a) Skizzieren Sie den Graphen von f und zeigen Sie, dass dieser punktsymmetrisch zum Punkt $(0, \frac{1}{2})$ ist.

b) Veranschaulichen Sie $A := \int_{-\infty}^0 f(x)dx$, indem Sie den "zugehörigen Flächeninhalt" in der Skizze des Graphen von f schraffieren.

c) Berechnen Sie A.

d) Bestimmen Sie eine positive reelle Zahl a derart, dass $\int_0^a f(x)dx = 4$ gilt.

Lsg.:

a) Die Funktionsgleichung von f läßt sich umformen zu

$$y = f(x) = \frac{e^x}{e^x+1} = \frac{e^x+1-1}{e^x+1} = 1-\frac{1}{e^x+1}.$$

Der Graph von f ist punktsymmetrisch zum Punkt $(0, \frac{1}{2})$ gdw für alle $x \in I\!R$ gilt

$$f(x)-\frac{1}{2} = \frac{1}{2}-f(-x).$$

Diese Beziehung ist hier unmittelbar zu verifizieren:

$$f(x)-\frac{1}{2} = \frac{1}{2}-\frac{1}{e^x+1} = \frac{1}{2}-(1-\frac{1}{e^{-x}+1}).$$

Skizze des Graphen von f:

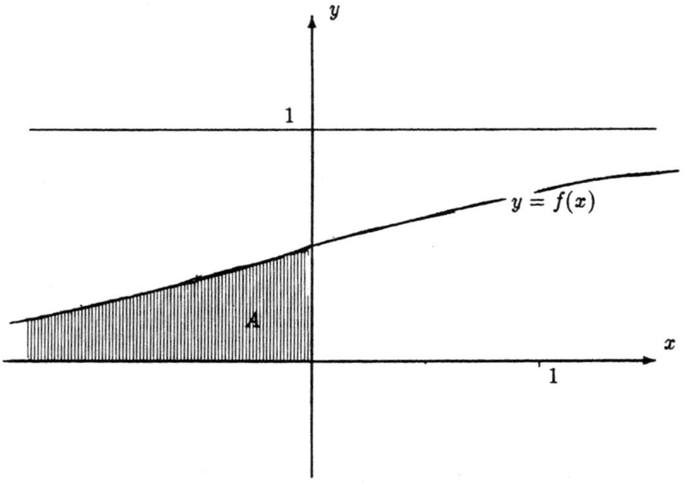

b) Der zu $\int_{-\infty}^{0} f(x)dx$ "gehörige Flächeninhalt" ist in der Skizze schraffiert.

c) Man integriert zunächst unbestimmt. Mit der Substitution $z := e^x + 1$, $dz = e^x dx$ wird

$$\int f(x)dx = \int \frac{dz}{z} = \ln z = \ln(e^x + 1).$$

Damit erhält man für das zu berechnende uneigentliche Integral

$$A := \int_{-\infty}^{0} f(x)dx = \lim_{u \to -\infty} \int_{u}^{0} f(x)dx = \lim_{u \to -\infty} [\ln(e^x + 1)]_u^0 = \ln 2.$$

d) Für die gesuchte Zahl a hat man die Bestimmungsgleichung

$$\begin{aligned}
\int_0^a f(x)dx &= [\ln(e^x + 1)]_0^a = \ln(e^a + 1) - \ln 2 \\
&= \ln \frac{e^a + 1}{2} \overset{!}{=} 4 \\
\Rightarrow &\quad \frac{e^a + 1}{2} = e^4 \\
\Rightarrow &\quad e^a = 2e^4 - 1 \\
\Rightarrow &\quad a = \ln(2e^4 - 1) = 4.684
\end{aligned}$$

Kapitel 4

Geometrie des $I\!R^n$, Matrizenalgebra und Lineare Gleichungssysteme I

4.1 Vektorrechnung im $I\!R^n$; Lineare Unabhängigkeit; Hyperebenen

(B1) In einem Betrieb werden 3 verschiedene Produkte P_1, P_2, P_3 hergestellt. Lagerbestand zum Zeitpunkt $t = 0$, Produktionsrate und Verkaufsrate und Verkaufspreis betragen

Produkt	Lagerbestand zum Zeitpunkt 0 in ME	Produktions-rate in ME/h	Verkaufspreis in GE/ME
P_1	13	2	80
P_2	17	3	50
P_3	1	5	40

(i) Wie hoch ist der Lagerbestand nach 8 bzw. nach 40 Betriebsstunden, wenn kein Lagerabgang erfolgt ?

(ii) Wie hoch ist der Lagerbestand nach 40 Betriebsstunden, wenn in dieser Zeit ein Lagerabgang von
45 ME des Produktes P_1,
90 ME des Produktes P_2,
140 ME des Produktes P_3 erfolgt ?

(iii) Wie hoch ist der Verkaufswert einer Wochenproduktion (= 40 Betriebsstunden) ?

Lsg:

(i) Der Lagerbestand [in ME] der Produkte $\begin{bmatrix} P_1 \\ P_2 \\ P_3 \end{bmatrix}$ beträgt zum Zeitpunkt

0 bzw. nach 8 Betriebsstunden

$$\boldsymbol{l}^0 = \begin{bmatrix} 13 \\ 17 \\ 1 \end{bmatrix}, \quad \boldsymbol{l}^8 = \begin{bmatrix} 13 \\ 17 \\ 1 \end{bmatrix} + 8 \cdot \begin{bmatrix} 2 \\ 3 \\ 5 \end{bmatrix} = \begin{bmatrix} 13 \\ 17 \\ 1 \end{bmatrix} + \begin{bmatrix} 16 \\ 24 \\ 40 \end{bmatrix} = \begin{bmatrix} 29 \\ 41 \\ 41 \end{bmatrix}$$

und nach 40 Betriebsstunden

$$\boldsymbol{l}^{40} = \begin{bmatrix} 13 \\ 17 \\ 1 \end{bmatrix} + 40 \cdot \begin{bmatrix} 2 \\ 3 \\ 5 \end{bmatrix} = \begin{bmatrix} 13 \\ 17 \\ 1 \end{bmatrix} + \begin{bmatrix} 80 \\ 120 \\ 200 \end{bmatrix} = \begin{bmatrix} 93 \\ 137 \\ 201 \end{bmatrix}.$$

(ii) Der Lagerbestand nach 40 Betriebsstunden, bei einem Lagerabgang in dieser Zeit von [in ME]

$$\boldsymbol{a} = \begin{bmatrix} 45 \\ 90 \\ 140 \end{bmatrix}$$

beträgt [in ME]

$$\boldsymbol{l} = \boldsymbol{l}^{40} - \boldsymbol{a} = \begin{bmatrix} 93 \\ 137 \\ 201 \end{bmatrix} - \begin{bmatrix} 45 \\ 90 \\ 140 \end{bmatrix} = \begin{bmatrix} 48 \\ 47 \\ 61 \end{bmatrix}.$$

(iii) Der Verkaufswert einer Wochenproduktion beträgt [in GE]

$$(80, 120, 200) \begin{bmatrix} 80 \\ 50 \\ 40 \end{bmatrix} = 80 \cdot 80 + 120 \cdot 50 + 200 \cdot 40 = \underline{20\,400}.$$

(1) Def.: Reelle Zahlen werden im folgenden auch als **Skalare** bezeichnet. n sei eine feste natürliche Zahl. Die Elemente der Menge

$$I\!R^n := \underbrace{I\!R \times I\!R \times \cdots \times I\!R}_{n}$$

werden mit kleinen lateinischen Buchstaben bezeichnet und (innerhalb der Vektor- und Matrizenrechnung) als "spaltenförmige Listen" geschrieben und mit fett gedruckten Buchstaben bezeichnet:

$$\boldsymbol{x} = \begin{bmatrix} x_1 \\ x_2 \\ \vdots \\ x_n \end{bmatrix}.$$

$\boldsymbol{x}$ heißt der (n–**dimensionale**) **Spaltenvektor** mit den **Komponenten** $x_1, x_2, ...x_n$. [Reihenfolge beachten!] Der zugehörige **Zeilenvektor** mit den Komponenten $x_1, x_2, \ldots, x_n$ wird dann mit

$$\boldsymbol{x}^T = \begin{bmatrix} x_1 \\ x_2 \\ \vdots \\ x_n \end{bmatrix}^T = (x_1, x_2, \ldots x_n)$$

bezeichnet. [$\boldsymbol{x}^T$ wird gesprochen: "x transponiert".]

$$\textbf{Zeilenvektor}^T = \textbf{Spaltenvektor}$$

$$\textbf{Spaltenvektor}^T = \textbf{Zeilenvektor}$$

Bem.: Wenn im folgenden von Vektoren gesprochen wird, sind stets Spaltenvektoren gemeint. Bei gleichzeitiger Betrachtung mehrerer Vektoren, werden diese oft durch **obere Indizes** $\boldsymbol{x}^1, \boldsymbol{x}^2, \ldots$ voneinander unterschieden.

Def: Zwei n-dimensionale Vektoren $\boldsymbol{x}$ und $\boldsymbol{y}$ sind gleich :gdw korrespondierende Komponenten sind jeweils gleich:

$$\boldsymbol{x} = \begin{bmatrix} x_1 \\ x_2 \\ \vdots \\ x_n \end{bmatrix} = \boldsymbol{y} = \begin{bmatrix} y_1 \\ y_2 \\ \vdots \\ y_n \end{bmatrix} \quad :\Leftrightarrow \quad \begin{array}{c} x_1 = y_1 \\ x_2 = y_2 \\ \vdots \\ x_n = y_n \end{array} \quad \Leftrightarrow: \quad \boldsymbol{x}^T = \boldsymbol{y}^T.$$

(B2) Eine Firma A stellt n verschiedene Produkte her, die sie zu Stückpreisen

$$\boldsymbol{p} = \begin{bmatrix} p_1 \\ p_2 \\ \vdots \\ p_n \end{bmatrix}$$

verkauft. Diese Erzeugnisse werden auch von der Firma B verkauft, und zwar zu Stückpreisen

$$\bar{\boldsymbol{p}} = \begin{bmatrix} \bar{p_1} \\ \bar{p_2} \\ \vdots \\ \bar{p_n} \end{bmatrix}$$

Ein Kunde kauft jeweils 2 Erzeugnisse der Firma A und 3 Erzeugnisse der Firma B.

(i) Wieviel gibt der Kunde für das i-te Produkt aus ($i = 1, 2, \ldots, n$) ?

(ii) Wieviel hat der Kunde insgesamt an die Firma A zu zahlen ?

(iii) Wann werden jeweils die korrespondierenden Produkte zu identischen Preisen verkauft ?

Lsg:

(i) Für das i-te Produkt ($i = 1, 2, \ldots, n$) gibt der Kunde die i-te Komponente von

$$2\boldsymbol{p} + 3\bar{\boldsymbol{p}} = \begin{bmatrix} 2p_1 + 3\bar{p_1} \\ 2p_2 + 3\bar{p_2} \\ \vdots \\ 2p_n + 3\bar{p_n} \end{bmatrix}$$

aus.

(ii) Insgesamt hat der Kunde an die Firma A

$$2 \cdot \boldsymbol{p}^T \cdot \boldsymbol{s} := 2 \cdot \boldsymbol{p}^T \cdot \begin{bmatrix} 1 \\ 1 \\ \vdots \\ 1 \end{bmatrix} := 2 \cdot (p_1 + p_2 + \cdots + p_n) \text{ [GE]}$$

zu bezahlen.

Bem.: Man nennt den n-dimensionalen Vektor $\boldsymbol{s}$, dessen sämtliche Komponenten gleich 1 sind, den **n–dimensionalen summierenden Vektor**.

(iii) Korrespondierende Produkte werden jeweils zu identischen Preisen verkauft gdw die Preisvektoren $\boldsymbol{p}$ und $\bar{\boldsymbol{p}}$ sind gleich: $\boldsymbol{p} = \bar{\boldsymbol{p}}$.

(2) Def.: Für Vektoren $\boldsymbol{x} = \begin{bmatrix} x_1 \\ x_2 \\ \vdots \\ x_n \end{bmatrix}$, $\boldsymbol{y} = \begin{bmatrix} y_1 \\ y_2 \\ \vdots \\ y_n \end{bmatrix}$ des $\mathbb{R}^n$ werden definiert

(i) eine **Addition:** $\begin{bmatrix} x_1 \\ x_2 \\ \vdots \\ x_n \end{bmatrix} + \begin{bmatrix} y_1 \\ y_2 \\ \vdots \\ y_n \end{bmatrix} := \begin{bmatrix} x_1 + y_1 \\ x_2 + y_2 \\ \vdots \\ x_n + y_n \end{bmatrix}$ (korrespondierende Komponenten werden jeweils addiert)

(ii) eine **Multiplikation mit Skalaren** $\lambda \in \mathbb{R}$:

$$\lambda \cdot \begin{bmatrix} x_1 \\ x_2 \\ \vdots \\ x_n \end{bmatrix} := \begin{bmatrix} \lambda x_1 \\ \lambda x_2 \\ \vdots \\ \lambda x_n \end{bmatrix}$$ (alle Komponenten werden mit dem Skalar multipliziert)

mit analogen Definitionen dieser Verknüpfungen für Zeilenvektoren;

(iii) das **Skalarprodukt**

$$\boldsymbol{x}^T \cdot \boldsymbol{y} = (x_1, x_2, \ldots, x_n) \cdot \begin{bmatrix} y_1 \\ y_2 \\ \vdots \\ y_n \end{bmatrix} := x_1 \cdot y_1 + x_2 \cdot y_2 + \cdots + x_n \cdot y_n$$

(korrespondierende Komponenten werden jeweils multipliziert und die Produkte werden addiert)

Bem.: Bei Multiplikation von Vektoren mit Skalaren und beim Skalarprodukt von Vektoren wird der Punkt als Verknüpfungszeichen oft weggelassen.

A Grundgesetze der Addition:
Für alle Vektoren $\boldsymbol{x}, \boldsymbol{y}, \boldsymbol{z} \in \mathbb{R}^n$ gilt

(i)	$\boldsymbol{x}+\boldsymbol{y}$	$=$	$\boldsymbol{y}+\boldsymbol{x}$	**Kommutativgesetz**
(ii)	$\boldsymbol{x}+(\boldsymbol{y}+\boldsymbol{z})$	$=$	$(\boldsymbol{x}+\boldsymbol{y})+\boldsymbol{z}$	**Assoziativgesetz**
(iii)	$\boldsymbol{x}+\mathbf{o}$	$=$	$\mathbf{o}+\boldsymbol{x}=\boldsymbol{x}$	
(iv)	$\boldsymbol{x}+(-\boldsymbol{x})$	$=:$	$\boldsymbol{x}-\boldsymbol{x}=\mathbf{o}.$	

Bem.: $\boldsymbol{x}+(-\boldsymbol{y}) =: \boldsymbol{x}-\boldsymbol{y}$.

Hier ist $\mathbf{o} := \begin{bmatrix} 0 \\ 0 \\ \vdots \\ 0 \end{bmatrix}$ der **Nullvektor**, dessen sämtliche Komponenten gleich Null sind, und $-\boldsymbol{x} = \begin{bmatrix} -x_1 \\ -x_2 \\ \vdots \\ -x_n \end{bmatrix}$ ist der zum Vektor $\boldsymbol{x} = \begin{bmatrix} x_1 \\ x_2 \\ \vdots \\ x_n \end{bmatrix}$ bzgl. der Addition **entgegengesetzte Vektor**.

Regel: Die Reihenfolge der Summanden in einer Summe ist beliebig. In einer Summe können Klammern (...) beliebig gesetzt werden. Eine Klammer, vor der ein + steht, kann weggelassen werden.

M Grundgesetze der Multiplikation von Vektoren mit Skalaren:
Für alle reellen Zahlen λ, μ und alle Vektoren $\boldsymbol{x}, \boldsymbol{y}, \boldsymbol{z} \in \mathbb{R}^n$ gilt

(i)	$\lambda\cdot(\boldsymbol{x}+\boldsymbol{y})$	$=$	$\lambda\cdot\boldsymbol{x}+\lambda\cdot\boldsymbol{y}$
(ii)	$(\lambda+\mu)\cdot\boldsymbol{x}$	$=$	$\lambda\cdot\boldsymbol{x}+\mu\cdot\boldsymbol{x}$
(iii)	$(\lambda\mu)\cdot\boldsymbol{x}$	$=$	$\lambda\cdot(\mu\cdot\boldsymbol{x})$
(iv)	$1\cdot\boldsymbol{x}$	$=$	$\boldsymbol{x}$

S Grundgesetze des Skalarproduktes von Vektoren:
Für alle reellen Zahlen λ, μ und alle Vektoren $\boldsymbol{x}, \boldsymbol{y}, \boldsymbol{z} \in \mathbb{R}^n$ gilt

(i) $\boldsymbol{x}^T\cdot\boldsymbol{y} = \boldsymbol{y}^T\cdot\boldsymbol{x} \quad \in \mathbb{R}$ [daher der Name !]
(ii) $\lambda\cdot(\boldsymbol{x}^T\cdot\boldsymbol{y}) = (\lambda\cdot\boldsymbol{x}^T)\cdot\boldsymbol{y} = \boldsymbol{x}^T\cdot(\lambda\boldsymbol{y})$
(iii) $(\lambda\cdot\boldsymbol{x}+\mu\cdot\boldsymbol{y})^T\cdot\boldsymbol{z}) = \lambda\boldsymbol{x}^T\cdot\boldsymbol{z}+\mu\boldsymbol{y}^T\cdot\boldsymbol{z}$
(iv) $\boldsymbol{x}^T\cdot\boldsymbol{x}\geq 0$ und $\boldsymbol{x}^T\cdot\boldsymbol{x}=0$ gdw $\boldsymbol{x}=0$.

Def: Es sei V eine nichtleere Menge, so dass für die Elemente von V eine Addition + und für reelle Zahlen und Elemente aus V eine Multiplikation · definiert sind, die (sinngemäß) den Grundgesetzen A(i) - (iv) und M(i) - (iv) genügen. Dann heißt $V = (V, +, \cdot)$ ein **(reeller) Vektorraum**. Ist weiterhin für die Elemente von V ein Produkt definiert, das (sinngemäß) den Grundgesetzen S(i) - (iv) genügt, wird V ein (reeller) **Vektorraum mit Skalarprodukt** genannt.

Beispiele:

(1) $V = \mathbb{R}^n$ bildet mit den oben definierten Verknüpfungen (Addition von Vektoren, Multiplikation von Vektoren mit Skalaren, Skalarprodukt) einen reellen Vektorraum mit Skalarprodukt.

(2) Die Menge $V = \{f : \quad f : A \to \mathbb{R}\}$ der auf einer Menge A definierten reellwertigen Funktionen bildet mit den in 1.3(1) für reellwertige Funktionen definierten Verknüpfungen, der Addition von Funktionen und der Multiplikation von Funktionen mit reellen Zahlen, einen reellen Vektorraum.

(3) Def.: Unter dem **Betrag** oder der **Länge eines Vektors** $\boldsymbol{x} = \begin{bmatrix} x_1 \\ \vdots \\ x_n \end{bmatrix} \in \mathbb{R}^n$

versteht man die nicht negative reelle Zahl

$$|\,\boldsymbol{x}\,| := \sqrt{\boldsymbol{x}^T \cdot \boldsymbol{x}} = \sqrt{x_1^2 + x_2^2 + \cdots + x_n^2}.$$

Unter dem **Abstand zweier Vektoren** $\boldsymbol{x}, \boldsymbol{y} \in \mathbb{R}^n$ versteht man die nicht negative reelle Zahl

$$d(\boldsymbol{x}, \boldsymbol{y}) := |\,\boldsymbol{x} - \boldsymbol{y}\,|\,.$$

Bem.: Man kann mit Beträgen von Vektoren rechnen wie mit Beträgen von reellen Zahlen; insbesondere gelten für alle $\boldsymbol{x}, \boldsymbol{y} \in \mathbb{R}^n$, $\lambda \in \mathbb{R}$

$$\begin{aligned} |\,\lambda \cdot \boldsymbol{x}\,| &= |\,\lambda\,| \cdot |\,\boldsymbol{x}\,| \\ |\,\boldsymbol{x}^T \cdot \boldsymbol{y}\,| &\leq |\,\boldsymbol{x}\,| \cdot |\,\boldsymbol{y}\,| \\ |\,\boldsymbol{x} + \boldsymbol{y}\,| &\leq |\,\boldsymbol{x}\,| + |\,\boldsymbol{y}\,| \quad \text{"Dreiecksungleichung".} \end{aligned}$$

Geometrische Interpretation: "in einem Dreieck ist jede Seite höchstens so lang wie die Summe der Längen der beiden anderen Seiten" [s. u. (13)].

(4) Def.: Zwei Vektoren $\boldsymbol{x}, \boldsymbol{y} \in \mathbb{R}^n$ heißen **orthogonal** :gdw

$$\boldsymbol{x}^T \cdot \boldsymbol{y} = 0.$$

(B3) Gegeben seien die Vektoren

$$\boldsymbol{x} = \begin{bmatrix} 1 \\ -1 \\ 0 \\ 2 \end{bmatrix}, \quad \boldsymbol{y} = \begin{bmatrix} 2 \\ 0 \\ 2 \\ -1 \end{bmatrix}, \quad \boldsymbol{z} = \begin{bmatrix} 1 \\ 1 \\ \sqrt{7} \\ 0 \end{bmatrix}.$$

Man berechne ihre Beträge und zeige, dass $\boldsymbol{x}, \boldsymbol{y}$ orthogonal sind, ebenso $\boldsymbol{x}, \boldsymbol{z}$. Kann man daraus schließen, dass auch $\boldsymbol{y}, \boldsymbol{z}$ orthogonal sind ?

Lsg:

$$\begin{aligned} |\,\boldsymbol{x}\,| &= \sqrt{1+1+0+4} = \sqrt{6} \\ |\,\boldsymbol{y}\,| &= \sqrt{4+0+4+1} = \sqrt{9} = 3 \\ |\,\boldsymbol{z}\,| &= \sqrt{1+1+7+0} = \sqrt{9} = 3 \end{aligned}$$

$$\begin{aligned}
\boldsymbol{x}^T \cdot \boldsymbol{y} &= 1\cdot 2 + (-1)\cdot 0 + 0\cdot 2 + 2\cdot(-1) &= 0\\
\boldsymbol{x}^T \cdot \boldsymbol{z} &= 1\cdot 1 + (-1)\cdot 1 + 0\cdot\sqrt{7} + 2\cdot 0 &= 0\\
\boldsymbol{y}^T \cdot \boldsymbol{z} &= 2\cdot 1 + 0\cdot 1 + 2\cdot\sqrt{7} + (-1)\cdot 0 &\neq 0
\end{aligned}$$

$\boldsymbol{y}, \boldsymbol{z}$ sind nicht orthogonal.

(5) Def.: Vektoren, deren Betrag gleich 1 ist, heißen **Einheitsvektoren.**

Die Vektoren $e^1 := \begin{bmatrix} 1 \\ 0 \\ \vdots \\ \vdots \\ 0 \end{bmatrix}, \; e^2 := \begin{bmatrix} 0 \\ 1 \\ 0 \\ \vdots \\ 0 \end{bmatrix}, \ldots, e^n := \begin{bmatrix} 0 \\ \vdots \\ \vdots \\ 0 \\ 1 \end{bmatrix} \in \mathbb{R}^n$

heißen bzw. der 1., 2., ..., n-te **kanonische Einheitsvektor** des $\mathbb{R}^n$.

(B4) Welche der folgenden Vektoren sind Einheitsvektoren?

$$\boldsymbol{x}^1 = \begin{bmatrix} 1 \\ 0 \\ -1 \\ 1 \end{bmatrix}, \; \boldsymbol{x}^2 = \begin{bmatrix} 0 \\ 1 \\ 0 \\ 0 \end{bmatrix}, \; \boldsymbol{x}^3 = \frac{1}{\sqrt{2}} \cdot \begin{bmatrix} \frac{\sqrt{2}}{2} \\ -\frac{1}{2} \\ -\frac{1}{2} \\ 1 \end{bmatrix}$$

Lsg:

$\boldsymbol{x}^1$ ist kein Einheitsvektor, weil $|\, \boldsymbol{x}^1 \,| = \sqrt{3} \neq 1.$

$\boldsymbol{x}^2$ ist ein Einheitsvektor, weil $|\, \boldsymbol{x}^2 \,| = 1.$

$\boldsymbol{x}^2 = \boldsymbol{e}^2$ ist der 2. kanonische Einheitsvektor des $\mathbb{R}^4$.

$\boldsymbol{x}^3$ ist ein Einheitsvektor, weil $|\, \boldsymbol{x}^2 \,| = \frac{1}{\sqrt{2}} \cdot \sqrt{\frac{2}{4} + \frac{1}{4} + \frac{1}{4} + 1} = \frac{\sqrt{2}}{\sqrt{2}} = 1.$

(6) Def.: Es sei V ein Vektorraum und $k \in \mathbb{N}$. Sind $\boldsymbol{x}^1, \boldsymbol{x}^2, \ldots, \boldsymbol{x}^k \in V$ und $\lambda_1, \lambda_2, \ldots, \lambda_k$ Skalare, so heißt der Vektor

$$\boldsymbol{y} := \lambda_1 \cdot \boldsymbol{x}^1 + \lambda_2 \cdot \boldsymbol{x}^2 + \cdots + \lambda_k \cdot \boldsymbol{x}^k$$

eine **Linearkombination** von $\boldsymbol{x}^1, \boldsymbol{x}^2, \ldots, \boldsymbol{x}^k$ mit den **Koeffizienten** $\lambda_1, \lambda_2, \ldots, \lambda_k$. $\boldsymbol{y}$ heißt dann auch **linear abhängig von** $\boldsymbol{x}^1, \boldsymbol{x}^2, \ldots, \boldsymbol{x}^k$. Die Menge aller Linearkombinationen von $\boldsymbol{x}^1, \boldsymbol{x}^2, \ldots, \boldsymbol{x}^k$ werde mit

$$\langle \boldsymbol{x}^1, \boldsymbol{x}^2, \ldots, \boldsymbol{x}^k \rangle$$

bezeichnet.

(B5) Man stelle den Vektor $\boldsymbol{y} = \begin{bmatrix} 4 \\ -1 \\ 2 \\ 1 \end{bmatrix}$ als Linearkombination der kanonischen Einheitsvektoren des $\mathbb{R}^4$ dar.

Lsg:

$$\boldsymbol{y} = \begin{bmatrix} 4 \\ -1 \\ 2 \\ 1 \end{bmatrix} = 4 \begin{bmatrix} 1 \\ 0 \\ 0 \\ 0 \end{bmatrix} + (-1) \begin{bmatrix} 0 \\ 1 \\ 0 \\ 0 \end{bmatrix} + 2 \begin{bmatrix} 0 \\ 0 \\ 1 \\ 0 \end{bmatrix} + 1 \begin{bmatrix} 0 \\ 0 \\ 0 \\ 1 \end{bmatrix}$$

$$= 4 \cdot \boldsymbol{e}^1 - \boldsymbol{e}^2 + 2 \cdot \boldsymbol{e}^3 + \boldsymbol{e}^4$$

Bem.: Jeder Spaltenvektor $\boldsymbol{x} = \begin{bmatrix} x_1 \\ x_2 \\ \vdots \\ x_n \end{bmatrix} \in I\!R^n$ ist eindeutig als Linearkombination der kanonischen Einheitsvektoren darstellbar mit seinen Komponenten als Koeffizienten:

$$\boldsymbol{x} = x_1 \boldsymbol{e}^1 + x_2 \boldsymbol{e}^2 + \cdots + x_n \boldsymbol{e}^n.$$

Man nennt $\boldsymbol{e}^1$, $\boldsymbol{e}^2$, ..., $\boldsymbol{e}^n$ deshalb auch die **kanonische Basis** des $I\!R^n$.

(7) Def.: Ist $V = (V, +, \cdot)$ ein reeller Vektorraum, so heißt $U = (U, +, \cdot)$ mit $U \subset V$ ein **Teilraum** oder **ein Unterraum von** V :gdw

(i) $\boldsymbol{x}, \boldsymbol{y} \in U \quad \Rightarrow \quad \boldsymbol{x} + \boldsymbol{y} \in U$

(ii) $\lambda \in I\!R, \boldsymbol{x} \in U \quad \Rightarrow \quad \lambda \cdot \boldsymbol{x} \in U$

Bemerkungen:
1) Jeder (reelle) Vektorraum V ist Unterraum von sich selbst.
2) Jeder Unteraum U eines Vektorraumes V enthält den Nullvektor von V.

Beispiel:
Sind $\boldsymbol{x}^1, \boldsymbol{x}^2, \ldots, \boldsymbol{x}^k$ Vektoren eines Vektorraumes V, so ist

$$U = \langle \boldsymbol{x}^1, \boldsymbol{x}^2, \ldots, \boldsymbol{x}^k \rangle$$

ein Unterraum von V. $\{\boldsymbol{x}^1, \boldsymbol{x}^2, \ldots, \boldsymbol{x}^k\}$ heißt ein **Erzeugendensystem** von U und U der von $\boldsymbol{x}^1$, $\boldsymbol{x}^2$, ..., $\boldsymbol{x}^k$ **aufgespannte Unterraum** von V.

(B6) Gegeben sind die Vektoren $\boldsymbol{x}^1 = \begin{bmatrix} 0 \\ 1 \\ 1 \end{bmatrix}$, $\boldsymbol{x}^2 = \begin{bmatrix} 0 \\ 0 \\ 1 \end{bmatrix}$, $\boldsymbol{x}^3 = \begin{bmatrix} 0 \\ 2 \\ 2 \end{bmatrix}$. Man gebe eine möglichst einfache Darstellung des von $\boldsymbol{x}^1, \boldsymbol{x}^2, \boldsymbol{x}^3$ aufgespannten Unterraumes U von $I\!R^3$.

Lsg:
Darzustellen ist die Menge U der Vektoren

$$\boldsymbol{x} = \lambda_1 \boldsymbol{x}^1 + \lambda_2 \boldsymbol{x}^2 + \lambda_3 x^3 = \lambda_1 \begin{bmatrix} 0 \\ 1 \\ 1 \end{bmatrix} + \lambda_2 \begin{bmatrix} 0 \\ 0 \\ 1 \end{bmatrix} + \lambda_3 \begin{bmatrix} 0 \\ 2 \\ 2 \end{bmatrix} = \begin{bmatrix} 0 \\ \lambda_1 + 2\lambda_3 \\ \lambda_1 + \lambda_2 + 2\lambda_3 \end{bmatrix}$$

wobei $\lambda_1, \lambda_2, \lambda_3$ unabhängig voneinander die reellen Zahlen durchlaufen.

Die Aufgabe besitzt keine eindeutige Lösung. Einfache Darstellungen von U

sind

$$U = \langle \boldsymbol{x}^1, \boldsymbol{x}^2, \boldsymbol{x}^3 \rangle \stackrel{1}{=} \{ \begin{bmatrix} 0 \\ z_2 \\ z_3 \end{bmatrix} : z_2 \in I\!R,\ z_3 \in I\!R \} = \langle \boldsymbol{e}^2, \boldsymbol{e}^3 \rangle \stackrel{2}{=} \langle \boldsymbol{x}^1, \boldsymbol{x}^2 \rangle .$$

Um die Darstellung 1 zu beweisen, hat man wegen der offensichtlichen Relation $U \subset \langle \boldsymbol{e}^2, \boldsymbol{e}^3 \rangle$ nur zu zeigen: zu beliebig gegebenen $z_2, z_3 \in I\!R$ gibt es Koeffizienten $\lambda_1, \lambda_2, \lambda_3 \in I\!R$, so dass

$$\begin{array}{ccccccc} \lambda_1 & & & + & 2\lambda_3 & = & z_2 \\ \lambda_1 & + & \lambda_2 & + & 2\lambda_3 & = & z_3 \end{array}$$

Setzt man z. B. $\lambda_3 = 0$, so sind $\lambda_1 = z_2$ und $\lambda_2 = z_3 - z_2$ zu wählen.

Um die Darstellung 2 zu beweisen, die äquivalent zur Vektorgleichung

$$\begin{aligned} \lambda_1 \boldsymbol{x}^1 + \lambda_2 \boldsymbol{x}^2 + \lambda_3 \boldsymbol{x}^3 &= \mu_1 \boldsymbol{x}^1 + \mu_2 \boldsymbol{x}^2 \\ = \begin{bmatrix} 0 \\ \lambda_1 + 2\lambda_3 \\ \lambda_1 + \lambda_2 + 2\lambda_3 \end{bmatrix} &= \begin{bmatrix} 0 \\ \mu_1 \\ \mu_1 + \mu_2 \end{bmatrix} \end{aligned}$$

ist, hat man wegen $\langle \boldsymbol{x}^1, \boldsymbol{x}^2 \rangle \subset \langle \boldsymbol{x}^1, \boldsymbol{x}^2, \boldsymbol{x}^3 \rangle$ nur zu zeigen: zu beliebig gegebenen $\lambda_1, \lambda_2, \lambda_3 \in I\!R$ gibt es Koeffizienten $\mu_1, \mu_2 \in I\!R$, so dass

$$\begin{array}{ccccccc} \mu_1 & = & \lambda_1 & & & + & 2\lambda_3 \\ \mu_1 + \mu_2 & = & \lambda_1 & + & \lambda_2 & + & 2\lambda_3 \end{array}$$

Offenbar hat man

$$\begin{array}{ccccc} \mu_1 & = & \lambda_1 & + & 2\lambda_3 \\ \mu_2 & = & \lambda_2 & & \end{array}$$

zu wählen.

(8) Def.: Ein System $\boldsymbol{x}^1, \boldsymbol{x}^2, \ldots, \boldsymbol{x}^k$ von Vektoren eines Vektorraumes V heißt **linear unabhängig** :gdw. die sog. **triviale Linarkombination** (bei der alle Koeffizienten gleich Null sind)

$$\mathbf{o} = 0 \cdot \boldsymbol{x}^1 + 0 \cdot \boldsymbol{x}^2 + \cdots + 0 \cdot \boldsymbol{x}^k$$

ist die einzige Linearkombination von $\boldsymbol{x}^1, \boldsymbol{x}^2, \ldots, \boldsymbol{x}^k$ für den Nullvektor:

$$\lambda_1 \boldsymbol{x}^1 + \lambda_2 \boldsymbol{x}^2 + \cdots + \lambda_k \boldsymbol{x}^k = \mathbf{o} \quad \Rightarrow \quad \lambda_1 = \lambda_2 = \cdots = \lambda_k = 0,$$

andernfalls heißen $\boldsymbol{x}^1, \boldsymbol{x}^2, \ldots, \boldsymbol{x}^k$ **linear abhängig.**

(B7) Man prüfe die folgenden Systeme von Vektoren des $I\!R^3$ auf lineare Unabhängigkeit.

$$a) \quad \boldsymbol{x}^1 = \begin{bmatrix} 1 \\ 0 \\ 1 \end{bmatrix}, \quad \boldsymbol{x}^2 = \begin{bmatrix} -1 \\ 0 \\ -1 \end{bmatrix}, \quad \boldsymbol{x}^3 = \begin{bmatrix} 1 \\ 1 \\ 1 \end{bmatrix}$$

$$b) \quad \boldsymbol{y}^1 = \begin{bmatrix} 1 \\ 0 \\ 1 \end{bmatrix}, \quad \boldsymbol{y}^2 = \begin{bmatrix} 0 \\ 1 \\ 1 \end{bmatrix}, \quad \boldsymbol{y}^3 = \begin{bmatrix} 0 \\ 0 \\ 1 \end{bmatrix}$$

Lsg:

a) Wegen $1 \cdot \boldsymbol{x}^1 + 1 \cdot \boldsymbol{x}^2 + 0 \cdot \boldsymbol{x}^3 = 0$ sind $\boldsymbol{x}^1, \boldsymbol{x}^2, \boldsymbol{x}^3$ linear abhängig.

b) Wegen $\lambda_1 \cdot \boldsymbol{y}^1 + \lambda_2 \cdot \boldsymbol{y}^2 + \lambda_3 \cdot \boldsymbol{y}^3 =$

$$\begin{bmatrix} \lambda_1 \\ \lambda_2 \\ \lambda_1 + \lambda_2 + \lambda_3 \end{bmatrix} \overset{!}{=} \begin{bmatrix} 0 \\ 0 \\ 0 \end{bmatrix} \Rightarrow \begin{array}{lcl} \lambda_1 & = & 0 \\ \lambda_2 & = & 0 \\ \lambda_3 & = & -\lambda_1 - \lambda_2 = 0 \end{array}$$

sind die Vektoren $\boldsymbol{y}^1, \boldsymbol{y}^2, \boldsymbol{y}^3$ linear unabhängig.

Bem.: Die Frage nach der linearen Unabhängigkeit eines gegebenen Systems von Vektoren des $I\!R^n$, allgemeiner die Frage, ob sich ein gegebener Vektor als Linearkombination von anderen gegebenen Vektoren darstellen läßt, führt jeweils auf ein **lineares Gleichungssystem**. Methoden zur Lösung solcher Systeme werden in den folgenden Abschnitten behandelt.

(9) Def.: Ein linear unabhängiges Erzeugendensystem eines Vektorraumes V heißt eine **Basis** von V.

(10) Satz und Definition: Je zwei Basen eines Vektorraumes enthalten gleich viele Elemente. Man nennt die Anzahl der Elemente einer Basis die **Dimension** des Raumes.

(B8) Welche Dimension hat der $I\!R^n$?

Lsg: $I\!R^n$ hat die Dimension n, weil $I\!R^n$ von der kanonischen Basis $\boldsymbol{e}^1, \boldsymbol{e}^2, \ldots, \boldsymbol{e}^n$ aufgespannt wird.

(11) Satz: In einem n-dimensionalen Vektorraum sind je $n+1$ Vektoren linear abhängig, und jedes linear unabhängige System von genau n Vektoren ist eine Basis.

(12) Satz: Basisdarstellung von Vektoren:
$\boldsymbol{b}^1, \boldsymbol{b}^2, \ldots, \boldsymbol{b}^n$ ist eine Basis des Vektorraumes V :gdw jedes Element von V ist eindeutig als Linearkombination von $\boldsymbol{b}^1, \boldsymbol{b}^2, \ldots, \boldsymbol{b}^n$ darstellbar: Zu jedem $\boldsymbol{x} \in V$ gibt es eindeutig bestimmt Koeffizienten $\beta^1, \beta^2, \ldots, \beta^n$, so dass

$$\boldsymbol{x} = \beta_1 \boldsymbol{b}^1 + \beta_2 \boldsymbol{b}^2 + \cdots + \beta_n \boldsymbol{b}^n.$$

Bem.: Die Zahlen $\beta^1, \beta^2, \ldots, \beta^n$ heißen die **Komponenten** oder die **Koordinaten** von $\boldsymbol{x}$ **bzgl. der Basis** $\boldsymbol{b}^1, \boldsymbol{b}^2, \ldots, \boldsymbol{b}^n$.

(B9) Welche der folgenden Vektorsysteme sind Basen des $I\!R^3$?

a) $x^1 = \begin{bmatrix} 1 \\ 0 \\ 1 \end{bmatrix}$, $x^2 = \begin{bmatrix} -1 \\ 0 \\ -1 \end{bmatrix}$, $x^3 = \begin{bmatrix} 1 \\ 1 \\ 1 \end{bmatrix}$

b) $y^1 = \begin{bmatrix} 1 \\ 0 \\ 1 \end{bmatrix}$, $y^2 = \begin{bmatrix} 0 \\ 1 \\ 1 \end{bmatrix}$, $y^3 = \begin{bmatrix} 0 \\ 0 \\ 1 \end{bmatrix}$

c) $e^1 = \begin{bmatrix} 1 \\ 0 \\ 0 \end{bmatrix}$, $e^2 = \begin{bmatrix} 0 \\ 1 \\ 0 \end{bmatrix}$, $e^3 = \begin{bmatrix} 0 \\ 0 \\ 1 \end{bmatrix}$

Lsg:

a) Die Vektoren x^1, x^2, x^3 bilden keine Basis des $I\!R^3$, da sie linear abhängig sind: $x^1 + x^2 + 0x^3 = o$.

b) Die drei Vektoren y^1, y^2, y^3 bilden eine Basis des $I\!R^3$, da sie linear unabhängig sind [n. (B7)b)].

c) Die kanonischen Einheitsvektoren e^1, e^2, e^3 bilden eine Basis des $I\!R^3$[vgl. die Bem. zu (B5)].

(13) Geometrische Interpretation von Vektoren des $I\!R^n$:

Jedem Vektor $x = \begin{bmatrix} x_1 \\ x_2 \\ \vdots \\ x_n \end{bmatrix} = x_1e^1 + x_2e^2 + \cdots + x_ne^n \in I\!R^n$

läßt sich im **cartesischen Koordinatensystem** des $I\!R^n$ $\{0, e^1, \ldots e^n\}$, das von den n paarweise orthogonalen, kanonischen Einheitsvektoren $e^1,, \ldots e^n$ aufgespannt wird, umkehrbar eindeutig der Punkt

$P = (x_1, x_2, \ldots, x_n)$

mit den Koordinaten $x_1, x_2, \ldots, x_n$ zuordnen, ebenso die gerichtete Strecke $\overrightarrow{OP}$, deren Anfangspunkt der Ursprung 0 des Koordinatensystems und deren Endpunkt der Punkt P ist.

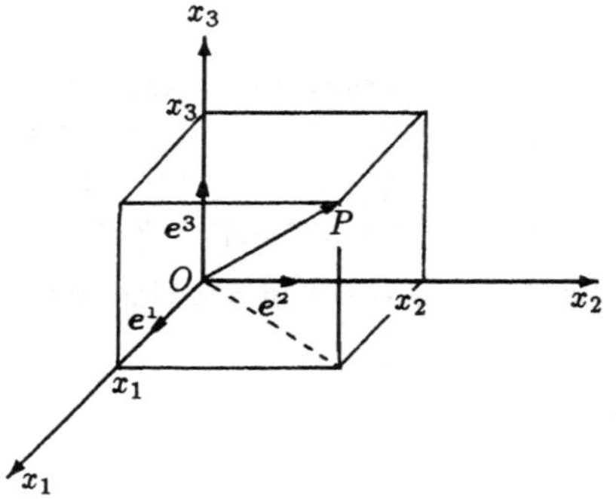

In der Geometrie definiert man einen Vektor x des $I\!R^n$ als eine Klasse aller gleichlangen und gleichgerichteten Strecken; man identifiziert diese. Jede Klasse wird durch einen Repräsentanten dargestellt, durch die Strecke $\overrightarrow{OP}$, deren Anfangspunkt im Ursprung liegt. Man nennt $\overrightarrow{OP}$ den zu x gehörenden **Ortsvektor**. Dadurch wird eine geometrische Veranschaulichung der Verknüpfungen "Addition von Vektoren", "Multiplikation von Vektoren mit Skalaren", "Skalarprodukt von Vektoren" möglich:

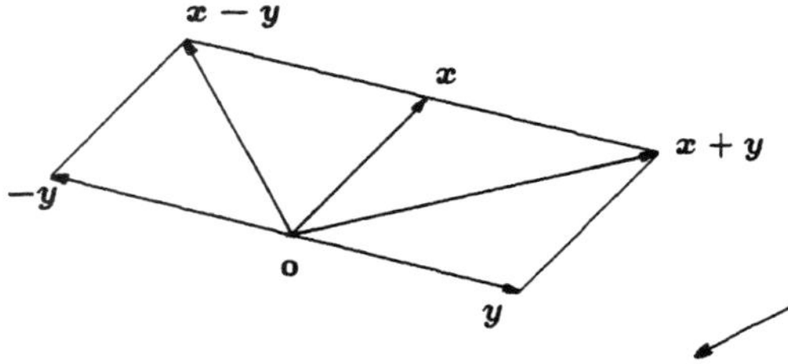

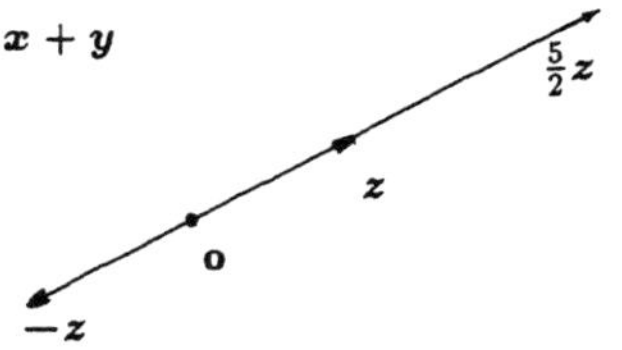

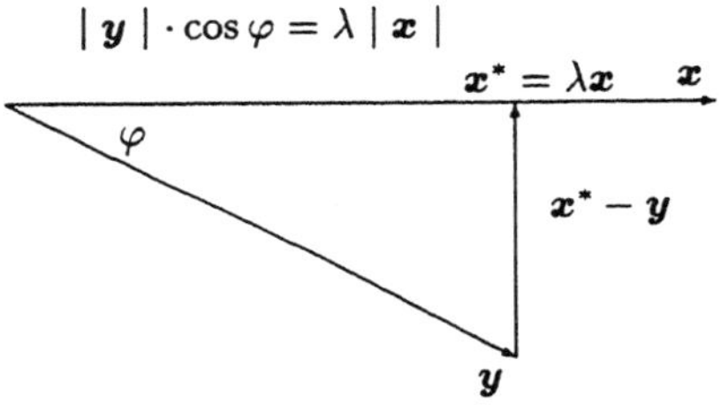

$$\boxed{x^T \cdot y =: |\, x \,| \cdot |\, y \,| \cdot \cos\varphi}$$

Bew: Die Gleichung ist offensichtlich richtig, wenn $x = \mathbf{o}$ oder $y = \mathbf{o}$. Wenn $x \neq \mathbf{o}$ und $y \neq \mathbf{o}$, ist $x^* = \lambda \cdot x$ die orthogonale Projektion von y auf die Richtung von x gdw. $0 = x^T \cdot (x^* - y) = x^T(\lambda x - y) = \lambda \cdot |\, x \,|^2 - x^T \cdot y$.
Hieraus folgt $\lambda \cdot |\, x \,| = \frac{x^T y}{|x|} = |\, y \,| \cdot \cos\varphi$ und $x^T \cdot y = |\, x \,| \cdot |\, y \,| \cdot \cos\varphi$.

Bem.: Zwei Vektoren x, y sind **orthogonal** gdw $x = \mathbf{o}$ oder $y = \mathbf{o}$ oder $\varphi = \frac{\pi}{2}$.

(B10) Gegeben seien zwei Vektoren $x = \begin{bmatrix} 1 \\ 1 \end{bmatrix}$ und $y = \begin{bmatrix} 2 \\ 1 \end{bmatrix} \in I\!R^2$. Man ermittle den Vektor x^*, den man bei orthogonaler Projektion von y auf die Richtung von x erhält, a) zeichnerisch , b) rechnerisch.

Lsg:
a)

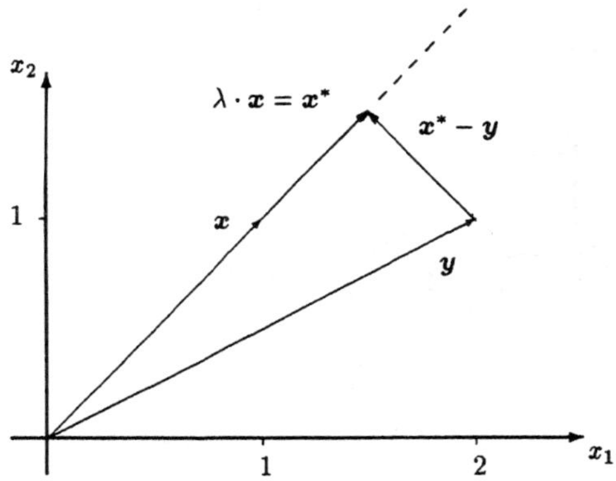

b) Ansatz: $\boldsymbol{x}^* = \lambda \cdot \boldsymbol{x}$, dabei ist $\lambda \in I\!R$ so zu bestimmen, dass $\boldsymbol{x}$, $\lambda \cdot \boldsymbol{x} - \boldsymbol{y}$ orthogonal sind:

$$\begin{aligned}
\boldsymbol{x}^T \cdot (\lambda \boldsymbol{x} - \boldsymbol{y}) &= 0, \\
\lambda \cdot \mid \boldsymbol{x} \mid^2 - \boldsymbol{x}^T \cdot \boldsymbol{y} &= 0, \\
\lambda = \frac{\boldsymbol{x}^T \cdot \boldsymbol{y}}{\mid \boldsymbol{x} \mid^2} &= \frac{2+1}{2} = \frac{3}{2}. \\
\boldsymbol{x}^* = \frac{\boldsymbol{x}^T \cdot \boldsymbol{y}}{\mid \boldsymbol{x} \mid^2} \cdot \boldsymbol{x} &= \frac{3}{2}\boldsymbol{x}
\end{aligned}$$

ist die orthogonale Projektion von $\boldsymbol{y}$ auf die Richtung von $\boldsymbol{x}$.

Analyse der hergeleiteten Formel für $\boldsymbol{x}^*$:

$\dfrac{\boldsymbol{x}}{\mid \boldsymbol{x} \mid}$ ist der Einheitsvektor in Richtung von $\boldsymbol{x}$ und $\dfrac{\boldsymbol{x}^T \cdot \boldsymbol{y}}{\mid \boldsymbol{x} \mid}$ ist die (mit Vorzeichen behaftete) Länge der orthogonalen Projektion von $\boldsymbol{y}$ auf die Richtung von $\boldsymbol{x}$.
$\dfrac{\boldsymbol{x}^T \cdot \boldsymbol{y}}{\mid \boldsymbol{x} \mid} \cdot \dfrac{\boldsymbol{x}}{\mid \boldsymbol{x} \mid} = \boldsymbol{x}^*$ ist die orthogonale Projektion von $\boldsymbol{y}$ auf die Richtung von $\boldsymbol{x}$.
$\boldsymbol{x}^*$ ist der Punkt auf der Geraden durch den Ursprung in Richtung von $\boldsymbol{x}$, der vom Punkt $\boldsymbol{y}$ den kürzesten Abstand hat.

Bem.: Vermöge der geometrischen Interpretation von Vektoren $\boldsymbol{x} = \begin{bmatrix} x_1 \\ x_2 \\ \vdots \\ x_n \end{bmatrix}$ des $I\!R^n$ werden diese mit den Punkten $P = (x_1, x_2, \ldots, x_n) = \boldsymbol{x}^T \in I\!R^n$ identifiziert; kurz: ein Punkt kann als Vektor aufgefaßt werden, und umgekehrt.

(B11) Es seien $\boldsymbol{a} = \begin{bmatrix} 1 \\ 1 \end{bmatrix}$ und $\boldsymbol{b} = \begin{bmatrix} 2 \\ -1 \end{bmatrix} \in I\!R^2$. Man skizziere die Menge der Punkte

(i) $\boldsymbol{x} = \lambda \cdot \boldsymbol{b}, \quad \lambda \in I\!R$

(ii) $\boldsymbol{x} = \boldsymbol{a} + \lambda \cdot \boldsymbol{b}, \quad \lambda \in I\!R$

Lsg:

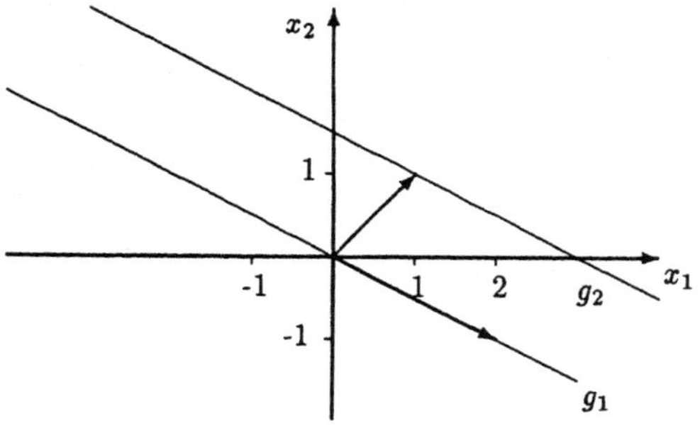

(i) Die Menge $\{\boldsymbol{x} \in \mathbb{R}^2 : \boldsymbol{x} = \lambda \boldsymbol{b},\ \lambda \in \mathbb{R}\}$ ist die Gerade g_1 durch den Ursprung in Richtung von $\boldsymbol{b}$.

(ii) Die Menge $\{\boldsymbol{x} \in \mathbb{R}^2 : \boldsymbol{x} = \boldsymbol{a} + \lambda \boldsymbol{b},\ \lambda \in \mathbb{R}\}$ ist die Gerade g_2 durch den Punkt $\boldsymbol{a}$ in Richtung von $\boldsymbol{b}$ (= parallel zu $\boldsymbol{b}$).

(14) Geraden:
Für $\boldsymbol{a}, \boldsymbol{b} \in \mathbb{R}^n$ mit $\boldsymbol{b} \neq \mathbf{o}$ beschreibt die Vektorgleichung

$$\boldsymbol{x} = \boldsymbol{a} + \lambda \boldsymbol{b}, \quad \lambda \in \mathbb{R}$$

die **Gerade** g durch den Punkt $\boldsymbol{a}$ in Richtung von $\boldsymbol{b}$. Sie heißt eine **Parameterdarstellung** von g.

(15) Orthogonale Projektion:
Sind $\boldsymbol{x}, \boldsymbol{y} \in \mathbb{R}^n$ zwei Vektoren mit $\boldsymbol{x} \neq \mathbf{o}$, so ist

$$\boldsymbol{x}^* = \frac{\boldsymbol{x}^T \cdot \boldsymbol{y}}{|\,\boldsymbol{x}\,|^2}\,\boldsymbol{x}$$

die **orthogonale Projektion** von $\boldsymbol{y}$ auf die Richtung von $\boldsymbol{x}$ (= die Gerade $\boldsymbol{z} = \lambda \boldsymbol{x},\ \lambda \in \mathbb{R}$). $\boldsymbol{x}^*$ ist der Punkt auf der Geraden $\boldsymbol{z} = \lambda \cdot \boldsymbol{x},\ \lambda \in \mathbb{R}$, der vom Punkt $\boldsymbol{y}$ den **kürzesten Abstand** hat.

(B12) Gegeben seien zwei Punkte $\boldsymbol{a} = \begin{bmatrix} -1 \\ 2 \end{bmatrix}$, $\boldsymbol{b} = \begin{bmatrix} 3 \\ 1 \end{bmatrix} \in \mathbb{R}^2$?

Man bestimme ihre **Verbindungsstrecke**
a) zeichnerisch, b) rechnerisch.

Lsg:
a)

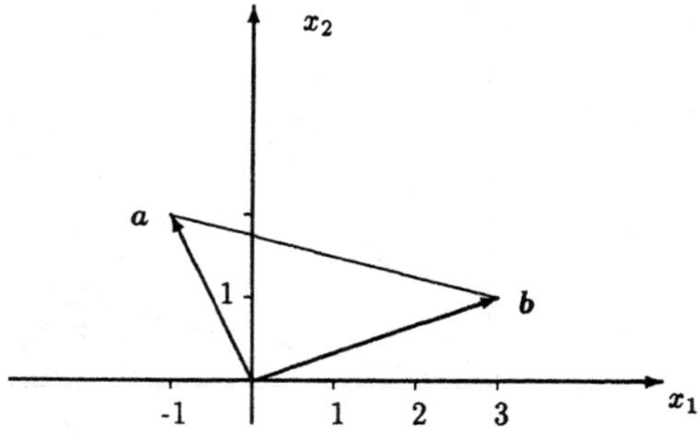

b) Die Verbindungsstrecke der Punkte $\boldsymbol{a}$, $\boldsymbol{b}$ ist die Menge der Punkte

$$\begin{aligned} \boldsymbol{x} &= \boldsymbol{b} + \lambda(\boldsymbol{a} - \boldsymbol{b}) & 0 \le \lambda \le 1 \\ &= \lambda\boldsymbol{a} + (1-\lambda)\boldsymbol{b} & 0 \le \lambda \le 1 \\ &= \lambda_1\boldsymbol{a} + \lambda_2\boldsymbol{b} & 0 \le \lambda_1,\ 0 \le \lambda_2,\ \lambda_1 + \lambda_2 = 1 \end{aligned}$$

Verbindungsstrecke im Zahlenbeispiel:

$$\boldsymbol{x} = \boldsymbol{b} + \lambda(\boldsymbol{a} - \boldsymbol{b}) = \begin{bmatrix} 3 \\ 1 \end{bmatrix} + \lambda \begin{bmatrix} -4 \\ 1 \end{bmatrix}, \quad 0 \le \lambda \le 1$$

(16) Für $\boldsymbol{a}, \boldsymbol{b} \in I\!R^n$ beschreibt jede der Vektorgleichungen

$$\begin{aligned} \boldsymbol{x} &= \boldsymbol{b} + \lambda(\boldsymbol{a} - \boldsymbol{b}) & 0 \le \lambda \le 1 \\ &= \lambda\boldsymbol{a} + (1-\lambda)\boldsymbol{b} & 0 \le \lambda \le 1 \\ &= \lambda_1\boldsymbol{a} + \lambda_2\boldsymbol{b} & 0 \le \lambda_1,\ 0 \le \lambda_2,\ \lambda_1 + \lambda_2 = 1 \end{aligned}$$

die **Verbindungsstrecke der Punkte** $\boldsymbol{a}$ und $\boldsymbol{b}$.

(B13) Wo liegen die Punkte $\boldsymbol{x} \in I\!R^2$, die der Gleichung

$\boldsymbol{a}^T \cdot \boldsymbol{x} = 12$ genügen ? $\quad \boldsymbol{a} = \begin{bmatrix} 2 \\ \sqrt{5} \end{bmatrix}$.

Hinweis: Man beachte, dass die Projektion von $\boldsymbol{x}$ auf die Richtung von $\boldsymbol{a}$ der Vektor $\boldsymbol{a}^* = \frac{\boldsymbol{a}^T \cdot \boldsymbol{x}}{|\boldsymbol{a}|^2}\boldsymbol{a}$ ist.

Lsg:

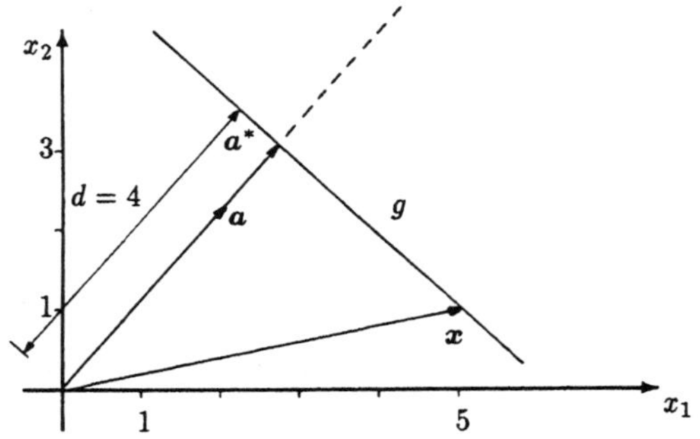

Die Menge der gesuchten Punkte $\boldsymbol{x}$ mit

$$\boldsymbol{a}^T \cdot \boldsymbol{x} = 2\,x_1 + \sqrt{5}\,x_2 = 12$$

ist die Gerade g. Diese ist zum Vektor $\boldsymbol{a}$ orthogonal, denn g wird auch durch die Gleichung

$$\frac{\boldsymbol{a}^T \cdot \boldsymbol{x}}{|\,\boldsymbol{a}\,|} = \frac{12}{\sqrt{9}} = 4$$

dargestellt, und diese besagt, dass die orthogonale Projektion jedes Geradenpunktes $\boldsymbol{x}$ auf die Richtung von $\boldsymbol{a}$ konstant (unabhängig von $\boldsymbol{x}$) ist. Die Gerade g liegt auf der Seite vom Ursprung, in die $\boldsymbol{a}$ hineinweist. Ihr Abstand d vom Ursprung ist

$$d = \frac{|\,\boldsymbol{a}^T \cdot \boldsymbol{x}\,|}{|\,\boldsymbol{a}\,|} = \frac{12}{3} = 4.$$

(17) Def.: Zu einem Vektor $\boldsymbol{a} \in I\!R^n$, $\boldsymbol{a} \neq \mathbf{o}$, und zu einem Skalar α ist durch

$$H \;:=\; \{\boldsymbol{x} \in I\!R^n : \boldsymbol{a}^T \cdot \boldsymbol{x} \;=\; \alpha\}$$

eine sog. **Hyperebene** H des $I\!R^n$ bestimmt. [Wenn $n = 1$ ist, ist H ein Punkt; wenn $n = 2$ ist, ist H eine Gerade; wenn $n = 3$ ist, ist H eine Ebene.] Man nennt die Gleichung

$$\boldsymbol{a}^T\boldsymbol{x} = a_1x_1 + a_2x_2 + \cdots + a_nx_n = \alpha$$

eine **Koordinatendarstellung** von H. Der Vektor $\boldsymbol{a}$ ist zu H orthogonal: $\boldsymbol{a}$ ist ein **Normalenvektor** von H. Wenn $\alpha > 0$ ist, liegt H in der Hälfte des $I\!R^n$, in die $\boldsymbol{a}$ hineinweist. H hat den Abstand

$$d = \frac{|\,\alpha\,|}{|\,\boldsymbol{a}\,|} = \frac{|\,\boldsymbol{a}^T\boldsymbol{x}\,|}{|\,\boldsymbol{a}\,|}$$

vom Ursprung.

(B14) Es sei $\boldsymbol{a} = \begin{bmatrix} 1 \\ 1 \\ 3 \end{bmatrix}$. Man skizziere die Geraden, in denen die durch $\boldsymbol{a}^T\boldsymbol{x} = 12$ definierte (Hyper)Ebene des $I\!R^3$ die drei **Koordinatenebenen** [x_1x_2-Ebene: $x_3 = 0$] [x_1x_3-Ebene: $x_2 = 0$] [x_2x_3-Ebene: $x_1 = 0$]

schneidet. Wie groß ist der Abstand der Ebene vom Ursprung ?

Lsg: Die durch die Gleichung $\boldsymbol{a}^T\boldsymbol{x} = x_1 + x_2 + 3x_3 = 12$ beschriebene Ebene H des $\mathbb{R}^3$ schneidet die Koordinatenachsen in den Punkten

Schnittpunkt von H mit der	x_1-Achse	x_2-Achse	x_3-Achse
	(12,0,0)	(0,12,0)	(0,0,4)

Damit lassen sich die gesuchten Schnittgeraden als Verbindungsgeraden je zweier dieser Punkte einfach skizzieren. Aus ihrem Verlauf kann man eine ungefähre Vorstellung über die Lage der Ebene H im $\mathbb{R}^3$ gewinnen:

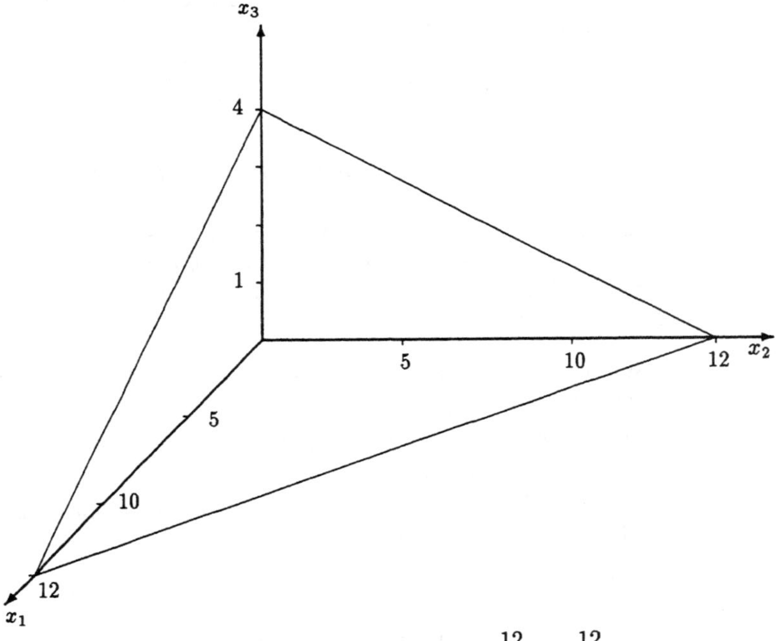

Der Abstand der Ebene vom Ursprung ist $d = \dfrac{12}{|\,\boldsymbol{a}\,|} = \dfrac{12}{\sqrt{11}} \approx \underline{3.6}$.

4.2 Matrizenalgebra

(B1) In einem Werk I eines Unternehmens werden 3 verschiedene Produkte P_1, P_2, P_3 hergestellt. Dazu werden u.a. 2 Faktoren F_1, F_2 (Bsp: F_1: Energie; F_2: Arbeit) benötigt, und zwar werden für die Herstellung von

1 Mengeneinheit P_1	3 Einheiten F_1	u.	2 Einheiten F_2
1 Mengeneinheit P_2	2 Einheiten F_1	u.	1 Einheit F_2
1 Mengeneinheit P_3	4 Einheiten F_1	u.	1 Einheit F_2

benötigt.

(i) Man stelle die gegebenen Daten (den "spezifischen Materialverbrauch") in Form einer Tabelle mit doppeltem Eingang dar ("Matrix"), wobei die Produkte die Kopfleiste bilden.

(ii) Wie hoch ist der Gesamtbedarf der Faktoren F_1 bzw. F_2, wenn 6 ME des Produktes P_1, 4 ME des Produktes P_2 und 7 ME des Produktes P_3 produziert werden sollen ?

Das Unternehmen stellt die Produkte P_1, P_2, P_3 noch in einem Werk II her, wobei dort zur Herstellung von

2 Mengeneinheiten P_1	6 Einheiten F_1	u.	4 Einheiten F_2
2 Mengeneinheiten P_2	4 Einheiten F_1	u.	2 Einheiten F_2
2 Mengeneinheiten P_3	4 Einheiten F_1	u.	2 Einheiten F_2

benötigt werden.

(iii) Man ermittle für das Werk II die Matrix M^{II} der spezifischen Verbrauchsdaten.

(iv) Produzieren die Werke I und II (hinsichtlich der Faktoren F_1, F_2) unter identischen Bedingungen ?

(v) Man ermittle für die Werke I und II zusammen die Matrix der durchschnittlichen spezifischen Verbrauchsdaten.

Lsg:

(i)

Faktoren \ Produkte	P_1	P_2	P_3
F_1	3	2	4
F_2	2	1	1

$$\begin{pmatrix} 3 & 2 & 4 \\ 2 & 1 & 1 \end{pmatrix} = \begin{pmatrix} m_{11} & m_{12} & m_{13} \\ m_{21} & m_{22} & m_{23} \end{pmatrix} =: M^I$$

m_{ik} $(i = 1,2;\ k = 1,2,3)$ ist der **spezifische Verbrauch** = der Bedarf an ME des Faktors F_i, der zur Herstellung einer ME des Produktes P_k benötigt wird.

(ii) Wenn 6 ME von P_1 und 4 ME von P_2 und 7 ME von P_3 produziert werden sollen, entsteht ein Gesamtbedarf des Faktors

F_1 in Höhe von $3 \cdot 6 + 2 \cdot 4 + 4 \cdot 7 = 54$ EH

F_2 in Höhe von $2 \cdot 6 + 1 \cdot 4 + 1 \cdot 7 = 23$ EH

(iii)
$$M^{II} = \begin{array}{c|ccc|} & P_1 & P_2 & P_3 \\ \hline F_1 & 3 & 2 & 2 \\ F_2 & 2 & 1 & 1 \\ \hline \end{array} = \frac{1}{2} \cdot \begin{bmatrix} 6 & 4 & 4 \\ 4 & 2 & 2 \end{bmatrix}$$

(iv) Die Werke I und II arbeiten nur partiell unter gleichen Bedingungen. Es gibt nur den folgenden Unterschied: Die Herstellung des Produktes P_3 benötigt im Werk II pro ME P_3 nur 2 EH von F_1 im Gegensatz zu 4 EH von F_1 im Werk I.

(v)
$$\begin{aligned} M = \frac{1}{2} \cdot (M^I + M^{II}) &= \frac{1}{2} \cdot \left(\begin{bmatrix} 3 & 2 & 4 \\ 2 & 1 & 1 \end{bmatrix} + \begin{bmatrix} 3 & 2 & 2 \\ 2 & 1 & 1 \end{bmatrix} \right) \\ &= \frac{1}{2} \cdot \begin{bmatrix} 6 & 4 & 6 \\ 4 & 2 & 2 \end{bmatrix} = \begin{bmatrix} 3 & 2 & 3 \\ 2 & 1 & 1 \end{bmatrix} \end{aligned}$$

(1) Def.: Eine $m \times n$–**Matrix über $I\!R$** A (symbolisch: $A \in I\!R^{m \times n}$) ist ein rechteckiges Schema von $m \cdot n$ reellen Zahlen a_{ij} $(i = 1, \ldots, m;\ \ j = 1, \ldots, n)$, die in m Zeilen und n Spalten angeordnet sind $(m \in I\!N,\ n \in I\!N)$:

$$A = \begin{bmatrix} a_{11} & a_{12} & \cdots & a_{1n} \\ a_{21} & a_{22} & \cdots & a_{2n} \\ \vdots & \vdots & & \vdots \\ a_{m1} & a_{m2} & \cdots & a_{mn} \end{bmatrix}$$

Bezeichnungsweisen:
Üblicherweise werden Matrizen mit großen lateinischen Buchstaben bezeichnet:

$$A = (a_{ij}) = (a_{ij})_{i=1,\ldots,m}^{j=1,\ldots,m} = \begin{pmatrix} a_{11} & \ldots & a_{1n} \\ \vdots & & \vdots \\ a_{m1} & \ldots & a_{mn} \end{pmatrix} = \begin{bmatrix} a_{11} & \ldots & a_{1n} \\ \vdots & & \vdots \\ a_{m1} & \ldots & a_{mn} \end{bmatrix}.$$

Bei ausführlicher Angabe des rechteckigen Zahlenschemas wird dieses in große runde oder eckige Klammer eingeschlossen. Die Zahl $a_{ij} = a_{i,j}$ steht in der i-ten Zeile und der j-ten Spalte von A [bei der Nummerierung $i = 1, 2, \ldots, m;\ \ j = 1, 2, \ldots, n$]. Falls zur Vermeidung von Irrtümern erforderlich, werden die **Indizes** i und j durch ein Komma getrennt. Die Zahlen a_{ij} heißen die **Elemente der Matrix** A. i heißt der **Zeilenindex**, m die **Zeilenzahl** von A; j heißt der **Spaltenindex**, n die **Spaltenzahl** von A. Der Zeilenvektor

$$\boldsymbol{a}^{(i)} := (a_{i1}, a_{i2}, \ldots, a_{in}) \in I\!R^n$$

heißt der i-te **Zeilenvektor** von A, der Spaltenvektor

$$\boldsymbol{a}^j := \begin{bmatrix} a_{1j} \\ a_{2j} \\ \vdots \\ a_{mj} \end{bmatrix} \in I\!R^m$$

heißt der j-te **Spaltenvektor** von A. Eine $n \times n$–Matrix heißt **quadratisch**.
Ein m-dimensionaler Spaltenvektor

$$\boldsymbol{x} = \begin{bmatrix} x_1 \\ x_2 \\ \vdots \\ x_m \end{bmatrix}$$

ist auch als $m \times 1$–Matrix und ein n-dimensionaler Zeilenvektor

$$\boldsymbol{y} = (y_1, y_2, \ldots, y_n)$$

ist auch als $1 \times n$–Matrix interpretierbar.

(2) Def.: Zwei Matrizen $A = (a_{ij}) \in I\!R^{m\times n}$ und $B = (b_{hk}) \in I\!R^{r\times s}$ heißen **gleich**, in Zeichen

$$A = B$$

:gdw $m = r$ und $n = s$ (beide Matrizen sind von demselben **Typ**) und

$$a_{ij} = b_{ij} \qquad \text{für alle } i = 1, 2, \ldots, m; \;\; j = 1, 2, \ldots, n$$

(korrespondierende Elemente von A und B sind jeweils gleich).

(B2) Welche der Matrizen M^I, M^{II}, M aus (B1) sind einander gleich ?

$$M^I = \begin{bmatrix} 3 & 2 & 4 \\ 2 & 1 & 1 \end{bmatrix} \quad M^{II} = \begin{bmatrix} 3 & 2 & 2 \\ 2 & 1 & 1 \end{bmatrix} \quad M = \begin{bmatrix} 3 & 2 & 3 \\ 2 & 1 & 1 \end{bmatrix}$$

Lsg: Die drei Matrizen M^I, M^{II}, M sind paarweise verschieden: keine zwei dieser Matrizen sind gleich.

(3) Def.: Es sei

$$A = (a_{ij}) = \begin{bmatrix} a_{11} & a_{12} & \cdots & a_{1n} \\ a_{21} & a_{22} & \cdots & a_{2n} \\ \vdots & \vdots & & \vdots \\ a_{m1} & a_{m2} & \cdots & a_{mn} \end{bmatrix} \in I\!R^{m\times n}$$

Dann heißt die Matrix

$$A^T := (a^T_{rs}) \in I\!R^{n\times m} \text{ mit } a^T_{rs} := a_{sr}$$

(A^T wird gesprochen: "A transponiert") die zu A **transponierte Matrix.** Man erhält A^T aus A, indem man die transponierten Zeilenvektoren von A als Spaltenvektoren von A^T nimmt [äquivalent: indem man die transponierten Spaltenvektoren von A als Zeilenvektoren von A^T nimmt]:

$$A^T = \begin{bmatrix} a_{11} & a_{21} & \cdots & a_{m1} \\ a_{12} & a_{22} & \cdots & a_{m2} \\ \vdots & \vdots & & \vdots \\ a_{1n} & a_{2n} & \cdots & a_{mn} \end{bmatrix} \in I\!R^{n\times m}.$$

(4) Def.: Eine quadratische Matrix A heißt **symmetrisch** :gdw

$$A = A^T.$$

Eine quadratische Matrix A heißt **schiefsymmetrisch** : gdw

$$A = -A^T.$$

(5) Es ist stets $$(A^T)^T = A.$$

(6) Rechenoperationen für Matrizen:
Für Matrizen $A = (a_{ij}) \in I\!R^{m\times n}$ und $B = (b_{ij}) \in I\!R^{m\times n}$ desselben Typs werden definiert

(i) eine **Addition**:

$$\begin{bmatrix} a_{11} & a_{12} & \cdots & a_{1n} \\ a_{21} & a_{22} & \dots & a_{2n} \\ \vdots & \vdots & & \vdots \\ a_{m1} & a_{m2} & \cdots & a_{mn} \end{bmatrix} + \begin{bmatrix} b_{11} & b_{12} & \cdots & b_{1n} \\ b_{21} & b_{22} & \dots & b_{2n} \\ \vdots & \vdots & & \vdots \\ b_{m1} & b_{m2} & \cdots & b_{mn} \end{bmatrix} :=$$

$$\begin{bmatrix} a_{11}+b_{11} & a_{12}+b_{12} & \cdots & a_{1n}+b_{1n} \\ a_{21}+b_{21} & a_{22}+b_{22} & \dots & a_{2n}+b_{2n} \\ \vdots & \vdots & & \vdots \\ a_{m1}+b_{m1} & a_{m2}+b_{m2} & \cdots & a_{mn}+b_{mn} \end{bmatrix}$$

(korrespondierende Elemente werden jeweils addiert)

(ii) eine **Multiplikation mit Skalaren** $\lambda \in I\!R$:

$$\lambda \cdot A = \lambda A = \lambda \cdot \begin{bmatrix} a_{11} & a_{12} & \cdots & a_{1n} \\ a_{21} & a_{22} & \dots & a_{2n} \\ \vdots & \vdots & & \vdots \\ a_{m1} & a_{m2} & \cdots & a_{mn} \end{bmatrix} := \begin{bmatrix} \lambda a_{11} & \lambda a_{12} & \cdots & \lambda a_{1n} \\ \lambda a_{21} & \lambda a_{22} & \dots & \lambda a_{2n} \\ \vdots & \vdots & & \vdots \\ \lambda a_{m1} & \lambda a_{m2} & \cdots & \lambda a_{mn} \end{bmatrix}$$

(alle Elemente werden mit dem Skalar multipliziert)

(iii) ein **Produkt mit Vektoren** $\boldsymbol{x} = \begin{bmatrix} x_1 \\ x_2 \\ \vdots \\ x_n \end{bmatrix} \in I\!R^n$:

$$A \cdot \boldsymbol{x} = A\boldsymbol{x} = \begin{bmatrix} a_{11} & a_{12} & \cdots & a_{1n} \\ a_{21} & a_{22} & \dots & a_{2n} \\ \vdots & \vdots & & \vdots \\ a_{m1} & a_{m2} & \cdots & a_{mn} \end{bmatrix} \cdot \begin{bmatrix} x_1 \\ x_2 \\ \vdots \\ x_n \end{bmatrix}$$

$$= \begin{bmatrix} a_{11} & a_{12} & \cdots & a_{1n} \\ a_{21} & a_{22} & \dots & a_{2n} \\ \vdots & \vdots & & \vdots \\ a_{m1} & a_{m2} & \cdots & a_{mn} \end{bmatrix} \cdot \begin{bmatrix} x_1 \\ x_2 \\ \vdots \\ x_n \end{bmatrix} := \begin{bmatrix} a_{11}x_1 + a_{12}x_2 + \cdots + a_{1n}x_n \\ a_{21}x_1 + a_{22}x_2 + \cdots + a_{2n}x_n \\ \vdots \\ a_{m1}x_1 + a_{m2}x_2 + \cdots + a_{mn}x_n \end{bmatrix} \in I\!R^m$$

(die i-te Komponente von $A\boldsymbol{x} \in I\!R^m$ ist das Skalarprodukt des i-ten Zeilenvektors von A mit $\boldsymbol{x}$).

Für Matrizen $A = (a_{ij}) \in I\!R^{m\times n}$ und $B = (b_{ij}) \in I\!R^{n\times p}$ [man beachte: Spaltenzahl von A = Zeilenzahl von B] wird definiert

(iv) ein **Matrizenprodukt**

$$A \cdot B = A\,B = \begin{bmatrix} a_{11} & a_{12} & \cdots & a_{1n} \\ a_{21} & a_{22} & \dots & a_{2n} \\ \vdots & \vdots & & \vdots \\ a_{m1} & a_{m2} & \cdots & a_{mn} \end{bmatrix} \cdot \begin{bmatrix} b_{11} & b_{12} & \cdots & b_{1p} \\ b_{21} & b_{22} & \dots & b_{2p} \\ \vdots & \vdots & & \vdots \\ b_{n1} & b_{n2} & \cdots & b_{np} \end{bmatrix} = \begin{bmatrix} c_{11} & c_{12} & \cdots & c_{1p} \\ c_{21} & c_{22} & \dots & c_{2p} \\ \vdots & \vdots & & \vdots \\ c_{m1} & c_{m2} & \cdots & c_{mp} \end{bmatrix} = C$$

mit $c_{ik} = a_{i1} \cdot b_{1k} + a_{i2} \cdot b_{2k} + \cdots + a_{in} \cdot b_{nk} \quad (i = 1, \ldots, m;\ k = 1, \ldots, p)$
(das Element c_{ik} der Produktmatrix $C = A\,B$ ist das Skalarprodukt des i-ten Zeilenvektors von A mit dem k-ten Spaltenvektor von B).

Bem.: Bei der Multiplikation von Matrizen mit Skalaren, Vektoren oder Matrizen wird der Punkt als Verknüpfungszeichen oft weggelassen.

(7) Vektorraum der Matrizen:
Die $m \times n$–Matrizen über $I\!R$ bilden mit der oben erklärten Addition von Matrizen und der Multiplikation von Matrizen mit Skalaren einen reellen Vektorraum der Dimension $m \cdot n$. Das Nullelement ist die $m \times n$– **Nullmatrix**

$$0 = \begin{bmatrix} 0 & 0 & \cdots & 0 \\ 0 & 0 & \dots & 0 \\ \vdots & \vdots & & \vdots \\ 0 & 0 & \cdots & 0 \end{bmatrix} \in I\!R^{m\times n},$$

deren sämtliche Elemente gleich Null sind: für jede Matrix $A \in I\!R^{m\times n}$ gilt

$$A + 0 = 0 + A = A.$$

Aufgabe: Man gebe eine Basis von $I\!R^{m\times n}$ an.

(B3) Gegeben seien

$$A = \begin{bmatrix} 3 & 2 \\ 2 & 1 \\ 2 & 1 \end{bmatrix} \quad B = \begin{bmatrix} 6 & 4 \\ 4 & 2 \\ 4 & 2 \end{bmatrix} \quad C = \begin{bmatrix} 1 & 3 & 1 \\ 2 & 4 & 0 \end{bmatrix}$$

Man berechne

(i) $R := A + \frac{1}{2}B = ?$

(ii) $S := A - \frac{1}{2}B = ?$

(iii) $A + C = ?$

Lsg:

(i) $R = A + \frac{1}{2}B = \begin{bmatrix} 3 & 2 \\ 2 & 1 \\ 2 & 1 \end{bmatrix} + \begin{bmatrix} 3 & 2 \\ 2 & 1 \\ 2 & 1 \end{bmatrix} = 2A = \begin{bmatrix} 6 & 4 \\ 4 & 2 \\ 4 & 2 \end{bmatrix} = B$

(ii) $S = A - \frac{1}{2}B = \begin{bmatrix} 3 & 2 \\ 2 & 1 \\ 2 & 1 \end{bmatrix} - \begin{bmatrix} 3 & 2 \\ 2 & 1 \\ 2 & 1 \end{bmatrix} = \begin{bmatrix} 0 & 0 \\ 0 & 0 \\ 0 & 0 \end{bmatrix} = 0$

(iii) Für die Matrizen A und C ist eine Addition nicht definiert, da sie von verschiedenem Typ sind.

(B4) Gegeben seien

$$A = \begin{bmatrix} 1 & 2 & 3 \\ 4 & 5 & 6 \\ 7 & 8 & 9 \end{bmatrix} \quad B = \begin{bmatrix} 2 & 1 & 3 \\ 1 & 5 & 2 \\ 3 & 2 & -1 \end{bmatrix}.$$

Man ermittle

(i) $A^T = ?$ $B^T = ?$ $C = \frac{1}{2}(A + A^T) = ?$
$D = \frac{1}{2}(A - A^T) = ?$ $G = C + D = ?$ $F = C - D = ?$

(ii) Welche der Matrizen A, B, C, D sind symmetrisch, welche schiefsymmetrisch ?

Lsg:

(i) $A^T = \begin{bmatrix} 1 & 4 & 7 \\ 2 & 5 & 8 \\ 3 & 6 & 9 \end{bmatrix} \quad B^T = \begin{bmatrix} 2 & 1 & 3 \\ 1 & 5 & 2 \\ 3 & 2 & -1 \end{bmatrix}$

$C = \begin{bmatrix} 1 & 3 & 5 \\ 3 & 5 & 7 \\ 5 & 7 & 9 \end{bmatrix} \quad D = \begin{bmatrix} 0 & -1 & -2 \\ 1 & 0 & -1 \\ 2 & 1 & 0 \end{bmatrix}$

$G = \frac{1}{2}(A + A^T) + \frac{1}{2}(A - A^T) = A$

$F = \frac{1}{2}(A + A^T) - \frac{1}{2}(A - A^T) = A^T$

(ii) $B = B^T$ und $C = C^T$ sind symmetrisch; $D = -D^T$ ist schiefsymmetrisch.

Frage: Läßt sich jede quadratische Matrix als Summe einer symmetrischen und einer schiefsymmetrischen Matrix darstellen ?

(B5) Gegeben seien

$$M^I = \begin{bmatrix} 3 & 2 & 4 \\ 2 & 1 & 1 \end{bmatrix}, \quad M^{II} = \begin{bmatrix} 3 & 2 & 2 \\ 2 & 1 & 1 \end{bmatrix}, \quad \boldsymbol{c} = \begin{bmatrix} 6 \\ 4 \\ 7 \end{bmatrix}.$$

Man berechne

(i) $\boldsymbol{d}^I = M^I \cdot \boldsymbol{c} = \ ?$

(ii) $\boldsymbol{d}^{II} = M^{II} \cdot \boldsymbol{c} = \ ?$

(iii) $\boldsymbol{d} = \frac{1}{2}(M^I + M^{II}) \cdot \boldsymbol{c} = \ ?$

Lsg:

$$\cdot \begin{bmatrix} 6 \\ 4 \\ 2 \end{bmatrix}$$

(i) $\boldsymbol{d}^I = \begin{bmatrix} 3 & 2 & 4 \\ 2 & 1 & 1 \end{bmatrix} = \begin{bmatrix} 54 \\ 23 \end{bmatrix}$

$$\cdot \begin{bmatrix} 6 \\ 4 \\ 7 \end{bmatrix}$$

(ii) $\boldsymbol{d}^{II} = \begin{bmatrix} 3 & 2 & 2 \\ 2 & 1 & 1 \end{bmatrix} = \begin{bmatrix} 40 \\ 23 \end{bmatrix}$

(iii) $\boldsymbol{d} = \frac{1}{2}\boldsymbol{d}^I + \frac{1}{2}\boldsymbol{d}^{II} = \begin{bmatrix} 47 \\ 23 \end{bmatrix}$

(B6) Gegeben seien

$$A = \begin{bmatrix} 2 & 2 & 4 \\ 2 & 1 & 1 \end{bmatrix}, \quad B = \begin{bmatrix} 6 & 1 \\ 4 & -1 \\ 7 & 2 \end{bmatrix}.$$

Man berechne

(i) $C = A \cdot B = \ ?$

(ii) $D = B \cdot A = \ ?$ Gilt $C = D$?

Lsg:

$$\cdot \begin{bmatrix} 6 & 1 \\ 4 & -1 \\ 7 & 2 \end{bmatrix}$$

(i) $A\,B = \begin{bmatrix} 2 & 2 & 4 \\ 2 & 1 & 1 \end{bmatrix} = \begin{bmatrix} 48 & 8 \\ 23 & 3 \end{bmatrix} = C$

$$\cdot \begin{bmatrix} 2 & 2 & 4 \\ 2 & 1 & 1 \end{bmatrix}$$

(ii) $B\,A = \begin{bmatrix} 6 & 1 \\ 4 & -1 \\ 7 & 2 \end{bmatrix} = \begin{bmatrix} 14 & 13 & 25 \\ 6 & 7 & 15 \\ 18 & 16 & 30 \end{bmatrix} = D$

Offensichtlich ist $C \neq D$.

Bem.: Die Matrizenmultiplikation ist nicht kommutativ.

(8) Rechenregeln für die Matrizenmultiplikation:
Für Matrizen A, B, C so dass alle im folgenden vorkommenden Summen und Produkte definiert sind, gilt

(i)	$A(BC)$	$=$	$(AB)C$	**Assoziativgesetz**
(ii)	$A(B+C)$	$=$	$AB+AC$	**rechts-Distributivgesetz**
(iii)	$(A+B)C$	$=$	$AC+BC$	**links-Distributivgesetz**
(iv)	$\lambda(AB)$	$=$	$(\lambda A)B = A(\lambda B)$	für $\lambda \in \mathbb{R}$
(v)	$(A+B)^T$	$=$	$A^T + B^T$	
(vi)	$(AB)^T$	$=$	$B^T A^T$	

(9) Def.: Es sei $A = (a_{ij}) \in \mathbb{R}^{n\times n}$ einer n-reihige quadratische Matrix. Die Elemente

$$a_{11}, a_{22}, \ldots, a_{nn}$$

heißen die **Diagonalelemente** von A; sie bilden in dieser Reihenfolge die **Diagonale** von A:

$$A = \begin{bmatrix} a_{11} & a_{12} & \cdots & a_{1n} \\ a_{21} & a_{22} & \ldots & a_{2n} \\ \vdots & \vdots & & \vdots \\ a_{n1} & a_{n2} & \cdots & a_{nn} \end{bmatrix}.$$

Eine quadratische Matrix heißt eine **Diagonalmatrix**, wenn höchstens ihre Diagonalelemente von Null verschieden sind.

Die Diagonalmatrix $E = (\delta_{ij}) \in \mathbb{R}^{n\times n}$ deren Diagonalelemente sämtlich gleich 1 sind,

$$\delta_{ij} := \begin{cases} 1 & \text{für} \quad i = j \\ 0 & \text{für} \quad i \neq j \end{cases} \qquad \text{"Kronecker–delta"}$$

$$E = \begin{bmatrix} 1 & 0 & \cdots & 0 \\ 0 & 1 & \ldots & 0 \\ \vdots & \vdots & & \vdots \\ 0 & 0 & \cdots & 1 \end{bmatrix} \in \mathbb{R}^{n\times n}$$

heißt die n-dimensionale **Einheitsmatrix**. Ihre Spaltenvektoren sind die kanonischen n-dimensionalen Einheitsvektoren $e^1, e^2, \ldots, e^n$.

(B7) Es sei $A = \begin{bmatrix} a_{11} & a_{12} & \cdots & a_{1n} \\ a_{21} & a_{22} & \ldots & a_{2n} \\ \vdots & \vdots & & \vdots \\ a_{n1} & a_{n2} & \cdots & a_{nn} \end{bmatrix} \in \mathbb{R}^{n\times n}$, E die n-dimensionale Einheitsmatrix und e^i bzw. e^j der kanonische i-te bzw. j-te n-dimensionale Einheitsvektor. Man berechne

(i) $A \cdot e^j = ?$
(ii) $e^{iT} \cdot A = ?$
(iii) $A \cdot E = ?$
(iv) $E \cdot A = ?$

Zahlenbeispiel: $n = 3,\quad A = \begin{bmatrix} 1 & 2 & 3 \\ 4 & 5 & 6 \\ 7 & 8 & 9 \end{bmatrix},\quad i = 1,\ j = 2$

Lsg: Zahlenbeispiel:

$$\begin{array}{lllll} & & & & \cdot \begin{bmatrix} 0 \\ 1 \\ 0 \end{bmatrix} \\ \text{(i)} & A\boldsymbol{e}^2 & = & \begin{bmatrix} 1 & 2 & 3 \\ 4 & 5 & 6 \\ 7 & 8 & 9 \end{bmatrix} = & \begin{bmatrix} 2 \\ 5 \\ 8 \end{bmatrix} \end{array}$$

$$\begin{array}{lllll} & & & & \cdot \begin{bmatrix} 1 & 2 & 3 \\ 4 & 5 & 6 \\ 7 & 8 & 9 \end{bmatrix} \\ \text{(ii)} & \boldsymbol{e}^{1T} A & = & [1\ 0\ 0] = & [1\ 2\ 3] \end{array}$$

Allgemein:

$$\begin{array}{lllll} \text{(i)} & A \cdot \boldsymbol{e}^j & = & \boldsymbol{a}^j & = j\text{-ter Spaltenvektor von } A \\ \text{(ii)} & \boldsymbol{e}^{iT} \cdot A & = & \boldsymbol{a}^{(i)} & = i\text{-ter Spaltenvektor von } A \\ \text{(iii)} & A \cdot E & = & A & \text{[nach (i)]} \\ \text{(iv)} & E \cdot A & = & A & \text{[nach (ii)]} \end{array}$$

(B8) Ein landwirtschaftlicher Betrieb hat den folgenden Tierbestand:

$$\boldsymbol{t} = \begin{bmatrix} t_1 \\ t_2 \\ t_3 \\ t_4 \end{bmatrix} \qquad \begin{array}{llll} t_1 & = & 400 & \text{Milchkühe} \\ t_2 & = & 200 & \text{Mastrinder} \\ t_3 & = & 600 & \text{Schweine} \\ t_4 & = & 1000 & \text{Legehennen} \end{array}$$

Dafür wird der folgende Futteraufwand benötigt [in 100 kg / (Tier · Jahr)]:

Tierart / Tierart	Milchkühe	Mastrinder	Schweine	Legehennen
Kraftfutter	3	3	2	$\frac{1}{3}$
Heu	10	9	0	0
Futterrüben	40	20	5	0
Kartoffeln	0	0	8	$\frac{1}{10}$

$=: M$

Geplant ist die folgende Leistung [in 100 kg / (Tier · Jahr)]: bzw. in Stück / (Legehenne · Jahr):

Tierart / Leistung	Milchkühe	Mastrinder	Schweine	Legehennen
Milch	35	0	0	0
Rindfleisch	0	4	0	0
Schw.fleisch	0	0	1	0
Eier	0	0	0	150

$=: L$

$M =$ "Futteraufwandsmatrix", $L =$ "Leistungsmatrix"

(i) Wie hoch ist der zu planende Futterbedarf

$$\boldsymbol{f} = \begin{bmatrix} f_1 \\ f_2 \\ f_3 \\ f_4 \end{bmatrix} \quad \begin{array}{lcll} f_1 & = & \text{Gesamtbedarf an} & \text{Kraftfutter / Jahr} \\ f_2 & = & \text{" \quad "} & \text{Heu / Jahr} \\ f_3 & = & \text{" \quad "} & \text{Futterrüben / Jahr} \\ f_4 & = & \text{" \quad "} & \text{Kartoffeln / Jahr} \end{array} \quad ?$$

(ii) Welche Produktion

$$\boldsymbol{p} = \begin{bmatrix} p_1 \\ p_2 \\ p_3 \\ p_4 \end{bmatrix} \quad \begin{array}{lcll} p_1 & = & \text{Gesamtproduktion an} & \text{Milch / Jahr} \\ p_2 & = & \text{" \quad "} & \text{Rindfleisch / Jahr} \\ p_3 & = & \text{" \quad "} & \text{Schw.fleisch / Jahr} \\ p_4 & = & \text{" \quad "} & \text{Eiern / Jahr} \end{array}$$

kann erzielt werden ?

(iii) Wie groß ist der spezifische Futtermittelbedarf pro Leistungseinheit

$$f_{ij} = \begin{array}{l} \text{Bedarf der } i\text{-ten Futterart zur Erzeugung} \\ \text{einer Einheit der } j\text{-ten Leistungsart} \end{array}$$

$$F = (f_{ij})_{i=1,\dots,4}^{j=1,\dots,4} = \ ?$$

(iv) Wie groß ist der Futtermittelbedarf für eine Produktionsmenge

$$\boldsymbol{p}^* = \begin{bmatrix} p_1^* \\ p_2^* \\ p_3^* \\ p_4^* \end{bmatrix} \quad \begin{array}{lcrl} p_1^* & = & 15\,000 & \cdot 100\,\text{kg} \\ p_2^* & = & 900 & \cdot 100\,\text{kg} \\ p_3^* & = & 800 & \cdot 100\,\text{kg} \\ p_4^* & = & 100\,000 & \text{Stück ?} \end{array}$$

(v) Wieviel kann produziert werden, wenn die folgende Futtermenge $\tilde{\boldsymbol{f}}$ zur Verfügung steht ?

$$\tilde{\boldsymbol{f}} = \begin{bmatrix} 2\,947.5 \\ 7\,018.5 \\ 28\,253.0 \\ 3\,202.0 \end{bmatrix} \quad \begin{array}{ll} \cdot 100\,\text{kg} & \text{Kraftfutter} \\ \cdot 100\,\text{kg} & \text{Heu} \\ \cdot 100\,\text{kg} & \text{Futterrüben} \\ \cdot 100\,\text{kg} & \text{Kartoffeln} \end{array}$$

und wieviel Tiere sind dazu nötig, wenn dies in einem Jahr geschehen soll ?

Lsg:

(i)

$$f = M \cdot t = \begin{bmatrix} 3 & 3 & 2 & \frac{1}{3} \\ 10 & 9 & 0 & 0 \\ 40 & 20 & 5 & 0 \\ 0 & 0 & 8 & \frac{1}{10} \end{bmatrix} \cdot \begin{bmatrix} 400 \\ 200 \\ 600 \\ 1\,000 \end{bmatrix} = \begin{bmatrix} 3\,333 \\ 5\,800 \\ 23\,000 \\ 4\,900 \end{bmatrix} \cdot 100\,\mathrm{kg/Jahr}$$

(ii)

$$p = L \cdot t = \begin{bmatrix} 35 & 0 & 0 & 0 \\ 0 & 4 & 0 & 0 \\ 0 & 0 & 1 & 0 \\ 0 & 0 & 0 & 150 \end{bmatrix} \cdot \begin{bmatrix} 400 \\ 200 \\ 600 \\ 1\,000 \end{bmatrix} = \begin{bmatrix} 14\,000 \\ 800 \\ 600 \\ 150\,000 \end{bmatrix} \cdot \begin{matrix} 100\,\mathrm{kg/Jahr} \\ 100\,\mathrm{kg/Jahr} \\ 100\,\mathrm{kg/Jahr} \\ \text{Stück /Jahr} \end{matrix}$$

(iii) Die (unbekannte) Matrix F genügt der Matrizengleichung $F \cdot L = M$. Dabei ist L eine Diagonalmatrix.

Frage: Für welche Matrix G gilt $L \cdot G = G \cdot L = E$?

Antwort: $$G = \begin{bmatrix} \frac{1}{35} & 0 & 0 & 0 \\ 0 & \frac{1}{4} & 0 & 0 \\ 0 & 0 & 1 & 0 \\ 0 & 0 & 0 & \frac{1}{150} \end{bmatrix} =: L^{-1}.$$

Folgerung: Multiplikation von $F \cdot L = M$ mit L^{-1} von rechts: $F \cdot L \cdot L^{-1} = F \cdot E = F = M \cdot L^{-1}$:

$$F = M \cdot L^{-1} = \begin{bmatrix} 3 & 3 & 2 & \frac{1}{3} \\ 10 & 9 & 0 & 0 \\ 40 & 20 & 5 & 0 \\ 0 & 0 & 8 & \frac{1}{10} \end{bmatrix} \cdot \begin{bmatrix} \frac{1}{35} & 0 & 0 & 0 \\ 0 & \frac{1}{4} & 0 & 0 \\ 0 & 0 & 1 & 0 \\ 0 & 0 & 0 & \frac{1}{150} \end{bmatrix} = \begin{bmatrix} 0.086 & 0.75 & 2 & 0.002 & \frac{\mathrm{kg}}{\mathrm{Stck}} \\ 0.286 & 2.25 & 0 & 0 & \frac{\mathrm{kg}}{\mathrm{Stck}} \\ 1.143 & 5 & 5 & 0 & \frac{\mathrm{kg}}{\mathrm{Stck}} \\ 0 & 0 & 8 & 0.001 & \frac{\mathrm{kg}}{\mathrm{Stck}} \end{bmatrix}$$

Bsp: Interpretation der 2. Spalte von F:

Der Betrieb benötigt zur Produktion von 1 kg Rindfleisch 0.75 kg Kraftfutter; 2.25 kg Heu, 5 kg Futterrüben und 0 kg Kartoffeln.

(iv)

$$\boldsymbol{f} = F \cdot \boldsymbol{p}^* = \begin{bmatrix} 0.086 & 0.75 & 2 & 0.002 & \frac{\text{kg}}{\text{Stck}} \\ 0.286 & 2.25 & 0 & 0 & \frac{\text{kg}}{\text{Stck}} \\ 1.143 & 5 & 5 & 0 & \frac{\text{kg}}{\text{Stck}} \\ 0 & 0 & 8 & 0.001 & \frac{\text{kg}}{\text{Stck}} \end{bmatrix} \cdot \begin{bmatrix} 15\,000 & \cdot 100\,\text{kg} \\ 900 & \cdot 100\,\text{kg} \\ 800 & \cdot 100\,\text{kg} \\ 100\,000 & \text{Stck} \end{bmatrix} = \begin{bmatrix} 3\,567 \\ 6\,315 \\ 25\,645 \\ 6\,401 \end{bmatrix} \cdot 100\,\text{kg}$$

(v) Der (unbekannte) Produktionsvektor $\widetilde{\boldsymbol{p}}$ genügt der Matrizengleichung

$F \cdot \widetilde{\boldsymbol{p}} = \widetilde{\boldsymbol{f}}, \qquad \widetilde{\boldsymbol{p}} = \ ?$

Methoden zur Lösung dieses "linearen Gleichungssystems" werden im nächsten Abschnitt behandelte. Damit findet man $\widetilde{\boldsymbol{p}} = (21\,000, 450, 400, 200\,000) \cdot 100\,\text{kg}$ bzw. Stck. Der zugehörige Vektor des Tierbestands $\boldsymbol{t}$ genügt der Matrizengleichung

$L \cdot \boldsymbol{t} = \hat{\boldsymbol{p}}, \quad \boldsymbol{t} = \ ? \quad \hat{\boldsymbol{p}} = \widetilde{\boldsymbol{p}} \cdot \frac{1}{\text{Jahr}}$

Da L eine Diagonalmatrix ist, folgt hier einfach

$$\boldsymbol{t} = L^{-1} \cdot \hat{\boldsymbol{p}} = \begin{bmatrix} \frac{1}{35} & 0 & 0 & 0 \\ 0 & \frac{1}{4} & 0 & 0 \\ 0 & 0 & 1 & 0 \\ 0 & 0 & 0 & \frac{1}{150} \end{bmatrix} \cdot \begin{bmatrix} 21\,000 \\ 450 \\ 400 \\ 200\,000 \end{bmatrix} \cdot \begin{matrix} \frac{100\,\text{kg}}{\text{Jahr}} \\ '' \\ '' \\ \frac{\text{Stck}}{\text{Jahr}} \end{matrix} = \begin{bmatrix} 600 \\ 113 \\ 400 \\ 1\,333 \end{bmatrix} \cdot \begin{matrix} \text{Milchkühe} \\ \text{Mastrinder} \\ \text{Schweine} \\ \text{Legehennen} \end{matrix}$$

Da die Dimensionen der Elemente von L^{-1} "$\frac{\text{Tier}\cdot\text{Jahr}}{100\,\text{kg}}$" bzw. "$\frac{\text{Tier}\cdot\text{Jahr}}{\text{Stck}}$" lauten, erhält man die Komponenten des Tierbestandsvektors $\boldsymbol{t}$ zu "Tier", wie es sein muss !

(10) Def.: Es sei A eine n-reihige quadratische Matrix über $\mathbb{R}$. Wenn es eine Matrix $A^{-1} \in \mathbb{R}^{n \times n}$ gibt, so dass

$$A^{-1} \cdot A = A \cdot A^{-1} = E$$

gilt, so heißt A^{-1} die **inverse Matrix** von A oder kürzer die **Inverse** von A. Die Matrix A heißt dann **invertierbar** oder **nicht singulär**. Eine quadratische Matrix heißt **singulär** :gdw sie ist nicht invertierbar.

Bem.: Es gibt singuläre Matrizen. Beispiele ?
Die Inverse einer nicht singulären Matrix ist eindeutig bestimmt.

Beispiel:
Eine Diagonalmatrix ist genau dann invertierbar, wenn ihre Diagonalelemente

sämtlich von Null verschieden sind:

$$A = \begin{bmatrix} d_{11} & 0 & 0 & \cdots & 0 \\ 0 & d_{22} & 0 & \cdots & 0 \\ 0 & 0 & d_{33} & \cdots & 0 \\ \vdots & \vdots & \vdots & \ddots & \vdots \\ 0 & 0 & 0 & \cdots & d_{nn} \end{bmatrix} \qquad A^{-1} = \begin{bmatrix} d_{11}^{-1} & 0 & 0 & \cdots & 0 \\ 0 & d_{22}^{-1} & 0 & \cdots & 0 \\ 0 & 0 & d_{33}^{-1} & \cdots & 0 \\ \vdots & \vdots & \vdots & \ddots & \vdots \\ 0 & 0 & 0 & \cdots & d_{nn}^{-1} \end{bmatrix}.$$

(11) Rechenregeln für die Inverse:

$$\boxed{\begin{array}{lcl} (A^T)^{-1} & = & (A^{-1})^T \\ (A \cdot B)^{-1} & = & B^{-1} \cdot A^{-1} \end{array}}$$

Bemerkung: Methoden zur praktischen Berechnung der Inversen einer nicht singulären Matrix werden bei der Behandlung linearer Gleichungssysteme besprochen.

4.3 Lineare Gleichungssysteme I; Gaußscher Algorithmus

(B1) In einem Betrieb werden zwei Produkte P_1 und P_2 auf zwei Maschinen M_1 und M_2 hergestellt. Die zur Herstellung einer ME von P_1 bzw. von P_2 benötigte Zahl von Maschinenstunden [Mh] der Maschine M_1 bzw. M_2 beträgt

Produkte / Maschinen	P_1	P_2
M_1	1	5
M_2	3	1

$=: M$ [Mh/ME]

Insgesamt steht die Maschine M_1 20 Mh und die Maschine M_2 18 Mh zur Verfügung. Wieviel soll von jedem Produkt hergestellt werden, damit beide Maschinen voll ausgelastet sind ?

Lsg:

Wenn x_1 ME des Produktes P_1 und x_2 ME des Produktes P_2 produziert werden, braucht man dazu

$$\begin{array}{llll} 1 \cdot x_1 + 5 \cdot x_2 & \text{Mh} & \text{der Maschine} & M_1 \\ 3 \cdot x_1 + 1 \cdot x_2 & \text{Mh} & \text{der Maschine} & M_2. \end{array}$$

Beide Maschinen sind voll ausgelastet gdw

$$(*) \qquad \boxed{\begin{array}{rcl} 1 \cdot x_1 + 5 \cdot x_2 &=& 20 \\ 3 \cdot x_1 + 1 \cdot x_2 &=& 18 \end{array}}$$

Dies ist ein System von 2 linearen Gleichungen für die 2 unbekannten Komponenten des Produktionsvektors $\boldsymbol{x} = \begin{bmatrix} x_1 \\ x_2 \end{bmatrix}$, kurz ein **lineares Gleichungssystem.**

Mit dem Vektor $\boldsymbol{b} = \begin{bmatrix} 20 \\ 18 \end{bmatrix}$ der vorgegebenen Maschinenzeiten läßt sich das Gleichungssystem $(*)$ in Matrizenschreibweise wie folgt schreiben:

$$(**) \qquad M \cdot \boldsymbol{x} = \boldsymbol{b}.$$

1. **Geometrische Interpretation und graphische Lösung:**
   Bezogen auf ein cartesisches x_1, x_2-Koordinatensystem stellt jede der Gleichungen $(*)$ eine Gerade dar. Ihr Schnittpunkt $\boldsymbol{x} = \begin{bmatrix} x_1 \\ x_2 \end{bmatrix}$ ist der gesuchte Lösungsvektor:

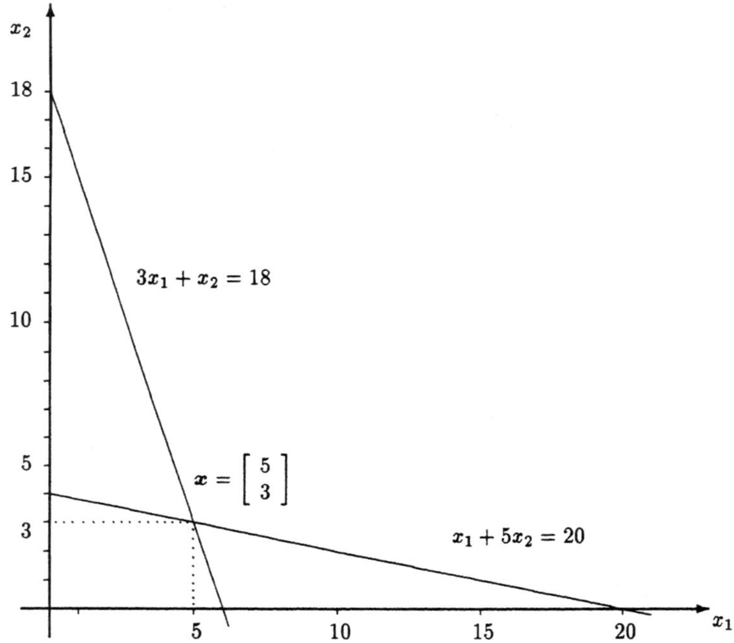

2. **Rechnerische Lösung:**

Die Lösungsmenge eines Systems von Gleichungen bleibt unverändert, wenn ein Vielfaches einer Gleichung zu einer anderen addiert wird. Der gesuchte Lösungsvektor $\boldsymbol{x} = \begin{bmatrix} x_1 \\ x_2 \end{bmatrix}$ des Systems $(*)$ ist Lösung des Systems

$$(**) \qquad \begin{array}{rcrcl} x_1 & + & 5x_2 & = & 20 \\ & & -14x_2 & = & 18 - 60 = -42 \end{array}$$

[zu der 2. Gleichung von $(*)$ wurde das (-3)fache der 1. Gleichung von $(*)$ addiert].

Die 2. Gleichung von $(**)$ ist eine lineare Gleichung für eine Unbekannte, aus ihr ergibt sich

$$-14x_2 = -42 \quad \Leftrightarrow \quad 14x_2 = 42 \quad \Leftrightarrow \quad x_2 = \frac{42}{14} = \underline{3}.$$

Wird dies in die 1. Gleichung eingesetzt, folgt

$$x_1 = 20 - 5x_2 = 20 - 15 = \underline{5}.$$

Das Gleichungssystem $(*)$ hat genau einen Lösungsvektor

$$\boldsymbol{x} = \begin{bmatrix} 5 \\ 3 \end{bmatrix}.$$

Einsetzprobe:

$$\begin{aligned} 1 \cdot 5 &+ 5 \cdot 3 &= 20 \\ 3 \cdot 5 &+ 1 \cdot 3 &= 18 \end{aligned}$$

(B2) Man interpretiere das folgende lineare Gleichungssystem geometrisch und berechne seine Lösung:

$$\begin{aligned} x_1 + x_2 + 3x_3 &= 12 \\ x_2 + 5x_3 &= 10 \\ x_3 &= 1 \end{aligned}$$

Lsg: [Zur 1. Gleichung vgl. 4.1(B14)]
Jede der Gleichungen des geg. Systems ist, bezogen auf ein cartesisches x_1, x_2, x_3-Koordinatensystem, die Koordinatendarstellung einer Ebene im $\mathbb{R}^3$. Gesucht sind Punkte

$$\boldsymbol{x} = \begin{bmatrix} x_1 \\ x_2 \\ x_3 \end{bmatrix} \in \mathbb{R}^3,$$

die in allen drei Ebenen zugleich liegen.

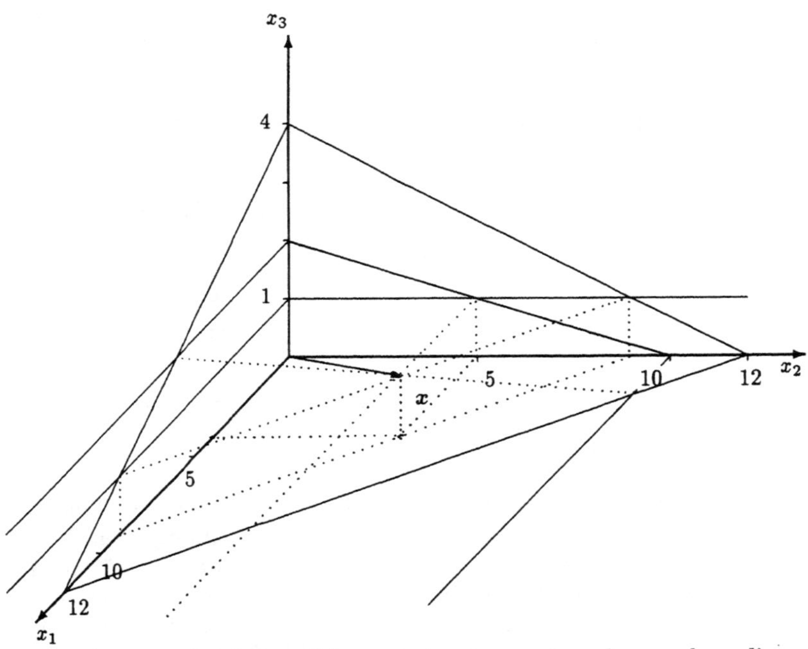

Aus der perspektivischen Skizze entnimmt man, dass das gegebene lineare Gleichungssystem genau einen Lösungsvektor $\boldsymbol{x}$ besitzt, dessen Komponenten sich im Rahmen der Zeichengenauigkeit zu ungefähr

$$\boldsymbol{x} = \begin{bmatrix} x_1 \\ x_2 \\ x_3 \end{bmatrix} = \begin{bmatrix} 4 \\ 5 \\ 1 \end{bmatrix}$$

ablesen lassen.

Rechnerische Lösung des gegebenen linearen Gleichungssystem durch Rückwärtseinsetzen:

$x_3 = \underline{1}$ (aus der 3. Gleichung)

$x_3 = 1$ in die 2. Gleichung eingesetzt ergibt

$x_2 = 10 - 5x_3 = 10 - 5 = \underline{5}.$

$x_3 = 1$ und $x_2 = 5$ in die 1. Gleichung eingesetzt ergibt

$x_1 = 12 - x_2 - 3x_3 = 12 - 5 - 3 = \underline{4}.$

Das gegebene lineare Gleichungssystem besitzt den eindeutig bestimmten Lösungsvektor

$$\boldsymbol{x} = \begin{bmatrix} x_1 \\ x_2 \\ x_3 \end{bmatrix} = \begin{bmatrix} 4 \\ 5 \\ 1 \end{bmatrix}.$$

Einsetzprobe:

$$\begin{array}{rcrcrcr} 4 & + & 5 & + & 3\cdot 1 & = & 12 \\ & & 5 & + & 5\cdot 1 & = & 10 \\ & & & & 1\cdot 1 & = & 1 \end{array}$$

(1) Def.: Gegeben seien eine $m \times n$–Matrix $A = (a_{ij}) \in \mathbb{R}^{m\times n}$ und ein Vektor $\boldsymbol{b} = \begin{bmatrix} b_1 \\ b_2 \\ \vdots \\ b_m \end{bmatrix} \in \mathbb{R}^m$. Es sei $\boldsymbol{x} = \begin{bmatrix} x_1 \\ x_2 \\ \vdots \\ x_m \end{bmatrix} \in \mathbb{R}^n$ ein variabler Vektor. Dann heißt

$$(2) \quad A \cdot \boldsymbol{x} = \boldsymbol{b} \quad \Leftrightarrow \quad \begin{array}{ccccccccc} a_{11}x_1 & + & a_{12}x_2 & + & \cdots & + & a_{1n}x_n & = & b_1 \\ a_{21}x_1 & + & a_{22}x_2 & + & \cdots & + & a_{2n}x_n & = & b_2 \\ \vdots & & \vdots & & & & \vdots & & \vdots \\ a_{m1}x_1 & + & a_{m2}x_2 & + & \cdots & + & a_{mn}x_n & = & b_m \end{array}$$

Koeffizienten-matrix Zielvektor

ein **lineares Gleichungssystem** für $\boldsymbol{x}$; genauer: ein lineares $m\times n$–**Gleichungssystem**, noch genauer: ein **System** von m **linearen Gleichungen** für die n **unbekannten Komponenten** $x_1, x_2, \ldots, x_n$ von $\boldsymbol{x}$. Jeder Vektor $\boldsymbol{x} \in \mathbb{R}^n$ mit $A \cdot \boldsymbol{x} = \boldsymbol{b}$ heißt eine **Lösung** des Gleichungssystems (2): Die Menge aller Lösungen des Systems (2) heißt dessen **Lösungsmenge.** Falls sie leer ist, heißt das Gleichungssystem **inkonsistent** oder **unverträglich.** Die Matrix A heißt die **Koeffizientenmatrix**, und der Vektor $\boldsymbol{b}$ heißt der **Zielvektor** oder der **Vektor der rechten Seiten des**

linearen Gleichungssystems (2). Die um den Spaltenvektor $\boldsymbol{b}$ erweiterte Koeffizientenmatrix A

$$(3) \qquad (A, \boldsymbol{b}) := \begin{bmatrix} a_{11} & a_{12} & \cdots & a_{1n} & b_1 \\ a_{11} & a_{22} & \cdots & a_{2n} & b_2 \\ \vdots & \vdots & & \vdots & \vdots \\ a_{m1} & a_{m2} & \cdots & a_{mn} & b_m \end{bmatrix}$$

heißt die **erweiterte Koeffizientenmatrix** oder **Systemmatrix**. Ein lineares Gleichungssystem (2) heißt **homogen** falls $\boldsymbol{b} = \mathbf{o}$, andernfalls **inhomogen**. Das Gleichungssystem (2) heißt **quadratisch** :gdw A ist eine quadratische Matrix $(m = n)$.

Geometrische Interpretation eines linearen Gleichungssystem (2):
Jede Gleichung

$$(2') \qquad \boldsymbol{a}^{(i)} \cdot \boldsymbol{x} = \boldsymbol{b}_i \qquad (i = 1, 2, \ldots, m)$$

wobei $\boldsymbol{a}^{(i)}$ der i-te Zeilenvektor von A ist, ist bezogen auf ein cartesisches Koordinatensystem die Koordinatendarstellung einer Hyperebene des $\mathbb{R}^n$. Gesucht sind alle Punkte

$$\boldsymbol{x} = \begin{bmatrix} x_1 \\ x_2 \\ \vdots \\ x_n \end{bmatrix} \in \mathbb{R}^n,$$

die in allen Hyperebenen zugleich liegen (= die Durchschnittsmenge der Hyperebenen).

Vektorielle Interpretation eines linearen Gleichungssystems (2):
Man kann das System (2) auch als Vektorgleichung

$$(2") \qquad x_1\boldsymbol{a}^1 + x_2\boldsymbol{a}^2 + \cdots + x_n\boldsymbol{a}^n = \boldsymbol{b}$$

interpretieren, wobei $\boldsymbol{a}^1, \boldsymbol{a}^2, \ldots, \boldsymbol{a}^n \in \mathbb{R}^m$ die Spaltenvektoren von A sind. Die Lösbarkeitsfrage lautet dann: Ist der gegebene Zielvektor $\boldsymbol{b} \in \mathbb{R}^m$ als Linearkombination der Spaltenvektoren von A darstellbar ? Man bestimme alle möglichen Koeffizientenvektoren

$$\boldsymbol{x} = \begin{bmatrix} x_1 \\ x_2 \\ \vdots \\ x_n \end{bmatrix} \in \mathbb{R}^n,$$

so dass (2") gilt.

(4) Def.: Eine quadratische Matrix A heißt eine **obere Dreiecksmatrix** :gdw alle unterhalb der Diagonalen von A stehenden Elemente sind gleich Null

$$a_{ij} = 0 \text{ wenn } i > j : \qquad A = \begin{bmatrix} a_{11} & a_{12} & a_{13} & \cdots & \cdots & a_{1n} \\ 0 & a_{22} & a_{23} & \cdots & \cdots & a_{2n} \\ 0 & 0 & a_{33} & \cdots & \cdots & a_{3n} \\ \vdots & \vdots & \ddots & \ddots & & \vdots \\ \vdots & \vdots & & \ddots & \ddots & \vdots \\ 0 & 0 & 0 & \cdots & 0 & a_{nn} \end{bmatrix}.$$

Eine quadratische Matrix A heißt eine **untere Dreiecksmatrix** :gdw alle oberhalb der Diagonalen von A stehenden Elemente sind gleich Null:

$$a_{ij} = 0 \text{ wenn } i < j \ : \qquad A = \begin{bmatrix} a_{11} & 0 & 0 & \cdots & \cdots & 0 \\ a_{21} & a_{22} & 0 & \cdots & \cdots & 0 \\ a_{31} & a_{32} & a_{33} & \ddots & & \vdots \\ \vdots & \vdots & \vdots & \ddots & \ddots & \vdots \\ \vdots & \vdots & \vdots & \ddots & \ddots & 0 \\ a_{n1} & a_{n2} & a_{n3} & \cdots & \cdots & a_{nn} \end{bmatrix}.$$

Ein lineares Gleichungssystem $A \cdot \boldsymbol{x} = \boldsymbol{b}$ mit einer $m \times n$–Matrix A , $m \leq n$, heißt ein **gestaffeltes Gleichungssystem** :gdw die Matrix A ist durch Zeilenvertauschungen und / oder Hinzufügen von Nullvektoren in eine Dreiecksmatrix transformierbar.

Bem: Für ein gestaffeltes Gleichungssystem ist es leicht zu entscheiden, ob es inkonsistent ist oder nicht. Gegebenenfalls lassen sich alle Lösungen leicht ermitteln [vgl. die Beispiele (B1)(**) und (B2), sowie die nachfolgenden Beispiele].

(B3) Man löse das gestaffelte lineare Gleichungssystem

$$\begin{array}{rcrcrcrcrcr} x_1 & - & 2x_2 & + & 4x_3 & - & 3x_4 & + & 2x_5 & = & 4 \\ & & 2x_2 & - & 3x_3 & + & 4x_4 & - & 2x_5 & = & -5 \\ & & & & x_3 & - & 3x_4 & + & 3x_5 & = & 2 \\ & & & & & & 2x_4 & - & x_5 & = & 3 \\ & & & & & & & & 2x_5 & = & 2. \end{array}$$

Lsg: (durch Rückwärtseinsetzen)

$$\begin{array}{rclllllll} 2x_5 & = & 2 & & & & & & \underline{x_5 = 1} \\ 2x_4 & = & 3 & + x_5 & & & & & \\ & = & 3 & + 1 & = 4 & & & & \underline{x_4 = 2} \\ x_3 & = & 2 & - 3x_5 & + 3x_4 & & & & \\ & = & 2 & - 3 & + 6 & = 5 & & & \underline{x_3 = 5} \\ 2x_2 & = & -5 & + 2x_5 & - 4x_4 & + 3x_3 & & & \\ & = & -5 & + 2 & - 8 & + 15 & = 4 & & \underline{x_2 = 2} \\ x_1 & = & 4 & - 2x_5 & + 3x_4 & - 4x_3 & + 2x_2 & & \\ & = & 4 & - 2 & + 6 & - 20 & + 4 & = -8, & \underline{x_1 = -8} \end{array}$$

Das gegebene lineare Gleichungssystem besitzt genau eine Lösung

$$\boldsymbol{x} = \begin{bmatrix} x_1 \\ x_2 \\ x_3 \\ x_4 \\ x_5 \end{bmatrix} = \begin{bmatrix} -8 \\ 2 \\ 5 \\ 2 \\ 1 \end{bmatrix}.$$

Einsetzprobe :

$$\begin{array}{rcrcrcrcrcr} -8 & - & 4 & + & 20 & - & 6 & + & 2 & = & 4 \\ & & 4 & - & 15 & + & 8 & - & 2 & = & -5 \\ & & & & 5 & - & 6 & + & 3 & = & 2 \\ & & & & & & 4 & - & 1 & = & 3 \\ & & & & & & & & 2 & = & 2 \end{array}$$

(B4) Man löse das gestaffelte lineare Gleichungssystem

$$\begin{array}{rcrcrcrcr} x_1 & + & x_2 & - & x_3 & + & x_4 & = & 1 \\ & & x_2 & + & x_3 & - & x_4 & = & 0 \\ & & & & x_3 & + & x_4 & = & 1 \end{array}$$

Bem: Man kann sich dieses System von 3 linearen Gleichungen für 4 Unbekannte ergänzt denken durch eine 4. Gleichung

$$0 \cdot x_1 + 0 \cdot x_2 + 0 \cdot x_3 + 0 \cdot x_4 = 0$$

die an die Unbekannten <u>keine</u> Bedingung stellt, d.h. die von jedem 4-dimensionalen Vektor $\boldsymbol{x} = (x_1, x_2, x_3, x_4)^T$ erfüllt wird. Dann liegt ein quadratisches lineares Gleichungssystem mit einer oberen Dreiecksmatrix als Koeffizientenmatrix vor.

Lsg: Das gegebene lineare Gleichungssystem besitzt (einfach) unendlich viele Lösungen, was man so erkennt: man kann

$x_4 = \lambda \in \mathbb{R}$

beliebig wählen. Dann lassen sich dazu x_3, x_2, x_1 nacheinander eindeutig bestimmen (durch Rückwärtseinsetzen):

$$\begin{array}{lcl} x_4 & = & \lambda \in \mathbb{R} \text{ beliebig gewählt} \qquad \underline{x_4 = \lambda} \\ x_3 & = & 1 - x_4 \\ & = & 1 - \lambda \qquad \underline{x_3 = 1 - \lambda} \\ x_2 & = & 0 + x_4 - x_3 \\ & = & \lambda - (1 - \lambda) + 15 = -1 + 2\lambda \qquad \underline{x_2 = -1 + 2\lambda} \\ x_1 & = & 1 - x_4 + x_3 - x_2 \\ & = & 1 - \lambda + 1 - \lambda + 1 - 2\lambda = 3 - 4\lambda, \qquad \underline{x_1 = 3 - 4\lambda} \end{array}$$

Das gegebene Gleichungssystem besitzt eine **einparametrige Lösungsschar**

$$\boldsymbol{x} = \begin{bmatrix} x_1 \\ x_2 \\ x_3 \\ x_4 \end{bmatrix} = \begin{bmatrix} 3 - 4\lambda \\ -1 + 2\lambda \\ 1 - \lambda \\ \lambda \end{bmatrix} = \begin{bmatrix} 3 \\ -1 \\ 1 \\ 0 \end{bmatrix} + \lambda \cdot \begin{bmatrix} -4 \\ 2 \\ -1 \\ 1 \end{bmatrix}, \quad \lambda \in \mathbb{R}.$$

Einsetzprobe:

$$\begin{array}{rcrcrcrcl} (3 - 4\lambda) & + & (2\lambda - 1) & - & (1 - \lambda) & + & \lambda & = & 1 \\ & & (2\lambda - 1) & + & (1 - \lambda) & - & \lambda & = & 0 \\ & & & + & (1 - \lambda) & + & \lambda & = & 1 \quad \text{für jedes } \lambda \in \mathbb{R}. \end{array}$$

Geometrische Interpretation:
Die gegebenen 3 Hyperebenen des $\mathbb{R}^4$ schneiden sich in der Geraden

$$\boldsymbol{x} = \begin{bmatrix} 3 \\ -1 \\ 1 \\ 0 \end{bmatrix} + \lambda \cdot \begin{bmatrix} -4 \\ 2 \\ -1 \\ 1 \end{bmatrix}, \quad \lambda \in \mathbb{R}$$

des $\mathbb{R}^4$.

(B5) Man löse das gestaffelte lineare Gleichungssystem

$$\begin{array}{ccccccccc} x_1 & + & x_2 & - & x_3 & + & x_4 & = & 1 \\ & & & & 2x_3 & + & 2x_4 & = & 0 \\ & & & & x_3 & + & x_4 & = & 1 \\ & & & & & & x_4 & = & 1 \end{array}$$

Lsg:

$$\begin{array}{lllll} x_4 & = 1 & & & \underline{x_4 = 1} \\ \text{3. Gleichung:} & & & & \\ x_3 & = 1 - x_4 & & & \\ & = 1 - 1 & = 0 & & \underline{x_3 = 0} \\ \text{2. Gleichung:} & & & & \\ 2x_3 & = 0 - 2x_4 & & & \\ & = 0 - 2 & = -2 & & \underline{x_3 = -1} \end{array}$$

$x_3 = 0 = -1$ ist ein **Widerspruch** ! Die Gleichungen 2 und 3 sind **inkonsistent**, damit auch das gesamte Gleichungssystem: es hat keine Lösung.

(5) Def.: Unter dem **Rang eines Systems von Vektoren** $\{\boldsymbol{a}^1, \boldsymbol{a}^2, \ldots, \boldsymbol{a}^k\} \subset \mathbb{R}^m$ versteht man die Dimension des davon erzeugten Unterraumes von $\mathbb{R}^m$:

$$\begin{aligned} \text{rg}\ \{\boldsymbol{a}^1, \boldsymbol{a}^2, \ldots, \boldsymbol{a}^k\} &:= \dim \langle \boldsymbol{a}^1, \boldsymbol{a}^2, \ldots, \boldsymbol{a}^k \rangle \\ &= \text{Maximalzahl linear unabhängiger} \\ &\quad\ \text{Vektoren unter } \boldsymbol{a}^1, \boldsymbol{a}^2, \ldots, \boldsymbol{a}^k \end{aligned}$$

Es sei $A = (a_{ij}) \in \mathbb{R}^{m \times n}$. Man definiert

$$\begin{aligned} \textbf{Zeilenrang } A &:= \text{rg}\ \{\boldsymbol{a}^{(1)}, \boldsymbol{a}^{(2)}, \ldots, \boldsymbol{a}^{(m)}\} \\ &\quad\ \text{dabei sind } \boldsymbol{a}^{(1)}, \boldsymbol{a}^{(2)}, \ldots, \boldsymbol{a}^{(m)} \text{ die} \\ &\quad\ \text{Zeilenvektoren von } A \\ \textbf{Spaltenrang } A &:= \text{rg}\ \{\boldsymbol{a}^1, \boldsymbol{a}^2, \ldots, \boldsymbol{a}^n\} \\ &\quad\ \text{dabei sind } \boldsymbol{a}^1, \boldsymbol{a}^2, \ldots, \boldsymbol{a}^n \text{ die} \\ &\quad\ \text{Spaltenvektoren von } A. \end{aligned}$$

(6) Satz und Definition: Rang einer Matrix:
Für jede Matrix $A \in \mathbb{R}^{m \times n}$ gilt

$$\text{Zeilenrang } A = \text{Spaltenrang } A =: \textbf{Rang } A =: \text{rg } A.$$

(B6) Welchen Rang haben die Matrizen

(i) $A = \begin{bmatrix} 0 & 0 & 0 \\ 1 & 0 & 2 \\ 1 & 1 & 2 \end{bmatrix}$ (ii) $B = \begin{bmatrix} 1 & 1 & -1 & 1 \\ 0 & 1 & 1 & -1 \\ 0 & 0 & 1 & 1 \end{bmatrix}$

(iii) $C = \begin{bmatrix} 1 & 1 & -1 & 1 & 1 \\ 0 & 1 & 1 & -1 & 0 \\ 0 & 0 & 1 & 1 & 1 \end{bmatrix}$?

Lsg:

(i) rg A $\leq$ 2, da nur 2 Zeilenvektoren von A vom Nullvektor verschieden sind.

rg A $\geq$ 2, da die Spaltenvektoren $\boldsymbol{a}^1 = \begin{bmatrix} 0 \\ 1 \\ 1 \end{bmatrix}$, $\boldsymbol{a}^2 = \begin{bmatrix} 0 \\ 0 \\ 1 \end{bmatrix}$ linear unabhängig sind. Also:

rg A $=$ 2, [vgl. auch 4.1(B6)].

(ii) rg B $\leq$ 3, da die Zeilenanzahl von B gleich 3 ist.

rg B $\geq$ 3, da die ersten drei Spaltenvektoren von B linear unabhängig sind.

(iii) rg C $=$ 3, mit derselben Begründung wie unter (ii).

Bem: Methoden zur praktischen Bestimmung des Ranges einer Matrix werden bei der Behandlung linearer Gleichungssysteme besprochen.

(7) Der Gaußsche Algorithmus zur Lösung linearer Gleichssysteme:

Geg: $A \in \mathbb{R}^{m \times n}$, $\boldsymbol{b} \in \mathbb{R}^m$

Ges: $\boldsymbol{x} \in \mathbb{R}^n$ mit $\boxed{A \cdot \boldsymbol{x} = \boldsymbol{b}}$

I Verbale Beschreibung des Gaußschen Algorithmus:

Durch sukzessive Elimination von Unbekannten leitet man eine endliche Folge **äquivalenter Gleichungssysteme** (:= sie haben alle dieselbe Lösungsmenge) her, mit dem Ziel, zuletzt ein gestaffeltes Gleichungssystem zu erhalten.

1. Eliminationsschritt (Pivotwahl):

Wähle eine Variable (**Pivotvariable**), die eliminiert werden soll, und eine Gleichung (**Pivotgleichung**), die die Pivotvariable enthält [d.h. deren Koeffizient in dieser Gleichung ist von Null verschieden]. Durch Addition jeweils eines geeigneten Vielfachen der Pivotgleichung zu jeder der anderen Gleichungen läßt sich erreichen, dass man ein neues Gleichungssystem erhält, bestehend aus der Pivotgleichung und einem "**Restsystem**" von Gleichungen, die alle die Pivotvariable nicht mehr enthalten.

Das neue lineare Gleichungssystem ist durch **elementare Umformungen** des gegebenen linearen Gleichungssystems erhalten worden. Es hat genau dieselben Lösungen wie das ursprüngliche Gleichungssystem, dieses ist zu jenem äquivalent.

2. Die weiteren Eliminationsschritte:

Durch wiederholte Anwendung des unter 1. beschriebenen Eliminationsverfahrens, jeweils angewendet auf das "Restsystem", erhält man schließlich ein Restsystem, das aus einer Gleichung für mindestens eine Unbekannte besteht und evtl. weiteren Gleichungen der Form $0 = \beta$. Dieses bildet zusammen mit den nacheinander verwendeten Pivotgleichungen das **Endsystem**, das zu dem gegebenen Gleichungssystem äquivalent ist. Es ist im Falle $m \leq n$ ein gestaffeltes Gleichungssystem. In jedem Falle läßt sich daraus unmittelbar erkennen, ob es

- **inkonsistent** ist: dieser Fall liegt genau dann vor, wenn es eine widerspruchsvolle Gleichung der Form $0 = \beta$ mit $\beta \neq 0$ enthält;
- **lösbar** ist: dieser Fall liegt genau dann vor, wenn es ein widerspruchsfreies gestaffeltes Gleichungssystem ist

Wenn es lösbar ist, läßt sich auch leicht erkennen, ob es

- **eindeutig lösbar** ist: dieser Fall liegt genau dann vor, wenn es genau einen Lösungsvektor $\boldsymbol{x} \in I\!R^n$ gibt;
- **eine k-parametrige Lösungsschar** gibt ($1 \leq k \leq n$): dieser Fall liegt genau dann vor, wenn man genau k der Variablen als reelle Zahlen (Parameter) frei wählen kann und die übrigen dadurch eindeutig bestimmt sind.

II Flußdiagramm zum Gaußschen Algorithmus:

Geg: $A \in \mathbb{R}^{m\times n}$, $\boldsymbol{b} \in \mathbb{R}^m$ ($A \neq$ Nullmatrix)

Ges: $\boldsymbol{x} \in \mathbb{R}^n$ mit $A \cdot \boldsymbol{x} = \boldsymbol{b}$

Lsg:

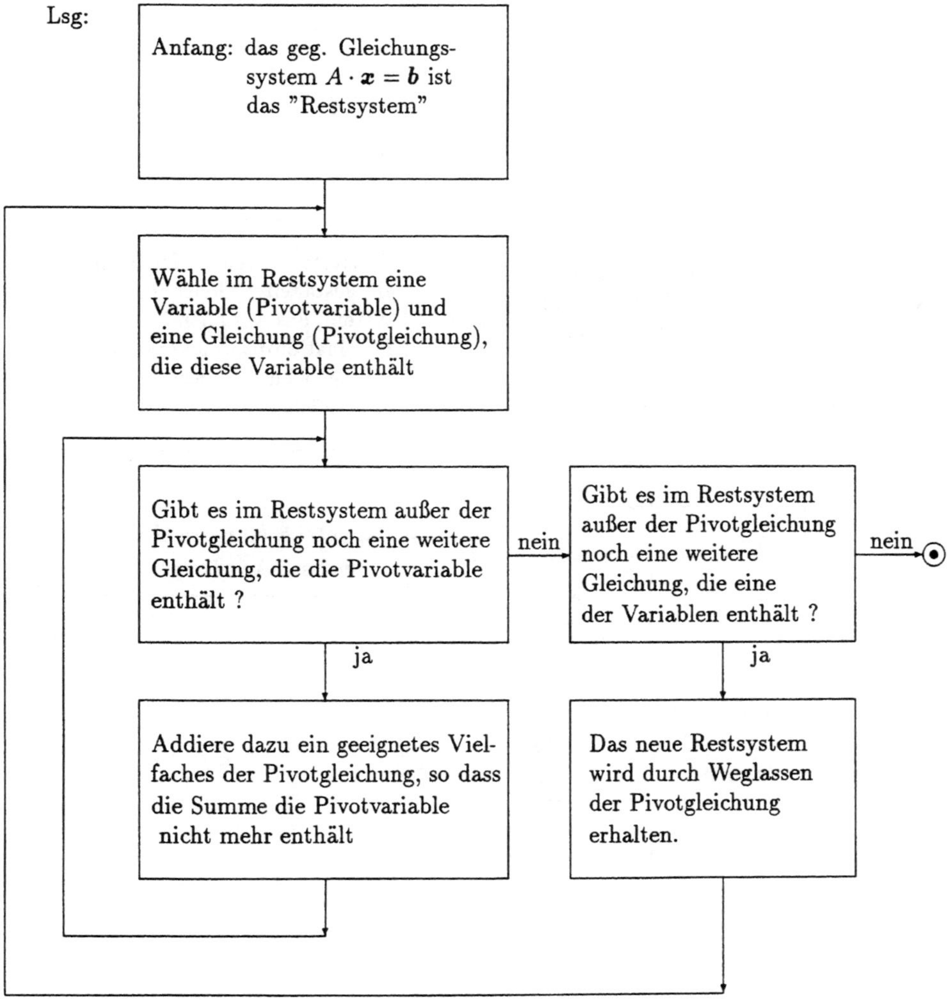

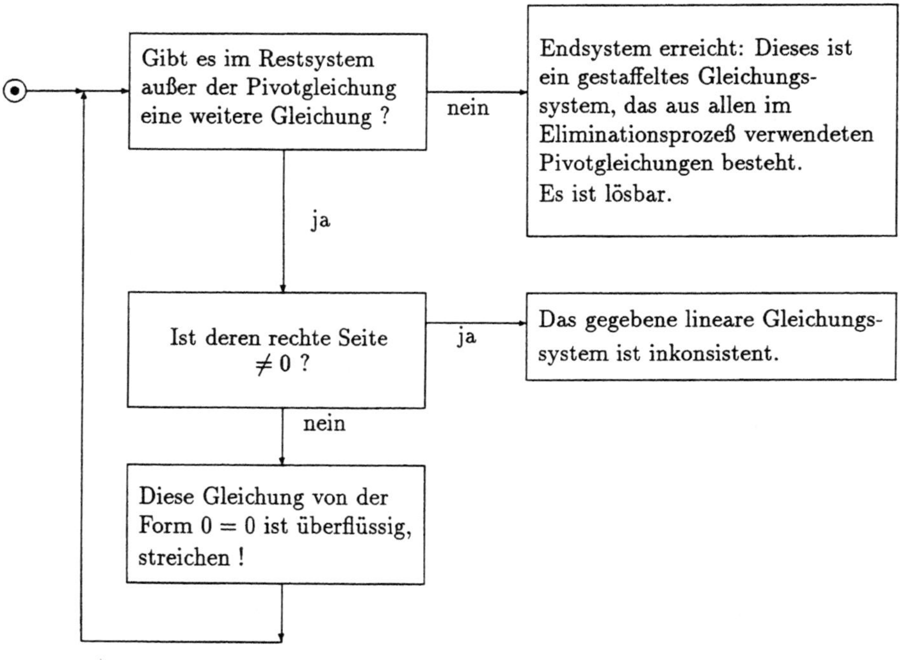
Gibt es im Restsystem außer der Pivotgleichung eine weitere Gleichung ?
nein
Endsystem erreicht: Dieses ist ein gestaffeltes Gleichungssystem, das aus allen im Eliminationsprozeß verwendeten Pivotgleichungen besteht.
Es ist lösbar.
ja
Ist deren rechte Seite ≠ 0 ?
ja
Das gegebene lineare Gleichungssystem ist inkonsistent.
nein
Diese Gleichung von der Form 0 = 0 ist überflüssig, streichen !

Bemerkung: Für "Handrechnung" mit dem Gaußschen Algorithmus ist es zweckmäßig, nur die Systemmatrix in Tabellenform aufzuschreiben und daran den Eliminationsprozeß durchzuführen. Auch die weiteren dabei erzeugten, äquivalenten Gleichungssysteme werden in Tabellenform aufgeschrieben.

Während des Eliminationsprozesses dürfen beliebig **Zeilenvertauschungen** vorgenommen werden. Es können auch **Spaltenvertauschungen** in der Matrix A vorgenommen werden. Man nennt das die **Pivotwahl**. Da Spaltenvertauschungen eine Vertauschung der Unbekannten bedeuten, muss darüber sorgfältig Buch geführt werden. Man spricht von **natürlicher Pivotwahl**, wenn der Gaußsche Algorithmus ohne Zeilen- und ohne Spaltenvertauschungen durchgeführt wird. Natürliche Pivotwahl ist jedoch nicht immer möglich und auch aus numerischen Gründen nicht unbedingt ratsam. Wenn exakt (d.h. ohne Rundungsfehler) gerechnet wird, hat die natürliche Pivotwahl jedoch einige Vorteile, weil sie zusätzliche Informationen über die Koeffizientenmatrix liefert; man vgl. 5.3(8), 6.5(7),(8) und (10).

Es gibt viele Programme zur **maschinellen** numerischen Lösung linearer Gleichungssysteme, darunter auch solche, die wenig anfällig gegenüber Rundungsfehlern sind, die während der Rechnung gemacht werden. Bei umfangreichen Gleichungssystemen ist man auf Maschinenrechnung angewiesen. Geeignete Programme findet man in den Programmbibliotheken der Rechenzentren.

(B7) Man löse das lineare Gleichungssystem

$$\begin{array}{rcrcrcr} x_1 & - & x_2 & + & x_3 & = & 0 \\ -x_1 & & & + & x_3 & = & 1 \\ & - & x_2 & - & x_3 & = & 0 \end{array}$$

Lsg: In jedem Eliminationsschritt wird die Pivotvariable durch $\downarrow$ und die Pivotgleichung durch $\rightarrow$ gekennzeichnet.

1. Pivotglg.	$\rightarrow \; \overset{\downarrow}{x_1} - x_2 + x_3 = 0$	$\mid \cdot 1$
	$-x_1 + x_3 = 1$	$+$
	$-x_2 - x_3 = 0$	
1. Pivotglg.	$x_1 - x_2 + x_3 = 0$	
1. "Restsystem"	$\rightarrow \; -\overset{\downarrow}{x_2} + 2x_3 = 1$	$\mid \cdot(-1)$
	$-x_2 - x_3 = 0$	$+$
1. Pivotglg.	$x_1 - x_2 + x_3 = 0$	Endsystem: gestaffeltes Gleichungssystem
2. Pivotglg.	$-x_2 + 2x_3 = 1$	
2. "Restsystem"	$-3x_3 = -1$	

Lösung des gestaffelten Gleichungssystems durch Rückwärtseinsetzen:

$$
\begin{array}{rcrcrcrcrl}
-3x_3 & = & -1 & & & & & & & \underline{x_3 = \frac{1}{3}} \\
-x_2 & = & 1 & - & 2x_3 & & & & & \\
x_2 & = & -1 & + & 2x_3 & & & & & \\
 & = & -1 & + & + & \frac{2}{3} & = & -\frac{1}{3} & & \underline{x_2 = -\frac{1}{3}} \\
x_1 & = & 0 & - & x_3 & + & x_2 & & & \\
 & = & & - & \frac{1}{3} & - & \frac{1}{3} & = & -\frac{2}{3} & \underline{x_1 = -\frac{2}{3}}
\end{array}
$$

Das gegebene lineare Gleichungssystem besitzt genau eine Lösung:

$$
\boldsymbol{x} = \begin{bmatrix} x_1 \\ x_2 \\ x_3 \end{bmatrix} = \begin{bmatrix} -\frac{2}{3} \\ -\frac{1}{3} \\ \frac{1}{3} \end{bmatrix}.
$$

Einsetzprobe:

$$
\begin{array}{rcrcrcl}
-\frac{2}{3} & + & \frac{1}{3} & + & \frac{1}{3} & = & 0 \\
\frac{2}{3} & & & + & \frac{1}{3} & = & 1 \\
 & & \frac{1}{3} & - & \frac{1}{3} & = & 0
\end{array}
$$

(B8) Man löse das lineare Gleichungssystem aus (B 7)

$$
\begin{array}{rcrcrcl}
x_1 & - & x_2 & + & x_3 & = & 0 \\
-x_1 & & & + & x_3 & = & 1 \\
 & - & x_2 & - & x_3 & = & 0
\end{array}
$$

mit dem Gaußschen Algorithmus in Tabellenform.

Lsg:

	↓ x_1	x_2	x_3	b		
1. Pivotglg. →	1	−1	1	0	|·1	Anfang:
	−1	0	1	1	+	"Rest-
	0	−1	−1	0		system"
1. Pivotglg.	1	−1	1	0		
2. Pivotglg. →	0	−1	2	1	|(−1)	Rest-
	0	−1	−1	0	+	system
1. Pivotglg.	1	−1	1	0		Endsystem:
2. Pivotglg.	0	−1	2	1		gestaffeltes
3. Pivotglg.	0	0	−3	−1		Gleichungssystem

Fortsetzung der Lösung: s. (B7):

(8) Der Gaußsche Algorithmus zur Berechnung der Inversen einer Matrix:

Geg: $A \in I\!R^{n\times n}$

Ges: $A^{-1} \in I\!R^{n\times n}$, wenn die Inverse existiert.

Lsg: Man löse mit dem Gaußschen Algorithmus simultan die n linearen Gleichungssysteme

$$\begin{array}{ccccc} A & \cdot & (\boldsymbol{x}^1, \boldsymbol{x}^2, \ldots, \boldsymbol{x}^n) & = & (\boldsymbol{e}^1, \boldsymbol{e}^2, \ldots, \boldsymbol{e}^n) \\ & & & \Updownarrow & \\ A & \cdot & A^{-1} & = & E \end{array}$$

$$\begin{array}{rcl} \boldsymbol{e}^j & = & j\text{-ter kanonischer Einheitsvektor des } I\!R^n \\ & = & j\text{-ter Spaltenvektor der n-dim. Einheitsmatrix } E \\ \boldsymbol{x}^j & = & j\text{-ter Spaltenvektor von } A^{-1} \end{array}$$

mit derselben Koeffizientenmatrix A und den n Spalten der n-dimensionalen Einheitsmatrix E als rechten Seiten.

Bem.: Während der Rechnung wird erkennbar, ob A eine Inverse besitzt; dazu vgl. man auch (9) und (10). Wenn es zu A genau eine Matrix B gibt, so dass $A \cdot B = E$, sagt man auch, B ist die **Rechtsinverse** von A. Dann ist B zugleich eine **Linksinverse** von A: $B \cdot A = E$, und also $B = A^{-1}$.

(B9) Man berechne die Inverse von

$$A = \begin{bmatrix} 1 & -1 & 1 \\ -1 & 0 & 1 \\ 0 & -1 & -1 \end{bmatrix}.$$

Lsg:

$A^{-1} =$				x_{11}	x_{12}	x_{13}	
				x_{21}	x_{22}	x_{23}	
	↓			x_{31}	x_{32}	x_{33}	
→	1	−1	1	1	0	0	$\mid \cdot 1$
$A =$	−1	0	1	0	1	0	$+$ ↲ $= E$
	0	−1	−1	0	0	1	
	1	−1	1	1	0	0	
		↓					
→	0	−1	2	1	1	0	$\mid \cdot(-1)$
	0	−1	−1	0	0	1	$+$ ↲

1	−1	1	1	0	0
0	−1	2	1	1	0
0	0	−3	−1	−1	1

Endsystem:
drei gestaffelte lineare Gleichungssysteme mit derselben Koeffizientenmatrix

Simultane Lösung der drei Endsysteme:

$x_{31} = \frac{1}{3}$	$x_{32} = \frac{1}{3}$	$x_{33} = -\frac{1}{3}$
$x_{21} = -1 + 2x_{31}$ $= -1 + \frac{2}{3}$ $x_{21} = -\frac{1}{3}$	$x_{22} = -1 + 2x_{32}$ $= -1 + \frac{2}{3}$ $x_{22} = -\frac{1}{3}$	$x_{23} = 0 + 2x_{33}$ $= 0 - \frac{2}{3}$ $x_{23} = -\frac{2}{3}$
$x_{11} = 1 - x_{31} + x_{21}$ $= 1 - \frac{1}{3} - \frac{1}{3}$ $x_{11} = \frac{1}{3}$	$x_{12} = 0 - x_{32} + x_{22}$ $= 0 - \frac{1}{3} - \frac{1}{3}$ $x_{12} = -\frac{2}{3}$	$x_{13} = 0 - x_{33} + x_{23}$ $= 0 - \frac{1}{3} - \frac{2}{3}$ $x_{13} = -\frac{1}{3}$

Die zu A inverse Matrix lautet

$$A^{-1} = \begin{bmatrix} x_{11} & x_{12} & x_{13} \\ x_{21} & x_{22} & x_{23} \\ x_{31} & x_{32} & x_{33} \end{bmatrix} = \begin{bmatrix} \frac{1}{3} & -\frac{2}{3} & -\frac{1}{3} \\ -\frac{1}{3} & -\frac{1}{3} & -\frac{2}{3} \\ \frac{1}{3} & \frac{1}{3} & -\frac{1}{3} \end{bmatrix}.$$

Probe:

$$\cdot \begin{bmatrix} \frac{1}{3} & -\frac{2}{3} & -\frac{1}{3} \\ -\frac{1}{3} & -\frac{1}{3} & -\frac{2}{3} \\ \frac{1}{3} & \frac{1}{3} & -\frac{1}{3} \end{bmatrix}$$

$$A \cdot A^{-1} = \begin{bmatrix} 1 & -1 & 1 \\ -1 & 0 & 1 \\ 0 & -1 & -1 \end{bmatrix} = \begin{bmatrix} 1 & 0 & 0 \\ 0 & 1 & 0 \\ 0 & 0 & 1 \end{bmatrix} = E$$

(9) Der Gaußsche Algorithmus zur Berechnung des Ranges einer Matrix:

Geg: $A \in \mathbb{R}^{m \times n}$

Ges: $\text{rg } A =$ Maximalzahl linear unabhängiger Zeilen (oder Spalten) von A

Lsg:

Man transformiere die gegebene Matrix mit dem Gaußschen Algorithmus (in Tabellenform auf die Matrix A angewandt) auf die Form

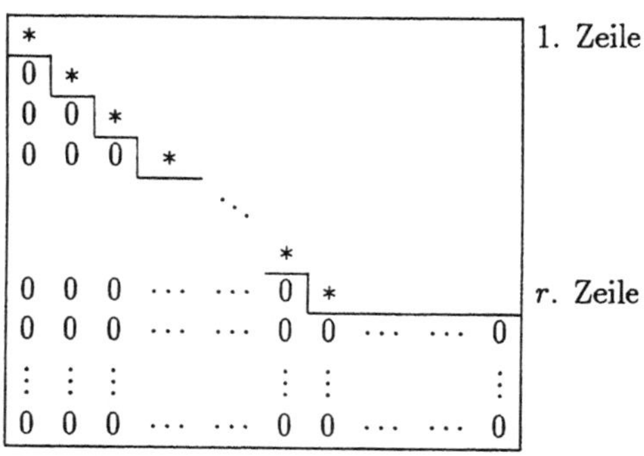

wobei jedes durch einen $*$ gekennzeichnete Element oberhalb der Treppenlinie von Null verschieden ist, und unterhalb der Treppenlinie nur Nullen stehen.

Ergebnis: $\quad \text{rg } A = r.$

1. Bem.: Hier sind neben den stets zulässigen Zeilenvertauschungen auch Spaltenvertauschungen zulässige Operationen.

2. Bem.: Wird ein lineares Gleichungssystem mit dem Gaußschen Algorithmus gelöst, werden dabei automatisch die Ränge von Koeffizienten- und Systemmatrix bestimmt.

(B10) Man ermittle den Rang der Matrix

$$A = \begin{bmatrix} 0 & 0 & 0 \\ 1 & 0 & 2 \\ 1 & 1 & 2 \end{bmatrix}$$

mit dem Gaußschen Algorithmus.

Lsg:

0	0	0		Vertauschen der 1. mit der 3. Zeile
1	0	2		
1	1	2		
1	1	2	$\mid(-1)$	
1	0	2	+	
0	0	0		
1	1	2	1. Zeile	
0	−1	0	2. Zeile	$\underline{\text{rg } A = 2}$
0	0	0		

(10) Lösbarkeitskriterium für lineare Gleichungssysteme:
Ein lineares Gleichungssystem $A \cdot \boldsymbol{x} = \boldsymbol{b}$ mit $A \in \mathbb{R}^{m \times n}$, $\boldsymbol{b} \in \mathbb{R}^m$ besitzt Lösungen gdw. Koeffizientenmatrix und Systemmatrix haben denselben Rang: $r := \text{rg } A = \text{rg } (A, \boldsymbol{b})$. In diesem Falle gilt:

Geg: $A \in \mathbb{R}^{m \times n}$, $\boldsymbol{b} \in \mathbb{R}^m$ mit	Ges: $\boldsymbol{x} \in \mathbb{R}^n$, Lösung von	
$r = \text{rg } A = \text{rg}(A, \boldsymbol{b})$	$A \cdot \boldsymbol{x} = \mathbf{o}$	$A \cdot \boldsymbol{x} = \boldsymbol{b}$
$r = n$	es existiert nur die triviale Lösung $\boldsymbol{x} = \mathbf{o}$	es existiert genau eine Lösung $\boldsymbol{x}$
$r < n$	es existiert eine **Lösungungsmenge** U, die einen $(n-r)$-dimensionalen Unterraum von $\mathbb{R}^n$ bildet	ist $\boldsymbol{x}^0$ eine Lösung des inhomogenen Systems $A \cdot \boldsymbol{x}^0 = \boldsymbol{b}$, so sind $\boldsymbol{x} = \boldsymbol{x}^0 + \boldsymbol{u}$ dessen sämtliche Lösungen, wenn $\boldsymbol{u}$ den Raum U durchläuft

(11) Alternativsatz für quadratische lineare Gleichungssysteme:
Es sei $A \in \mathbb{R}^{n\times n}$. Dann besteht die **Alternative:**

entweder	hat das homogene lineare Gleichungssystem $A \cdot \boldsymbol{x} = \mathbf{o}$ nichttriviale Lösungen $\boldsymbol{x} \neq \mathbf{o}$,
oder	das inhomogene lineare Gleichungssystem $A \cdot \boldsymbol{x} = \boldsymbol{b}$ hat für jede Wahl der rechten Seite $\boldsymbol{b} \in \mathbb{R}^n$ genau eine Lösung $\boldsymbol{x} \in \mathbb{R}^n$.

(12) Existenz der Inversen:
Eine quadratische Matrix $A \in \mathbb{R}^{n\times n}$ ist invertierbar gdw

$$\operatorname{rg} A = n.$$

Bem.: Ist für eine quadratische Matrix A die dazu inverse Matrix A^{-1} bekannt, so erhält man die Lösung des linearen Gleichungssystems $A\cdot\boldsymbol{x} = \boldsymbol{b}$ einfach in der Form $\boldsymbol{x} = A^{-1} \cdot \boldsymbol{b}$.

(13) Gauß-Jordan-Algorithmus zur Lösung linearer Gleichungssysteme:
Mit einer geringen Modifikation des Gaußschen Algorithmus zur Lösung des linearen Gleichungssystems $A \cdot \boldsymbol{x} = \boldsymbol{b}$ mit $A \in \mathbb{R}^{m\times n}$, $\boldsymbol{b} \in \mathbb{R}^m$ kann man erreichen, dass das Endsystem die Gestalt bekommt

$$(14) \qquad D \cdot \begin{bmatrix} x_1 \\ \vdots \\ x_r \end{bmatrix} = \boldsymbol{c} - F \cdot \begin{bmatrix} x_{r+1} \\ \vdots \\ x_n \end{bmatrix}$$

wobei $D \in \mathbb{R}^{r\times r}$ eine invertierbare Diagonalmatrix ist, $\boldsymbol{c} \in \mathbb{R}^r$ und $F \in \mathbb{R}^{r\times(n-r)}$ sind. Dabei ist vorausgesetzt, dass

$$\operatorname{rg} A = \operatorname{rg}(A, \boldsymbol{b}) = r$$

und die ersten r Spalten von A linear unabhängig sind. Durch Multiplikation von (14) mit D^{-1} von links erhält man die (von manchen Autoren so genannte) **kanonische Form des geg. linearen Gleichungssystems:**

$$(14') \qquad \begin{bmatrix} x_1 \\ \vdots \\ x_r \end{bmatrix} = \boldsymbol{d} - M \cdot \begin{bmatrix} x_{r+1} \\ \vdots \\ x_n \end{bmatrix}$$

$$\Updownarrow$$

$$(E, M) \cdot \boldsymbol{x} = \boldsymbol{d}$$

mit $\boldsymbol{d} = D^{-1}\cdot\boldsymbol{c} \in \mathbb{R}^r$, $M = D^{-1}\cdot F \in \mathbb{R}^{r\times(n-r)}$, $E =$ r-dimensionale Einheitsmatrix.

1. Begründung: Man erhält die Darstellung (14), indem man im Anschluß an jeden Eliminationsschritt des Gaußschen Algorithmus mit der aktuellen Pivotgleichung auch aus den vorher benutzten Pivotgleichungen die aktuelle Pivotvariable eliminiert.

2. Begründung: Mit Hilfe der Matrizenrechnung läßt sich (14) aus $A \cdot \boldsymbol{x} = \boldsymbol{b}$ wie folgt herleiten. Die Systemmatrix $(A, \boldsymbol{b})$ sei wie skizziert in Teilmatrizen partitioniert:

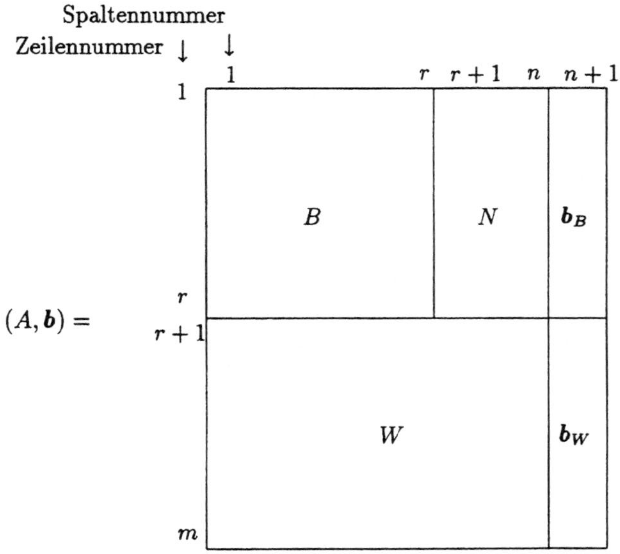

Ohne Beschränkung der Allgemeinheit kann man annehmen, dass die in der oberen linken Ecke stehende $r \times r$-Teilmatrix B von A invertierbar ist. Wegen rg A = rg $(A, \boldsymbol{b}) = r$ (nach Annahme), sind die Zeilenvektoren der Systemmatrix mit Nummern $r+1, r+2, \ldots, m$ linear abhängig von ihren Vorgängerinnen. Partitioniert man den Vektor $\boldsymbol{x}$ entsprechend,

$$\boldsymbol{x} = \begin{bmatrix} x_1 \\ \vdots \\ x_r \\ x_{r+1} \\ \vdots \\ x_n \end{bmatrix} = \begin{bmatrix} \boldsymbol{x}_B \\ \\ \boldsymbol{x}_N \end{bmatrix}$$

so können die ersten r Gleichungen des gegebenen Systems in der Form

$$(B, N) \cdot \boldsymbol{x} = \boldsymbol{b}_B \Leftrightarrow B \cdot \boldsymbol{x}_B + N \cdot \boldsymbol{x}_N = \boldsymbol{b}_B$$

geschrieben werden. Die übrigen Gleichungen können weggelassen werden, weil sie von den ersten r linear abhängig sind (sie sind von selbst erfüllt, wenn die ersten r Gleichungen erfüllt sind). Durch Multiplikation mit B^{-1} von links erhält man

(14') $$\boldsymbol{x}_b = \boldsymbol{d} - M \cdot \boldsymbol{x}_N$$

mit $\boldsymbol{d} = B^{-1} \cdot \boldsymbol{b}_B, \;\; M = B^{-1} \cdot N.$

Bem.: Die Variablen eines linearen Gleichungssystems in kanonischer Form, die zur Einheitsmatrix gehören, heißen **Basisvariablen (BV)**. Alle anderen Variablen heißen **freie Variablen** oder **Nichtbasisvariablen (NBV)**. Bei freier Wahl der Nichtbasisvariablen

$$\begin{array}{lcll} x_{r+1} & = & \lambda_1 & \in \mathbb{R} \\ x_{r+2} & = & \lambda_2 & \in \mathbb{R} \\ & \vdots & & \vdots \\ x_n & = & \lambda_{n-r} & \in \mathbb{R} \end{array}$$

heißt

$$\boldsymbol{x} = \begin{bmatrix} \boldsymbol{x}_B \\ \boldsymbol{x}_N \end{bmatrix}$$

die **allgemeine Lösung des geg. linearen Gleichungssystems** $A \cdot \boldsymbol{x} = \boldsymbol{b}$; bei jeder speziellen Wahl von $x_{r+1} \in \mathbb{R}$, $x_{r+2} \in \mathbb{R}$, $\ldots$, $x_n \in \mathbb{R}$ heißt

$$\boldsymbol{x} = \begin{bmatrix} \boldsymbol{x}_B \\ \boldsymbol{x}_N \end{bmatrix}$$

eine **spezielle Lösung von** $A \cdot \boldsymbol{x} = \boldsymbol{b}$; bei der speziellen Wahl $\boldsymbol{x}_N$ =Nullvektor des $\mathbb{R}^{r-n}$ heißt

$$\boldsymbol{x} = \begin{bmatrix} \boldsymbol{x}_B \\ 0 \end{bmatrix}$$

die **vollständige (zur Basis** B **gehörige) Basislösung** von $A \cdot \boldsymbol{x} = \boldsymbol{b}$ und der Vektor $\boldsymbol{x}_B$ heißt die **zur Basis** B **gehörige Basislösung** von $A \cdot \boldsymbol{x} = \boldsymbol{b}$.

(B11) Man löse das lineare Gleichungssystem

$$\begin{array}{rcrcrcrcl} x_1 & + & x_2 & - & x_3 & + & x_4 & = & 1 \\ x_1 & + & 2x_2 & & & & & = & 1 \\ x_1 & + & 2x_2 & + & x_3 & + & x_4 & = & 2 \\ 2x_1 & + & 3x_2 & - & x_3 & + & x_4 & = & 2 \end{array}$$

mit dem Gauß-Jordan-Algorithmus.

Lsg:

	↓ x_1	x_2	x_3	x_4	b		
→	1	1	−1	1	1	$\mid\cdot(-1)$	$\mid(-2)$
	1	2	0	0	1	+	
	1	2	1	1	2	+	
	2	3	−1	1	2		+
	1	1	−1	1	1	+	
		↓					
→	0	1	1	−1	0	$\mid\cdot(-1)$	
	0	1	2	0	1	+	
	0	1	1	−1	0	+	
	1	0	−2	2	1		+
	0	1	1	−1	0	+	
			↓				
→	0	0	1	1	1	$\mid\cdot(-1)$	$\mid\cdot 2$
	0	0	0	0	0		
	1	0	0	4	3		
	0	1	0	−2	−1		
	0	0	1	1	1		
	0	0	0	0	0		

Freie Variable ist x_4. Wählt man $x_4 = \lambda \in I\!R$ beliebig, lassen sich die Basisvariablen x_1, x_2, x_3 aus dem Endsystem unmittelbar bestimmen (das Rückwärtseinsetzen entfällt beim Gauß-Jordan- Algorithmus):

$$\begin{array}{rcrcrcrcr} x_1 & = & 3 & - & 4x_4 & = & 3 & - & 4\lambda \\ x_2 & = & -1 & + & 2x_4 & = & -1 & + & 2\lambda \\ x_3 & = & 1 & - & x_4 & = & 1 & - & \lambda \\ x_4 & = & & & & & & & \lambda \end{array}$$

Die allgemeine Lösung des gegebenen Gleichungssystems lautet

$$\boldsymbol{x} = \begin{bmatrix} x_1 \\ x_2 \\ x_3 \\ x_4 \end{bmatrix} = \begin{bmatrix} 3 & - & 4\lambda \\ -1 & + & 2\lambda \\ 1 & - & \lambda \\ & & \lambda \end{bmatrix} = \begin{bmatrix} 3 \\ -1 \\ 1 \\ 0 \end{bmatrix} + \lambda \cdot \begin{bmatrix} -4 \\ 2 \\ -1 \\ 1 \end{bmatrix}$$

und die zu der Basis

$$B = \begin{bmatrix} 1 & 1 & -1 \\ 1 & 2 & 0 \\ 1 & 2 & 1 \end{bmatrix}$$

gehörige vollständige Basislösung lautet

$$\boldsymbol{x} = \begin{bmatrix} 3 \\ -1 \\ 1 \\ 0 \end{bmatrix}.$$

Einsetzprobe:

$$\begin{array}{rcrcrcrcr} (3-4\lambda) & + & (-1+2\lambda) & - & (1-\lambda) & + & \lambda & = & 1 \\ (3-4\lambda) & + & 2(-1+2\lambda) & & & & & = & 1 \\ (3-4\lambda) & + & 2(-1+2\lambda) & + & (1-\lambda) & + & \lambda & = & 2 \\ 2(3-4\lambda) & + & 3(-1+2\lambda) & - & (1-\lambda) & + & \lambda & = & 2 \end{array}$$

Bem.: Der Algorithmus von Gauß-Jordan zur Lösung linearer Gleichungssysteme benötigt etwa 1.5 mal soviele Rechenoperationen wie der Gaußsche Algorithmus. Der wichtigste Anwendungsbereich des Gauß-Jordan- Algorithmus ist die lineare Optimierung.

4.4 Klausuraufgaben

(K1) Gegeben sind die von einem reellen Parameter k abhängenden Vektoren

$$\boldsymbol{a} = \begin{bmatrix} k \\ 2k \\ 2k \\ k \end{bmatrix}, \quad \boldsymbol{b} = \begin{bmatrix} 0 \\ k \\ 0 \\ k \end{bmatrix}, \quad \boldsymbol{c} = \begin{bmatrix} 2 \\ 4 \\ 5 \\ 2 \end{bmatrix}, \quad \boldsymbol{d} = \begin{bmatrix} 1 \\ 4 \\ 4 \\ 4 \end{bmatrix}, \quad \boldsymbol{e} = \begin{bmatrix} 2 \\ -4 \\ 0 \\ -9 \end{bmatrix}.$$

a) Zeigen Sie: Es gibt genau ein $k \in \mathbb{R}$, so dass die Vektoren $\boldsymbol{a}, \boldsymbol{b}, \boldsymbol{c}, \boldsymbol{d}$ linear abhängig sind. Wie lautet dieses k?

b) Zeigen Sie: Für jedes $k \in \mathbb{R}$ sind die Vektoren $\boldsymbol{a}, \boldsymbol{b}, \boldsymbol{c}, \boldsymbol{d}, \boldsymbol{e}$ linear abhängig.

Lsg.:

a) Man sieht unmittelbar, dass für $k = 0$ der Vektor $\boldsymbol{a}$ der Nullvektor ist und deshalb jedes System von Vektoren, das den Vektor $\boldsymbol{a}$ enthält, linear abhängig sein muss. Aber ist $k = 0$ der einzige Wert, so dass die Vektoren $\boldsymbol{a}, \boldsymbol{b}, \boldsymbol{c}, \boldsymbol{d}$ linear abhängig sind? Um das festzustellen, ist der Rang dieses Vektorsystems zu überprüfen. Dazu wird der Gaußsche Algorithmus verwendet:

$\boldsymbol{a}$	$\boldsymbol{b}$	$\boldsymbol{c}$	$\boldsymbol{d}$	$\mathbf{o}$	
k	0	2	1	0	$\mid \cdot(-2)$ → Zeile 2; $\mid \cdot(-2)$ → Zeile 3; $\mid \cdot(-1)$ → Zeile 4
$2k$	k	4	4	0	$+$
$2k$	0	5	4	0	$+$
k	k	2	4	0	$+$
k	0	2	1	0	
0	k	0	2	0	$\mid \cdot(-1)$ → Zeile 4
0	0	1	2	0	
0	k	0	3	0	$+$
k	0	2	1	0	
0	k	0	2	0	
0	0	1	2	0	
0	0	0	1	0	

$= B$

Es sei A die Matrix $A = (\boldsymbol{a}, \boldsymbol{b}, \boldsymbol{c}, \boldsymbol{d})$. Das homogene lineare Gleichungssystem $A\boldsymbol{x} = \mathbf{o}$ besitzt genau dann nur die triviale Lösung, wenn der Rang von A $\text{rg}(A) = 4$ ist. Das ist genau dann der Fall, wenn $\text{rg}B = 4$, d.h. wenn $k \neq 0$, d.h. genau für $k \neq 0$ sind die Vektoren $\boldsymbol{a}, \boldsymbol{b}, \boldsymbol{c}, \boldsymbol{d}$ linear unabhängig.

b) Es sei $k \in \mathbb{R}$ beliebig. Dann sind genau zwei Fälle möglich:
1.) Die Vektoren $\boldsymbol{a}, \boldsymbol{b}, \boldsymbol{c}, \boldsymbol{d}$ sind linear abhängig. Dann sind auch die fünf Vektoren $\boldsymbol{a}, \boldsymbol{b}, \boldsymbol{c}, \boldsymbol{d}, \boldsymbol{e}$ linear abhängig, weil man in einer Linearkombination

$$\lambda_1 \boldsymbol{a} + \lambda_2 \boldsymbol{b} + \lambda_3 \boldsymbol{c} + \lambda_4 \boldsymbol{d} + \lambda_5 \boldsymbol{e} = \mathbf{o}$$

nur $\lambda_5 = 0$ zu wählen brauchte.
2.) Die 4 Vektoren $\boldsymbol{a}, \boldsymbol{b}, \boldsymbol{c}, \boldsymbol{d}$ des $\mathbb{R}^4$ sind linear unabhängig. Dann bilden sie eine Basis des $\mathbb{R}^4$ und jeder Vektor des $\mathbb{R}^4$ läßt sich eindeutig als Linearkombination dieser Vektoren darstellen. Wendet man das auf den Vektor $\boldsymbol{e}$ an, so folgt: Die 5 Vektoren $\boldsymbol{a}, \boldsymbol{b}, \boldsymbol{c}, \boldsymbol{d}, \boldsymbol{e}$ des $\mathbb{R}^4$ sind linear abhängig.

Alternativ kann man so argumentieren: Die Frage, ob es eine nichttriviale Linearkombination $\lambda_1 \boldsymbol{a} + \lambda_2 \boldsymbol{b} + \lambda_3 \boldsymbol{c} + \lambda_4 \boldsymbol{d} + \lambda_5 \boldsymbol{e} = \mathbf{o}$ gibt, ist äquivalent zur Frage, ob ein homogenes lineares Gleichungssystem aus 4 Gleichungen für 5 Unbekannte $\lambda_1, \lambda_2, \lambda_3, \lambda_4, \lambda_5$ eine nichttriviale Lösung besitzt. Das ist stets der Fall! Man kann eine der Unbekannten, etwa λ_5 frei (ungleich Null) wählen, und den Vektor $\lambda_5 \boldsymbol{e}$ auf die rechte Seite bringen. Das so entstehende lineare Gleichungssystem aus 4 inhomogenen Gleichungen für 4 Unbekannte hat dann stets mindestens eine Lösung, denn entweder ist dessen Matrix nichtsingulär, dann hat es genau eine Lösung, oder sie ist singulär, dann hat es viele Lösungen, denn das Gleichungssystem kann keinen Widerspruch enthalten, weil es stets die triviale Lösung besitzt, oder anders ausgedrückt: weil stets rang $A =$ rang $(A, \mathbf{o})$.

(K2) Gegeben seien die von einem Parameter $c \in \mathbb{R}$ abhängige Matrix $A(c)$ und die Vektoren $\boldsymbol{y}$ und $\boldsymbol{z}$:

$$A(c) = \begin{bmatrix} 1 & 0 & 1 & 1 \\ 0 & -1 & 1 & 0 \\ 1 & 1 & 0 & c \\ 1 & 0 & c & 1 \end{bmatrix}, \quad \boldsymbol{y} = \begin{bmatrix} 2 \\ 0 \\ 2 \\ 2 \end{bmatrix}, \quad \boldsymbol{z} = \begin{bmatrix} 2 \\ 2 \\ 2 \\ 0 \end{bmatrix}.$$

a) Für welche c hat $A(c)$ den vollen Rang 4? Welchen Rang besitzt $A(c)$ für die anderen c?

b) Für welche c besitzt das lineare Gleichungssystem $A(c) \cdot \boldsymbol{x} = \boldsymbol{y}$ Lösungen? Man berechne diese gegebenenfalls.

c) Für welche c besitzt das lineare Gleichungssystem $A(c) \cdot \boldsymbol{x} = \boldsymbol{z}$ Lösungen? Man berechne diese gegebenenfalls.

Lsg.: Die drei Fragen sind miteinander verknüpft. Wenn man den Gaußschen Algorithmus auf die erweiterte Matrix $(A(c), \boldsymbol{y}, \boldsymbol{z})$ anwendet, kann man ihre Beantwortung zugleich erarbeiten.

$A(c)$				$\boldsymbol{y}$	$\boldsymbol{z}$	
1	0	1	1	2	2	$\mid\cdot(-1)\mid$ $\mid\cdot(-1)\mid$
0	−1	1	0	0	2	
1	1	0	c	2	2	+
1	0	c	1	2	0	+
1	0	1	1	2	2	
0	−1	1	0	0	2	$\mid$
0	1	−1	$c-1$	0	0	+
0	0	$c-1$	0	0	−2	
1	0	1	1	2	2	
0	−1	1	0	0	2	
0	0	0	$c-1$	0	2	
0	0	$c-1$	0	0	−2	
1	0	1	1	2	2	
0	−1	1	0	0	2	
0	0	$c-1$	0	0	−2	
0	0	0	$c-1$	0	2	

a) Genau für $c \neq 1$ besitzt $A(c)$ vollen Rang 4. Für $c = 1$ besitzt $A(1)$ den Rang 2.

b) Für $c \neq 1$ besitzt das lineare Gleichungssystem $A(c) \cdot \boldsymbol{x} = \boldsymbol{y}$ genau eine Lösung $\boldsymbol{x} = (2, 0, 0, 0)^T$. Für $c = 1$ besitzt dieses Gleichungssystem eine zweiparametrige lösungsschar:

$$\begin{aligned}
x_4 &= \lambda \\
x_3 &= \mu \\
x_2 &= x_3 = \mu \\
x_1 &= 2 - x_3 - x_4 = 2 - \mu - \lambda \\
\boldsymbol{x} &= \begin{bmatrix} 2-\mu-\lambda \\ \mu \\ \mu \\ \lambda \end{bmatrix} = \begin{bmatrix} 2 \\ 0 \\ 0 \\ 0 \end{bmatrix} + \lambda \begin{bmatrix} -1 \\ 0 \\ 0 \\ 1 \end{bmatrix} + \mu \begin{bmatrix} -1 \\ 1 \\ 1 \\ 0 \end{bmatrix}
\end{aligned}$$

c) Für $c \neq 1$ besitzt das lineare Gleichungssystem $A(c) \cdot \boldsymbol{x} = \boldsymbol{z}$ genau eine Lösung:

$$\begin{aligned}
x_4 &= \frac{2}{c-1} \\
x_3 &= -\frac{2}{c-1} \\
x_2 &= -2 + x_3 = -2\frac{c}{c-1} \\
x_1 &= 2 - x_3 - x_4 = 2 \\
\boldsymbol{x} &= \begin{bmatrix} 2 \\ -2-\frac{2}{c-1} \\ -\frac{2}{c-1} \\ \frac{2}{c-1} \end{bmatrix} = \begin{bmatrix} 2 \\ \frac{-2c}{c-1} \\ \frac{-2}{c-1} \\ \frac{2}{c-1} \end{bmatrix} = \frac{2}{c-1} \begin{bmatrix} c-1 \\ -c \\ -1 \\ 1 \end{bmatrix}
\end{aligned}$$

Für $c = 1$ besitzt das lineare Gleichungssystem $A(1) \cdot \boldsymbol{x} = \boldsymbol{z}$ keine Lösung, da rang $A(1) = 2 \neq$ rang $(A(1), \boldsymbol{z}) = 3$.

(K3) Gegeben sind

$$A = \begin{bmatrix} 1 & -1 & 0 & 0 \\ 2 & -1 & 2 & 1 \\ -1 & 2 & 3 & 4 \\ 0 & 2 & a & a \end{bmatrix}, \quad a \in I\!R; \quad B = \begin{bmatrix} 1 & 0 & 1 & 0 \\ 0 & 2 & 0 & 2 \\ 1 & 0 & 2 & 0 \\ 0 & 1 & 0 & 2 \end{bmatrix}.$$

a) Für welche $a \in I\!R$ besitzt A keine Inverse?

b) Lösen Sie im Fall $a = 4$ die Matrizengleichung $X \cdot A = B$.

Lsg.: Die Fragen sind miteinander verknüpft. Die Matrizengleichung $X \cdot A = B$ ist äquivalent mit der Gleichung $A^T \cdot X^T = B^T$, wobei A^T die zu A transponierte Matrix bezeichnet. Da außerdem rang A = rang A^T, können beide Fragen zugleich mit dem Gaußschen Algorithmus, der auf das Gleichungssystem $A^T \cdot X^T = B^T$ angewendet wird, bearbeitet werden.

A^T				B^T				
1	2	−1	0	1	0	1	0	|
−1	−1	2	2	0	2	0	1	+
0	2	3	a	1	0	2	0	
0	1	4	a	0	2	0	2	
1	2	−1	0	1	0	1	0	
0	1	1	2	1	2	1	1	$\| \cdot (-2)$ $\| \cdot (-1)$
0	2	3	a	1	0	2	0	+
0	1	4	a	0	2	0	2	+
1	2	−1	0	1	0	1	0	
0	1	1	2	1	2	1	1	
0	0	1	$a-4$	−1	−4	0	−2	$\| \cdot (-3)$
0	0	3	$a-2$	−1	0	−1	1	+
1	2	−1	0	1	0	1	0	
0	1	1	2	1	2	1	1	
0	0	1	$a-4$	−1	−4	0	−2	
0	0	0	$-2a+10$	2	12	−1	7	

a) Die Matrix A besitzt keine Inverse genau für $a = 5$.

b) Für $a = 4$ lautet das letzte, gestaffelte lineare Gleichungssystem

1	2	−1	0	1	0	1	0
0	1	1	2	1	2	1	1
0	0	1	0	−1	−4	0	−2
0	0	0	2	2	12	−1	7

Durch Rückwärtseinsetzen lassen sich jetzt die Einträge der Matrix

$$X^T = \begin{bmatrix} x_{1,1} & x_{2,1} & x_{3,1} & x_{4,1} \\ x_{1,2} & x_{2,2} & x_{3,2} & x_{4,2} \\ x_{1,3} & x_{2,3} & x_{3,3} & x_{4,2} \\ x_{1,4} & x_{2,4} & x_{3,4} & x_{4,4} \end{bmatrix} = \begin{bmatrix} 0 & 8 & -3 & 6 \\ 0 & -6 & 2 & -4 \\ -1 & -4 & 0 & -2 \\ 1 & 6 & -\frac{1}{2} & \frac{7}{2} \end{bmatrix}$$

berechnen. Damit lautet die gesuchte Matrix

$$X = \begin{bmatrix} 0 & 0 & -1 & 1 \\ 8 & -6 & -4 & 6 \\ -3 & 2 & 0 & -\frac{1}{2} \\ 6 & -4 & -2 & \frac{7}{2} \end{bmatrix}.$$

(K4) a) Man zeige, dass die folgenden Gleichungen bzgl. eines cartesischen x_1, x_2-Koordinatensystems dieselbe Gerade g darstellen:

(1) $x_1 + x_2 = 1$

(2) $\boldsymbol{x} = (0,1) + \lambda(1,-1), \qquad \lambda \in \mathbb{R}.$

b) Wo schneidet die Gerade h mit der Parameterdarstellung

$$\boldsymbol{x} = (1,0) + \mu(-1,2), \qquad \mu \in \mathbb{R}$$

die Gerade g?

c) Wo schneidet die durch die Punkte $P = (2,-1)$ und $Q = (-1,2)$ verlaufende Gerade die Gerade g?

d) Man bestimme den Abstand des Punktes $R = (4,1)$ von der Geraden g und auf g den Punkt S, der den kürzesten Abstand von R besitzt.

Lsg.:

a) Umwandlung der Paramterdarstellung (2) von g in die Koordinatengleichung:

$$\boldsymbol{x} = (x_1, x_2) = (0,1) + \lambda(1,-1) \quad \Leftrightarrow \quad \begin{array}{rcl} x_1 & = & \lambda \\ x_2 & = & 1-\lambda \end{array}$$

Elimination von λ ergibt: $x_2 = 1 - x_1$, das ist die Gleichung (1). Also stellen die Gleichungen (1) und (2) dieselbe Gerade g dar.

b) Bestimmung des Schnittpunktes von g und h: Die Vektorgleichung

$$(0,1) + \lambda(1,-1) = (1,0) + \mu(-1,2)$$

ist äquivalent zu den zwei Komponentengleichungen

$$(*)\left\{\begin{array}{rcl} \lambda & = & 1-\mu \\ 1-\lambda & = & 2\mu \end{array}\right.$$

$(*)$ ist ein lineares Gleichungssystem von 2 Gleichungen für 2 Unbekannte λ, μ. Lösung mit dem Gaußschen Algorithmus:

λ	μ		
1	1	1	|
−1	−2	−1	+ ←
1	1	1	
0	−1	0	

Es besitzt die Lösung $\lambda = 1, \mu = 0$. Der Schnittpunkt der Geraden g und h ist also: $S = (1,0)$.

c) Paramterdarstellung der Geraden f durch P und Q:

$$\boldsymbol{x} = P + \mu(Q - P) = (2,-1) + \mu(-3,3), \quad \mu \in I\!R.$$

Bestimmung des Schnittpunktes von f und g: die Vektorgleichung

$$(0,1) + \lambda(1,-1) = (2,-1) + \mu(-3,3), \quad \mu \in I\!R$$

ist den zwei Komponentengleichungen äquivalent:

$$(*)\left\{\begin{array}{rcl} \lambda & = & 2 - 3\mu \\ 1 - \lambda & = & -1 + 3\mu \end{array}\right.$$

$(*)$ ist ein lineares Gleichungssystem von 2 Gleichungen für 2 Unbekannte λ, μ. Der Gaußsche Algorithmus ergibt

λ	μ		
1	3	2	|
−1	−3	−2	+
1	3	2	
0	0	0	

Es besitzt die Lösungsschar $(\lambda, \mu) = (2 - 3\mu, \mu), \quad \mu \in I\!R$. Das bedeutet: alle Punkte

$$\boldsymbol{x} = (2,-1) + \mu(-3,3) = (0,1) + (2 - 3\mu)(1,-1), \quad \mu \in I\!R$$

sind Schnittpunkte von f und g, d.h. diese Geraden sind identisch, oder anders ausgedrückt: die Punkte P und Q liegen auf der Geraden g.

d) Die Bedingungen für den gesuchten Punkt S sind:

$$S = (0,1) + \lambda(1,-1) \quad \text{und} \quad S - R \perp (1,-1).$$

Die Orthogonalitätsbedingung liefert die folgende Gleichung für den unbekannten Paramter λ:

$$(\lambda - 4, 1 - \lambda - 1) \cdot \begin{bmatrix} 1 \\ -1 \end{bmatrix} \stackrel{!}{=} 0 \Leftrightarrow \lambda - 4 + \lambda = 0 \Leftrightarrow \lambda = 2.$$

Damit ist $S = (0,1) + 2(1,-1) = (2,-1)$. Der Abstand $\mathrm{dist}(R,g)$ des Punktes R von der Geraden g ist

$$\mathrm{dist}(R,g) = \mathrm{dist}(R,S) = \sqrt{(4-2)^2 + (1-(-1))^2} = \sqrt{8}.$$

Kapitel 5

Determinanten und lineare Gleichungssysteme II

5.1 Determinanten zweireihiger Matrizen

(B1) Man berechne die Lösung x der linearen Gleichung für eine Unbekannte

$$a \cdot x = b \qquad (a \in \mathbb{R}, b \in \mathbb{R}).$$

Lsg:

$$x = \begin{cases} \dfrac{b}{a} & \text{wenn } a \neq 0 \\ \in \mathbb{R} \text{ beliebig} & \text{wenn } a = 0 \text{ und } b = 0 \\ \text{existiert nicht} & \text{wenn } a = 0 \text{ und } b \neq 0. \end{cases}$$

(B2) Man berechne die Lösung $x = \begin{bmatrix} x_1 \\ x_2 \end{bmatrix}$ des linearen Gleichungssystems

$$\begin{matrix} a_{11} \cdot x_1 + a_{12} \cdot x_2 = b_1 \\ a_{21} \cdot x_1 + a_{22} \cdot x_2 = b_2 \end{matrix} \quad \Longleftrightarrow \quad A \cdot x = b \quad \text{mit}$$

$$A = \begin{bmatrix} a_{11} & a_{12} \\ a_{21} & a_{22} \end{bmatrix} \in \mathbb{R}^{2\times 2}, \ b = \begin{bmatrix} b_1 \\ b_2 \end{bmatrix} \in \mathbb{R}^2.$$

Lsg:

(i) Elimination von x_1: Multipliziert man die 2. Glg. mit a_{11} und die 1. Glg. mit $-a_{21}$ und addiert, erhält man

$$\begin{array}{rrcrcrl} & - & a_{11} \cdot a_{21} \cdot x_1 & - & a_{12} \cdot a_{21} \cdot x_2 & = & - \ b_1 \cdot a_{21} \\ + & & a_{11} \cdot a_{21} \cdot x_1 & + & a_{11} \cdot a_{22} \cdot x_2 & = & a_{11} \cdot b_2 \\ \hline & & (a_{11} \cdot a_{22} & - & a_{12} \cdot a_{21}) \cdot x_2 & = & a_{11} \cdot b_2 - b_1 \cdot a_{21} \end{array}$$

(ii) Elimation von x_2: Multipliziert man die 2. Glg. mit $-a_{12}$ und die 1. Glg. mit a_{22} und addiert, so erhält man

$$\begin{array}{rrcrcrl} & & a_{11} \cdot a_{22} \cdot x_1 & + & a_{12} \cdot a_{22} \cdot x_2 & = & b_1 \cdot a_{22} \\ + & - & a_{12} \cdot a_{21} \cdot x_1 & - & a_{12} \cdot a_{22} \cdot x_2 & = & - \ a_{12} \cdot b_2 \\ \hline (a_{11} \cdot a_{22} & - & a_{12} \cdot a_{21}) x_1 & & & = & b_1 \cdot a_{22} - a_{12} \cdot b_2 \end{array}$$

Fortsetzung der Lsg. von (B2) s.u. (*).

(1) Ein quadratisches lineares Gleichungssystem $\boldsymbol{A} \cdot \boldsymbol{x} = \boldsymbol{b}$ besitzt eine eindeutig bestimmte Lösung gdw $\det A \neq 0$,

wobei für eine zweireihige Matrix $A = \begin{bmatrix} a_{11} & a_{12} \\ a_{21} & a_{22} \end{bmatrix}$

$$\det A := \begin{vmatrix} a_{11} & a_{12} \\ a_{21} & a_{22} \end{vmatrix} := a_{11} \cdot a_{22} - a_{12} \cdot a_{21}.$$

Die unter (1) definierte Zahl $\det A$ heißt die **Determinante** der zweireihigen Matrix A. Sie wird mit $\det A$ oder durch die Angabe der Matrix zwischen senkrechten "**Determinantenstrichen**" $\begin{vmatrix} a_{11} & a_{12} \\ a_{21} & a_{22} \end{vmatrix}$ bezeichnet.

(*) Fortsetzung der Lösung von (B2): Setzt man

$A_1 = \begin{bmatrix} b_1 & a_{12} \\ b_2 & a_{22} \end{bmatrix}$ die 1. Spalte von A ist durch den Spaltenvektor b der rechten Seiten ersetzt

$A_2 = \begin{bmatrix} a_{11} & b_1 \\ a_{21} & b_2 \end{bmatrix}$ die 2. Spalte von A ist durch den Spaltenvektor b der rechten Seiten ersetzt

so lautet die Lösung, wenn $\det A \neq 0$,

(2) Cramersche Regel: $x_1 = \dfrac{\det A_1}{\det A}, \qquad x_2 = \dfrac{\det A_2}{\det A}.$

Wenn $\det A = 0$ und $\det A_1 = \det A_2 = 0$, existiert eine Lösungsschar, die einparametrig ist, wenn A nicht die Nullmatrix ist, und zweiparametrig gdw $A = 0$ und $b = 0$.

Wenn $\det A = 0$ und $\det A_1 \neq 0$ oder $\det A_2 \neq 0$, ist das Gleichungssystem inkonsistent.

(B3) Man berechne Rang und Determinante der Matrizen

a) $\begin{bmatrix} 1 & 2 \\ 3 & 4 \end{bmatrix}$ b) $\begin{bmatrix} 1 & 3 \\ 2 & 4 \end{bmatrix}$ c) $\begin{bmatrix} 6 & 8 \\ 3 & 4 \end{bmatrix}$ d) $\begin{bmatrix} 4 & 6 \\ 3 & 4 \end{bmatrix}$

Lsg:

a) $\operatorname{rg}\begin{bmatrix} 1 & 2 \\ 3 & 4 \end{bmatrix} = \operatorname{rg}\begin{bmatrix} 1 & 2 \\ 0 & -2 \end{bmatrix} = 2,$ $\quad \begin{vmatrix} 1 & 2 \\ 3 & 4 \end{vmatrix} = 1 \cdot 4 - 2 \cdot 3 = -2$

b) $\operatorname{rg}\begin{bmatrix} 1 & 3 \\ 2 & 4 \end{bmatrix} = \operatorname{rg}\begin{bmatrix} 1 & 2 \\ 3 & 4 \end{bmatrix} = 2,$ $\quad \begin{vmatrix} 1 & 3 \\ 2 & 4 \end{vmatrix} = 1 \cdot 4 - 3 \cdot 2 = -2$

c) $\operatorname{rg}\begin{bmatrix} 6 & 8 \\ 3 & 4 \end{bmatrix} = 1,$ da die 1. Zeile das 2-fache der 2. Zeile ist

$\begin{vmatrix} 6 & 8 \\ 3 & 4 \end{vmatrix} = 6 \cdot 4 - 8 \cdot 3 = 0$

d) $\operatorname{rg}\begin{bmatrix} 4 & 6 \\ 3 & 4 \end{bmatrix} = \operatorname{rg}\begin{bmatrix} 1 & 2 \\ 3 & 4 \end{bmatrix} = 2,$ zu der 1. Zeile wurde das (-1)-fache der 2. Zeile addiert

$$\begin{vmatrix} 4 & 6 \\ 3 & 4 \end{vmatrix} = 4 \cdot 4 - 3 \cdot 6 = -2.$$

(B4) Man löse

$$\begin{array}{rcrcl} x_1 & + & 2x_2 & = & 0 \\ 3x_1 & + & 4x_2 & = & 2 \end{array} \iff A \cdot x = b$$

mit der Cramerschen Regel.

Lsg: $A = \begin{bmatrix} 1 & 2 \\ 3 & 4 \end{bmatrix} \qquad A_1 = \begin{bmatrix} 0 & 2 \\ 2 & 4 \end{bmatrix} \qquad A_2 = \begin{bmatrix} 1 & 0 \\ 3 & 2 \end{bmatrix}$

$$x_1 = \frac{\det A_1}{\det A} = \frac{-4}{-2} = 2$$
$$x_2 = \frac{\det A_2}{\det A} = \frac{2}{-2} = -1.$$

(B5) Man berechne die inverse Matrix von $A = \begin{bmatrix} a_{11} & a_{12} \\ a_{21} & a_{22} \end{bmatrix}$ in Abhängigkeit von den Elementen von A.

Lsg: Ansatz: $A^{-1} = \begin{bmatrix} x_{11} & x_{12} \\ x_{21} & x_{22} \end{bmatrix}$. Bedingung: $A \cdot A^{-1} = E$

$$\iff \begin{bmatrix} a_{11} & a_{12} \\ a_{21} & a_{22} \end{bmatrix} \cdot \begin{bmatrix} x_{11} & x_{12} \\ x_{21} & x_{22} \end{bmatrix} = \begin{bmatrix} 1 & 0 \\ 0 & 1 \end{bmatrix}$$

Lösung mit der Cramerschen Regel:

$$\iff \left\{ \begin{array}{ll} a_{11} \cdot x_{11} + a_{12} \cdot x_{21} = 1, & x_{11} = \dfrac{\begin{vmatrix} 1 & a_{12} \\ 0 & a_{22} \end{vmatrix}}{\det A} = \dfrac{a_{22}}{\det A} \\ a_{21} \cdot x_{11} + a_{22} \cdot x_{21} = 0, & x_{21} = \dfrac{\begin{vmatrix} a_{11} & 1 \\ a_{21} & 0 \end{vmatrix}}{\det A} = \dfrac{-a_{21}}{\det A} \\ a_{11} \cdot x_{12} + a_{12} \cdot x_{22} = 0, & x_{12} = \dfrac{\begin{vmatrix} 0 & a_{12} \\ 1 & a_{22} \end{vmatrix}}{\det A} = \dfrac{-a_{12}}{\det A} \\ a_{21} \cdot x_{12} + a_{22} \cdot x_{22} = 1, & x_{22} = \dfrac{\begin{vmatrix} a_{11} & 0 \\ a_{21} & 1 \end{vmatrix}}{\det A} = \dfrac{a_{11}}{\det A} \end{array} \right.$$

(3) Die Inverse A^{-1} von A existiert gdw $\det A \neq 0$.

Für eine zweireihige Matrix $A = \begin{bmatrix} a_{11} & a_{12} \\ a_{21} & a_{22} \end{bmatrix}$ lautet die Inverse

(4)
$$A^{-1} = \frac{1}{\det A} \begin{bmatrix} a_{22} & -a_{12} \\ -a_{21} & a_{11} \end{bmatrix}$$

(B6) Wie lautet die Inverse von $A = \begin{bmatrix} 1 & 4 \\ 3 & 2 \end{bmatrix}$? Man mache die Probe.

Lsg: $\det A = \begin{vmatrix} 1 & 4 \\ 3 & 2 \end{vmatrix} = -10$

$$A^{-1} = \frac{1}{-10} \cdot \begin{bmatrix} 2 & -4 \\ -3 & 1 \end{bmatrix}$$

Probe:

$$\cdot \frac{-1}{10} \cdot \begin{bmatrix} 2 & -4 \\ -3 & 1 \end{bmatrix}$$

$$A \cdot A^{-1} = \begin{bmatrix} 1 & 4 \\ 3 & 2 \end{bmatrix} = \frac{-1}{10} \cdot \begin{bmatrix} -10 & 0 \\ 0 & -10 \end{bmatrix} = E.$$

Bemerkung: Die hier für zweireihige Matrizen erhaltene Resultate (1), (2), (3) und (4) gelten analog für n-reihige Matrizen. Dazu müssen nur die verwendeten Begriffe geeignet für n-reihige Matrizen erklärt werden.

5.2 Determinanten n-reihiger Matrizen

(1) Def: Wenn

$$A = \begin{bmatrix} a_{11} & \cdots & a_{1n} \\ \vdots & & \vdots \\ a_{n1} & \cdots & a_{nn} \end{bmatrix}$$

eine n-reihige quadratische Matrix ist, bezeichnet man die $(n-1)$-reihige quadratische Matrix, die man durch Weglassen der i-ten Zeile und k-ten Spalte von A erhält, mit A_{ik}.

(B1) $A = \begin{bmatrix} 1 & 2 & 3 \\ 4 & 5 & 6 \\ 7 & 8 & 9 \end{bmatrix} \quad A_{11} = ?, \quad A_{31} = ?, \quad A_{23} = ?$

Lsg: $A_{11} = \begin{bmatrix} 5 & 6 \\ 8 & 9 \end{bmatrix}, \quad A_{31} = \begin{bmatrix} 2 & 3 \\ 5 & 6 \end{bmatrix}, \quad A_{23} = \begin{bmatrix} 1 & 2 \\ 7 & 8 \end{bmatrix}.$

(2) Def: Determinanten n- reihiger quadratischer Matrizen werden rekursiv definiert.

$$n = 1: \quad \det(a_{11}) := a_{11}$$

$$n = 2: \quad \begin{vmatrix} a_{11} & a_{12} \\ a_{21} & a_{22} \end{vmatrix} = a_{11} \cdot a_{22} - a_{12} \cdot a_{21}$$

$$n \geq 2: \quad \begin{vmatrix} a_{11} & a_{12} & \cdots & a_{1n} \\ a_{21} & a_{22} & \cdots & a_{2n} \\ \vdots & \vdots & & \vdots \\ a_{n1} & a_{n2} & \cdots & a_{nn} \end{vmatrix} := \sum_{k=1}^{n} a_{1k}(-1)^{1+k} \det A_{1k}$$

$$= a_{11} \cdot \det A_{11} - a_{12} \cdot \det A_{12} + - \ldots + (-1)^{1+n} \cdot a_{1n} \cdot \det A_{1n}$$

"**Laplace-Entwicklung** von $\det A$ nach der 1. Zeile"

(B2) $\begin{vmatrix} 3 & 1 & 1 \\ 2 & 1 & 0 \\ 1 & 3 & 3 \end{vmatrix} = ?$

Lsg: $\begin{vmatrix} 3 & 1 & 1 \\ 2 & 1 & 0 \\ 1 & 3 & 3 \end{vmatrix} = 3 \cdot \begin{vmatrix} 1 & 0 \\ 3 & 3 \end{vmatrix} - 1 \cdot \begin{vmatrix} 2 & 0 \\ 1 & 3 \end{vmatrix} + 1 \cdot \begin{vmatrix} 2 & 1 \\ 1 & 3 \end{vmatrix} = 3 \cdot 3 - 1 \cdot 6 + 1 \cdot 5 = 8.$

(3) Laplacescher Entwicklungssatz:
Es sei A eine quadratische n-reihige Matrix

$$A = \begin{bmatrix} a_{11} & a_{12} & \ldots & a_{1n} \\ a_{21} & a_{22} & \ldots & a_{2n} \\ \vdots & \vdots & & \vdots \\ a_{n1} & a_{n2} & \ldots & a_{nn} \end{bmatrix}.$$

Dann gilt für jeden Zeilenindex $i \in \{1, 2, \ldots, n\}$

$$\det A = \sum_{k=1}^{n} a_{ik} \cdot (-1)^{i+k} \cdot \det A_{ik},$$

"**Laplace-Entwicklung** von $\det A$ nach der i-ten Zeile"

und für jeden Spaltenindex $k \in \{1, 2, \ldots, n\}$ gilt

$$\det A = \sum_{i=1}^{n} a_{ik} \cdot (-1)^{i+k} \cdot \det A_{ik},$$

"**Laplace-Entwicklung** von $\det A$ nach der k-ten Spalte."

Bezeichnungen:

a_{ik} = Element von $A = (a_{ik})_{i=1,\ldots,n}^{k=1,\ldots,n}$ in der i-ten Zeile und k-ten Spalte

A_{ik} = Matrix, die aus A durch Weglassen der i-ten Zeile und k-ten Spalte erhalten wird, eine **Untermatrix** von A

$\det A_{ik}$ = "**Streichungsdeterminante** zum Element a_{ik} von A"
= Determinante, die aus $\det A$ durch Weglassen der i-ten Zeile und k-ten Spalte erhalten wird, eine **Unterdeterminante** oder ein **Minor** von A.

$(-1)^{i+k} \cdot \det A_{ik}$ = **Adjunkte** von a_{ik}
= **algebraisches Komplement** von a_{ik}
= **Kofaktor** von a_{ik}
= mit Vorzeichen versehener Minor von A

Bemerkung: Die in den Laplace-Entwicklungen vorkommenden Vorzeichen sind schachbrettartig verteilt, wobei in der (Haupt-) Diagonale nur + Zeichen stehen:

$$\begin{matrix} + & - & + & - & + & \cdots \\ - & + & - & + & - & \cdots \\ + & - & + & - & + & \cdots \\ - & + & - & + & - & \cdots \\ + & - & + & - & + & \cdots \\ \vdots & \vdots & \vdots & \vdots & \vdots & \ddots \end{matrix}$$

(B3) Man berechne die folgende Determinante möglichst einfach durch Laplace-Entwicklung

$$\det A = \begin{vmatrix} 2 & 3 & 0 & 1 \\ 3 & 2 & 1 & 0 \\ 0 & 1 & 0 & 3 \\ 3 & 2 & 0 & 0 \end{vmatrix}$$

Lsg: Im ersten Schritt ist die Entwiclung von $\det A$ nach der 3. Spalte am einfachsten, weil diese die meisten Nullen enthält:

$$\det A = (-1) \cdot \begin{vmatrix} 2 & 3 & 1 \\ 0 & 1 & 3 \\ 3 & 2 & 0 \end{vmatrix}$$

Weitere Entwicklung nach der 1. Spalte ergibt

$$\begin{aligned}\det A &= (-1)\cdot\left(2\cdot\begin{vmatrix}1 & 3\\ 2 & 0\end{vmatrix} + 3\cdot\begin{vmatrix}3 & 1\\ 1 & 3\end{vmatrix}\right)\\ &= (-1)\cdot(2\cdot(-6)+3\cdot 8) = -12\end{aligned}$$

(B4) Man berechne die Determinante einer Dreiecksmatrix.

Lsg: Die Determinante einer Dreiecksmatrix ist das Produkt der Diagonalelemente

$$\begin{vmatrix} a_{11} & a_{12} & \cdots & a_{1n}\\ 0 & a_{22} & \cdots & a_{2n}\\ \vdots & \ddots & \ddots & \vdots\\ 0 & \cdots & 0 & a_{nn}\end{vmatrix} = a_{11}\cdot a_{22}\cdot\cdots\cdot a_{nn},$$

wie man durch Entwicklung jeder vorkommenden Determinante ($n \geq 2$) nach der 1. Spalte erkennt.

(Entwicklung jeweils nach der 1. Zeile für eine untere Dreiecksmatrix.)

(4) Def.: Ist $A = (a_{i,j})_{i=1,\ldots,n}^{j=1,\ldots,n} \in I\!R^n$ eine n-reihige quadratische Matrix, so heißen die Unterdeterminanten

$$\det A_k \quad \text{mit} \quad A_k = (a_{i,j})_{i=1,\ldots,k}^{j=1,\ldots,k}, \quad k = 1,\ldots,n$$

die **Hauptminoren** von A.

(B5) Man berechne die Hauptminoren der Matrix

$$A = \begin{vmatrix} 2 & 3 & 0 & 1\\ 3 & 2 & 1 & 0\\ 0 & 1 & 0 & 3\\ 3 & 2 & 0 & 0\end{vmatrix}.$$

Lsg.:

$$\begin{aligned}\det A_1 &= 2\\ \det A_2 &= \begin{vmatrix}2 & 3\\ 3 & 2\end{vmatrix} = -5\\ \det A_3 &= \begin{vmatrix}2 & 3 & 0\\ 3 & 2 & 1\\ 0 & 1 & 0\end{vmatrix} = -\begin{vmatrix}2 & 0\\ 3 & 1\end{vmatrix} = -2\\ \det A_4 &= \det A = -12 \quad [\text{s. (B3)}].\end{aligned}$$

5.3 Rechenregeln für Determinanten

In diesem Abschnitt werden alle Matrizen als quadratisch vorausgestzt. Jede der folgenden Regeln für das Rechnen mit Determinanten bleibt gültig, wenn das Wort "Zeile" jedesmal durch das Wort "Spalte" ersetzt wird, wegen

(1) Die Transponierte einer Matrix und die Matrix haben dieselbe Determinante:

$$\det A = \det A^T.$$

(2) Vertauschen zweier Zeilen einer Determinante bewirkt eine Multiplikation der Determinante mit dem Faktor (-1):

$$\begin{vmatrix} * & * & * & * \\ o & o & o & o \\ \cdot & \cdot & \cdot & \cdot \\ + & + & + & + \end{vmatrix} = (-1) \cdot \begin{vmatrix} * & * & * & * \\ + & + & + & + \\ \cdot & \cdot & \cdot & \cdot \\ o & o & o & o \end{vmatrix}$$

(3) Multipliziert man eine Zeile einer Matrix A mit einer Zahl λ, so multipliziert sich ihre Determinante mit λ:

$$\lambda \cdot \begin{vmatrix} * & * & * & * \\ 1 & 2 & 3 & 4 \\ \cdot & \cdot & \cdot & \cdot \\ + & + & + & + \end{vmatrix} = \begin{vmatrix} * & * & * & * \\ 1\lambda & 2\lambda & 3\lambda & 4\lambda \\ \cdot & \cdot & \cdot & \cdot \\ + & + & + & + \end{vmatrix}$$

(4) $$\det(\lambda \cdot A) = \lambda^n \cdot \det A, \quad \text{wenn } A \in I\!R^{n \times n}.$$

(5) Addiert man ein Vielfaches einer Zeile einer Matrix A zu einer anderen, so ändert sich der Wert der Determinante nicht.

$$\begin{vmatrix} * & * & * & * \\ 1 & 2 & 3 & 4 \\ + & + & + & + \\ 5 & 6 & 7 & 8 \end{vmatrix} = \begin{vmatrix} * & * & * & * \\ 11 & 14 & 17 & 20 \\ + & + & + & + \\ 5 & 6 & 7 & 8 \end{vmatrix}$$

(das 2-fache der letzten Zeile wurde zur 2. Zeile addiert.)

(6) Es seien $\boldsymbol{a}_1, \ldots, \boldsymbol{a}_n$ die Zeilenvektoren einer $n \times n$- Matrix

$$A = \begin{bmatrix} a_{11} & a_{12} & \ldots & a_{1n} \\ a_{21} & a_{22} & \ldots & a_{2n} \\ \vdots & \vdots & & \vdots \\ a_{n1} & a_{n2} & \ldots & a_{nn} \end{bmatrix} = \begin{bmatrix} \boldsymbol{a}_1 \\ \boldsymbol{a}_2 \\ \vdots \\ \boldsymbol{a}_n \end{bmatrix}.$$

Es sei für ein $i \in \{1,2\ldots,n\}$ $\boldsymbol{a}_i = \boldsymbol{b}_i + \lambda\cdot\boldsymbol{c}_i$ mit $\lambda \in I\!R$, $\boldsymbol{b}_i \in I\!R^n$, $\boldsymbol{c}_i \in I\!R^n$. Dann gilt

$$\det A = \det \begin{bmatrix} \boldsymbol{a}_1 \\ \boldsymbol{a}_2 \\ \vdots \\ \boldsymbol{a}_n \end{bmatrix} = \det \begin{bmatrix} \boldsymbol{a}_1 \\ \vdots \\ \boldsymbol{a}_{i-1} \\ \boldsymbol{b}_i + \lambda\cdot\boldsymbol{c}_i \\ \boldsymbol{a}_{i+1} \\ \vdots \\ \boldsymbol{a}_n \end{bmatrix} = \det \begin{bmatrix} \boldsymbol{a}_1 \\ \vdots \\ \boldsymbol{a}_{i-1} \\ \boldsymbol{b}_i \\ \boldsymbol{a}_{i+1} \\ \vdots \\ \boldsymbol{a}_n \end{bmatrix} + \lambda\cdot\det \begin{bmatrix} \boldsymbol{a}_1 \\ \vdots \\ \boldsymbol{a}_{i-1} \\ \boldsymbol{c}_i \\ \boldsymbol{a}_{i+1} \\ \vdots \\ \boldsymbol{a}_n \end{bmatrix}$$

"**Multilinearität der Determinante** als Funktion der Zeilenvektoren"

Zusammengefaßt werden die Regeln (1) - (6) auch mit den Worten zitiert:
"**Elementare Umformungen** lassen den Wert einer Determinante unverändert".

(B1) Man vereinfache

$$\begin{vmatrix} 1 & 2 & 5 \\ -1+2\gamma_1 & 1+2\gamma_2 & 1+2\gamma_3 \\ -1 & -4 & 1 \end{vmatrix}$$

Lsg:

$$\begin{vmatrix} 1 & 2 & 5 \\ -1+2\gamma_1 & 1+2\gamma_2 & 1+2\gamma_3 \\ -1 & -4 & 1 \end{vmatrix} = \begin{vmatrix} 1 & 2 & 5 \\ -1 & 1 & 1 \\ -1 & -4 & 1 \end{vmatrix} + 2\cdot \begin{vmatrix} 1 & 2 & 5 \\ \gamma_1 & \gamma_2 & \gamma_3 \\ -1 & -4 & 1 \end{vmatrix}$$

(7) Eine Determinante ist Null gdw ihre Zeilenvektoren sind linear abhängig. Insbesondere:

$\det A = 0$, wenn eine Zeile nur aus Nullen besteht.

$\det A = 0$, wenn zwei Zeilen von A identisch oder proportional sind.

(8) **Bemerkung zur praktischen Berechnung von Determinanten:** Man erzeuge durch Addition von Vielfachen einer Zeile zu den anderen möglichst viele Nullen in einer Spalte, und entwickle dann die Determinante nach dieser Spalte. Systematisch wird dieses Vorgehen im Gaußschen Algorithmus durchgeführt, wobei die Determinante erst ganz zum Schluß berechnet wird. Wenn der **Gaußsche Algorithmus mit natürlicher Pivotwahl** auf eine quadratische Matrix A anwendbar ist und angewendet wird, liefert er eine obere Dreiecksmatrix als Endmatrix. Deren Determinante ist dann einfach das Produkt der Diagonalelemente und zugleich der Wert von det A.

Wenn statt natürlicher Pivotwahl eine andere Pivotwahl getroffen wurde, läßt sich auch dann aus der Determinante der Endmatrix det A berechnen. Man hat nur zu berücksichtigen, dass jede Zeilen- und jede Spaltenvertauschung die Multiplikation von det A mit dem Faktor (-1) bedeutet.

(B2) Man berechne

$$\det A = \begin{vmatrix} 4 & 2 & 2 & 5 \\ 2 & 0 & 1 & 2 \\ 3 & 0 & 1 & 4 \\ 7 & 1 & 3 & 8 \end{vmatrix}$$

Lsg:

$$\det A = \begin{vmatrix} -10 & 0 & -4 & -11 \\ 2 & 0 & 1 & 2 \\ 3 & 0 & 1 & 4 \\ 7 & 1 & 3 & 8 \end{vmatrix}$$

das (−2)-fache der letzten Zeile wurde zur 1. Zeile addiert, anschließend nach der 2. Spalte entwickelt

$$= 1 \cdot \begin{vmatrix} -10 & -4 & -11 \\ 2 & 1 & 2 \\ 3 & 1 & 4 \end{vmatrix}$$

1.) das 4-fache der 2. Zeile wird zur 1. Zeile addiert

2.) das (−1)-fache der 2. Zeile wird zur 3. Zeile addiert, anschließend Entwicklung nach der 2. Spalte

$$= \begin{vmatrix} -2 & 0 & -3 \\ 2 & 1 & 2 \\ 1 & 0 & 2 \end{vmatrix}$$

$$= \begin{vmatrix} -2 & -3 \\ 1 & 2 \end{vmatrix} = -4 + 3 = -1$$

(B3) Man berechne die Determinante der Matrix

$$A = \begin{bmatrix} 1 & -1 & 1 \\ -1 & 0 & 1 \\ 0 & -1 & -1 \end{bmatrix}.$$

Lsg.: Vgl. 4.3(B9): Anwendung des Gaußschen Algorithmus mit natürlicher Pivotwahl auf die Matrix A liefert

1	−1	1	
−1	0	1	+ (1. Zeile)
0	−1	−1	
1	−1	1	
0	−1	2	$\cdot(-1)$
0	−1	−1	+ (2. Zeile)
1	−1	1	
0	−1	2	
0	0	−3	

Aus der Endmatrix liest man ab: $\det A = 3$.

(9) Es sei $A \in \mathbb{R}^{n \times n}$: Dann sind die folgenden Aussagen äquivalent:

(i) $\operatorname{rg} A = n$

(ii) $\det A \neq 0$

(iii) A^{-1} existiert

(iv) A ist nicht singulär

(v) $A \cdot \boldsymbol{x} = \boldsymbol{b}$ besitzt für jedes $\boldsymbol{b} \in \mathbb{R}^n$ genau eine Lösung $\boldsymbol{x} \in \mathbb{R}^n$.

(10) Produktsatz: Für alle Matrizen $A \in \mathbb{R}^{n\times n}, B \in \mathbb{R}^{n\times n}$ gilt

$$\det(A \cdot B) = \det A \cdot \det B.$$

(B4) Man zeige $\det A^{-1} = (\det A)^{-1}$, wenn A^{-1} existiert.

Lsg:

$$\begin{aligned} A \cdot A^{-1} = E \quad \Rightarrow \det(A \cdot A^{-1}) &= \det E = 1 \\ &= \det A \cdot \det A^{-1} \\ \Rightarrow \det A^{-1} \quad &= 1/\det A = (\det A)^{-1} \end{aligned}$$

(11) Def: Für eine quadratische Matrix $A = \begin{bmatrix} a_{11} & \cdots & a_{1n} \\ \vdots & & \vdots \\ a_{n1} & \cdots & a_{nn} \end{bmatrix}$ heißt die Summe ihrer Diagonalelemente die **Spur** von A:

$$\text{sp } A := a_{11} + a_{22} + \ldots + a_{nn}.$$

(12) Regeln:

(i) $\text{sp } A = \text{sp } A^T$.

(ii) $\text{sp}(A \cdot B) = \text{sp}(B \cdot A)$ wenn $A \in \mathbb{R}^{m\times n}$ und $B \in \mathbb{R}^{n\times m}$.

(B5) Man berechne Determinante und Spur der Produktmatrix von

$$A = \begin{bmatrix} 1 & -2 & 5 \\ 0 & 2 & -1 \\ 0 & 0 & 3 \end{bmatrix} \quad \text{und} \quad B = \begin{bmatrix} 1 & -16 & 17 \\ 0 & 1 & 13 \\ 0 & 0 & 1 \end{bmatrix}.$$

Lsg:

$$\det(A \cdot B) = \det A \cdot \det B = 1 \cdot 2 \cdot 3 \cdot 1 \cdot 1 \cdot 1 = 6$$

$$\text{sp } (A \cdot B) = \text{ sp } \begin{bmatrix} 1 & * & * \\ 0 & 2 & * \\ 0 & 0 & 3 \end{bmatrix} = 6.$$

(B6) Man berechne die Determinanten der folgenden Matrizen

$$A = \begin{bmatrix} 0 & -1 & 0 & X \\ 1 & -f & 0 & 0 \\ S & 0 & -I & 0 \\ L_y & 0 & L_i & M \end{bmatrix}, \qquad B = \begin{bmatrix} 0 & -1 & 0 & X \\ 1 & -f & 0 & 0 \\ -1 & 0 & -I & 0 \\ 0 & 0 & L_i & M \end{bmatrix}.$$

Dabei sind S, f, L_y, L_i, I, X, M reelle Variable. ([FH] p. 413)

Lsg.: Entwicklung der Determinante det A nach der ersten Zeile ergibt

$$\det A = \begin{vmatrix} 0 & -1 & 0 & X \\ 1 & -f & 0 & 0 \\ S & 0 & -I & 0 \\ L_y & 0 & L_i & M \end{vmatrix} = 1 \cdot \begin{vmatrix} 1 & 0 & 0 \\ S & -I & 0 \\ L_y & L_i & M \end{vmatrix} - X \cdot \begin{vmatrix} 1 & -f & 0 \\ S & 0 & -I \\ L_y & 0 & L_i \end{vmatrix}$$

$$= -I \cdot M - X \cdot [1 \cdot 0 + f \cdot (SL_i + IL_y)] = -IM - Xf(SL_i + IL_y).$$

Dabei sind die letzten zwei Determinanten durch Entwicklung nach der 1. Zeile bzw. durch Entwicklung nach der 2. Spalte ausgerechnet worden.

Um det B zu berechnen, wird deren 2. Zeile zur 3. addiert und anschließend nach der 1. Spalte entwickelt. Das ergibt

$$\det B = (-1) \begin{vmatrix} -1 & 0 & X \\ -f & -I & 0 \\ 0 & L_i & M \end{vmatrix}.$$

Entwicklung nach der 1. Spalte liefert jetzt

$$\det B = -IM + fXL_i.$$

5.4 Cramersche Regel; Formel für die Inverse

Die in diesem Abschnitt behandelten Formeln sind für theoretische Überlegungen nützlich; sie sind bei "voll besetzten Matrizen" für die praktische Berechnung ungeeignet, wenn $n \geq 3$ ist. Bei Matrizen, die viele Nullen als Einträge haben, können sie konkurrenzfähig zum Gaußschen Algorithmus sein.

(1) Cramersche Regel:
Ein quadratisches lineares Gleichungssystem $A \cdot \boldsymbol{x} = \boldsymbol{b}$ mit $A \in \mathbb{R}^{n \times n}, \boldsymbol{b} \in \mathbb{R}^n$ ist eindeutig lösbar gdw $\det A \neq 0$. Die Komponenten des Lösungsvektors $\boldsymbol{x}$ sind dann

$$x_i = \frac{\det A_i}{\det A} \qquad (i = 1, \ldots, n)$$

wobei A_i diejenige Matrix ist, die aus A entsteht, wenn man die i-te Spalte von A durch den Spaltenvektor $\boldsymbol{b}$ ersetzt.

(2) Def: Es sei $A = (a_{ik})_{i=1,\ldots,n}^{k=1,\ldots,n} \in \mathbb{R}^{n \times n}$. Dann heißt die Matrix

$$A_{\text{adj}} = \left[\left((-1)^{i+k} \cdot \det A_{ik}\right)_{i=1,\ldots,n}^{k=1,\ldots,n}\right]^T$$

die zu A **adjungierte Matrix.**

Bem: Die zu A adjungierte Matrix ist die Transponierte der Matrix der Adjunkten der Elemente von A.

(B1) Man berechne die zu A adjungierte Matrix für

$$a) \quad A = \begin{bmatrix} 1 & 4 \\ 3 & 2 \end{bmatrix} \qquad b) \quad A = \begin{bmatrix} 2 & 3 & 1 \\ 0 & 1 & 3 \\ 3 & 2 & 0 \end{bmatrix}$$

Lsg:

a) $\det A_{11} = 2$, $\det A_{12} = 3$

$\det A_{21} = 4$, $\det A_{22} = 1$

$$A_{\text{adj}} = \begin{bmatrix} 2 & -3 \\ -4 & 1 \end{bmatrix}^T = \begin{bmatrix} 2 & -4 \\ -3 & 1 \end{bmatrix}$$

b) $\det A_{11} = \begin{vmatrix} 1 & 3 \\ 2 & 0 \end{vmatrix} = -6$, $\det A_{12} = \begin{vmatrix} 0 & 3 \\ 3 & 0 \end{vmatrix} = -9$, $\det A_{13} = \begin{vmatrix} 0 & 1 \\ 3 & 2 \end{vmatrix} = -3$,

$\det A_{21} = \begin{vmatrix} 3 & 1 \\ 2 & 0 \end{vmatrix} = -2$, $\det A_{22} = \begin{vmatrix} 2 & 1 \\ 3 & 0 \end{vmatrix} = -3$, $\det A_{23} = \begin{vmatrix} 2 & 3 \\ 3 & 2 \end{vmatrix} = -5$,

$\det A_{31} = \begin{vmatrix} 3 & 1 \\ 1 & 3 \end{vmatrix} = 8$, $\det A_{32} = \begin{vmatrix} 2 & 1 \\ 0 & 3 \end{vmatrix} = 6$, $\det A_{33} = \begin{vmatrix} 2 & 3 \\ 0 & 1 \end{vmatrix} = 2$,

$$A_{\text{adj}} = \begin{bmatrix} -6 & 9 & -3 \\ 2 & -3 & 5 \\ 8 & -6 & 2 \end{bmatrix}^T = \begin{bmatrix} -6 & 2 & 8 \\ 9 & -3 & -6 \\ -3 & 5 & 2 \end{bmatrix}$$

(3) Formel für die Inverse:
Es sei $A = (a_{ik}) \in I\!R^{n\times n}$ nicht singulär. Dann lautet ihre Inverse

$$A^{-1} = \frac{1}{\det A} \cdot A_{\text{adj}}.$$

(B2) Man berechne A^{-1} für

$$a) \quad A = \begin{bmatrix} 1 & 4 \\ 3 & 2 \end{bmatrix} \qquad\qquad b) \quad A = \begin{bmatrix} 2 & 3 & 1 \\ 0 & 1 & 3 \\ 3 & 2 & 0 \end{bmatrix}.$$

Lsg:

a) $A^{-1} = \dfrac{1}{-10} \cdot \begin{bmatrix} 2 & -4 \\ -3 & 1 \end{bmatrix}$

b) $\det A = 12$ ist in 5.2(B3) und A_{adj} in (B1) berechnet worden. Damit erhält man

$$A^{-1} = \frac{1}{12} \cdot \begin{bmatrix} -6 & 2 & 8 \\ 9 & -3 & -6 \\ -3 & 5 & 2 \end{bmatrix} \qquad \text{Probe: } A \cdot A^{-1} = E.$$

(B3) Man löse mit der Cramerschen Regel das lineare Gleichungssytem [vgl. 4.3(B8)]

$$\begin{array}{rcrcrcl} x_1 & - & x_2 & + & x_3 & = & 0 \\ -x_1 & & & + & x_3 & = & 1 \\ & - & x_2 & - & x_3 & = & 0 \end{array}$$

Lsg:

In Matrizenschreibweise lautet das gegebene lineare Gleichungssystem

$$A \cdot \boldsymbol{x} = \boldsymbol{b} \quad \text{mit} \quad A = \begin{bmatrix} 1 & -1 & 1 \\ -1 & 0 & 1 \\ 0 & -1 & -1 \end{bmatrix} \quad \text{und} \quad \boldsymbol{b} = \begin{bmatrix} 0 \\ 1 \\ 0 \end{bmatrix}.$$

Die Zählerdeterminanten sind

$$\det A_1 = \begin{vmatrix} 0 & -1 & 1 \\ 1 & 0 & 1 \\ 0 & -1 & -1 \end{vmatrix} = (-1) \cdot \begin{vmatrix} -1 & 1 \\ -1 & -1 \end{vmatrix} = -2$$

$$\det A_2 = \begin{vmatrix} 1 & 0 & 1 \\ -1 & 1 & 1 \\ 0 & 0 & -1 \end{vmatrix} = 1 \cdot \begin{vmatrix} 1 & 1 \\ 0 & -1 \end{vmatrix} = -1$$

$$\det A_3 = \begin{vmatrix} 1 & -1 & 0 \\ -1 & 0 & 1 \\ 0 & -1 & 0 \end{vmatrix} = (-1) \cdot \begin{vmatrix} 1 & -1 \\ 0 & -1 \end{vmatrix} = 1.$$

Die Nennerdeterminante ist [vgl. 5.3(B7)]

$$\det A = \begin{vmatrix} 1 & -1 & 1 \\ -1 & 0 & 1 \\ 0 & -1 & -1 \end{vmatrix} = \begin{vmatrix} 1 & -1 & 1 \\ 0 & -1 & 2 \\ 0 & 0 & -3 \end{vmatrix} = 3.$$

Damit lauten die Komponenten des Lösungsvektors $\boldsymbol{x}$

$$x_1 = \frac{\det A_1}{\det A} = \frac{-2}{3}, \quad x_2 = \frac{\det A_2}{\det A} = \frac{-1}{3}, \quad x_3 = \frac{\det A_3}{\det A} = \frac{1}{3}.$$

5.5 Klausuraufgaben

(K1) Gegeben sei die von einem reellen Parameter a abhängige Matrix

$$A = \begin{bmatrix} 2 & 2 & 1 \\ 2 & a & 1 \\ 1 & 1 & 1 \end{bmatrix}.$$

a) (1) Wie ist der Parameter a zu wählen, so dass sp $A = 0$ ist?

(2) Wie ist der Parameter a zu wählen, so dass det $A = 1$ ist?

b) B sei (sofern sie existiert) die Inverse von A. Wie lauten $b_{2,2}$ und $b_{2,3}$ für
(1) $a = 1$ (2) $a = 2$.

c) Setzen Sie $a = 1$. Wie lautet die erste Komponente x_1 des Vektors $\boldsymbol{x}$, der das lineare Gleichungssystem $A \cdot \boldsymbol{x} = (1, 0, 1)^T$ löst?

Lsg.:

a) (1) Die Spur der Matrix A ist sp $A = 2 + a + 1$. Die Forderung sp $A \stackrel{!}{=} 0$ liefert $a = -3$.

(2) Man rechnet die Determinante von A am einfachsten mit dem Gaußschen Algorithmus aus:

$$\begin{array}{|ccc|l}
\hline
2 & 2 & 1 & \mid\cdot(-1) \quad \mid\cdot(-\frac{1}{2}) \\
2 & a & 1 & + \\
1 & 1 & 1 & \qquad\quad + \\
\hline
2 & 2 & 1 & \\
0 & a-2 & 0 & \\
0 & 0 & \frac{1}{2} & \\
\hline
\end{array}$$

Daraus liest man ab: det $A = a - 2$ ab. die Forderung det $A \stackrel{!}{=} 1$ liefert $a = 3$.

b) (1) Für $a = 1$ wird det $A = -1$, also existiert die Inverse $B := A^{-1}$. Nach der Adjunkten-Formel 5.5(3) wird

$$b_{2,2} = \frac{\det A_{2,2}}{\det A} = \frac{\det \begin{bmatrix} 2 & 1 \\ 1 & 1 \end{bmatrix}}{\det A} = -1$$

und

$$b_{2,3} = \frac{-\det A_{3,2}}{\det A} = \frac{-\det \begin{bmatrix} 2 & 1 \\ 2 & 1 \end{bmatrix}}{\det A} = 0.$$

(2) Für $a = 2$ existiert die Inverse von A nicht, da dann det $A = 0$. ist.

c) Für $a = 1$ ist die Determinante von A gleich -1. Nach der Cramerschen Regel ist dann

$$x_1 = \frac{\det \begin{bmatrix} 1 & 2 & 1 \\ 0 & 1 & 1 \\ 1 & 1 & 1 \end{bmatrix}}{\det A} = \frac{1}{-1} = -1.$$

(K2) Gegeben sind die zwei von einem reellen Parameter x abhängigen Matrizen:

$$A = \begin{bmatrix} 1 & 0 & 0 & 1 \\ 0 & x & 2x & -1 \\ 0 & 1 & x & 2 \\ -1 & 0 & 0 & 2 \end{bmatrix}, \quad B = \begin{bmatrix} 0 & 0 & x & 0 \\ x & 0 & 3x & x \\ 1 & 3x & 4x & 0 \\ x & 3 & 5x & 0 \end{bmatrix}.$$

a) Für welche Zahlen $x \in \mathbb{R}$ ist A invertierbar?

b) Für welche Zahlen $x \in \mathbb{R}$ ist $A \cdot B$ invertierbar?

c) Für welche Zahlen $x \in \mathbb{R}$ gilt $|A| = |B| \neq 0$?

Lsg.: Die drei Fragen sind miteinander verknüpft. Sie lassen sich alle beantworten, wenn man die Determinanten der beiden Matrizen A und B kennt. Deshalb werden diese zuerst ausgerechnet. Das geschieht am einfachsten, indem man mit elementaren Operationen, die den Wert der Determinante nicht ändern, in einer Spalte oder Zeile viele Nullen erzeugt und dann die Determinante nach dieser Spalte bzw. Zeile nach Laplace entwickelt: Addition der ersten Zeile zur letzten ergibt

$$|A| = \begin{vmatrix} 1 & 0 & 0 & 1 \\ 0 & x & 2x & -1 \\ 0 & 1 & x & 2 \\ 0 & 0 & 0 & 3 \end{vmatrix}.$$

Entwicklung nach der ersten Spalte liefert nun

$$|A| = \begin{vmatrix} x & 2x & -1 \\ 1 & x & 2 \\ 0 & 0 & 3 \end{vmatrix}.$$

Entwicklung nach der letzten Zeile ergibt

$$|A| = 3 \begin{vmatrix} x & 2x \\ 1 & x \end{vmatrix} = 3(x^2 - 2x) = 3x(x-2).$$

Die Berechnung von $|B|$ ist noch einfacher: Entwicklung nach der ersten Zeile gibt

$$|B| = x \cdot \begin{vmatrix} x & 0 & x \\ 1 & 3x & 0 \\ x & 3 & 0 \end{vmatrix}.$$

Entwickelt man nun nach der letzten Spalte, so folgt

$$|B| = x \cdot x \begin{vmatrix} 1 & 3x \\ x & 3 \end{vmatrix} = x^2(3 - 3x^2) = 3x^2(1-x)(1+x).$$

a) Es ist A invertierbar gdw $|A| \neq 0$ gdw $x \in \mathbb{R} \setminus \{0, 2\}$.

b) Es ist AB invertierbar gdw $|A \cdot B| = |A| \cdot |B| \neq 0$ gdw $|A| \neq 0$ und $|B| \neq 0$ gdw $x \in \mathbb{R} \setminus \{-1, 0, 1, 2\}$.

c) Die Forderungen $|A| = |B| \neq 0$ führen auf die Gleichung

$$|A| = 3x(x-2) \stackrel{!}{=} 3x^2(1-x)(1+x) = |B|.$$

Dabei muss $x \neq 0$ sein, weil sonst $|A| = |B| = 0$ wäre. Also genügt der gesuchte Parameter x der Gleichung

$$x-2 = x(1-x)(1+x) \quad \Leftrightarrow \quad x-2 = x-x^3 \quad \Leftrightarrow \quad x^3 = 2 \quad \Leftrightarrow \quad x = \sqrt[3]{2}.$$

Nur für $x = \sqrt[3]{2}$ gilt $|A| = |B| \neq 0$.

(K3) Ein lineares Gleichungssystem liegt bereits in Tabellenform vor:

x_1	x_2	x_3	x_4	b
1	−2	$3a$	$-a^2$	0
1	−1	−3	2	−1
−1	2	3	1	2

a) Für welche $a \in I\!R$ besitzt das Gleichungssystem Lösungen?

b) Bestimmen Sie diese.

c) Wie lautet die Lösung für $a = 0$?

Lsg.:

a) Der Gaußsche Algorithmus ergibt

x_1	x_2	x_3	x_4	b	
1	−2	$3a$	$-a^2$	0	$\mid\cdot(-1)$
1	−1	−3	2	−1	+
−1	2	3	1	2	+
1	−2	$3a$	$-a^2$	0	
0	1	$-3-3a$	$2+a^2$	−1	
0	0	$3+3a$	$1-a^2$	2	

Das lineare Gleichungssystem $A \cdot \boldsymbol{x} = \boldsymbol{b}$ besitzt Lösungen gdw rg A = rg $(A, \boldsymbol{b})$. Aus der vom Gaußschen Algorithmus gelieferten Endform entnimmt man: für $a \neq -1$ ist rg $A = 3 =$ rg $(A, \boldsymbol{b})$, also ist dann das gegebene lineare Gleichungssystem lösbar. Für $a = -1$ ist rg $A = 2$, weil dann die letzte Zeile der Endmatrix des Gaußschen Algorithmus eine Nullzeile ist, aber die ersten zwei Zeilen linear unabhängig sind. Wegen rg $A = 2 \neq$ rg $(A, \boldsymbol{b}) = 3$ ist für $a = -1$ das Gleichungssystem unlösbar. Für $a \neq -1$ lautet die Lösung in Abhängigkeit von dem Parameter a und einem frei wählbaren Parameter $\lambda \in I\!R$

$$\boldsymbol{x} = \begin{bmatrix} x_1 \\ x_2 \\ x_3 \\ x_4 \end{bmatrix} = \begin{bmatrix} \frac{2}{1+a} + (a-6)\lambda \\ 1 - 3\lambda \\ \frac{2}{3(1+a)} - \frac{1-a}{3}\lambda \\ \lambda \end{bmatrix}$$

$$= \begin{bmatrix} \frac{2}{1+a} \\ 1 \\ \frac{2}{3(1+a)} \\ 0 \end{bmatrix} + \lambda \begin{bmatrix} a-6 \\ -3 \\ -\frac{1-a}{3} \\ 1 \end{bmatrix}, \qquad \lambda \in I\!R.$$

Man findet sie durch Rückwärtseinsetzen in das gestaffelte lineare Gleichungssystem.

c) Für $a = 0$ folgt aus der Darstellung des Lösungsvektors $\boldsymbol{x}$ in Abhängigkeit von dem Parameter a, die in Teil b) gefunden worden ist, die Lösung:

$$\boldsymbol{x} = \begin{bmatrix} x_1 \\ x_2 \\ x_3 \\ x_4 \end{bmatrix} = \begin{bmatrix} 2-6\lambda \\ 1-3\lambda \\ \frac{2}{3}-\frac{1}{3}\lambda \\ \lambda \end{bmatrix} = \begin{bmatrix} 2 \\ 1 \\ \frac{2}{3} \\ 0 \end{bmatrix} + \lambda \begin{bmatrix} -6 \\ -3 \\ -\frac{1}{3} \\ 1 \end{bmatrix}.$$

(K4) Gegeben seien die Matrix A und der Vektor $\boldsymbol{b}$:

$$A = \begin{bmatrix} 1 & 0 & -1 & 0 & 1 & 0 \\ 0 & 1 & 0 & 1 & 0 & -1 \\ -1 & 0 & 1 & 0 & -1 & 1 \\ 0 & -1 & 0 & -1 & 1 & 1 \\ 1 & 1 & -1 & 0 & 1 & 0 \\ 0 & 1 & 1 & 1 & 0 & 1 \end{bmatrix}, \quad \boldsymbol{b} = \begin{bmatrix} 1 \\ 0 \\ 0 \\ 0 \\ 0 \\ 1 \end{bmatrix}.$$

a) Man berechne det A.

b) Man löse das lineare Gleichungssystem $A\boldsymbol{x} = \boldsymbol{b}$.

Lsg.: Die Aufgaben lassen sich simultan mit dem Gaußschen Algorithmus lösen. Dieser wird in Tabellenform angewendet auf das lineare Gleichungssystem $A\boldsymbol{x} = \boldsymbol{b}$:

x_1	x_2	x_3	x_4	x_5	x_6	$\boldsymbol{b}$	
1	0	−1	0	1	0	1	(−1)
0	1	0	1	0	−1	0	
−1	0	1	0	−1	1	0	+
0	−1	0	−1	1	1	0	
1	1	−1	0	1	0	0	+
0	1	1	1	0	1	1	
1	0	−1	0	1	0	1	
0	1	0	1	0	−1	0	(−1) (−1)
0	0	0	0	0	1	1	
0	−1	0	−1	1	1	0	+
0	1	0	0	0	0	−1	+
0	1	1	1	0	1	1	+
1	0	−1	0	1	0	1	
0	1	0	1	0	−1	0	
0	0	0	0	0	1	1	
0	0	0	0	1	0	0	
0	0	0	−1	0	1	−1	
0	0	1	0	0	2	1	
1	0	−1	0	1	0	1	
0	1	0	1	0	−1	0	
0	0	1	0	0	2	1	
0	0	0	−1	0	1	−1	
0	0	0	0	1	0	0	
0	0	0	0	0	1	1	

a) Es wurden zwei Zeilenvertauschungen vorgenommen. Deshalb ist aus der Endmatrix det $A = -1$ ablesbar.

b) Durch Rückwärtseinsetzen findet man die Lösung des gegebenen linearen Gleichungssystems zu

$$\boldsymbol{x} = \begin{bmatrix} x_1 \\ x_2 \\ x_3 \\ x_4 \\ x_5 \\ x_6 \end{bmatrix} = \begin{bmatrix} 0 \\ -1 \\ -1 \\ 2 \\ 0 \\ 1 \end{bmatrix}.$$

Kapitel 6

Differentialrechnung der Funktionen mehrerer Veränderlichen

Im folgenden bezeichne n stets eine feste natürliche Zahl. Punkte des

$$I\!R^n = \underbrace{I\!R \times I\!R \times \cdots \times I\!R}_{n}$$

werden als Zeilenvektoren geschrieben und mit kleinen fettgedruckten lateinischen Buchstaben bezeichnet. Über die geometrische Interpretation von Vektoren des $I\!R^n$ 4.1(13) lassen sie sich auch als Vektoren des $I\!R^n$ [dann als Spaltenvektoren geschrieben] auffassen, und umgekehrt.

6.1 Punktmengen des $I\!R^n$

(B1) Es sei $\boldsymbol{a} = (1,2) \in I\!R^2$. Man skizziere in einem cartesischen Koordinatensystem

(i) die Menge M aller Punkte $\boldsymbol{x} = (x_1, x_2) \in I\!R^2$, so dass $| \boldsymbol{x} - \boldsymbol{a} | < 2$,

(ii) die Menge M' aller Punkte $\boldsymbol{x} = (x_1, x_2) \in I\!R^2$, so dass $| \boldsymbol{x} - \boldsymbol{a} | \geq 2$.

Lsg:

(i) M besteht aus allen Punkten $\boldsymbol{x} \in I\!R^2$, deren Abstand vom Punkt $\boldsymbol{a}$ kleiner als 2 ist: M ist eine **"offene Kreisscheibe"** mit dem Mittelpunkt $\boldsymbol{a}$ und dem Radius $\varrho = 2$, wobei die Peripherie der Kreisscheibe (das ist der Kreis $| \boldsymbol{x} - \boldsymbol{a} | = 2$) nicht zu M gehört.

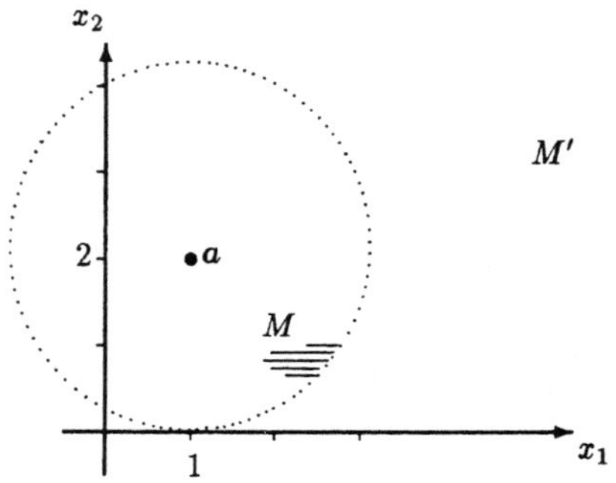

(ii) Die Menge M' ist das Komplement[1] von M bzgl. $\mathbb{R}^2$: $M' = \mathbb{R}^2 \setminus M$. M' besteht aus allen Punkten $\boldsymbol{x} \in \mathbb{R}^2$, deren Abstand von Punkt $\boldsymbol{a}$ mindestens 2 ist (= Rand und Äußeres von M).

(1) Def.: Es seien $\boldsymbol{a} \in \mathbb{R}^n$ und $\delta > 0$. Dann heißt die Menge

$$\mathcal{U}_\delta(\boldsymbol{a}) := \{\boldsymbol{x} \in \mathbb{R}^n : \mid \boldsymbol{x} - \boldsymbol{a} \mid < \delta\}$$

die **(offene) δ–Umgebung von $\boldsymbol{a}$**, die Menge

$$\overline{\mathcal{U}}_\delta(\boldsymbol{a}) := \{\boldsymbol{x} \in \mathbb{R}^n : \mid \boldsymbol{x} - \boldsymbol{a} \mid \leq \delta\}$$

die **(abgeschlossene) δ–Umgebung von $\boldsymbol{a}$** und die Menge

$$\mathcal{U}^*_\delta(\boldsymbol{a}) := \{\boldsymbol{x} \in \mathbb{R}^n : \ \mathrm{o} < \mid \boldsymbol{x} - \boldsymbol{a} \mid < \delta\}$$

die **(offene) punktierte δ–Umgebung von $\boldsymbol{a}$.**

[Wenn $n = 1$ ist, ist $\mathcal{U}_\delta(a)$ das offene Intervall mit dem Mittelpunkt a und der Länge 2δ; für $n = 2$ ist $\mathcal{U}_\delta(\boldsymbol{a})$ die offene Kreisscheibe mit dem Mittelpunkt $\boldsymbol{a}$ und dem Radius δ; für $n = 3$ ist $\mathcal{U}_\delta(\boldsymbol{a})$ das Innere der Kugel mit dem Mittelpunkt $\boldsymbol{a}$ und dem Radius δ; für $n \geq 4$ ist $\mathcal{U}_\delta(\boldsymbol{a})$ das Innere der n-dimensionalen Kugel mit dem Mittelpunkt $\boldsymbol{a}$ und dem Radius δ.]

(2) Def.: Für Punkte $\boldsymbol{a} = (a_1, a_2, \ldots, a_n)$, $\boldsymbol{b} = (b_1, b_2, \ldots, b_n) \in \mathbb{R}^n$ (analog für Vektoren) wird eine **teilweise Ordnung** definiert durch

$$\boldsymbol{a} \leq \boldsymbol{b} \ :\Leftrightarrow\ a_1 \leq b_1 \text{ und } a_2 \leq b_2 \text{ und } \ldots \text{ und } a_n \leq b_n$$

(die Koordinaten von $\boldsymbol{a}$ sind jeweils kleiner oder gleich den korrespondierenden Koordinaten von $\boldsymbol{b}$). Weiterhin wird definiert:

$$\boldsymbol{a} < \boldsymbol{b} \ :\Leftrightarrow\ a_1 < b_1 \text{ und } a_2 < b_2 \text{ und} \ldots \text{ und } a_n < b_n$$

(die Koordinaten von $\boldsymbol{a}$ sind jeweils kleiner als die korrespondierenden Koordinaten von $\boldsymbol{b}$).

[1][Mü] p. 27

Bem.: Man beachte, dass nicht je zwei Punkte $\boldsymbol{a}, \boldsymbol{b} \in I\!R^n$ hinsichtlich der (deshalb so genannten) "teilweisen Ordnung" $\leq$ miteinander vergleichbar sind.
Bsp: $\boldsymbol{a} = (1,2)$, $\boldsymbol{b} = (2,1)$

(B2) Gegeben seien die Punkte $\boldsymbol{a} = (0,1)$ und $\boldsymbol{b} = (2,3) \in I\!R^2$. Man skizziere in einem cartesischen Koordinatensystem die Mengen
(i) M_1 aller Punkte $\boldsymbol{x} = (x_1, x_2) \in I\!R^2$, so dass $\boldsymbol{x} \leq \boldsymbol{b}$;
(ii) M_2 aller Punkte $\boldsymbol{x} = (x_1, x_2) \in I\!R^2$, so dass $\boldsymbol{a} \leq \boldsymbol{x}$;
(iii) M_3 aller Punkte $\boldsymbol{x} = (x_1, x_2) \in I\!R^2$, so dass $\boldsymbol{a} \leq \boldsymbol{x} \leq \boldsymbol{b}$
gilt.

Lsg: In einem cartesischen x_1, x_2-Koordinatensystem lassen sich die gesuchten Punktmengen wie folgt skizzieren:

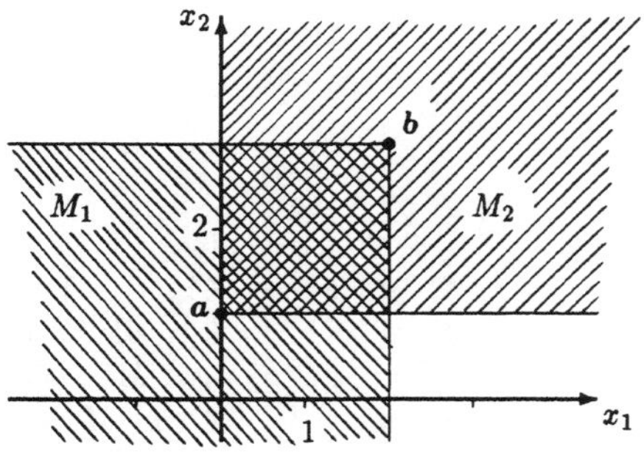

$M_3 = M_1 \cap M_2$ ist das Rechteck (hier: Quadrat) mit achsenparallelen Seiten und $\boldsymbol{a}$, $\boldsymbol{b}$ als diagonal gelegenen Eckpunkten

(3) Def.: Für zwei Punkte $\boldsymbol{a} = (a_1, \ldots, a_n) < \boldsymbol{b} = (b_1, \ldots, b_n)$ heißt die nichtleere Menge

$$(\boldsymbol{a}, \boldsymbol{b}) := \{\boldsymbol{x} \in I\!R^n : \boldsymbol{a} < \boldsymbol{x} < \boldsymbol{b}\} = (a_1, b_1) \times (a_2, b_2) \times \cdots \times (a_n, b_n)$$

das **offene n-dimensionale Intervall mit den diagonalen Eckpunkten $\boldsymbol{a}$** und **$\boldsymbol{b}$**, und die Menge

$$[\boldsymbol{a}, \boldsymbol{b}] := \{\boldsymbol{x} \in I\!R^n : \boldsymbol{a} \leq \boldsymbol{x} \leq \boldsymbol{b}\} = [a_1, b_1] \times [a_2, b_2] \times \cdots \times [a_n, b_n]$$

das **abgeschlossene n-dimensionale Intervall mit den diagonalen Eckpunkten $\boldsymbol{a}$** und **$\boldsymbol{b}$**.

[Wenn $n = 1$ ist, ist (a,b) ein offenes Intervall der Zahlengeraden mit den Endpunkten $\boldsymbol{a}$ und $\boldsymbol{b}$; wenn $n = 2$ ist, ist $(\boldsymbol{a}, \boldsymbol{b})$ ein Rechteck mit den diagonalen Eckpunkten $\boldsymbol{a}$ und $\boldsymbol{b}$ und achsenparallelen Seiten, die nicht zu $(\boldsymbol{a}, \boldsymbol{b})$ gehören, wenn $n = 3$ ist, ist $(\boldsymbol{a}, \boldsymbol{b})$ ein Quader mit den diagonalen Eckpunkten $\boldsymbol{a}$ und $\boldsymbol{b}$ und zu den Koordinatenebenen parallelen Seitenflächen, die nicht zu $(\boldsymbol{a},\boldsymbol{b})$ gehören.]

(4) Def.: Es sei $M \subset I\!R^n$. Ein Punkt $\boldsymbol{x} \in M$ heißt **innerer Punkt** von M :gdw es gibt ein $\delta > 0$, so dass $\mathcal{U}_\delta(\boldsymbol{x}) \subset M$. Die Menge aller inneren Punkte von M werde mit int M bezeichnet. [2] Ein Punkt $\boldsymbol{y} \in I\!R^n$ heißt **Randpunkt** von M :gdw in jeder δ-Umgebung von $\boldsymbol{y}$ gibt es Punkte von M und Punkte des Komplementes

[2] **interior** (engl.) = Inneres

$M' := I\!R^n \setminus M$. Die Menge aller Randpunkte von M werde mit bd M bezeichnet. [3] Man beachte, dass ein Randpunkt von M zu M oder zu M' gehören kann. Offenbar gilt: bd M = bd M'.

Eine Menge $M \subset I\!R^n$ heißt **offen** :gdw M besteht nur aus inneren Punkten: M = int M gdw das Komplement M' ist abgeschlossen.

Eine Menge $M \subset I\!R^n$ heißt **abgeschlossen** [4] :gdw alle Randpunkte von M gehören zu M: bd $M \subset M$ gdw das Komplement $M' = I\!R^n \setminus M$ ist offen.

cl $M := M \cup$ bd $M =: \overline{M}$ heißt der **Abschluß** oder die **abgeschlossene Hülle** von M.[5]

(B3) Es sei $\boldsymbol{b} = (3,2) \in I\!R^2$. Welche der folgenden Punkte sind innere Punkte, welche sind Randpunkte der Menge

$(\mathbf{o}, \boldsymbol{b}] := \{\boldsymbol{b} \in I\!R^2 : \mathbf{o} < \boldsymbol{x} \le \boldsymbol{b}\}$?

$$\boldsymbol{b} = (3,2)\,, \quad \boldsymbol{p} = (1,2)\,, \quad \boldsymbol{q} = (0,1)$$
$$\boldsymbol{r} = (1,1)\,, \quad \boldsymbol{s} = (10^{-10}, 10^{-10})\,, \quad \mathbf{o} = (0,0)$$
$$\boldsymbol{u} = (4,1)$$

Lsg:

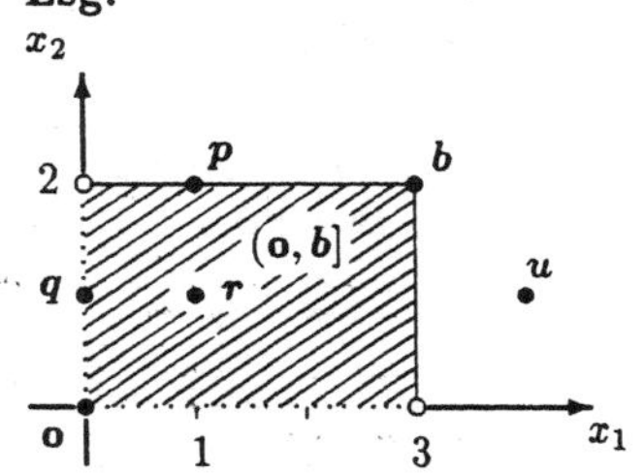

$\boldsymbol{b}, \boldsymbol{p}, \boldsymbol{q}, \mathbf{o}$	$\in$			bd M
$\boldsymbol{b}, \boldsymbol{p},$	$\in$	M	$\cap$	bd M
$\boldsymbol{q}, \mathbf{o}$	$\in$	M'	$\cap$	bd M
$\boldsymbol{r}, \boldsymbol{s}$	$\in$	int M		
$\boldsymbol{u}$	$\in$	M'		

$\boldsymbol{u}$ ist in Bezug auf M ein "**äußerer Punkt**" von M = ein im **Äußereren von** M (:= int M') gelegener Punkt.

(5) Def[6]**.:** Betrachtet werde ein Güterbündel bestehend aus zwei substitutiven Komponenten z.B. (Kaffee, Tee): $G = (I\!R_{\ge 0})^2 := I\!R_{\ge 0} \times I\!R_{\ge 0}$. Eine Relation

$$R \succeq P \quad \text{gelesen: } R \text{ wird vorgezogen oder ist äquivalent zu } P$$

mit den Eigenschaften

a) $\succeq$ ist **transitiv**, d.h.
$R \succeq P$ und $P \succeq Q \Longrightarrow R \succeq Q$ für alle $R, P, Q \in G$;

b) $\succeq$ ist **vollständig**, d.h.
für je zwei Punkte $P, R \in (I\!R_{\ge 0})^2$ gilt $R \succeq P$ oder $P \succeq R$;

heißt eine **Präferenzordnung**. Die Menge der zu P **äquivalenten** Punkte R,

$$(R \succeq P \quad \text{und} \quad P \succeq R) \quad \Longleftrightarrow \quad R \simeq P$$

---

[3] boundary (engl.) = Rand

[4] engl.: closed, bei [Var] p. 99 mit "geschlossen" übersetzt

[5] closure (engl.) = Abschluß

[6] [Schn] p. 16, [Var] p.95

heißt die **Indifferenzkurve** durch P.
Unter den folgenden Annahmen

c) Die Indifferenzkurven substitutiver Güter sind zusammenhängend.

d) Die Grenzrate der Substitution $\frac{dx_2}{dx_1} = R^{x_2}_{x_1} < 0$ ist für jede Indifferenzkurve negativ.

e) Die Grenzrate der Substitution ist, absolut genommen, monoton fallend für wachsende x_1: $|\frac{dx_2}{dx_1}| \searrow$.
(mit Vorzeichen: $\frac{dx_2}{d(x_1)}$ ist negativ und monoton wachsend mit x_1.

folgt: Indifferenzkurven sind monoton fallend und konvex und überdecken das Güterbündel G "schlicht", d.h. duch jeden Punkt $P \in G$ verläuft genau eine Indifferenzkurve.
(6) Def.: Eine Punktmenge $M \subset I\!R^n$ heißt **beschränkt**[7] :gdw es gibt eine "Schranke" $K > 0$, so dass für alle $\boldsymbol{x} \in M$

$$|\boldsymbol{x}| \leq K.$$

Eine beschränkte und abgeschlossene Teilmenge des $I\!R^n$ heißt **kompakt**.

(B4) Welche der folgenden Punktmengen des $I\!R^2$ sind beschränkt ? Welche sind abgeschlossen? Welche sind kompakt?

$$\begin{aligned} M_1 &= [-\boldsymbol{b}, \boldsymbol{b}] \quad \text{mit} \quad \boldsymbol{b} = (3,2) \\ M_2 &= \{\boldsymbol{x} \in I\!R^2 : \ \boldsymbol{a}^T \cdot \boldsymbol{x} = 1\} \quad \text{mit} \quad \boldsymbol{a}^T = (1,1) \\ M_3 &= \{\boldsymbol{x} \in I\!R^2 : \ \mathbf{o} \leq \boldsymbol{x} \text{ und } \boldsymbol{a}^T \cdot \boldsymbol{x} \leq 1\}, \quad \boldsymbol{a}^T = (1,1) \\ M_4 &= M_3' = I\!R^2 \setminus M_3. \end{aligned}$$

Lsg:

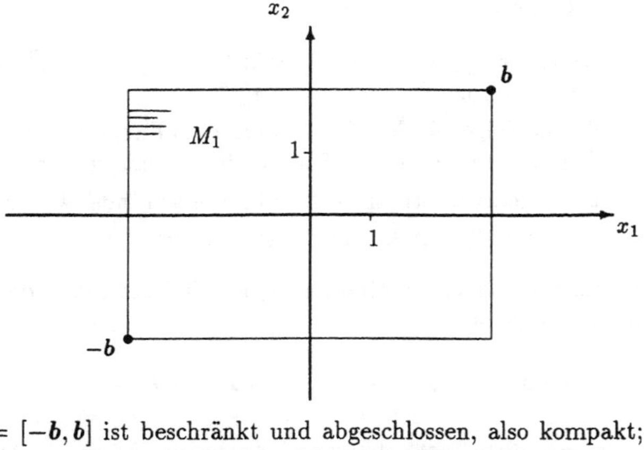

$M_1 = [-\boldsymbol{b}, \boldsymbol{b}]$ ist beschränkt und abgeschlossen, also kompakt; $K = |\boldsymbol{b}| = \sqrt{13}$ ist eine Schranke für M_1. M_2 ist die Menge aller Punkte der Geraden $x_1 + x_2 = 1$; M_2 ist nicht beschränkt (=: **unbeschränkt**), jedoch abgeschlossen: $M_2 = \text{bd } M_2$.

[7] engl. bounded, bei [Var] p. 99 mit "begrenzt" übersetzt

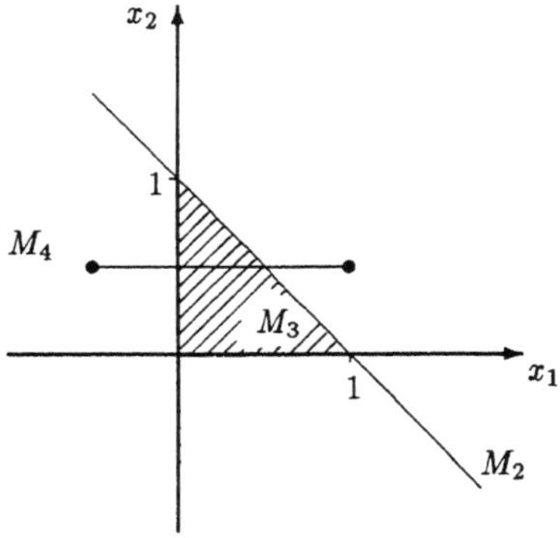

M_3 ist beschränkt und abgeschlossen, also kompakt; $K = 1$ ist eine Schranke für M_3. $M_4 = M_3' = \mathbb{R}^2 \setminus M_3$ ist unbeschränkt und offen, ersteres, da es zu jedem $K > 0$ Punkte $\boldsymbol{x}$ in M_4 gibt, mit $|\boldsymbol{x}| = K$, z. B. $\boldsymbol{x} = (-K, 0)$; letzteres, da M_3 abgeschlossen ist.

(6) Def.: Eine Punktmenge $M \subset \mathbb{R}^n$ heißt **konvex** :gdw mit je zwei Punkten $\boldsymbol{x}, \boldsymbol{y} \in M$ gehört auch ihre Verbindungsstrecke ganz zu M.

(B5) Welche der in (B4) betrachteten Mengen sind konvex ?

Lsg: M_1, M_2 und M_3 sind konvex. M_4 ist nicht konvex, da z. B. die Punkte $(-\frac{1}{2}, \frac{1}{2})$ und $(1, \frac{1}{2})$ zu M_4 gehören, jedoch nicht deren Verbindungsstrecke.

Die Definition 2.1(5) der Konvergenz von Zahlenfolgen wird analog für Punktfolgen $(\boldsymbol{x}^{(k)})_{k \in \mathbb{N}}$, $\boldsymbol{x}^{(k)} \in \mathbb{R}^n$, geprägt:

(7) Def.: Eine Folge $(\boldsymbol{x}^{(k)})_{k \in \mathbb{N}}$ von Punkten $\boldsymbol{x}^{(k)} = (x_1^{(k)}, \ldots, x_n^{(k)}) \in \mathbb{R}^n$ heißt **konvergent** gegen einen Punkt $\boldsymbol{x}^* = (x_1^*, \ldots, x_n^*)$

:gdw die Folgenglieder $\boldsymbol{x}^{(k)}$ kommen dem Punkt $\boldsymbol{x}^*$ schließlich beliebig nahe (wenn nur der Folgenindex k genügend groß ist);

:gdw zu jeder positiven Zahl ϵ gibt es einen Index $k_0 \in \mathbb{N}$, so dass für alle $k \geq k_0$ $|\boldsymbol{x}^{(k)} - \boldsymbol{x}^*| < \epsilon$ ist.

In diesem Falle heißt x^* das **Grenzelement** oder der **Grenzwert** der Punktfolge $(\boldsymbol{x}^{(k)})_{k \in \mathbb{N}}$, und man schreibt

$$\lim_{k \to \infty} \boldsymbol{x}^{(k)} = \boldsymbol{x}^* \quad \text{oder} \quad \boldsymbol{x}^{(k)} \to \boldsymbol{x}^* \text{ für } k \to \infty.$$

(8) Satz: Konvergenz einer Punktfolge = komponentenweise Konvergenz

$$\lim_{k \to \infty} \boldsymbol{x}^{(k)} = \boldsymbol{x}^* \quad \Leftrightarrow \quad \lim_{k \to \infty} x_1^{(k)} = x_1^* \text{ und ... und } \lim_{k \to \infty} x_n^{(k)} = x_n^*.$$

In Worten: die Punktfolge $(\boldsymbol{x}^{(k)})$ ist gegen $\boldsymbol{x}^*$ konvergent gdw jede Komponentenfolge konvergiert gegen die entsprechende Komponente von $\boldsymbol{x}^*$.

(B6) Ist die Punktfolge $(\boldsymbol{x}^{(k)})_{K\in\mathbb{N}}$, $\boldsymbol{x}^{(k)} = (1+\frac{1}{k}, 2-\frac{1}{k}, -1+\frac{2}{k}) \in \mathbb{R}^3$ konvergent ? Wie lautet das Grenzelement ?

Lsg:

$$\begin{aligned}
\boldsymbol{x}^{(k)} &= (1+\frac{1}{k}, 2-\frac{1}{k}, -1+\frac{2}{k}) \\
&= (1,2,-1) + \frac{1}{k}(1,-1,2) \quad \overset{k\to\infty}{\to} \quad (1,2,-1) =: \boldsymbol{x}^*
\end{aligned}$$

da

$$|\boldsymbol{x}^{(k)} - \boldsymbol{x}^*| = \frac{1}{k}\cdot\sqrt{6} \quad \to 0 \quad \text{für } k \longrightarrow \infty.$$

Alternativ: da für $k \to \infty$

$$\begin{aligned}
x_1^{(k)} &= 1+\frac{1}{k} & \to & \quad 1 & =: & \; x_1^* \\
x_2^{(k)} &= 2-\frac{1}{k} & \to & \quad 2 & =: & \; x_2^* \\
x_3^{(k)} &= -1+\frac{1}{k} & \to & \; -1 & =: & \; x_3^*.
\end{aligned}$$

6.2 Graphische Darstellung von Funktionen; Niveaukurven und -flächen

(B1) Es sei $\boldsymbol{b} = (12, 9) \in \mathbb{R}^2$. Man stelle die reellwertige Funktion von zwei reellen Veränderlichen

$$[\mathbf{o}, \boldsymbol{b}] \ni \boldsymbol{x} = (x_1, x_2) \mapsto y = f(x_1, x_2) = \frac{1}{27 \cdot 12} \cdot x_1 \cdot x_2^2 \in \mathbb{R}$$

graphisch dar

(i) indem man den Graphen von f perspektivisch in einem cartesischen x_1, x_2, y-Koordinatensystem skizziert;

(ii) mit Hilfe von "Höhenlinien" $y =$ const $= c$ in einem cartesischen x_1, x_2-Koordinatensystem.

Lsg: (i)

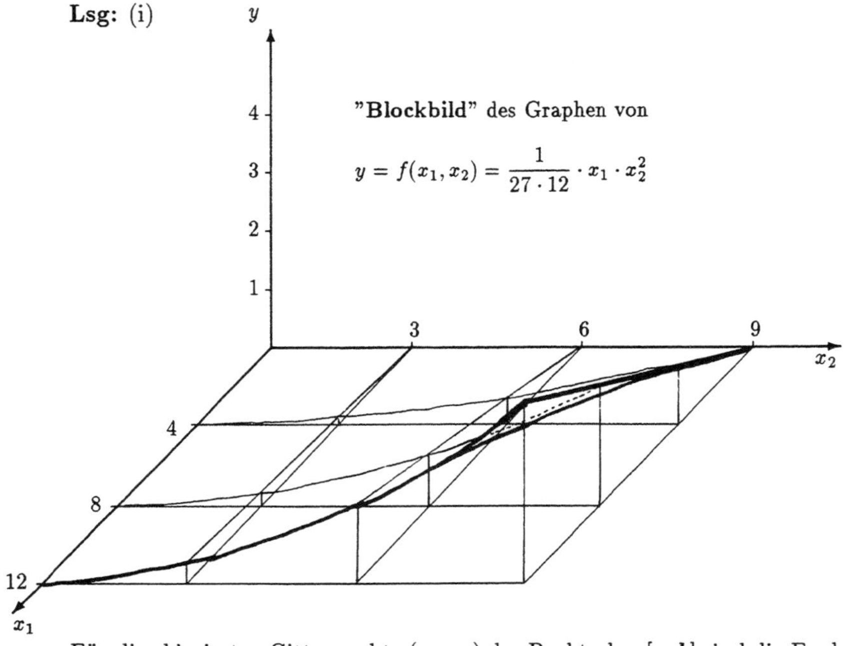

Für die skizzierten Gitterpunkte (x_1, x_2) des Rechteckes $[\mathbf{o}, \boldsymbol{b}]$ sind die Funktionswerte y berechnet und die Punkte (x_1, x_2, y) des Graphen von f gezeichnet worden (= Endpunkte der vertikalen "Säulen"). Diese sind durch Kurvenbögen miteinander verbunden worden, die den Verlauf der durch f dargestellten "gekrümmten Fläche" anschaulich erkennen lassen. Die Graphik ist "per Hand" erstellt worden. Die folgende 3D-Graphik derselben Funktion ist mit dem Computer-Algebra-System Maple V erzeugt worden.

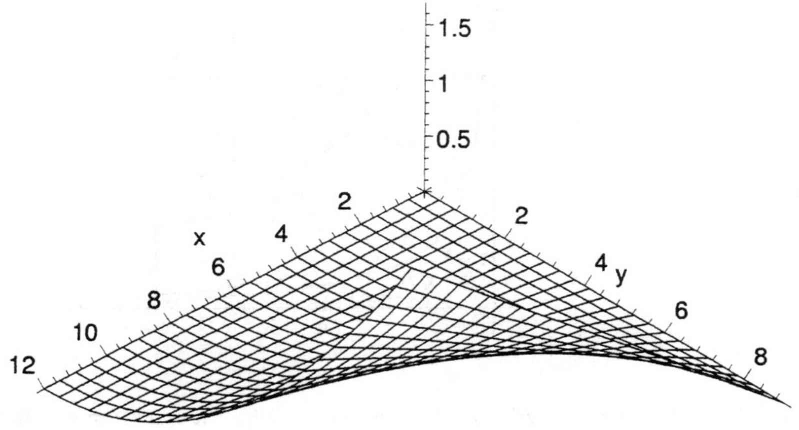

(ii) Die "Höhenlinie" $H_c(f)$ von f besteht aus allen Punkten $(x_1, x_2) \in \mathbb{R}^2$, denen durch die Funktion derselbe Funktionswert $y = c$ zugeordnet wird [vgl. "Höhenlinien" in topographischen Karten]:

$$H_c(f) := \{(x_1, x_2) \in \mathbb{R}^2 : \; f(x_1, x_2) = c\}.$$

Man gibt sich einige "Höhen" c vor und skizziert die zugehörigen Höhenlinien H_c in einem cartesischen $x_1; x_2$-Koordinatensystem.

Höhe c	zugehörige Höhenlinie H_c:
0	$\frac{1}{27 \cdot 12} \cdot x_1 \cdot x_2^2 = 0 \quad \Leftrightarrow \quad x_1 = 0$ oder $x_2 = 0$ H_0 wird von den (positiven) Koordinatenachsen gebildet.
$\frac{1}{27}$	$\frac{1}{27 \cdot 12} \cdot x_1 \cdot x_2^2 = \frac{1}{27} \quad \Leftrightarrow \quad x_1 = \frac{12}{x_2^2}$
$\frac{1}{12}$	$\frac{1}{27 \cdot 12} \cdot x_1 \cdot x_2^2 = \frac{1}{12} \quad \Leftrightarrow \quad x_1 = \frac{27}{x_2^2}$
$\frac{1}{2}$	$\frac{1}{27 \cdot 12} \cdot x_1 \cdot x_2^2 = \frac{1}{2} \quad \Leftrightarrow \quad x_1 = \frac{27 \cdot 6}{x_2^2}$
$\frac{2}{3}$	$\frac{1}{27 \cdot 12} \cdot x_1 \cdot x_2^2 = \frac{2}{3} \quad \Leftrightarrow \quad x_1 = \frac{9 \cdot 24}{x_2^2}$
1	$\frac{1}{27 \cdot 12} \cdot x_1 \cdot x_2^2 = 1 \quad \Leftrightarrow \quad x_1 = \frac{27 \cdot 12}{x_2^2}$
3	$\frac{1}{27 \cdot 12} \cdot x_1 \cdot x_2^2 = 3 \quad \Leftrightarrow \quad x_1 = \frac{27 \cdot 12 \cdot 3}{x_2^2}$

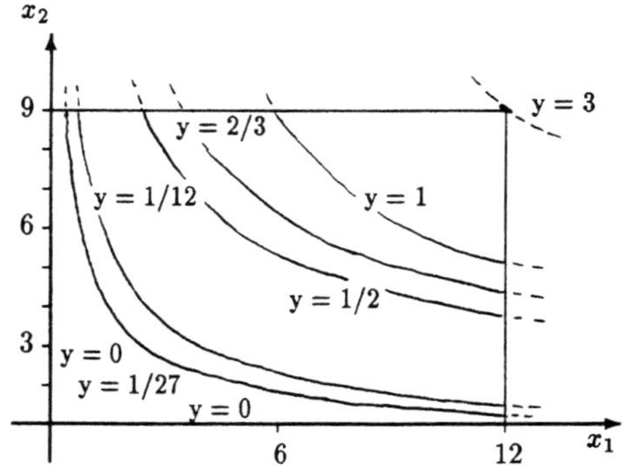

(1) Def.: Es seien $A \subset \mathbb{R}^n$, $f : A \to \mathbb{R}$ und $c \in \mathcal{W}_f$. Die Punkte $\boldsymbol{x} \in A$ mit

$$f(\boldsymbol{x}) = c$$

bilden die **Niveaufläche** H_c von f zum Niveau c.

[Wenn $n = 1$ ist, ist H_c eine Menge reeller Zahlen; für $n = 2$ ist H_c im allg. eine Kurve im $\mathbb{R}^2$ ("**Niveaukurve**", "**Höhenlinie**" oder "**Isohöhenlinie**"); für $n = 3$ ist H_c im allgemeinen eine Fläche ("**Niveaufläche**") im $\mathbb{R}^3$.]

(B2) Zur Herstellung eines Produktes werden n verschiedene Produktionsfaktoren benötigt. Wird die Produktion durch die **Produktionsfunktion**[1] oder das **Ertragsgesetz** [2]: **"Ertragsgebirge"**

$$y = f(x_1, \ldots, x_n)$$

beschrieben mit

y	Ertrag, output
x_1	Einsatzmenge des 1. Produktionsfaktors
$\vdots$	
x_n	Einsatzmenge des n. Produktionsfaktors
$y = f(x_1, x_2, \ldots, x_n)$	Ertrag bei Einsatz einer Menge x_i des i-ten Produktionsfaktors ($i = 1, \ldots, n$)

so wird die Niveaufläche von f zum Niveau c in den Wirtschaftswissenschaften auch **Indifferenzfläche** bzw. **–kurve** (Pareto) oder **Isoquante**[3] genannt.

[1] [Schu] p. 71ff
[2] [Wöh] p.298
[3] [Schu] p.74

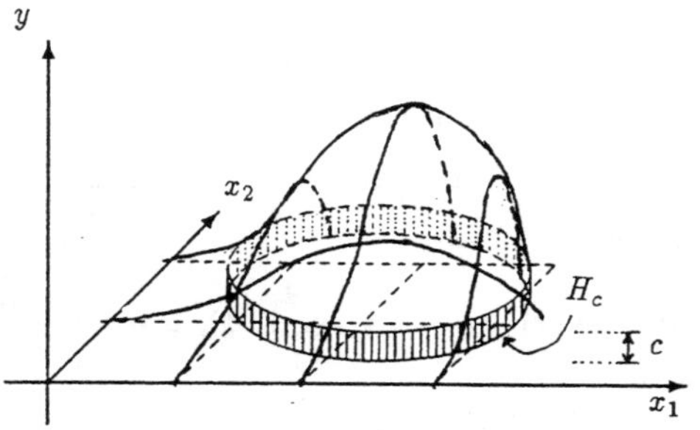

(2) Def.: Es sei $n \geq 2$ fest, $A \subset \mathbb{R}^n$, $f : A \to \mathbb{R}$, $\boldsymbol{a} = (a_1, \ldots, a_n) \in A$ und $i \in \{1, \ldots, n\}$ fest. Die Funktion der einen Variablen x_i, die man aus f dadurch erhält, dass man alle anderen Variablen festhält, $x_1 = a_1, \ldots, x_{i-1} = a_{i-1}$, $x_{i+1} = a_{i+1}$, $\ldots$, $x_n = a_n$,

$$x_i \mapsto y = f(a_1, \ldots, a_{i-1}, x_i, a_{i+1}, \ldots, a_n),$$

heißt die i**–te partielle Funktion** von f zum Punkt $\boldsymbol{a}$.

Wenn f eine Produktionsfunktion ist, heißt sie die **Produktionskurve für den Faktor** i zum Punkt $\boldsymbol{a}$ [4].

Auf dem Graphen von f bildet die Menge
$K_i := \{(a_1, \ldots, a_{i-1}, x_i, a_{i+1}, \ldots, a_n, f(a_1, \ldots, a_{i-1}, x_i, a_{i+1}, \ldots, a_n)) : x_i \text{ variabel}\}$ eine sog. "**Koordinatenlinie**". Deren orthogonale Projektion auf die x_i, y-Koordinatenebene ist die i-te partielle Funktion von f zum Punkte $\boldsymbol{a}$.

Im Falle $n = 2$ ist K_1 die "Koordinatenlinie $x_2 = a_2$", die Schnittkurve des Graphen von f mit der Hyperebene $x_2 = a_2$. Entsprechend ist K_2, die "Koordinatenlinie $x_1 = a_1$", die Schnittkurve des Graphen von f mit der Hyperebene $x_1 = a_1$.

(B3) Man skizziere von der Funktion

$$\mathbb{R}^2 \ni (x_1, x_2) \mapsto y = f(x_1, x_2) = x_1^2 + 3\,x_1 + x_2^2 + 2\,x_2 - 15 \in \mathbb{R}$$

(i) die Isohöhenlinien zu den "Höhen"
$c = 4, \quad -4, \quad -16, \quad -\frac{73}{4}, \quad -20;$

(ii) die 1. partielle Funktion von f zum Punkt $\boldsymbol{a} = (1, 3)$;

(iii) die 2. partielle Funktion von f zum Punkt $\boldsymbol{a} = (1, 3)$.

Lsg:

(i) Zu gegebener "Höhe" c wird die Isohöhenlinie H_c von f durch die Gleichung beschrieben:

[4] [Schu] p.74

$$\begin{array}{llll}
y = & x_1^2 + 3x_1 & + x_2^2 + 2x_2 - 15 & = c \\
\Leftrightarrow & x_1^2 + 3x_1 + \frac{9}{4} & + x_2^2 + 2x_2 + 1 & = c + 15 + \frac{9}{4} + 1 \\
& \text{(quadratische Ergänzungen)} & & \\
\Leftrightarrow & (x_1 + \frac{3}{2})^2 & + (x_2 + 1)^2 & = c + \frac{73}{4} \\
\Leftrightarrow & |\boldsymbol{x} - \boldsymbol{m}| & = \varrho &
\end{array}$$

$$\text{mit } \boldsymbol{x} = (x_1, x_2),\ \boldsymbol{m} = (-\frac{3}{2}, -1),\ \varrho = \sqrt{c + \frac{73}{4}}$$

Folgerung:

c	H_c ist der Kreis um den Punkt $\boldsymbol{m}$ als Mittelpunkt mit dem Radius $\varrho = \sqrt{c + \frac{73}{4}}$
4	$\sqrt{4 + \frac{73}{4}} = \sqrt{\frac{89}{4}} = 4.7$
-4	$\sqrt{-4 + \frac{73}{4}} = \sqrt{\frac{57}{4}} = 3.8$
-16	$\sqrt{-16 + \frac{73}{4}} = \sqrt{\frac{9}{4}} = \frac{3}{2}$
$\frac{-73}{4}$	$\sqrt{\frac{-73}{4} + \frac{73}{4}} = 0$
-20	$H_{-20} = \emptyset$

(ii)
$$\begin{aligned}
y = f(x_1, 3) &= x_1^2 + 3x_1 + 3^2 + 2 \cdot 3 - 15 \\
&= x_1^2 + 3x_1 + \frac{9}{4} - \frac{9}{4} \\
&= (x_1 + \frac{3}{2})^2 - \frac{9}{4}
\end{aligned}$$

(iii)
$$\begin{aligned}
y = f(1, x_2) &= 1^2 + 3 \cdot 1 + x_2^2 + 2x_2 - 15 \\
&= x_2^2 + 2x_2 + 1 - 12 \\
&= (x_1 + 1)^2 - 12
\end{aligned}$$

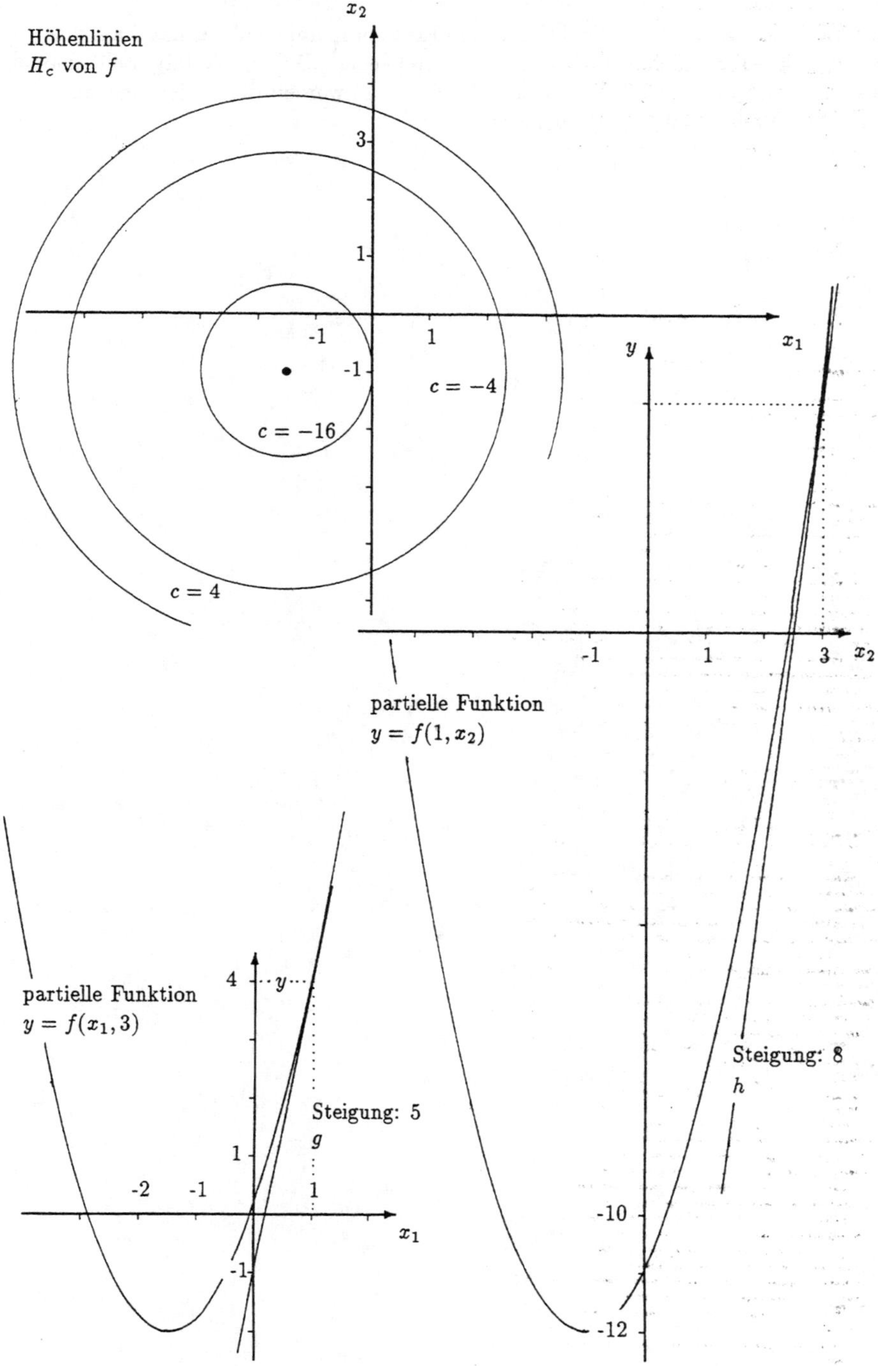
Höhenlinien
H_c von f
x_2
3
1
-1
1
-1
x_1
$c = -4$
$c = -16$
$c = 4$
y
-1
1
3
x_2
partielle Funktion
$y = f(1, x_2)$
Steigung: 8
h
-10
-12
partielle Funktion
$y = f(x_1, 3)$
4
y
Steigung: 5
g
1
-2
-1
1
x_1
-1

Der Graph der betrachteten Funktion ist ein Rotationsparaboloid. Es hat die Achse $x = -\frac{3}{2}, y = -1, z$ beliebig. Es ist in der nachstehenden 3D-Graphik dargestellt, die mit dem Computer-Algebra-System Maple V erzeugt worden ist. In der Zeichnung ist die Achse bei $x = 0, y = 0, z$ beliebig.

6.3 Partielle Ableitungen

Bem.: Der Begriff des Grenzwertes bei reellwertigen Funktionen mehrerer reellen Variablen wird genauso definiert wie bei reellwertigen Funktionen einer reellen Variablen [vgl. 2.3(3)]:

(1) Def.: Es sei $A \subset \mathbb{R}^n$, $\boldsymbol{a} \in A$, $f : A \to \mathbb{R}$ und $\alpha \in \mathbb{R}$. Man sagt, für $A \ni \boldsymbol{x} \to \boldsymbol{a}$ **konvergiert** $f(\boldsymbol{x})$ gegen α, in Zeichen

$$\lim_{A \ni \boldsymbol{x} \to \boldsymbol{a}} f(\boldsymbol{x}) = \alpha \quad :\Leftrightarrow: \quad f(\boldsymbol{x}) \to \alpha \quad \text{für } A \ni \boldsymbol{x} \to \boldsymbol{a}$$

:gdw die Funktionswerte $f(\boldsymbol{x})$ sind von α beliebig wenig entfernt, wenn $\boldsymbol{x} \in A$ von $\boldsymbol{a}$ hinreichend wenig entfernt ist;

:gdw zu jeder positiven Zahl ϵ gibt es eine positive Zahl δ, so daß $f(\boldsymbol{x}) \in \mathcal{U}_\epsilon(\alpha)$ für alle $\boldsymbol{x} \in \mathcal{U}^*_\delta(\boldsymbol{a}) \cap A$;

:gdw zu jeder positiven Zahl ϵ gibt es eine positive Zahl δ, so daß $|f(\boldsymbol{x}) - \alpha| < \epsilon$ für alle $\boldsymbol{x} \in A$ mit $0 < |\boldsymbol{x} - \boldsymbol{a}| < \delta$.

Bem.: Der Satz 2.3(4) über den Zusammenhang von Grenzwerten von Funktionen und Zahlenfolgen gilt analog für Punktfolgen und Funktionen mehrerer reellen Variablen. Deshalb gelten für das Rechnen mit Grenzwerten bei Funktionen mehrerer reellen Variablen auch die gewohnten Rechenregeln des Satzes 2.3(7). Ebenso übertragen sich die Definitionen 2.4(1) der Stetigkeit und deren Konsequenzen in analoger Weise auf reellwertige Funktionen mehrerer reellen Variablen. Insbesondere gilt der

(2) Satz von Karl Weierstraß vom absoluten Maximum:
Wenn $A \subset \mathbb{R}^n$ kompakt, d.h. beschränkt und abgeschlossen ist, und $f : A \to \mathbb{R}$ stetig, so besitzt f auf A sowohl ein absolutes Maximum als auch ein absolutes Minimum.

Wenn A insbesondere konvex, beschränkt und abgeschlossen ist, so ist $\mathcal{W}_f$ ein beschränktes, abgeschlossenes Intervall.

(B1) Es sei $\boldsymbol{b} = (3,3) \in \mathbb{R}^2$. Für die Funktion

$$[\mathbf{o}, \boldsymbol{b}] \ni (x_1, x_2) \mapsto y = f(x_1, x_2) = 2x_1 + 3x_2 - 1 \in \mathbb{R}$$

bestimme man den genauen Wertebereich $\mathcal{W}_f$.

Lsg: f ist stetig. In einem cartesischen x_1, x_2, y-Koordinatensystem stellt

$$2x_1 + 3x_2 - y = 1$$

eine Ebene dar. Diese ist hier nur über dem zweidimensionalen Intervall $[\mathbf{o}, \boldsymbol{b}]$ zu betrachten, das eine konvexe, beschränkte und abgeschlossene Teilmenge von $\mathbb{R}^2$ ist. Um die Wertemenge $\mathcal{W}_f$ zu bestimmen, reicht es aus, die Funktionswerte von f in den vier Eckpunkten von $[\mathbf{o}, \boldsymbol{b}]$ zu ermitteln:

(x_1, x_2)	$f(x_1, x_2)$
$(0,0)$	-1
$(3,0)$	5
$(3,3)$	14
$(0,3)$	8

$\mathcal{W}_f = [-1, 14]$.

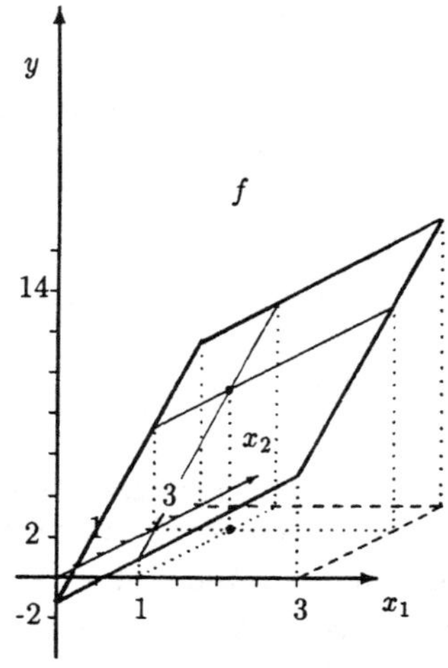

(B2) Es sei $\boldsymbol{a} = (1,2) \in I\!R^2$. Für die Funktion

$$I\!R^2 \ni (x_1, x_2) \mapsto y = f(x_1, x_2) = 2x_1 + 3x_2 - 1 \in I\!R$$

bestimme und skizziere man

(i) die erste partielle Funktion g von f zum Punkt $\boldsymbol{a}$;

(ii) die zweite partielle Funktion h von f zum Punkt $\boldsymbol{a}$;

und diskutiere den Zusammenhang mit der gegebenen Funktion f. Ferner bestimme man die Steigungen von g und h.

Lsg:

(i) $y = g(x_1) := f(x_1, 2) = 2x_1 + 3 \cdot 2 - 1 = 2x_1 + 5$

(ii) $y = h(x_2) := f(1, x_2) = 2 \cdot 1 + 3x_2 - 1 = 3x_2 + 1$

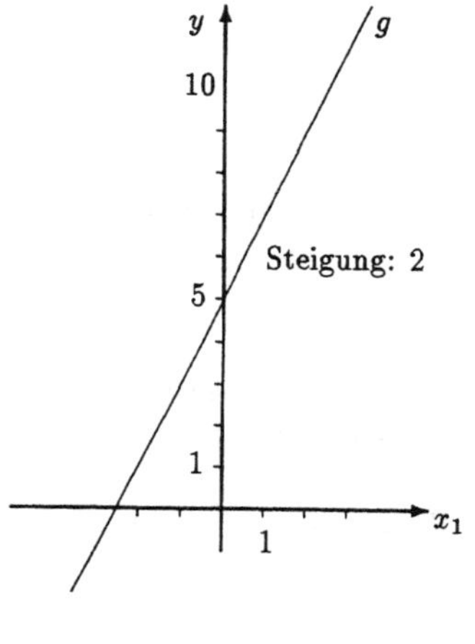

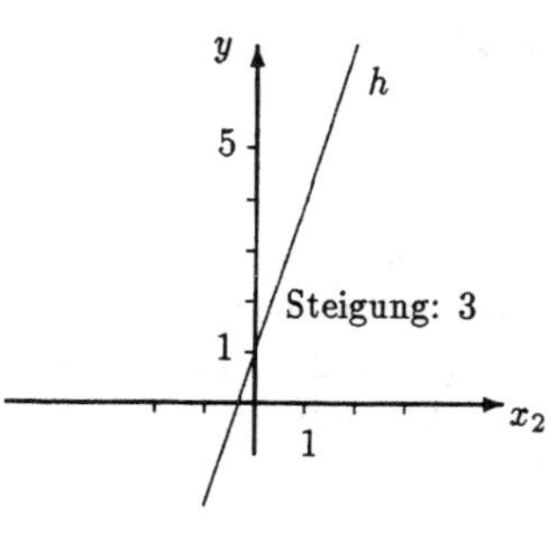

Die 1. partielle Funktion g von f zum Punkt $\boldsymbol{a} = (1,2)$ erhält man durch orthogonale Projektion der Koordinatenlinie

$$K_1 = \{(x_1, 2, y) : x_1 \in \mathbb{R},\ y = f(x_1, 2)\} \subset \mathbb{R}^3$$

auf die x_1, y-Ebene: g ist die Schnittfunktion von f mit der Hyperebene $x_2 = 2$.

Die 2. partielle Funktion h von f zum Punkt $\boldsymbol{a} = (1,2)$ erhält man durch orthogonale Projektion der Koordinatenlinie

$$K_2 = \{(1, x_2, y) : x_2 \in \mathbb{R},\ y = f(1, x_2)\} \subset \mathbb{R}^3$$

auf die x_2, y-Ebene: h ist die Schnittfunktion von f mit der Hyperebene $x_1 = 1$. Man vgl. die Skizze zu (B1).

Die gesuchten Steigungen sind für alle Argumente dieselben, da g und h Geraden sind:

$$\begin{aligned} \frac{d\,g(x_1)}{d\,x_1} &= 2 =: \frac{\partial f}{\partial x_1}(x_1, 2) \\ \frac{d\,h(x_2)}{d\,x_2} &= 3 =: \frac{\partial f}{\partial x_2}(1, x_2). \end{aligned}$$

(3) Def.: Es sei $A \subset \mathbb{R}^n$ und $\boldsymbol{a} = (a_1, a_2, \ldots, a_n) \in A$ ein innerer Punkt von A. Eine Funktion $f : A \to \mathbb{R}$, $y = f(x_1, x_2, \ldots, x_n)$, heißt an der Stelle $\boldsymbol{a}$ nach der ersten Variablen x_1 **partiell differenzierbar** : gdw die 1. partielle Funktion von f zum Punkt $\boldsymbol{a}$

$$x_1 \mapsto y = g(x_1) = f(x_1, a_2, \ldots, a_n) \in \mathbb{R}$$

ist an der Stelle $x_1 = a_1$ differenzierbar (die übrigen Variablen werden bei partieller Differentiation als Konstanten behandelt). Entsprechend wird die partielle Differentiation von f nach der $2., 3., \ldots, n$-ten Variablen erklärt. Die Funktion f heißt **auf** A **partiell nach** x_1 **differenzierbar** : gdw f ist in jedem Punkt von A partiell nach x_1 differenzierbar.

Schreibweisen:

$f_{x_1} = \dfrac{\partial f}{\partial x_1}$	partielle Ableitung 1. Ordnung von f nach x_1
$f_{x_1}(\boldsymbol{a}) = \dfrac{\partial f}{\partial x_1}(\boldsymbol{a}) = \dfrac{\partial f(\boldsymbol{a})}{\partial x_1}$	Wert der partiellen Ableitung 1. Ordnung von f nach x_1 an der Stelle $\boldsymbol{a}$

(gesprochen: "f partiell nach x_1 differenziert, an der Stelle $\boldsymbol{a}$"
= "d f nach d x_1 partiell an der Stelle $\boldsymbol{a}$")

In den Wirtschaftswissenschaften übliche **Bezeichungskonventionen:**

Wenn f $*$-Funktion heißt und f von den "Faktoren" $x_1, x_2, \ldots, x_n$ abhängt, $y = f(x_1, x_2, \ldots, x_n)$, nennt man die partielle Ableitung 1. Ordnung von f nach x_1 die Grenz-$*$-funktion des 1. Faktors[1]:

[1] [Schu] p19,60, [FH] p 60

Bspe:	$y = f(x_1, x_2, \dots, x_n)$	**Produktionsfunktion**
	$\dfrac{\partial f}{\partial x_1}$	**Grenzproduktivität des 1. Faktors**
	$y = f(x_1, x_2, \dots, x_n)$	**Nutzenfunktion**
	$\dfrac{\partial f}{\partial x_n}$	**Grenznutzen des n–ten Faktors**

Bem.: Es ist eine anschauliche Deutung der partiellen Ableitung an einer Stelle $\boldsymbol{a} = (a_1, a_2, \dots, a_n)$ möglich: $\dfrac{\partial f}{\partial x_1}(\boldsymbol{a})$ ist die Steigung der Tangente (in x_1-Richtung) im Punkte $(\boldsymbol{a}, f(\boldsymbol{a}))$ an die Koordinatenlinie K_1, die durch diesen Punkt verläuft. Im Fall $n = 2$ ist es die Steigung (in x_1-Richtung) der Schnittkurve des Graphen von f mit der Hyperebene $x_2 = a_2$ im Punkt $(\boldsymbol{a}, f(\boldsymbol{a}))$.

> Näherungsweise ist $\dfrac{\partial f}{\partial x_1}(\boldsymbol{a})$ die Änderung der Funktion f, wenn die Variable $x_1 = a_1$ um eine (hinreichend kleine) Einheit vergrößert wird und die übrigen Variablen alle festgehalten werden.

(B3) Für die Funktion

$$\mathbb{R}^2 \ni (x_1, x_2) \mapsto y = f(x_1, x_2) = x_1^2 + 3x_1 + x_2^2 + 2x_2 - 15$$

berechne man

(i) den Funktionswert $f(\boldsymbol{a})$ an der Stelle $\boldsymbol{a} = (1, 3)$;

(ii) die partiellen Ableitungen 1. Ordnung nach beiden Variablen als Funktionen von (x_1, x_2);

(iii) die partiellen Ableitungen 1. Ordnung nach beiden Variablen an der Stelle $\boldsymbol{a}$ und gebe dafür eine geometrische Interpretation.

Man ermittle die Vektorgleichung

$$\boldsymbol{x} = (x_1, x_2, y) = \boldsymbol{b} + \lambda \cdot \boldsymbol{c} \qquad (\lambda \in \mathbb{R})$$

bezogen auf ein cartesisches x_1, x_2, y-Koordinatensystem des $\mathbb{R}^3$ (mit Zeilenvektoren $\boldsymbol{b}, \boldsymbol{c} \in \mathbb{R}^3$)

(iv) der Tangente $t^{(1)}$ an f im Punkte $(1, 3, f(1, 3))$, die parallel zur x_1, y-Ebene ist;

(v) der Tangente $t^{(2)}$ an f im Punkte $(1, 3, f(1, 3))$, die parallel zur x_2, y-Ebene ist.

Lsg.:

(i) $f(1, 3) = 1 + 3 + 9 + 6 - 15 = \underline{4}$

(ii) $f_{x_1}(x_1, x_2) = 2x_1 + 3, \qquad f_{x_2}(x_1, x_2) = 2x_2 + 2$

(iii) $f_{x_1}(1,3) = 2 + 3 = \underline{5}$
ist die Steigung der 1. partiellen Funktion von f zum Punkt $\boldsymbol{a}$ an der Stelle $x_1 = a_1 = 1$ [s.die Skizze zu 6.2(B3)(ii)].
= Steigung der Schnittkurve des Graphen von f mit der Hyperebene $x_2 = 3$ im Punkt $(1,3,4)$
= Steigung der Tangente $t^{(1)}$ an f im Punkt $(1,3,4)$, die parallel zur x_1, y-Ebene ist (bezogen auf die Parallele zur x_1-Achse durch den Punkt $(1,3,4)$).

$f_{x_2}(1,3) = 2 \cdot 3 + 2 = \underline{8}$
ist die Steigung der 2. partiellen Funktion von f zum Punkt $\boldsymbol{a}$ an der Stelle $x_2 = a_2 = 3$
= Steigung der Schnittkurve des Graphen von f mit der Hyperebene $x_1 = 1$ im Punkt $(1,3,4)$; [s. die Skizze zu 6.2(B3)(iii)]
= Steigung der Tangente $t^{(2)}$ an f im Punkt $(1,3,4)$, die parallel zur x_2, y-Ebene ist (bezogen auf die Parallele zur x_1-Achse durch den Punkt $(1,3,4)$).

(iv) $t^{(1)} : \boldsymbol{x} = (x_1, x_2, y) = (1,3,4) + \lambda(1,0,5) \quad (\lambda \in \mathbb{R})$
ist die Gerade im $\mathbb{R}^3$ durch den Punkt $(1,3,4)$, die parallel zur x_1, y-Ebene ist und (bezogen auf die Parallele zur x_1-Achse durch den Punkt $(1,3,4)$) die Steigung 5 besitzt.

(v) $t^{(2)} : \boldsymbol{x} = (x_1, x_2, y) = (1,3,4) + \mu(0,1,8) \quad (\mu \in \mathbb{R})$
ist die Gerade im $\mathbb{R}^3$ durch den Punkt $(1,3,4)$, die parallel zur x_2, y-Ebene ist und (bezogen auf die Parallele zur x_2-Achse durch den Punkt $(1,3,4)$) die Steigung 8 besitzt.

(B4) Man differenziere partiell nach allen Variablen

(i) $y = f(x_1, x_2) = x_2 \cdot e^{x_1} + 2x_1 e^{-x_2^2}$

(ii) $y = h(u,v,w) = u^2 \cdot v + v^2 \cdot w + w^2 \cdot u$

(iii) $z = g(x,y) = x \cdot \sqrt{1 + (x-y)^2} + \ln(xy)$

(iv) $y = r(x_1, \ldots, x_n) = (\sum_{i=1}^{n} x_i^2)^{\frac{1}{2}}$

Lsg.:

(i) $f_{x_1} = x_2 \cdot e^{x_1} + 2e^{-x_2^2}, \quad f_{x_2} = e^{x_1} + 2x_1 \cdot e^{-x_2^2} \cdot (-2x_2)$

(ii) $h_u = 2u \cdot v + w^2, \quad h_v = u^2 + 2vw, \quad h_w = v^2 + 2wu$

(iii) $$g_x = \sqrt{1 + (x-y)^2} + x \cdot \frac{2(x-y)}{2\sqrt{1+(x-y)^2}} + \frac{1}{x}$$

$$g_y = x \cdot \frac{-2(x-y)}{2\sqrt{1+(x-y)^2}} + \frac{1}{y}$$

(iv) $$r_{x_j} = \frac{2 \cdot x_j}{2 \cdot \sqrt{\sum_{i=1}^{n} x_i^2}} = \frac{x_j}{r(x_1, \ldots, x_n)} \qquad (j = 1, \ldots, n)$$

(4) Def.: Es sei $A \subset \mathbb{R}^n$ und $\boldsymbol{x} \in A$ ein innerer Punkt von A. $f : A \to \mathbb{R}$ sei an der Stelle $\boldsymbol{x}$ partiell differenzierbar nach allen Variablen. Dann heißt der Zeilenvektor der partiellen Ableitungen

$$\operatorname{grad} f(\boldsymbol{x}) := (f_{x_1}(\boldsymbol{x}), f_{x_2}(\boldsymbol{x}), \ldots, f_{x_n}(\boldsymbol{x}))$$

der **Gradient** von f an der Stelle $\boldsymbol{x}$.

(B5) Man berechne für

$$\mathbb{R}^2 \ni (x_1, x_2) \mapsto y = f(x_1, x_2) = x_1^2 + 3x_1 + x_2^2 + 2x_2 - 15$$

den Gradienten von f

(i) an einer beliebigen Stelle $\boldsymbol{x} = (x_1, x_2)$;

(ii) an der Stelle $\boldsymbol{a} = (1, 3)$ und skizziere letzteren, wobei sein Anfangspunkt in $\boldsymbol{a}$ liege.

(iii) Man zeige, daß $\operatorname{grad} f(\boldsymbol{a})$ senkrecht zu der durch $\boldsymbol{a}$ verlaufenden Isohöhenlinie von f ist [vgl. 6.2(B3)].

Lsg:

(i) $\operatorname{grad} f(\boldsymbol{x}) = (f_{x_1}(\boldsymbol{x}), f_{x_2}(\boldsymbol{x})) = (2x_1 + 3, 2x_2 + 2)$

(ii) $\operatorname{grad} f(\boldsymbol{a}) = (5, 8)$.

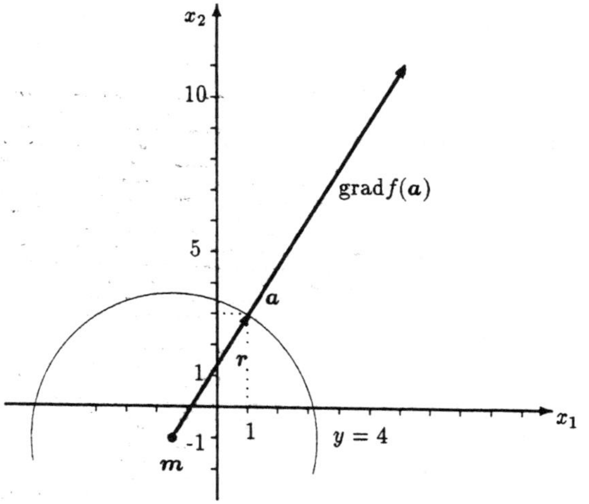

(iii) Die durch $\boldsymbol{a} = (1, 3)$ verlaufende Isohöhenlinie von f gehört zur Höhe $c = f(1, 3) = 4$. Sie ist der Kreis

$$f(x_1, x_2) = 4 \Leftrightarrow (x_1 + \frac{3}{2})^2 + (x_2 + 1)^2 = \frac{89}{4}$$

um den Punkt $\boldsymbol{m} = (-\frac{3}{2}, -1)$ mit dem Radius $\varrho = \sqrt{\frac{89}{4}}$ [s. 6.1(B3)].

grad$f(\boldsymbol{a})$ ist senkrecht zur Kreisperipherie gdw
grad$f(\boldsymbol{a})$ hat die Richtung des Radiusvektors $\boldsymbol{r} = \boldsymbol{a} - \boldsymbol{m}$
$= (1,3) - (-\frac{3}{2}, -1) = (\frac{5}{2}, 4)$.

Frage: Gibt es ein $\lambda \in \mathbb{R}$, so daß grad$f(\boldsymbol{a}) = \lambda \cdot \boldsymbol{r}$?
d.h. $(5,8) = \lambda \cdot (\frac{5}{2}, 4)$?

Lsg: $\lambda = 2$

Ergebnis: grad$f(\boldsymbol{a})$ ist orthogonal zur "Niveaufläche von f zum Niveau $f(\boldsymbol{a})$".

(5) Def.: Es sei $A \subset \mathbb{R}^n$ und $\boldsymbol{x} \in A$ ein innerer Punkt von A. Es sei $f : A \to \mathbb{R}$ an der Stelle $\boldsymbol{x}$ partiell differenzierbar nach allen seinen Variablen. Wenn $f(\boldsymbol{x}) \neq 0$ ist, heißt die Elastizität der i-ten partiellen Funktion von f zum Punkt $\boldsymbol{x}$

$$e_i(f;\boldsymbol{x}) := f_{x_i}(\boldsymbol{x}) \cdot \frac{x_i}{f(\boldsymbol{x})} \qquad (i = 1, \ldots, n)$$

die **partielle Elastizität** von f bzgl. x_i an der Stelle $\boldsymbol{x}$.

Bem.: In Näherung gibt $e_i(f;\boldsymbol{x})$ an, um wieviel Prozent sich $y = f(\boldsymbol{x})$ ändert, wenn x_i um 1% vergrößert wird und alle anderen Variablen konstant bleiben. Man betrachtet also den Übergang von

$$\begin{aligned} \boldsymbol{x} &= (x_1, \ldots, x_{i-1}, x_i, x_{i+1}, \ldots, x_n) && \text{zu} \quad \boldsymbol{x} + \Delta\boldsymbol{x} \\ &= (x_1, \ldots, x_{i-1}, x_i + \Delta x_i, x_{i+1}, \ldots, x_n) && \text{mit} \quad \Delta\boldsymbol{x} = (0, \ldots, 0, \Delta x_i, 0, \ldots, 0) \\ & && \text{und} \quad \frac{\Delta x_i}{x_i} = \frac{1}{100}. \end{aligned}$$

(B6) Man berechne alle partiellen Elastizitäten der Funktion

$$\mathbb{R}^{+3} \ni (m,c,v) = \boldsymbol{x} \mapsto p = P(m,c,v) = \frac{m}{v+c}$$

als Funktion von $\boldsymbol{x} = (m,c,v)$ und interpretiere sie.

Lsg:

$$e_1(P;\boldsymbol{x}) = P_m \cdot \frac{m}{p} = \frac{1}{v+c} \cdot \frac{m}{\frac{m}{v+c}} = 1$$

Wenn m um 1% wächst (bei konstantem v und konstantem c), vergrößert sich p (i. allg. näherungsweise; hier: exakt) um 1%.

$$e_3(P;\boldsymbol{x}) = P_v \cdot \frac{v}{p} = -\frac{m}{(v+c)^2} \cdot \frac{v}{\frac{m}{v+c}} = -\frac{v}{v+c}$$

Wenn v um 1% wächst (bei konstantem m und konstantem c), verkleinert sich p näherungsweise um $\frac{v}{v+c}$%.

$$e_2(P;\boldsymbol{x}) = P_c \cdot \frac{c}{p} = -\frac{m}{(v+c)^2} \cdot \frac{c}{\frac{m}{v+c}} = -\frac{c}{v+c}$$

Wenn c um 1% wächst (bei konstantem m und konstantem v), verkleinert sich p näherungsweise um $\frac{c}{v+c}$%.

6.4 Vollständige Differenzierbarkeit; vollständiges Differential und Mittelwertsatz

(B1) Für die Funktion

$$\mathbb{R}^2 \ni (x_1, x_2) \mapsto y = f(x_1, x_2) = x_1^2 + 3x_1 + x_2^2 + 2x_2 - 15$$

berechne man

a) die Koordinatendarstellung
$$y = g(x_1, x_2) = \alpha + g_1 \cdot (x_1 - 1) + g_2 \cdot (x_2 - 3)$$
einer Ebene, die f im Punkte $(1, 3, f(1, 3)) \in \mathbb{R}^3$ "berührt", d.h. für die
(i) $g(1,3) = f(1,3)$ und
(ii) $\operatorname{grad} g(1,3) = \operatorname{grad} f(1,3)$
ist, und zeige

b) dass sie von den Tangenten $t^{(1)}$ und $t^{(2)}$ aus Bsp. 4.3(B3) aufgespannt wird.

c) Man berechne $\Delta y = f(x_1, x_2) - f(1, 3)$ und $dy = g(x_1, x_2) - g(1, 3)$ für $(x_1, x_2) = (2, 4)$ und für $(x_1, x_2) = (1.1, 3.1)$ und vergleiche jeweils Δy mit dy.

Lsg:

a) (i) $f(1,3) = \underline{4} = g(1,3) = \underline{\alpha}$
(ii) $f_{x_1}(1,3) = \underline{5} = g_{x_1}(1,3) = \underline{g_1}$, $f_{x_2}(1,3) = \underline{8} = g_{x_2}(1,3) = \underline{g_2}$

$$\begin{aligned} y &= f(1,3) + \frac{\partial f}{\partial x_1}(1,3) \cdot (x_1 - 1) + \frac{\partial f}{\partial x_2}(1,3) \cdot (x_2 - 3) = \\ y &= 4 + 5 \cdot (x_1 - 1) + 8 \cdot (x_2 - 3) \end{aligned}$$

ist die Koordinatendarstellung der gesuchten Ebene (bezogen auf ein cartesisches x_1, x_2, y-Koordinatensystem).

b) Man nennt sie **Tangentialebene** von f im Punkt $(1, 3, f(1,, 3))$ weil sie von den Tangenten $t^{(1)}$ und $t^{(2)}$ an f im Punkt $(1, 3, 4)$ parallel zur x_1, y-Ebene bzw. parallel zur x_2, y-Ebene aufgespannt wird:

$$\begin{aligned} t^{(1)}: \ (x_1, x_2, y) &= (1,3,4) + \lambda \cdot (1,0,5) \qquad \lambda \in \mathbb{R}, \\ t^{(2)}: \ (x_1, x_2, y) &= (1,3,4) + \mu \cdot (0,1,8) \qquad \mu \in \mathbb{R}. \end{aligned}$$

Die Ebene, die $t^{(1)}$ und $t^{(2)}$ enthält, besitzt die Parameterdarstellung

$$(x_1, x_2, y) = (1,3,4) + \lambda(1,0,5) + \mu(0,1,8), \qquad \lambda, \mu \in \mathbb{R}.$$

Ihre Koordinatendarstellung erhält man durch Elimination der Parameter λ, μ aus den 3 Komponentengleichungen:

$$\begin{array}{rcl} x_1 &=& 1 + \lambda \\ x_2 &=& 3 + \mu \\ y &=& 4 + 5\cdot\lambda + 8\cdot\mu \\ &=& 4 + 5\cdot(x_1 - 1) + 8\cdot(x_2 - 3). \end{array} \qquad \begin{array}{l} \lambda = x_1 - 1 \\ \mu = x_2 - 3 \end{array}$$

c)

$$\begin{array}{lcl} \Delta y &=& f(2,4) - f(1,3) \\ &=& 2^2 + 3\cdot 2 + 4^2 + 2\cdot 4 - 15 - 4 = 15 \\ d\,y &=& g(2,4) - g(1,3) \\ &=& 4 + 5\cdot 1 + 8\cdot 1 - 4 = 13 \\ \hline \Delta y - d\,y && = 2 \\ \Delta y &=& f(1.1, 3.1) - f(1,3) \\ &=& 1.1^2 + 3\cdot 1.1 + 3.1^2 + 2\cdot 3.1 - 15 - 4 = 1.32 \\ d\,y &=& g(1.1,3.1) - g(1,3) \\ &=& 4 + 5\cdot 0.1 + 8\cdot 0.1 - 4 = 1.30 \\ \hline \Delta y - d\,y && = 0.02 \end{array}$$

(1) Def.: Es sei $A \subset \mathbb{R}^n$ und $\boldsymbol{a} = (a_1, \ldots, a_n) \in A$ ein innerer Punkt von A. Eine Funktion $f : A \to \mathbb{R}$, $\mathbb{R}^n \ni \boldsymbol{x} = (x_1, \ldots x_n) \mapsto y = f(x_1, \ldots, x_n)$ heißt an der Stelle $\boldsymbol{a}$ **differenzierbar** oder auch **vollständig** oder **total differenzierbar** :gdw die Funktion von $\boldsymbol{x} = (x_1, \ldots x_n) \in \mathbb{R}^n$

$$\textbf{(2)} \quad y = g(\boldsymbol{x}) = f(\boldsymbol{a}) + \frac{\partial f}{\partial x_1}(\boldsymbol{a})\cdot(x_1 - a_1) + \cdots + \frac{\partial f}{\partial x_n}(\boldsymbol{a})(x_n - a_n)$$
$$= f(\boldsymbol{a}) + \operatorname{grad} f(\boldsymbol{a})\cdot(\boldsymbol{x} - \boldsymbol{a})^T$$

approximiert die Funktion $\boldsymbol{x} \mapsto y = f(\boldsymbol{x})$ für Punkte $\boldsymbol{x}$ in der Nähe von $\boldsymbol{a}$ so gut, dass der Unterschied

$$\epsilon(\boldsymbol{x}) := f(\boldsymbol{x}) - g(\boldsymbol{x})$$

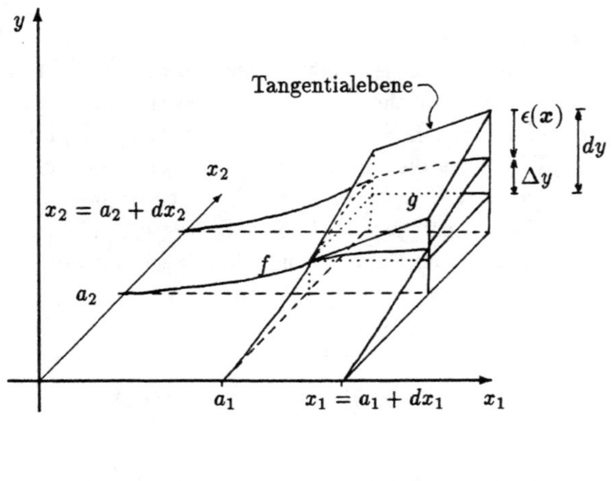

noch nach Division durch $|\boldsymbol{x}-\boldsymbol{a}|$ für $\boldsymbol{x} \to \boldsymbol{a}$ gegen Null konvergiert:

$$\lim_{\boldsymbol{x}\to\boldsymbol{a}} \frac{\epsilon(\boldsymbol{x})}{|\boldsymbol{x}-\boldsymbol{a}|} = 0.$$

In diesem Falle heißt die Funktion (2) die **Tangentialhyperebene** an die oder der Funktion f im Punkte $(\boldsymbol{a}, f(\boldsymbol{a})) \in I\!R^{n+1}$. Ihre Koordinatendarstellung im cartesischen $x_1, \ldots, x_n, y$-Koordinatensystem lautet

$$\begin{array}{lcl} \frac{\partial f}{\partial x_1}(\boldsymbol{a}) \cdot x_1 + \cdots + \frac{\partial f}{\partial x_n}(\boldsymbol{a}) \cdot x_n - y & = & \gamma \quad \text{mit} \\ \frac{\partial f}{\partial x_1}(\boldsymbol{a}) \cdot a_1 + \cdots + \frac{\partial f}{\partial x_n}(\boldsymbol{a}) \cdot a_n - f(\boldsymbol{a}) & =: & \gamma. \end{array}$$

Ist $d\,\boldsymbol{x} := \boldsymbol{x} - \boldsymbol{a} = (x_1 - a_1, \ldots, x_n - a_n) = (d\,x_1, \ldots, d\,x_n)$
irgendein Zuwachs der unabhängigen Variablen $x_1, \ldots, x_n$, so ist

$$(3) \quad \begin{array}{rcl} d\,y := g(\boldsymbol{x}) - g(\boldsymbol{a}) & = & \frac{\partial f}{\partial x_1}(\boldsymbol{a}) \cdot (x_1 - a_1) + \cdots + \frac{\partial f}{\partial x_n}(\boldsymbol{a}) \cdot (x_n - a_n) \\ & = & \operatorname{grad} f(\boldsymbol{a}) \cdot (d\,\boldsymbol{x})^T \end{array}$$

der zu $d\boldsymbol{x}$ gehörige Zuwachs der Tangentialhyperebene. Man bezeichnet die lineare Funktion (3),

$$I\!R^n \ni d\,\boldsymbol{x} \mapsto \boxed{dy = \operatorname{grad} f(\boldsymbol{a}) \cdot (d\,\boldsymbol{x})^T} \in I\!R$$

als das **vollständige Differential** der Funktion f an der Stelle $\boldsymbol{a}$.

$$(4) \qquad \Delta y = f(\boldsymbol{x}) - f(\boldsymbol{a}) = f(\boldsymbol{a} + d\,\boldsymbol{x}) - f(\boldsymbol{a})$$

ist der Zuwachs der Funktion f beim Übergang von der Stelle $\boldsymbol{a}$ zur Stelle $\boldsymbol{x} = \boldsymbol{a} + d\,\boldsymbol{x}$. Für einen Zuwachs $d\,\boldsymbol{x}$ mit hinreichend kleinem Betrag $|d\,\boldsymbol{x}| = |\boldsymbol{x} - \boldsymbol{a}|$ und für eine an der Stelle $\boldsymbol{a}$ vollständig differenzierbare Funktion f kann der (i. allg. leichter zu berechnende) Wert des vollständigen Differentials $d\,y$ als Näherung für Δy angesehen werden:

$$\Delta y = f(\boldsymbol{a} + d\,\boldsymbol{x}) - f(\boldsymbol{a}) \approx d\,y = \frac{\partial f}{\partial x_1}(\boldsymbol{a}) \cdot dx_1 + \cdots + \frac{\partial f}{\partial x_n}(\boldsymbol{a}) \cdot dx_n.$$

Eigenschaften des Gradienten:
Wenn $\operatorname{grad} f(\boldsymbol{a})$ nicht der Nullvektor ist, steht dieser Vektor senkrecht auf der durch den Punkt $\boldsymbol{a}$ verlaufenden Niveaufläche $H_{f(\boldsymbol{a})}$ von f. Diese hat die Gleichung $f(\boldsymbol{x}) = f(\boldsymbol{a})$. Der Vektor $\operatorname{grad} f(\boldsymbol{a})$ ist ein Normalenvektor der Tangentialhyperebene von $H_{f(\boldsymbol{a})}$ im Punkte $\boldsymbol{a}$. Diese hat die Gleichung $g(\boldsymbol{x}) = g(\boldsymbol{a}) \Leftrightarrow \operatorname{grad} f(\boldsymbol{a}) \cdot \boldsymbol{x}^T = \operatorname{grad} f(\boldsymbol{a}) \cdot \boldsymbol{a}^T \Leftrightarrow \operatorname{grad} f(\boldsymbol{a}) \cdot (d\,\boldsymbol{x})^T = 0 \Leftrightarrow d\,y = 0$. Der Vektor $\operatorname{grad} f(\boldsymbol{a})$ weist dabei in die Richtung des steilsten Anstiegs von f. Sein Betrag gibt näherungsweise den Zuwachs von f an, wenn man vom Punkt $\boldsymbol{a}$ zum Punkt $\boldsymbol{a} + d\,\boldsymbol{x}$ mit

$$d\,\boldsymbol{x} = \frac{\operatorname{grad} f(\boldsymbol{a})}{|\operatorname{grad} f(\boldsymbol{a})|}$$

übergeht. $d\boldsymbol{x}$ ist der Einheitsvektor in Richtung von $\operatorname{grad} f(\boldsymbol{a})$.

Beweis:
Es ist $d\,y = \text{grad} f(\boldsymbol{a}) \cdot (d\,\boldsymbol{x})^T = |\text{grad} f(\boldsymbol{a})| \cdot |d\,\boldsymbol{x}| \cdot \cos\varphi$ mit $\varphi :=$ Winkel zwischen den Vektoren $\text{grad} f(\boldsymbol{a})$ und $d\,\boldsymbol{x}$. Bei gegebenem $|d\,\boldsymbol{x}|$, in Abhängigkeit von φ, wird $d\,y$ maximal gdw $\cos\varphi = 1$, d.h. $\varphi = 0$. Für den Zuwachs [Einheitsvektor in Richtung von $\text{grad} f(\boldsymbol{a})$]

$$d\,\boldsymbol{x} = \frac{\text{grad} f(\boldsymbol{a})}{|\text{grad} f(\boldsymbol{a})|}$$

vom Betrage $|d\,\boldsymbol{x}| = 1$ ist $\Delta y \approx d\,y = \text{grad} f(\boldsymbol{a}) \cdot \dfrac{\text{grad} f(\boldsymbol{a})^T}{|\text{grad} f(\boldsymbol{a})|} = |\text{grad} f(\boldsymbol{a})|$.

Bem: Bei gegebenem $|d\,\boldsymbol{x}|$, in Abhängigkeit von φ, wird $d y = 0$ gdw. $\cos\varphi = 0$, d.h. $\varphi = \frac{\pi}{2}$, d.h. wenn man senkrecht zu $\text{grad} f(\boldsymbol{a})$ fortschreitet.

im Raum	mathematisches Objekt	Gleichung
$I\!R^{n+1}$	Funktion f	$y = f(\boldsymbol{x})$
$I\!R^{n+1}$	Tangentialhyperebene g an f im Punkte $(\boldsymbol{a}, f(\boldsymbol{a}))$	$y = g(\boldsymbol{x})$ $= f(\boldsymbol{a}) + \text{grad}\, f(\boldsymbol{a}) \cdot (\boldsymbol{x} - \boldsymbol{a})^T$
$I\!R^n$	Niveaufläche von f zum Niveau $f(\boldsymbol{a}) : H_{f(\boldsymbol{a})}(f)$	$f(\boldsymbol{x}) = f(\boldsymbol{a})$ $\Leftrightarrow \Delta y = 0$
$I\!R^n$	Niveaufläche von g zum Niveau $g(\boldsymbol{a}\,) : H_{g(\boldsymbol{a})}(g)$ = Tangentialhyperebene von $H_{f(\boldsymbol{a})}(f)$ im Pkte $(\boldsymbol{a}, f(\boldsymbol{a}))$	$g(\boldsymbol{x}) = g(\boldsymbol{a})$ $\Leftrightarrow dy = 0$ $\Leftrightarrow \text{grad}\, f(\boldsymbol{a})(\boldsymbol{x} - \boldsymbol{a})^T = 0$ $\Leftrightarrow \text{grad}\, f(\boldsymbol{a}) \cdot d\boldsymbol{x}^T = 0$ $\Leftrightarrow \text{grad}\, f(\boldsymbol{a}) \perp d\boldsymbol{x}$
$I\!R^n$	$\text{grad}\, f(\boldsymbol{a})$ ist Normalenvektor sowohl von $H_{g(\boldsymbol{a})}(g)$ als auch von $H_{f(\boldsymbol{a})}(f)$	

(B2) Gegeben sei die Funktion

$$I\!R^2 \ni (x_1, x_2) \mapsto y = f(x_1, x_2) = x_1^2 + 3x_1 + x_2^2 + 2x_2 - 15 \in I\!R$$

(i) Ist f an der Stelle $\boldsymbol{a} = (1, 3)$ vollständig differenzierbar ?
Man ermittle

(ii) die Gleichung der Tangentialebene an die Funktion f im Punkte $(\boldsymbol{a}, f(\boldsymbol{a}))$;

(iii) das vollständige Differential von f an der Stelle $\boldsymbol{a}$.

(iv) Man vergleiche $d y$ mit Δy zur Stelle $\boldsymbol{a}$ für $d\,\boldsymbol{x} = (1, 1)$ und $d\,\boldsymbol{x} = (0.1, 0.1)$.

(v) Welches ist die Richtung des steilsten Anstieges von f, wenn man vom Punkt $\boldsymbol{a}$ ausgeht, und wie groß ist dieser Anstieg, wenn man in dieser Richtung um einen Zuwachs $d\,\boldsymbol{x}$ der Länge $\sqrt{2}$ bzw. $\sqrt{0.02}$ fortschreitet ? Man berechne $d y$ und vergleiche mit Δy.

Lsg:

(ii) $y = g(x_1, x_2) = 4 + 5 \cdot (x_1 - 1) + 8 \cdot (x_2 - 3)$
ist die Gleichung der Tangentialebene an f im Punkte $(1, 3, 4)$ [vgl. (B1)], weil $f(\boldsymbol{a}) = 4$, $\dfrac{\partial f}{\partial x_1}(\boldsymbol{a}) = 5$, $\dfrac{\partial f}{\partial x_2}(\boldsymbol{a}) = 8$.

(i) f ist an der Stelle $\boldsymbol{a} = (1, 3)$ vollständig differenzierbar, weil

$$\lim_{\boldsymbol{x}\to\boldsymbol{a}} \frac{\epsilon(\boldsymbol{x})}{|\boldsymbol{x}-\boldsymbol{a}|} = \lim_{d\boldsymbol{x}\to(0,0)} \frac{\Delta y - dy}{|d\boldsymbol{x}|} = \lim_{\boldsymbol{x}\to\boldsymbol{a}} \frac{f(\boldsymbol{x})-g(\boldsymbol{x})}{|\boldsymbol{x}-\boldsymbol{a}|}$$
$$= \lim_{\boldsymbol{x}\to\boldsymbol{a}} \frac{x_1^2+3x_1+x_2^2+2x_2-15-[4+5(x_1-a_1)+8(x_2-3)]}{\sqrt{(x_1-1)^2+(x_2-3)^2}}$$
$$= \lim_{(x_1,x_2)\to(1,3)} \frac{x_1^2-2x_1+1\ +\ x_2^2-6x_2+9}{\sqrt{x_1^2-2x_1+1\ +\ x_2^2-6x_2+9}}$$
$$= \lim_{(x_1,x_2)\to(1,3)} \sqrt{(x_1-1)^2\ +\ (x_2-3)^2}$$
$$= \lim_{\boldsymbol{x}\to\boldsymbol{a}} |\boldsymbol{x}-\boldsymbol{a}| = \underline{0}$$

(iii) Das vollständige Differential von f zum Punkt $\boldsymbol{a}$ ist die lineare Funktion

$$\mathbb{R}^2 \ni d\boldsymbol{x} = (dx_1, dx_2) \mapsto dy = \frac{\partial f}{\partial x_1}(\boldsymbol{a})\cdot dx_1 + \frac{\partial f}{\partial x_2}(\boldsymbol{a})\cdot dx_2 = 5\cdot dx_1 + 8\cdot dx_2$$

(iv)
$$\begin{array}{lcll}
d\boldsymbol{x} = (1,1) & \mapsto & \Delta y = f(2,4)-f(1,3) & = 15\\
d\boldsymbol{x} = (1,1) & \mapsto & dy = 5\cdot 1 + 8\cdot 1 & = 13\\
\hline
 & & \epsilon(2,4) = \Delta y - dy & = \underline{2}\\
d\boldsymbol{x} = (0.1,0.1) & \mapsto & \Delta y = f(1.1,3.1)-f(1,3) & = 1.32\\
d\boldsymbol{x} = (0.1,0.1) & \mapsto & dy = 5\cdot 0.1 + 8\cdot 0.1 & = 1.30\\
\hline
 & & \epsilon(1.1,3.1) = \Delta y - dy & = \underline{0.02}
\end{array}$$

(v) Ausgehend vom Punkt $\boldsymbol{a}$ ist die Richtung des steilsten Anstiegs von f die Richtung von

$$\mathrm{grad} f(\boldsymbol{a}) = (5,8).$$

$$\begin{array}{lcll}
d\boldsymbol{x} = \frac{\sqrt{2}}{\sqrt{89}}(5,8) & \mapsto & \Delta y = f(1+5\cdot\frac{\sqrt{2}}{\sqrt{89}}, 3+8\cdot\frac{\sqrt{2}}{\sqrt{89}}) - f(1,3) & = 15.34\\
d\boldsymbol{x} = \frac{\sqrt{2}}{\sqrt{89}}(5,8) & \mapsto & dy = |\mathrm{grad} f(\boldsymbol{a})|\cdot\sqrt{2} = \sqrt{89}\cdot\sqrt{2} & = 13.34\\
\hline
 & & \epsilon(\boldsymbol{a}+d\boldsymbol{x}) = \Delta y - dy & = \underline{2.00}\\
d\boldsymbol{x} = \frac{\sqrt{0.02}}{\sqrt{89}}(5,8) & \mapsto & \Delta y = f(1+5\cdot\frac{\sqrt{0.02}}{\sqrt{89}}, 3+8\cdot\frac{\sqrt{0.02}}{\sqrt{89}}) - f(1,3) & = 1.35\\
d\boldsymbol{x} = \frac{\sqrt{0.02}}{\sqrt{89}}(5,8) & \mapsto & dy = |\mathrm{grad} f(\boldsymbol{a})|\cdot\sqrt{0.02} = \sqrt{89}\cdot\sqrt{0.02} & = 1.33\\
\hline
 & & \epsilon(\boldsymbol{a}+d\boldsymbol{x}) = \Delta y - dy & = \underline{0.02}
\end{array}$$

Man beachte, dass die Werte von dy und Δy in (v) sämtlich größer sind als die entsprechenden Werte in (iv), obwohl in beiden Fällen einander entsprechende Werte von $|d\boldsymbol{x}|$ gleich sind.

Bem.: Gemäß der in den Wirtschaftswissenschaften verwendeten Bezeichnungskonvention heißt das vollständige Differential einer Funktion $y = f(\boldsymbol{x})$, wenn diese $*$-Funktion heißt, **totale Grenz$*$ Funktion**[1].

[1][Gul] p. 312

Bsp: $y = f(\boldsymbol{x})$ **Ertrag(sfunktion)**
$dy = \text{grad} f(\boldsymbol{a}) \cdot (d\boldsymbol{x})^T$ **totaler Grenzertrag**

(B3) Technisches Substitutionsproblem:
Gegeben seien eine **substitutionale Produktionsfunktion** [2] $y = f(x_1, x_2)$ und ein Punkt $\boldsymbol{a} = (a_1, a_2)$.

Bsp: y (in ME/FE) = spezifischer Ernteertrag bei Anbau einer bestimmten Frucht
x_1 (in ME/FE) = spezifischer Einsatz an Kunstdünger
x_2 (in ME/FE) = spezifischer Einsatz an Naturdünger
ME = Mengeneinheit, FE = Flächeneinheit

Wenn die Einsatzmenge des 2. Faktors a_2 um dx_2 geändert wird, $dx_2 := x_2 - a_2$, um wieviel ist dann die Einsatzmenge des 1. Faktors zu ändern (die Änderung werde mit $dx_1 := x_1 - a_1$ bezeichnet), so dass im neuen Punkt $\boldsymbol{x} = \boldsymbol{a} + d\boldsymbol{x}$ derselbe Ertrag wie im alten Punkt $\boldsymbol{a}$, nämlich $f(\boldsymbol{a})$, erhalten wird ?

Zahlenbeispiel: $y = f(x_1, x_2) = x_1^2 + 3x_1 + x_2^2 + 2x_2 - 15$
$\boldsymbol{a} = (1, 3)$

Vorgegeben:	a)		b)	
	dx_2	$= x_2 - a_2 = -1$	dx_2	$= x_2 - a_2 = -0.1$
	x_2	$= ?$	x_2	$= ?$
	x_1	$= ?$	x_1	$= ?$
	dx_1	$= ?$	dx_1	$= ?$

1. Exakte Lösung:
Die Lösung ist exakt mit der Niveaukurve von f zum Niveau $f(\boldsymbol{a})$ möglich. Deren Gleichung müßte bestimmt werden. Aus der vorgegebenen Änderung dx_2 von x_2 ist x_2 zu ermitteln und das zugehörige x_1 aus der Gleichung der Niveaukurve zu bestimmen. Das kann mitunter sehr schwer sein. Dann wird man die unten beschriebene näherungsweise Lösung bevorzugen.

Exakte Lösung zum Zahlenbeispiel:

Niveaukurve von f zum Niveau $f(1, 3) = 4$:

[vgl. 6.2(B3), 6.3(B3) und 6.3(B5)]: $(x_1 + \frac{3}{2})^2 + (x_2 + 1)^2 = \frac{89}{4}$

---

[2] := ein bestimmter Ertrag y kann (technisch) mit verschiedenen Faktorkombinationen x_1, x_2 erzielt werden. [Gegensatz: **limitationale Produktionsfunktionen** := ein bestimmter Ertrag y kann (technisch) nur mit bestimmten Faktorkombinationen x_1, x_2 erzielt werden, [Ste] p.27ff. Bsp: Ausbeute bei chemischen Prozessen]

a)

$$dx_2 = -1 \quad \Leftrightarrow \quad x_2 = 2 \quad \Rightarrow \quad (x_1 + \frac{3}{2})^2 = \frac{89}{4} - 9 = \frac{53}{4}$$

$$\Rightarrow \quad x_1 + \frac{3}{2} = \pm\sqrt{\frac{53}{4}} = \pm 3.64$$

$$\Rightarrow \quad x_1 = 2.14 \text{ [oder } x_1 = -5.14] \quad \Rightarrow \quad \underline{dx_1 = 1.14}$$

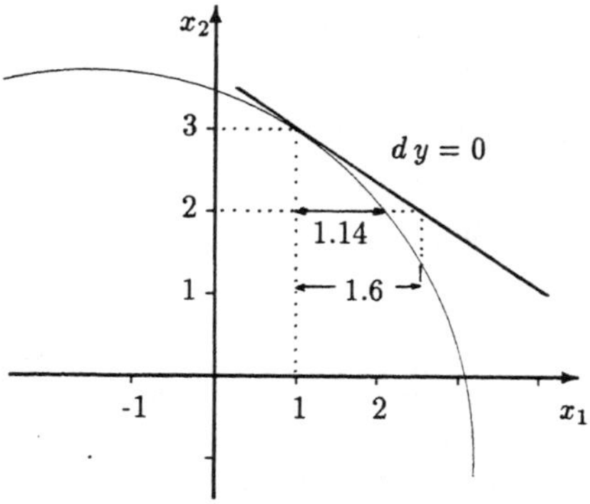

b)

$$dx_2 = -0.1 \quad \Rightarrow \quad x_2 = 2.9$$

$$\Rightarrow \quad (x_1 + \frac{3}{2})^2 = \frac{89}{4} - 3.9^2 = 7.04$$

$$\Rightarrow \quad x_1 + \frac{3}{2} = \pm\sqrt{7.04} = \pm 2.65$$

$$\Rightarrow \quad x_1 = 1.15 \text{ [oder } x_1 = -4.15]$$

$$\Rightarrow \quad \underline{dx_1 = 0.15}$$

2. Näherungsweise Lösung: Man ermittelt die Niveaukurve der Tangentialebene g von f im Punkt $(\boldsymbol{a}, f(\boldsymbol{a}))$ zum Niveau $f(\boldsymbol{a})$; diese ist die Gerade:

$$g(\boldsymbol{x}) = f(\boldsymbol{a}) + \frac{\partial f}{\partial x_1}(\boldsymbol{a}) \cdot (x_1 - a_1) + \frac{\partial f}{\partial x_2}(\boldsymbol{a}) \cdot (x_2 - a_2) \stackrel{!}{=} f(\boldsymbol{a})$$

$$\Leftrightarrow \quad dy = \frac{\partial f}{\partial x_1}(\boldsymbol{a}) \cdot dx_1 + \frac{\partial f}{\partial x_2}(\boldsymbol{a}) \cdot dx_2 \stackrel{!}{=} 0$$

$$\Rightarrow \quad \boxed{\frac{dx_1}{dx_2} = -\frac{\frac{\partial f}{\partial x_2}(\boldsymbol{a})}{\frac{\partial f}{\partial x_1}(\boldsymbol{a})} \qquad (\text{ wenn } \frac{\partial f}{\partial x_1}(\boldsymbol{a}) \neq 0)}$$

in Worten: ([Gul] p. 315): "Die Variationsmenge des zu ersetzenden Faktors verhält sich zu der Variationsmenge des erset- zenden Faktors wie die Grenzproduktivität des ersetzenden Faktors zu der Grenzproduktivität des zu ersetzenden Faktors."

([Schu] p.78): "die Grenzrate der Substitution des Faktors 1 durch den Faktor 2 ist gleich dem umgekehrten Verhältnis der Grenz- produktivitäten."

Bem.: Beide Autoren ignorieren das Minuszeichen.

Näherungsweise Lösung zum Zahlenbeispiel:

$f_{x_1}(1,3) = 5, \quad f_{x_2}(1,3) = 8$

a) $dx_2 = -1 \quad \Rightarrow \quad dx_1 = -\frac{8}{5} \cdot (-1) = \frac{8}{5} = \quad \underline{1.6}$

b) $dx_2 = -0.1 \quad \Rightarrow \quad dx_1 = -\frac{8}{5} \cdot (-0.1) = \quad \underline{0.16}$

Bem.: Insbesondere im Fall b) liefert die näherungsweise Lösung des technischen Substitutionsproblems über das vollständige Differential ein akzeptables Ergebnis.

(5) Satz: Es sei $A \subset I\!R^n$ und $\boldsymbol{a} \in A$ ein innerer Punkt von A. Wenn $f : A \to I\!R$ an der Stelle $\boldsymbol{a}$ vollständig differenzierbar ist, dann ist f an dieser Stelle auch stetig.

(6) Hinreichendes Kriterium für vollständige Differenzierbarkeit:
Es sei $A \subset I\!R^n$ offen. Ist $f : A \to I\!R$ in A partiell differenzierbar nach allen Variablen und sind alle partiellen Ableitungen stetig auf A, dann ist f in jedem Punkt von A vollständig differenzierbar.

(B4) Wo ist die Funktion

$$I\!R^2 \ni (x_1, x_2) \mapsto y = f(x_1, x_2) = x_2 \cdot e^{x_1} + 2x_1 e^{-x_2^2} \in I\!R$$

vollständig differenzierbar ?

Lsg:

$$\begin{aligned} \text{Da} \quad f_{x_1}(x_1, x_2) &= x_2 e^{x_1} + 2 \cdot e^{-x_2^2} \quad \text{und} \\ f_{x_2}(x_1, x_2) &= e^{x_1} + 2x_1 e^{-x_2^2} \cdot (-2x_2) \end{aligned}$$

überall in $I\!R^2$ stetig sind, ist f in jedem Punkt $\boldsymbol{x} \in I\!R^2$ vollständig differenzierbar.

(7) Mittelwertsatz:
Es sei $A \subset I\!R^n$ offen und $f : A \to I\!R$ in jedem Punkt von A vollständig differenzierbar. Zu je zwei Punkten $\boldsymbol{a} \in A$, $\boldsymbol{x} \in A$, deren Verbindungsstrecke ganz zu A gehört, gibt es darauf einen Punkt $\boldsymbol{z}$, so dass

$$f(\boldsymbol{x}) - f(\boldsymbol{a}) = \operatorname{grad} f(\boldsymbol{z}) \cdot (\boldsymbol{x} - \boldsymbol{a})^T.$$

6.5 Partielle Ableitungen höherer Ordnung, konvexe Funktionen und Taylorscher Satz

(1) Def.: Es sei $A \subset \mathbb{R}^n$ offen. Wenn $f : A \to \mathbb{R}$ auf A nach x_k partiell differenzierbar ist und die partielle Ableitung $\dfrac{\partial f}{\partial x_k}$ ihrererseits partiell nach x_i differenzierbar ist, so heißt

$$\frac{\partial}{\partial x_i}\left(\frac{\partial f}{\partial x_k}\right) =: \frac{\partial^2 f}{\partial x_i \partial x_k} = f_{x_k x_i}$$

Reihenfolge der Berechnungen
der partiellen Ableitungen

die **partielle Ableitung 2. Ordnung** von f nach x_k und x_i. Entsprechend werden partielle Ableitungen höherer Ordnung definiert. Die Matrix

$$H_f := (f_{x_i x_k})_{i=1,\dots,n}^{k=1,\dots,n}$$

heißt die **Hesse-Matrix** von f.

(B1) Für die Funktion

$$\mathbb{R}^2 \ni (x_1, x_2) \mapsto y = f(x_1, x_2) = x_1^2 + 3x_1 + x_2^2 + 2x_2 - 15 \in \mathbb{R}$$

berechne man die Matrix $(f_{x_i x_k})_{i=1,2}^{k=1,2}$ der Ableitungen 2. Ordnung (Hesse-Matrix).

Lsg:

$$f_{x_1} = 2x_1 + 3, \qquad f_{x_2} = 2x_2 + 2,$$

$$H_f = \begin{bmatrix} f_{x_1x_1} & f_{x_1x_2} \\ f_{x_2x_1} & f_{x_2x_2} \end{bmatrix} = \begin{bmatrix} 2 & 0 \\ 0 & 2 \end{bmatrix}.$$

(B2) Für die Funktion

$$\mathbb{R}^3 \ni (r,s,t) \mapsto u = \varphi(r,s,t) = \frac{9 - r^2 + 2r}{6 + s^2 + t^2 + 2t} \in \mathbb{R}$$

berechne man die Matrix der partiellen Ableitungen 2. Ordnung (Hesse-Matrix von f)

(i) an einer beliebigen Stelle $(r,s,t) \in \mathbb{R}^3$,

(ii) an der Stelle $(r,s,t) = (1,0,-1)$.

Lsg:
Zur Abkürzung werde gesetzt

$$\begin{aligned} \text{Zähler} &= Z := 9 - r^2 + 2r, \\ \text{Nenner} &= N := 6 + s^2 + t^2 + 2t. \end{aligned}$$

$$\varphi_r = \frac{-2r+2}{N}, \quad \varphi_s = -\frac{Z}{N^2} \cdot 2s, \quad \varphi_t = -\frac{Z}{N^2}(2t+2),$$

(i)

$$H_\varphi(r,s,t) = \begin{bmatrix} \varphi_{rr}(r,s,t) & \varphi_{rs}(r,s,t) & \varphi_{rt}(r,s,t) \\ \varphi_{sr}(r,s,t) & \varphi_{ss}(r,s,t) & \varphi_{st}(r,s,t) \\ \varphi_{tr}(r,s,t) & \varphi_{ts}(r,s,t) & \varphi_{tt}(r,s,t) \end{bmatrix} =$$

$$= \begin{bmatrix} -\frac{2}{N} & -\frac{-2r+2}{N^2}2s & -\frac{-2r+2}{N^2}(2t+2) \\ -\frac{-2r+2}{N^2}2s & -\frac{2Z}{N^2}+\frac{2Z\cdot 2s}{N^3}2s & \frac{2Z\cdot 2s}{N^3}(2t+2) \\ -\frac{-2r+2}{N^2}(2t+2) & \frac{2Z(2t+2)\cdot 2s}{N^3} & -\frac{-2Z}{N^2}+\frac{2Z(2t+2)^2}{N^3} \end{bmatrix}$$

(ii) $$H_\varphi(1,0,-1) = \begin{bmatrix} \varphi_{rr} & \varphi_{rs} & \varphi_{rt} \\ \varphi_{sr} & \varphi_{ss} & \varphi_{st} \\ \varphi_{tr} & \varphi_{ts} & \varphi_{tt} \end{bmatrix}_{(r,s,t)=(1,0,-1)} = \begin{bmatrix} -\frac{2}{5} & 0 & 0 \\ 0 & -\frac{20}{25} & 0 \\ 0 & 0 & -\frac{20}{25} \end{bmatrix}$$

wegen $Z(1,0,-1) = 10$ und $N(1,0,-1) = 5$.

Bem.: Man beachte, dass in diesen Beispielen die "gemischten partiellen Ableitungen" 2. Ordnung von der Reihenfolge der Differentiationen unabhängig sind: die Matrizen der Ableitungen 2. Ordnung sind symmetrisch.

(2) Vertauschbarkeitssatz:
Es gilt $f_{x_i x_k} = f_{x_k x_i}$, wenn diese partiellen Ableitungen auf einer offenen Menge des $\mathbb{R}^n$ stetig sind.

(3) Def.: Es sei $M \subset \mathbb{R}^n$ und $f \mapsto \mathbb{R}$ eine auf M definierte reellwertige Funktion. f heißt **konvex** :gdw

(i) M ist konvex und

(ii) $f(\lambda \boldsymbol{x} + (1-\lambda)\boldsymbol{y}) \leq \lambda f(\boldsymbol{x}) + (1-\lambda) f(\boldsymbol{y})$ für alle $\lambda \in (0,1)$ und alle $\boldsymbol{x}, \boldsymbol{y} \in M$. ("der Bogen liegt unterhalb der Sehne").

f heißt **streng konvex** auf M, falls in der Ungleichung (ii) $<$ gilt für alle $\lambda \in (0,1)$ und alle $\boldsymbol{x}, \boldsymbol{y} \in M$ mit $\boldsymbol{x} \neq \boldsymbol{y}$. f heißt **(streng) konkav** auf M :gdw $-f$ ist (streng) konvex auf M. Für $n = 1$ vgl. man die Definition 2.8(6).

Bem.: Es ist im allg. nicht leicht, direkt mit der Definition (3) festzustellen, ob eine Funktion f konvex ist. Für differenzierbare Funktionen gibt es einfacher nachprüfbare Kriterien.

(4) Hinreichendes Konvexitätskriterium für differenzierbare Funktionen[1]**:** Es sei $M \subset \mathbb{R}^n$ konvex und $f : M \mapsto \mathbb{R}$ besitze auf M stetige partielle Ableitungen 1. Ordnung nach allen Variablen. Dann sind die folgenden Aussagen äquivalent:

(i) f ist auf M konvex;

(ii) für alle $\boldsymbol{x}, \boldsymbol{y} \in M$ gilt $\quad f(\boldsymbol{y}) \geq f(\boldsymbol{x}) + \operatorname{grad} f(\boldsymbol{x}) \cdot (\boldsymbol{y} - \boldsymbol{x})$.

f ist genau dann streng konvex in M, wenn für alle $\boldsymbol{x}, \boldsymbol{y} \in M$ mit $\boldsymbol{x} \neq \boldsymbol{y}$ die Ungleichung (ii) mit $>$ gilt.

Geometrisch bedeutet die Bedingung (ii), dass eine differenzierbare Funktion f in allen Punkten $\boldsymbol{x}$ einer konvexen Menge M eine Tangentialebene

$$\boldsymbol{y} \mapsto g(\boldsymbol{y}) = f(\boldsymbol{x}) + \operatorname{grad} f(\boldsymbol{x}) \cdot (\boldsymbol{y} - \boldsymbol{x})$$

besitzt, die eine "**Stützebene** für f" ist, d.h. der Graph von f liegt stets oberhalb der Tangentialebene, gdw f konvex ist.
Während das Kriterium (4) in erster Linie für die Theorie nützlich ist, sollen im folgenden auch praktisch nachprüfbare Kriterien für die Konvexität einer Funktion dargestellt werden. Sie verwenden die Hesse-Matrix von f und bestimmte Eigenschaften spezieller Matrizen.

(5) Def.: Eine symmetrische quadratische Matrix $H \in \mathbb{R}^{n \times n}$ heißt **positiv [negativ] semidefinit** :gdw

$$\boldsymbol{x}^T \cdot H \cdot \boldsymbol{x} \geq 0 \ \ [\leq 0] \text{ für alle } \boldsymbol{x} \in \mathbb{R}^n.$$

Eine symmetrische quadratische Matrix $H \in \mathbb{R}^{n \times n}$ heißt **positiv [negativ] definit** :gdw

$$\boldsymbol{x}^T \cdot H \cdot \boldsymbol{x} > 0 \ \ [< 0] \text{ für alle } \mathbf{o} \neq \boldsymbol{x} \in \mathbb{R}^n.$$

Eine symmetrische quadratische Matrix $H \in \mathbb{R}^{n \times n}$ heißt **indefinit** :gdw es gibt $\boldsymbol{x}$, $\boldsymbol{y} \in \mathbb{R}^n$, so dass

$$\boldsymbol{x}^T \cdot H \cdot \boldsymbol{x} > 0 \quad \text{und} \quad \boldsymbol{y}^T \cdot H \cdot \boldsymbol{y} < 0.$$

(6)

M	positiv definit	$\Longleftrightarrow$	$-M$ negativ definit
M	positiv semidefinit	$\Longleftrightarrow$	$-M$ negativ semidefinit
M	indefinit	$\Longleftrightarrow$	$-M$ indefinit.

(B3) Mit Hilfe von Definition (5) zeige man, dass die Matrix

$$H = \begin{bmatrix} 1 & -2 & 1 \\ -2 & 4 & -2 \\ 1 & -2 & 1 \end{bmatrix} \quad \text{positiv semidefinit ist.}$$

[1] [CW] p.84

Lsg:: Für alle $\boldsymbol{x} = (x_1, x_2, x_3)^T \in I\!R^{\,3}$ ist

$$\begin{aligned}
\boldsymbol{x}^T \cdot H \cdot \boldsymbol{x} &= (x_1, x_2, x_3) \cdot \begin{bmatrix} 1 & -2 & 1 \\ -2 & 4 & -2 \\ 1 & -2 & 1 \end{bmatrix} \cdot \begin{bmatrix} x_1 \\ x_2 \\ x_3 \end{bmatrix} \\
&= (x_1, x_2, x_3) \cdot \begin{bmatrix} x_1 - 2x_2 + x_3 \\ -2x_1 + 4x_2 - 2x_3 \\ x_1 - 2x_2 + x_3 \end{bmatrix} \\
&= x_1^2 - 2x_1x_2 + x_1x_3 - 2x_1x_2 + 4x_2^2 - 2x_2x_3 + x_1x_3 - 2x_2x_3 + x_3^2 \\
&= x_1^2 - 4x_1x_2 + 4x_2^2 + 2(x_1 - 2x_2)x_3 + x_3^2 \\
&= (x_1 - 2x_2)^2 + 2(x_1 - 2x_2)x_3 + x_3^2 \\
&= (x_1 - 2x_2 + x_3)^2 \\
&\geq 0
\end{aligned}$$

Also ist die Matrix M positiv semidefinit.

(B4) Man zeige. die Matrix $H = \begin{bmatrix} 1 & -2 \\ -2 & 1 \end{bmatrix}$ ist indefinit.

Lsg.: H ist indefinit, weil

$$\begin{aligned}
\boldsymbol{x}^T \cdot H \cdot \boldsymbol{x} &= (x_1, x_2, x_3) \cdot \begin{bmatrix} 1 & -2 \\ -2 & 1 \end{bmatrix} \cdot \begin{bmatrix} x_1 \\ x_2 \end{bmatrix} \\
&= x_1^2 - 4x_1x_2 + x_2^2 \\
&= (x_1 - x_2)^2 - 2x_1x_2
\end{aligned}$$

verschiedene Vorzeichen annehmen kann:

für $\boldsymbol{x} = (1,0)^T$ ist $\boldsymbol{x}^T \cdot H \cdot \boldsymbol{x} = 1 > 0$ und
für $\boldsymbol{y} = (1,1)^T$ ist $\boldsymbol{y}^T \cdot H \cdot \boldsymbol{y} = -2 < 0$.

(7) Kriterium für positive [negative] Definitheit einer symmetrischen Matrix mit Hilfe des Gaußschen Algorithmus:
Eine symmetrische Matrix $H \in I\!R^{n \times n}$ ist positiv [negativ] definit gdw H ist mit dem Gaußschen Algorithmus mit **natürlicher Pivotwahl**, d.h. ohne Zeilen- und ohne Spaltenvertauschungen in eine obere Dreiecksmatrix transformierbar, deren Diagonalelemente sämtlich positiv [negativ] sind.

(8) Hinreichendes Kriterium für Indefinitheit einer symmetrischen Matrix mit Hilfe des Gaussschen Algorithmus:
Eine symmetrische Matrix $H \in I\!R^{n \times n}$ ist indefinit, wenn sie mit dem Gaussschen Algorithmus mit **natürlicher Pivotwahl**, d.h. ohne Zeilen- und ohne Spaltenvertauschungen in eine obere Dreiecksmatrix transformierbar ist, deren Diagonalelemente sämtlich von Null verschieden sind, aber nicht alle dasselbe Vorzeichen haben.

(9) Determinanten-Kriterium für positive [negative] Definitheit einer symmetrischen Matrix:[2]

(i) Eine symmetrische Matrix $H \in \mathbb{R}^{n \times n}$ ist positiv definit gdw alle Hauptminoren von H sind positiv.

(ii) Eine symmetrische Matrix $H \in \mathbb{R}^{n \times n}$ ist negativ definit gdw die Hauptminoren H_k von H haben das (alternierende) Vorzeichen
sign $H_k = (-1)^k \qquad (k = 1, \ldots, n)$.

Aufgabe: Man folgere (9)(i),(ii) aus (7).

(10) Hinreichendes Kriterium für positive Semidefinitheit einer symmetrischen Matrix mit Hilfe des Gaußschen Algorithmus:
Eine symmetrische Matrix $H \in \mathbb{R}^{n \times n}$ ist positiv semidefinit, wenn H mit dem Gaußschen Algorithmus mit **natürlicher Pivotwahl**, d.h. ohne Zeilen- und ohne Spaltenvertauschungen in eine obere Dreiecksmatrix transformiert werden kann, deren r erste Diagonalelemente sämtlich positiv und deren letzte $n - r$ Zeilen nur Nullzeilen sind. [Dann besitzt H den Rang r und r positive Eigenwerte[3] und den $(n - r)$-fachen Eigenwert 0.]

(B5) Man zeige, dass die Matrix $H = \begin{bmatrix} 1 & -2 & 1 \\ -2 & 4 & -2 \\ 1 & -2 & 1 \end{bmatrix}$ positiv semidefinit ist.

Lsg.: Anwendung des Gaußschen Algorithmus ohne Zeilen- und ohne Spaltenvertauschungen ergibt

1	−2	1	$\|\cdot 2$	$\|\cdot(-1)$
−2	4	−2	$+$ ↲	
1	−2	1		$+$ ↲
1	−2	1		
0	0	0		
0	0	0		

Nach dem Kriterium (10) ist H positiv semidefinit.

(11) Hinreichendes Kriterium für die Konvexität einer C^2-Funktion:
Es sei $M \subset \mathbb{R}^n$ eine nichtleere, konvexe Teilmenge des $\mathbb{R}^n$ und $f : M \mapsto \mathbb{R}$ besitzte auf M stetige partielle Ableitungen 2. Ordnung nach allen Variablen.[4] Dann sind die folgenden Aussagen äquivalent:

(i) f ist konvex;

[2] In der Mathematik ist das Kriterium (i) als **Schur'sches Kriterium**, in den Wirtschaftswissenschaften ist es unter dem Namen "**Hawkins-Simon-Bedingungen**" bekannt.

[3] s. Abschnitt 7.2

[4] f ist eine C^2-**Funktion** auf $M :\Longleftrightarrow f \in C^2(M)$

(ii) die Hesse-Matrix $H_f(\boldsymbol{x}) = \left(f_{x_i,x_j}(\boldsymbol{x})\right)_{i=1,\ldots,n}^{j=1,\ldots,n}$ von f ist an jeder Stelle $\boldsymbol{x} \in M$ positiv semidefinit.

(12) Hinreichendes Kriterium für die strenge Konvexität einer C^2-Funktion[5]:
Es sei $M \subset I\!R^n$ eine nichtleere, konvexe Teilmenge des $I\!R^n$ und $f : M \mapsto I\!R$ eine C^2-Funktion auf$M$. Dann sind die folgenden Aussagen äquivalent:

(i) f ist streng konvex;

(ii) Die Hesse-Matrix $H_f(\boldsymbol{x}) = \left(f_{x_i,x_j}(\boldsymbol{x})\right)_{i=1,\ldots,n}^{j=1,\ldots,n}$ von f ist an jeder Stelle $\boldsymbol{x} \in M$ positiv definit.

(B6) Man zeige, dass die Funktion

$$y = f(x_1, x_2, x_3) = x_1^2 - 4x_1x_2 + 2x_1x_3 + 4x_2^2 - 4x_2x_3 + x_3^2$$

in $M = I\!R^3$ konvex, aber nicht streng konvex ist.

1. Lsg.: Die Hesse-Matrix H_f von f ist

$$H_f = \begin{bmatrix} 2 & -4 & 2 \\ -4 & 8 & -4 \\ 2 & -4 & 2 \end{bmatrix}$$

unabhängig von $\boldsymbol{x}$. Ist sie positiv semidefinit? Antwort mit dem Kriterium (10) mit Hilfe des Gaußschen Algorithmus

2	−4	2	$\mid\cdot 2$ $\mid\cdot(-1)$
−4	8	−4	+
2	−4	2	+
2	−4	2	
0	0	0	
0	0	0	

Nach dem hinreichenden Kriterium (10) ist H_f positiv semidefinit und deshalb [n. (11)] f konvex. f ist nicht streng konvex, weil dann [n. (12)] H_f positiv definit sein müßte, aber nach (7) ist H_f nicht positiv definit.
2. Lsg.: (mit Hilfe der Definition (3)): Man stellt zuerst fest [vgl. (B3)], dass

$$y = f(x_1, x_2, x_3) = (x_1 - 2x_2 + x_3)^2, \quad \boldsymbol{x} = (x_1, x_2, x_3)^T \in I\!R^3.$$

Um mit der Definition (3) zu zeigen, dass f konvex ist, hat man für beliebige $\boldsymbol{x} = (x_1, x_2, x_3)^T, \boldsymbol{y} = (y_1, y_2, y_3)^T \in I\!R^3$ und $0 \le \lambda \le 1$

$$\begin{aligned} f(\lambda\boldsymbol{x} + (1-\lambda)\boldsymbol{y}) &= f(\boldsymbol{y} + \lambda(\boldsymbol{x} - \boldsymbol{y})) \\ &= (y_1 + \lambda(x_1 - y_1) - 2([y_2 + \lambda(x_2 - y_2)] + y_3 + \lambda(x_3 - y_3))^2 \\ &= (y_1 - 2y_2 + y_3 + \lambda[x_1 - y_1 - 2(x_2 - y_2) + x_3 - y_3])^2 \\ &= (a + \lambda(b - a))^2 \end{aligned}$$

[5] [CW] p 85

mit $\quad a := y_1 - 2y_2 + y_3, \quad b := x_1 - 2x_2 + x_3 \quad$ abzuschätzen durch

$$\leq \ a^2 + \lambda(b^2 - a^2)$$

für alle $\lambda \in [0,1]$ und $a, b \in \mathbb{R}$. Diese Ungleichung gilt, weil $u \mapsto u^2$ eine konvexe Funktion ist. Deshalb ist dies

$$\begin{aligned} &\leq \ f(\boldsymbol{y}) + \lambda(f(\boldsymbol{x}) - f(\boldsymbol{y})) \\ &= \ \lambda f(\boldsymbol{x}) + (1-\lambda) f(\boldsymbol{y}). \end{aligned}$$

Nach Definition (3) ist f konvex. f ist nicht streng konvex, da f in allen Punkten der Hyperebene $x_1 - 2x_2 + x_3 = c$ (und das ist eine konvexe Teilmenge des $\mathbb{R}^3$) konstant gleich c^2 ist.

(B7) Man zeige, dass die Funktion

$$\mathbb{R}^3 \ni (r,s,t) \mapsto u = \varphi(r,s,t) = \frac{9 - r^2 + 2r}{6 + s^2 + t^2 + 2t}$$

in einer δ-Umgebung des Punktes $\boldsymbol{x}^* = (1,0,1)$ streng konkav ist.

Lsg.: Nach (B2) hat die Hesse-Matrix von φ an der Stelle $\boldsymbol{x}^*$ den Wert

$$H_\varphi(\boldsymbol{x}^*) = \begin{bmatrix} -\frac{2}{5} & 0 & 0 \\ 0 & -\frac{20}{25} & 0 \\ 0 & 0 & -\frac{20}{25} \end{bmatrix}.$$

Es ist leicht zu sehen [entweder unmittelbar nach der Definition (4) oder nach (7)], dass $H_\varphi(\boldsymbol{x}^*)$ negativ definit ist. Wegen der Stetigkeit der partiellen Ableitungen 2. Ordnung von φ gilt auch noch für alle $\boldsymbol{x} \in \mathcal{U}_\delta(\boldsymbol{x}^*)$ für hinreichend kleines $\delta > 0$: $\quad H_\varphi(\boldsymbol{x})$ ist negativ definit. Nach (12) ist deshalb φ in dieser Umgebung streng konkav, weil $-\varphi$ dort streng konvex ist.

(13) Satz von Taylor:
Es seien $M \subset \mathbb{R}^n$ offen und $\boldsymbol{x} = (x_1, \ldots, x_n), \boldsymbol{a} = (a_1, \ldots, a_n)$ Punkte aus M, so dass alle Punkte ihrer Verbindungsstrecke

$$\boldsymbol{a} + \lambda(\boldsymbol{x} - \boldsymbol{a}), \qquad \lambda \in [0,1]$$

auch zu M gehören. Die Funktion $f : M \mapsto \mathbb{R}$ besitze in M stetige partielle Ableitungen der Ordnung $k+1$ ($k \in \mathbb{N}$) nach allen Variablen[6] Dann gibt es einen Punkt $\boldsymbol{z} = \boldsymbol{a} + \lambda(\boldsymbol{x} - \boldsymbol{a})$ auf der Verbindungsstrecke von $\boldsymbol{a}$ und $\boldsymbol{x}$, so dass

$$\underbrace{\underbrace{f(\boldsymbol{x}) = f(\boldsymbol{a}) + \sum_{j=1}^{k} \frac{1}{k!}[(x_1 - a_1)\frac{\partial}{\partial x_1} + \cdots + (x_n - a_n)\frac{\partial}{\partial x_n}]^j f(\boldsymbol{a})}_{\substack{:= p_k(\boldsymbol{x}) := \textbf{Taylorpolynom } k\text{-ten Grades} \\ \text{von } f \text{ zum Entwicklungspunkt } \boldsymbol{a}}} + R_k(\boldsymbol{x}, \boldsymbol{a})}_{}$$

Taylorentwicklung k-ter Ordnung von f zum Entwicklungspunkt $\boldsymbol{a}$ mit Restglied

[6] $\Longleftrightarrow$: f ist eine C^{k+1}-**Funktion** auf $M :\Longleftrightarrow f \in C^{k+1}(M)$

$$R_k(\boldsymbol{x},\boldsymbol{a}) = \frac{1}{(k+1)!}[(x_1-a_1)\frac{\partial}{\partial x_1} + \ldots + (x_n-a_n)\frac{\partial}{\partial x_n}]^{k+1} f(\boldsymbol{z}).$$

(14) Das Taylorpolynom 2. Grades einer Funktion f zum Entwicklungspunkt $\boldsymbol{a}$ kann mit Hilfe des Gradienten und der Hesse-Matrix von f am Entwicklungspunkt $\boldsymbol{a}$ wie folgt geschrieben werden:

$$p_2(\boldsymbol{x}) = f(\boldsymbol{a}) + \text{grad } f(\boldsymbol{a})\cdot(\boldsymbol{x}-\boldsymbol{a}) + \frac{1}{2}(\boldsymbol{x}-\boldsymbol{a})^T H_f(\boldsymbol{a})(\boldsymbol{x}-\boldsymbol{a}).$$

Bem.: Für $\boldsymbol{x} \longrightarrow \boldsymbol{a}$ strebt das Restglied $R_k(\boldsymbol{x},\boldsymbol{a})$ gegen Null, wenn $f \in C^{k+1}(M)$, und zwar so schnell, dass noch

$$\frac{R_k(\boldsymbol{x},\boldsymbol{a})}{|\boldsymbol{x}-\boldsymbol{a}|^k} \longrightarrow 0 \qquad \text{für } \boldsymbol{x} \longrightarrow \boldsymbol{a}.$$

(B8) Man bestimme das Taylorpolynom 2. Grades von

$$\mathbb{R}^3 \ni (r,s,t) \longmapsto u = \varphi(r,s,t) = \frac{9-r^2+2r}{6+s^2+t^2+2t}$$

zum Entwicklungspunkt $\boldsymbol{a} = (1,0,-1)$.

Lsg.: Die partiellen Ableitungen 1. und 2. Ordnung von φ wurden in (B2) berechnet. Damit findet man an der Stelle $\boldsymbol{a} = (1,0,-1)$

$$\begin{aligned} \text{grad } \varphi(\boldsymbol{a}) &= (0,0,0) \\ H_\varphi(\boldsymbol{a}) &= \begin{bmatrix} -\frac{2}{5} & 0 & 0 \\ 0 & -\frac{4}{5} & 0 \\ 0 & 0 & -\frac{4}{5} \end{bmatrix}. \end{aligned}$$

Das Taylorpolynom 2. Grades von φ zum Entwicklungspunkt $\boldsymbol{a}$ lautet

$$\begin{aligned} p_2(\boldsymbol{x}) &= \varphi(\boldsymbol{a}) + \text{grad } \varphi(\boldsymbol{a})\cdot(\boldsymbol{x}-\boldsymbol{a}) + \frac{1}{2}(\boldsymbol{x}-\boldsymbol{a})^T H_\varphi(\boldsymbol{a})\cdot(\boldsymbol{x}-\boldsymbol{a}) \\ &= 2 + \frac{1}{2}(r-1,s,t+1)\cdot \begin{bmatrix} -\frac{2}{5} & 0 & 0 \\ 0 & -\frac{4}{5} & 0 \\ 0 & 0 & -\frac{4}{5} \end{bmatrix} \begin{bmatrix} r-1 \\ s \\ t+1 \end{bmatrix} \\ &= 2 - \frac{1}{5}(r-1)^2 - \frac{2}{5}s^2 - \frac{2}{5}(t+1)^2. \end{aligned}$$

6.6 Die Kettenregel

(B1) Es seien $x_1(t) = t^2 + 1,\ \ x_2(t) = \mathrm{e}^t$ reelle Funktionen und

$$\mathbb{R}^2 \ni (x_1, x_2) \mapsto y = f(x_1, x_2) = x_1^2 + 3x_1 + x_2^2 + 2x_2 - 15$$

a) Man berechne die Ableitung der mittelbaren reellen Funktion

$$\mathbb{R} \ni t \mapsto y = F(t) = f(x_1(t), x_2(t)) \in \mathbb{R}.$$

b) Man berechne

$$\operatorname{grad} f(x_1(t), x_2(t)) \cdot \begin{bmatrix} x_1'(t) \\ x_2'(t) \end{bmatrix}$$

und vergleiche das Ergebnis mit dem von a).

Lsg:

a) Man erhält die Funktionsgleichung von F durch Einsetzen der gegebenen Funktionsterme $x_1(t),\ x_2(t)$ in die Funktionsgleichung von f:

$$F(t) = (t^2 + 1)^2 + 3(t^2 + 1) + (\mathrm{e}^t)^2 + 2\mathrm{e}^t - 15$$

Durch wiederholte Anwendung der (einfachen) Kettenregel 2.6(2) erhält man

$$F'(t) = 2(t^2 + 1) \cdot 2t + 3 \cdot 2t + 2 \cdot \mathrm{e}^t \cdot \mathrm{e}^t + 2 \cdot \mathrm{e}^t.$$

b)Es ist grad $f(x_1, x_2) = (2x_1{+}3, 2x_2{+}2)$, und $x_1'(t) = 2t, x_2'(t) = e^t$, deshalb liefert das Skalarprodukt

$$\operatorname{grad} f(x_1(t), x_2(t)) \cdot \begin{bmatrix} x_1'(t) \\ x_2'(t) \end{bmatrix} = F'(t)$$

dasselbe Ergebnis wie in a).

(1) Kettenregel für Funktionen mehrerer Veränderlichen:
Es sei $A \subset \mathbb{R}^n$ offen und $I \subset \mathbb{R}$ ein offenes Intervall. Es sei $f : A \to \mathbb{R}$ auf A partiell differenzierbar nach allen Variablen und für $k = 1, \ldots, n\ \ x_k : I \to \mathbb{R}$ eine differenzierbare Funktion, so dass für alle $t \in I$ der Punkt $\boldsymbol{x}(t) = (x_1(t), \ldots, x_n(t)) \in A$ ist. Dann ist durch

$$I \ni t \mapsto y = F(t) := f(x_1(t), \ldots, x_n(t)) \in \mathbb{R}$$

eine mittelbare Funktion von t definiert. Diese ist differenzierbar, und es gilt

$$\frac{dF}{dt} = \frac{\partial f}{\partial x_1}\frac{dx_1}{dt} + \cdots + \frac{\partial f}{\partial x_n}\frac{dx_n}{dt} = \operatorname{grad} f(\boldsymbol{x}(t)) \cdot \frac{d\boldsymbol{x}(t)}{dt},$$

wobei $\boldsymbol{x}'(t) = \dfrac{d\boldsymbol{x}(t)}{dt} := (\dfrac{dx_1}{dt}, \cdots, \dfrac{dx_n}{dt})^T$ den **Ableitungsvektor** von $\boldsymbol{x}(t)$ bezeichnet.

(B2) Man berechne die Ableitung der Funktion F aus (B1) mit der Kettenregel für mehrere Veränderliche (1).

Lsg:

$$\begin{aligned} F'(t) &= \operatorname{grad} f(\boldsymbol{x}(t)) \cdot \left(\frac{d\,\boldsymbol{x}(t)}{d\,t}\right)^T \\ &= (2x_1+3, 2x_2+2)\,\big|_{(x_1,x_2)=(t^2+1,\mathrm{e}^t)} \cdot \begin{bmatrix} 2t \\ \mathrm{e}^t \end{bmatrix} \\ &= (2(t^2+1)+3, 2\mathrm{e}^t+2) \cdot \begin{bmatrix} 2t \\ \mathrm{e}^t \end{bmatrix} \\ &= 2(t^2+1)\cdot 2t + 3 \cdot 2t + 2 \cdot \mathrm{e}^t \cdot \mathrm{e}^t + 2 \cdot \mathrm{e}^t. \end{aligned}$$

(B3) Es sei $A \subset (\mathbb{R}^+)^n$ offen und $f : A \to \mathbb{R}$ besitze stetige partielle Ableitungen 1. Ordnung nach allen Variablen. Es sei $I \subset \mathbb{R}$ ein offenes Intervall und

$$I \ni t \mapsto \boldsymbol{x}(t) = (x_1(t), \ldots, x_n(t)) \in A$$

eine differenzierbare Abbildung von I in A [d.h. für jedes $t \in I$ existiert der Ableitungsvektor $\boldsymbol{x}'(t) := (x_1'(t), \ldots, x_n'(t))$].
An einer Stelle $t \in I$ sei $f(\boldsymbol{x}(t)) \neq 0$. Man berechne die Elastizität der mittelbaren Funktion

$$F(t) = f(x_1(t), \ldots, x_n(t)),$$

ausgedrückt durch die partiellen Elastizitäten $e_i(f, \boldsymbol{x})$ und die Elastizitäten $e(x_i; t)$, $i = 1, \ldots, n$.

Lsg:

$$\begin{aligned} e(F;t) &:= \frac{F'(t)}{F(t)} \cdot t = \frac{\dfrac{\partial f}{\partial x_1}(\boldsymbol{x}(t)) \cdot \dfrac{d\,x_1(t)}{d\,t} + \cdots + \dfrac{\partial f}{\partial x_n}(\boldsymbol{x}(t)) \cdot \dfrac{d\,x_n(t)}{d\,t}}{f(\boldsymbol{x}(t))} \cdot t \\ &= \frac{\dfrac{\partial f}{\partial x_1}(\boldsymbol{x}(t))}{f(\boldsymbol{x}(t))} \cdot x_1(t) \cdot \frac{\dfrac{d\,x_1(t)}{d\,t}}{x_1(t))} \cdot t + \cdots + \frac{\dfrac{\partial f}{\partial x_n}(\boldsymbol{x}(t)}{f(\boldsymbol{x}(t))} \cdot x_n(t) \cdot \frac{\dfrac{d\,x_n(t)}{d\,t}}{x_n(t)} \cdot t \\ &= e_1(f; \boldsymbol{x}(t)) \cdot e(x_1; t) + \cdots + e_n(f; \boldsymbol{x}(t)) \cdot e(x_n; t) \end{aligned}$$

Bem.: Man nennt $e(F;t)$ auch die **vollständige** oder **totale Elastizität** von f bzgl. t an der Stelle $\boldsymbol{x}(t)$.

(B4) Es sei $F(t) = f(x_1(t), x_2(t))$, wobei

$$f(x_1, x_2) = 100\,x_1^2 + x_1\,x_2 + \frac{1}{10}\,x_2^2 + 1,$$
$$x_1(t) = t^2 + 1, \quad x_2(t) = 100\,\sqrt{t+3}.$$

a) Man berechne (näherungsweise), um wieviel Prozent sich $F(t)$ verändert, wenn t ausgehend von $t_0 = 1$ um 2% verkleinert wird.

b) Welche der Variablen x_1, x_2 hat dabei den größeren Einfluß ?

Lsg:

a) Wenn t ausgehend von $t_0 = 1$ um 1% vergrößert wird, vergrößert sich F näherungsweise um

$$\begin{aligned} e(F;t_0) &= e_1(f;\boldsymbol{x}(t_0)) \cdot e(x_1;t_0) + e_2(f;\boldsymbol{x}(t_0)) \cdot e(x_2;t_0) \\ &= \frac{\operatorname{grad} f(\boldsymbol{x}(t_0))}{f(\boldsymbol{x}(t_0))} \cdot \boldsymbol{x}'(t_0)^T \\ &= 0.47 \quad \text{Prozent, weil} \end{aligned}$$

$t_0 = 1$
$\boldsymbol{x}(t_0) = (2, \ 200)$
$\boldsymbol{x}'(t) = (2t, \ 50/\sqrt{t+3})$
$\boldsymbol{x}'(t_0) = (2, \ 25)$
$f(\boldsymbol{x}(t_0)) = 100 \cdot 4 + 2 \cdot 200 + \frac{1}{10} \cdot 40\,000 = 4\,801$
$\operatorname{grad} f(\boldsymbol{x}) = (200x_1 + x_2, \ x_1 + \frac{1}{5}x_2)$
$\operatorname{grad} f(\boldsymbol{x}(t_0)) = (400 + 200, \ 2 + \frac{1}{5} \cdot 200) = (600, \ 42)$
$$e(F;t_0) = \frac{(600, \ 42) \cdot \begin{pmatrix} 2 \\ 25 \end{pmatrix}}{4\,801} \cdot 1 = \frac{1\,200 + 1\,050}{4\,801} = 0.47\%.$$
Wenn t ausgehend von $t_0 = 1$ um 2% verkleinert wird, verkleinert sich F [näherungsweise] um 0.94%.

b) Weil in $e(F;t_0)$ der 1. Summand $e_1(f;\boldsymbol{x}(t_0)) \cdot e(x_1;t_0)$ den 2. Summanden $e_2(f;\boldsymbol{x}(t_0)) \cdot e(x_2;t_0)$ überwiegt, ist der Einfluß der Variablen x_1 größer als der von x_2.

(B5) Es sei $Y = F(N, K)$ eine reelle Funktion, die stetige partielle Ableitungen 2. Ordnung nach allen Variablen besitzt. Es sei für einen Punkt (N^0, K^0)

$$\frac{\partial F}{\partial N}(N^0, K^0) = \frac{w}{P} \text{ und } \frac{\partial^2 F}{\partial N^2}(N^0, K^0) < 0 \text{ und } \frac{\partial^2 F}{\partial N \partial K}(N^0, K^0) = 0$$

bekannt. In 6.9(B9) findet man die Beschreibung eines wirtschaftswissenschaftlichen Zusammenhanges[1], in dem es interessant ist,

$$\frac{d\,N^0}{d(\frac{w}{P})}$$

zu kennen, wobei $\frac{w}{P}$ als unabhängige Variable aufgefaßt wird, von der N^0 und K^0 implizit abhängen. Man berechne diese Ableitung.

Lsg.: Anwendung der Kettenregel auf die erste Gleichung ergibt:

$$\frac{\partial^2 F}{\partial N^2}(N^0, K^0) \cdot \frac{d\,N^0}{d(\frac{w}{P})} + \frac{\partial^2 F}{\partial N \partial K}(N^0, K^0) \cdot \frac{d\,K^0}{d(\frac{w}{P})} = 1.$$

[1] [FH] p.62

Hier ist nach Voraussetzung der zweite Summand gleich Null, also die gesuchte Ableitung

$$\frac{dN^0}{d(\frac{w}{P})} = \frac{1}{\frac{\partial^2 F}{\partial N^2}(N^0, K^0)} < 0.$$

Ökonomische Interpretation: Wenn der Reallohn $\frac{w}{P}$ steigt, wird die Arbeitsnachfrage des Unternehmens sinken.[2]

(2) Allgemeine Kettenregel für Funktionen von mehreren Veränderlichen: Es seien $A \subset I\!R^n$ offen und $B \subset I\!R^m$ offen und

$$I\!R^n \supset A \stackrel{g}{\longmapsto} B \subset I\!R^m \text{ und } I\!R^m \supset B \stackrel{f}{\longmapsto} C \subset I\!R^p$$

Funktionen, die stetige partielle Ableitungen 1. Ordnung nach allen Variablen besitzen. Dann hat auch die zusammengesetzte Funktion

$$\boldsymbol{h} := \boldsymbol{f} \circ \boldsymbol{g} : I\!R^n \supset A \stackrel{\boldsymbol{f}\circ\boldsymbol{g}}{\longmapsto} C \subset I\!R^p$$

stetige partielle 1. Ordnung Ableitungen nach allen Variablen, und zwar ist für $k = 1, \ldots, p$ und $i = 1, \ldots, n$

(3) $$\frac{\partial h_k(\boldsymbol{x})}{\partial x_i} = \sum_{j=1}^{m} \frac{\partial f_k}{\partial y_j} \cdot \frac{\partial y_j}{\partial x_i} = \operatorname{grad}(f_k)(\boldsymbol{y}) \cdot \frac{\partial \boldsymbol{y}}{\partial x_i}$$

mit

$$\boldsymbol{y} = \boldsymbol{g}(\boldsymbol{x}) \text{ und } \frac{\partial \boldsymbol{y}}{\partial x_i} := \left(\frac{\partial g_1(\boldsymbol{x})}{\partial x_i}, \ldots, \frac{\partial g_m(\boldsymbol{x})}{\partial x_i}\right)^T$$

In Matrizenschreibweise, unter Benutzung der sogenannten **Jacobi-Matrizen**

$$\begin{aligned}
\operatorname{Jac}(\boldsymbol{f})(\boldsymbol{y}) &= \left(\frac{\partial f_k(\boldsymbol{y})}{\partial y_j}\right)_{k=1,\ldots,p}^{j=1,\ldots,m} && \begin{matrix}\leftarrow\text{Spaltenindex}\\ \leftarrow\text{Zeilenindex}\end{matrix} \\
\operatorname{Jac}(\boldsymbol{g})(\boldsymbol{x}) &= \left(\frac{\partial g_j(\boldsymbol{x})}{\partial x_i}\right)_{j=1,\ldots,m}^{i=1,\ldots,n} \\
\operatorname{Jac}(\boldsymbol{h})(\boldsymbol{x}) &= \left(\frac{\partial h_k(\boldsymbol{x})}{\partial x_i}\right)_{k=1,\ldots,p}^{i=1,\ldots,n}
\end{aligned}$$

kann (3) in der Form (**allgemeine Kettenregel**)

$$\boxed{\operatorname{Jac}(\boldsymbol{h})(\boldsymbol{x}) = \operatorname{Jac}(\boldsymbol{f})(\boldsymbol{g}(\boldsymbol{x})) \cdot \operatorname{Jac}(\boldsymbol{g})(\boldsymbol{x})}$$

geschrieben werden.

(B6) Es seien

$$\begin{aligned}
I\!R^2 \stackrel{g}{\longmapsto} I\!R^3, \quad y_1 = g_1(x_1, x_2) &= x_1^2 + x_2^2 \\
y_2 = g_2(x_1, x_2) &= x_1 \cdot x_2 \\
y_3 = g_3(x_2, x_2) &= x_1 + x_2
\end{aligned}$$

[2] [FH], p. 62

und

$$\mathbb{R}^3 \stackrel{\boldsymbol{f}}{\longmapsto} \mathbb{R}^2, \quad \begin{aligned} f_1(y_1, y_2, y_3) &= \quad y_1 - 2y_2 \\ f_2(y_1, y_2, y_3) &= \quad y_3^2. \end{aligned}$$

Man stelle die Funktionsgleichung der zusammengesetzten Funktion $\boldsymbol{h} = \boldsymbol{f} \circ \boldsymbol{g}$ auf und berechne die Jacobi-Matrix von $\boldsymbol{h}$ auf zwei Weisen.

Lsg.:

$$\begin{aligned} \boldsymbol{h}(\boldsymbol{x}) &= \begin{bmatrix} h_1(x_1, x_2) \\ h_2(x_1, x_2) \end{bmatrix} = \begin{bmatrix} f_1(y_1, y_2, y_3) \\ f_2(y_1, y_2, y_2) \end{bmatrix}_{\boldsymbol{y}=\boldsymbol{g}(\boldsymbol{x})} = \begin{bmatrix} y_1 - 2y_2 \\ y_3^2 \end{bmatrix}_{\boldsymbol{y}=\boldsymbol{g}(\boldsymbol{x})} \\ &= \begin{bmatrix} x_1^2 + x_2^2 - 2x_1x_2 \\ (x_1 + x_2)^2 \end{bmatrix} = \begin{bmatrix} (x_1 - x_2)^2 \\ (x_1 + x_2)^2 \end{bmatrix}. \end{aligned}$$

Die Jacobi-Matrix von $\boldsymbol{h}$ kann hieraus direkt berechnet werden:

$$\text{Jac}(\boldsymbol{h}) = \begin{bmatrix} \frac{\partial h_1}{\partial x_1} & \frac{\partial h_1}{\partial x_2} \\ \frac{\partial h_2}{\partial x_1} & \frac{\partial h_2}{\partial x_2} \end{bmatrix} = \begin{bmatrix} 2(x_1 - x_2) & -2(x_1 - x_2) \\ 2(x_1 + x_2) & 2(x_1 + x_2) \end{bmatrix}.$$

Andererseits läßt sich die Jacobi-Matrix von $\boldsymbol{h}$ aus den Jacobi-Matrizen von $\boldsymbol{f}$ bzw. $\boldsymbol{g}$

$$\text{Jac}(\boldsymbol{f}) = \begin{bmatrix} \frac{\partial f_1}{\partial y_1} & \frac{\partial f_1}{\partial y_2} & \frac{\partial f_1}{\partial y_3} \\ \frac{\partial f_2}{\partial y_1} & \frac{\partial f_2}{\partial y_2} & \frac{\partial f_2}{\partial y_3} \end{bmatrix} = \begin{bmatrix} 1 & -2 & 0 \\ 0 & 0 & 2y_3 \end{bmatrix}$$

$$\text{Jac}(\boldsymbol{g}) = \begin{bmatrix} \frac{\partial g_1}{\partial x_1} & \frac{\partial g_1}{\partial x_2} \\ \frac{\partial g_2}{\partial x_1} & \frac{\partial g_2}{\partial x_2} \\ \frac{\partial g_3}{\partial x_1} & \frac{\partial g_3}{\partial x_2} \end{bmatrix} = \begin{bmatrix} 2x_1 & 2x_2 \\ x_2 & x_1 \\ 1 & 1 \end{bmatrix}.$$

berechnen. Nach (3) ist die Jacobi-Matrix von $\boldsymbol{h}$

$$\text{Jac}(\boldsymbol{h})(\boldsymbol{x}) = \text{Jac}(\boldsymbol{f})(\boldsymbol{g}(\boldsymbol{x})) \cdot \text{Jac}(\boldsymbol{g})(\boldsymbol{x}) =$$

$$= \begin{bmatrix} 1 & -2 & 0 \\ 0 & 0 & 2(x_1 + x_2) \end{bmatrix} \cdot \begin{bmatrix} 2x_1 & 2x_2 \\ x_2 & x_1 \\ 1 & 1 \end{bmatrix} = \begin{bmatrix} 2x_1 - 2x_2 & 2x_2 - 2x_1 \\ 2(x_1 + x_2) & 2(x_1 + x_2) \end{bmatrix}.$$

6.7 Implizit definierte Funktionen

(B1) Es sei

$$\mathbb{R}^2 \ni (x_1, x_2) \mapsto y = f(x_1, x_2) = x_1^2 + 3x_1 + x_2^2 + 2x_2 - 19 \in \mathbb{R}.$$

An der Stelle $\boldsymbol{a} = (a_1, a_2) = (1, 3)$ gilt $f(a_1, a_2) = 0$. Gibt es eine δ-Umgebung $\mathcal{U}_\delta(a_1) \subset \mathbb{R}$ und eine Funktion

$$\begin{aligned} \mathcal{U}_\delta(a_1) \ni x_1 &\mapsto x_2 = g(x_1) \in \mathbb{R} \\ 1 &\mapsto 3 = g(1) \end{aligned}$$

so dass für alle $x_1 \in \mathcal{U}_\delta(a_1)$ $\quad f(x_1, g(x_1)) = 0$ ist ?

Bem.: In diesem Falle heißt die Funktion $x_2 = g(x_1)$ implizit definiert durch die Gleichung $f(x_1, x_2) = 0$ oder auch eine Auflösung von $f(x_1, x_2) = 0$ nach x_2.

Lsg:

$$\begin{aligned} f(x_1, x_2) = {} & x_1^2 + 3x_1 + x_2^2 + 2x_2 - 19 && = 0 \\ \Leftrightarrow {} & x_1^2 + 3x_1 + \frac{9}{4} + x_2^2 + 2x_2 + 1 && = 19 + \frac{9}{4} + 1 = \frac{89}{4} \\ & \text{[quadratische Ergänzungen]} && \\ \Leftrightarrow {} & (x_1 + \frac{3}{2})^2 + (x_2 + 1)^2 && = \frac{89}{4} \\ \Rightarrow {} & x_2 + 1 = \sqrt{\frac{89}{4} - (x_1 + \frac{3}{2})^2} && {}^1 \\ \Rightarrow {} & x_2 = g(x_1) = \sqrt{\frac{89}{4} - (x_1 + \frac{3}{2})^2} - 1 && \end{aligned}$$

ist die implizit durch $f(x_1, x_2) = 0$ definierte Funktion $x_2 = g(x_1)$ mit $g(1) = 3$. Sie ist im Intervall

$$I = \{x_1 \in \mathbb{R} : \ \frac{89}{4} - (x_1 + \frac{3}{2})^2 \geq 0\}$$

$$= [-\frac{3}{2} - \sqrt{\frac{89}{4}}, -\frac{3}{2} + \sqrt{\frac{89}{4}}] \qquad \text{definiert [vgl. 6.2(B3) u. 6.4(B3)].}$$

Bem.: Nicht immer gelingt eine explizite Auflösung wie in diesem Bsp. Deshalb ist der folgende Satz wichtig.

(1) Fundamentalsatz über implizit definierte Funktionen (einfachster Fall):
Es sei $A \subset \mathbb{R}^2$ offen, $\boldsymbol{a} = (a_1, a_2) \in A$ und

$$A \ni (x_1, x_2) \mapsto y = f(x_1, x_2) \in \mathbb{R}$$

eine Funktion mit

$$f(a_1, a_2) = 0,$$

[1] es ist das pos. Vorzeichen zu nehmen, weil nur dann für $x_1 = 1$ $x_2 = 3$ wird.

die auf A stetige partielle Ableitungen nach allen Variablen besitzt.
Wenn $\frac{\partial f}{\partial x_2}(\boldsymbol{a}) \neq 0$[1] ist, gibt es ein $\delta > 0$ und eine Funktion

$$\mathbb{R} \supset \mathcal{U}_\delta(a_1) \ni \begin{array}{l} x_1 \mapsto x_2 = g(x_1) \\ a_1 \mapsto a_2 = g(a_1) \end{array}$$

so dass für alle $x_1 \in \mathcal{U}_\delta(a_1)$

$$f(x_1, g(x_1)) = 0.$$

[=: g ist die durch die Gleichung $f(x_1, x_2) = 0$ **implizit definierte Funktion** von x_1 mit $g(a_1) = a_2$; die Funktion g wird auch eine **Auflösung** von $f(x_1, x_2) = 0$ nach x_2 genannt].

Weiter besitzt g in einer Umgebung von a_1 eine stetige Ableitung 1. Ordnung:

(2)
$$\frac{dg}{dx_1} = -\frac{\frac{\partial f}{\partial x_1}}{\frac{\partial f}{\partial x_2}}.$$

Bem.: Der Fundamentalsatz macht eine reine Existenzaussage. Es wird nicht behauptet, dass die Auflösung explizit hergestellt werden kann. Dennoch läßt sich die Ableitung der Funktion g an der Stelle a_1 berechnen, auch wenn die "praktische Auflösung" von $f(x_1, x_2) = 0$ nach x_2 unmöglich ist.

(B2) Man berechne von der Auflösung $x_2 = g(x_1)$ von $f(x_1, x_2) = x_1^2 + 3x_1 + x_2^2 + 2x_2 - 19$ nach x_2 mit $g(1) = 3$ [s. (B1)] die Ableitung $g'(1)$.

1. Lsg:
Da nach (B1) die Auflösung $x_2 = g(x_1)$ explizit bekannt ist,

$$g(x_1) = \sqrt{\frac{89}{4} - (x_1 + \frac{3}{2})^2} - 1,$$

liefert die Kettenregel 2.6(2)

$$g'(x_1) = \frac{x_1 + \frac{3}{2}}{\sqrt{\frac{89}{4} - (x_1 + \frac{3}{2})^2}}, \qquad \underline{g'(1) = -\frac{5}{8}}.$$

2. Lsg:
Ohne vorherige Auflösung von $f(x_1, x_2) = 0$ nach x_2 erhält man nach (2)

$$g'(x_1) = -\frac{2x_1 + 3}{2x_2 + 2} = -\frac{2x_1 + 3}{2g(x_1) + 2}, \qquad \underline{g'(1) = -\frac{5}{8}}.$$

(3) Fundamentalsatz über implizit definierte Funktionen (allgemeiner Fall):
Es seien $l,\ m \in \mathbb{N}$, $\boldsymbol{x}^0 \in \mathbb{R}^l$, $\boldsymbol{y}^0 \in \mathbb{R}^m$ und $U \subset \mathbb{R}^l$ eine δ-Umgebung von $\boldsymbol{x}^0$

[1] f hängt wirklich von x_2 ab (in einer Umgebung von $\boldsymbol{a}$)

und $V \subset I\!R^m$ eine δ-Umgebung von $\boldsymbol{y}^0$ und

$$\begin{array}{lllllll} U \times V & \ni & (\boldsymbol{x},\boldsymbol{y}) & \mapsto & z_1 & = & f_1(\boldsymbol{x},\boldsymbol{y}) \in I\!R, \quad f_1(\boldsymbol{x}^0,\boldsymbol{y}^0) = 0 \\ \vdots & & \vdots & & \vdots & & \qquad\qquad\qquad \vdots \\ U \times V & \ni & (\boldsymbol{x},\boldsymbol{y}) & \mapsto & z_m & = & f_m(\boldsymbol{x},\boldsymbol{y}) \in I\!R, \quad f_m(\boldsymbol{x}^0,\boldsymbol{y}^0) = 0 \end{array}$$

ein System von m Funktionen mit $f_1(\boldsymbol{x}^0,\boldsymbol{y}^0) = \cdots = f_m(\boldsymbol{x}^0,\boldsymbol{y}^0) = 0$, das vektoriell

$$U \times V \ni (\boldsymbol{x},\boldsymbol{y}) \mapsto \boldsymbol{z} = \boldsymbol{f}(\boldsymbol{x},\boldsymbol{y}) \in I\!R^m, \quad \boldsymbol{f}(\boldsymbol{x}^0,\boldsymbol{y}^0) = \mathbf{o}$$

geschrieben werde. Wenn $f_1,\ldots,f_m$ in $U \times V$ stetige partielle Ableitungen nach allen Variablen besitzen und die "**Jacobi-Matrix**" von $\boldsymbol{f}$ bzgl. $\boldsymbol{y}$

$$\mathrm{Jac}_{\boldsymbol{y}}(\boldsymbol{f}) = (\frac{\partial f_i}{\partial y_j})_{i=1,\ldots,m}^{j=1,\ldots,m}$$

an der Stelle $(\boldsymbol{x}^0,\boldsymbol{y}^0)$ den Rang m hat [2], gibt es ϵ-Umgebungen $U^0 \subset U$ von $\boldsymbol{x}^0$ und $V^0 \subset V$ von $\boldsymbol{y}^0$, und eindeutig bestimmte Funktionen

$$\begin{array}{lll} U^0 \ni \boldsymbol{x} & \mapsto & y_1 = g_1(\boldsymbol{x}) \\ \vdots \quad \vdots & & \quad \vdots \\ U^0 \ni \boldsymbol{x} & \mapsto & y_m = g_m(\boldsymbol{x}) \end{array} \quad \text{mit} \quad \begin{bmatrix} g_1(\boldsymbol{x}^0) \\ \vdots \\ g_m(\boldsymbol{x}^0) \end{bmatrix} = \boldsymbol{y}^0 \text{ und } \begin{bmatrix} g_1(\boldsymbol{x}) \\ \vdots \\ g_m(\boldsymbol{x}) \end{bmatrix} \in V^0,$$

mit

$$\boldsymbol{f}(\boldsymbol{x}, g_1(\boldsymbol{x}),\ldots,g_m(\boldsymbol{x})) = \mathbf{o} \quad \text{für alle} \quad \boldsymbol{x} \in U^0.$$

Das System von Funktionen $g_1,\ldots,g_m$ bzw. die vektorwertige Funktion

$$\boldsymbol{y} = \boldsymbol{g}(\boldsymbol{x}) := \begin{pmatrix} g_1(\boldsymbol{x}) \\ \vdots \\ g_m(\boldsymbol{x}) \end{pmatrix}$$

heißt durch die Gleichung

$$\boldsymbol{f}(\boldsymbol{x},\boldsymbol{y}) = \mathbf{o}$$

in U^0 **implizit definiert** oder die **Auflösung von $\boldsymbol{f}(\boldsymbol{x},\boldsymbol{y}) = \mathbf{o}$ nach $\boldsymbol{y}$.**

Die Funktionen $g_1,\ldots,g_m$ besitzen in U^0 stetige partielle Ableitungen $\frac{\partial g_i}{\partial x_k}$ nach allen Variablen, die sich aus

$$\textbf{(4)} \qquad \frac{\partial f_i}{\partial x_k} + \frac{\partial f_i}{\partial y_1}\cdot\frac{\partial g_1}{\partial x_k} + \cdots + \frac{\partial f_i}{\partial y_m}\cdot\frac{\partial g_m}{\partial x_k} = 0 \qquad \begin{array}{l} i = 1,\ldots,m \\ k = 1,\ldots,l \end{array}$$

berechnen lassen. Mit der Carmerschen Regel 5.4(1) erhält man

$$\textbf{(5)} \qquad \frac{\partial g_i}{\partial x_k} = -\frac{\det J_{i,k}}{\det J} \qquad i = 1,\ldots,m; k = 1,\ldots,l$$

wobei

$$J = \mathrm{Jac}_{\boldsymbol{y}}(\boldsymbol{f})(\boldsymbol{x},\boldsymbol{y}) = \left(\frac{\partial f_i}{\partial y_j}\right)_{i=1,\ldots,m}^{j=1,\ldots,m}$$

---

[2] $\boldsymbol{f}$ hängt wirklich von $\boldsymbol{y}$ ab (in einer Umgebung von $(\boldsymbol{x}^0,\boldsymbol{y}^0)$)

die Jacobi-Matrix von $\boldsymbol{f}$ bzgl. $\boldsymbol{y}$ ist, die man aus J erhält, indem man deren i-te Spalte

$$\begin{bmatrix} \frac{\partial f_1}{\partial y_i} \\ \vdots \\ \frac{\partial f_m}{\partial y_i} \end{bmatrix} \quad \text{durch den Vektor} \quad \begin{bmatrix} \frac{\partial f_1}{\partial x_k} \\ \vdots \\ \frac{\partial f_m}{\partial x_k} \end{bmatrix}$$

ersetzt.

(B3) Betrachtet werden n stetig differenzierbare Funktionen $F_i(\boldsymbol{x}, t)$ von $n+1$ reellen Veränderlichen $\boldsymbol{x} = (x_1, \ldots, x_n)^T$ und t $(i = 1, \ldots, n)$. In der Makroökonomie wird ein wirtschaftstheoretisches Modell durch ein Gleichungssystem

$$\text{(6)} \qquad \boldsymbol{F}(\boldsymbol{x}, t) = \mathbf{o}$$

beschrieben, wobei $\boldsymbol{F} := (F_1, \ldots, F_n)^T$. $\boldsymbol{x}$ ist der Vektor der **endogenen Variablen** (:= die durch das Modell erklärt und bestimmt werden) und t ist eine **exogene Variable** (:= die von "außen" vorgegeben wird). Im Keynesianischen Modell ist t die Staatsnachfrage. Es ist nach der "Wirkung von t auf $\boldsymbol{x}$" gefragt. [3]

Lsg.: Der Fundamentalsatz über implizite Funktionen (3) ist mit den Ersetzungen

(3)	(B3)
m	n
$\boldsymbol{y}$	$\boldsymbol{x}$
n	1
$\boldsymbol{x}$	t

anwendbar. Er liefert: Wenn die Jacobi-Matrix

$$\operatorname{Jac}_{\boldsymbol{x}}(\boldsymbol{F})(\boldsymbol{x}, t) = \left(\frac{\partial F_i(\boldsymbol{x}, t)}{\partial x_j} \right)_{i=1,\ldots,n}^{j=1,\ldots,n}$$

den Rang n hat (äquivalent: invertierbar ist), dann ist durch die Vektorgleichung (6) implizit eine vektorwertige Funktion

$$\boldsymbol{x} = \boldsymbol{g}(t)$$

definiert. Diese beschreibt die "Wirkung von t auf $\boldsymbol{x}$." Der Ableitungsvektor von $\boldsymbol{x}$ bzgl. t ist

$$\text{(7)} \qquad \frac{d\boldsymbol{x}}{dt} = - \left[\operatorname{Jac}_{\boldsymbol{x}}(\boldsymbol{F})(\boldsymbol{x}, t) \right]^{-1} \cdot \frac{\partial \boldsymbol{F}}{\partial t}(\boldsymbol{x}, t).$$

[3] [FH], p. 401

Nach (5) erhält man explizit

$$\frac{dx_j}{dt} = -\frac{\det J_j}{\det \mathrm{Jac}_{\boldsymbol{x}}(\boldsymbol{F})(\boldsymbol{x}, t)} \qquad j = 1, \ldots, n,$$

wobei die Matrix J_j aus $\mathrm{Jac}_{\boldsymbol{x}}(\boldsymbol{F})(\boldsymbol{x}, t)$ dadurch entsteht, dass die j-te Spalte durch den Vektor $\frac{\partial \boldsymbol{F}(\boldsymbol{x},t)}{\partial t}$ ersetzt wird.

(B4) In der Keynesianischen Theorie wird die LM-Kurve (liquidity = money supply) als der geometrische Ort aller Kombinationen (Y, i) von Realeinkommen Y und Zins i definiert, die einen Ausgleich von Angebot und Nachfrage auf dem Geldmarkt schaffen. Die LM-Kurve $Y \mapsto i(Y)$ ist implizit durch die Gleichung

$$L(Y, i) = \frac{M}{P}$$

beschrieben. Dabei bezeichnen

Y	Realeinkommen, gemessen in Gütereinheiten pro Periode
i	nominaler Zinssatz, gemessen in 1/Periode
L	makroökonomische Geldnachfragefunktion, gemessen in Gütereinheiten
M	nominales Geldangebot, gemessen in Geldeinheiten
P	Preisniveau, gemessen in Geldeinheiten pro Gütereinheit

Man bestimme die Steigung $\frac{di}{dY}$ der LM-Kurve.[4]

Lsg.: Durch die Gleichung

$$F(Y, i) := L(Y, i) - \frac{M}{P} = 0$$

wird implizit eine Funktion $i = i(Y)$ definiert mit

$$F(Y, i(Y)) = 0 \quad \text{für alle } Y \text{, wenn} \quad \frac{\partial F}{\partial i} = \frac{\partial L}{\partial i} \neq 0.$$

Es ist eine Annahme der Keynesianischen Theorie, dass $\frac{\partial L}{\partial i} < 0$ und $\frac{\partial L}{\partial Y} > 0$. Nach dem Fundamentalsatz über implizite Funktionen (1) wird

$$\frac{di}{dY} = -\frac{\frac{\partial L}{\partial Y}}{\frac{\partial L}{\partial i}} > 0.$$

Die Steigung $\frac{di}{dY}$ der LM-Kurve ist umso kleiner, je größer die Zinselastizität der Geldnachfrage ist. Für die "Liquiditätsfalle" $\frac{\partial L}{\partial i} \to -\infty$ folgt

$$\left.\frac{di}{dY}\right|_{LM} = \lim_{\frac{\partial L}{\partial i} \to -\infty} -\frac{\frac{\partial L}{\partial Y}}{\frac{\partial L}{\partial i}} = 0,$$

d.h. die LM-Kurve $i = i(Y)$ ist (ein Stück) konstant.

---

[4] **[FH]** p. 405

(B5) In der Keynesianischen Theorie wird die IS-Kurve (investment = savings) als der geometrische Ort aller Kombinationen (Y, i) von Realeinkommen Y und Zins i definiert, die einen Ausgleich von Angebot und Nachfrage auf dem Kapitalmarkt schaffen. Die IS-Kurve $Y \mapsto i(Y)$ ist implizit durch die Gleichung

$$S(Y) = I(i) + G$$

definiert. Dabei bezeichnen

Y	Realeinkommen, gemessen in Gütereinheiten pro Periode
i	nominaler Zinssatz, gemessen in 1/Periode
S	reale Ersparnis, gemessen in Gütereinheiten pro Periode
I	reale Investitionsnachfrage, gemessen in Gütereinheiten pro Periode
G	reale Staatsnachfrage, gemessen in Gütereinheiten pro Periode (exogene Variable)

Man berechne die Steigung $\frac{di}{dY}$ der IS-Kurve.[5]

Lsg.: Durch die Gleichung

$$F(Y, i) := S(Y) - I(i) - G = 0$$

wird implizit eine Funktion $i = i(Y)$ definiert, wenn

$$\frac{\partial F}{\partial i} = -\frac{\partial I}{\partial i} \neq 0$$

ist. In der Keynesianischen Theorie wird

$$\frac{dI}{di} < 0 \qquad \text{und} \qquad \frac{dS}{dY} > 0$$

angenommen. Nach dem Fundamentalsatz über implizite Funktionen (1) ist

$$\frac{di}{dY} = -\frac{\frac{\partial F}{\partial Y}}{\frac{\partial F}{\partial i}} = \frac{\frac{dS}{dY}}{\frac{dI}{di}} < 0.$$

Bei einer "Investitionsfalle" $\frac{dI}{di} \to 0$ (die reale Investitionsnachfrage ist vom Zins unabhängig) folgt

$$\left.\frac{di}{dY}\right|_{IS} = \lim_{\frac{dI}{di} \to 0} \frac{\frac{dS}{dY}}{\frac{dI}{di}} = -\infty,$$

d.h. die IS-Kurve verläuft senkrecht zur Y-Achse.

Weitere ökonomische Beispiele zur Anwendung des Fundamentalsatzes über implizite Funktionen sind 6.10(B10) und 6.10(B11).

---

[5] [FH] p. 404

6.8 Homogene Funktionen

(B1) Es sei

$$(\mathbb{R}^+)^3 \ni (u,v,w) \mapsto y = h(u,v,w) = u^2 \cdot v + v^2 \cdot w + w^2 \cdot u \in \mathbb{R}$$

eine Produktionsfunktion eines Unternehmens, wobei
y den output,
u den Produktionsfaktor Arbeit
v den Produktionsfaktor Rohstoff
w den Produktionsfaktor Energie
mißt. Wenn alle Produktionsfaktoren
(i) verdoppelt werden,
(ii) um den Faktor $\lambda > 0$ vergrößert werden,
um welchen Faktor vergrößert sich dann der output ?

Lsg:
(i) $h(2u,2v,2w) = 2^3u^2 \cdot v + 2^3v^2 \cdot w + 2^3w^2 \cdot u = 2^3 \cdot h(u,v,w)$
(ii) $h(\lambda u,\lambda v,\lambda w) = \lambda^3u^2 \cdot v + \lambda^3v^2 \cdot w + \lambda^3w^2 \cdot u = \lambda^3 \cdot h(u,v,w)$
Wenn alle Produktionsfaktoren um denselben Faktor $\lambda > 0$ vergrößert [wenn $\lambda > 1$] bzw. verkleinert [wenn $0 < \lambda < 1$] werden, vergrößert bzw. verkleinert sich der output auf das λ^3-fache.

(1) Def.: Es sei $G \subset \mathbb{R}^n$ offen. Eine Funktion $f : G \to \mathbb{R}$ heißt auf G **homogen vom Grade** $\alpha \geq 0$:gdw für jedes $\boldsymbol{x} \in G$ und für alle genügend nahe bei 1 gelegenen positiven reellen Zahlen λ gilt

$$f(\lambda \cdot \boldsymbol{x}) = \lambda^\alpha \cdot f(\boldsymbol{x}).$$

(B2) Man untersuche, welche der folgenden Funktionen homogen sind und bestimme gegebenenfalls den Homogenitätsgrad.

(i) $y = f(\boldsymbol{x}) = (x_1 + x_2 + \cdots + x_n)^\alpha$ $\quad (\alpha > 0,\ \boldsymbol{x} \in (\mathbb{R}^+)^n$

(ii) $y = g(\boldsymbol{x}) = c \cdot x_1^{\alpha_1} \cdot x_2^{\alpha_2}$ $\quad (c, \alpha_1, \alpha_2 \in \mathbb{R}^+,\ \boldsymbol{x} \in (\mathbb{R}^+)^2)$

(iii) $y = h(\boldsymbol{x}) = x_1 \cdot e^{x_2}$ $\quad (x_1 \neq 0)$

Lsg:

(i) Weil für alle $\lambda > 0$ und $\boldsymbol{x} \in \mathbb{R}^{+n}$

$$\begin{aligned} f(\lambda \cdot \boldsymbol{x}) &= (\lambda x_1 + \cdots + \lambda x_n)^\alpha = [\lambda(x_1 + \cdots + x_n)]^\alpha \\ &= \lambda^\alpha \cdot (x_1 + \cdots + x_n)^\alpha = \lambda^\alpha \cdot f(\boldsymbol{x}) \end{aligned}$$

ist f homogen vom Grade α.

(ii) Weil für alle $\lambda > 0$ und $\boldsymbol{x} \in I\!R^{+2}$

$$\begin{aligned} g(\lambda \cdot \boldsymbol{x}) &= c \cdot (\lambda x_1)^{\alpha_1} \cdot (\lambda x_2)^{\alpha_2} = \lambda^{\alpha_1+\alpha_2} \cdot c \cdot x_1^{\alpha_1} \cdot x_2^{\alpha_2} \\ &= \lambda^{\alpha_1+\alpha_2} \cdot g(\boldsymbol{x}) \end{aligned}$$

ist g homogen vom Grade $\alpha_1 + \alpha_2$.

(iii) h ist keine homogene Funktion, weil für $\lambda > 0$ und $x_1 \neq 0$

$$\frac{h(\lambda \boldsymbol{x})}{h(\boldsymbol{x})} = \frac{\lambda x_1 e^{\lambda x_2}}{x_1 e^{x_2}} = \lambda \cdot e^{(\lambda-1)x_2}$$

nicht gleich einer Potenz von λ ist, sondern wesentlich von $\boldsymbol{x}$ abhängt.

Bem.: Von besonderer Bedeutung für die Wirtschaftswissenschaften sind Funktionen, die homogen von Grade 1 sind. Bei ihnen bewirkt eine "Ver-λ-fachung" jeder unabhängigen Variablen eine Ver-λ-fachung der abhängigen Variablen.[1]

(B3) Man zeige, daß die sog. **Cobb-Douglas-Produktionsfunktion**

$$Y = \Phi(K, N) = \Phi(K, N, \alpha) = K^\alpha \cdot N^{1-\alpha} \qquad (0 < \alpha < 1,\ K \geq 0,\ N \geq 0)$$

Y Maß für die Menge des erzeugten Produktes (output)

K Maß für "die produktiven Dienste des eingesetzten Kapitalstocks" (gemessen z.B. in Maschinenstunden)

N Maß für "die produktiven Dienste der eingesetzten Arbeit" (gemessen z.B. in Arbeiststunden)

(i) homogen vom Grade 1 ist und

(ii) monoton wachsende konkave partielle Funktionen besitzt.

Bem.: In [RSF] p. 6 wird

(i) die **Eigenschaft der konstanten Skalenerträge,**

(ii) die **Eigenschaft abnehmender Ertragszuwächse** von Φ genannt.

Lsg:

(i) s. (B2)(ii) mit $\alpha_1 = \alpha,\ \ \alpha_2 = 1 - \alpha$ und $c = 1$.

(ii) Die 1. partielle Funktion von Φ zu einer gegebenen beliebigen Faktorkombination (K, N) lautet $Y = \Phi(K; N) = c \cdot K^\alpha \quad (c = N^{1-\alpha})$. Sie ist monoton wachsend, wegen

$$\frac{\partial Y}{\partial K} = \frac{\partial \Phi(K, N)}{\partial K} = N^{1-\alpha} \cdot \alpha \cdot K^{\alpha-1} = N^{1-\alpha} \cdot \frac{\alpha}{K^{1-\alpha}} > 0$$

[1] [RSF] p.6ff

für $K > 0$, $\alpha > 0$ und $N > 0$, und konkav, wegen

$$\begin{aligned} \frac{\partial^2 Y}{\partial K^2} = \frac{\partial^2 \Phi(K,N)}{\partial K^2} &= N^{1-\alpha} \cdot \alpha \cdot (\alpha - 1) \cdot K^{\alpha-2} \\ &= N^{1-\alpha} \cdot \frac{\alpha(\alpha-1)}{K^{2-\alpha}} < 0 \end{aligned}$$

für $K > 0$, $N > 0$ und $0 < \alpha < 1$.

(iii) Die 2. partielle Funktion von Φ hat dieselben Eigenschaften wie die 1. wegen $\Phi(K, N, \alpha) = \Phi(N, K, 1 - \alpha)$.

Bem.: Es ist manchmal nicht einfach, direkt aus der Definition einer Funktion festzustellen, ob sie homogen ist. Deshalb ist der folgende Satz wichtig.

(2) Eulersche Homogenitätsrelation:
Es sei $G \subset I\!R^n$ offen. Eine in G vollständig differenzierbare Funktion $f: G \to I\!R$ ist dort genau dann homogen vom Grade α, wenn für alle Punkte $\boldsymbol{x} = (x_1, \ldots, x_n) \in G$ gilt

$$x_1 \cdot f_{x_1}(\boldsymbol{x}) + \cdots + x_n \cdot f_{x_n}(\boldsymbol{x}) = \alpha \cdot f(\boldsymbol{x}).$$

(B4) Man zeige mit Hilfe der Eulerschen Homogenitätsrelation, daß

(i) $y = r(\boldsymbol{x}) = \sqrt{x_1^2 + \cdots + x_n^2}$ homogen vom Grad 1 ist;

(ii) $y = h(\boldsymbol{x}) = x_1 \cdot e^{x_2}$ nicht homogen ist.

Lsg:

(i) Wegen $r_{x_j}(\boldsymbol{x}) = \dfrac{x_j}{r(\boldsymbol{x})}$ $(j = 1, \ldots, n)$ für alle $\boldsymbol{x} \in I\!R^n$, $\boldsymbol{x} \neq \mathbf{o}$ [s. 6.3(B4)] und wegen

$$x_1 \cdot r_{x_1}(\boldsymbol{x}) + \cdots + x_n \cdot r_{x_n}(\boldsymbol{x}) = \frac{x_1^2 + \cdots + x_n^2}{r(\boldsymbol{x})} = \frac{r(\boldsymbol{x})^2}{r(\boldsymbol{x})} = 1 \cdot r(\boldsymbol{x})$$

ist r homogen vom Grade 1 [nach (2)].

(ii) Wegen $h_{x_1}(\boldsymbol{x}) = e^{x_2}$, $h_{x_2}(\boldsymbol{x}) = x_1 \cdot e^{x_2}$ und wegen

$$\begin{aligned} x_1 \cdot h_{x_1}(\boldsymbol{x}) + x_2 \cdot h_{x_2}(\boldsymbol{x}) &= x_1 \cdot e^{x_2} + x_1 \cdot x_2 \cdot e^{x_2} &&= (1 + x_2) x_1 e^{x_2} \\ &= (1 + x_2) \cdot h(\boldsymbol{x}) &&\neq \text{const} \cdot h(\boldsymbol{x}) \end{aligned}$$

ist h nicht homogen.

6.9 Extremwertbestimmung

(B1) Im folgenden Ausschnitt aus einer topographischen Karte suche man

(i) die lokal höchsten Erhebungen (lokale Maxima)
(ii) die lokal tiefsten Geländepunkte (lokale Minima)
(iii) Paßhöhen (Sattelpunkte)
(iv) die lokal höchsten / tiefsten Punkte auf dem skizzierten Rundwanderweg (lokale Extrema unter Nebenbedingungen).

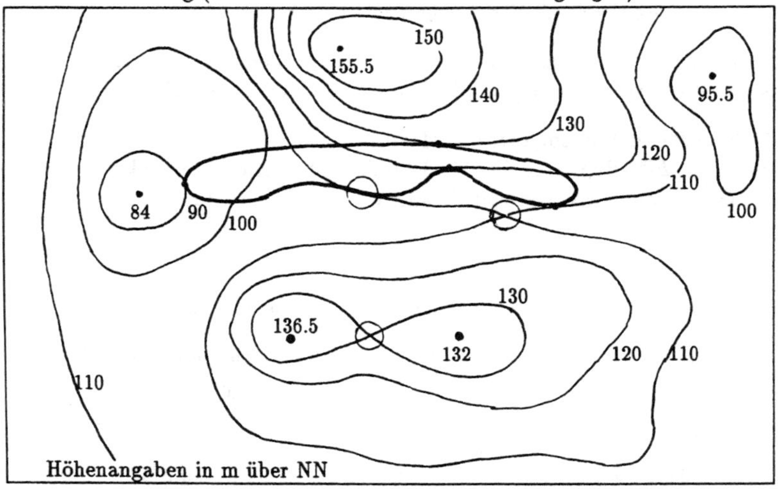

Lsg:  Rundwanderweg

(i) • 132 • 136.5 lokale Maxima
• 155.5 lokales und (für den Kartenausschnitt) absolutes Maximum

(ii) • 95.5 lokales Minimum
• 84 lokales und (für den Kartenausschnitt) absolutes Minimum

(iii) ⊗ 110 ⊗ 130 Sattelpunkte

(iv) 120 130 lokale Maxima } unter der Nebenbedingung:
90 110 lokale Minima } auf dem Rundwanderweg

Bem.: Man beachte, dass in einem lokalen Extrempunkt auf dem Rundwanderweg dieser die zugehörige Höhenlinie berührt. Dieses "Berühren " ist eine notwendige, aber keine hinreichende Bedingung für das Vorliegen eines Extremwertes unter der Nebenbedingung "auf dem Rundwanderweg": man vgl. den Punkt  .

(1) Def.: Es sei $A \subset \mathbb{R}^n$ und $\boldsymbol{a} \in A$. Man sagt, eine Funktion $f: A \to \mathbb{R}$ besitzt an der Stelle $\boldsymbol{a}$ ein **lokales** oder **relatives Maximum [Minimum]** der Größe $f(\boldsymbol{a})$

:gdw es gibt eine Zahl $\delta > 0$, so dass f an der Stelle $\boldsymbol{a}$

ein absolutes Maximum [Minimum] auf $\mathcal{U}_\delta(\boldsymbol{a}) \cap A$ besitzt

:gdw es gibt $\delta > 0$ mit

$$f(\boldsymbol{x}) \underset{[\geq]}{\leq} f(\boldsymbol{a}) \qquad \text{für alle } \boldsymbol{x} \in \mathcal{U}_\delta(\boldsymbol{a}) \cap A.$$

Ein lokales Maximum heißt ein **strenges lokales Maximum [Minimum]**

:gdw es gibt $\delta > 0$ mit

$$f(\boldsymbol{x}) \underset{[>]}{<} f(\boldsymbol{a}) \qquad \text{für alle } \boldsymbol{x} \in \mathcal{U}_\delta^*(\boldsymbol{a}) \cap A.$$

Ein **lokales** oder **relatives Extremum** einer Funktion ist ein lokales Maximum oder Minimum.

(2) Eine notwendige Bedingung für ein relatives Extremum:
Es sei $A \subset I\!R^n$ offen und $f: A \to I\!R$ auf A partiell differenzierbar nach allen Variablen. Wenn f an der Stelle $\boldsymbol{a} \in A$ ein relatives Extremum besitzt, sind alle partiellen Ableitungen an dieser Stelle gleich Null:

$$\begin{aligned} & f_{x_1}(\boldsymbol{a}) = 0, \ldots, f_{x_n}(\boldsymbol{a}) = 0 \\ \Leftrightarrow\ & \operatorname{grad} f(\boldsymbol{a}) = \mathbf{o} \\ \Leftrightarrow:\ & \boldsymbol{a} \text{ ist ein } \textbf{stationärer Punkt} \text{ von } f \end{aligned}$$

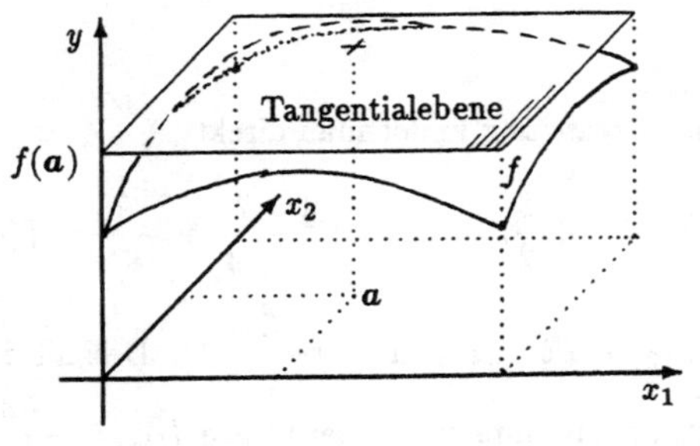

(3) Eine hinreichende Bedingung für ein relatives Extremum:
Es sei $A \subset I\!R^n$ offen und $f: A \to I\!R$ besitze auf A stetige partielle Ableitungen 2. Ordnung nach allen Variablen. Es sei $\boldsymbol{a} \in A$ ein stationärer Punkt von f. Dann besitzt f an der Stelle $\boldsymbol{a}$ ein strenges relatives Minimum [strenges relatives Maximum] wenn die Hesse-Matrix von f an der Stelle $\boldsymbol{a}$

$$H_f(\boldsymbol{a}) := \left(\frac{\partial^2 f}{\partial x_k \partial x_i}(\boldsymbol{a}) \right)_{i=1,\ldots,n}^{k=1,\ldots,n}$$

positiv [negativ] definit ist. Wenn $H_f(\boldsymbol{a})$ indefinit ist, besitzt f an der Stelle $\boldsymbol{a}$ kein Extremum. Dann ist $\boldsymbol{a}$ ein **Sattelpunkt** von f.

(B2) Man untersuche die Funktion

$$I\!R^2 \ni (x_1, x_2) \mapsto y = f(x_1, x_2) = x_1^2 + 3x_1 + x_2^2 + 2x_2 - 15 \in I\!R$$

auf relative Extremwerte.

1. Lsg:
f besitzt auf $\mathbb{R}^2$ stetige partielle Ableitungen jeder Ordnung.

1^0 Notwendige Bedingung:

$$\begin{aligned} f_{x_1} &= 2x_1 + 3 = 0 \\ f_{x_2} &= 2x_2 + 2 = 0 \end{aligned} \quad \Leftrightarrow \quad \begin{aligned} 2x_1 \quad\quad &= -3 \\ 2x_2 &= -2 \end{aligned}$$

(lineares Gleichungssystem mit Diagonalmatrix)

Einziger stationärer Punkt: $\underline{\boldsymbol{a} = (-\frac{3}{2}, -1)}$.

2^0 Hinreichende Bedingung:
Die Hesse-Matrix von f an der Stelle $\boldsymbol{a}$

$$H_f(\boldsymbol{a}) = \begin{bmatrix} f_{x_1x_1}(\boldsymbol{a}) & f_{x_1x_2}(\boldsymbol{a}) \\ f_{x_2x_1}(\boldsymbol{a}) & f_{x_2x_2}(\boldsymbol{a}) \end{bmatrix} = \begin{bmatrix} 2 & 0 \\ 0 & 2 \end{bmatrix} \qquad \text{[vgl. 6.5(B1)].}$$

ist positiv definit [n.].Deshalb ist $\boldsymbol{a}$ Stelle eines strengen relativen Minimums.

2. Lsg: [vgl. 6.1(B3)]
Mit quadratischer Ergänzung findet man direkt

$$f(x_1, x_2) = (x_1 + \frac{3}{2})^2 + (x_2 + 1)^2 - \frac{73}{4} > -\frac{73}{4} = f(-\frac{3}{2}, -1)$$

für alle $\boldsymbol{x} = (x_1, x_2) \in \mathbb{R}^2$, $\boldsymbol{x} \neq \boldsymbol{a} := (-\frac{3}{2}, -1)$. Deshalb ist $\boldsymbol{a}$ Stelle eines strengen absoluten Minimums von f der Größe $f(\boldsymbol{a}) = -\frac{73}{4}$.

(B3) Man untersuche die Funktion

$$\mathbb{R}^3 \ni (r, s, t) \mapsto u = \varphi(r, s, t) = \frac{9 - r^2 + 2r}{6 + s^2 + t^2 + 2t} \in \mathbb{R}$$

auf relative Extrema.

1. Lsg: [Vgl: 6.5(B2)] $\qquad Z := 9 - r^2 + 2r, \quad N := 6 + s^2 + t^2 + 2t$

Notwendige Bedingung:

$$\varphi_r = \frac{-2r + 2}{N} = 0, \quad \varphi_s = -\frac{Z}{N^2} \cdot 2s = 0, \quad \varphi_t = -\frac{Z}{N^2}(2t + 2) = 0.$$

Einziger stationärer Punkt: $\underline{\boldsymbol{a} = (r, s, t) = (1, 0, -1)}$.

Hinreichende Bedingung:

Hesse-Matrix von φ an der Stelle $\boldsymbol{a}$ [s. 6.5(B2)]:

$$H_\varphi(\boldsymbol{a}) = \begin{bmatrix} \varphi_{rr}(\boldsymbol{a}) & \varphi_{rs}(\boldsymbol{a}) & \varphi_{rt}(\boldsymbol{a}) \\ \varphi_{sr}(\boldsymbol{a}) & \varphi_{ss}(\boldsymbol{a}) & \varphi_{st}(\boldsymbol{a}) \\ \varphi_{tr}(\boldsymbol{a}) & \varphi_{ts}(\boldsymbol{a}) & \varphi_{tt}(\boldsymbol{a}) \end{bmatrix} = \begin{bmatrix} -\frac{2}{5} & 0 & 0 \\ 0 & -\frac{4}{5} & 0 \\ 0 & 0 & -\frac{4}{5} \end{bmatrix}.$$

Da für alle $\boldsymbol{x} = (r, s, t) \in \mathbb{R}^3,\ \ \boldsymbol{x} \neq \mathbf{o}$,

$$\boldsymbol{x} \cdot H_\varphi(\boldsymbol{a}) \cdot \boldsymbol{x}^T = -(\frac{2}{5}r^2 + \frac{4}{5}s^2 + \frac{4}{5}t^2) < 0,$$

ist $\boldsymbol{a}$ Stelle eines strengen relativen Maximums von φ der Größe $\varphi(\boldsymbol{a}) = \frac{10}{5} = 2$.

2. Lsg: In diesem einfachen Beispiel findet man mit quadratischer Ergänzung direkt

$$\varphi(r, s, t) = \frac{10 - (r-1)^2}{5 + s^2 + (t+1)^2} < \frac{10}{5} = 2 = \varphi(\boldsymbol{a})$$

für alle $\boldsymbol{x} = (r, s, t) \neq \boldsymbol{a}$. Deshalb ist $\boldsymbol{a}$ Stelle eines strengen absoluten Maximums von φ der Größe $\varphi(\boldsymbol{a}) = 2$.

Zur Lösung der folgenden Aufgabe, die für Extremwertaufgaben bei reellwerttigen Funktionen von zwei reellen Veränderlichen wichtig ist, lese man sich nochmals die Definition 6.5(5) und die Kriterien 6.5(7),(8),(9) sowie 6.5(11) für positive bzw. negative Definitheit einer Matrix durch.

(B4) Welche der folgenden Matrizen sind positiv definit, negativ definit bzw. indefinit ?

(i) $M_1 = \begin{bmatrix} -\frac{2}{5} & 0 & 0 \\ 0 & -\frac{4}{5} & 0 \\ 0 & 0 & -\frac{4}{5} \end{bmatrix}$

(ii) $M_2 = \begin{bmatrix} a_1 & b \\ b & a_2 \end{bmatrix}$ mit $\det M_2 := a_1 \cdot a_2 - b^2 > 0$

(iii) $M_3 = \begin{bmatrix} a_1 & b \\ b & a_2 \end{bmatrix}$ mit $\det M_3 := a_1 \cdot a_2 - b^2 < 0,\ \ a_1 \neq 0$

(iv) $M_4 = \begin{bmatrix} 1 & 1 & 1 \\ 1 & 2 & 1 \\ 1 & 1 & 4 \end{bmatrix}$

Lsg:

(i) M_1 ist negativ definit, nach 6.5(7) oder direkt mit der Definition 6.5(5) nachprüfbar [vgl. (B3)].

(ii) Der Gaußsche Algorithmus liefert:

$$\begin{array}{|cc|l}
\hline
a_1 & b & \mid (-\frac{b}{a_1}) \\
b & a_2 & \quad + \\
\hline
a_1 & b & \\
0 & a_2 - \frac{b^2}{a_1} & \\
\hline
\end{array}$$

Nach 6.5(7) ist M_2 positiv definit gdw $a_1 > 0$ und $a_2 - \frac{b^2}{a_1} > 0$; unter der Bedingung $a_1 \cdot a_2 - b^2 > 0$ also gdw $a_1 > 0$ [wegen der Bedingung $a_1 \cdot a_2 - b^2 > 0$ ist dann notwendig auch $a_2 > 0$].
Nach 6.5(7) ist M_2 negativ definit gdw $a_1 < 0$ und $a_2 - \frac{b^2}{a_1} < 0$; unter der Bedingung $a_1 \cdot a_2 - b^2 > 0$ also gdw $a_1 < 0$ [wegen der Bedingung $a_1 \cdot a_2 - b^2 > 0$ ist dann notwendig auch $a_2 < 0$].

(iii) M_3 ist indefinit, weil aus den Bedingungen $a_1 \neq 0$ u. $a_1 \cdot a_2 - b^2 < 0$ folgt :

$$a_1 < 0 \;\Rightarrow\; a_2 - \frac{b^2}{a_1} > 0$$
$$a_1 > 0 \;\Rightarrow\; a_2 - \frac{b^2}{a_1} < 0.$$

(iv) Der Gaußsche Algorithmus liefert:

$$\begin{array}{|ccc|ll}
\hline
1 & 1 & 1 & \mid \cdot(-1) & \mid \cdot(-1) \\
1 & 2 & 1 & \quad + & \\
1 & 1 & 4 & & \quad + \\
\hline
1 & 1 & 1 & & \\
0 & 1 & 0 & & \\
0 & 0 & 3 & & \\
\hline
\end{array}$$

Nach 6.5(7) ist M_4 positiv definit.

Als Folgerung aus (ii), (iii) erhält man:

(4) Hinreichende Bedingungen für ein relatives Extremum im Falle von $n = 2$ unabhängigen Variablen:
Es sei $A \subset I\!R^2$ offen, und $f : A \to I\!R$ besitze auf A stetige partielle Ableitungen 2. Ordnung. Wenn an einer Stelle $\boldsymbol{a} \in A$

(i) $f_{x_1}(\boldsymbol{a}) = 0, \quad f_{x_2}(\boldsymbol{a}) = 0$ [$\boldsymbol{a}$ ist ein stationärer Punkt von f] und

(ii)

$D(\boldsymbol{a}) := f_{x_1x_1}(\boldsymbol{a}) \cdot f_{x_2x_2}(\boldsymbol{a}) - [f_{x_1x_2}(\boldsymbol{a})]^2 > 0$:		
$D(\boldsymbol{a}) > 0$ und $f_{x_1x_1} > 0$	$\Rightarrow$	relatives Minimum
$D(\boldsymbol{a}) > 0$ und $f_{x_1x_1} < 0$	$\Rightarrow$	relatives Maximum
$D(\boldsymbol{a}) < 0$	$\Rightarrow$	kein Extremum [Sattelpunkt]
$D(\boldsymbol{a}) = 0$		keine Aussage

dann besitzt f an der Stelle $\boldsymbol{a}$ ein relatives Extremum der angegebenen Art.

(5) Bemerkung zur praktischen Bestimmung von absoluten Extremwerten:
Ist $A \subset \mathbb{R}^n$ beschränkt und abgeschlossen und $f: A \to \mathbb{R}$ stetig, aber evt. in einzelnen Punkten von int$A$ nicht partiell differenzierbar, hat man die Extremwerte von f auf der Menge bd$A$ der Randpunkte von A zu ermitteln **(Randextrema)** und die Funktionswerte von f an den Stellen, wo f nicht differenzierbar ist, und diese der Größe nach mit den relativen Extremwerten von f in int$A$ zu vergleichen.

(B5) Man ermittle die absoluten und relativen Extrema von f,

$$y = f(x_1, x_2) = x_1 + 3x_1 + x_2^2 + 2x_2 - 15$$

(i) in $\mathbb{R}^2$,

(ii) in $A := \{\boldsymbol{x} \in \mathbb{R}^2 : |\boldsymbol{x} - \boldsymbol{m}| \leq \sqrt{\frac{89}{4}}\}$, $\boldsymbol{m} = (-\frac{3}{2}, -1)$,

(iii) in $B := \{\boldsymbol{x} = (x_1, x_2) \in \mathbb{R}^2 : x_1 \leq 0,\ x_2 \leq 0,\ x_1 + x_2 \geq -3\}$.

Lsg:

(i) 1^0 Notwendige Bedingung: [s.a (B2)]

$$f_{x_1} = 2x_1 + 3 = 0 \quad \Rightarrow \quad x_1 = -\frac{3}{2}$$
$$f_{x_2} = 2x_2 + 2 = 0 \quad \Rightarrow \quad x_2 = -1$$

Einziger stationärer Punkt von f : $\boldsymbol{a} = (-\frac{3}{2}, -1) = \boldsymbol{m}$.

2^0 Hinreichende Bedingung:
Hesse-Matrix von f an der Stelle $\boldsymbol{a}$:

$$H_f(\boldsymbol{a}) = \begin{bmatrix} f_{x_1x_1}(\boldsymbol{a}) & f_{x_1x_2}(\boldsymbol{a}) \\ f_{x_2x_1}(\boldsymbol{a}) & f_{x_2x_2}(\boldsymbol{a}) \end{bmatrix} = \begin{bmatrix} 2 & 0 \\ 0 & 2 \end{bmatrix}.$$

$D(\boldsymbol{a}) = f_{x_1x_1}(\boldsymbol{a}) \cdot f_{x_2x_2}(\boldsymbol{a}) - [f_{x_1x_2}(\boldsymbol{a})]^2 = 2 \cdot 2 - 0^2 = 4 > 0$
und $f_{x_1x_1}(\boldsymbol{a}) = 2 > 0 \quad \Rightarrow \quad \boldsymbol{a}$ ist Stelle eines strengen relativen Minimums der Größe $f(\boldsymbol{a}) = -\frac{73}{4}$.

(ii) Der Rand von A ist der Kreis

$$(x_1 + \frac{3}{2})^2 + (x_2 + 1)^2 = \frac{89}{4}.$$

Es ist die Niveaukurve von f zum Niveau $c = 4$ [vgl. 6.2(B3)]. Wegen

$$4 \geq f(x_1, x_2) = (x_1 + \frac{3}{2})^2 + (x_2 + 1)^2 - \frac{73}{4} \geq -\frac{73}{4} = f(\boldsymbol{a})$$

für alle Punkte $\boldsymbol{x} = (x_1, x_2) \in A$ besitzt f in jedem Randpunkt von A ein schwaches relatives Maximum (das hier zugleich ein absolutes ist) der Größe 4 und im Punkt $\boldsymbol{a}$ ein strenges absolutes Minimum der Größe $f(\boldsymbol{a}) = -73/4$.

(iii) $f(\boldsymbol{m}) = -73/4$ ist das absolute Minimum von f in $\mathbb{R}^2$, das wegen $\boldsymbol{m} \in B$ (B schraffiert) zugleich das absolute Minimum von f in B.

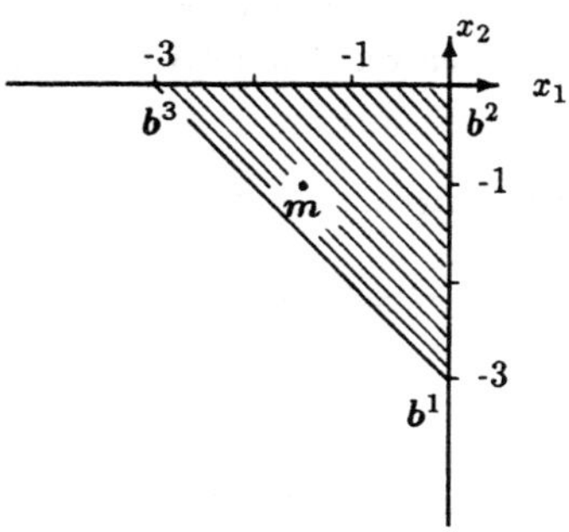

Die Funktion f besitzt im Eckpunkt $\boldsymbol{b}^1 = (0, -3)$ ein strenges absolutes Maximum der Größe $f(0, -3) = -12$, und im Eckpunkt $\boldsymbol{b}^2 = (0, 0)$ ein strenges relatives Maximum der Größe $f(0, 0) = -15$, ein ebensolches im Eckpunkt $\boldsymbol{b}^3 = (-3, 0)$, weil die Höhenlinie von f konzentrische Kreise um den Mittelpunkt $\boldsymbol{m}$ sind und die Höhen streng mit der Entfernung von $\boldsymbol{m}$ zunehmen [vgl. 6.2(B(3))].

(B6) Gewinnplan eines Monopolisten:
Ein Monopolist stellt zwei Typen A und B von Werkzeugen her. Seine Gesamtkosten betragen wöchentlich

$$K(x_1, x_2) = 80x_1 + 200x_2 + 300 \quad GE$$

wobei x_1 die Anzahl der pro Woche hergestellten Werkzeuge vom Typ A und x_2 die vom Typ B bezeichnet. Es können wöchentlich x_1 Werkzeuge vom Typ A und x_2 Werkzeuge vom Typ B abgesetzt werden zu Preisen

$$\begin{aligned} p_1(x_1, x_2) &= 100 - \frac{5}{4}x_1 + \frac{1}{4}x_2 \quad \text{für ein Werkzeug A} \\ p_2(x_1, x_2) &= 400 + \frac{9}{4}x_1 - 4x_2 \quad \text{für ein Werkzeug B} \end{aligned}$$

(i) Wieviel Stück muss der Monopolist von jedem Typ wöchentlich produzieren, wenn er seinen Gewinn maximieren will ?

(ii) Wie groß ist der maximale Gewinn ?

(iii) Wie hoch sind die Preise im Gewinnmaximum ?

Lsg:

0^0 Aufstellung der (zu maximierenden) Gewinnfunktion:

$$\begin{aligned} G(x_1,x_2) &= x_1 \cdot p_1(x_1,x_2) + x_2 \cdot p_2(x_1,x_2) - K(x_1,x_2) \\ &= x_1 \cdot (100 - \frac{5}{4}x_1 + \frac{1}{4}x_2) \; + \; x_2(400 + \frac{9}{4}x_1 - 4x_2) \\ &\qquad - \; (80x_1 + 200x_2 + 300) \\ &= -\frac{5}{4}x_1^2 + 20x_1 + \frac{5}{2}x_1x_2 - 4x_2^2 + 200x_2 - 300 \end{aligned}$$

1^0 Notwendige Bedingungen:

$$\left.\begin{aligned} G_{x_1} &= -\frac{5}{2}x_1 + 20 + \frac{5}{2}x_2 = 0 \\ G_{x_2} &= \frac{5}{2}x_1 + 200 - 8x_2 = 0 \end{aligned}\right\}$$ lineares Gleichungssystem; Lsg. mit dem Gaußschen Algorithmus:

$$\begin{array}{rcrcl} -\frac{5}{2}x_1 & + & \frac{5}{2}x_2 & = & -20 \\ \frac{5}{2}x_1 & - & 8x_2 & = & -200 \; + \\ \hline -\frac{5}{2}x_1 & + & \frac{5}{2}x_2 & = & -20 \\ & - & \frac{11}{2}x_2 & = & -220 \\ \hline \end{array}$$

Lsg: $-\frac{11}{2}x_2 = -220, \qquad 11x_2 = 440, \qquad \underline{x_2 = 40}$

$$\begin{aligned} \frac{5}{2}x_1 &= 20 + \frac{5}{2}x_2 \\ &= 20 + 100 = 120 \end{aligned} \qquad \underline{x_1 = 48}$$

Einziger stationärer Punkt: $\boldsymbol{a} = (48, 40)$.

2^0 Hinreichende Bedingungen:

Hesse-Matrix von G:

$$H = \begin{bmatrix} G_{x_1x_1} & G_{x_1x_2} \\ G_{x_1x_2} & G_{x_2x_2} \end{bmatrix} = \begin{bmatrix} -\frac{5}{2} & \frac{5}{2} \\ \frac{5}{2} & -8 \end{bmatrix}$$ ist konstant.

$D = (-\frac{5}{2}) \cdot (-8) - (\frac{5}{2})^2 > 0$ und $G_{x_1x_1} = -\frac{5}{2} < 0$:

$\boldsymbol{u} = (48, 40)$ ist Stelle eines strengen relativen Maximums.

(i) Produktionsplan zum Gewinnmaximum: wöchentlich müssen 48 Werkzeuge vom Typ A und 40 Typ B produziert werden.

(ii) Dann wird ein maximaler Gewinn von $G(48, 40) = 4180$ GE erzielt.

(iii) Die Preise im Gewinnmaximum betragen

$$p_1(48,40) = 50 \qquad \text{GE/St. A}$$
$$p_2(48,40) = 348 \qquad \text{GE/St. B .}$$

(B7) Berechnung eines optimalen Werbebudgets[1]:

Ein Betrieb erzeugt und vertreibt ein Produkt und setzt n verschiedene Werbemittel zur Werbung für dieses Produkt ein. Gesucht sind notwendige Bedingungen für ein optimales Werbebudget (= Bestimmung der für die Werbung optimal einzusetzenden Mittel unter dem Ziel der Gewinnmaximierung).

Bezeichnungen:

x in der Planungsperiode absetzbare Menge des produzierten Gutes

w_1 von dem 1. Werbemittel eingesetzte Mengeneinheiten (z.B. Anzeigen in Tageszeitungen)

$\vdots$ $\qquad\vdots$

w_n von dem n. Werbemittel eingesetzte Mengeneinheiten (z.B. Sendeminuten im Werbefernsehen)

q_1 Preis der Mengeneinheit des 1. Werbemittels

$\vdots$ $\qquad\vdots$

q_n Preis der Mengeneinheit des n. Werbemittels

$p = \varphi(x, w_1, \ldots, w_n)$ Preis des Produktes, zu dem x Einheiten des Produktes bei einem Werbungseinsatz von w_i Einheiten des i-ten Werbemittels ($i = 1, \ldots, n$) auf dem Markt abgesetzt werden können (**Preis-Absatz-Funktion**)

$K_P = K_P(x)$ der zur Herstellung von x Einheiten des Produktes anfallenden Produktionskosten (**Produktionskostenfunktion**)

$K_w = K_w(w_1, \ldots, w_n) = q_1 \cdot w_1 + \cdots + q_n \cdot w_n$
gesamte Werbungskosten (**Werbekostenfunktion**)

$G = G(x, w_1, \ldots, x_n) = x \cdot p - K_P - K_w$ (**Gewinnfunktion**)

Ges: Notwendige Bedingungen für ein relatives (wenn möglich: absolutes) Maximum von G.

Lsg:

1^0 Notwendige Bedingungen:

[1] [Gu2] p. 469ff

$$\begin{array}{llllllll}
(0) & \frac{\partial G}{\partial x} & = \frac{\partial(x\cdot\varphi)}{\partial x} & - \frac{\partial K_P}{\partial x} & = 0 \Rightarrow & \frac{\partial(x\cdot\varphi)}{\partial x} & = & \frac{\partial K_P}{\partial x} \\
 & & & & & \text{Grenzerlös} & = & \text{Grenzprodu-} \\
 & & & & & & & \text{tionskosten} \\
(1) & \frac{\partial G}{\partial w_1} & = x\cdot\frac{\partial\varphi}{\partial w_1} & - q_1 & = 0 \Rightarrow & \frac{w_1}{\varphi}\frac{\partial\varphi}{\partial w_1} & = & \frac{q_1 w_1}{\varphi\cdot x} \\
 & \vdots & & & \vdots & & \vdots & \\
(n) & \frac{\partial G}{\partial w_n} & = x\cdot\frac{\partial\varphi}{\partial w_n} & - q_n & = 0 \Rightarrow & \frac{w_n}{\varphi}\frac{\partial\varphi}{\partial w_n} & = & \frac{q_n w_n}{\varphi\cdot x}
\end{array}$$

In Worten besagt die Gleichung (0)[2]: :

> **Regel:** "im Gewinnmaximum müssen die Grenzproduktionskosten gleich dem Grenzerlös sein"

und die Gleichungen (1) bis (n) besagen:

> **Regel:** "und die Ausgaben für jede Werbeart, dividiert durch den Erlös $\varphi \cdot x$, müssen gleich der partiellen Elastizität des Verkaufspreises in bezug auf den Einsatz des entsprechenden Werbemittels sein".

Weiterhin folgt:

> "Die Lösung der Maximumsaufgabe bestimmt die optimalen Werte
>
> $$x_{\text{opt}}, w_{1\text{opt}}, \ldots, w_{n\text{opt}}.$$
>
> Setzt man diese Werte in die Preis-Absatz-Funktion
>
> $$p = \varphi(x, w_1, \ldots, w_n)$$
>
> ein, dann erhält man den gewinnmaximalen Verkaufspreis. Werden die Werte $w_{1\text{opt}}, \ldots, w_{n\text{opt}}$ in die Werbekostenfunktion $K_w = q_1 \cdot w_1 + \cdots + q_n \cdot w_n$ eingesetzt, dann erhält man das gewinnmaximale Werbebudget."

Bem.: Man kann sich überlegen, dass unter geeigneten Voraussetzungen an K_P und φ in der Tat ein Gewinnmaximum existiert.

(B8) Man untersuche die Funktion

$$y = g(\boldsymbol{x}) = g(x_1, x_2) = \frac{1}{3}x_1^3 + 4x_1x_2 - 2x_2^2 \in I\!R$$

(i) in $I\!R^2$

(ii) in $[\boldsymbol{a}, \boldsymbol{b}]$ mit $\boldsymbol{a} = (-5, -5)$, $\boldsymbol{b} = (1, 2)$

[2] [Gu2] p. 469

auf Extremwerte und Sattelpunkte.

Lsg:

(i) 1^0 Notwendige Bedingungen:

$$\left.\begin{array}{rcl} \dfrac{\partial g}{\partial x_1} &=& x_1^2 + 4x_2 = 0 \\ \dfrac{\partial g}{\partial x_2} &=& 4x_1 - 4x_2 = 0 \end{array}\right\} (*)$$

System von 2 nichtlinearen Gleichungen für 2 Unbekannte: x_1 und x_2

Das Gleichungssystem $(*)$ kann hier durch Elimination gelöst werden:

$$\begin{array}{lcl} x_1^2 + 4x_2 &=& 0 \quad | \\ 4x_1 - 4x_2 &=& 0 \quad + \\ \hline x_1^2 + 4x_1 &=& 0 \end{array}$$

quadratische Gleichung für x_1

Lösungen der quadr. Glg: $x_1^2 + 4x_1 = x_1(x_1 + 4) = 0 : x_1^{(1)} = 0$ und $x_1^{(2)} = -4$.

Aus der 2. Gleichung von $(*)$ sieht man, dass $\underline{\boldsymbol{a}^{(1)} = (0,0)}$ und $\underline{\boldsymbol{a}^{(2)} = (-4,-4)}$ stationäre Punkte von g sind.

2^0 Hinreichende Bedingung:

Hesse-Matrix von g:

$$H(\boldsymbol{x}) = \begin{bmatrix} g_{x_1x_1} & g_{x_1x_2} \\ g_{x_1x_2} & g_{x_2x_2} \end{bmatrix} = \begin{bmatrix} 2x_1 & 4 \\ 4 & -4 \end{bmatrix}.$$

$D(\boldsymbol{a}^{(1)}) = D(0,0) = 2 \cdot 0 \cdot (-4) - 4^2 < 0 \quad \Rightarrow \quad \boldsymbol{a}^{(1)} = (0,0)$
ist ein Sattelpunkt von g.
$D(\boldsymbol{a}^{(2)}) = D(-4,-4) = 2 \cdot (-4) \cdot (-4) - 4^2 > 0$ und
$g_{x_1x_1}(\boldsymbol{a}^{(2)}) = 2 \cdot (-4) = -8 < 0 \quad \Rightarrow \quad$ bei $\boldsymbol{a}^{(2)} = (-4,-4)$
besitzt g ein strenges relatives Maximum der Größe $g(\boldsymbol{a}^{(2)}) = \dfrac{32}{3}$.

(ii) Bei Einschränkung von g auf das Rechteck $[\boldsymbol{a}, \boldsymbol{b}]$ (schraffiert)

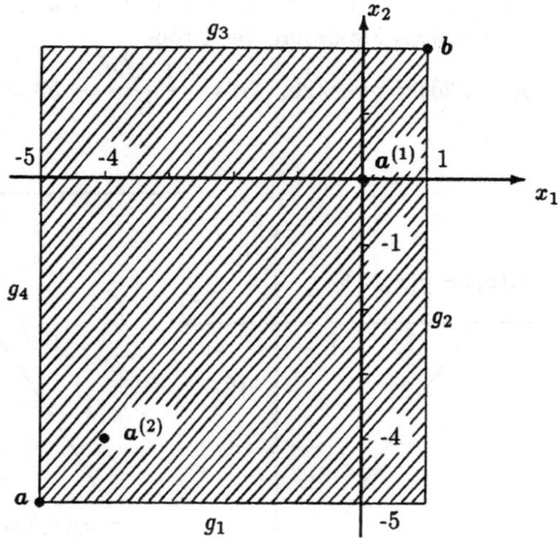

besitzt g in $\boldsymbol{a}^{(1)} = (0,0)$ einen Sattelpunkt und in $\boldsymbol{a}^{(2)} = (-4,-4)$ ein "strenges relatives Maximum". Es sind jetzt noch die 4 "Schnittfunktionen" (= partielle Funktionen)

$$\begin{array}{llllll} y = g_1(x_1) & = & g(x_1,-5) & = & \frac{1}{3}x_1^3 - 20x_1 - 50 & \text{in } -5 \le x_1 \le 1 \\ y = g_2(x_2) & = & g(1,x_2) & = & \frac{1}{3} + 4x_2 - 2x_2^2 & \text{in } -5 \le x_2 \le 2 \\ y = g_3(x_1) & = & g(x_1,2) & = & \frac{1}{3}x_1^3 + 8x_1 - 8 & \text{in } -5 \le x_1 \le 1 \\ y = g_4(x_2) & = & g(-5,x_2) & = & -\frac{125}{3} - 20x_2 - 2x_2^2 & \text{in } -5 \le x_2 \le 2 \end{array}$$

auf Extremwerte zu untersuchen.

Funktionswerte von g in den 4 Eckpunkten:

$$\begin{array}{rcrcrcl} g(\boldsymbol{a}) & = & g(-5,-5) & = & \frac{25}{3} & = & 8.33 \\ & & g(1,-5) & = & -\frac{209}{3} & = & -69.67 \\ g(\boldsymbol{b}) & = & g(1,2) & = & \frac{1}{3} & = & 0.33 \\ & & g(-5,2) & = & -\frac{269}{3} & = & -89.67 \end{array}$$

1) $y = g_1(x_1) = \frac{1}{3}x_1^3 - 20x_1 - 50 \qquad -5 \le x_1 \le 1$

1^0 Notwendige Bedingung:

$$g_1'(x_1) = x_1^2 - 20 = 0 \quad \Rightarrow \quad x_1^{(1)} = -\sqrt{20} = -4.47;$$

[die 2. Lösung $x_1^{(2)} = \sqrt{20}$ liegt außerhalb d. Intervalles $-5 \le x_1 \le 1$].

2^0 Hinreichende Bedingung:
Da g_1' an der Stelle $x_1^{(1)}$ das Vorzeichen von + nach - wechselt, liegt dort ein relatives Maximum der Größe

$$g_1(-\sqrt{20}) = g(-\sqrt{20}, -5) = \frac{40 \cdot \sqrt{20}}{3} - 50 = \underline{9.63}.$$

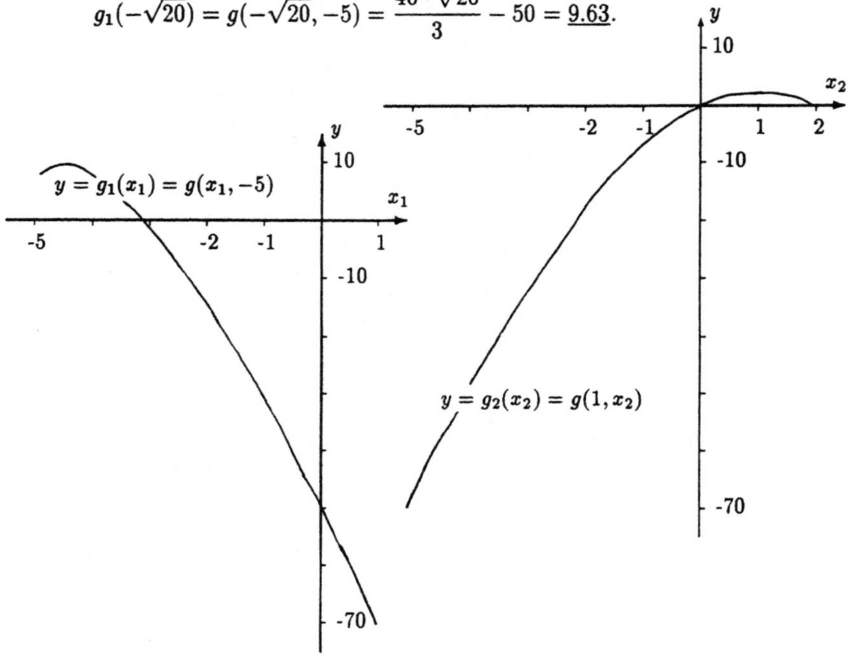

2) $y = g_2(x_2) = \frac{1}{3} + 4x_2 - 2x_2^2 \qquad -5 \leq x_2 \leq 2$

1^0 Notwendige Bedingung:

$$g_2'(x_2) = 4 - 4x_2 = 0 \quad \Rightarrow \quad x_2^{(1)} = 1$$

2^0 Hinreichende Bedingung:
Da g_2' an der Stelle $x_2^{(1)}$ das Vorzeichen von + nach - wechselt, liegt dort ein relatives Maximum der Größe $g_2(1) = g(1,1) = \frac{7}{3} = \underline{2.33}$.

3) $y = g_3(x_1) = \frac{1}{3}x_1^3 + 8x_1 - 8 \qquad -5 \leq x_1 \leq 1$

1^0 Notwendige Bedingung:

$$g_3'(x_1) = x_1^2 + 8 = 0 \qquad \text{besitzt keine reellen Lösungen}$$

4) $y = g_4(x_2) = -\frac{125}{3} - 20x_2 - 2x_2^2 \qquad -5 \leq x_2 \leq 2$

1^0 Notwendige Bedingung:

$$g_4'(x_2) = -20 - 4x_2 = 0 \quad \Rightarrow \quad x_2^{(2)} = -5$$

2^0 Hinreichende Bedingung:
Da g_4' an der Stelle $x_2^{(2)}$ das Vorzeichen von + nach - wechselt, besitzt g_4 dort ein relatives Maximum (Randmaximum):

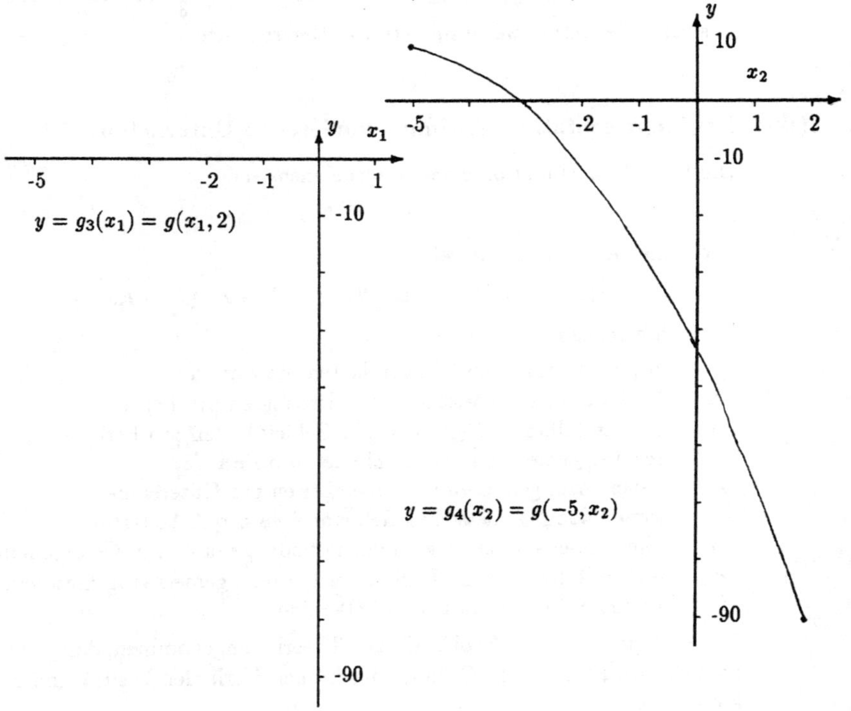

Nach der Diskussion der 4 Schnittfunktionen könnte

- an der Stelle $(-\sqrt{20}, -5)$ noch ein relatives Randmaximum von g liegen. Dies ist wegen $\frac{\partial g}{\partial x_2}(-\sqrt{20}, -5) = -4 \cdot \sqrt{20} - 4(-5) > 0$ jedoch nicht der Fall: ausgehend vom Punkt $(-\sqrt{20}, -5)$ in Richtung zunehmender x_2-Werte wächst die Funktion g;
- an der Stelle $(1, 1)$ ein relatives Randmaximum von g liegen. Dies ist wegen $\frac{\partial g}{\partial x_1}(1, 1) = 1 + 4 > 0$ tatsächlich der Fall: ausgehend vom Punkt $(1, 1)$ in Richtung abnehmender x_1-Werte fällt die Funktion g.

Ergebnis: Die Betrachtung der 4 Schnittfunktionen und die obige Diskussion ergibt, dass die Funktion g im Rechteck $[\boldsymbol{a}, \boldsymbol{b}]$ an den Stellen

$(0,0)$	einen Sattelpunkt,
$(-4,-4)$	ein absolutes Maximum der Größe $\frac{32}{3}$,
$(1,1)$	ein relatives Maximum der Größe $\frac{7}{3}$ (Randmaximum),
$(1,-5)$	ein relatives Minimum der Größe $-\frac{209}{3}$ (Randminimum),
$(-5,2)$	ein absolutes Minimum der Größe $-\frac{269}{3}$ (Randminimum)

besitzt. Alle Extremwerte sind strenge Extremwerte.

(B9) Das **"repräsentative, gewinnmaximierende Unternehmen"** [3]:

Die Produktionsfunktion eines Unternehmens sei

$$Y = F(N, K)$$

und seine Gewinnfunktion sei

$$\pi(N, K) = P \cdot Y - w \cdot N - i \cdot (B_0 + P \cdot (K - K_0)).$$

Dabei bezeichnen

Y	output, gemessen in Gütereinheiten pro Periode
N	Beschäftigung, gemessen in Arbeitsstunden pro Periode
K	Realkapitalbestand, gemessen in Geldeinheiten pro Periode
π	Gewinn, gemessen in Geldeinheiten pro Periode
P	Preisniveau, gemessen in Geldeinheiten pro Gütereinheit
w	Nominallohn, gemessen in Geldeinheiten pro Arbeitsstunde
B_0	Schuldenbestand zu Beginn der Periode, gemessen in Geldeinheiten
K_0	Realkapitalbestand zu Beginn der Periode, gemessen in Gütereinheiten
i	nominaler Zins, gemessen in 1/Periode

Dabei ist (im Sinne der Neoklassischen Theorie) angenommen, dass F stetige partielle Ableitungen 2. Ordnung nach allen Variablen besitzt und streng konkav ist.

Das repräsentative Unternehmen verhält sich als Mengenanpasser: es nimmt Preisniveau P, Nominallohn w und den Zins i als gegebene konstante Größen, und wählt N und K so, dass der Gewinn maximal wird. In welchem Punkt (N^0, K^0) wird das Gewinnmaximum realisiert?

Lsg.: Notwendige Bedingungen für ein Maximum von π sind:

$$\frac{\partial \pi}{\partial N} = P \cdot \frac{\partial F}{\partial N} - w = 0 \quad \Longrightarrow \quad P \cdot \frac{\partial F}{\partial N}(N^0, K^0) = w$$

in Worten: "Wertgrenzproduktivität der Arbeit" = "Nominallohn"

$$\frac{\partial \pi}{\partial K} = P \cdot \frac{\partial F}{\partial K} - i \cdot P = 0 \quad \Longrightarrow \quad \frac{\partial F}{\partial K}(N^0, K^0) = i$$

in Worten: "Grenzproduktivität des Kapitals" = Zins.

[3] [FH] p.58f

Aus diesem System von zwei (i. allg. nichtlinearen) Gleichungen für zwei Unbekannte N^0, K^0 sind diese zu ermitteln.
Hinreichende Bedingungen: Da F als streng konkav angenommen ist, sind die notwendigen Bedingunen hier auch hinreichend, weil die Hesse-Matrix von F negativ definit ist.

(B10) Ergänzungsfrage zu (B9):

Wenn der Reallohn $\frac{w}{P}$ und der Zins i als unabhängige Variable aufgefaßt werden, wie hängen dann die Arbeitsnachfrage N bzw. der Realkapitalstock K des gewinnmaximierenden Unternehmens [s. (B9)] von $\frac{w}{P}$ und i ab? Man berechne die partiellen Ableitungen

$$\begin{array}{cc} \dfrac{\partial N}{\partial(\frac{w}{P})} & \dfrac{\partial N}{\partial i} \\ \dfrac{\partial K}{\partial(\frac{w}{P})} & \dfrac{\partial K}{\partial i}. \end{array}$$

Lsg.: Die für das Gewinnmaximum (unter den Voraussetzungen von (B9)) notwendigen und hinreichenden Gleichungen

$$\left.\begin{array}{l} \dfrac{\partial F}{\partial N}(N,K) - \dfrac{w}{P} = 0 \\ \dfrac{\partial F}{\partial K}(N,K) - i = 0 \end{array}\right\} \Leftrightarrow \boldsymbol{f}(\underbrace{\frac{w}{P}, i}_{=:\boldsymbol{x}}, \underbrace{N, K}_{=:\boldsymbol{y}}) = \mathbf{o}$$

definieren implizit eine Funktion $\boldsymbol{y} = \boldsymbol{g}(\boldsymbol{x})$, weil die Jacobi-Matrix von $\boldsymbol{f}$ bzg. $\boldsymbol{y}$

$$\text{Jac}_{\boldsymbol{y}}(\boldsymbol{f}) = \left(\frac{\partial f_i}{\partial y_j}\right)_{i=1,2}^{j=1,2} = \begin{bmatrix} \frac{\partial^2 F}{\partial N^2} & \frac{\partial^2 F}{\partial N \partial K} \\ \frac{\partial^2 F}{\partial K \partial N} & \frac{\partial^2 F}{\partial K^2} \end{bmatrix} = H_F$$

nichtsingulär ist. In der Tat ist sie gleich H_F, der Hesse-Matrix von F, und diese ist negativ definit, da nach Voraussetzung F streng konkav ist. Insbesondere ist

$$\frac{\partial^2 F}{\partial N^2} < 0 \quad \text{und} \quad \frac{\partial^2 F}{\partial K^2} < 0 \quad \text{und} \quad \det H_F > 0.$$

Nach dem Fundamentalsatz über implizite Funktionen 6.7(3) ist durch die obigen Gleichungen implizit $\boldsymbol{y}$ als Funktion von $\boldsymbol{x}$ definiert, $\boldsymbol{y} = \boldsymbol{g}(\boldsymbol{x})$, so dass für alle $\boldsymbol{x}$ $\;\boldsymbol{f}(\boldsymbol{x}, \boldsymbol{g}(\boldsymbol{x})) = \mathbf{o}$ ist.

Die partiellen Ableitungen von $y_1 = N = g_1(\boldsymbol{x}) = g_1(\frac{w}{P}, i)$ und $y_2 = K = g_2(\boldsymbol{x}) = g_2(\frac{w}{P}, i)$ lassen sich nach 6.7(5) berechnen:

$$\frac{\partial N}{\partial(\frac{w}{P})} = -\frac{\begin{vmatrix} -1 & \frac{\partial^2 F}{\partial N \partial K} \\ 0 & \frac{\partial^2 F}{\partial K^2} \end{vmatrix}}{\det H_F(N,K)} = \frac{\dfrac{\partial^2 F}{\partial K^2}}{\det H_F(N,K)} < 0.$$

Ökonomische Interpretation: Die Arbeitsnachfrage des gewinnmaximierenden Unternehmens sinkt, wenn der Reallohn steigt.

$$\frac{\partial N}{\partial i} = -\frac{\begin{vmatrix} 0 & \frac{\partial^2 F}{\partial N \partial K} \\ -1 & \frac{\partial^2 F}{\partial K^2} \end{vmatrix}}{\det H_F(N,K)} = -\frac{\frac{\partial^2 F}{\partial N \partial K}}{\det H_F(N,K)}$$

$$\frac{\partial K}{\partial (\frac{w}{P})} = -\frac{\begin{vmatrix} \frac{\partial^2 F}{\partial N^2} & -1 \\ \frac{\partial^2 F}{\partial K \partial N} & 0 \end{vmatrix}}{\det H_F(N,K)} = -\frac{\frac{\partial^2 F}{\partial K \partial N}}{\det H_F(N,K)} = \frac{\partial N}{\partial i}$$

$$\frac{\partial K}{\partial i} = -\frac{\begin{vmatrix} \frac{\partial^2 F}{\partial N^2} & 0 \\ \frac{\partial^2 F}{\partial K \partial N} & -1 \end{vmatrix}}{\det H_F(N,K)} = \frac{\frac{\partial^2 F}{\partial N^2}}{\det H_F(N,K)} < 0$$

Ökonomische Interpretation: Die Kapitalnachfrage des gewinnmaximierenden Unternehmens sinkt, wenn der Zins steigt.[4]

(B11) Fiskalpolitik im Keynsiansichen Modell bei flexiblen Preisen:
Das Keynsiansiche Modell mit starrem Nominallohn w wird durch das folgende System von Gleichungen beschrieben[5]:

$$\begin{aligned} N^d(\frac{\overline{w}}{P}) - N &= 0 \\ Y - f(N) &= 0 \\ S(Y) - I(i) - G &= 0 \\ L(Y,i) - \frac{M}{P} &= 0 \end{aligned}$$

Dabei bezeichnen

Y	Realeinkommen, gemessen in Gütereinheiten pro Periode
N	Beschäftigung, gemessen in Arbeitsstunden pro Periode
N^d	Nachfrage der Beschäftigung
$\overline{w} = w$	Nominallohn, als starr (d.h. const) angenommen
P	Preisniveau, gemessen in Geldeinheiten pro Gütereinheit
S	reale Ersparnis, gemessen in Gütereinheiten pro Periode
I	reale Investitionsnachfrage, gemessen in Gütereinheiten pro Periode
i	nominaler Zinssatz, gemessen in 1/Periode
L	reale Geldnachfrage, gemessen in Gütereinheiten
M	nominales Geldangebot, gemessen in Geldeinheiten
G	reale Staatsnachfrage, gemessen in Gütereinheiten pro Periode
f	Produktionsfunktion.

Das System enhält die endogenen Variablen Y, N, i, P und $\frac{\overline{w}}{P}$. Parameter des Modells ist G. Gesucht sind Aussagen über die Abhängigkeit der endogenen

[4][FH], p. 62
[5][FH], p. 412 bzw. p. 151

Variablen von G.

Lsg.: Die Modellgleichungen seien zusammengefaßt in der Form

$$\left.\begin{array}{ll} N^d(\frac{\overline{w}}{P}) - N & = 0 \\ Y - f(N) & = 0 \\ S(Y) - I(i) - G & = 0 \\ L(Y,i) - \frac{M}{P} & = 0 \end{array}\right\} \Leftrightarrow: \boldsymbol{f}(\underbrace{Y, N, i, P}_{=:\boldsymbol{x}}, \underbrace{G}_{=:t}) = \mathbf{o}$$

Die Jacobi-Matrix von $\boldsymbol{f}$ bzgl. $\boldsymbol{x}$ ist

$$J := \mathrm{Jac}_{\boldsymbol{x}}(\boldsymbol{f})(\boldsymbol{x},t) = \begin{bmatrix} \frac{\partial f_1}{\partial Y} & \frac{\partial f_1}{\partial N} & \frac{\partial f_1}{\partial i} & \frac{\partial f_1}{\partial P} \\ \frac{\partial f_2}{\partial Y} & \frac{\partial f_2}{\partial N} & \frac{\partial f_2}{\partial i} & \frac{\partial f_2}{\partial P} \\ \frac{\partial f_3}{\partial Y} & \frac{\partial f_3}{\partial N} & \frac{\partial f_3}{\partial i} & \frac{\partial f_3}{\partial P} \\ \frac{\partial f_4}{\partial Y} & \frac{\partial f_4}{\partial N} & \frac{\partial f_4}{\partial i} & \frac{\partial f_4}{\partial P} \end{bmatrix} = \begin{bmatrix} 0 & -1 & 0 & X \\ 1 & \frac{df}{dN} & 0 & 0 \\ \frac{dS}{dY} & 0 & -\frac{dI}{di} & 0 \\ \frac{\partial L}{\partial Y} & 0 & \frac{\partial L}{\partial i} & \frac{M}{P^2} \end{bmatrix}$$

mit

$$X := \frac{\partial N^d}{\partial(\frac{\overline{w}}{P})} \cdot \frac{\partial(\frac{\overline{w}}{P})}{\partial P} = \frac{\partial N^d}{\partial(\frac{\overline{w}}{P})} \cdot \left(-\frac{\overline{w}}{P^2}\right) > 0,$$

da eine Modellimplikation $\frac{\partial N^d}{\partial(\frac{\overline{w}}{P})} < 0$ ist. Die Determinante der Jacobi-Matrix ist [Übungsaufgabe]

$$\det J = -\frac{dI}{di} \cdot \frac{M}{P^2} - X \cdot \frac{df}{dN} \cdot \left(\frac{dS}{dY} \cdot \frac{\partial L}{\partial i} + \frac{dI}{di} \cdot \frac{\partial L}{\partial Y}\right) > 0,$$

da weitere Modellimplikationen $\frac{dI}{di} < 0$ und $\frac{df}{dN} > 0$ sind und $X > 0$ und

$$\underbrace{\frac{dS}{dY}}_{>0} \cdot \underbrace{\frac{\partial L}{\partial i}}_{<0} + \underbrace{\frac{dI}{di}}_{<0} \cdot \underbrace{\frac{\partial L}{\partial Y}}_{>0} < 0.$$

Nach dem Fundamentalsatz über implizite Funktionen 6.7(3), der mit den Ersetzungen

6.7(3)	6.9(B11)
m	4
$\boldsymbol{y}$	$\boldsymbol{x}$
n	1
$\boldsymbol{x}$	t

anwendbar ist, wird hier durch die obigen Gleichungen implizit eine Funktion $\boldsymbol{x} = \boldsymbol{g}(t)$ definiert. Diese besitzt den Ableitungsvektor

$$\frac{d\boldsymbol{x}}{dt} = \begin{bmatrix} \frac{dY}{dG} \\ \frac{\partial N}{\partial G} \\ \frac{di}{dG} \\ \frac{dP}{dG} \end{bmatrix}, \qquad \text{wobei n. 6.7(5)}$$

$$\frac{dY}{dG} = -\begin{vmatrix} 0 & -1 & 0 & X \\ 0 & -\frac{df}{dN} & 0 & 0 \\ -1 & 0 & -\frac{dI}{di} & 0 \\ 0 & 0 & \frac{\partial L}{\partial i} & \frac{M}{P^2} \end{vmatrix} / \det J = \frac{-\frac{\partial L}{\partial i} \cdot \frac{df}{dN} \cdot X}{\det J} > 0$$

$$\frac{dN}{dG} = -\begin{vmatrix} 0 & 0 & 0 & X \\ 1 & 0 & 0 & 0 \\ \frac{dS}{dY} & -1 & -\frac{dI}{di} & 0 \\ \frac{\partial L}{\partial Y} & 0 & \frac{\partial L}{\partial i} & \frac{M}{P^2} \end{vmatrix} / \det J = \frac{-\frac{\partial L}{\partial i} \cdot X}{\det J} > 0$$

$$\frac{di}{dG} = -\begin{vmatrix} 0 & -1 & 0 & X \\ 1 & -\frac{df}{dN} & 0 & 0 \\ \frac{dS}{dY} & 0 & -1 & 0 \\ \frac{\partial L}{\partial Y} & 0 & 0 & \frac{M}{P^2} \end{vmatrix} / \det J = \frac{X \cdot \frac{df}{dN}\frac{\partial L}{\partial Y} + \frac{M}{P^2}}{\det J} > 0$$

$$\frac{dP}{dG} = -\begin{vmatrix} 0 & -1 & 0 & 0 \\ 1 & -\frac{df}{dN} & 0 & 0 \\ \frac{dS}{dY} & 0 & -\frac{dI}{di} & -1 \\ \frac{\partial L}{\partial Y} & 0 & \frac{\partial L}{\partial i} & 0 \end{vmatrix} / \det J = \frac{-\frac{\partial L}{\partial i}}{\det J} > 0.$$

Folgerung:

$$\frac{d\left(\frac{\overline{w}}{P}\right)}{dG} = \frac{d\left(\frac{\overline{w}}{P}\right)}{dP} \cdot \frac{dP}{dG} = \left(-\frac{\overline{w}}{P^2}\right) \cdot \left(\frac{-\frac{\partial L}{\partial i}}{\det J}\right) < 0.$$

Ökonomische Interpretation[6]: "Als Folge einer expansiven Fiskalpolitik werden im Rahmen dieses Modells Realeinkommen und Beschäftigung steigen, ebenso das Preisniveau und der Zins. Hingegen wird der Reallohn sinken. Durch das eindeutige Vorzeichen der Multiplikatoren ist sichergestellt, dass der anfängliche expansive Effekt der Fiskalpolitik nicht durch den Preisniveauanstieg und die damit verbundene Zinssteigerung überkompensiert wird. Dies lehren uns geometrische Anschauung und verbale Ausführungen nicht."

[6][FH], p. 414

6.10 Extremwertbestimmung unter Nebenbedingungen in Form von Gleichungen

(B1) Man bestimme die relativen Minima der Funktion

$$\mathbb{R}^2 \ni (x_1, x_2) \mapsto y = f(x_1, x_2) = x_1^2 + 3x_1 + x_2^2 + 2x_2 - 15 \in \mathbb{R}$$

unter der Nebenbedingung

$$g(x_1, x_2) = x_1 + x_2 + 3 = 0$$

(i) graphisch, (ii) rechnerisch.

Lsg:

(i) Durch die Gleichung $g(x_1, x_2) = 0$ wird in einem cartesischen x_1, x_2-Koordinatensystem die Gerade G mit der Steigung -1 und dem x_2-Achsenabschnitt -3 dargestellt. G läßt sich auch durch die Vektorgleichung

$$G: \quad \boldsymbol{x} = (x_1, x_2) = (0, -3) + \mu \cdot (-1, 1) \qquad \mu \in \mathbb{R}$$

beschreiben.

Die Funktion f läßt sich durch ihre Isohöhenlinien H_c darstellen. Diese sind konzentrische Kreise um den Punkt $\boldsymbol{m} = (-\frac{3}{2}, -1)$ mit dem Radius $\varrho_c = \sqrt{c + \frac{73}{4}}$, $c \geq -\frac{73}{4}$ [vgl. 6.2(B3)].

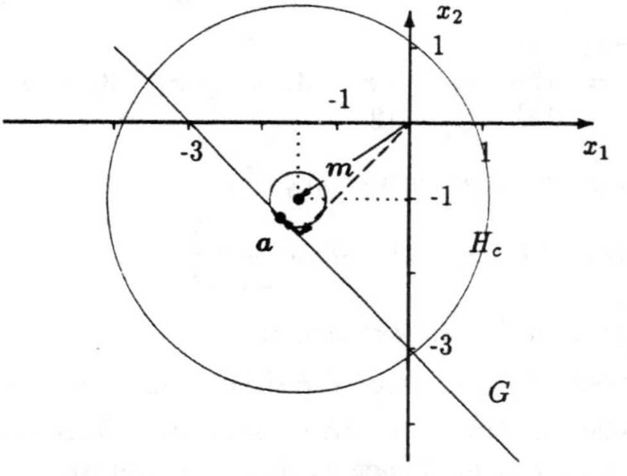

Wenn eine Isohöhenlinie H_c zum Niveau c von f die Gerade G in zwei verschiedenen Punkten schneidet, kann offenbar das Niveau c weiter verkleinert werden.
Genau dann wenn H_c die Gerade G berührt, ist der Berührpunkt $\boldsymbol{a}$ Stelle eines absoluten Minimums von f auf G. $\boldsymbol{a}$ läßt sich als orthogonale Projektion von $\boldsymbol{m}$ auf G leicht graphisch konstruieren und berechen:

$\boldsymbol{a} = (0, 3) + \mu_0 \cdot (-1, 1)$ und $\boldsymbol{a} - \boldsymbol{m}$ orthogonal zu $(-1, 1)$:

$$\boldsymbol{a} - \boldsymbol{m} = (\frac{3}{2} - \mu_0, -2 + \mu_0), \ (\boldsymbol{a} - \boldsymbol{m}) \cdot \begin{pmatrix} -1 \\ 1 \end{pmatrix} = 0 \Leftrightarrow -\frac{3}{2} + \mu_0 + 2 + \mu_0 = 0,$$

Lsg: $\quad \mu_0 = \frac{7}{4}, \quad \underline{\boldsymbol{a} = (-\frac{7}{4}, -\frac{5}{4})}.$

alternative Lsg:

$$\boldsymbol{a} = \begin{matrix}\text{orthog. Projektion} \\ \text{von (0,0) auf } G\end{matrix} + \begin{matrix}\text{orthog. Projektion des Vektors } \boldsymbol{m} \\ \text{auf die Richtung von } G\end{matrix}$$

$$= (-\frac{3}{2}, -\frac{3}{2}) + \frac{(-\frac{3}{2}, -1)\cdot\begin{pmatrix}-1\\1\end{pmatrix}}{(-1)^2+1^2}(-1,1)$$

$$= (-\frac{3}{2}, -\frac{3}{2}) + \frac{1}{4}\cdot(-1,1) = \underline{(-\frac{7}{4}, -\frac{5}{4})}$$

$$y = f(\boldsymbol{a}) = (-\frac{7}{4})^2 + 3(-\frac{7}{4}) + (-\frac{5}{4})^2 + 2(-\frac{5}{4}) - 15 = \underline{-\frac{145}{8}}$$

ist das absolute Minimum von f unter der gegebenen Nebenbedingung.

(ii) a) rechnerische Lösung mit der **Eliminationsmethode:**
Nach Aufgabenstellung sind nur solche Funktionwerte $f(x_1, x_2)$ von f zu betrachten, für die zugleich die Nebenbedingung $g(x_1, x_2) = 0$ erfüllt ist. Durch Elimination einer Variablen x_1, x_2 aus den beiden Gleichungen

$$\begin{array}{rcl} y &=& f(x_1, x_2) \\ 0 &=& g(x_1, x_2) \end{array}$$

versuche man y als Funktion der anderen Variablen allein darzustellen. Man hat dann deren Extremwerte zu berechnen.

1^0 Auflösung von $g(x_1, x_2) = x_1 + x_2 + 3 = 0$ nach x_2:

$$x_2 = -x_1 - 3.$$

2^0 Einsetzen von $x_2 = -x_1 - 3$ in die Funktionsgleichung $y = f(x_1, x_2)$:

$$\begin{aligned} y &= f(x_1, -x_1 - 3) \\ :&= \varphi(x_1) = x_1^2 + 3x_1 + (-x_1-3)^2 + 2(-x_1-3) - 15 \\ &= 2x_1^2 + 7x_1 - 12. \end{aligned}$$

3^0 Notwendige Bedingung für Extremwerte von φ:

$$\varphi'(x_1) = 4x_1 + 7 = 0 \Rightarrow \underline{x_1 = -\frac{7}{4}}.$$

4^0 Hinreichende Bedingung für Extremwerte von φ:
φ' wechselt an der Stelle $x_1 = -\frac{7}{4}$ sein Vorzeichen von $-$ nach $+$: φ besitzt an dieser Stelle ein strenges relatives Minimum. Dieses ist ein absolutes Minimum, da φ eine nach oben geöffnete Parabel ist.

5^0 Berechnung von x_2 aus $g(x_1, x_2) = 0$: $x_2 = -x_1 - 3 = \underline{-\frac{5}{4}}$.

6^0 Berechnung von $y = f(x_1, x_2) = \varphi(x_1)$:
$y = 2\cdot(-\frac{7}{4})^2 + 7\cdot(-\frac{7}{4}) - 12 = \underline{-\frac{145}{8}}$.
Die Funktion f besitzt unter der Nebenbedingung $g(x_1, x_2) = 0$ an der Stelle $\boldsymbol{a} = (-\frac{7}{4}, -\frac{5}{4})$ ein absolutes Minimum der Größe $-\frac{145}{8}$.

(ii) b) rechnerische Lösung mit der **Lagrangeschen Multiplikatormethode**: Aus der anschaulichen, geometrischen Diskussion ergab sich, dass ein Extremum von f nur in einem Punkt $\boldsymbol{a}$ von G vorliegen kann, in dem die zugehörige Niveaukurve H_c von f G berührt: d.h. die Steigungen von H_c und G müssen im Punkt $\boldsymbol{a} = (x_1, x_2) \in G$ einander gleich sein:

$g(x_1, x_2) = 0$ und [vgl. die näherungsweise Lösung von 6.4(B3)oder 6.7(2)]

$$-\frac{\dfrac{\partial(f(x_1,x_2)-c)}{\partial x_1}}{\dfrac{\partial(f(x_1,x_2)-c)}{\partial x_2}} = -\frac{\dfrac{\partial f(x_1,x_2)}{\partial x_1}}{\dfrac{\partial f(x_1,x_2)}{\partial x_2}} = -\frac{\dfrac{\partial g(x_1,x_2)}{\partial x_1}}{\dfrac{\partial g(x_1,x_2)}{\partial x_2}},$$

äquivalent:

$$g(x_1,x_2) = 0 \quad \text{und} \quad \frac{\dfrac{\partial f(x_1,x_2)}{\partial x_2}}{\dfrac{\partial g(x_1,x_2)}{\partial x_2}} = \frac{\dfrac{\partial f(x_1,x_2)}{\partial x_1}}{\dfrac{\partial g(x_1,x_2)}{\partial x_1}} =: -\lambda,$$

äquivalent:

es existiert $\lambda \in I\!R$ mit
$$\begin{aligned} \frac{\partial}{\partial x_1}[f(x_1,x_2) + \lambda \cdot g(x_1,x_2)] &= 0 \\ \frac{\partial}{\partial x_2}[f(x_1,x_2) + \lambda \cdot g(x_1,x_2)] &= 0 \\ \frac{\partial}{\partial \lambda}[f(x_1,x_2) + \lambda \cdot g(x_1,x_2)] &= 0, \end{aligned}$$

äquivalent:

für die sog. **Lagrange-Funktion** des geg. Problems,

$$L(\lambda, x_1, x_2) \quad := \quad f(x_1,x_2) + \lambda \cdot g(x_1,x_2),$$

bestehen die für ein lokales Extremum von L notwendigen Bedingungen

$$\frac{\partial L}{\partial x_1} = 0, \quad \frac{\partial L}{\partial x_2} = 0, \quad \frac{\partial L}{\partial \lambda} = 0.$$

Dabei ist λ eine Hilfsvariable, die man **Lagrangeschen Multiplikator** nennt. Zum Zahlenbeispiel:

1^0 Aufstellung der Lagrange - Funktion des Problems:

$$L(\lambda, x_1, x_2) = x_1^2 + 3x_1 + x_2^2 + 2x_2 - 15 + \lambda \cdot [x_1 + x_2 + 3].$$

2^0 Notwendige Bedingungen für ein lokales Extremum von L:

$$\left.\begin{aligned} \frac{\partial L}{\partial x_1} &= 2x_1 + \lambda + 3 = 0 \\ \frac{\partial L}{\partial x_2} &= 2x_2 + \lambda + 2 = 0 \\ \frac{\partial L}{\partial \lambda} &= x_1 + x_2 + 3 = 0 \end{aligned}\right\} (*)$$

System von 3 linearen Gleichungen für 3 Unbekannte: x_1, x_2, λ.

3^0 Lösung von (*) mit dem Gaußschen Algorithmus:

x_1	x_2	λ		
2	0	1	-3	$\mid(-1)$
0	2	1	-2	$+$
1	1	0	-3	
2	0	1	-3	
-2	2	0	1	$\mid\cdot\frac{1}{2}$
1	1	0	-3	$+$
2	0	1	-3	
-2	2	0	1	
0	2	0	$-\dfrac{5}{2}$	

Rückwärtseinsetzen:

$$\begin{aligned} 2x_2 &= -\frac{5}{2} && \Rightarrow \underline{x_2 = -\frac{5}{4}} \\ -2x_1 &= 1 - 2x_2 && \\ &= 1 + \frac{5}{2} = \frac{7}{2} && \Rightarrow \underline{x_1 = -\frac{7}{4}} \end{aligned}$$

Auf die Berechnung von λ kann man hier verzichten.

Ergebnis: Ein Minimum von f unter der Nebenbedingung $g(x_1, x_2) = 0$ kann nur im Punkte $\boldsymbol{a} = (-\frac{7}{4}, -\frac{5}{4})$ liegen.

Bem.: Man beachte, dass die Bedingungen $\dfrac{\partial L}{\partial x_1} = 0$, $\dfrac{\partial L}{\partial x_2} = 0$, $\dfrac{\partial L}{\partial \lambda} = 0$ *nur notwendig* sind für Extrema von f unter der Nebenbedingung $g(x_1, x_2) = 0$. Insbesondere eignet sich die Lagrangesche Methode zur Berechnung der Extremwerte, wenn deren Existenz mit anderen Überlegungen gesichert ist. Am Ende dieses Abschnitts werden Bedingungen angegeben, die hinreichend für Extrema unter Nebenbedingungen in Form von Gleichungen sind.

(1) Extremwerte unter Nebenbedingungen – allgemeine Problemstellung:
Es sei $A \subset \mathbb{R}^n$ offen. Die Funkionen $f : A \to \mathbb{R}$, $g_1 : A \to \mathbb{R}$, ... , $g_m : A \to \mathbb{R}$ sollen auf A stetige partielle Ableitungen 1. Ordnung nach allen Variablen besitzen.
Gesucht sind die relativen Extremwerte der Funktion

$$y = f(x_1, \ldots, x_n) \qquad \text{"Zielfunktion"}$$

auf der Menge jener Punkte $\boldsymbol{x} = (x_1, \ldots, x_n) \in A$, die zugleich die Nebenbedingungen in Gleichungsform

$$\begin{aligned} g_1(x_1, \ldots, x_n) &= 0 \\ &\vdots \qquad\qquad \text{"Restriktionen"} \\ g_m(x_1, \ldots, x_n) &= 0 \end{aligned}$$

erfüllen.

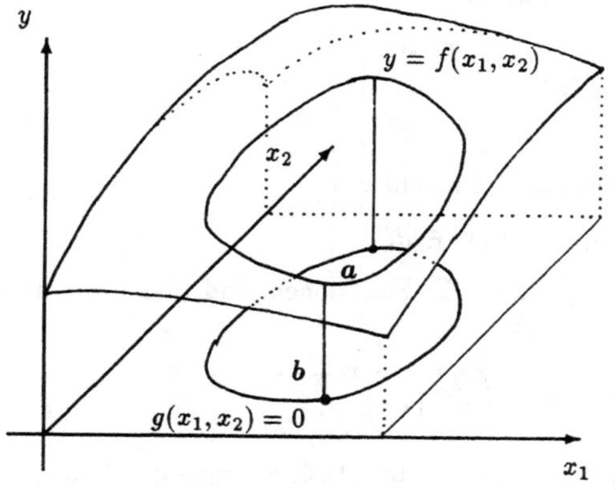

a = Stelle, an der f unter der Nebenbedingung $g(x_1, x_2) = 0$ sein Maximum annimmt;
b = Stelle, an der f unter der Nebenbedingung $g(x_1, x_2) = 0$ sein Minimum annimmt.

1. Lsg: Lagrangesche Multiplikatormethode:
Man führt weitere unabhängige Variable

$$\lambda_1, \ldots, \lambda_m \qquad \textbf{sog. Lagrangesche Multiplikatoren}$$

ein und definiert damit die **Lagrange-Funktion**[1] des vorgelegten Problems

$$L(\lambda_1, \ldots, \lambda_m, x_1, \ldots, x_n)$$
$$:= f(x_1, \ldots, x_n) + \lambda_1 g_1(x_1, \ldots, x_n) + \cdots + \lambda_m g_m(x_1, \ldots, x_n).$$

1^0 Man untersucht die **notwendigen Bedingungen für relative Extremwerte der Lagrange - Funktion**:

$$(*) \quad \boxed{L_{\lambda_1} = g_1 = 0, \ldots, L_{\lambda_m} = g_m = 0,\ L_{x_1} = 0, \ldots, L_{x_n} = 0.}$$

2^0 Unter den Punkten $\boldsymbol{x}^*$, die diesem System von Gleichungen genügen, werden die Extrema ermittelt.

Bem: Man kann zeigen, dass das Gleichungssystem $(*)$ Lösungen $(\lambda_1^*, \ldots, \lambda_m^*,\ x_1^*, \ldots, x_n^*) \in I\!R^{n+m}$ besitzt, wenn die gestellte Aufgabe überhaupt lösbar ist und wenn die Restriktionen eindeutig nach m der Variablen auflösbar sind. Diese Lösungen sind die **kritischen Punkte** der Lagrange-Funktion.

3^0 Zur Aufstellung **hinreichender Bedingungen für ein relatives Maximum von** f unter den gegebenen Restriktionen mit der Lagrange-Methode[2] sei die Lagrange-Funktion

$$L(\boldsymbol{\lambda}, \boldsymbol{x}) := f(\boldsymbol{x}) + \boldsymbol{\lambda}^T \cdot \boldsymbol{g}(\boldsymbol{x})$$

---

[1] Bei [Var], p. 502 in der Form $L(\lambda_1, \ldots, \lambda_m, x_1, \ldots, x_n)$ $:= f(x_1, \ldots, x_n) - \lambda_1 g_1(x_1, \ldots, x_n) - \cdots - \lambda_m g_m(x_1, \ldots, x_n)$ angesetzt, was nur auf die Ersetzung von $\boldsymbol{\lambda} = (\lambda_1, \ldots, \lambda_m)$ durch $-\boldsymbol{\lambda}$ hinausläuft.

[2] [Int] chapter 4, [Karm] p. 220

angesetzt mit der vektorwertigen Funktion

$$\boldsymbol{x} \longmapsto \boldsymbol{g}(\boldsymbol{x}) := \begin{bmatrix} g_1(\boldsymbol{x}) \\ \vdots \\ g_m(\boldsymbol{x}) \end{bmatrix}$$

und dem vektorwertigen Lagrangeschen Multiplikator

$$\boldsymbol{\lambda} = (\lambda_1, \ldots, \lambda_m)^T \in I\!R^m.$$

Dabei werde vorausgesetzt, dass f und g C^2-Funktionen sind und dass die Jacobi-Matrix von $\boldsymbol{g}$ bzgl. $(x_1, \ldots, x_m)$

$$\mathrm{Jac}_{(x_1,\ldots,x_m)}(\boldsymbol{g})(\boldsymbol{x}) = \left(\frac{\partial g_i}{\partial x_j}(\boldsymbol{x})\right)_{i=1,\ldots,m}^{j=1,\ldots,m}$$

den Rang m hat. Dann ist nach dem Fundamentalsatz über implizit definierte Funktionen 6.7(3) das System der Restriktionen

$$\begin{aligned} g_1(\boldsymbol{x}) &= 0 \\ \vdots \quad & \quad \vdots \\ g_m(\boldsymbol{x}) &= 0 \end{aligned}$$

("theoretisch") nach den Variablen $x_1, \ldots, x_m$ auflösbar: diese sind C^2-Funktionen von den $n - m$ restlichen Variablen $x_{m+1}, \ldots, x_n$,

$$\begin{aligned} x_1 &= h_1(x_{m+1}, \ldots, x_n) \\ \vdots \quad & \quad \vdots \\ x_m &= h_m(x_{m+1}, \ldots, x_n), \end{aligned}$$

die implizit durch die Restriktionen definiert sind. Denkt man sich diese eingesetzt in die Funktionsgleichung $y = f(x_1, \ldots, x_m, x_{m+1}, \ldots, x_n)$, so erhält man eine Funktion φ,

$$\begin{aligned} y &= f(h_1(x_{m+1}, \ldots, x_n), \ldots, h_m(x_{m+1}, \ldots, x_n), x_{m+1}, \ldots, x_n) \\ &= \varphi(x_{m+1}, \ldots, x_n), \end{aligned}$$

die nur von den $n - m$ restlichen Variablen abhängt.

Ist $(\boldsymbol{\lambda}^*, \boldsymbol{x}^*)$ ein kritischer Punkt der Lagrange-Funktion L, so ist $\boldsymbol{x}^* = (x_1^*, \ldots, x_n^*)$ Stelle eines **relativen Maximums** von f unter den gegebenen Nebenbedingungen, wenn die Hesse-Matrix H_L der Lagrange-Funktion L

$$H_L(\boldsymbol{\lambda}, \boldsymbol{x}) = \begin{bmatrix} 0 & \ldots & 0 & \frac{\partial g_1}{\partial x_1}(\boldsymbol{x}) & \ldots & \frac{\partial g_1}{\partial x_n}(\boldsymbol{x}) \\ \vdots & & \vdots & \vdots & & \vdots \\ 0 & \ldots & 0 & \frac{\partial g_m}{\partial x_1}(\boldsymbol{x}) & \ldots & \frac{\partial g_m}{\partial x_n}(\boldsymbol{x}) \\ \frac{\partial g_1}{\partial x_1}(\boldsymbol{x}) & \ldots & \frac{\partial g_m}{\partial x_1}(\boldsymbol{x}) & \frac{\partial^2 L}{\partial x_1^2}(\boldsymbol{\lambda}, \boldsymbol{x}) & \ldots & \frac{\partial^2 L}{\partial x_1 \partial x_n}(\boldsymbol{\lambda}, \boldsymbol{x}) \\ \vdots & & \vdots & \vdots & & \vdots \\ \frac{\partial g_1}{\partial x_n}(\boldsymbol{x}) & \ldots & \frac{\partial g_m}{\partial x_n^2}(\boldsymbol{x}) & \frac{\partial^2 L}{\partial x_n \partial x_1}(\boldsymbol{\lambda}, \boldsymbol{x}) & \ldots & \frac{\partial^2 L}{\partial x_n^2}(\boldsymbol{\lambda}, \boldsymbol{x}) \end{bmatrix}$$

an der Stelle $(\boldsymbol{\lambda}^*, \boldsymbol{x}^*)$ Hauptminoren H_k besitzt, von denen die letzten $n-m$ wobei $n - m =$ *Anzahl der Variablen - Anzahl der Nebenbedingungen* ist, also für $k = 2m+1, \ldots, n+m$, **alternierendes Vorzeichen**

$$\text{sign } H_k = (-1)^{k-m} \qquad (k = 2m+1, \ldots, n+m)$$

besitzen, insbesondere hat der letzte Hauptminor (das ist die Determinante der Hesse-Matrix) das Vorzeichen

$$\text{sign } H_{n+m} = \text{sign } \det H_L(\boldsymbol{\lambda}^*, \boldsymbol{x}^*) = (-1)^n.$$

4^0 Zur Formulierung **hinreichender Bedingungen für ein relatives Minimum von** f unter den gegebenen Restriktionen mit der Lagrange-Methode sei die Lagrange-Funktion wie unter 3^0 angesetzt und wie unter 3^0 vorausgesetzt, dass die Jacobi-Matrix

$$\text{Jac}_{(x_1,\ldots,x_m)}(\boldsymbol{g})(\boldsymbol{x}) = \left(\frac{\partial g_i}{\partial x_j}(\boldsymbol{x})\right)_{i=1,\ldots,m}^{j=1,\ldots,m}$$

den Rang m hat. Ist $(\boldsymbol{\lambda}^*, \boldsymbol{x}^*)$ ein kritischer Punkt der Lagrange-Funktion L, so ist $\boldsymbol{x}^* = (x_1^*, \ldots, x_n^*)$ Stelle eines **relativen Minimums** von f unter den gegebenen Nebenbedingungen, wenn die Hesse-Matrix H_L von L an der Stelle $(\boldsymbol{\lambda}^*, \boldsymbol{x}^*)$ Hauptminoren H_k besitzt, von denen die letzten $n-m$, wobei $n - m =$ *Anzahl der Variablen - Anzahl der Nebenbedingungen* ist, also für $k = 2m+1, \ldots, n+m$, alle **dasselbe Vorzeichen**

$$\text{sign } H_k = (-1)^m \qquad (k = 2m+1, \ldots, n+m)$$

besitzen.[3]

2. Lsg: Eliminationsmethode $(m < n)$:
Man versuche, die m Nebenbedingungen

$$\begin{aligned} g_1(x_1, \ldots, x_n) &= 0 \\ &\vdots \\ g_m(x_1, \ldots, x_n) &= 0 \end{aligned}$$

nach m der Variablen aufzulösen, etwa nach

$$\begin{aligned} x_1 &= h_1(x_{m+1}, \ldots, x_n) \\ &\vdots \\ x_m &= h_m(x_{m+1}, \ldots, x_n), \end{aligned}$$

und setze diese Auflösungen in die Funktionsgleichung

$$\begin{aligned} y = f(x_1, \ldots, x_n) &= f(h_1(x_{m+1}, \ldots, x_n), \ldots, h_m(x_{m+1}, \ldots, x_n), x_{m+1}, \ldots, x_n) \\ &=: \varphi(x_{m+1}, \ldots, x_n) \end{aligned}$$

[3][Int] chapter 4, [Var] p. 506

ein. Man erhält dann eine Funktion φ, die nur von $n - m$ Variablen abhängt. Diese ist auf Extremwerte zu untersuchen.

Bem.: In der Praxis wird eine explizite Auflösung, wie in der Eliminationsmethode gebraucht, nicht immer möglich sein. Dann ist die Lagrangesche Multiplikatormethode anzuwenden. Gelingt jedoch die Auflösung, ist die Eliminationsmethode i.a. einfacher. Sie liefert außerdem auf einfache Weise Aussagen über die Art der Extrema.

(B2) Man untersuche die Funktion $y = f(x_1, x_2, x_3) = x_1^2 + 3x_2^2 + 2x_3^2$ auf relative Extrema unter den Nebenbedingungen

$$\begin{aligned} g_1(x_1,x_2,x_3) &= 120 - 4x_1 - 12x_2 = 0, \\ g_2(x_1,x_2,x_3) &= 120 - 6x_2 - 12x_3 = 0. \end{aligned}$$

1. Lsg: mit der **Lagrangeschen Multiplikatorenmethode:**

0^0 Aufstellung der Lagrange-Funktion:

$$\begin{aligned} L(\lambda_1,\lambda_2,x_1,x_2,x_3) = x_1^2 + 3x_2^2 + 2x_3^2 &+ \lambda_1(120 - 4x_1 - 12x_2) \\ &+ \lambda_2(120 - 6x_2 - 12x_3). \end{aligned}$$

1^0 Notwendige Bedingungen für Extrema von L:

$$\begin{aligned} L_{x_1} &= 2x_1 - 4\lambda_1 = 0 \\ L_{x_2} &= 6x_2 - 12\lambda_1 - 6\lambda_2 = 0 \\ L_{x_3} &= 4x_3 - 12\lambda_2 = 0 \\ L_{\lambda_1} &= -4x_1 - 12x_2 + 120 = 0 \\ L_{\lambda_2} &= -6x_2 - 12x_3 + 120 = 0. \end{aligned}$$

Dies ist ein System von 5 linearen Gleichungen für 5 Unbekannte: x_1, x_2, x_3, λ_1, , λ_2. Es kann durch Kürzen vereinfacht und das

2^0 mit dem Gaußschen Algorithmus gelöst werden:

x_1	x_2	x_3	λ_1	λ_2	b			
1	0	0	−2	0	0	$\mid\cdot(-1)$		
0	1	0	−2	−1	0			
0	0	1	0	−3	0			
1	3	0	0	0	30	+		
0	1	2	0	0	20			
1	0	0	−2	0	0			
0	1	0	−2	−1	0	$\mid\cdot(-3)$	$\mid\cdot(-1)$	
0	0	1	0	−3	0			
0	3	0	2	0	30	+		
0	1	2	0	0	20		+	
1	0	0	−2	0	0			
0	1	0	−2	−1	0			
0	0	1	0	−3	0	$\mid\cdot(-2)$		
0	0	0	8	3	30			
0	0	2	2	1	20	+		
1	0	0	−2	0	0			
0	1	0	−2	−1	0			
0	0	1	0	−3	0			
0	0	0	8	3	30		+	
0	0	0	2	7	20		$\mid\cdot(-4)$	
1	0	0	−2	0	0			$x_1 = 6$
0	1	0	−2	−1	0			$x_2 = 8$
0	0	1	0	−3	0			$x_3 = 6$
0	0	0	2	7	20			$\lambda_1 = 3$
0	0	0	0	−25	−50		$\Rightarrow\Uparrow$	$\underline{\lambda_2 = 2}$

Die Jacobi-Matrix

$$\begin{bmatrix} \frac{\partial g_1}{\partial x_1} & \frac{\partial g_1}{\partial x_2} \\ \frac{\partial g_2}{\partial x_1} & \frac{\partial g_2}{\partial x_2} \end{bmatrix} = \begin{bmatrix} -4 & -12 \\ 0 & -6 \end{bmatrix}$$

hat den Rang $m = 2$. Deshalb kann man über die Hesse-Matrix der Lagrange-Funktion $L(\boldsymbol{\lambda}, \boldsymbol{x})$ hinreichende Bedingungen für die relativen Extrema von f unter den gegebenen Nebenbedingungen gewinnen:

3^0 Hinreichende Bedingungen für relative Extrema:
Berechnung der Hesse-Matrix der Lagrange-Funktion $L(\boldsymbol{\lambda}, \boldsymbol{x})$:

$$H_L(\boldsymbol{\lambda}, \boldsymbol{x}) = \begin{bmatrix} 0 & 0 & -4 & -12 & 0 \\ 0 & 0 & 0 & -6 & -12 \\ -4 & 0 & 2 & 0 & 0 \\ -12 & -6 & 0 & 6 & 0 \\ 0 & -12 & 0 & 0 & 4 \end{bmatrix}.$$

Diese ist unabhängig von $(\boldsymbol{\lambda}, \boldsymbol{x})$. Sie hat also an der Stelle $(\boldsymbol{\lambda}^*, \boldsymbol{x}^*) = (3, 2, 6, 8, 6)$ den angegebenen Wert. In diesem Beispiel ist *Anzahl der*

Variablen – Anzahl der Nebenbedingungen $= n - m = 3 - 2 = 1$. Der letzte Hauptminor der Hesse-Matrix ist ihre Determinante. Sie hat den Wert 57600. Diesen kann man leicht aus der durchgeführten Rechnung mit dem Gaußschen Algorithmus entnehmen. Das Vorzeichen der Determinante der Hesse-Matrix ist also $(-1)^2$. Deshalb ist nach (1)4^0 $\boldsymbol{x}^* = (6, 8, 6)$ Stelle eines relativen Minimums von f unter den gegebenen Restriktionen. Der minimale Wert von f ist $f(6, 8, 6) = 36 + 3 \cdot 64 + 2 \cdot 36 = 3 \cdot (36 + 64) = 300$.

2. Lsg: mit der **Eliminationsmethode**:

		x_1	x_2	x_3	b	
$g_1(x_1, x_2, x_3) = 0$	$\Leftrightarrow$	1	3	0	30	+ ←
$g_2(x_1, x_2, x_3) = 0$	$\Leftrightarrow$	0	1	2	20	$\mid(-3)$
$x_1 = -30 + 6x_3$	$\Leftrightarrow$	1	0	-6	-30	
$x_2 = 20 - 2x_3$	$\Leftrightarrow$	0	1	2	20	

Einsetzen der Auflösung $\begin{aligned} x_1 &= -30 + 6x_3 \\ x_2 &= 20 - 2x_3 \end{aligned}$

von $\begin{aligned} g_1(x_1, x_2, x_3) &= 0 \\ g_2(x_1, x_2, x_3) &= 0 \end{aligned}$ nach x_1, x_2 in die Funktionsgleichung

$$\begin{aligned} y &= f(x_1, x_2, x_3) = x_1^2 + 3x_2^2 + 2x_3^2 \\ &= f(-30 + 6x_3, 20 - 2x_3, x_3) = \\ &= (-30 + 6x_3)^2 + 3 \cdot (20 - 2x_3)^2 + 2x_3^2 =: \varphi(x_3) \end{aligned}$$

Notwendige Bedingung für Extremwerte von φ:

$$\begin{aligned} \varphi'(x_3) &= 2 \cdot (6x_3 - 30) \cdot 6 + 6 \cdot (20 - x_3) \cdot (-2) + 4x_3 = 0 \\ &= 100x_3 - 600 = 0 \quad \Rightarrow \quad \underline{x_3 = 6}. \end{aligned}$$

Da φ' an der Stelle $x_3 = 6$ sein Vorzeichen von $-$ nach $+$ wechselt, besitzt f an der Stelle $\boldsymbol{x} = (x_1, x_2, x_3) = (-30+36, 20-12, 6) = (6, 8, 6)$ ein strenges relatives Minimum unter der geg. Nebenbedingungen. Es ist hier ein absolutes Minimum, da φ eine nach oben geöffnete Parabel ist.

(B3) Man ermittle die Extremwerte der Funktion

$$y = f(x_1, x_2) = x_1^2 + 3x_1 + x_2^2 + 2x_2 - 15$$

unter der Nebenbedingung

$$g(x_1, x_2) = (x_1 - 1)^2 + x_2^2 - \frac{29}{36} = 0$$

(i) zeichnerisch, (ii) rechnerisch.

Lsg:

(i) Die durch Nebenbedingung $g(x_1, x_2) = 0$ beschriebene Punktmenge ist

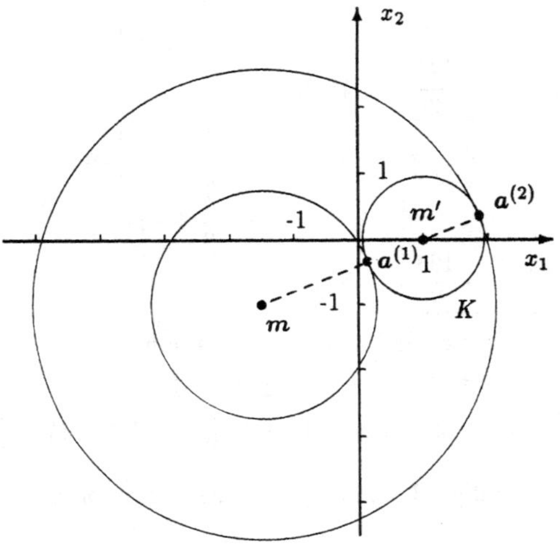

der Kreis K um den Punkt $\boldsymbol{m}' = (1, 0)$ mit dem Radius $\sqrt{29}/6 \approx 0.9$. Die Isohöhenlinien H_c der Funktion f sind die konzentrischen Kreise um den Punkt $\boldsymbol{m} = (-\frac{3}{2}, -1)$ mit dem Radius $\sqrt{c + \frac{73}{4}}$ [vgl. 6.2(B3)].

Ein Minimum von f unter der geg. Nebenbedingung ist an der Stelle $\boldsymbol{a}^{(1)}$, wo die Höhenlinie H_{c_1} von f den Kreis K berührt, die sonst ganz außerhalb von K verläuft.

Ein Maximum von f unter der geg. Nebenbedinung ist an der Stelle $\boldsymbol{a}^{(2)}$, wo die Höhenlinie H_{c_2} von f den Kreis K berührt, die K sonst enthält.

Die Berührpunkte $\boldsymbol{a}^{(1)}$ und $\boldsymbol{a}^{(2)}$ sind die Schnittpunkte der Verbindungsgeraden der Mittelpunkte $\boldsymbol{m}$ und $\boldsymbol{m}'$ mit dem Kreis K.

Bem.: Daraus können $\boldsymbol{a}^{(1)}$ und $\boldsymbol{a}^{(2)}$ auch berechnet werden:
Ges: $\boldsymbol{x} = (x_1, x_2) = \boldsymbol{m}' + \mu \cdot (\boldsymbol{m}' - \boldsymbol{m}) \quad \mu \in I\!R$

$$\begin{aligned}
\text{mit} \qquad |\boldsymbol{x} - \boldsymbol{m}'| &= \frac{\sqrt{29}}{6} \\
\Leftrightarrow \quad |\mu| \cdot |\boldsymbol{m}' - \boldsymbol{m}| &= \frac{\sqrt{29}}{6} \\
|\boldsymbol{m}' - \boldsymbol{m}| &= \sqrt{(1 + \frac{3}{2})^2 + 1^2} = \sqrt{\frac{29}{4}} \\
\Leftrightarrow \quad |\mu| \qquad &= \frac{2}{6} = \frac{1}{3} \\
\Leftrightarrow \quad \mu = \frac{1}{3} \text{ oder } \mu = -\frac{1}{3}
\end{aligned}$$

$$\boldsymbol{a}^{(1)} = \boldsymbol{m}' - \frac{1}{3}(\boldsymbol{m}' - \boldsymbol{m}) = \frac{2}{3}\boldsymbol{m}' + \frac{1}{3}\boldsymbol{m} = \frac{2}{3}(1,0) + \frac{1}{3}(-\frac{3}{2}, -1) = \underline{(\frac{1}{6}, -\frac{1}{3})},$$

$$\underline{f(\boldsymbol{a}^{(1)}) = -\frac{541}{36}} \approx -15.03.$$

$$\boldsymbol{a}^{(2)} = \boldsymbol{m}' + \frac{1}{3}(\boldsymbol{m}' - \boldsymbol{m}) = \frac{4}{3}\boldsymbol{m}' - \frac{1}{3}\boldsymbol{m} = \frac{4}{3}(1,0) - \frac{1}{3}(-\frac{3}{2}, -1) = \underline{(\frac{11}{6}, \frac{1}{3})},$$

$$\underline{f(\boldsymbol{a}^{(2)}) = -\frac{193}{36}} \approx -5.36.$$

(ii) 0^0 Aufstellung der Lagrange - Funktion:

$$L(\lambda, x_1, x_2) = f(x_1, x_2) + \lambda \cdot g(x_1, x_2)$$
$$= x_1^2 + 3x_1 + x_2^2 + 2x_2 - 15 + \lambda \cdot [(x_1 - 1)^2 + x_2^2 - \frac{29}{36}]$$

1^0 Notwendige Bedingungen für Extrema von L:

$$\left.\begin{array}{lcll} L_{x_1} &=& 2x_1 + 3 + \lambda \cdot 2 \cdot (x_1 - 1) &= 0 \\ L_{x_2} &=& 2x_2 + 2 + \lambda \cdot 2 \cdot x_2 &= 0 \\ L_\lambda &=& (x_1 - 1)^2 + x_2^2 - \frac{29}{36} &= 0 \end{array}\right\} (*)$$

System von 3 nicht linearen Gleichungen für 3 Unbekannte x_1, x_2, λ

2^0 Lösung des Systems $(*)$ durch Elimination:

$$\left.\begin{array}{lcr} 2x_1(1 + \lambda) &=& 2\lambda - 3 \\ 2x_2(1 + \lambda) &=& -2 \\ (x_1 - 1)^2 + x_2^2 &=& \frac{29}{36} \end{array}\right\} \Leftrightarrow \left\{\begin{array}{r} x_1 = \frac{2\lambda - 3}{2(\lambda + 1)} \\ x_2 = \frac{-1}{\lambda + 1} \\ (x_1 - 1)^2 + x_2^2 = \frac{29}{36} \end{array}\right.$$

$$\Leftrightarrow \left\{\begin{array}{r} x_1 = \frac{2\lambda - 3}{2(\lambda + 1)} \\ x_2 = \frac{-1}{\lambda + 1} \\ (\frac{2\lambda - 3}{2(\lambda + 1)} - 1)^2 + (\frac{-1}{\lambda + 1})^2 = \frac{29}{36} \end{array}\right.$$

Die letzte Gleichung kann äquivalent umgeformt werden zu:

$$\frac{29}{4} \cdot \frac{1}{(\lambda + 1)^2} = \frac{29}{36}$$

$$\begin{array}{llcl} \Leftrightarrow & (\lambda + 1)^2 &=& 9 \\ \Leftrightarrow & \lambda + 1 &=& \pm 3 \\ \Leftrightarrow & \lambda = 2 & \text{oder} & \lambda = -4. \end{array}$$

Zugehörige Punkte:

$$\lambda = 2: \quad x_1 = \frac{4-3}{2\cdot 3} = \frac{1}{6}, \quad x_2 = \frac{-1}{3} \quad \underline{a^{(1)} = (\frac{1}{6}, -\frac{1}{3})}.$$
$$\lambda = -4: \quad x_1 = \frac{11}{6}, \quad x_2 = \frac{1}{3} \quad \underline{a^{(2)} = (\frac{11}{6}, \frac{1}{3})}.$$

3^0 Hinreichende Bedingungen:
Die Hesse-Matrix der Lagrange-Funktion $L(\lambda, \boldsymbol{x}) = f(\boldsymbol{x}) + \lambda \cdot g(\boldsymbol{x})$ lautet hier

$$H_L(\lambda, \boldsymbol{x}) = \begin{bmatrix} 0 & 2(x_1-1) & 2x_2 \\ 2(x_1-1) & 2+2\lambda & 0 \\ 2x_2 & 0 & 2+2\lambda \end{bmatrix}.$$

An den kritischen Stellen $(\lambda^*, x_1^*, x_2^*) = (2, \frac{1}{6}, -\frac{1}{3})$ bzw. $= (-4, \frac{11}{6}, \frac{1}{3})$ hat sie die Werte

$$H_L(2, \frac{1}{6}, -\frac{1}{3}) = \begin{bmatrix} 0 & -\frac{10}{6} & -\frac{2}{3} \\ -\frac{10}{6} & 6 & 0 \\ -\frac{2}{3} & 0 & 6 \end{bmatrix} \qquad \text{bzw.}$$

$$H_L(-4, \frac{11}{6}, \frac{1}{3}) = \begin{bmatrix} 0 & \frac{10}{6} & \frac{2}{3} \\ \frac{10}{6} & -6 & 0 \\ \frac{2}{3} & 0 & -6 \end{bmatrix}.$$

Hier ist *Anzahl der Variablen - Anzahl der Nebenbedingungen* $= n - m = 2 - 1 = 1$. Der jeweils letzte Hauptminor der Hesse-Matrix ist ihre Determinante. Man berechnet

$$\det H_L(2, \frac{1}{6}, -\frac{1}{3}) = -\frac{116}{73} < 0,$$

$$\det H_L(-4, \frac{11}{6}, \frac{1}{3}) = \frac{116}{73} > 0.$$

Nach (1) 4^0 ist $\boldsymbol{x}^* = \boldsymbol{a}^{(1)} = (\frac{1}{6}, -\frac{1}{3})$ Stelle eines relativen Minimums von f unter der gegebenen Nebenbedingung; nach (1) 3^0 ist $\boldsymbol{x}^* = \boldsymbol{a}^{(2)} = (\frac{11}{6}, \frac{1}{3})$ Stelle eines relativen Maximums von f unter der gegebenen Nebenbedingung.
Bem.: Die Anwendung der Eliminationsmethode in diesem Beispiel ist deutlich schwieriger als der Lagrange-Ansatz.

(B4) Man untersuche die Funktion

$$y = f(x_1, x_2, x_3) = x_1^2 + 3x_2^2 + 2x_3^2$$

auf relative Extrema unter der Nebenbedingung

$$g(x_1, x_2, x_3) = 120 - 4x_1 - 12x_2 = 0.$$

1. Lsg.: Eliminationsmethode
1^0 Die Nebenbedingung läßt sich nach x_1 auflösen: $g(x_1, x_2, x_3) = 0 \iff x_1 = 30 - 3x_2$. Wird dies eingesetzt in die Funktionsgleichung von f, so erhält man

$$y = (30 - 3x_2)^2 + 3x_2^2 + 2x_3^2 =: \phi(x_2, x_3).$$

2^0 Als notwendige Bedingungen für relative Extrema von ϕ hat man die Gleichungen

$$\begin{aligned} \phi_{x_2} &= 2(30-3x_2)(-3)+6x_2 &= 0 \\ \phi_{x_3} &= 4x_3 &= 0 \end{aligned}$$

mit dem Lösungsvektor $(x_2, x_3) = (\frac{15}{2}, 0)$.
3^0 Hinreichende Bedingungen für relative Extrema der Funktion ϕ erhält man mit deren Hesse-Matrix:

$$H_\phi = \begin{bmatrix} \phi_{x_2,x_2} & \phi_{x_2,x_3} \\ \phi_{x_3,x_2} & \phi_{x_3,x_3} \end{bmatrix} = \begin{bmatrix} 18 & 0 \\ 0 & 4 \end{bmatrix}$$

ist positiv definit. Deshalb ist der Punkt $(x_2, x_3) = (\frac{15}{2}, 0)$ Stelle eines relativen Minimums von ϕ, wegen $x_1 = 30 - \frac{45}{2} = \frac{15}{2}$ aus der Nebenbedingung also der Punkt $(x_1, x_2, x_3) = (\frac{15}{2}, \frac{15}{2}, 0)$ Stelle eines relativen Minimums von f unter der gegebenen Nebenbedingung.

2. Lsg.: Lagrange-Methode

1^0 Aufstellung der Lagrange-Funktion:

$$L(\lambda, x_1, x_2, x_3) = \lambda \cdot (120 - 4x_1 - 12x_2) + x_1^2 + 3x_2^2 + 2x_3^2$$

2^0 Notwendige Bedingungen für relative Extrema von f unter der Nebenbedingung:

$$\begin{array}{lcrrrrcr} L_\lambda & = & -4x_1 & -12x_2 & & & = & -120 \\ L_{x_1} & = & 2x_1 & & & -4\lambda & = & 0 \\ L_{x_2} & = & & 6x_2 & & -12\lambda & = & 0 \\ L_{x_3} & = & & & 4x_3 & & = & 0 \end{array}$$

Dieses lineare Gleichungssystem besitzt die eindeutig bestimmte Lösung $(\lambda^*, x_1^*, x_2^*, x_3^*) = (\frac{15}{4}, \frac{15}{2}, \frac{15}{2}, 0)$.
3^0 Hinreichende Bedingungen:
a) Jacobi-Matrix $\mathrm{Jac}_{x_1}(g)(x_1, x_2, x_3) = \frac{\partial g}{\partial x_1} = -4 \neq 0$
b) Hesse-Matrix von L:

$$H_L = \begin{bmatrix} 0 & -4 & -12 & 0 \\ -4 & 2 & 0 & 0 \\ -12 & 0 & 6 & 0 \\ 0 & 0 & 0 & 4 \end{bmatrix}$$

Hier ist *Anzahl der Variablen - Anzahl der Nebenbedingungen* $= n - m = 3 - 1 = 2$. Deshalb werden die Vorzeichen der letzten beiden Hauptminoren der Matrix H_L benötigt: man berechnet

$$H_4 = \det H_L = \begin{vmatrix} 0 & -4 & -12 & 0 \\ -4 & 2 & 0 & 0 \\ -12 & 0 & 6 & 0 \\ 0 & 0 & 0 & 4 \end{vmatrix} = -1536 < 0$$

$$H_3 = \begin{vmatrix} 0 & -4 & -12 \\ -4 & 2 & 0 \\ -12 & 0 & 6 \end{vmatrix} = -384 < 0$$

Weil beide Hauptminoren dasselbe Vorzeichen $(-1)^m = (-1)^1$ haben, ist nach (1) 4^0 die gefundene Stelle $(x_1^*, x_2^*, x_3^*) = (\frac{15}{2}, \frac{15}{2}, 0)$ Stelle eines relativen Minimums von f unter der gegebenen Nebenbedingung.

(B5) Minimalkostenkombination beim ökonomischen Substitutionsproblem [vgl. das technische Substitutionsproblem 6.5(B3)]:

Geg:

(1) m substitutionale Produktionsfunktionen

$$\begin{aligned} y_1 &= f_1(x_1, \ldots, x_n) \\ &\vdots \\ y_m &= f_m(x_1, \ldots, x_n) \end{aligned}$$

y_j output des j-ten Gutes $(j = 1, \ldots, m)$
x_i input des i-ten Gutes $(i = 1, \ldots, n)$

(2) Produkionsniveaus $y_j = c_j$ $(j = 1, \ldots, m)$

(3) p_i Preis des i-ten Faktors $(i = 1, \ldots, n)$

(4) $K = K(\boldsymbol{x}) = K(x_1, \ldots, x_n) = p_1 \cdot x_1 + \cdots + p_n \cdot x_n =$ **Produktionskostenfunktion**

Ges: notwendige Bedingungen und hinreichende Bedingungen für das Vorliegen einer **Minimalkostenkombination**. Das ist definitionsgemäß ein Punkt $\boldsymbol{x}^* = (x_1^*, \ldots, x_n^*)$ mit

$$\begin{aligned} K(\boldsymbol{x}^*) &\leq K(\boldsymbol{x}) && \text{für alle zulässigen Faktorkombinationen} \\ & && \boldsymbol{x} = (x_1, \ldots, x_n) \in \mathbb{R}^n \text{ und} \\ f_1(\boldsymbol{x}^*) &= c_1 && \text{Nebenbedingungen:} \\ &\vdots && \text{vorgeschriebene Produktionsniveaus} \\ f_m(\boldsymbol{x}^*) &= c_m && \end{aligned}$$

Voraussetzungen: m, $n \in \mathbb{N}$, $m < n$. Es gibt eine Minimalkostenkombination $\boldsymbol{x}^*$. In einer δ-Umgebung von $\boldsymbol{x}^*$ besitzen die Funktionen K, $f_1, \ldots, f_m$ stetige partielle Ableitungen nach allen Variablen. Die Jacobi-Matrix

$$\text{Jac}_{(x_1,\ldots,x_m)}(\boldsymbol{f})(\boldsymbol{x}) = (\frac{\partial f_i}{\partial x_k}(\boldsymbol{x}^*))_{i=1,\ldots,m}^{k=1,\ldots,m}$$

hat den Rang m.

Lsg: $\boldsymbol{x}^*$ kann mit der Lagrangeschen Multiplikatormethode bestimmt werden.

0^0 Aufstellung der Lagrange - Funktion:

$\boldsymbol{x} := (x_1, \ldots, x_n)$ $\quad \boldsymbol{\lambda} := (\lambda_1, \ldots, \lambda_n)$

$$L(\boldsymbol{\lambda}, \boldsymbol{x}) = K(\boldsymbol{x}) + \boldsymbol{\lambda} \cdot \begin{bmatrix} c_1 & - & f_1(\boldsymbol{x}) \\ & \vdots & \\ c_m & - & f_m(\boldsymbol{x}) \end{bmatrix} \qquad [\cdot \text{ Skalarprodukt}]$$

1^0 Notwendige Bedingungen für Extrema von L:

$$(*) \quad L_{x_1}(\boldsymbol{\lambda}, \boldsymbol{x}) = 0, \ldots, L_{x_n}(\boldsymbol{\lambda}, \boldsymbol{x}) = 0, \quad L_{\lambda_1}(\boldsymbol{\lambda}, \boldsymbol{x}) = 0, \ldots, L_{\lambda_m}(\boldsymbol{\lambda}, \boldsymbol{x}) = 0.$$

Bem.: Für jede Lösung $(\boldsymbol{\lambda}^*, \boldsymbol{x}^*) \in I\!R^{n+m}$ dieses Gleichungssystems gilt $L(\boldsymbol{\lambda}^*, \boldsymbol{x}^*) = K(\boldsymbol{x}^*)$.

Bem.: Unter der Annahme, dass die Preise $p_1, \ldots, p_n$ konstant sind (unabhängig von den Faktor-Einsatzmengen $x_i \quad (i = 1, \ldots, n)$, lauten die notwendigen Bedingungen $(*)$

$$\left.\begin{array}{lclclcl} L_{x_1}(\boldsymbol{\lambda}, \boldsymbol{x}) & = & p_1 & - & \lambda_1 \cdot \dfrac{\partial f_1}{\partial x_1} - \cdots - \lambda_m \cdot \dfrac{\partial f_m}{\partial x_1} & = & 0 \\ \vdots & & & & & & \vdots \\ L_{x_n}(\boldsymbol{\lambda}, \boldsymbol{x}) & = & p_n & - & \lambda_1 \cdot \dfrac{\partial f_1}{\partial x_n} - \cdots - \lambda_m \cdot \dfrac{\partial f_m}{\partial x_n} & = & 0 \\ L_{\lambda_1}(\boldsymbol{\lambda}, \boldsymbol{x}) & = & c_1 & - & f_1(\boldsymbol{x}) & = & 0 \\ \vdots & & & & & & \vdots \\ L_{\lambda_m}(\boldsymbol{\lambda}, \boldsymbol{x}) & = & c_m & - & f_m(\boldsymbol{x}) & = & 0 \end{array}\right\} (*)$$

$(*)$ ist ein System von $n+m$ Gleichungen, die i.a. nicht linear sind, für $n+m$ Unbekannte: $\lambda_1, \ldots, \lambda_m, x_1, \ldots, x_n$.

Bem.: Wenn $m = 1, \quad c_1 = c, \quad f_1 = f$ und $\lambda_1 = \lambda$ ist, läßt sich aus den ersten n Gleichungen $(*)$ jeweils $\frac{1}{\lambda}$ berechnen:

$$\frac{1}{\lambda} = \frac{\dfrac{\partial f}{\partial x_1}(\boldsymbol{x}^*)}{p_1} = \frac{\dfrac{\partial f}{\partial x_2}(\boldsymbol{x}^*)}{p_2} = \cdots = \frac{\dfrac{\partial f}{\partial x_n}(\boldsymbol{x}^*)}{p_n}.$$

Nur Punkte $\boldsymbol{x}^* \in I\!R^n$, die diesen Gleichungen genügen und die Nebenbedingung $f(\boldsymbol{x}^*) = c$ erfüllen, können die Minimalkostenkombination realisieren. In Worten[4]:

> **Regel:** "Bei der Minimalkostenkombination verhalten sich die Grenzproduktivitäten wie die Faktorpreise:
>
> $$\frac{\partial f}{\partial x_1}(\boldsymbol{x}^*) : \frac{\partial f}{\partial x_2}(\boldsymbol{x}^*) : \cdots : \frac{\partial f}{\partial x_n}(\boldsymbol{x}^*) = p_1 : p_2 : \cdots : p_n."$$

2^0 Hinreichende Bedingungen für ein Minimum von K unter den gegebenen Restriktionen:

a) $\mathrm{Jac}_{(x_1,\ldots,x_m)}(\boldsymbol{f})(\boldsymbol{x}) \neq 0$ nach Voraussetzung;

b) Wenn die letzten $n - m$ Hauptminoren der Hesse-Matrix H_L der Lagrange-Funktion alle dasselbe Vorzeichen $(-1)^m$ haben, ist der Punkt $\boldsymbol{x}^*$ der Lösung $(\boldsymbol{\lambda}^*, \boldsymbol{x}^*)$ von $(*)$ die gesuchte Minimalkostenkombination.

---

[4][Gut1] p. 316ff; dort ist eine komplizierte Herleitung durch Rechnung mit totalen Differentialen gegeben

Bem.: Die Lagrange-Multiplikatoren $\lambda_1, \ldots, \lambda_n$ werden in den Wirtschaftswissenschaften oft "**Schattenpreise**" genannt, weil sie sich im obigen Beispiel wie folgt interpretieren lassen[5]:

Wenn $(\boldsymbol{\lambda}^*, \boldsymbol{x}^*)$ eine Lösung von $(*)$ ist und $\boldsymbol{x}^*$ eine Minimalkostenkombination darstellt, ist λ_j^* gleich den Grenzkosten des j-ten Gutes $(j = 1, \ldots, m)$:

bei der Produktion einer weiteren Einheit des j-ten Gutes entstehen (näherungsweise) Kosten in Höhe von $\lambda_j{}^*$ GE. Für das j-te Gut ist also (mindestens) der Preis $\lambda_j{}^*$ GE/ME zu fordern. Dies rechtfertigt den Namen "Schattenpreise" für die Lagrange-Multiplikatoren.

Begründung: Wir denken uns in der Aufgabenstellung von (B4) den Vektor $\mathbf{c} = (c_1, \ldots, c_m)$ der gegebenen Produktionsniveaus ersetzt durch den Vektor $\tilde{\mathbf{c}}\,(t) = (c_1, \ldots, c_{j-1}, c_j + t, c_{j+1}, \ldots, c_m)$ und fragen nach der Ableitung $h'(0)$ der Funktion

$$h(t) := K(\boldsymbol{x}^*(t)) = L(\boldsymbol{\lambda}^*(t), \boldsymbol{x}^*(t))$$

im Punkte $t = 0$, wobei $(\boldsymbol{\lambda}^*(t)\boldsymbol{x}^*(t)) \in I\!R^{n+m}$ Lösung des entsprechenden Gleichungssystems $(*)$ ist und $\boldsymbol{x}^*(t)$ eine Minimalkostenkombination für $\tilde{\mathbf{c}}\,(t)$ darstellt. Dabei ist $\boldsymbol{x}^*(0) = \boldsymbol{x}^*$, $\boldsymbol{\lambda}^*(0) = \boldsymbol{\lambda}^*$, $\tilde{\mathbf{c}}\,(0) = \mathbf{c}$.

Wir werden $h'(0) = \lambda_j^*$ zeigen [s.u.], was wegen

$$h(1) - h(0) \approx h'(0) \cdot 1 = \lambda_j^*$$

bedeutet, dass für die Produktion einer weiteren Einheit des j-ten Gutes (näherungsweise) Kosten in Höhe von λ_j^* GE entstehen. Das war zu zeigen.

Bew. von $h'(0) = \lambda_j^*$: Mit der Kettenregel 6.6(1) und der Produktregel erhält man

$$\begin{aligned}
\frac{d}{dt}h(t)\,|_{t=0} &= \frac{d}{dt}L(\boldsymbol{\lambda}^*(t), \boldsymbol{x}^*(t))\,|_{t=0} \\
&= \operatorname{grad}K(\boldsymbol{x}^*(t)) \cdot (\frac{d\boldsymbol{x}^*(t)}{dt})^T\,|_{t=0}
\end{aligned}$$

$$+ [\frac{d\lambda_1^*(t)}{dt} \cdot (\tilde{c}_1\,(t) - f_1(\boldsymbol{x}^*(t))) + \cdots + \frac{d\lambda_m^*(t)}{dt} \cdot (\tilde{c}_m\,(t) - f_m(\boldsymbol{x}^*(t)))]\,|_{t=0}$$

$$\begin{aligned}
&+ [\lambda_1^*(t) \cdot (-\operatorname{grad}f_1(\boldsymbol{x}^*(t)) \cdot (\frac{d\boldsymbol{x}^*(t)}{dt})^T + \cdots \\
&\quad + \lambda_j^*(t)(1 - \operatorname{grad}f_j(\boldsymbol{x}^*(t)) \cdot (\frac{d\boldsymbol{x}^*(t)}{dt})^T) + \cdots \\
&\quad + \lambda_m^*(t)(- \operatorname{grad}f_m(\boldsymbol{x}^*(t)) \cdot (\frac{d\boldsymbol{x}^*(t)}{dt})^T]\,|_{t=0}
\end{aligned}$$

$$= \underbrace{(\operatorname{grad}K(\boldsymbol{x}^*) - \sum_{k=1}^{m} \lambda_k^* \cdot \operatorname{grad}f_k(\boldsymbol{x}^*))}_{=0} \cdot (\frac{d\boldsymbol{x}^*(0)}{dt})^T$$

wegen der ersten n Gleichungen von $(*)$

[5][Var] p. 77

$$+ \sum_{k=1}^{m} \frac{d\lambda_k^*(0)}{dt} \cdot \underbrace{(c_k - f_k(\boldsymbol{x}^*))}_{\substack{=0 \\ \text{wegen der Nebenbedingungen}}}$$

$$\underline{+ \lambda_j^*.}$$

Bem.: Die Formel $h'(0) = \lambda_j^*$ wird sich auch als Anwendung des "Einhüllenden-Satzes" in Abschnitt 6.11 ergeben.

(B6) Zahlenbeispiel zu (B5):
Geg:

(1)	y	$=$	$f(x_1, x_2) = x_1 \cdot x_2$	Produktionsfunktion
(2)	y	$=$	$c = 1000$	Produktionsniveau
(3)	p_1 p_2	$=$ $=$	2 5	Faktorpreise
(4)	K	$=$	$K(\boldsymbol{x}) = K(x_1, x_2) = 2 \cdot x_1 + 5 \cdot x_2$	Kostenfunktion

Ges: notwendige Bedingungen für eine Minimalkostenkombination $\boldsymbol{x}^* = (x_1^*, x_2^*)$.

1. Lsg: mit der Lagrangeschen Multiplikatorenmethode:

0^0 Aufstellung der Lagrange - Funktion:

$$L(\lambda, x_1, x_2) = 2x_1 + 5x_2 + \lambda \cdot (1000 - x_1 \cdot x_2).$$

1^0 Notwendige Bedingungen für Extrema von L:

$$\left.\begin{array}{lcrcrcl} L_{x_1} & = & 2 & - & \lambda \cdot x_2 & = & 0 \\ L_{x_2} & = & 5 & - & \lambda \cdot x_1 & = & 0 \\ L_\lambda & = & 1000 & - & x_1 \cdot x_2 & = & 0 \end{array}\right\} (*)$$

System von 3 nicht linearen Gleichungen für 3 Unbekannte: x_1, x_2, λ

2^0 Lösung von $(*)$ durch Elimination von x_1 und x_2:

$$x_2 = \frac{2}{\lambda}, \quad x_1 = \frac{5}{\lambda}, \quad 1000 - \frac{10}{\lambda^2} = 0$$

$$\underline{\lambda = \pm\frac{1}{10}}, \quad \underline{x_1 = 50}, \quad \underline{x_2 = 20}.$$

Es gibt genau eine (ökonomisch sinnvolle) Faktorkombination $\boldsymbol{x}^* = (50, 20)$, die mit $\lambda^* = \frac{1}{10}$ die notwendigen Bedingungen $(*)$ für ein Extremum der Lagrange-Funktion erfüllen. Die Art des Extremums erfährt man

3^0 aus den hinreichenden Bedingungen:
a) $\mathrm{Jac}_{x_1}(g)(x_1, x_2) = -x_2 \neq 0$; b) Die Hesse-Matrix der Lagrange-Funktion

$$L(\lambda, x_1, x_2) = 2x_1 + 5x_2 + \lambda \cdot (1000 - x_1 x_2)$$

lautet hier

$$H_L(\lambda, \boldsymbol{x}) = \begin{bmatrix} 0 & -x_2 & -x_1 \\ -x_2 & 0 & -\lambda \\ -x_1 & -\lambda & 0 \end{bmatrix}.$$

Ihr Wert im kritischen Punkt $(\lambda^*, x_1^*, x_2^*) = (\frac{1}{10}, 50, 20)$ ist

$$H_L(\frac{1}{10}, 50, 20) = \begin{bmatrix} 0 & -20 & -50 \\ -20 & 0 & -\frac{1}{10} \\ -50 & -\frac{1}{10} & 0 \end{bmatrix}.$$

Hier ist *Anzahl der Variablen - Anzahl der Nebenbedingungen* $= n - m = 2 - 1 = 1$. Der letzte Hauptminor der Hesse-Matrix ist ihre Determinante:

$$\det H_L(\frac{1}{10}, 50, 20) = -200 < 0.$$

Nach (1)4⁰ ist $\boldsymbol{x} = (50, 20)$ eine Minimalkostenkombination. Der Schattenpreis beträgt $\lambda = \frac{1}{10}$. Diese sind (näherungsweise) die Kosten, die für die Produktion einer weiteren Mengeneinheit des produzierten Gutes, ausgehend vom gegebenen Produktionsniveau $c = 1000$, entstehen.

2. Lsg: mit der Eliminationsmethode:

1^0 Auflösung der Nebenbedingung nach x_2:

$$x_2 = \frac{1000}{x_1}.$$

2^0 Einsetzen von x_2 in die Kostenfunktion (= Elimination von x_2 aus Kostenfunktion und Nebenbedingung):

$$h(x_1) := K(x_1, \frac{1000}{x_1}) = 2x_1 + 5 \cdot \frac{1000}{x_1}.$$

3^0 Notwendige Bedingung für ein Extremum von h:

$$h'(x_1) = 2 - \frac{5000}{x_1^2} = 0 \quad \Rightarrow \quad x_1^2 = 2500 \quad \Rightarrow \quad \underline{x_1 = \pm 50}$$

Aus der Nebenbedingung: $\quad x_2 = \dfrac{1000}{x_1} \quad \underline{= 20}$.

4^0 Hinreichende Bedingung für ein Extremum von h:

Da h' an der Stelle $x_1 = 50$ sein Vorzeichen von – nach + wechselt, besitzt h dort ein strenges relatives (hier: absolutes) Minimum der Größe

$$K(\boldsymbol{x}) = K(50, 20) = 2 \cdot 50 + 5 \cdot 20 = \underline{200}.$$

Bem.: Wird dieselbe Aufgabe für das Produktionsniveau $\tilde{c} = 1001$ durchgerechnet, findet man dazu die Minimalkostenkombination

$$\tilde{\boldsymbol{x}} = (50.025, 20.01)$$

und dazu Minimalkosten in Höhe

$$\begin{aligned} K(\tilde{\boldsymbol{x}}) = K(50.025, 20.01) &= 2 \cdot 50.025 + 50 \cdot 20.01 \\ &= \underline{200.1} \end{aligned}$$

Die Mehrkosten für die Produktion einer weiteren Einheit des produzierten Gutes betragen (näherungsweise) 0.1 GE.

Man vergleiche mit dem Schattenpreis, der in der 1. Lsg. zu $\lambda = \frac{1}{10}$ berechnet worden ist !

3. Lsg: zeichnerisch:

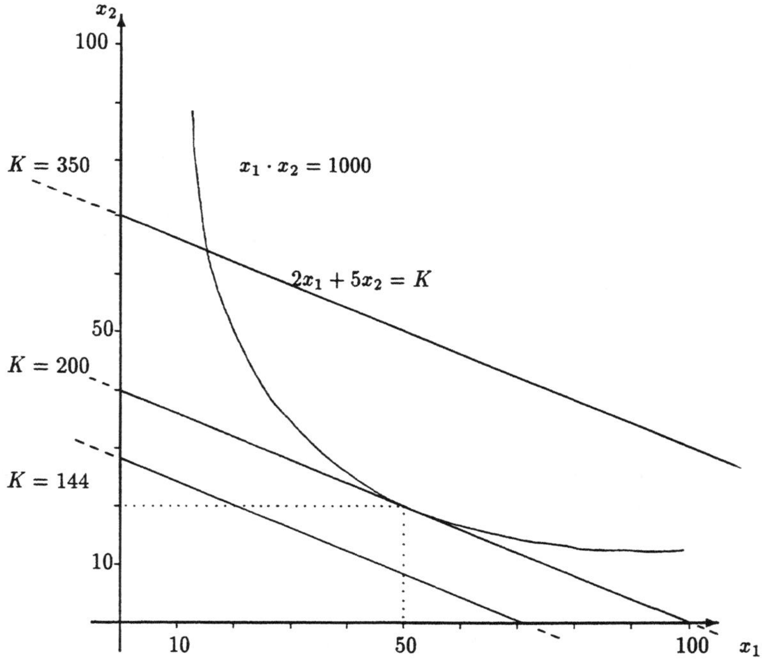

Die Punkte $\boldsymbol{x} = (x_1, x_2)$, die der Nebenbedingung $x_1 \cdot x_2 = 1000$ genügen, liegen auf der Hyperbel

$$x_2 = \frac{1000}{x_1}.$$

Gesucht ist ein Punkt $\boldsymbol{x} = (x_1, x_2)$ (die Minimalkostenkombination), der die Nebenbedingung erfüllt und zu minimalen Kosten K,

$$K = 2x_1 + 5x_2 \qquad \text{"Isohöhenlinie zur Höhe } K\text{"}$$

führt. Für jeden Wert von $K \in \mathbb{R}$ ist dies die Gleichung einer Geraden in der x_1, x_2-Ebene. Wenn diese die Hyperbel $x_2 = 1000/x_1$ in zwei verschiedenen Punkten schneidet, kann offenbar der Wert von K noch verkleinert werden. Genau dann, wenn die Gerade

$$2x_1 + 5x_2 = K$$

Tangente an die Hyperbel

$$x_2 = \frac{1000}{x_1}$$

ist, wird im Berührpunkt $\boldsymbol{x} = (x_1, x_2)$ die Minimalkostenkombination realisiert. Das zugehörige K ist der Wert der minimalen Kosten.

Aus der Zeichnung liest man die Minimalkostenkombination $\underline{\boldsymbol{x} = (50, 20)}$ und die Minimalkosten $\underline{K = 200}$ ab.

Eine zeichnerische Ermittlung des Schattenpreises ist hier wegen der begrenzten Zeichengenauigkeit nicht möglich.

(B7) Maximierung einer Nutzenfunktion unter einer Budgetrestriktion[6]**:** Ein repräsentantiver Haushalt maximiert seine **Nutzenfunktion**

$$U = C \cdot (1 - N),$$

wobei C seine Konsumgütermenge misst und N die von ihm angebotene Arbeitszeit. Diese ist so normiert, dass die gesamte angebotene Arbeitszeit zu 1 angenommen ist. $1 - N$ misst also die "Freizeit". Der Haushalt nehme in der betrachteten Periode außer dem Arbeitslohn $w \cdot N$ noch Gewinne π ein. Hier bezeichnen

- P Preisniveau, gemessen in Geldeinheiten pro Gütereinheit
- w Nominallohn, gemessen in Geldeinheiten pro Arbeitsstunde
- π nominaler Gewinn, gemessen in Geldeinheiten pro Periode

Für welche Kombinationen (C, N) wird das Nutzenmaximum realisiert? Wie hängen bei Nutzenmaximierung der Konsum $C = C(\boldsymbol{\alpha})$ und das Arbeitsangebot $N = N^s(\boldsymbol{\alpha})$ des Haushalts vom Parametervektor $\boldsymbol{\alpha} = (P, w, \pi)$ ab?

Es sei $\boldsymbol{\alpha} \longmapsto M(\boldsymbol{\alpha}) := U(C(\boldsymbol{\alpha}), N(\boldsymbol{\alpha}))$ die "Maximum-Nutzen-Funktion" als Funktion des Parametervektors $\boldsymbol{\alpha}$. Man berechne die partiellen Ableitungen

$$\frac{\partial M}{\partial P}, \quad \frac{\partial M}{\partial w}, \quad \frac{\partial M}{\partial \pi}$$

und interpretiere sie.

Lsg.: Die "Budgetrestriktion" wird durch die Gleichung

$$g(C, N) := P \cdot C - w \cdot N - \pi = 0$$

beschrieben.

0^0 Aufstellung der Lagrange-Funktion:

$$L(\lambda, C, N) = C \cdot (1 - N) + \lambda \cdot (P \cdot C - w \cdot N - \pi)$$

1^0 Notwendige Bedingungen für Extrema von L:

$$\begin{aligned} L_\lambda &= P \cdot C - w \cdot N - \pi &= 0 \\ L_C &= 1 - N + \lambda \cdot P &= 0 \\ L_N &= -C - \lambda \cdot w &= 0. \end{aligned}$$

[6] [FH] p. 302

Das sind 3 nichtlineare Gleichungen für 3 Unbekannte C, N, λ. Elimination von λ aus den letzten zwei Gleichungen ergibt $P \cdot C = (1-N) \cdot w$. Wird das in die erste Gleichung eingesetzt, so folgt

$$\begin{array}{lcccc} (1-N)\cdot w - w \cdot N - \pi = 0 \implies & N & = & N^s(\boldsymbol{\alpha}) & = \dfrac{w-\pi}{2w} \\ \text{und} \quad \lambda = -\dfrac{w+\pi}{2wP} \qquad \text{und} & C & = & C(\boldsymbol{\alpha}) & = \dfrac{w+\pi}{2P} \end{array}$$

2^0 Hinreichende Bedingungen für ein Maximum von U:
a) $\text{Jac}_C(g)(C,N) = \frac{\partial g}{\partial C} = P \neq 0$;
b) Die Hesse-Matrix der Lagrange-Funktion lautet:

$$H_L(\lambda, C, N) = \begin{bmatrix} 0 & P & -w \\ P & 0 & -1 \\ -w & -1 & 0 \end{bmatrix}.$$

Sie ist unabhängig von (λ, C, N). Hier ist *Anzahl der Variablen – Anzahl der Nebenbedingungen* $= n - m = 2 - 1 = 1$. Der letzte Hauptminor der Hesse-Matrix ist ihre Determinante. Man berechnet leicht det $H_L = 2Pw > 0$. Nach (1)3^0 ist $(C,N) = (\frac{w+\pi}{2P}, \frac{w-\pi}{2w})$ Stelle eines Maximums der Nutzenfunktion U unter den Budgetrestriktionen. Also sind

$$C = C(\boldsymbol{\alpha}) = \frac{w+\pi}{2P}, \quad N = N(\boldsymbol{\alpha}) = \frac{w-\pi}{2w}$$

die gesuchten Funktionen des Konsums bzw. des Arbeitszeitangebotes bei Nutzenmaximierung. Die "Maximum-Nutzen-Funktion ist

$$\boldsymbol{\alpha} \longmapsto M(\boldsymbol{\alpha}) = \frac{w+\pi}{2P}(1 - \frac{w-\pi}{2w}) = \frac{(w+\pi)^2}{4wP}.$$

Deshalb folgt für die gesuchten partiellen Ableituungen

$$\frac{\partial M}{\partial P} = -\frac{(w+\pi)^2}{4P^2 w}, \quad \frac{\partial M}{\partial w} = \frac{w^2-\pi^2}{4Pw^2}, \quad \frac{\partial M}{\partial \pi} = \frac{w+\pi}{2Pw}.$$

Wegen der eindeutigen Vorzeichen der ersten und der letzten partiellen Ableitung hat man die folgenden Interpretationen: wenn das Preisniveau P steigt, wird der Nutzen im Maximum abnehmen; wenn der Nominalgewinn π steigt, wird der Nutzen im Maximum zunehmen. Das ist zwar plausibel, ist aber durch die obigen Rechnungen bewiesen! Nicht so offensichtlich ist die Interpretation der partiellen Ableitung von M nach w: nur, wenn der Nominallohn w größer ist als der nominale Gewinn π, wird mit wachsendem Nominallohn w der Nutzen wachsen, andernfalls wird der Nutzen mit wachsendem Nominallohn fallen.

(B8) Maximierung einer Gewinnfunktion unter einer Budgetrestriktion[7]**:**
Ein räpresentatives Unternehmen, das nach der Produktionsfunktion

$$Y = N^{\frac{1}{2}}$$

[7][FH] p. 303

produziert, maximiert seine Gewinnfunktion

$$\pi = P \cdot Y - w \cdot N = \text{ Verkaufserlös } - \text{ Lohnkosten.}$$

Dabei bezeichnen

P Preisniveau, gemessen in Geldeinheiten pro Gütereinheit
Y Güterproduktion, gemessen in Gütereinheiten pro Periode
w Nominallohn, gemessen in Geldeinheiten pro Arbeitsstunde
N Beschäftigung, gemessen in Arbeitsstunden pro Periode.

Für welche Kombination (Y, N) wird der Gewinn maximal? Wie hängen im Gewinnmaximum die Produktion $Y = Y(\boldsymbol{\alpha})$ und die Arbeitsnachfrage des Unternehmens $N = N^d(\boldsymbol{\alpha})$ und der Gewinn $\pi = \pi(\boldsymbol{\alpha})$ vom Parametervektor $\boldsymbol{\alpha} = (P, w)$ ab?

Lsg.: Die Nebenbedingung ist hier $g(Y, N) = Y - N^{\frac{1}{2}} = 0$.

0^0 Aufstellung der Lagrange-Funktion:

$$L(\lambda, Y, N) = P \cdot Y - w \cdot N + \lambda(Y - N^{\frac{1}{2}})$$

1^0 Notwendige Bedingungen für ein Extremum von L:

$$\begin{aligned} L_\lambda &= Y - N^{\frac{1}{2}} &= 0 \\ L_Y &= P + \lambda &= 0 \\ L_N &= -w - \tfrac{1}{2}\lambda N^{-\frac{1}{2}} &= 0 \end{aligned}$$

Das sind 3 nichtlineare Gleichungen für 3 Unbekannte λ, Y, N. Elimination von λ liefert:

$$N = N^d(\boldsymbol{\alpha}) = \frac{P^2}{4w^2}, \quad Y = Y(\boldsymbol{\alpha}) = \frac{P}{2w}, \quad \lambda = -P, \quad \pi(\boldsymbol{\alpha}) = \frac{P^2}{4w}.$$

2^0 Hinreichende Bedingungen für ein Maximum von π:
a) $\text{Jac}_Y(g)(Y, N) = \frac{\partial g}{\partial Y} = 1 \neq 0$.
b) Die Hesse-Matrix der Lagrange-Funktion lautet

$$H_L(\lambda, Y, N) = \begin{bmatrix} 0 & 1 & -\frac{1}{2}N^{-\frac{1}{2}} \\ 1 & 0 & 0 \\ -\frac{1}{2}N^{-\frac{1}{2}} & 0 & \frac{1}{4}\lambda N^{-\frac{3}{2}} \end{bmatrix}.$$

Ihr Wert im kritischen Punkt $(\lambda, Y, N) = (-P, \frac{P}{2w}, \frac{P^2}{4w^2})$ ist

$$H_L(-P, \frac{P}{2w}, \frac{P^2}{4w^2}) = \begin{bmatrix} 0 & 1 & -\frac{w}{P} \\ 1 & 0 & 0 \\ -\frac{w}{P} & 0 & -2\frac{w^3}{P^2} \end{bmatrix}.$$

Hier ist *Anzahl der Variablen - Anzahl der Nebenbedingungen* $= n - m = 2 - 1 = 1$. Der letzte Hauptminor der Hesse-Matrix ist ihre Determinante:

$$\det H_L(-P, \frac{P}{2w}, \frac{P^2}{4w^2}) = \frac{2w^3}{P^2} > 0.$$

Nach (1)3^0 ist $(Y, N) = (\frac{P}{2w}, \frac{P^2}{4w^2})$ Stelle eines Maximums von π unter der Bedingung, dass die Produktion gemäß der Funktion $Y = N^{\frac{1}{2}}$ erfolgt.

6.11 Der Umhüllenden-Satz bei Extremwertaufgaben unter Nebenbedingungen in Form von Gleichungen

Betrachtet werde eine Extremwertaufgabe mit einer reellwertigen Zielfunktion von n reellen Veränderlichen

$$\boldsymbol{x} = (x_1, \ldots, x_n) \longmapsto f(\boldsymbol{x}, \boldsymbol{\alpha}) = f(x_1, \ldots, x_m, \alpha_1, \ldots, \alpha_k) \in I\!R$$

unter m Nebenbedingungen in Form von Gleichungen

$$\boldsymbol{g}(\boldsymbol{x}, \boldsymbol{\alpha}) = \mathbf{o} \quad \Leftrightarrow \quad \begin{array}{ll} g_1(x_1, \ldots, x_n, \alpha_1, \ldots, \alpha_k) & = 0 \\ \vdots & \vdots \\ g_m(x_1, \ldots, x_n, \alpha_1, \ldots, \alpha_k) & = 0. \end{array}$$

Sowohl die Zielfunktion f als auch die Funktionen $g_1, \ldots, g_m$ der Nebenbedingungen dürfen von einem Parametervektor $\boldsymbol{\alpha} = (\alpha_1, \ldots, \alpha_k) \in I\!R^k$ abhängen. Dabei sei $k \geq 1$ und $m \geq 0$. Dann hängt sowohl die Stelle $\boldsymbol{x}^* = \boldsymbol{x}^*(\boldsymbol{\alpha})$ eines relativen Extremums von f als auch der extremale Wert der Zielfunktion

$$M(\boldsymbol{\alpha}) := f(\boldsymbol{x}^*(\boldsymbol{\alpha}), \boldsymbol{\alpha})$$

unter den gegebenen Nebenbedingungen von dem Parametervektor $\boldsymbol{\alpha}$ ab. Gesucht sind die partiellen Ableitungen $\frac{\partial M}{\partial \alpha_j}(\boldsymbol{\alpha})$ $(j = 1, \ldots, k)$. Antwort auf diese Frage gibt der sog.

(1) **Umhüllenden-Satz**[1]:
Es seien f und $g_1, \ldots, g_m$ C^1-Funktionen in einem Gebiet $G_1 \times G_2 \subset I\!R^n \times I\!R^k$. Die Aufgabe

- finde zu gegebenem $\boldsymbol{\alpha} \in G_2$ eine Stelle $\boldsymbol{x}^* = \boldsymbol{x}^*(\boldsymbol{\alpha}) \in G_1$, so dass die Zielfunktion $\boldsymbol{x} \longmapsto f(\boldsymbol{x}, \boldsymbol{\alpha})$ bei $\boldsymbol{x}^*$ ein relatives Extremum unter den Nebenbedingungen

$$g_1(\boldsymbol{x}, \boldsymbol{\alpha}) = 0, \ldots, g_m(\boldsymbol{x}, \boldsymbol{\alpha}) = 0$$

besitzt -

habe eine einzige Lösung $\boldsymbol{x}^* = \boldsymbol{x}^*(\boldsymbol{\alpha})$ und die Jacobi-Matrix von $\boldsymbol{g}$ bzgl. $(x_1, \ldots, x_m)$ sei in einer Umgebung von $\boldsymbol{x}^*$ invertierbar. Dann besitzt die **"Extremwert-Funktion"**

$$\boldsymbol{\alpha} \longmapsto M(\boldsymbol{\alpha}) := f(\boldsymbol{x}^*(\boldsymbol{\alpha}), \boldsymbol{\alpha})$$

die partiellen Ableitungen.

(2) $$\frac{\partial M}{\partial \alpha_j}(\boldsymbol{\alpha}) = \frac{\partial L}{\partial \alpha_j}(\boldsymbol{\lambda}, \boldsymbol{x}, \boldsymbol{\alpha}) \,\big|_{(\boldsymbol{\lambda}, \boldsymbol{x}) = (\boldsymbol{\lambda}^*(\boldsymbol{\alpha}), \boldsymbol{x}^*(\boldsymbol{\alpha}))} \quad (j = 1, \ldots, k)$$

[1] [Var] p. 508

wobei

(3) $$L(\boldsymbol{\lambda}, \boldsymbol{x}, \boldsymbol{\alpha}) := f(\boldsymbol{x}, \boldsymbol{\alpha}) + \sum_{i=1}^{m} \lambda_i \cdot g_i(\boldsymbol{x}, \boldsymbol{\alpha})$$

die Lagrange-Funktion der Extremwertaufgabe ist und $(\boldsymbol{\lambda}^*(\boldsymbol{\alpha}), \boldsymbol{x}^*(\boldsymbol{\alpha}))$ der kritische Punkt der Lagrange-Funktion.

Bem.: Die partielle Ableitung der Funktion M nach ihrer j-ten Variablen α_j kann man (nach Definition der partiellen Ableitung) berechnen, indem man zuerst M explizit als Funktion der Parameter $\alpha_1, \ldots, \alpha_k$ ermittelt und dann partiell nach α_j differenziert. Mit dem Einhüllenden-Satz kann man diese partielle Ableitung berechnen, ohne zuvor M explizit ermittelt zu haben. Man braucht nur den kritischen Punkt in die partielle Ableitung von L nach α_j einzusezten. Der so erhaltene Wert ist die gesuchte partielle Ableitung $\frac{\partial M}{\partial \alpha_j}(\boldsymbol{\alpha})$

Beweis von (1): Es sei

$$\Psi(\boldsymbol{\alpha}) := f(\boldsymbol{x}^*(\boldsymbol{\alpha}), \boldsymbol{\alpha}) + \sum_{j=1}^{m} \lambda_j^*(\boldsymbol{\alpha}) \cdot g_j(\boldsymbol{x}^*(\boldsymbol{\alpha}), \boldsymbol{\alpha}).$$

Dann ist

$$\frac{\partial M}{\partial \alpha_j}(\boldsymbol{\alpha}) = \frac{\partial}{\partial \alpha_j}(f(\boldsymbol{x}^*(\boldsymbol{\alpha}), \boldsymbol{\alpha}) = \frac{\partial}{\partial \alpha_j}\Psi(\boldsymbol{\alpha}),$$

weil $g_j(\boldsymbol{x}^*(\boldsymbol{\alpha}), \boldsymbol{\alpha}) = 0$ für alle $\boldsymbol{\alpha}$ und alle $j = 1, \ldots, m$. Andererseits ist nach Definition der Lagrange-Funktion $\frac{\partial}{\partial \alpha_j}\Psi(\boldsymbol{\alpha}) = \frac{\partial}{\partial \alpha_j}L(\boldsymbol{\lambda}^*(\boldsymbol{\alpha}), \boldsymbol{x}^*(\boldsymbol{\alpha}), \boldsymbol{\alpha})$, und die letzte partielle Ableitung läßt sich mit der Kettenregel durch die partiellen Ableitungen von L nach den λ_l, den x_i und nach den α_j ausdrücken zu

$$\sum_{l=1}^{m} \underbrace{\frac{\partial}{\partial \lambda_l} L(\boldsymbol{\lambda}, \boldsymbol{x}, \boldsymbol{\alpha}) \mid_{(\boldsymbol{\lambda}, \boldsymbol{x}) = (\boldsymbol{\lambda}^*(\boldsymbol{\alpha}), \boldsymbol{x}^*(\boldsymbol{\alpha}))}}_{=0 \quad \text{wegen der notwendigen Bedingungen}} \cdot \frac{\partial \lambda^*}{\partial \alpha_j}(\boldsymbol{\alpha})$$
$$+ \sum_{i=1}^{n} \underbrace{\frac{\partial}{\partial x_i} L(\boldsymbol{\lambda}, \boldsymbol{x}, \boldsymbol{\alpha}) \mid_{(\boldsymbol{\lambda}, \boldsymbol{x}) = (\boldsymbol{\lambda}^*(\boldsymbol{\alpha}), \boldsymbol{x}^*(\boldsymbol{\alpha}))}}_{=0 \quad \text{wegen der notwendigen Bedingungen}} \cdot \frac{\partial x_i^*}{\partial \alpha_j}(\boldsymbol{\alpha})$$
$$+ \frac{\partial}{\partial \alpha_j} L(\boldsymbol{\lambda}, \boldsymbol{x}, \boldsymbol{\alpha}) \mid_{(\boldsymbol{\lambda}, \boldsymbol{x}) = (\boldsymbol{\lambda}^*(\boldsymbol{\alpha}), \boldsymbol{x}^*(\boldsymbol{\alpha}))}$$

wzbw.

(B1) Man berechne die partiellen Ableitungen der "Maximum-Nutzen-Funktion" $\boldsymbol{\alpha} = (P, w, \pi) \longmapsto M(\boldsymbol{\alpha})$ im Beispiel 6.10(B7) mit dem Umhüllenden-Satz.

Lsg.: Nach dem Umhüllenden-Satz (1) erhält man die gesuchten partiellen Ableitungen zu

$$\frac{\partial M}{\partial P}(\boldsymbol{\alpha}) = \frac{\partial L}{\partial P}(\lambda, C, N, \boldsymbol{\alpha}) \mid_{(\lambda, C, N) = (\boldsymbol{\lambda}^*(\boldsymbol{\alpha}), C^*(\boldsymbol{\alpha}), N^*(\boldsymbol{\alpha}))}$$

$$\frac{\partial M}{\partial w}(\boldsymbol{\alpha}) = \frac{\partial L}{\partial w}(\lambda, C, N, \boldsymbol{\alpha}) \mid_{(\lambda, C, N) = (\boldsymbol{\lambda}^*(\boldsymbol{\alpha}), C^*(\boldsymbol{\alpha}), N^*(\boldsymbol{\alpha}))}$$

$$\frac{\partial M}{\partial \pi}(\boldsymbol{\alpha}) = \frac{\partial L}{\partial \pi}(\lambda, C, N, \boldsymbol{\alpha}) \mid_{(\lambda, C, N) = (\boldsymbol{\lambda}^*(\boldsymbol{\alpha}), C^*(\boldsymbol{\alpha}), N^*(\boldsymbol{\alpha}))} .$$

Dabei ist $\boldsymbol{\alpha} = (P, w, \pi)$ und

$$L(\lambda, C, N, \boldsymbol{\alpha}) = C \cdot (1 - N) + \lambda(P \cdot C - w \cdot N - \pi)$$

die Lagrange-Funktion des Problems 6.10(B7). L besitzt die partiellen Ableitungen nach den Parametern P, w, π

$$\frac{\partial L}{\partial P} = \lambda \cdot C, \quad \frac{\partial L}{\partial w} = -\lambda \cdot N, \quad \frac{\partial L}{\partial \pi} = -\lambda.$$

Hier sind die Komponenten des in 6.10(B7) gefundenen kritischen Punktes (λ^*, C^*, N^*) einzusetzen mit

$$\lambda^* = \lambda^*(\boldsymbol{\alpha}) = -\frac{w+\pi}{2wP}, \quad C^* = C^*(\boldsymbol{\alpha}) = \frac{w+\pi}{2P}, \quad N^* = N^*(\boldsymbol{\alpha}) = \frac{w-\pi}{2w}.$$

Danach ist

$$\begin{aligned}\frac{\partial M}{\partial P} &= -\frac{w+\pi}{2wP}\frac{w+\pi}{2P} = -\frac{(w+\pi)^2}{4P^2 w}\\ \frac{\partial M}{\partial w} &= \frac{w+\pi}{2wP}\frac{w-\pi}{2w} = \frac{w^2-\pi^2}{4Pw^2}\\ \frac{\partial M}{\partial \pi} &= \frac{w+\pi}{2wP}.\end{aligned}$$

Das sind dieselben Darstellungen, wie sie in 6.10(B7) aus der expliziten Darstellung der "Maximum-Nutzen-Funktion" als Funktion der Parameter gewonnen worden sind.

(B2) Man berechne die partiellen Ableitungen der "Maximum-Gewinn-Funktion" $\boldsymbol{\alpha} = (P, w) \longmapsto M(\boldsymbol{\alpha}) := \pi(P(\boldsymbol{\alpha}), N^d(\boldsymbol{\alpha}))$ im Beispiel 6.10(B8) mit dem Umhüllenden-Satz.

Lsg.: Nach dem Umhüllenden-Satz (1) erhält man die gesuchten partiellen Ableitungen zu

$$\begin{aligned}\frac{\partial M}{\partial P}(\boldsymbol{\alpha}) &= \frac{\partial L}{\partial P}(\lambda, Y, N, \boldsymbol{\alpha}) \mid_{(\lambda,Y,N)=(\boldsymbol{\lambda}^*(\boldsymbol{\alpha}),Y^*(\boldsymbol{\alpha}),N^*(\boldsymbol{\alpha}))}\\ \frac{\partial M}{\partial w}(\boldsymbol{\alpha}) &= \frac{\partial L}{\partial w}(\lambda, Y, N, \boldsymbol{\alpha}) \mid_{(\lambda,Y,N)=(\boldsymbol{\lambda}^*(\boldsymbol{\alpha}),Y^*(\boldsymbol{\alpha}),N^*(\boldsymbol{\alpha}))}.\end{aligned}$$

Dabei ist der Parametervektor $\boldsymbol{\alpha} = (P, w)$ und

$$L(\lambda, Y, N, \boldsymbol{\alpha}) = P \cdot Y - w \cdot N + \lambda(Y - N^{\frac{1}{2}})$$

die Lagrange-Funktion des Problems 6.10(B8). L besitzt die partiellen Ableitungen nach den Parametern

$$\frac{\partial L}{\partial P} = Y, \quad \frac{\partial L}{\partial w} = -N.$$

Hier sind die Komponenten des in 10(B8) gefundenen kritischen Punktes (λ^*, Y^*, N^*) einzusetzen mit

$$\lambda^* = \lambda^*(\boldsymbol{\alpha}) = -P, \quad Y^* = Y^*(\boldsymbol{\alpha}) = \frac{P}{2w}, \quad N^* = N^*(\boldsymbol{\alpha}) = \frac{P^2}{4w^2}.$$

Danach sind die gesuchten partiellen Ableitungen

$$\frac{\partial M}{\partial P} = \frac{P}{2w}, \quad \frac{\partial M}{\partial w} = -\frac{P^2}{4w^2}.$$

Das sind dieselben Darstellungen, wie man sie in 6.10(B8) aus der expliziten Darstellung der "Maximum-Gewinn-Funktion" $M(\boldsymbol{\alpha}) = \pi(\boldsymbol{\alpha}) = \frac{P^2}{4w}$ gewinnen kann.

(B3) Man berechne die partiellen Ableitungen der "Minimum-Kosten-Funktion"

$$\boldsymbol{c} = (c_1, \ldots, c_m) \longmapsto M(\boldsymbol{c}) := K(\boldsymbol{x}^*(\boldsymbol{c}))$$

von den Beispielen 10(B5,B6) mit dem Umhüllenden-Satz.

Lsg.: Nach dem Umhüllenden-Satz (1) erhält man die gesuchten partiellen Ableitungen zu

$$\frac{\partial M}{\partial c_j}(\boldsymbol{\alpha}) = \frac{\partial L}{\partial c_j}(\boldsymbol{\lambda}, \boldsymbol{x}, \boldsymbol{c}) \,|_{(\boldsymbol{\lambda},\boldsymbol{x})=(\boldsymbol{\lambda}^*(\boldsymbol{c}),\boldsymbol{x}^*(\boldsymbol{c}))}, \qquad (j = 1, \ldots, m).$$

Dabei ist der Parametervektor $\boldsymbol{c} = (c_1, \ldots, c_m)$ hier der Vektor der Produktionsniveaus und

$$L(\boldsymbol{\lambda}, \boldsymbol{x}, \boldsymbol{c}) = K(\boldsymbol{x}) + \boldsymbol{\lambda} \cdot (\boldsymbol{c} - \boldsymbol{f}(\boldsymbol{x})) \qquad [\cdot \text{ Skalarprodukt}]$$

die Lagrange-Funktion des Problems 10(B5). L besitzt die partiellen Ableitungen nach den Parametern

$$\frac{\partial L}{\partial c_j} = \lambda_j \qquad (j = 1, \ldots, m).$$

Hier sind die Komponenten des gefundenen kritischen Punktes $(\boldsymbol{\lambda}^*, \boldsymbol{x}^*)$ einzusetzen, etwa $\lambda^* = 0.1$ in 10(B6), um die gesuchten partiellen Ableitungen

$$\frac{\partial M}{\partial c_j} = \lambda_j^* \qquad (j = 1, \ldots, m)$$

zu erhalten.

Allgemein entstehen für die Mehrproduktion einer Einheit des j-ten Gutes, d.h. im Parametervektor $\boldsymbol{c}$ wird die j-te Komponente c_j durch $c_j + 1$ ersetzt und die übrigen Komponenten werden unverändert gelassen, im Kostenminimum Mehrkosten von etwa λ_j Geldeinheiten. Dies ist der Preis ("Schattenpreis"), den man für das j-te produzierte Gut mindestens fordern muss, um kostendeckend zu produzieren.

Man vgl. die Berechnung der "Schattenpreise" in Beispiel 10(B5), die letztlich auf dieselbe Weise wie im Beweis des Umhüllenden-Satzes durchgeführt worden ist.

6.12 Extremwertbestimmung unter Nebenbedingungen in Form von Ungleichungen

6.12.1 Definitionen

Gegeben seien reellwertige Funktionen $f, g_1, \ldots, g_m$ von n reellen Veränderlichen. Die Funktionen $g_1, \ldots, g_m$ werden als Komponenten einer vektorwertigen Funktion $\boldsymbol{g} = (g_1, \ldots, g_m)^T$ aufgefaßt.

(1) Def.: Betrachtet werde das **Optimierungsproblem** $(f, \boldsymbol{g})$:

- finde $\boldsymbol{x}^0 \in M$ mit $f(\boldsymbol{x}^0) \leq f(\boldsymbol{x})$ für alle $\boldsymbol{x} \in M$; wobei

$$M := \{\boldsymbol{x} \in I\!R : \quad \boldsymbol{g}(\boldsymbol{x}) \leq \mathbf{o}\}.$$

In Worten: Gesucht ist eine Stelle $\boldsymbol{x}^0$ eines absoluten Minimums von f auf der Menge M, die durch die **Restriktionen** $\boldsymbol{g}(\boldsymbol{x}) \leq \mathbf{o}$ festgelegt ist. Dabei ist die Vektor-Ungleichung komponentenweise definiert wie in 6.1(2). M heißt die **Menge der zulässigen Punkte** für das Problem $(f, \boldsymbol{g})$. Jede Lösung $\boldsymbol{x}^0$ von (1) heißt **optimal** für das Problem $(f, \boldsymbol{g})$ oder auch eine **Minimallösung** oder ein **Minimalpunkt** dieses Problems. Die Funktion f heißt die **Zielfunktion** des Optimierungsproblems $(f, \boldsymbol{g})$.

(2) Bem.: Weil die folgenden Probleme äquivalent sind,

Maximum-Problem für die Funktion h:
finde $\boldsymbol{x}^0 \in M$ mit $\quad h(\boldsymbol{x}^0) \geq h(\boldsymbol{x}) \quad$ für alle $\boldsymbol{x} \in M$.
Minimum-Problem $(-h, \boldsymbol{g})$ für die Funktion $-h$:
finde $\boldsymbol{x}^0 \in M$ mit $\quad -h(\boldsymbol{x}^0) \leq -h(\boldsymbol{x}) \quad$ für alle $\boldsymbol{x} \in M$.

genügt es für die Theorie, nur Minimum-Probleme $(f, \boldsymbol{g})$ zu betrachten. Jedes Maximimum-Problem mit einer Zielfunktion h kann durch Betrachtung der Funktion $f := -h$ auf ein Minimum-Problem $(f, \boldsymbol{g})$ zurückgeführt werden.

(3) Def.: Eine Funktion $h : I\!R^n \longmapsto I\!R$ heißt **affin-linear** :gdw

$$h(\boldsymbol{x}) = a_1 \cdot x_1 + \ldots + a_n \cdot x_n - b$$

für alle Vektoren $\boldsymbol{x} = (x_1, \ldots, x_n)^t \in I\!R^n$ mit festen reellen Koeffizienten $a_1, \ldots, a_n$ und einer festen reellen Zahl b.

(4) Def.: Ein Optimierungsproblem $(f, \boldsymbol{g})$ heißt **linear** :gdw die Zielfunktion f und alle Restriktionsfunktionen $g_1, \ldots, g_m$ sind affin-linear, andernfalls **nicht-linear**.

Bem.: Bei einem linearen Optimierungsproblem ist die Menge M der zulässigen Punkte ein konvexes Polyeder des $I\!R^n$, und die Zielfunktion f nimmt ihr Minimum auf M notwendigerweise in einem Eckpunkt von M an. Es gibt sehr effiziente Algorithmen wie z.B. den bekannten Simplexalgorithmus, der ausgehend von einem

Eckpunkt von M rasch einen Minimalpunkt findet. [1]

(5) Def.: Ein nicht-lineares Optimierungsproblem $(f, \boldsymbol{g})$ heißt **konvex** :gdw alle Restriktionsfunktionen $g_1, \ldots, g_m$ sind konvex und die Zielfunktion f ist konvex auf der Menge M der zulässigen Punkte. Dabei ist M automatisch (das bedarf im Einzelfall keiner Nachprüfung!) konvex und jedes lokale Minimum von f auf M ist ein globales Minimum! Die Menge aller Minimalpunkte ist konvex.

Es ist bemerkenswert, dass bei konvexen Optimierungsaufgaben ein globales Minimum mit lokalen Methoden gefunden werden kann!

(5) Existenzaussage:
Wenn das Optimierungsproblem $(f, \boldsymbol{g})$ konvex ist und alle Restriktionsfunktionen $g_1, \ldots, g_m$ stetig sind, dann ist M abgeschlossen. Wenn M außerdem beschränkt ist und f stetig, dann besitzt das Optimierungsproblem $(f, \boldsymbol{g}))$ mindestens eine Lösung.

Bem:

(i) (5) ist eine Folgerung aus dem Satz 6.3(2) von Weierstraß vom absoluten Minimum. Man beachte, dass die in (5) gestellten Bedingungen nur hinreichend, aber nicht notwendig für die Existenz mindestens einer Lösung sind. [2]

(ii) Im Unterschied zur linearen Optimierung liegt ein Minimalpunkt eines konvexen Optimierungsproblems nicht notwendig auf dem Rand von M.

(6) Eindeutigkeitsaussage:
Wenn das Optimierungsproblem $(f, \boldsymbol{g})$ konvex ist und die Zielfunktion f streng konvex, so besitzt das Problem höchstens einen Minimalpunkt.

6.12.2 Der Sattelpunktsatz von Kuhn und Tucker für die konvexe Optimierung

Es bezeichne $I\!R_{\geq 0}$ die Menge der nicht negativen reellen Zahlen. Ein in den Anwendungen häufig auftretendes Optimierungsproblem ist das **Optimierungsproblem** $(f, \boldsymbol{g}, V)$ **mit Vorzeichenbeschränkung**: gegeben seien die Funktionen $g_1, \ldots, g_m : (I\!R_{\geq 0})^n \longmapsto I\!R$ und $f : M \longmapsto I\!R$.

(1) finde $\boldsymbol{x}^0 \in M$ mit $f(\boldsymbol{x}^0) \leq f(\boldsymbol{x})$ für alle $\boldsymbol{x} \in M$, wobei

$$M := \{\boldsymbol{x} \in I\!R^n : \boldsymbol{g}(\boldsymbol{x}) \leq \mathbf{o} \text{ und } \boldsymbol{x} \geq \mathbf{o}\}.$$

In Worten: Gesucht ist eine Stelle $\boldsymbol{x}^0$ eines absoluten Minimums der Zielfunktion f auf der Menge M der zulässigen Punkte $\boldsymbol{x} \in I\!R^n$, die durch die Restriktionen $\boldsymbol{g}(\boldsymbol{x}) \leq \mathbf{o}$ und durch die **Vorzeichenbeschränkungen** $\boldsymbol{x} \geq \mathbf{o}$ festgelegt ist.

Für die Anwendungen wichtig sind insbesondere konvexe Optimierungsprobleme $(f, \boldsymbol{g}, V)$ mit Vorzeichenbeschränkung. Ein Spezialfall davon sind

[1] Lit.: [CW], [DK2], [Kar], [Ste]

[2] falscher Schluß bei [Var] p 99

(2) Def.: Quadratische Optimierungspobleme mit Vorzeichenbeschränkung: Das Optimierungsproblem $(f, \boldsymbol{g}, V)$ heißt eine **quadratische Optimierungsaufgabe mit Vorzeichenbeschränkung** :gdw

$$f(\boldsymbol{x}) = \boldsymbol{x}^T \cdot Q \cdot \boldsymbol{x} + \boldsymbol{q}^T \cdot \boldsymbol{x} \quad \text{für alle} \quad \boldsymbol{x} \in I\!R^n$$

wobei Q eine symmetrische Matrix aus $I\!R^{n \times n}$ ist und $\boldsymbol{q} \in I\!R^n$ und die Restriktionen alle affin-linear sind von der Form

$$\boldsymbol{g}(\boldsymbol{x}) = A \cdot \boldsymbol{x} - \boldsymbol{b} \leq \mathbf{o}$$

mie einer Matrix $A \in I\!R^{m \times n}$ und einem Vektor $\boldsymbol{b} \in I\!R^m$. Weiterhin werden Vorzeichenbeschränkungen

$$\boldsymbol{x} \geq \mathbf{o}$$

gefordert. Gesucht ist also ein absolutes Minimum von f in der Menge

$$M := \{\boldsymbol{x} \in I\!R^n : A \cdot \boldsymbol{x} - \boldsymbol{b} \leq \mathbf{o}, \quad \boldsymbol{x} \geq \mathbf{o}\}.$$

(B1) Preisgestaltung eines Monopolisten:
Ein Monopobetrieb stellt 3 Produkte P_1, P_2, P_3 aus 2 Rohstoffen R_1, R_2 her, von denen im Planungszeitraum r_1 bzw. r_2 ME zur Verfügung stehen.Die Matrix des spezifischen Materialverbrauchs [vgl. 3.2(B1)] sei gegeben:

	Produkte		
Rohstoffe	P_1	P_2	P_3
R_1	p_{11}	p_{12}	p_{13}
R_2	p_{21}	p_{22}	p_{23}

p_{ij} ist die zur Produktion einer ME des Produktes P_j benötigte Menge (in ME) des Rohstoffes R_i.

Mit $y_j \geq 0$ werde die im Planungszeitraum hergestellte Menge des Produktes P_j bezeichnet $(j = 1, 2, 3)$. Die Rohstoffbeschaffungsgrenzen r_1, r_2 liefern die folgenden Restriktionen

$$\sum_{j=1}^{3} p_{ij} \cdot y_j \leq r_i \qquad (i = 1, 2).$$

Im Matrizenform geschrieben lauten sie

$$P \cdot \boldsymbol{y} \leq \boldsymbol{r}$$

wobei

$$P = (p_{ij})_{i=1,2}^{j=1,2,3} \qquad \text{bzw. } \boldsymbol{r} = \begin{bmatrix} r_1 \\ r_2 \end{bmatrix}$$

die Matrix des spezifischen Materialverbrauchs bzw. der Vektor der Rohstoffbeschaffungsgrenzen ist. Es sei (aus Beobachtungen) bekannt, dass zwischen den Preisen x_j der Produkte P_j und der nachgefragten Menge y_j von P_j Zusammenhänge der Form ("Nachfragefunktionen")

$$y_j = \sum_{k=1}^{3} q_{jk} \cdot x_k + q_j \qquad (j = 1, 2, 3)$$

bestehen. In Matrizenform lauten sie mit dem "Nachfragevektor" $\boldsymbol{y}$ und dem "Preisvektor" $\boldsymbol{x}$

$$\boldsymbol{y} = Q \cdot \boldsymbol{x} + \boldsymbol{q}$$

mit

$$Q = (q_{jk})_{j=1,2,3}^{k=1,2,3} \quad \text{und} \quad \boldsymbol{q} = (q_j)_{j=1,2,3}.$$

Setzt man die Nachfragefunktionen in die Restriktionen ein, so erhalten diese die Form

$$\sum_{k=1}^{3} a_{ik} \cdot x_k \leq b_i \qquad (i = 1, 2)$$

bzw. in Matrizenform

$$A \cdot \boldsymbol{x} \leq \boldsymbol{b} \quad \text{mit} \quad A = (a_{ik}) = P \cdot Q \quad \text{und} \quad \boldsymbol{b} = \boldsymbol{r} - P \cdot \boldsymbol{q}.$$

Die Einnahmen aus dem Verkauf der Produkte betragen

$$f(\boldsymbol{x}) = \boldsymbol{x}^T \cdot \boldsymbol{y} = \boldsymbol{x}^T \cdot Q \cdot \boldsymbol{x} + \boldsymbol{x}^T \cdot \boldsymbol{q}$$

als Funktion der Preise $\boldsymbol{x}$. Gesucht ist ein Preisvektor $\boldsymbol{x}^0 = (x_1^0, x_2^0, x_3^0)^T$ mit maximalem Erlös. Äquivalent zu diesem Maximum-Problem ist das folgende quadratische Optimierungsproblem mit Vorzeichenbeschränkung

- finde $\boldsymbol{x}^0$ mit $\quad -f(\boldsymbol{x}^0) \leq -f(\boldsymbol{x}) \quad$ für alle $\boldsymbol{x} \in M$, wobei

$$M := \{\boldsymbol{x} \in \mathbb{R}^3 : A \cdot \boldsymbol{x} - \boldsymbol{b} \leq \mathbf{o}, \quad \boldsymbol{x} \geq \mathbf{o}\}.$$

Im folgenden werden Methoden zur Lösung konvexer Optimierungsprobleme mit und ohne Vorzeichenbeschränkung behandelt. Weitere ökonomische Beipiele finden sich in Abschnitt 6.11.6.

Eine Lösungsmethode von nicht-linearen Optimierungsproblemen mit (und ohne) Vorzeichenbeschränkung ist die **Multiplikatorenmethode** nach Lagrange. Sie besteht darin, zur Lösung des Optimierungsproblems $(f, \boldsymbol{g}, V)$ die Funktion

$$\text{(3)} \qquad \begin{aligned} \Phi(\boldsymbol{x}, \boldsymbol{u}) &:= f(\boldsymbol{x}) + \boldsymbol{u}^T \cdot \boldsymbol{g}(\boldsymbol{x}) \\ &= f(\boldsymbol{x}) + u_1 \cdot g_1(\boldsymbol{x}) + \ldots + u_m \cdot g_m(\boldsymbol{x}) \end{aligned}$$

einzuführen. Dabei ist $\boldsymbol{u} = (u_1, \ldots, u_m)^T$ ein Vektor des $\mathbb{R}^m$. Seine Komponenten nennt man die **Lagrangeschen Multiplikatoren** und die Funktion $\Phi(\boldsymbol{x}, \boldsymbol{u})$ von $n + m$ reellen Veränderlichen heißt die **Lagrange-Funktion** zur Aufgabe (1). Früher, bei Nebenbedingungen in Form von Gleichungen, wurden die Lagrange-Funktion mit L und die Lagrangeschen Multiplikatoren mit $\boldsymbol{\lambda}$ bezeichnet. Da jetzt Nebenbedingungen in Form von Ungleichungen vorkommen, ist die Bezeichnung der

Lagrange-Funktion in Φ und die der Lagrangeschen Multiplikatoren in $\boldsymbol{u}$ geändert worden.

(4) Def.: Ein Punkt

$$\begin{bmatrix} \boldsymbol{x}^0 \\ \boldsymbol{u}^0 \end{bmatrix} \in \mathbb{R}^{n+m} \quad \text{mit } \boldsymbol{x}^0 \geq \mathbf{o} \text{ und } \boldsymbol{u}^0 \geq \mathbf{o}$$

heißt **Sattelpunkt** von $\phi(\boldsymbol{x}, \boldsymbol{u})$ (bzgl. der durch $\boldsymbol{x} \geq \mathbf{o}$ und $\boldsymbol{u} \geq \mathbf{o}$ gegebenen Teilmenge des $\mathbb{R}^{n+m}$) :gdw es gilt

$$\Phi(\boldsymbol{x}^0, \boldsymbol{u}) \leq \Phi(\boldsymbol{x}^0, \boldsymbol{u}^0) \leq \Phi(\boldsymbol{x}, \boldsymbol{u}^0) \quad \text{für alle } \boldsymbol{x} \geq \mathbf{o}, \boldsymbol{u} \geq \mathbf{o}.$$

In Worten: In einem Sattelpunkt $(\boldsymbol{x}^0, \boldsymbol{u}^0)$ hat Φ bzgl. $\boldsymbol{x} \geq \mathbf{o}$ (bei festgehaltenem $\boldsymbol{u}^0$) ein globales Minimum und bzgl. $\boldsymbol{u} \geq \mathbf{o}$ (bei festgehaltenem $\boldsymbol{x}^0$) ein globales Maximum:

$$\max_{\boldsymbol{u} \geq \mathbf{o}} \Phi(\boldsymbol{x}^0, \boldsymbol{u}) = \Phi(\boldsymbol{x}^0, \boldsymbol{u}^0) = \min_{\boldsymbol{x} \geq \mathbf{o}} \Phi(\boldsymbol{x}, \boldsymbol{u}^0).$$

Ohne weitere Voraussetzungen an f oder $\boldsymbol{g}$ gilt der folgende

(5) Satz: Ist

$$\begin{bmatrix} \boldsymbol{x}^0 \\ \boldsymbol{u}^0 \end{bmatrix} \in \mathbb{R}^{n+m} \quad \text{mit } \boldsymbol{x}^0 \geq \mathbf{o} \text{ und } \boldsymbol{u}^0 \geq \mathbf{o}$$

ein Sattelpunkt der Lagrange-Funktion des Optimierungsproblems $(f, \boldsymbol{g}, V)$, so ist $\boldsymbol{x}^0$ eine Minimallösung dieser Aufgabe.

Kurz: Ein Sattelpunkt $\begin{bmatrix} \boldsymbol{x}^0 \\ \boldsymbol{u}^0 \end{bmatrix}$ der Lagrange-Funktion liefert eine Minimallösung des Optimierungsproblems.

Gilt hiervon auch die Umkehrung? Ist eine Minimallösung $\boldsymbol{x}^0$ des Optimierungsproblems $(f, \boldsymbol{g}, V)$ auch notwendigerweise die erste Komponente eines Sattelpunktes $\begin{bmatrix} \boldsymbol{x}^0 \\ \boldsymbol{u}^0 \end{bmatrix}$ der zur Aufgabe gehörenden Lagrange-Funktion?

Unter geeigneten Zusatzvoraussetzungen gilt diese Umkehrung:

(6) Def.: Man sagt, die Restriktionen $\boldsymbol{g}(\boldsymbol{x}) \leq \mathbf{o}$ erfüllen die **Slater-Bedingung,** wenn es einen zulässigen Punkt $\tilde{\boldsymbol{x}}$ gibt, so dass

$$\boldsymbol{g}(\tilde{\boldsymbol{x}}) < \mathbf{o} :\Leftrightarrow \begin{array}{ll} g_1(\tilde{\boldsymbol{x}}) & < 0 \\ \vdots & \vdots \\ g_m(\tilde{\boldsymbol{x}}) & < 0. \end{array}$$

(7) Sattelpunkt-Satz von Kuhn und Tucker[3] (1950):

Ist für das konvexe Optimierungsproblem $(f, \boldsymbol{g}, V)$ mit Vorzeichenbeschränkung die Slater-Bedinung erfüllt, so ist ein Punkt $\boldsymbol{x}^0 \geq \mathbf{o}$ Minimallösung der Aufgabe gdw. es ein $\boldsymbol{u}^0 \geq \mathbf{o}$ gibt, so dass $\begin{bmatrix} \boldsymbol{x}^0 \\ \boldsymbol{u}^0 \end{bmatrix}$ Sattelpunkt der Lagrange-Funktion $\Phi(\boldsymbol{x}, \boldsymbol{u}) = f(\boldsymbol{x}) + \boldsymbol{u}^T \cdot \boldsymbol{g}(\boldsymbol{x})$ dieser Aufgabe ist.

[3][CW] p. 107

(8) Zusatz[4]: Wenn alle Restriktionsfunktionen g_j affin-linear sind, gilt der Sattelpunkt-Satz (7) auch ohne die Slater-Bedingung. Wenn einige der g_j affin-linear sind und andere **echt konvex** (d.h. konvex und nicht affin-linear), muss man die Slater-Bedingung nur für die echt konvexen Restriktionsfunktionen voraussetzen.

(B2) Finde $\boldsymbol{x}^0$ mit $f(\boldsymbol{x}^0) \leq f(\boldsymbol{x})$ für alle $\boldsymbol{x} \in M$, wobei

$$f(\boldsymbol{x}) = x_1^2 + x_2^2 \text{ und}$$
$$M := \{\boldsymbol{x} \in I\!R^2 : \underbrace{-x_1 - x_2 + 1}_{=:g(\boldsymbol{x})} \leq 0 \text{ und } x_1 \geq 0, x_2 \geq 0\}.$$

Das Optimierungsproblem (f, g, V) ist eine quadratische Optimierungsaufgabe

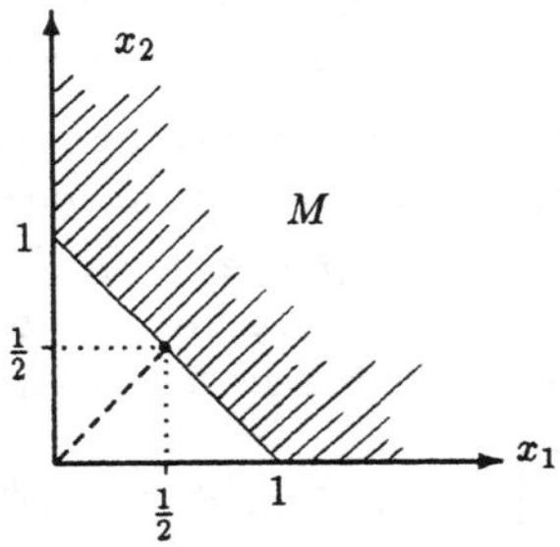

Die Slater-Bedingung ist offensichtlich erfüllt. Nach Zusatz (8) ist sie hier jedoch entbehrlich!

Gesucht ist ein Punkt in M, der vom Ursprung minimalen Abstand hat. Offensichtlich ist eine Minimallösung

$$\boldsymbol{x}^0 = \begin{bmatrix} \frac{1}{2} \\ \frac{1}{2} \end{bmatrix}.$$

Die zu dem Optimierungsproblem (f, g, V) gehörige Lagrange-Funktion lautet

$$\Phi(\boldsymbol{x}, u) = x_1^2 + x_2^2 + u(1 - x_1 - x_2), \quad x_1 \geq 0, x_2 \geq 0, u \geq 0.$$

Beh.: es gibt ein $u^0 \geq 0$, so dass $\begin{bmatrix} x^0 \\ u^0 \end{bmatrix}$ Sattelpunkt von Φ ist. Mit Hilfe der lokalen Kuhn-Tucker-Bedingungen aus dem später zu behandelenden Satz 6.11.3(1) findet man $u^0 = 1$. In der Tat ist $\begin{bmatrix} \boldsymbol{x}^0 \\ u^0 \end{bmatrix} = (\frac{1}{2}, \frac{1}{2}, 1)^T$ ein Sattelpunkt von Φ, denn es gilt

$$\underbrace{\Phi(\boldsymbol{x}^0, u)}_{=\frac{1}{2}+0} \leq \underbrace{\Phi(\boldsymbol{x}^0, u^0)}_{=\frac{1}{2}} \leq \underbrace{\Phi(\boldsymbol{x}, u^0)}_{=x_1^2+x_2^2+1-x_1-x_2} \quad \text{für alle } \boldsymbol{x} \geq \mathbf{o}, u \geq 0.$$

[4][KK] p 61

Die linke Ungleichung gilt, weil $\Phi(\boldsymbol{x}^0, u)$ von u unabhängig ist. Die rechte Ungleichung ist offenbar auch gültig wegen

$$x_1^2 + x_2^2 + 1 - x_1 - x_2 = (x_1 - \frac{1}{2})^2 + (x_2 - \frac{1}{2})^2 + \frac{1}{2}.$$

Nach dem Sattelpunkt-Satz von Kuhn und Tucker (7) bzw. seinem Zusatz (8) ist $\boldsymbol{x}^0 = (\frac{1}{2}, \frac{1}{2})^T$ Minimallösung des Optimierungsproblems.

6.12.3 Konvexe Optimierung mit differenzierbaren Funktionen

Wenn die Zielfunktion f und die Restriktionsfunktionen $g_1, \ldots, g_m$ konvex und differenzierbar sind und wenn die Slater-Bedingung erfüllt ist, kann man die Sattelpunktbedingung 6.12.2(7), die eine globale Bedingung an die Lagrange-Funktion ist, durch äquivalente "lokale Kuhn-Tucker-Bedingungen" ersetzen.

(1) Satz: Lokale Kuhn-Tucker-Bedingungen für ein konvexes Optimierungsproblem $(f, \boldsymbol{g}, V)$ mit differenzierbaren Funktionen[5]:
Für das konvexe Optimierungsproblem $(f, \boldsymbol{g}, V)$ sei die Slater-Bedingung erfüllt. Die konvexen Funktionen $f, g_1, \ldots, g_m$ mögen stetige partielle Ableitungen nach allen Variablen besitzen. Dann sind die folgenden Aussagen äquivalent:

(i) Ein Punkt $\begin{bmatrix} \boldsymbol{x}^0 \\ \boldsymbol{u}^0 \end{bmatrix}$ mit $\boldsymbol{x}^0 \geq \mathbf{o}, \boldsymbol{u}^0 \geq \mathbf{o}, (\boldsymbol{x}^0 \in \mathbb{R}^n, \boldsymbol{u}^0 \in \mathbb{R}^m)$ ist Sattelpunkt der Lagrange-Funktion $\Phi(\boldsymbol{x}, \boldsymbol{u}) = f(\boldsymbol{x}) + \boldsymbol{u}^T \cdot \boldsymbol{g}(\boldsymbol{x})$ bzgl. der durch $\boldsymbol{x} \geq \mathbf{o}$ und $\boldsymbol{u} \geq \mathbf{o}$ gegebenen Teilmenge des $\mathbb{R}^{n+m}$.

(ii) $\boldsymbol{x}^0 \geq \mathbf{o}$ ist Minimallösung des Optimierungsproblems $(f, \boldsymbol{g}, V)$.

(iii) $\boldsymbol{x}^0 \geq \mathbf{o}$ und es gibt $\boldsymbol{u}^0 \geq \mathbf{o}$ mit

$$\begin{aligned} \operatorname{grad}_{\boldsymbol{u}} \Phi(\boldsymbol{x}^0, \boldsymbol{u}^0) = (g_1(\boldsymbol{x}^0), \ldots, g_m(\boldsymbol{x}^0)) &\leq \mathbf{o} \quad \text{und } \operatorname{grad}_{\boldsymbol{u}} \Phi(\boldsymbol{x}^0, \boldsymbol{u}^0) \cdot \boldsymbol{u}^0 = 0 \\ \text{sowie} \quad \operatorname{grad}_{\boldsymbol{x}} \Phi(\boldsymbol{x}^0, \boldsymbol{u}^0) &\geq \mathbf{o} \quad \text{und } \operatorname{grad}_{\boldsymbol{x}} \Phi(\boldsymbol{x}^0, \boldsymbol{u}^0) \cdot \boldsymbol{x}^0 = \mathbf{o}. \end{aligned}$$

(iv) $\boldsymbol{x}^0 \geq \mathbf{o}$ und es gibt $\boldsymbol{u}^0 \geq \mathbf{o}$ mit

$$\left.\begin{aligned} g_j(\boldsymbol{x}^0) &\leq 0 \\ u_j^0 \cdot g_j(\boldsymbol{x}^0) &= 0 \\ u_j^0 &\geq 0 \end{aligned}\right\} j = 1, \ldots, m \quad \text{und} \quad \left.\begin{aligned} \tfrac{\partial \Phi}{\partial x_i}(\boldsymbol{x}^0, \boldsymbol{u}^0) &\geq 0 \\ x_i^0 \cdot \tfrac{\partial \Phi}{\partial x_i}(\boldsymbol{x}^0, \boldsymbol{u}^0) &= 0 \\ x_i^0 &\geq 0 \end{aligned}\right\} i = 1, \ldots, n.$$

Die einander äquivalenten Bedingungen (iii) und (iv) heißen die **lokalen Kuhn-Tucker-Bedingungen.**

(2) Zusatz: Wenn alle Restriktionsfunktionen affin-linear sind, gilt der Satz (1) auch ohne dass die Slater-Bedingung vorausgesetzt wird. Wenn einige der Restriktionsfunktionen affin-linear sind und die anderen echt konvex, muss die Slaater-Bedingung nur für die echt konvexen Restriktionsfunktionen vorausgesetzt werden.

[5][CW] p. 110

(3) Def.: Eine Restriktion $g_j(\boldsymbol{x}^0) \leq 0$ heißt im Punkt $\boldsymbol{x}^0 \geq \mathbf{o}$ **aktiv** :gdw es gilt $g_j(\boldsymbol{x}^0) = 0$, d.h. der Punkt $\boldsymbol{x}^0$ liegt auf dem durch $g_j(\boldsymbol{x}) = 0$ bestimmten Teil des Randes von M. Die Vorzeichenrestriktionen $x_k \geq 0$ werden mit den affin-linearen Funktionen $s_k(\boldsymbol{x}) := -x_k$, $k = 1, \ldots, n$ in der äquivalenten Form

$$\boldsymbol{s}(\boldsymbol{x}) \leq \mathbf{o}, \qquad \boldsymbol{s} := \begin{bmatrix} s_1 \\ \vdots \\ s_n \end{bmatrix}$$

geschrieben. Eine Vorzeichenrestriktion $x_k \geq 0$ heißt in einem Punkt $\boldsymbol{x}^0 \geq \mathbf{o}$ **aktiv** := gdw es gilt $s_k(\boldsymbol{x}^0) = 0$, d.h. die k-te Komponente x_k von $\boldsymbol{x}^0$ ist 0.

Es sei $Q^0 \subset \{1, \ldots, m\}$ die Menge der Indizes zu den in $\boldsymbol{x}^0$ aktiven Restriktionen. Es sei $P^0 \subset \{1, \ldots, n\}$ die Menge der Indizes zu den in $\boldsymbol{x}^0$ aktiven Vorzeichenrestriktionen.

(4) Lokaler Kuhn-Tucker-Satz für ein konvexes Optimierungsproblem $(f, \boldsymbol{g}, V)$ mit differenzierbaren Funktionen[6]:

Es sei $(f, \boldsymbol{g}, V)$ ein konvexes Optiemierungsproblem mit differenzierbaren Funktionen, für das die Slater-Bedingung erfüllt ist. Ein zulässiger Punkt $\boldsymbol{x}^0$ ist Minimallösung des konvexen Optimierungsproblems $(f, \boldsymbol{g}, V)$ gdw. es gibt Vektoren $\boldsymbol{u}^0 \geq \mathbf{o}$ ($\boldsymbol{u}^0 \in I\!R^m$) und $\boldsymbol{\xi}^0 \geq \mathbf{o}$ ($\boldsymbol{\xi}^0 \in I\!R^n$) mit

$$\text{(5)} \qquad -\operatorname{grad} f(\boldsymbol{x}^0) = \sum_{j \in Q^0} u_j^0 \cdot \operatorname{grad} g_j(\boldsymbol{x}^0) + \sum_{k \in P^0} \xi_k^0 \cdot \underbrace{\operatorname{grad} s_k(\boldsymbol{x}^0)}_{=-(\boldsymbol{e}^k)^T}$$

und

$$\begin{aligned} u_j^0 &\begin{cases} \geq 0 & \text{für } j \in Q^0 \\ = 0 & \text{für } j \notin Q^0 \end{cases} \\ \xi_k^0 &\begin{cases} \geq 0 & \text{für } k \in P^0 \\ = 0 & \text{für } k \notin P^0 \end{cases} \\ \boldsymbol{e}^k &= (\delta_{jk})_{j=1,\ldots,n} \text{ der } k\text{-te kanonische Einheisvektor.} \end{aligned}$$

Dabei ist Q^0 bzw. P^0 die Menge der Indizes der in $\boldsymbol{x}^0$ aktiven Restriktionen bzw. Vorzeichenrestriktionen. Die Bedingung (5) heißt die **geometrische lokale Kuhn-Tucker-Bedingung.**

(6) Zusatz[7]: Wenn alle Restriktionsfunktionen affin-linear sind, gilt der Satz (4) auch ohne dass die Slater-Bedingung vorausgesetzt wird. Wenn einige der Restriktionsfunktionen affin-linear sind und die anderen echt konvex, muss die Slater-Bedingung nur für die echt konvexen Restriktionsfunktionen vorausgesetzt werden.

(7) Geometrische Deutung von Satz (4):

Eine Minimallösung $\boldsymbol{x}^0$ des konvexen Optimierungsproblems $(f, \boldsymbol{g}, V)$ ist dadurch gekennzeichnet, dass der Vektor $-\operatorname{grad} f(\boldsymbol{x}^0)$ (dieser gibt im Punkt $\boldsymbol{x}^0$ die Richtung des steilsten Abstiegs von f an) eine Linearkombination der Gradienten $\operatorname{grad} g_j(\boldsymbol{x}^0)$ ($j \in Q^0$) und $\operatorname{grad} s_k(\boldsymbol{x}^0)$ ($k \in P^0$) mit nichtnegativen Koeffizienten

[6] [CW] p. 111

[7] [KK] p. 65

ist. Tritt eine Minimalstelle $\boldsymbol{x}^0$ von f im Innern der Menge M auf, so sind Q^0 und P^0 leer und die Bedingung (5) lautet dann einfach

$$-\text{grad } f(\boldsymbol{x}^0) = \mathbf{o}.$$

Die Bedingung $\text{grad}\, f(\boldsymbol{x}^0) = \mathbf{o}$ ist für eine differenzierbare Funktion f notwendig dafür, dass $\boldsymbol{x}^0$ eine lokale Minimalstelle von f ohne Nebenbedingungen ist. Für eine konvexe differenzierbare Funktion ist diese Bedingung auch hinreichend dafür, dass $\boldsymbol{x}^0$ eine globale Minimalstelle ist.

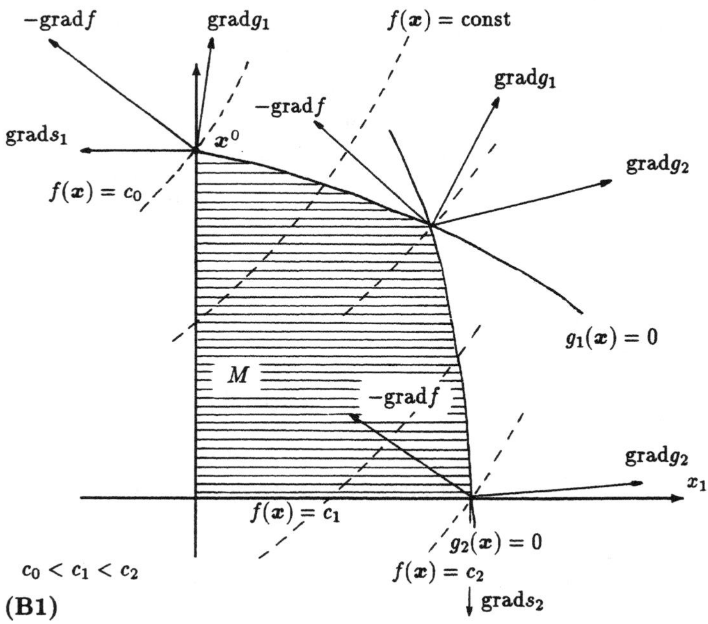

(B1)

Skizziert sind einige Höhenlinien (gestrichelt) $f(\boldsymbol{x}) = \text{const}$ einer konvexen differenzierbaren Funktion f und ein konvexer Bereich M von zulässigen Punkten. Betrachtet wird das konvexe Optimierungsproblem $(f, \boldsymbol{g}, V)$ mit $\boldsymbol{g} = \begin{bmatrix} g_1 \\ g_2 \end{bmatrix}$. In dem skizzierten Beipiel ist der Punkt $\boldsymbol{x}^0$ die einzige Minimallösung, weilnur für diesen Punkt von M $-\text{grad}\, f$ eine Linearkombination der Vektoren $\text{grad}\, g_1$ und $\text{grad}\, s_1$ (die zu den in $\boldsymbol{x}^0$ aktiven Indexmengen Q^0 bzw. P^0 gehören) mit nichtnegativen Koeffizienten ist.

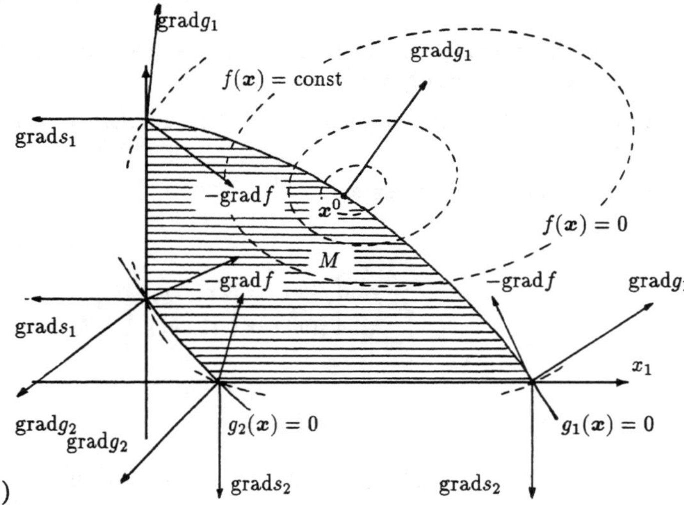

(B2)

Skizziert sind einige Höhenlinien (gestrichelt) $f(\boldsymbol{x})$ = const einer konvexen differenzierbaren Funktion f und ein konvexer Bereich M von zulässigen Punkten. Betrachtet wird das konvexe Optimierungsproblem $(f, \boldsymbol{g}, V)$ mit $\boldsymbol{g} = \begin{bmatrix} g_1 \\ g_2 \end{bmatrix}$. Im skizzierten Beispiel liegt der Minimalpunkt $\boldsymbol{x}^0$ von f mit $\operatorname{grad} f(\boldsymbol{x}^0) = \mathbf{o}$ auf der Randkurve $g_1(\boldsymbol{x}) = 0$ von M, d.h. $Q^0 = \{1\}$ ist die Menge der in $\boldsymbol{x}^0$ aktiven Restriktionen und $P^0 = \emptyset$. Es ist

$$-\operatorname{grad} f(\boldsymbol{x}^0) = \mathbf{o} = 0 \cdot \operatorname{grad} g_1(\boldsymbol{x}^0)$$

trivialerweise eine Linearkombination von $\operatorname{grad} g_1(\boldsymbol{x}^0)$ mit nichtnegativen Koeffizienten, nämlich Null-Koeffizienten. Nach Satz (4) ist $\boldsymbol{x}^0$ Minimallösung des konvexen Optimierungsproblems $(f, \boldsymbol{g}, V)$.

(B3) Finde $\boldsymbol{x}^0$ mit $f(\boldsymbol{x}^0) \le f(\boldsymbol{x})$ für alle $\boldsymbol{x} \in M$ wobei

$$f(\boldsymbol{x}) = x_1^2 + x_2^2 \qquad \text{und}$$
$$M := \{\boldsymbol{x} \in I\!R^2 : g(\boldsymbol{x}) = -x_1 - x_2 + 1 \le 0,\ x_1 \ge 0,\ x_2 \ge 0\}.$$

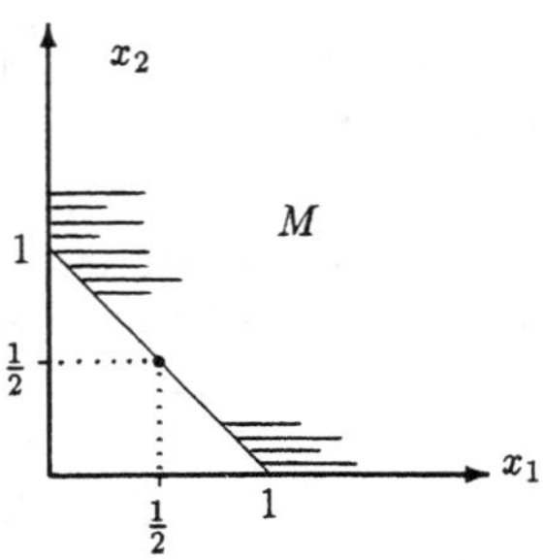

1. Lsg. mit den geometrischen lokalen Kuhn-Tucker-Bedingungen (5):

1^0 Das Optimierungsproblem (f, g, V) ist eine quadratische Optimierungsaufgabe mit Vorzeichenbeschränkung.

2^0 Die Slater-Bedingung kann nach 6.12.2(8) ignoriert werden. Sie ist hier erfüllt.

3^0 Berechnung der Gradienten:

$$\begin{aligned} \operatorname{grad} f(\boldsymbol{x}) &= (2x_1, 2x_2) \\ \operatorname{grad} g(\boldsymbol{x}) &= (-1, -1). \end{aligned}$$

4^0 Untersuchung von f auf "freie Extrema":

$$\operatorname{grad} f(\boldsymbol{x}^0) \stackrel{!}{=} (0,0) \quad \Leftrightarrow \quad \boldsymbol{x}^0 = (0,0).$$

Dieser Punkt ist nicht zulässig, da er außerhalb von M liegt.

5^0 Auswertung der geometrischen lokalen Kuhn-Tucker-Bedingungen (5): Finde $\boldsymbol{x}^0 \in \operatorname{bd} M$, so dass es eine Zahl $u^0 \geq 0$ und einen Vektor $\boldsymbol{\xi}^0 \in I\!R^2$, $\boldsymbol{\xi}^0 \geq \mathbf{o}$, gibt mit

$$-\operatorname{grad} f(\boldsymbol{x}^0) = \underbrace{u^0 \cdot \operatorname{grad} g(\boldsymbol{x}^0)}_{\text{falls } Q^0=\{1\}} + \sum_{k \in P^0} \xi_k^0 \cdot \underbrace{\operatorname{grad} s_k(\boldsymbol{x}^0)}_{=-(\boldsymbol{e}^k)^T}.$$

Dabei ist Q^0 die Indexmenge der in $\boldsymbol{x}^0$ aktiven Restriktionen und P^0 die Indexmenge der in $\boldsymbol{x}^0$ aktiven Vorzeichenrestriktionen $s_k(\boldsymbol{x}^0) = 0$, $s_k(\boldsymbol{x}) = -x_k$, $\operatorname{grad} s_k(\boldsymbol{x}) = -(\boldsymbol{e}^k)^T$.

Der Rand von M besteht aus 3 Teilen, den Kurven

$$\begin{array}{lll} \text{(a)} & x_1 = 0, & 1 \leq x_2 < \infty \\ \text{(b)} & x_1 + x_2 = 1, & 0 < x_1 < 1 \\ \text{(c)} & x_2 = 0, & 1 \leq x_1 < \infty. \end{array}$$

(a) $-(2x_1^0, 2x_2^0) \stackrel{?}{=} -\xi_1^0 \cdot (\boldsymbol{e}^1)^T = (-\xi_1^0, 0)$ mit $\xi_1^0 \geq 0$? Die zweite Komponente dieser Gleichung verlangt $x_2^0 = 0$. Ein Punkt (x_1^0, x_2^0) mit $x_2^0 = 0$ liegt nicht auf der Kurve (a).

(b) $-(2x_1^0, 2x_2^0) \stackrel{?}{=} u^0 \cdot (-1, -1)$ mit $u^0 \geq 0$? Wird diese Vektorgleichung komponentenweise ausgeschrieben, so erhält man zusammen mit der Nebenbedingung das folgende System von 3 linearen Gleichungen

$$\begin{array}{rrrl} -2x_1^0 & & +u^0 & = 0 \\ & -2x_2^0 & +u^0 & = 0 \\ x_1^0 & +x_2^0 & & = 1 \end{array}$$

für 3 Unbekannte x_1^0, x_2^0, u^0. Es hat genau eine Lösung: $x_1^0 = \frac{1}{2}, x_2^0 = \frac{1}{2}, u^0 = 1$. Nach (4) ist $\boldsymbol{x}^0 = (\frac{1}{2}, \frac{1}{2})$ Minimallösung des Optimierungsproblems (f, g, V), der Minimalwert von f ist $f(\boldsymbol{x}^0) = \frac{1}{2}$. Die Minimallösung ist einzig. Warum?

2. Lsg. mit den lokalen Kuhn-Tucker-Bedingungen (1)(iv):
Die Lagrange-Funktion lautet
$\Phi(\boldsymbol{x}, u) := f(\boldsymbol{x}) + u \cdot g(\boldsymbol{x})$ hier: $= x_1^2 + x_2^2 + u \cdot (-x_1 - x_2 + 1)$

Lösung mit den lokalen Kuhn-Tucker-Bedingungen (1)(iv):

$g(\boldsymbol{x}^0) \leq 0$	hier: $-x_1^0 - x_2^0 + 1 \leq 0$
$u^0 \cdot g(\boldsymbol{x}^0) = 0$	$u^0 \cdot (-x_1^0 - x_2^0 + 1) = 0$
$u^0 \geq 0$	$u^0 \geq 0$
$\frac{\partial \Phi}{\partial x_1}(\boldsymbol{x}^0, u^0) \geq 0$	$2x_1^0 - u^0 \geq 0$
$x_1^0 \cdot \frac{\partial \Phi}{\partial x_1}(\boldsymbol{x}^0, u^0) = 0$	$x_1^0 \cdot (2x_1^0 - u^0) = 0$
$x_1^0 \geq 0$	$x_1^0 \geq 0$
$\frac{\partial \Phi}{\partial x_2}(\boldsymbol{x}^0, u^0) = 0$	$2x_2^0 - u^0 \geq 0$
$x_2^0 \cdot \frac{\partial \Phi}{\partial x_2}(\boldsymbol{x}^0, u^0) = 0$	$x_2^0 \cdot (2x_2^0 - u^0) = 0$
$x_2^0 \geq 0$	$x_2^0 \geq 0$

Das sind hier insgesamt 3 Gleichungen und 6 Ungleichungen für 3 Unbekannte x_1^0, x_2^0, u^0. Unter der vorläufigen Annahme $u^0 > 0$ lösen wir die Gleichungen:

$$\begin{array}{rrrcl} x_1^0 & +x_2^0 & & = & 1 \\ 2x_1^0 & & -u^0 & = & 0 \\ & 2x_2^0 & -u^0 & = & 0 \end{array}$$

Sie besitzen die Lösung $x_1^0 = \frac{1}{2}, x_2^0 = \frac{1}{2}, u^0 = 1$. Folgerung aus (4): $\boldsymbol{x}^0 = (\frac{1}{2}, \frac{1}{2})$ ist einzige Stelle eines Minimums von f in M. Der Minimalwert von f in M ist: $f(\boldsymbol{x}^0) = \frac{1}{2} \leq f(\boldsymbol{x})$ für alle $\boldsymbol{x} \in M$.

Bem.: Hätte das lineare Gleichungssystem keine zulässige Lösung gehabt, wäre die vorläufige Annahme $u^0 > 0$ falsch gewesen, und man hätte die Voraussetzung $u^0 = 0$ verfolgen müssen.

(B4) Finde $\boldsymbol{x}^0$ mit $f(\boldsymbol{x}^0) \leq f(\boldsymbol{x})$ für alle $\boldsymbol{x} \in M$, wobei

$$f(\boldsymbol{x}) = x_1^2 - 4x_1 + x_2^2 - 4x_2 + 9 \quad \text{und}$$
$$M := \{\boldsymbol{x} \in I\!R^2 : g_1(\boldsymbol{x}) = x_1^2 - x_2 + 1 \leq 0,\ g_2(\boldsymbol{x}) = x_2 - 2 \leq 0,\ x_1 \geq 0,\ x_2 \geq 0\}$$

(i) zeichnerisch (ii) rechnerisch.

Lsg.:

1^0 Sind die Restriktionsfunktionen konvex?

Die Funktion g_1 ist konvex, da ihre Hesse-Matrix $H_{g_1}(\boldsymbol{x}) = \begin{bmatrix} 2 & 0 \\ 0 & 0 \end{bmatrix}$ für alle $\boldsymbol{x} \in I\!R^2$ positiv semidefinit ist. Ebenso ist g_2 konvex, da die Funktion affin-linear ist.

2^0 Ist die Zielfunktion f auf M konvex?
Die Zielfunktion f ist streng konvex, da ihre Hesse-Matrix $H_f(\boldsymbol{x}) = \begin{bmatrix} 2 & 0 \\ 0 & 2 \end{bmatrix}$ für alle $\boldsymbol{x} \in I\!R^2$ positiv definit ist.

3^0 Ist die Slater-Bedingung erfüllt?
Die Skizze zeigt, dass die Slater-Bedingung erfüllt ist. Nach 6.12.2(8) hat man sie nur für g_1 zu verifizieren. Es gibt einen Punkt $\tilde{\boldsymbol{x}} \in M$, z.B. $\tilde{\boldsymbol{x}} = (0, \frac{3}{2})$ mit $g_1(\tilde{\boldsymbol{x}}) < 0$.

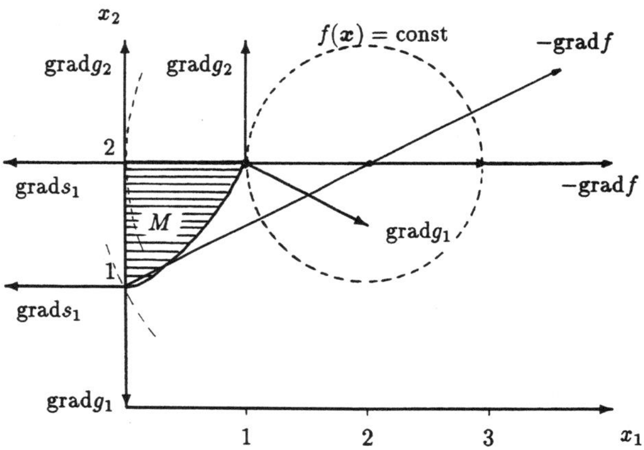

Außerdem zeigt die Skizze, dass die Menge M der zulässigen Punkte beschränkt und abgeschlossen ist. Also gibt es in diesem Beipiel genau eine Minimallösung $\boldsymbol{x}^0$ [nach 6.12.1(5) und 6.12.1(6)]. Die Isohöhenlinien von f (gestrichelt) sind konzentrische Kreise mit dem Mittelpunkt $\boldsymbol{m} = (2, 2)$ wegen

$$f(\boldsymbol{x}) = c = x_1^2 - 4x_1 + x_2^2 - 4x_2 + 9 \Leftrightarrow (x_1 - 2)^2 + (x_2 - 2)^2 = c - 1, \quad c \in I\!R, c \geq 1.$$

Die Menge M der zulässigen Punkte ist konvex. Ihr dem Mittelpunkt $\boldsymbol{m}$ nächstgelegener Punkt $\boldsymbol{x}^0$ ist die gesuchte Minimalstelle. Es ist der Punkt $\boldsymbol{x}^0 = (1, 2)$. Damit ist die Minimalstelle auf "zeichnerischem Wege" gefunden. Fortsetzung der rechnerischen Lösung mit den geometrischen lokalen Kuhn-Tucker-Bedingunen (5):

4^0 Berechnung der Gradienten:

$$\begin{aligned} \text{grad } f(\boldsymbol{x}) &= (2x_1 - 4, 2x_2 - 4) \\ \text{grad } g_1(\boldsymbol{x}) &= (2x_1, -1) \\ \text{grad } g_2(\boldsymbol{x}) &= (0, 1) \end{aligned}$$

5^0 Untersuchung von f auf "freie Extrema":

$$\text{grad } f(\boldsymbol{x}^0) = \boldsymbol{o} \Leftrightarrow 2x_1^0 - 4 = 0 \text{ u. } 2x_2^0 - 4 = 0 \Leftrightarrow \boldsymbol{x}^0 = (2,2).$$

Der Punkt (2,2) ist Minimalpunkt von f ohne Nebenbedingungen. Er liegt außerhalb von M.

6^0 Auswertung der geometrischen lokalen Kuhn-Tucker-Bedingungen (5): Finde $\boldsymbol{x}^0 \in \text{bd } M$, so dass es Vektoren $\boldsymbol{u}^0 \geq \boldsymbol{o}$ ($\boldsymbol{u}^0 \in I\!R^2$) und $\boldsymbol{\xi}^0 \geq \boldsymbol{o}$ ($\boldsymbol{\xi}^0 \in I\!R^2$) gibt mit

$$-\text{grad } f(\boldsymbol{x}^0) = \sum_{j \in Q^0} u_j^0 \cdot \text{grad } g_j(\boldsymbol{x}^0) + \sum_{k \in P^0} \xi_k^0 \cdot \underbrace{\text{grad } s_k(\boldsymbol{x}^0)}_{=-(\boldsymbol{e}^k)^T}.$$

Dabei ist Q^0 die Indexmenge der in $\boldsymbol{x}^0$ aktiven Restriktionen $g_j(\boldsymbol{x}^0) = 0$ und P^0 die Indexmenge der in $\boldsymbol{x}^0$ aktiven Vorzeichenrestriktionen $s_k(\boldsymbol{x}^0) = 0$, $s_k(\boldsymbol{x}) = -x_k$, grad $s_k(\boldsymbol{x}) = -(e^k)^T$. Der Rand von M besteht aus 3 Teilen, den Kurven

(a) $g_1(\boldsymbol{x}) = x_1^2 - x_2 + 1 = 0, \quad 0 < x_1 \leq 1;$

(b) $g_2(\boldsymbol{x}) = x_2 - 2, \quad 0 < x_1 \leq 1;$

(c) $x_1 = 0, \quad 1 \leq x_2 \leq 2.$

Ansatz für (a) und (b):
Finde $\boldsymbol{x}^0 \in \text{bd } M$, so dass es einen Vektor $\boldsymbol{u}^0 \geq \boldsymbol{o}$ gibt mit

$$-\text{grad } f(\boldsymbol{x}^0) \stackrel{?}{=} u_1^0 \cdot \text{grad } g_1(\boldsymbol{x}^0) + u_2^0 \cdot \text{grad } g_2(\boldsymbol{x}^0)$$

Diese Vektorgleichung lautet hier mit $u_1^0 \geq 0$, $u_2^0 \geq 0$.

$$-(2x_1^0 - 4, 2x_2^0 - 4) \stackrel{?}{=} u_1^0 \cdot (2x_1^0, -1) + u_2^0 \cdot (0,1)$$

Die zwei Komponentengleichungen zusammen mit den Nebenbedingungen liefern 4 Gleichungen für 4 Unbekannte $x_1^0, x_2^0, u_1^0, u_2^0$.

$$\Rightarrow \begin{array}{ccccccc} -2x_1^0 & & -2x_1^0u_1^0 & & = & -4 \\ & -2x_2^0 & +u_1^0 & -u_2^0 & = & -4 \\ (x_1^0)^2 & -x_2^0 & & & = & -1 \\ & x_2^0 & & & = & 2 \end{array}$$

Zwei dieser Gleichungen sind nicht linear. Das Gleichungssystem besitzt nur die Lösung $x_1^0 = 1$, $x_2^0 = 2$, $u_1^0 = 1 > 0$, $u_2^0 = 1 > 0$. Also ist nach dem lokalen Kuhn-Tucker-Satz (4) und nach dem Eindeutigkeitssatz 6.12.1(6) der Punkt $\boldsymbol{x}^0 = (1,2)$ die Minimallösung des Optimierungsproblems. Der Minimalwert der Zielfunktion f an der Stelle $\boldsymbol{x}^0$ ist $f(1,2) = 2$.

alternative Lsg. durch

7^0 Auswertung der lokalen Kuhn-Tucker-Bedingungen (1)(v):
Die Lagrange-Funktion lautet

$$\begin{aligned} \Phi(\boldsymbol{x}, \boldsymbol{u}) &:= f(\boldsymbol{x}) + \boldsymbol{u} \cdot \boldsymbol{g}(\boldsymbol{x}) \\ \text{hier: } &= x_1^2 - 4x_1 + x_2^2 - 4x_2 + 9 + u_1(x_1^2 - x_2 + 1) + u_2(x_2 - 2). \end{aligned}$$

finde $\boldsymbol{x}^0 \geq \mathbf{o}$ und $\boldsymbol{u}^0 \geq \mathbf{o}$, so dass

$g_1(\boldsymbol{x}^0)$	$\leq$	0	hier: $(x_1^0)^2 - x_2^0 + 1$	$\leq$	0
$u_1^0 \cdot g_1(\boldsymbol{x}^0)$	$=$	0	$u_1^0 \cdot ((x_1^0)^2 - x_2^0 + 1)$	$=$	0
u_1^0	$\geq$	0	u_1^0	$\geq$	0
$g_2(\boldsymbol{x}^0)$	$\leq$	0	$x_2^0 - 2$	$\leq$	0
$u_2^0 \cdot g_2(\boldsymbol{x}^0)$	$=$	0	$u_2^0 \cdot (x_2^0 - 2)$	$=$	0
u_2^0	$\geq$	0	u_2^0	$\geq$	0
$\frac{\partial \Phi}{\partial x_1}(\boldsymbol{x}^0, \boldsymbol{u}^0)$	$\geq$	0	$2x_1^0 - 4 + u_1^0 \cdot 2 \cdot x_1^0$	$\geq$	0
$x_1^0 \cdot \frac{\partial \Phi}{\partial x_1}(\boldsymbol{x}^0, \boldsymbol{u}^0)$	$=$	0	$x_1^0(2x_1^0 - 4 + u_1^0 \cdot 2 \cdot x_1^0)$	$=$	0
x_1^0	$\geq$	0	x_1^0	$\geq$	0
$\frac{\partial \Phi}{\partial x_2}(\boldsymbol{x}^0, \boldsymbol{u}^0)$	$\geq$	0	$2x_2^0 - 4 - u_1^0 + u_2^0$	$\geq$	0
$x_2^0 \cdot \frac{\partial \Phi}{\partial x_2}(\boldsymbol{x}^0, \boldsymbol{u}^0)$	$=$	0	$x_2^0(2x_2^0 - 4 - u_1^0 + u_2^0)$	$=$	0
x_2^0	$\geq$	0	x_2^0	$\geq$	0

Das ist ein System von 4 Gleichungen und 8 Ungleichungen für 4 Unbekannte $x_1^0, x_2^0, u_1^0, u_2^0$. Es ist nicht schwer zu verifizieren, dass es durch $\boldsymbol{x}^0 = (1, 2)$ und $\boldsymbol{u}^0 = (1, 1)$ gelöst wird. Es ist auch nicht schwer, diese Lösung zu finden: Man löst die Gleichungen (unter der vorläufigen Annahme $u_1^0 > 0, u_2^0 > 0$) und findet $x_2^0 = 2, x_1^0 = 1$. Setzt man dies in die verbleibenden Gleichungen für u_1^0, u_2^0 ein, so findet man $u_1^0 = 1, u_2^0 = 1$. Damit sind sämtliche Gleichungen und Ungleichungen erfüllt, also ist nach (1) $\boldsymbol{x}^0 = (1, 2)$ die Minimallösung des gestellten Optimierungsproblems.

Bem.: Hätte das Gleichungssystem keine zulässige Lösung besessen, wäre mindestens eine der Voraussetzungen $u_1^0 > 0$ oder $u_2^0 > 0$ nicht erfüllt gewesen. Dann hätte man die Annahmen $u_1^0 = 0$ oder $u_2^0 = 0$ weiter verfolgen müssen.

Im folgenden Beispiel ist eine graphische Lösung nicht einfach möglich, wohl aber die rechnerische Lösung mit Hilfe der geometrischen lokalen Kuhn-Tucker-Bedingung.

(B5) Finde $\boldsymbol{x}^0$ mit $f(\boldsymbol{x}^0) \leq f(\boldsymbol{x})$ für alle $\boldsymbol{x} \in M$ wobei

$$f(\boldsymbol{x}) = x_1^4 + x_1^2 x_2 + 2x_2^2 + 1 \quad \text{und}$$
$$M := \{\boldsymbol{x} \in I\!R^2 : g_1(\boldsymbol{x}) = x_1^2 - x_2 + 1 \leq 0,\ g_2(\boldsymbol{x}) = x_2 - 2 \leq 0,\ x_1 \geq 0,\ x_2 \geq 0\}.$$

M wurde in (B4) skizziert.

Lsg.:

1^0 Sind die Restriktionsfunktionen konvex?
g_1 ist konvex, g_2 ist affin-linear. Das wurde bereits in (B4) festgestellt.

2^0 Ist die Zielfunktion f konvex?
Die Hesse-Matrix von f auf M lautet

$$H_f(\boldsymbol{x}) = \begin{bmatrix} 12x_1^2 + 2x_2 & 2x_1 \\ 2x_1 & 4 \end{bmatrix}.$$

Sie ist für $\boldsymbol{x} \in M$ positiv definit, also f auf M streng konvex. Beweis mit dem Kriterium mit Hilfe des Gaußschen Algorithmus:

$$\begin{array}{|cc|}
\hline
12x_1^2 + 2x_2 & 2x_1 \\
2x_1 & 4 \\
\hline
12x_1^2 + 2x_2 & 2x_1 \\
0 & 4 - \frac{4x_1^2}{12x_1^2+2x_2} \\
\hline
\end{array}
\quad \begin{array}{l} \cdot - \left(\frac{2x_1}{12x_1^2+2x_2}\right) \\ + \end{array}$$

Für $0 \leq x_1 \leq 1$ und $1 \leq x_2 \leq 2$ ist $12x_1^2 + 2x_2 > 0$ und

$$4 - \frac{4x_1^2}{12x_1^2 + 2x_2} = 4 - \frac{2}{6 + \frac{x_2}{x_1^2}} \geq 4 - \frac{2}{6 + \frac{1}{1^2}} > 0,$$

also erst recht für $\boldsymbol{x} \in M$, da $M \subset [0,1] \times [1,2]$.

3^0 Ist die Slater-Bedingung erfüllt?
Ja, das wurde in (B4) festgestellt.

4^0 Berechnung der Gradienten:

$$\begin{aligned}
\text{grad } f(\boldsymbol{x}) &= (4x_1^3 + 2x_1x_2, x_1^2 + 4x_2) \\
\text{grad } g_1(\boldsymbol{x}) &= (2x_1, -1) \\
\text{grad } g_2(\boldsymbol{x}) &= (0,1).
\end{aligned}$$

5^0 Untersuchung von f auf "freie Extrema":

$$\text{grad } f(\boldsymbol{x}^0) = \mathbf{o} \quad \Leftrightarrow \quad \left\{ \begin{array}{lll} 4(x_1^0)^3 & +2x_1^0x_2^0 & = 0 \\ (x_1^0)^2 & +4x_2^0 & = 0. \end{array} \right\}$$

Die einzige Lösung dieses Systems nichtlinearer Gleichungen ist $\boldsymbol{x}^0 = (0,0)$. Dieser Punkt liegt außerhalb von M.

6^0 Auswertung der geometrischen lokalen Kuhn-Tucker-Bedingungen (5):
Beschreibung des Randes von M wie in (B4): er besteht aus den Kurven

(a) $g_1(\boldsymbol{x}) = x_1^2 - x_2 + 1 = 0, \quad 0 < x_1 \leq 1;$

(b) $g_2(\boldsymbol{x}) = x_2 - 2, \quad 0 < x_1 \leq 1;$

(c) $x_1 = 0, \quad 1 \leq x_2 \leq 2.$

Ansatz für (a) und (b): Gibt es $u_1^0, u_2^0 \geq 0$ mit

$$-\text{grad } f(\boldsymbol{x}^0) \stackrel{?}{=} u_1^0 \cdot \text{grad } g_1(\boldsymbol{x}^0) + u_2^0 \cdot \text{grad } g_2(\boldsymbol{x}^0)?$$

Diese Vektorgleichung lautet hier:

$$-(4(x_1^0)^3 + 2x_1^0x_2^0, (x_1^0)^2 + 4x_2^0) \stackrel{?}{=} u_1^0 \cdot (2x_1^0, -1) + u_2^0 \cdot (0,1)$$

$$\Leftrightarrow \left\{ \begin{array}{lllllll} -4(x_1^0)^3 & -2x_1^0x_2^0 & -2x_1^0u_1^0 & & = & 0 \\ -(x_1^0)^2 & -4x_2^0 & +u_1^0 & -u_2^0 & = & 0 \end{array} \right\}$$

Diese Gleichungen bilden zusammen mit der ersten bzw. der ersten und der zweiten Nebenbedingung

$$\begin{array}{rrcl} (x_1^0)^2 & -x_2^0 & = & -1 \\ & x_2^0 & = & 2 \end{array}$$

ein System von 3 bzw. 4 (hier nichtlinearen) Gleichungen für 4 Unbekannte $x_1^0, x_2^0, u_1^0, u_2^0$. Es besitzt keine Lösung mit $u_1^0 \geq 0, u_2^0 \geq 0$.
Ansatz für (c): gibt es $u_1^0 \geq 0, \xi_1^0 \geq 0$ mit

$$-\text{grad } f(\boldsymbol{x}^0) \stackrel{?}{=} u_1^0 \cdot \text{grad } g_1(\boldsymbol{x}^0) + \xi_1^0 \cdot \text{grad } s_2(\boldsymbol{x}^0)$$

Diese Vektorgleichung lautet hier

$$-(4(x_1^0)^3 + 2x_1^0x_2^0,\ (x_1^0)^2 + 4x_2^0) \stackrel{?}{=} u_1^0 \cdot (2x_1^0, -1) - \xi_1^0 \cdot (1,0)$$

$$\Leftrightarrow \left\{ \begin{array}{rrrrcl} -4(x_1^0)^3 & +x_1^0(-2x_2^0 - 2u_1^0) & & +\xi_1^0 & = & 0 \\ -(x_1^0)^2 & & -4x_2^0 & +u_1^0 & = & 0 \end{array} \right\}$$

Diese Gleichungen zusammen mit den Nebenbedingungen

$$\begin{array}{rrcl} (x_1^0)^2 & -x_2^0 & = & -1 \\ x_1^0 & & = & 0 \end{array}$$

bilden ein System von 4 (hier nichtlinearen) Gleichungen für 4 Unbekannte. Es besitzt die Lösung $x_1^0 = 0, x_2^0 = 1, u_1^0 = 4 > 0, \xi_1^0 = 0$. Nach (4) ist deshalb der Punkt $\boldsymbol{x}^0 = (0,1)$ Minimallösung des gestellten Optimierungsproblems. Der zugehörige Minimalwert von f auf M ist $f(\boldsymbol{x}^0) = 3$.

7^0 alternative Lsg. mit der lokalen Kuhn-Tucker-Bedingung (1)(v):
Die Lagrange-Funktion des Optimierungsproblems $(f, \boldsymbol{g}, V)$ lautet

$$\begin{aligned} \Phi(\boldsymbol{x}, \boldsymbol{u}) &= f(\boldsymbol{x}) + \boldsymbol{u}^T \cdot \boldsymbol{g}(\boldsymbol{x}) \\ &= x_1^4 + x_1^2x_2 + 2x_2^2 + 1 + u_1(x_1^2 - x_2 + 1) + u_2(x_2 - 2). \end{aligned}$$

Gibt es $\boldsymbol{x}^0 \geq \mathbf{o}$ und $\boldsymbol{u}^0 \geq \mathbf{o}$ mit

$g_1(\boldsymbol{x}^0)$	$\leq$	0	hier: $(x_1^0)^2 - x_2^0 + 1$	$\leq$	0
$u_1^0 \cdot g_1(\boldsymbol{x}^0)$	$=$	0	$u_1^0 \cdot ((x_1^0)^2 - x_2^0 + 1)$	$=$	0
u_1^0	$\geq$	0	u_1^0	$\geq$	0
$g_2(\boldsymbol{x}^0)$	$\leq$	0	$x_2^0 - 2$	$\leq$	0
$u_2^0 \cdot g_2(\boldsymbol{x}^0)$	$=$	0	$u_2^0 \cdot (x_2^0 - 2)$	$=$	0
u_2^0	$\geq$	0	u_2^0	$\geq$	0
$\frac{\partial\Phi}{\partial x_1}(\boldsymbol{x}^0, \boldsymbol{u}^0)$	$\geq$	0	$4(x_1^0)^3 + 2x_1^0x_2^0 + 2u_1^0x_1^0$	$\geq$	0
$x_1^0 \cdot \frac{\partial\Phi}{\partial x_1}(\boldsymbol{x}^0, \boldsymbol{u}^0)$	$=$	0	$x_1^0 \cdot (4(x_1^0)^3 + 2x_1^0x_2^0 + 2u_1^0x_1^0)$	$=$	0
x_1^0	$\geq$	0	x_1^0	$\geq$	0
$\frac{\partial\Phi}{\partial x_2}(\boldsymbol{x}^0, \boldsymbol{u}^0)$	$\geq$	0	$(x_1^0)^2 + 4x_2^0 - u_1^0 + u_2^0$	$\geq$	0
$x_2^0 \cdot \frac{\partial\Phi}{\partial x_2}(\boldsymbol{x}^0, \boldsymbol{u}^0)$	$=$	0	$x_2^0 \cdot ((x_1^0)^2 + 4x_2^0 - u_1^0 + u_2^0)$	$=$	0
x_2^0	$\geq$	0	x_2^0	$\geq$	0

Die Annahme $u_2^0 > 0$ führt auf $x_2^0 = 2$ und $x_1^0 = 1$, falls $u_1^0 > 0$. Damit folgt aus der 3. Gleichung der Widerspruch $u_1^0 = -3$. Falls $u_1^0 = 0$ ist, folgt aus der 4. Gleichung der Widerspruch $u_2^0 = -9$. Also muss $u_2^0 = 0$ sein. Damit findet man die Lösung $x_1^0 = 0,\ x_2^0 = 1,\ u_2^0 = 0,\ u_1^0 = 4 > 0$. Nach (1) ist $\boldsymbol{x}^0 = (0,1)$ der Minimalpunkt von f in M.

6.12.4 Ökonomische Beispiele

(B1) Optimale Zusammensetzung eines Wertpapier-Portfolios[8]:

Der Prozess, ein Portfolio von Wertpapieren (Aktien, Rentenpapieren etc) zu wählen, kann in zwei Stufen eingeteilt werden. Die erste Stufe ist eine Schätzung der zukünftigen Ertragspotentiale von verfügbaren Wertpapieren. Die zweite Stufe beginnt damit, Vertrauen in zukünftige Erträge zu setzen und endet mit der konkreten Wahl des Portfolios. Wir beschäftigen uns hier mit der zweiten Stufe. Insbesondere werden wir feststellen, welcher Regel der Investor folgen sollte, um seine Gewinnerwartung zu maximieren.

Es sollen N verschiedene Wertpapiere betrachtet werden. Für $i = 1, \ldots, N$ bezeichne

R_i den (auf den Tag der Entscheidung) abgezinsten Ertrag einer Einheit der i-ten Wertpapiersorte. Der Wert R_i kann in eine unendliche Reihe zerlegt werden der Form

$$R_i = \sum_{t=1}^{\infty} d_{it} \cdot r_{it},$$

wobei

r_{it} der erwartete Ertrag pro Euro, der in das Wertpapier i investiert wurde, zum Zeitpunkt t ist, und

d_{it} der Abzinsungsfaktor auf den Tag der Entscheidung.

$t = 1, 2, \ldots$ zählt dabei die Zeitperioden der Ertragsausschüttungen.

x_i bezeichne den Anteil des Portfolios an der Wertpapiersorte i.

Die **Investmentpolitik** des Investors wird durch die Gleichung

$$\sum_{i=1}^{N} x_i = 1$$

beschrieben. Wir nehmen dabei $x_i \geq 0$ an für $i = 1, \ldots, N$.

Es werden kurzfristige Spekulationen außer Betracht gelassen. Der relative kumulierte Ertrag einer Investmentpolitik $\boldsymbol{x} = (x_1, \ldots, x_N)^T$ ist

$$\sum_{i=1}^{N} R_i \cdot x_i =: P(\boldsymbol{x}).$$

Wir nehmen an, dass $\boldsymbol{R} = (R_1, \ldots, R_N)^T$ ein Zufallsvektor ist, der normalverteilt ist mit bekanntem Erwartungswert $\boldsymbol{\mu} = (\mu_1, \ldots, \mu_N)^T$ und der Kovarianzmatrix $\sigma = (\sigma_{ij})_{i=1,\ldots,N}^{j=1,\ldots,N}$. Dann ist der Erwartungswert von $P(\boldsymbol{x})$

$$E[P(\boldsymbol{x})] = \sum_{i=1}^{N} \mu_i \cdot x_i = \boldsymbol{x}^T \cdot \boldsymbol{\mu}$$

[8] [Karl] p.205, [FH] p. 210ff

und die Varianz von $P(\boldsymbol{x})$

$$V[P(\boldsymbol{x})] = \sum_{i=1}^{N} \sum_{j=1}^{N} x_i x_i \sigma_{ij} = \boldsymbol{x}^T \cdot \sigma \cdot \boldsymbol{x}.$$

Wir betrachten die Zielfunktion

$$f(\boldsymbol{x}) = a \cdot \boldsymbol{x}^T \cdot \boldsymbol{\mu} - b \cdot \boldsymbol{x}^T \cdot \sigma \cdot \boldsymbol{x},$$

wobei $a > 0$ und $b > 0$ Parameter sind, deren Verhältnis $a : b$ die unterschiedliche Bedeutung jedes der Summanden $\boldsymbol{x}^T \cdot \boldsymbol{\mu}$ (= "Ertragserwartung" = der erwartete Ertrag) und $\boldsymbol{x}^T \cdot \sigma \cdot \boldsymbol{x}$ ("Unsicherheit der Gewinnerwartung") festlegt. Das Problem ist:
finde $\boldsymbol{x}^0$ mit $f(\boldsymbol{x}^0) \geq f(\boldsymbol{x})$ für alle $\boldsymbol{x} \in M$, wobei
$M := \{\boldsymbol{x} \in I\!R^N : \sum_{i=1}^{N} x_i = 1 \text{ und } \boldsymbol{x} \geq \mathbf{o}\}$.

Die Funktion f ist konkav, da ihre Hesse-Matrix $H_f = -b \cdot \sigma$ negativ definit ist. Das Problem ist deshalb nach 6.12.1(2) äquivalent zu dem konvexen Optimierungsproblem $(-f, \boldsymbol{g}, V)$:

finde $\boldsymbol{x}^0$ mit $-f(\boldsymbol{x}^0) \leq -f(\boldsymbol{x})$ für alle $\boldsymbol{x} \in M$ wobei
$M := \{\boldsymbol{x} \in I\!R^N : g_1(\boldsymbol{x}) := \sum_{i=1}^{N} x_i - 1 \leq 0, g_2(\boldsymbol{x}) := -\sum_{i=1}^{N} x_i + 1 \leq 0,\ \boldsymbol{x} \geq \mathbf{o}\}$.

Die Gleichung der Nebenbedingung $\sum x_i = 1$ wird als doppelte Ungleichung $\sum x_i \leq 1$ und $\sum x_i \geq 1$ geschrieben, und die beiden Ungleichungen auf "≤ 0-Form" gebracht. Weil natürlicherweise die Vorzeichenbedingung $\boldsymbol{x} \geq \mathbf{o}$ gestellt werden muss, kann das Problem nicht als eine Extremwertaufgabe mit einer Gleichung als Nebenbedingung formuliert werden, wohl aber als konvexe Optimierungsaufgabe mit Vorzeichenbeschränkung.

Die Restriktionsfunktionen sind affin-linear. Deshalb ist die Slater-Bedingung entbehrlich.

Das Problem $(-f, \boldsymbol{g}, V)$ kann, wenn $a, b, \boldsymbol{\mu}$ und σ konkret bekannt sind, mit den Methoden des Abschnittes 6.12.3 gelöst werden.

(B2) Maximierung einer Nutzenfunktion unter Budget-Restriktionen
Ein Haushalt mit einem Einkommen m [in GE] konsumiert zwei Güter in Mengen x_1 und x_2, für die die Preise p_1 bzw. p_2 zu zahlen sind. Sein Nutzen werde durch die folgende Nutzenfunktion beschrieben:

$$U(x_1, x_2) = x_1^{\alpha} \cdot x_2^{1-\alpha}.$$

Dabei ist α ein Parameter mit $0 < \alpha < 1$.

(i) Der Nutzen ist zu maximieren unter der Budgetrestriktion

$$g(x_1, x_2) = x_1 \cdot p_1 + x_2 \cdot p_2 - m \leq 0.$$

(ii) Zu festen Preisen p_1, p_2 ermittle man die **Konsum-Einkommen-Kurve**

$$m \longmapsto \boldsymbol{x}^0(m) = (x_1^0(m), x_2^0(m)),$$

wobei $\boldsymbol{x}^0(m)$ Stelle des Nutzenmaximums unter der Budgetrestriktion ist.

(iii) Wie hängt das Nutzenmaximum $U(\boldsymbol{x}^0(m))$ vom Einkommen ab? Gesucht ist die Funktion

$$m \longmapsto U(\boldsymbol{x}^0(m)).$$

Lsg.: (i)

1^0 Die Nutzenfunktion U ist konkav, weil ihre Hesse-Matrix

$$\begin{aligned} H_U(\boldsymbol{x}) &= \begin{bmatrix} -\alpha(1-\alpha)\left(\frac{x_2}{x_1}\right)^{1-\alpha}\cdot\frac{1}{x_1} & \alpha(1-\alpha)\left(\frac{x_1}{x_2}\right)^{\alpha}\cdot\frac{1}{x_1} \\ \alpha(1-\alpha)\left(\frac{x_2}{x_1}\right)^{1-\alpha}\cdot\frac{1}{x_2} & -\alpha(1-\alpha)\left(\frac{x_1}{x_2}\right)^{\alpha}\cdot\frac{1}{x_2} \end{bmatrix} \\ &= \alpha(1-\alpha)\frac{1}{x_1^{1-\alpha}x_2^{\alpha}}\cdot\begin{bmatrix} -\frac{x_2}{x_1} & 1 \\ 1 & -\frac{x_1}{x_2} \end{bmatrix} \end{aligned}$$

negativ semidefinit ist, denn ihre Hauptminoren sind (abgesehen von dem positiven Faktor $\alpha(1-\alpha)/(x_1^{1-\alpha}x_2^{\alpha})$

$$-\frac{x_2}{x_1} < 0 \quad \text{und} \quad \det\begin{bmatrix} -\frac{x_2}{x_1} & 1 \\ 1 & -\frac{x_1}{x_2} \end{bmatrix} = 0.$$

Dann ist die Funktion $-U$ konvex und die gestellte Aufgabe äquivalent mit dem konvexen Optimierungsproblem $(-U, g, V)$:

finde $\boldsymbol{x}^0$ mit $-U(\boldsymbol{x}^0) \le -U(\boldsymbol{x})$ für alle $\boldsymbol{x} \in M$ wobei
$$M := \{\boldsymbol{x} \in I\!R^2 : g(\boldsymbol{x}) = \underbrace{x_1 \cdot p_1 + x_2 \cdot p_2 - m \le 0}_{\Leftrightarrow \frac{x_1}{\frac{m}{p_1}} + \frac{x_2}{\frac{m}{p_2}} \le 1}, \boldsymbol{x} \ge \mathbf{o}\}$$

2^0 Die Restriktionsfunktion $g(\boldsymbol{x}) = x_1 \cdot p_1 + x_2 \cdot p_2 - m$ ist affin-linear.

3^0 Die Slater-Bedingung braucht nicht berücksichtigt zu werden. (Für $p_1 > 0, p_2 > 0, m > 0$ ist sie erfüllt.)

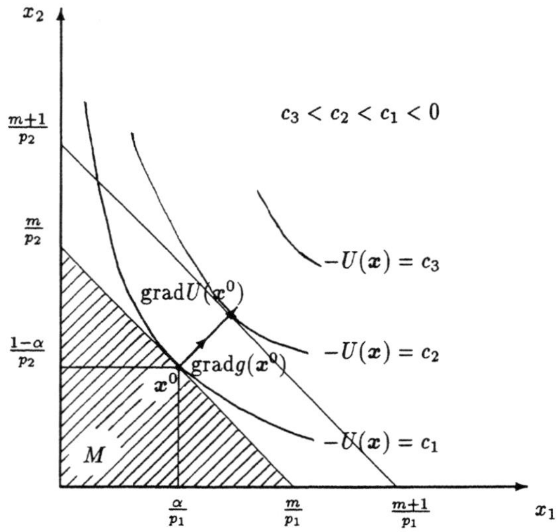

4^0 Berechnung der Gradienten:

$$\begin{aligned} \text{grad}\,(-U(\boldsymbol{x})) &= -\text{grad}\,U(\boldsymbol{x}) = -(\alpha x_1^{\alpha-1}x_2^{1-\alpha}, (1-\alpha)x_2^{-\alpha}x_1^{\alpha}) \\ &= -(\alpha\left(\tfrac{x_1}{x_2}\right)^{\alpha-1}, (1-\alpha)\left(\tfrac{x_1}{x_2}\right)^{\alpha}) \\ \text{grad}\,g(\boldsymbol{x}) &= (p_1, p_2). \end{aligned}$$

5^0 Berechnung der freien Extrema von $-U$:

$$-\text{grad}\,U(\boldsymbol{x}) = \mathbf{o} \quad \Leftrightarrow \quad \alpha\left(\frac{x_1}{x_2}\right)^{\alpha-1} = 0 \text{ und } (1-\alpha)\left(\frac{x_1}{x_2}\right)^{\alpha} = 0.$$

Diese Vektorgleichung hat in $(\mathbb{R}_{>0})^2$ keine Lösung, und in den Randpunkten $x_1 = 0$ oder $x_2 = 0$ ist U nicht partiell differenzierbar. Wegen $U(0, x_2) = 0$ und $U(x_1, 0) = 0$ sieht man unmittelbar, dass auf den Koordinatenachsen absolute Minimalstellen der Nutzenfunktion U liegen. Solche sind nicht gesucht!

6^0 Auswertung der geometrischen lokalen Kuhn-Tucker-Bedingungen: Der Rand von M besteht aus 3 Teilen. Offensichtlich ist ein gesuchtes Maximum von U [=Minimum von $-U$] auf der Randgeraden $g(\boldsymbol{x}) = x_1 \cdot p_1 + x_2 \cdot p_2 - m = 0$ gelegen. Deshalb ist nach der geometrischen lokalen Kuhn- Tucker-Bedingung ein $\boldsymbol{x}^0$ mit $x_1^0 \cdot p_1 + x_2^0 \cdot p_2 - m = 0$ und $0 < x_1^0 < \frac{m}{p_1}$ zu finden, so dass es dazu ein $u^0 \geq 0$ gibt, mit

$$-(-\text{grad}\,U(\boldsymbol{x}^0)) = \text{grad}\,U(\boldsymbol{x}^0) \stackrel{?}{=} u^0 \cdot \text{grad}\,g(\boldsymbol{x}^0) \text{ mit } u^0 \geq 0?$$

Diese Vektorgleichung lautet hier

$$\left(\alpha \cdot \left(\frac{x_1^0}{x_2^0}\right)^{\alpha-1}, (1-\alpha) \cdot \left(\frac{x_1^0}{x_2^0}\right)^{\alpha}\right) \stackrel{?}{=} u^0 \cdot (p_1, p_2) \text{ mit } u^0 \geq 0?$$

Sie ist den folgenden zwei Komponentengleichungen äquivalent:

$$\alpha \cdot \left(\frac{x_1^0}{x_2^0}\right)^{\alpha-1} = u^0 \cdot p_1$$

$$(1-\alpha) \cdot \left(\frac{x_1^0}{x_2^0}\right)^{\alpha} = u^0 \cdot p_2$$

Sie bilden zusammen mit der Nebenbedingung

$$x_1^0 \cdot p_1 + x_2^0 \cdot p_2 - m = 0$$

ein System von 3 Gleichungen für 3 Unbekannte x_1^0, x_2^0, u^0. Division der ersten durch die zweite Gleichung ergibt

$$\frac{\alpha}{1-\alpha} \cdot \frac{x_2^0}{x_1^0} = \frac{p_1}{p_2}.$$

Wird diese Gleichung nach $\frac{x_1^0}{x_2^0}$ aufgelöst,

$$\frac{x_1^0}{x_2^0} = \frac{p_2}{p_1} \cdot \frac{\alpha}{1-\alpha}.$$

und dieser Quotient in die erste Gleichung eingesetzt, so findet man den Lagrangeschen Multiplikator u^0

$$u^0 = \frac{\alpha}{p_1}\left(\frac{x_1^0}{x_2^0}\right)^{\alpha-1} = \frac{\alpha}{p_1}\left(\frac{p_2}{p_1} \cdot \frac{\alpha}{1-\alpha}\right)^{\alpha-1} = \frac{\alpha^\alpha}{p_1^\alpha} \cdot \frac{(1-\alpha)^{1-\alpha}}{p_2^{1-\alpha}} > 0.$$

Setzt man $x_1^0 = \frac{p_2}{p_1}\frac{\alpha}{1-\alpha}x_2^0$ ein in die Restriktionsgleichung, so findet man

$$x_2^0 = \frac{1-\alpha}{p_2}m \geq 0 \quad \text{und damit} \quad x_1^0 = \frac{\alpha}{p_1}m \geq 0.$$

Nach Satz 6.12.3(4) ist

$$\boldsymbol{x}^0 = \boldsymbol{x}^0(m) = m \cdot \left(\frac{\alpha}{p_1}, \frac{1-\alpha}{p_2}\right)$$

Stelle eines absoluten Maximums von U in M, und der maximale Nutzen ist gleich $U(\boldsymbol{x}^0(m)) = m \cdot u^0$. Man beachte, dass man hier mit der geometrischen lokalen Kuhn-Tucker-Bedingung sofort Aufschluss über die Art des Extremums erhält, ohne eine "hinreichende Bedingung" prüfen zu müssen. Man vgl. 6.10(B4).

7^0 **alternative Lsg.:** mit den lokalen Kuhn-Tucker-Bedingungen 6.12.3(1): Die Lagrange-Funktion lautet hier

$$\Phi(\boldsymbol{x}, u) = -U(\boldsymbol{x}) + u \cdot g(\boldsymbol{x}) = -x_1^\alpha x_2^{1-\alpha} + u(x_1p_1 + x_2p_2 - m).$$

finde $\boldsymbol{x}^0 \geq \mathbf{o}$ und $u^0 \geq 0$, so dass

$g(\boldsymbol{x}^0) \leq 0$	hier: $x_1^0p_1 + x_2^0p_2 - m \leq 0$
$u^0 \cdot g(\boldsymbol{x}^0) = 0$	$u^0(x_1^0p_1 + x_2^0p_2 - m) = 0$
$u^0 \geq 0$	$u^0 \geq 0$
$\frac{\partial\Phi}{\partial x_1}(\boldsymbol{x}^0, u^0) \geq 0$	$-\alpha(x_1^0)^{\alpha-1}(x_2^0)^{1-\alpha} + u^0p_1 \geq 0$
$x_1 \cdot \frac{\partial\Phi}{\partial x_1}(\boldsymbol{x}^0, u^0) = 0$	$x_1^0(-\alpha(x_1^0)^{\alpha-1}(x_2^0)^{1-\alpha} + u^0p_1) = 0$
$x_1^0 \geq 0$	$x_1^0 \geq 0$
$\frac{\partial\Phi}{\partial x_2}(\boldsymbol{x}^0, u^0) \geq 0$	$-(1-\alpha)(x_1^0)^\alpha(x_2^0)^{-\alpha} + u^0p_2 \geq 0$
$x_2 \cdot \frac{\partial\Phi}{\partial x_2}(\boldsymbol{x}^0, u^0) = 0$	$x_2^0(-(1-\alpha)(x_1^0)^\alpha(x_2^0)^{-\alpha} + u^0p_2) = 0$
$x_2^0 \geq 0$	$x_2^0 \geq 0$

Das sind insgesamt 3 Gleichungen und 6 Ungleichungen für 3 Unbekannte x_1^0, x_2^0, u^0. Unter der vorläufigen Annahme $u^0 > 0$ findet man aus den drei Gleichungen

$$\begin{aligned} x_1^0 p_1 + x_2^0 p_2 - m &= 0 \\ -\alpha (x_1^0)^{\alpha-1}(x_2^0)^{1-\alpha} + u^0 p_1 &= 0 \\ -(1-\alpha)(x_1^0)^{\alpha}(x_2^0)^{-\alpha} + u^0 p_2 &= 0 \end{aligned} \Leftrightarrow \begin{aligned} x_1^0 p_1 + x_2^0 p_2 &= m \\ \alpha \left(\frac{x_1^0}{x_2^0}\right)^{\alpha-1} &= u^0 p_1 \\ (1-\alpha)\left(\frac{x_1^0}{x_2^0}\right)^{\alpha} &= u^0 p_2 \end{aligned}$$

Genau dieses Gleichungssystem ist im Schritt 6^0 oben schon gelöst worden. Die Lösung ist

$$(x_1^0, x_2^0, u^0) = \left(\frac{\alpha m}{p_1}, \frac{(1-\alpha)m}{p_2}, \frac{\alpha^\alpha}{p_1^\alpha}\frac{(1-\alpha)^{1-\alpha}}{p_2^{1-\alpha}}\right),$$

und deshalb ist nach 6.12.3(1) der Punkt $(x_1^0, x_2^0) = (\frac{\alpha m}{p_1}, \frac{(1-\alpha)m}{p_2})$ Stelle eines absoluten Minimums von U in M.

Lsg. von (ii):
Die gesuchte Konsum-Einkommen-Kurve

$$m \longmapsto \boldsymbol{x}^0(m)$$

ist die Gerade

$$m \longmapsto \left(\frac{\alpha}{p_1}, \frac{1-\alpha}{p_2}\right) \cdot m.$$

Sie verläuft durch den Ursprung und hat die Steigung $\frac{1-\alpha}{\alpha} \cdot \frac{p_1}{p_2}$.

Lsg. von (iii):
Der maximale Nutzen zum Einkommen m ist

$$\begin{aligned} U(\boldsymbol{x}^0(m)) = m \cdot u^0 &= m \cdot u^0(p_1, p_2, m), \quad \text{wobei} \\ u^0 = u^0(p_1, p_2, m) &= \frac{\alpha^\alpha}{p_1^\alpha}\frac{(1-\alpha)^{1-\alpha}}{p_2^{1-\alpha}} \end{aligned}$$

unabhängig von m ist. Also gibt der Lagrange-Multiplikator $u^0 = u^0(p_1, p_2, m)$ hier exakt an, um wieviel der Nutzen wächst, wenn das Einkommen m um eine Einheit auf $m+1$ vergrößert wird:

$$\begin{aligned} U(\boldsymbol{x}^0(p_1, p_2, m+1)) - U(\boldsymbol{x}^0(p_1, p_2, m)) &= (m+1)u^0(p_1, p_2) - mu^0(p_1, p_2) \\ &= u^0(p_1, p_2). \end{aligned}$$

Bem.: Mit Hilfe des Umhüllenden-Satzes erhält man nur die folgende, geringere Information über die Abhängigkeit des maximalen Nutzens vom Einkommen m: In der alternativen Lösung 7^0 ist die Lagrange-Funktion des Minimum-Problems $(-U, g, V)$ in der Form

$$\Phi = \Phi(u, \boldsymbol{x}, m) = -x_1^\alpha x_2^{1-\alpha} + u(x_1 p_1 + x_2 p_2 - m)$$

aufgestellt und gefunden worden, dass das Minimum von $-U$ an einer Stelle $\boldsymbol{x}^0 > \mathbf{o}$ angenommen wird, die ein Randpunkt von M ist, d.h. $\boldsymbol{x}^0$ erfüllt die Nebenbedingung $g(\boldsymbol{x}^0) = 0$. Dann liefert der Umhüllenden-Satz 6.11(1) die Information

$$\frac{\partial(-U)}{\partial m}(u, \boldsymbol{x}^0, m) = \frac{\partial \Phi}{\partial m}(u, \boldsymbol{x}, m) \,|_{(u,\boldsymbol{x})=(u^0,\boldsymbol{x}^0)} = -u^0,$$

d.h.

$$\frac{\partial U}{\partial m}(u, \boldsymbol{x}^0, m) = u^0 = \frac{\alpha^\alpha}{p_1^\alpha} \cdot \frac{(1-\alpha)^{1-\alpha}}{p_2^{1-\alpha}},$$

wobei u^0 wie oben unter 6^0 ermittelt eingesetzt worden ist. Daraus kann man jedoch nicht den einfachen Zusammenhang

$$U(\boldsymbol{x}^0(m)) = m \cdot u^0$$

erkennen, der in der Lösung von (iii) gefunden worden ist.

(B3) Maximierung einer Gewinn-Funktion unter einer Ungleichung als Restriktion:

Ein Unternehmen besitzt eine Gewerbefläche von 3 Flächeneinheiten. Durch Investitionen, Bau von Fabrikgebäuden und Anschaffung von Maschinen in Höhe von x_1 GE und Schaffung von Arbeitsplätzen, die Personalkosten in Höhe von x_2 GE verursachen, kann das Unternehmen Gewinne in Höhe von

$$G(\boldsymbol{x}) = x_1 \cdot x_2 + 4x_2 + x_1 - x_1^2 - x_2^2 + 10 \quad \text{[GE]}$$

machen. Negative Gewinne sind als Verluste zu buchen. Für jede Geldeinheit an Sach-Investitionen werde eine halbe Flächeneinheit des Geländes benötigt und für jede Geldeinheit an Personal-Investitionen eine Flächeneinheit. Gesucht ist ein Gewinnmaximum unter den gegebenen Restriktionen.

Lsg.: Die Restriktionen verlangen $g(\boldsymbol{x}) = \frac{x_1}{2} + x_2 - 3 \le 0$. Gesucht ist ein Punkt

$$\begin{array}{l} \boldsymbol{x}^0 \text{ mit } G(\boldsymbol{x}) \le G(\boldsymbol{x}^0) \text{ für alle } \boldsymbol{x} \in M, \text{ wobei} \\ M := \{\boldsymbol{x} \in I\!R^2 : g(\boldsymbol{x}) \le 0, \boldsymbol{x} \ge 0\}. \end{array}$$

Dazu äquivalent ist das Optimierungsproblem (v, g, V)

$$\begin{array}{l} \text{finde } \boldsymbol{x}^0 \text{ mit } v(\boldsymbol{x}^0) \le v(\boldsymbol{x}) \text{ für alle } \boldsymbol{x} \in M, \text{ wobei} \\ v(\boldsymbol{x}) := -G(\boldsymbol{x}) \quad \text{eine "Verlustfunktion" ist und} \\ M := \{\boldsymbol{x} \in I\!R^2 : g(\boldsymbol{x}) \le 0, \boldsymbol{x} \ge 0\}. \end{array}$$

Ist (v, g, V) ein konvexes Optimierungsproblem mit Vorzeichenbeschränkung?

1^0 Ist die Zielfunktion v konvex?
Die Zielfunktion

$$v(\boldsymbol{x}) = x_1^2 + x_2^2 - x_1 x_2 - x_1 - 4x_2 - 10$$

ist streng konvex, da ihre Hesse-Matrix $H_v(\boldsymbol{x}) = \begin{bmatrix} 2 & -1 \\ -1 & 2 \end{bmatrix}$ positiv definit ist, denn ihre Hauptminoren sind $2 > 0$ und $\det H_v(\boldsymbol{x}) = 3 > 0$.

2^0 Die Restriktionsfunktion ist affin-linear.

3^0 Die Slater-Bedingung muss nicht überprüft werden. Sie ist erfüllt.

4^0 Berechnung der Gradienten:

$$\begin{aligned} \text{grad } v(\boldsymbol{x}) &= (2x_1 - x_2 - 1, 2x_2 - x_1 - 4) \\ \text{grad } g(\boldsymbol{x}) &= (\frac{1}{2}, 1) \end{aligned}$$

5^0 Berechnung der "freien Extrema" von v:

$$\begin{array}{lclllll} \text{grad } v(\boldsymbol{x}) = \mathbf{o} & \leftrightarrow & 2x_1 & -x_2 & = 1 & & \\ & & -x_1 & +2x_2 & = 4 & & \\ & \Leftrightarrow & -x_1 & +2x_2 & = 4 & | \cdot 2 & \\ & & 2x_1 & -x_2 & = 1 & + & \\ & \Leftrightarrow & -x_1 & +2x_2 & = 4 & & x_1 = 2 \\ & & & 3x_2 & = 9 & \Rightarrow & x_2 = 3. \end{array}$$

Der Punkt $\tilde{\boldsymbol{x}} = (2, 3)$ ist Stelle eines absoluten Minimums von v, da die Hesse-Matrix von v positiv definit ist. Wegen $g(\tilde{\boldsymbol{x}}) = \frac{1}{2} \cdot 2 + 3 = 4 > 3$ liegt $\tilde{\boldsymbol{x}}$ nicht in M.

6^0 Auswertung der geometrischen lokalen Kuhn-Tucker-Bedingungen 6.12.3(5): Gesucht ist ein Punkt $\boldsymbol{x}^0 \in \text{bd } M$, so dass es dazu ein $u^0 \geq 0$ gibt mit

$$-\text{grad } v(\boldsymbol{x}^0) \stackrel{?}{=} u^0 \cdot \text{grad } g(\boldsymbol{x}^0) \quad \text{und} \quad u^0 \geq 0?$$

Diese Vektorgleichung lautet hier

$$(x_2^0 - 2x_1^0 + 1, x_1^0 - 2x_2^0 + 4) \stackrel{?}{=} u^0 \cdot (\frac{1}{2}, 1).$$

Wird sie komponentenweise ausgeschrieben, so bildet sie zusammen mit der Restriktionsgleichung ein System von 3 linearen Gleichungen für 3 Unbekannte x_1^0, x_2^0, u^0:

$$\begin{array}{rrrcr} x_2^0 & -2x_1^0 & -\frac{1}{2}u^0 & = & -1 \\ -2x_2^0 & +x_1^0 & -u^0 & = & -4 \\ x_2^0 & +\frac{1}{2}x_1^0 & & = & 3 \end{array}$$

Mit dem Gaußschen Algorithmus findet man leicht, dass es genau eine Lösung besitzt:

$$x_1^0 = \frac{10}{7}, \; x_2^0 = \frac{16}{7}, \; u^0 = \frac{6}{7}.$$

Nach Satz 6.12.3(4) ist $\boldsymbol{x}^0 = (\frac{10}{7}, \frac{16}{7})$ Stelle eines absoluten Minimums der Verlustfunktion v auf M, d.h. Stelle eines absoluten Maximums der Gewinnfunktion G auf M. Der Gewinn im Maximum besträgt $G(\frac{10}{7}, \frac{16}{7}) \approx 19$ GE.

7^0 Alternative Lösung mit der lokalen Kuhn-Tucker-Bedingung 6.12.3(1): Die Lagrange-Funktion des Optimierungsproblems (v, g, V) lautet:

$$\begin{aligned}\Phi(\boldsymbol{x}, u) &= v(\boldsymbol{x}) + u \cdot g(\boldsymbol{x}) \\ &= x_1^2 + x_2^2 - x_1x_2 - x_1 - 4x_2 - 10 + u(\tfrac{x_1}{2} + x_2 - 3).\end{aligned}$$

finde $\boldsymbol{x}^0 \geq \mathbf{o}$ und $u^0 \geq 0$, so dass

$g(\boldsymbol{x}^0)$	$\leq$	0	hier: $\frac{x_1^0}{2} + x_2^0 - 3$	$\leq$	0
$u^0 \cdot g(\boldsymbol{x}^0)$	$=$	0	$u^0 \cdot (\frac{x_1^0}{2} + x_2^0 - 3)$	$=$	0
u^0	$\geq$	0	u^0	$\geq$	0
$\frac{\partial\Phi}{\partial x_1}(\boldsymbol{x}^0, u^0)$	$\geq$	0	$2x_1^0 - x_2^0 - 1 + \frac{1}{2}u^0$	$\geq$	0
$x_1^0 \cdot \frac{\partial\Phi}{\partial x_1}(\boldsymbol{x}^0, u^0)$	$=$	0	$x_1^0(2x_1^0 - x_2^0 - 1 + \frac{1}{2}u^0)$	$=$	0
x_1^0	$\geq$	0	x_1^0	$\geq$	0
$\frac{\partial\Phi}{\partial x_2}(\boldsymbol{x}^0, u^0)$	$\geq$	0	$2x_2^0 - x_1^0 - 4 + u^0$	$\geq$	0
$x_2^0 \cdot \frac{\partial\Phi}{\partial x_2}(\boldsymbol{x}^0, u^0)$	$=$	0	$x_2^0(2x_2^0 - x_1^0 - 4 + u^0)$	$=$	0
x_2^0	$\geq$	0	x_2^0	$\geq$	0

Das sind insgesamt 3 Gleichungen und 6 Ungleichungen für 3 Unbekannte x_1^0, x_2^0, u^0. Löst man die drei Gleichungen (unter der vorläufigen Annahme $u^0 > 0$) mit dem Gaußschen Algorithmus, so findet man, dass sie genau eine Lösung $x_1^0 = \frac{10}{7}, x_2^0 = \frac{16}{7}, u^0 = \frac{6}{7} > 0$ besitzen. Nach Satz 6.12.3(1) ist $\boldsymbol{x}^0 = (\frac{10}{7}, \frac{16}{7})$ Stelle eines absoluten Minimums der Verlustfunktion v, also Stelle eines absoluten Maximums der Gewinnfunktion G auf M.

6.13 Klausuraufgaben

(K1) Gegeben sei die reelle Funktion

$$y = f(u,v,w) = \sqrt{u^2 + 3e^{v^2-w}}.$$

a) Man bestimme den Definitionsbereich und den genauen Wertebereich von f.

b) Man berechne den Funktionswert an der Stelle $\boldsymbol{a} = (1,1,1)$ exakt.

c) Wo ist f vollständig differenzierbar?

d) Man berechne den Funktionswert an der Stelle $\boldsymbol{x} = (1.02; 1.01; 1.02)$ näherungsweise mit Hilfe des vollständigen Differentials von f.

e) Man zeige, dass die Funktion f keine relativen Extrema besitzt.

Lsg.:

a) Die Funktion f ist für alle Punkte $(u,v,w) \in \mathbb{R}^3$ definiert, da der Radikand für alle (u,v,w) positiv ist: $\mathcal{D}_f = \mathbb{R}^3$. Der genaue Wertebereich ist $\mathcal{W}_f = (0,\infty)$, da f als mittelbare Funktion elementarer Funktionen stetig ist und für alle $(u,v,w) \in \mathbb{R}^3$ $f(u,v,w) > 0$ und für $(u,v) = (0,0)$

$$\lim_{w\to\infty} f(0,0,w) = \lim_{w\to\infty} \sqrt{3e^{-w}} = 0,$$

und für ein (hier sogar für alle) $(v,w) \in \mathbb{R}^2$

$$\lim_{u\to\infty} f(u,v,w) = \lim_{u\to\infty} \sqrt{u^2 + 3e^{v^2-w}} = \infty$$

ist.

b) Den Funktionswert von f bei $\boldsymbol{a}$ erhält man einfach durch Einsetzen von $\boldsymbol{a}$ in die Funktionsgleichung:

$$f(1,1,1) = \sqrt{1^2 + 3e^{1^2-1}} = \sqrt{1 + 3\cdot e^0} = \sqrt{4} = 2.$$

c) Die Funktion f ist für alle $(u,v,w) \in \mathbb{R}^3$ partiell differenzierbar: mit $y = f(u,v,w)$ ist

$$\begin{aligned} f_u(u,v,w) &= \frac{u}{y} \\ f_v(u,v,w) &= \frac{3ve^{v^2-w}}{y} \\ f_w(u,v,w) &= -\frac{3e^{v^2-w}}{2y} \end{aligned}$$

Da die partiellen Ableitungen überall stetig sind, ist die Funktion f überall vollständig differenzierbar.

d) Das vollständige Differential von f ist die lineare Funktion

$$dy = \text{grad } f(\boldsymbol{a}) \cdot (\boldsymbol{x} - \boldsymbol{a})^T \approx \Delta y := f(\boldsymbol{x}) - f(\boldsymbol{a}),$$

wobei grad $f(\boldsymbol{a}) = (f_u(\boldsymbol{a}), f_v(\boldsymbol{a}), f_w(\boldsymbol{a}))$ der Vektor der partiellen Ableitungen von f an der Stelle $\boldsymbol{a}$ ist:

$$\begin{aligned} f_u(\boldsymbol{a}) &= \frac{1}{2} \\ f_v(\boldsymbol{a}) &= \frac{3}{2} \\ f_w(\boldsymbol{a}) &= -\frac{3}{4}. \end{aligned}$$

$$\boldsymbol{x} - \boldsymbol{a} = (0.02,\ 0.01,\ 0.02) = \frac{1}{100}(2, 1, 2)$$

$$\begin{aligned} f(\boldsymbol{x}) &\approx f(\boldsymbol{a}) + \text{grad } f(\boldsymbol{a}) \cdot (\boldsymbol{x} - \boldsymbol{a})^T \\ &= 2 + \frac{1}{100} \cdot (\frac{1}{2}, \frac{3}{2}, -\frac{3}{4}) \cdot (2, 1, 2)^T = 2 + \frac{1}{100} = 2.01 \end{aligned}$$

e) Da die Funktion f überall vollständig differenzierbar ist, muss an einer lokalen Extremstelle der Gradient der Nullvektor sein. Der Gradient von f wird aber an keiner Stelle $(u, v, w) \in I\!R^3$ der Nullvektor, weil die partielle Ableitung f_w an keiner Stelle verschwindet. Deshalb besitzt f keine relativen Extrema.

(K2) Gegeben sei die Funktion von zwei reellen Veränderlichen

$$z = f(x, y) = x^2 + y^2 - 4x + 5.$$

a) Man skizziere die Niveaulinien von f (falls sie existieren) zu den Niveaus $z = 0, 1, 2, 5, 10$.

b) Wo ist f vollständig differenzierbar?

c) Man bestimme die Extremwerte von f.

d) Wo ist f konvex?

Es sei

$$z = g(x, y) = e^{f(x,y)} - f(x, y).$$

e) Wo ist g als reelle Funktion definiert?

f) Man bestimme die Extremstellen von g.

g) Wo ist g konvex?

Lsg.:

a) Mit quadratischer Ergänzung findet man die Darstellung von f:

$$z = f(x,y) = x^2 - 4x + 4 + y^2 + 1 = (x-2)^2 + y^2 + 1.$$

Daraus liest man ab: die Höhenlinie von f zum Niveau z ist der Kreis um den Punkt $(x_m, y_m) = (2,0)$ als Mittelpunkt mit dem Radius $r = \sqrt{z-1}$:

$$H_z(f) := \{(x,y) : (x-2)^2 + y^2 = z - 1\}.$$

Danach ist

$$\begin{aligned}
H_0(f) &= \{\} \quad \text{(die leere Menge)} \\
H_1(f) &= \{(2,0)\} \quad \text{(der Mittelpunkt der konzentrischen Kreise)} \\
H_2(f) &= \{(x,y) : (x-2)^2 + y^2 = 1\} \quad \text{(Kreis um (2,0) mit Radius 1)} \\
H_5(f) &= \{(x,y) : (x-2)^2 + y^2 = 4\} \quad \text{(Kreis um (2,0) mit Radius 2)} \\
H_{10}(f) &= \{(x,y) : (x-2)^2 + y^2 = 9\} \quad \text{(Kreis um (2,0) mit Radius 3)}
\end{aligned}$$

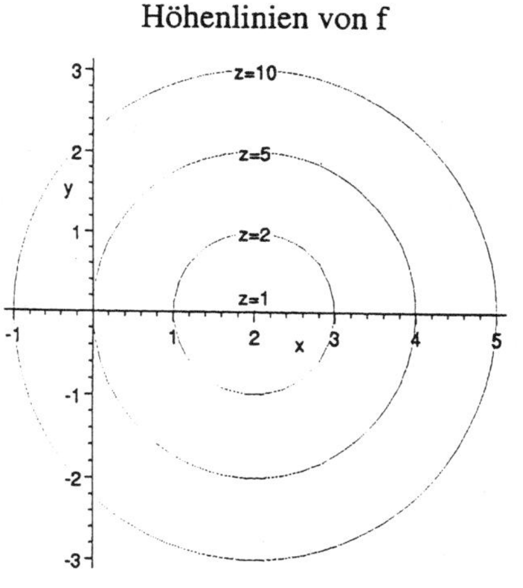

b) Die Funktion f ist überall partiell differenzierbar mit den partiellen Ableitungen

$$f_x(x,y) = 2(x-2), \quad f_y(x,y) = 2y,$$

die für alle $(x,y) \in \mathbb{R}^2$ stetig sind. Deshalb ist f überall im $\mathbb{R}^2$ vollständig differenzierbar.

c) Notwendige Bedingung für ein relatives Extremeum von f:

$$\text{grad } f = (0,0) \quad \Leftrightarrow \quad x = 2, y = 0.$$

Der Punkt $(2,0)$ ist der einzige kritische Punkt.
Hinreichende Bedingungen für ein lokales Extremeum:
Die Hesse-Matrix von f lautet:

$$H_f(x,y) = \begin{bmatrix} 2 & 0 \\ 0 & 2 \end{bmatrix}.$$

Sie ist unabhängig von (x,y). Sie ist positiv definit. Deshalb ist (2,0) Stelle eines strengen Minimums von f der Größe $f(2,0) = 1$, das wegen $f(x,y) = (x-2)^2+y^2+1 \geq 1$ ein absolutes Minimum ist. Die Funktion f besitzt sonst keine weiteren relativen Extrema, da es nur einen kritischen Punkt gibt.

Alternative Lösung von c): Man sieht unmittelbar, dass

$$f(x,y) = (x-2)^2 + y^2 + 1 \geq 1 \quad \text{für alle } (x,y) \in I\!R^2$$

ist und =1 genau für den Punkt $(x,y) = (2,0)$. Deshalb ist dieser Punkt Stelle eines strengen absoluten Minimums von f, und es ist die einzige Stelle eines relativen Extremums von f. f ist ein Rotationsparaboloid, das durch Rotation der Kurve $z = (x-2)^2 + 1$ um eine vertikale Achse zur x,y-Ebene durch den Punkt (2,0) erzeugt wird.

d) Die Funktion f ist streng konvex, da die Hesse-Matrix von f für alle (x,y) positiv definit ist.

e) Die Funktion g ist für alle $(x,y) \in I\!R^2$ definiert.

f) Die Funktion $z = e^u - u$ ist für alle $u > 0$ streng monoton wachsend, da $z'(u) = e^u - 1$ für $u > 0$ positiv ist. Der Wertebereich der Funktion f ist das Intervall $[0,\infty)$. Deshalb ist die Stelle (2,0) des Minimums von f auch die (einzige) Extremstelle von g, und zwar ein absolutes Minimum.

g) Der Gradientenvektor von g ist

$$\text{grad } g(x,y) = e^{f(x,y)}\text{grad } f(x,y) - \text{grad } f(x,y) = (e^{f(x,y)}-1)(2(x-2),2y).$$

Die Hesse-Matrix von g lautet:

$$H_g(x,y) = \begin{bmatrix} g_{x,x} & g_{x,y} \\ g_{y,x} & g_{y,y} \end{bmatrix} = \begin{bmatrix} e^{f(x,y)}(2+4(x-2)^2)-2 & e^{f(x,y)}2(x-2)2y \\ e^{f(x,y)}2(x-2)2y & e^{f(x,y)}(2+4y^2)-2 \end{bmatrix}.$$

Sie ist für alle $(x,y) \in I\!R^2$ positiv definit. Beweis mit dem Determinantenkriterium: Ihr erster Hauptminor ist für alle $(x,y) \in I\!R^2$

$$H_1 = e^{f(x,y)}(2+4(x-2)^2) - 2 \geq e^1 \cdot 2 - 2 > 0$$

ebenso die Determinante der Hesse-Matrix von g

$$\det H_g(x,y) = (e^{2f(x,y)} - e^{f(x,y)})(8y^2 + 8(x-2)^2) + 4(e^{f(x,y)} - 1)^2 > 0.$$

Deshalb ist die Funktion g überall konvex.

(K3) Man berechne die relativen Extrema der reellwertigen Funktion

$$u = f(x,y,z) = -1 + 2(xz + yz - xy - x^2 - y^2 - z^2 + x + z)$$

unter den Nebenbedingungen

$$x = z + 1 \quad \text{und} \quad z = y + 1$$

mit der Lagrangeschen Multiplikatorenmethode.

Lsg.:

0^0 Die Lagrange-Funktion der Extremwertaufgabe lautet

$$\begin{aligned} L(\lambda,\mu,x,y,z) &= -1 + 2(xz + yz - xy - x^2 - y^2 - z^2 + x + z) + \lambda(x - z - 1) \\ &+ \mu(z - y - 1). \end{aligned}$$

1^0 Notwendige Bedingungen für stationäre Punkte von L sind:

$$\begin{array}{lcrrrrrcr} L_x & = & \lambda & & -4x & -2y & +2z & = & -2 \\ L_y & = & & -\mu & -2x & -4y & +2z & = & 0 \\ Lz & = & -\lambda & +\mu & +2x & +2y & -4z & = & -2 \\ L_\lambda & = & & & x & & -z & = & 1 \\ L_\mu & = & & & & -y & +z & = & 1 \end{array}$$

Das ist ein System von 5 linearen Gleichungen für 5 Unbekannte λ, μ, x, y, z. Es wird am einfachsten mit dem Gaußschen Algorithmus gelöst:

λ	μ	x	y	z		
1	0	−4	−2	2	−2	
0	−1	−2	−4	2	0	
−1	1	2	2	−4	−2	+
0	0	1	0	−1	1	
0	0	0	−1	1	1	
1	0	−4	−2	2	−2	
0	−1	−2	−4	2	0	
0	1	−2	0	−2	−4	+
0	0	1	0	−1	1	
0	0	0	−1	1	1	
1	0	−4	−2	2	−2	
0	−1	−2	−4	2	0	
0	0	−4	−4	0	−4	
0	0	1	0	−1	1	
0	0	0	−1	1	1	

λ	μ	x	y	z		
1	0	−4	−2	2	−2	
0	−1	−2	−4	2	0	
0	0	1	0	−1	1	$\mid \cdot 4$
0	0	−4	−4	0	−4	+ ↲
0	0	0	−1	1	1	
1	0	−4	−2	2	−2	
0	−1	−2	−4	2	0	
0	0	1	0	−1	1	
0	0	0	−4	−4	0	↕
0	0	0	−1	1	1	
1	0	−4	−2	2	−2	
0	−1	−2	−4	2	0	
0	0	1	0	−1	1	
0	0	0	−1	1	1	$\mid \cdot (-4)$
0	0	0	−4	−4	0	+ ↲
1	0	−4	−2	2	−2	
0	−1	−2	−4	2	0	
0	0	1	0	−1	1	
0	0	0	−1	1	1	
0	0	0	0	−8	−4	

Die Lösung ist $(\lambda^*, \mu^*, x^*, y^*, z^*) = (2, 0, \frac{3}{2}, -\frac{1}{2}, \frac{1}{2})$.

3^0 Die Jacobi-Matrix

$$\operatorname{Jac}_{(x,y)}\boldsymbol{g}(x,y,z) = \begin{bmatrix} \frac{\partial g_1}{\partial x} & \frac{\partial g_1}{\partial y} \\ \frac{\partial g_2}{\partial x} & \frac{\partial g_2}{\partial y} \end{bmatrix} = \begin{bmatrix} 1 & 0 \\ 0 & 1 \end{bmatrix}$$

hat den Rang 2. Deshalb kann man über die Hesse-Matrix der Lagrange-Funktion $L(\lambda, \mu, x, y, z)$

4^0 hinreichende Bedingungen für relative Extrema von f unter den gegebenen Nebenbedingungen gewinnen:
Berechnung der Hesse-Matrix der Lagrange-Funktion L:

$$H_L(\lambda, \mu, x, y, z) = \begin{bmatrix} 0 & 0 & 1 & 0 & -1 \\ 0 & 0 & 0 & -1 & 1 \\ 1 & 0 & -4 & -2 & 2 \\ 0 & -1 & -2 & -4 & 2 \\ -1 & 1 & 2 & 2 & -4 \end{bmatrix}.$$

Diese ist unabhängig von (λ, μ, x, y, z). Sie hat also an der kritischen Stelle $(\lambda^*, \mu^*, x^*, y^*, z^*) = (2, 0, \frac{3}{2}, -\frac{1}{2}, \frac{1}{2})$ den angegebenen Wert. Hier ist die Differenz *Anzahl der Variablen – Anzahl der Ungleichungen* $= n - m = 3 - 2 = 1$. Der letzte Hauptminor von H_L ist die Determinante dieser Matrix. Dessen Vorzeichen ist zu bestimmen. H_L entsteht aus der Matrix A des oben gelösten linearen Gleichungssystems durch insgesamt eine gerade Anzahl von Zeilenvertauschungen. Deshalb gilt

$$\det H_L = \det A$$

st mit dem Gaußschen Algorithmus bereits (implizit) mit rden zu

$$\det A = (-1)^2(-8) = -8.$$

$$\text{sign} \det H_L = (-1)^3 = -1$$

$^*) = (\frac{3}{2}, -\frac{1}{2}, \frac{1}{2})$ Stelle eines relativen Maximums von f unter den gegebenen Nebenbedingungen. Der Maximalwert von f an dieser Stelle ist $f(x^*, y^*, z^*) = 0$.

(K4) Man untersuche die Funktion

$$y = f(x_1, x_2, x_3) = x_1^2 + 3x_2^2 + 2x_3^2$$

auf relative Extrema unter der Nebenbedingung

$$g(x_1, x_2, x_3) = 120 - 4x_1 - 12x_2 = 0.$$

1. Lsg. (mit der Eliminationsmethode):

1^0 Die Nebenbedingung wird aufgelöst nach x_1 : $\quad x_1 = 30 - 3x_2$, und diese Auflösung eingestzt in die Funktionsgleichung von f:

$$f(30 - 3x_2, x_2, x_3) = (30 - 3x_2)^2 + 3x_2^2 + 2x_3^2 =: \Phi(x_2, x_3).$$

2^0 Notwendige Bedingungen für relative Extrema von Φ:

$$\begin{array}{rclcl} \Phi_{x_2} & = & 2(30 - 3x_2)(-3) + 6x_2 & = & 0 \\ \Phi_{x_3} & = & 4x_3 & = & 0 \end{array} \quad \Leftrightarrow \quad \begin{array}{rcl} 4x_2 & = & 30 \\ x_3 & = & 0 \end{array}$$

Die Lösung und damit einziger kritischer Punkt ist $(x_2^*, x_3^*) = (\frac{15}{2}, 0)$. Aus der Nebenbedingung findet man $x_1^* = \frac{15}{2}$.

3^0 Hinreichende Bedingungen für relative Extrema von Φ:
die Hesse-Matrix von Φ

$$H_\Phi = \begin{bmatrix} \Phi_{x_2,x_2} & \Phi_{x_2,x_3} \\ \Phi_{x_3,x_2} & \Phi_{x_3,x_3} \end{bmatrix} = \begin{bmatrix} 24 & 0 \\ 0 & 4 \end{bmatrix}$$

ist positiv definit. Deshalb ist $(x_1^*, x_2^*, x_3^*) = (\frac{15}{2}, \frac{15}{2}, 0)$ Stelle eines relativen Minimums von f unter der gegebenen Nebenbedingung. Der Minimalwert von f ist $f(x_1^*, x_2^*, x_3^*) = 225$.

2. Lsg. (mit der Lagrange-Methode):

1^0 Aufstellung dr Lagrange-Funktion des Problems:

$$L(\lambda, x_1, x_2, x_3) = \lambda(120 - 4x_1 - 12x_2) + x_1^2 + 3x_2^2 + 2x_3^2.$$

2^0 Notwendige Bedingungenfür relative Extrema von L:

$$\begin{array}{lclllll} L_\lambda & = & 120 & & -4x_1 & -12x_2 & & = 0 \\ L_{x_1} & = & & -4\lambda & +2x_1 & & & = 0 \\ L_{x_2} & = & & -12\lambda & & +6x_2 & & = 0 \\ L_{x_3} & = & & & & & 4x_3 & = 0 \end{array}$$

Dies ist ein System von 4 linearen Gleichungen für 4 Unbekannte λ, x_1, x_2, x_3. Es wird am einfachsten mit dem Gaußschen Algorithmus gelöst:

λ	x_1	x_2	x_3		
0	−4	−12	0	−120	↔
−4	2	0	0	0	↔
−12	0	6	0	0	
0	0	0	4	0	
−4	2	0	0	0	$\mid \cdot (-3)$
0	−4	−12	0	−120	
−12	0	6	0	0	+
0	0	0	4	0	
−4	2	0	0	0	
0	−4	−12	0	−120	$\mid \cdot (\frac{-3}{2})$
0	−6	6	0	0	+
0	0	0	4	0	
−4	2	0	0	0	
0	−4	−12	0	−120	
0	0	24	0	180	
0	0	0	4	0	

Es besitzt die Lösung $(\lambda^*, x_1^*, x_2^*, x_3^*) = (\frac{15}{4}, \frac{15}{2}, \frac{15}{2}, 0)$.

3^0 Die Jacobi-Matrix von g bzgl x_1 ist

$$\text{Jac}_{x_1}(g)(x_1, x_2, x_3) = \frac{\partial g}{\partial x_1} = -4 \neq 0.$$

Deshalb sind die folgenden

4^0 Bedingungen hinreichend für ein relatives Extremum von f unter der gegebenen Nebenbedingung. Die Hesse-Matrix von L lautet:

$$H_L = \begin{bmatrix} 0 & -4 & -12 & 0 \\ -4 & 2 & 0 & 0 \\ -12 & 0 & 6 & 0 \\ 0 & 0 & 0 & 4 \end{bmatrix}.$$

Hier ist die Differenz *Anzahl der Variablen - Anzahl der Nebenbedingungen* $= n - m = 3 - 1 = 2$. Es sind die Vorzeichen der letzten zwei Hauptminoren von H_L zu ermitteln. Der vorletzte Hauptminor H_3 ist

$$\begin{aligned} H_3 = \begin{vmatrix} 0 & -4 & -12 \\ -4 & 2 & 0 \\ -12 & 0 & 6 \end{vmatrix} &= 4 \begin{vmatrix} -4 & -12 \\ 0 & 6 \end{vmatrix} - 12 \begin{vmatrix} -4 & -12 \\ 2 & 0 \end{vmatrix} \\ &= 4 \cdot (-24) - 12 \cdot 24 = -16 \cdot 24 < 0 \end{aligned}$$

und der letzte Hauptminor von H_L ist die Determinante dieser Matrix. Die Hesse-Matrix H_L ist bis auf eine Zeilenvertauschung mit der Matrix A des oben gelösten linearen Gleichungssystems identisch. Deshalb liest man aus dem Gaußschen Rechenschema ab:

$$\det H_L = (-1)(-4)^2 \cdot 24 \cdot 4 < 0.$$

Die beiden letzten Hauptminoren von H_L besitzen also dasselbe Vorzeichen, und zwar ist

$$\operatorname{sign} \det H_L = -1 = (-1)^1 = (-1)^m,$$

also ist $(x_1^*, x_2^*, x_3^*) = (\frac{15}{2}, \frac{15}{2}, 0)$ Stelle eines relativen Minimums von f unter der gegebenen Nebenbedingung. Der Minimalwert ist $f(x_1^*, x_2^*, x_3^*) = 225$.

(K5) Gegeben sei die reellwertige Funktion

$$\mathbb{R}^2 \ni (x,y) \longmapsto z = f(x,y,\alpha) = (x - \alpha y)^2 + y^2,$$

die von einem reellen Parameter α abhängt.

a) Man zeige: Für jedes $\alpha \neq 0$ besitzt die Funktion f genau eine Minimalstelle $\boldsymbol{x}^*(\alpha) = (x^*(\alpha), y^*(\alpha))$ unter der Nebenbedingung

$$g(x,y,\alpha) = y - \frac{x}{\alpha} - \alpha = 0.$$

b) Man berechne

$$\frac{dM}{d\alpha}(\alpha),$$

wobei

$$\alpha \longmapsto M(\alpha) := f(x^*(\alpha), y^*(\alpha))$$

die "Minimum-Wert-Funktion" ist.

1. Lsg. (mit der Eliminationsmethode):
Auflösung der Nebenbedingung nach y ergibt

$$y = \frac{x}{\alpha} + \alpha.$$

Wird das in die Funktionsgleichung von f eingesetzt, so erhält man eine reellwertige Funktion einer reellen Veränderlichen, die von dem Paramter α abhängt:

$$z = \Phi(x,\alpha) = (x - x - \alpha^2)^2 + (\frac{x}{\alpha} + \alpha)^2 = \alpha^4 + (\frac{x}{\alpha} + \alpha)^2.$$

Diese ist für jedes $\alpha \neq 0$ eine nach oben geöffnete Parabel mit dem Scheitelpunkt bei $x^* = -\alpha^2$. aus der Nebenbedingung folgt $y^* = 0$, und aus der Funktionsgleichung für Φ erhält man die "Minimum-Wert-Funktion" $M(\alpha) = f(\boldsymbol{x}^*(\alpha)) = \Phi(-\alpha^2, \alpha) = \alpha^4$. Also ist die gesuchte Ableitung

$$\frac{dM}{d\alpha}(\alpha) = 4\alpha^3.$$

2. Lsg. (mit dem Umhüllenden-Satz 6.11(1)):

1^0 Die Lagrange-Funktion des Minimum-Problems lautet:

$$L(\lambda, x, y, \alpha) = (x - \alpha y)^2 + y^2 + \lambda(y - \frac{x}{\alpha} - \alpha).$$

2^0 Notwendige Bedingungen für relative Extrema von L:

$$\begin{aligned} L_\lambda &= y - \frac{x}{\alpha} - \alpha = 0 \\ L_x &= 2(x - \alpha y) - \frac{\lambda}{\alpha} = 0 \\ L_y &= -2\alpha(x - \alpha y) + 2y + \lambda = 0 \end{aligned}$$

Das ist ein System von 3 linearen Gleichungen, die von dem Parameter α abhängen, für 3 Unbekannte λ, x, y, das am einfachsten mit dem Gaußchen Algorithmus gelöst wird:

λ	x	y		
1	-2α	$2\alpha^2 + 2$	0	$\mid \cdot \frac{1}{\alpha}$
$-\frac{1}{\alpha}$	2	-2α	0	$+$
0	$-\frac{1}{\alpha}$	1	α	
1	-2α	$2\alpha^2 + 2$	0	
0	0	$\frac{2}{\alpha}$	0	
0	$-\frac{1}{\alpha}$	1	α	

Die Lösung lautet $(\lambda^*(\alpha), x^*(\alpha), y^*(\alpha)) = (-2\alpha^3, -\alpha^2, 0)$.

3^0 Die Jacobi-Matrix von g bzg. x ist $\mathrm{Jac}_x(g)(x, y) = \frac{\partial g}{\partial x} = -\frac{1}{\alpha} \neq 0$. Deshalb hat man die

4^0 hinreichenden Bedingungen für ein Minimum von f unter der Nebenbedingung g:
Die Hesse-Matrix von L lautet:

$$H_L = \begin{bmatrix} 0 & -\frac{1}{\alpha} & 1 \\ -\frac{1}{\alpha} & 2 & -2\alpha \\ 1 & -2\alpha & 2\alpha^2 + 2 \end{bmatrix}.$$

Sie ist nach einer Zeilenvertauschung identisch mit der Koeffizientenmatrix A des oben gelösten linearen Gleichungssystems. Hier ist *Anzahl der Variablen - Anzahl der Nebenbedingungen* $= n - m = 2 - 1 = 1$. Der letzte Hauptminor von H_L ist die Determinante dieser Matrix. Für sie gilt

$$\det H_L = -\det A = -\frac{2}{\alpha^2} < 0.$$

Deshalb ist

$$\operatorname{sign} \det H_L = (-1)^1 = (-1)^m,$$

also nach 6.10(1)4^0 der Punkt $(x^*(\alpha), y^*(\alpha))$ Stelle eines relativen Minimums der Funktion f unter der Nebenbedingung g.

5⁰ Nach dem Umhüllenden-Satz 6.11(1) ist

$$\frac{dM}{d\alpha}(\alpha) = \frac{\partial L}{\partial \alpha}(\lambda, x, y, \alpha)\mid_{(\lambda,x,y)=(\lambda^*(\alpha),x^*(\alpha),y^*(\alpha))}.$$

Da $(\lambda^*(\alpha), x^*(\alpha), y^*(\alpha)) = (-2\alpha^3, -\alpha^2, 0)$ und

$$\frac{\partial L}{\partial \alpha} = -2y(x - \alpha y) - \lambda + \frac{\lambda x}{\alpha^2}$$

ist, folgt

$$\frac{\partial L}{\partial \alpha}(\lambda, x, y, \alpha)\mid_{(\lambda,x,y)=(\lambda^*(\alpha),x^*(\alpha),y^*(\alpha))} = 2\alpha^3 + \frac{2\alpha^3 \cdot \alpha^2}{\alpha^2} = 4\alpha^3.$$

(K6) Gegeben sei die reellwertige Funktion von 3 reellen Veränderlichen

$$f(x_1, x_2, x_3) = x_1^2 + 4x_2^2 + x_3^2.$$

Man minimiere f unter der Nebenbedingung

$$g(x_1, x_2, x_3) = -x_1 - x_2 - x_3 + 1 \leq 0$$

und unter der Vorzeichenbeschränkung

$$x_1 \geq 0, \quad x_2 \geq 0, \quad x_3 \geq 0.$$

Lsg.:

1⁰ Das Optimierungsproblem (f, g, V) ist eine quadratische Optimierungsaufgabe mit einer affin-linearen Nebenbedingung und Vorzeichenbeschränkung. Die Menge M der zulässigen Punkte ist

$$M := \{(x_1, x_2, x_3) \in \mathbb{R}^3 : -x_1 - x_2 - x_3 + 1 \leq 0, x_1 \geq 0,\ x_2 \geq 0,\ x_3 \geq 0\}.$$

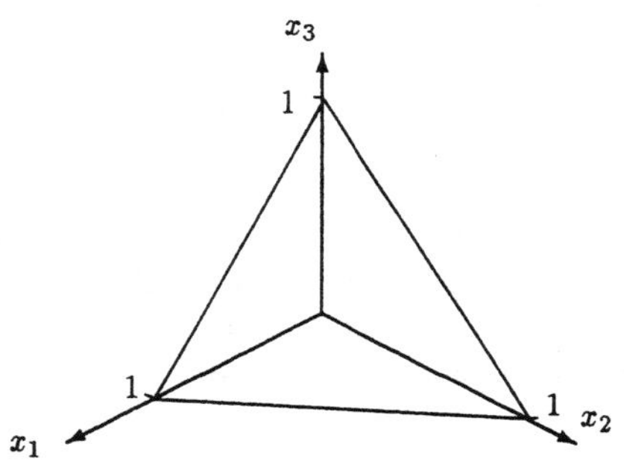

2⁰ Die Slater-Bedingung kann ignoriert werden. Sie ist erfüllt.

3⁰ Berechnung der Gradienten:

$$\begin{aligned} \text{grad } f(\boldsymbol{x}) &= (2x_1, 8x_2, 2x_3) \\ \text{grad } g(\boldsymbol{x}) &= (-1, -1, -1). \end{aligned}$$

4^0 Untersuchung von f auf "freie Extrema":

$$\operatorname{grad} f(\boldsymbol{x}^0) = (0,0,0) \quad \Leftrightarrow \quad \boldsymbol{x}^0 = (0,0,0).$$

Dieser Punkt liegt außerhalb von M.

5^0 Auswertung der geometrischen lokalen Kuhn-Tucker-Bedingungen 6.12.3(5): Finde $\boldsymbol{x}^0 \in M$, so dass es eine Zahl $u^0 \geq 0$ und einen Vektor $\boldsymbol{\xi}^0 \in \mathbb{R}^2$, $\boldsymbol{\xi}^0 \geq \mathbf{o}$, gibt mit

$$-\operatorname{grad} f(\boldsymbol{x}^0) \stackrel{?}{=} u^0 \cdot \operatorname{grad} g(\boldsymbol{x}^0) - \sum_{k \in P^0} \xi_k^0 (\boldsymbol{e}^k)^T.$$

Dabei ist P^0 die Indexmenge der in $\boldsymbol{x}^0$ aktiven Vorzeichenrestriktionen. Der Rand von M besteht aus 4 Teilen, den Ebenenstücken

$$\begin{array}{lll} \text{(a)} & x_1 + x_2 + x_3 = 1 & 0 < x_1, x_2, x_3 < 1 \\ \text{(b)} & x_1 = 0 & 1 \leq x_2 + x_3 \\ \text{(c)} & x_2 = 0 & 1 \leq x_1 + x_3 \\ \text{(d)} & x_3 = 0 & 1 \leq x_1 + x_2 \end{array}$$

Auswertung der geometrischen Kuhn-Tucker-Bedingungen für

(a) :

$$(-2x_1^0, -8x_2^0, -2x_3^0) \stackrel{?}{=} u^0(-1,-1,-1) \quad \text{mit } u^0 \geq 0?$$

Komponentenweise ausgeschrieben ist diese Vektorgleichung äquivalent zu den 3 Gleichungen

$$\begin{aligned} -2x_1^0 + u^0 &= 0 \\ -8x_2^0 + u^0 &= 0 \\ -2x_3^0 + u^0 &= 0, \end{aligned}$$

die zusammen mit der Gleichung der aktiven Nebenbedingung

$$x_1^0 + x_2^0 + x_3^0 = 1$$

ein System von 4 linearen Gleichungen für 4 Unbekannte x_1^0, x_2^0, x_3^0, u^0 bilden. Es wird am einfachsten mit dem Gaußschen Algorithmus gelöst:

x_1^0	x_2^0	x_3^0	u^0		
1	1	1	0	1	|2 ↓
−2	0	0	1	0	+ ↵
0	−8	0	1	0	
0	0	−2	1	0	
1	1	1	0	1	
0	2	2	1	2	|4 ↓
0	−8	0	1	0	+ ↵
0	0	−2	1	0	
1	1	1	0	1	
0	2	2	1	2	
0	0	8	5	8	+ ↰
0	0	−2	1	0	|4 ↑

x_1^0	x_2^0	x_3^0	u^0	
1	1	1	0	1
0	2	2	1	2
0	0	0	9	8
0	0	−2	1	0

Es besitzt die Lösung: $(x_1^0, x_2^0, x_3^0, u^0) = (\frac{4}{9}, \frac{1}{9}, \frac{4}{9}, \frac{8}{9})$. Wegen $u^0 = \frac{8}{9} > 0$ ist nach 6.12.3(4) der Punkt $(x_1^0, x_2^0, x_3^0) = (\frac{4}{9}, \frac{1}{9}, \frac{4}{9})$ Minimallösung des Optimierungsproblems (f, g, V). Der Minimalwert von f beträgt $\frac{4}{9}$.

(K7) Finde $\boldsymbol{x}^0$ mit $f(\boldsymbol{x}^0) \le f(\boldsymbol{x})$ für alle $\boldsymbol{x} \in M$, wobei
$f(\boldsymbol{x}) = x_1^2 - 2x_1x_2 + x_2^2 + 1$ und
$M := \{\boldsymbol{x} \in I\!R^2 : g_1(\boldsymbol{x}) = x_1^2 - x_2 + 1 \le 0,\ g_2(\boldsymbol{x}) = x_1^2 - 2x_1 + x_2 - 4 \le 0, \boldsymbol{x} \ge \mathbf{o}\}$
(i) graphisch (ii) rechnerisch.
Lsg.:

1^0 Sind die Restriktionsfunktionen konvex?
Die Funktion g_1 ist konvex, da ihre Hesse-Matrix $H_{g_1}(\boldsymbol{x}) = \begin{bmatrix} 2 & 0 \\ 0 & 0 \end{bmatrix}$ für alle $\boldsymbol{x} \in I\!R^2$ positiv semidefinit ist. g_2 ist aus demselben Grund konvex.

2^0 Ist die Zielfunktion konvex?
Dei Funktion f ist konvex, da ihre Hesse-Matrix $H_f(\boldsymbol{x}) = \begin{bmatrix} 2 & -2 \\ -2 & 2 \end{bmatrix}$ für alle $\boldsymbol{x} \in I\!R^2$ positiv semidefinit ist, z. B. nachgewiesen mit 6.5(11).

3^0 Ist die Slater-Bedingung erfüllt?
Ja, für $\tilde{\boldsymbol{x}} = (0, 2)$ gelten $g_1(0,2) = -1 < 0$ und $g_2(0,2) = -2 < 0$.

Einschub: graphische Lösung des geg. Optimierungsproblems:
Die Schar der Isohöhenlinien von f

$$\begin{aligned} f(\boldsymbol{x}) = \text{const} = c \quad &\Leftrightarrow \quad x_1^2 - 2x_1x_2 + x_2^2 + 1 &&= c \\ &\Leftrightarrow \quad (x_1 - x_2)^2 &&= c - 1,\ c \ge 1 \end{aligned}$$

ist die Schar zueinander paralleler Geraden

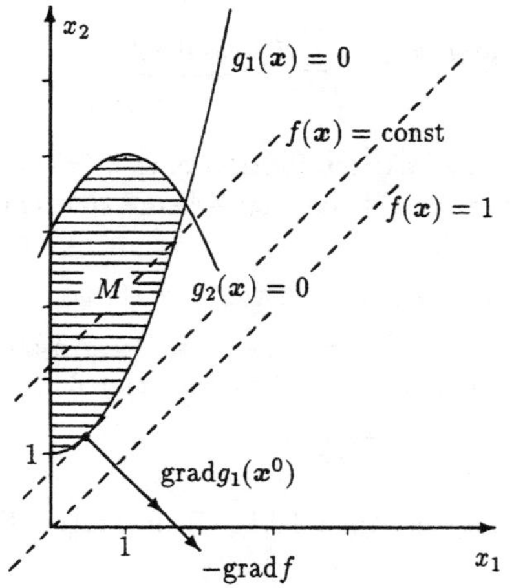

$H_c : x_2 = x_1 \pm \sqrt{c-1},\ c \geq 1.$

M ist der konvexe Bereich, begrenzt durch die x_2-Achse, die Kurve

$$\begin{aligned} g_1(\boldsymbol{x}) &= 0 \\ \Leftrightarrow x_2 &= x_1^2 + 1, \end{aligned}$$

und durch die Kurve

$$\begin{aligned} g_2(\boldsymbol{x}) &= 0 \\ \Leftrightarrow x_2 &= -x_1^2 + 2x_1 + 4 \\ &= -(x_1 - 1)^2 + 5. \end{aligned}$$

Gesucht ist die Gerade H_c : $x_2 = x_1 + \sqrt{c-1}$, die die Kurve $g_1(\boldsymbol{x}) = 0$ berührt. Der Berührpunkt $\boldsymbol{x}^0$ ist die Minimallösung des gestellten Optimierungsproblems.

Aus der Skizze liest man ab. $\boldsymbol{x}^0 \approx (0.6,\ 1.3)$.
Berechnung des Berührpunktes $\boldsymbol{x}^0$ aus der Bedingung:
(Steigung der Kurve $x_2 = x_1^2 + 1$ an der Stelle x_1^0) = 1 = Steigung der Geraden H_c.

$$2 \cdot x_1^0 = 1 \quad \Rightarrow \quad x_1^0 = \frac{1}{2},\ x_2^0 = \frac{5}{4}.$$

Bestimmung von c, so dass H_c durch den Punkt $\boldsymbol{x}^0 = (\frac{1}{2}, \frac{5}{4})$ verläuft:

$$\frac{5}{4} = \frac{1}{2} + \sqrt{c-1} \quad \Leftarrow \quad \frac{3}{4} = \sqrt{c-1} \quad \Leftarrow \quad \frac{9}{16} = c - 1 \quad \Leftarrow \quad c = \frac{25}{16}.$$

Die Minimallösung ist $\boldsymbol{x}^0 = (\frac{1}{2}, \frac{5}{4})$. Der Minimalwert von f auf M ist $c = \frac{25}{16}$.
Fortsetzung der rechnerischen Lösung der Optimierungsaufgabe mit den geometrischen lokalen Kuhn-Tucker-Bedingungen 6.12.3(5):

4^0 Berechnung der Gradienten:

$$\begin{aligned} \text{grad}\ f(\boldsymbol{x}) &= 2(x_1 - x_2, x_2 - x_1) = 2(x_1 - x_2) \cdot (1, -1) \\ \text{grad}\ g_1(\boldsymbol{x}) &= (2x_1, -1) \\ \text{gard}\ g_2(\boldsymbol{x}) &= (2x_1 - 2, 1). \end{aligned}$$

5^0 Untersuchung von f auf "freie Extrema":

$$\text{grad}\ f(\boldsymbol{x}) = \mathbf{o} \quad \Leftrightarrow \quad 2(x_1 - x_2) = 0 \quad \Leftrightarrow \quad x_2 = x_1, \quad x_1 \in I\!R \text{ beliebig.}$$

f besitzt in allen Punkten der Geraden $x_2 = x_1$ ($x_1 \in I\!R$) Minimalstellen (ohne Nebenbedingungen). Keiner dieser Punkte liegt in M.

6^0 Auswertung der geometrischen lokalen Kuhn-Tucker-Bedingungen: finde $\boldsymbol{x}^0 \in \operatorname{bd} M$, so dass es Vektoren $\boldsymbol{u}^0 \geq \mathbf{o}, (\boldsymbol{u}^0 \in \mathbb{R}^2)$ und $\xi_1^0 \geq 0 (\xi_1^0 \in \mathbb{R})$ gibt mit

$$-\operatorname{grad} f(\boldsymbol{x}^0) \stackrel{?}{=} \sum_{j \in Q^0} u_j^0 \cdot \operatorname{grad} g_j(\boldsymbol{x}^0) + \sum_{k \in P^0} \xi_k^0 \cdot \underbrace{\operatorname{grad} s_k(\boldsymbol{x}^0)}_{=-(\boldsymbol{e}^k)^T}.$$

Dabei ist Q^0 die Indexmenge der in $\boldsymbol{x}^0$ aktiven Restriktionen $g_j(\boldsymbol{x}^0) = 0$ und P^0 ist die Indexmenge der in $\boldsymbol{x}^0$ aktiven Vorzeichenrestriktionen $s_k(\boldsymbol{x}^0) = -x_k = 0$, $\operatorname{grad} s_k(\boldsymbol{x}) = -\boldsymbol{e}^k$.

Der Rand von M besteht aus drei Teilen, den Kurven

(a) $g_1(\boldsymbol{x}) = x_1^2 - x_2 + 1 = 0, \quad 0 < x_1 \leq \gamma, \quad \gamma = \frac{1}{2} + \frac{\sqrt{7}}{2} \approx 1.82$ Abszisse des Schnittpunktes der Randkurven $g_1(\boldsymbol{x}) = 0$ und $g_2(\boldsymbol{x}) = 0$.

(b) $g_2(\boldsymbol{x}) = x_1^2 - 2x_1 + x_2 - 4 = 0, \quad 0 < x_1 \leq \gamma,$

(c) $x_1 = 0, \quad 1 \leq x_2 \leq 4.$

Auswertung der geometrischen lokalen Kuhn-Tucker-Bedingungen für (a):

$$-\operatorname{grad} f(\boldsymbol{x}^0) \stackrel{?}{=} u_1^0 \cdot \operatorname{grad} g_1(\boldsymbol{x}^0) \quad \text{mit } u_1^0 \geq 0?$$

Diese Vektorgleichung lautet hier

$$-2(x_1^0 - x_2^0) \cdot (1, -1) \stackrel{?}{=} u_1^0 \cdot (2x_1^0, -1).$$

Wird sie komponentenweise ausgeschrieben, erhält man zusammen mit der Nebenbedingung $g_1(\boldsymbol{x}^0) = 0$ das folgende System von 3 nichtlinearen Gleichungen für 3 Unbekannte:

$$\begin{array}{rrrcr} -2x_1^0 & +2x_2^0 & -2x_1^0 \cdot u_1^0 & = & 0 \\ 2x_1^0 & -2x_2^0 & +u_1^0 & = & 0 \\ (x_1^0)^2 & -x_2^0 & & = & -1 \end{array}$$

Elimination von x_2^0 aus den ersten beiden Gleichungen (durch Addition dieser Gleichungen) ergibt die Gleichung

$$u_1^0 \cdot (1 - 2x_1^0) = 0$$

mit den Lösungen $u_1^0 = 0$ oder $x_1^0 = \frac{1}{2}$. $u_1^0 = 0$ führt zu keiner zulässigen Lösung des Systems. $x_1^0 = \frac{1}{2}$ führt auf den Punkt $\boldsymbol{x}^0 = (\frac{1}{2}, \frac{5}{4})$ und zu $u_1^0 = \frac{3}{2} > 0$. Also ist nach 6.12.3(4) $\boldsymbol{x}^0 = (\frac{1}{2}, \frac{5}{4})$ eine Minimallösung des gestellten Optimierungsproblems. Der Minimalwert von f an dieser Stelle ist $f(\boldsymbol{x}^0) = \frac{25}{16}$.

alternative Lsg. mit den lokalen Kuhn-Tucker-Bedingungen: die Lagrange-Funktion lautet

$$\begin{aligned} \Phi(\boldsymbol{x}, \boldsymbol{u}) &= f(\boldsymbol{x}) + \boldsymbol{u}^T \cdot \boldsymbol{g}(\boldsymbol{x}) \\ &= x_1^2 - 2x_1x_2 + x_2^2 + 1 + u_1(x_1^2 - x_2 + 1) + u_2(x_1^2 - 2x_1 + x_2 - 4). \end{aligned}$$

7^0 Auswertung der lokalen Kuhn-Tucker-Bedingungen 6.12.3(1)(v):

finde $\boldsymbol{x}^0 \geq \mathbf{o}$ und $\boldsymbol{u}^0 \geq \mathbf{o}$, so dass

$g_1(\boldsymbol{x}^0) \leq 0$	hier: $(x_1^0)^1 - x_2^0 + 1 \leq 0$
$u_1^0 \cdot g_1(\boldsymbol{x}^0) = 0$	$u_1^0 \cdot ((x_1^0)^1 - x_2^0 + 1) = 0$
$u_1^0 \geq 0$	$u_1^0 \geq 0$
$g_2(\boldsymbol{x}^0) \leq 0$	$(x_1^0)^2 - 2x_1^0 + x_2^0 - 4 \leq 0$
$u_2^0 \cdot g_2(\boldsymbol{x}^0) = 0$	$u_2^0 \cdot ((x_1^0)^2 - 2x_1^0 + x_2^0 - 4) = 0$
$u_2^0 \geq 0$	$u_2^0 \geq 0$
$\frac{\partial \Phi}{\partial x_1}(\boldsymbol{x}^0, \boldsymbol{u}^0) \geq 0$	$2x_1^0 - 2x_2^0 + 2u_1^0 x_1^0 + 2u_2^0 x_1^0 - 2u_2^0 \geq 0$
$x_1^0 \cdot \frac{\partial \Phi}{\partial x_1}(\boldsymbol{x}^0, \boldsymbol{u}^0) = 0$	$x_1^0(2x_1^0 - 2x_2^0 + 2u_1^0 x_1^0 + 2u_2^0 x_1^0 - 2u_2^0) = 0$
$x_1^0 \geq 0$	$x_1^0 \geq 0$
$\frac{\partial \Phi}{\partial x_2}(\boldsymbol{x}^0, \boldsymbol{u}^0) \geq 0$	$-2x_1^0 + 2x_2^0 - u_1^0 + u_2^0 \geq 0$
$x_2^0 \cdot \frac{\partial \Phi}{\partial x_2}(\boldsymbol{x}^0, \boldsymbol{u}^0) = 0$	$x_2^0(-2x_1^0 + 2x_2^0 - u_1^0 + u_2^0) = 0$
$x_2^0 \geq 0$	$x_2^0 \geq 0$

Das sind insgesamt 4 Gleichungen und 8 Ungleichungen für 4 Unbekannte $x_1^0, x_2^0, u_1^0, u_2^0$. Unter der vorläufigen Annahme $u_1^0 > 0$ wird die erste Gleichung aufgelöst nach x_2^0 : $x_2^0 = (x_1^0)^2 + 1$, und das Resultat eingesetzt in die 3. und in die 4. Gleichung:

$$\begin{aligned} x_1^0(2x_1^0 - 2(x_1^0)^2 - 2 + 2u_1^0 x_1^0 + 2u_2^0 x_1^0 - 2u_2^0) &= 0 \\ x_2^0(-2x_1^0 + 2(x_1^0)^2 + 2 - u_1^0 + u_2^0) &= 0 \end{aligned}$$

Unter der Annahme $x_1^0 > 0, x_2^0 > 0$ können diese Faktoren gekürzt werden:

$$\begin{aligned} 2x_1^0 - 2(x_1^0)^2 - 2 \quad +2u_1^0 x_1^0 + 2u_2^0 x_1^0 - 2u_2^0 &= 0 \\ -2x_1^0 + 2(x_1^0)^2 + 2 \quad -u_1^0 + u_2^0 &= 0 \end{aligned}$$

Addition dieser Gleichungen liefert:

$$\begin{aligned} u_1^0(2x_1^0 - 1) + u_2^0(2x_1^0 - 1) &= 0 \\ \Leftrightarrow (u_1^0 + u_2^0)(2x_1^0 - 1) &= 0. \end{aligned}$$

Eine Lösung dieser Gleichung ist $x_1^0 = \frac{1}{2}$. Wird das in die erste Gleichung eingesetzt, so findet man $x_2^0 = 1 + (x_1^0)^2 = \frac{5}{4} \geq 0$. Werden die gefundenen Werte für x_1^0 und x_2^0 in die zweite Gleichung eingesetzt, so erhält man $u_2^0(\frac{1}{4} - 1 + \frac{5}{2} - 4) = 0$, woraus sich $u_2^0 = 0$ ergibt. Aus der dritten Gleichung ergibt sich schließlich $u_1^0 = \frac{3}{2} \geq 0$. Man verifiziert leicht, dass die gefundenen Werte $x_1^0, x_2^0, u_1^0, u_2^0 = \frac{1}{2}, \frac{5}{4}, \frac{3}{2}, 0$ alle Gleichungen und Ungleichungen erfüllt. Deshalb ist nach (1) der Punkt $\boldsymbol{x}^0 = (\frac{1}{2}, \frac{5}{4})$ Minimallösung von f in M.

(K8) Gegeben sei die reellwertige Funktion von zwei reellen Veränderlichen

$$f(x_1, x_2, \alpha) = (x_1 - \alpha)^2 + x_2^2,$$

die von einem reellen Paramter α abhängt.

a) Man zeige: für jedes $\alpha \in I\!R$ nimmt die Funktion f ihr Minimum unter den Nebenbedingungen

$$g_1(x_1, x_2) = -\frac{1}{2}x_1 - x_2 + 1 \leq 0$$

$$g_2(x_1, x_2) = x_2 - 2 \leq 0$$

und unter den Vorzeichenbeschränkungen

$$x_1 \geq 0, \quad x_2 \geq 0$$

an genau einer Stelle $\boldsymbol{x}^0(\alpha) = (x_1^0(\alpha), x_2^0(\alpha))$ an. Man bestimme $\boldsymbol{x}^0(\alpha)$.

b) Man ermittle die "Minimum-Wert-Funktion "

$$\alpha \longmapsto M(\alpha) = f(\boldsymbol{x}^0(\alpha)).$$

1. Lsg. von a): Die Aufgabe gestattet eine geometrische Interpretation:

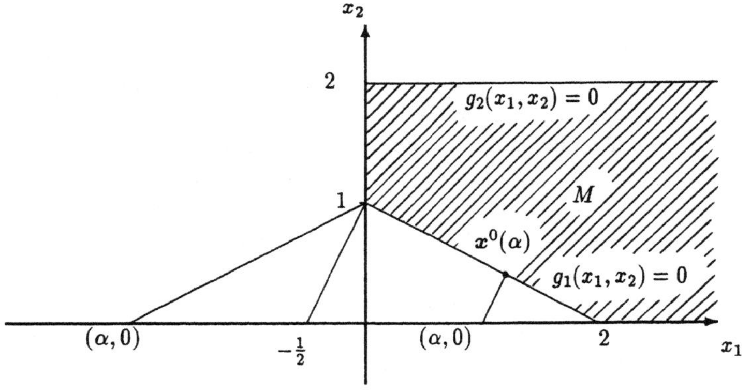

Gesucht ist ein Punkt $\boldsymbol{x}^0(\alpha) \in M$ wobei

$$M := \{(x_1, x_2) : g_1(x_1, x_2) \leq 0,\ g_2(x_1, x_2) \leq 0,\ x_1 \geq 0,\ x_2 \geq 0\},$$

so dass dieser unter allen Punkten in M das kleinste Quadrat des Abstandes zum Punkt $(\alpha, 0)$ (äquivalent: den kleinsten Abstand zum Punkt $(\alpha, 0)$) besitzt. Für $-\frac{1}{2} \leq \alpha \leq 2$ liefert das zwei geometrische Bedingungen:

(i) Der Punkt $\boldsymbol{x}^0(\alpha)$ liegt auf der Geraden $g_1(x_1, x_2) = 0$:

$$x_2^0(\alpha) = -\frac{1}{2}x_1^0(\alpha) + 1$$

(ii) Die Gerade durch die Punkte $(\alpha, 0)$ und $(x_1^0(\alpha), x_2^0(\alpha))$ ist orthogonal zu der Geraden $g_1(x_1, x_2) = 0$:

$$\frac{x_2^0(\alpha)}{x_1^0(\alpha) - \alpha} = 2.$$

Die Lösung dieser 2 linearen Gleichungen für 2 Unbekannte $x_1^0(\alpha), x_2^0(\alpha)$ ist

$$x_1^0(\alpha) = \frac{2}{5} + \frac{4}{5}\alpha, \quad x_2^0(\alpha) = \frac{4}{5} - \frac{2}{5}\alpha.$$

Für $\alpha < -\frac{1}{2}$ ist offensichtlich $(x_1^0(\alpha), x_2^0(\alpha)) = (0,1)$ der Punkt in M mit kürzestem Abstand zum Punkt $(\alpha, 0)$.

Für $\alpha \geq 2$ hat offensichtlich der Punkt $(x_1^0(\alpha), x_2^0(\alpha)) = (\alpha, 0)$ in M kürzesten Abstand (nämlich 0) zum Punkt $(\alpha, 0)$.

b) Die "Minimum-Wert-Funktion" ist das Quadrat des kürzesten Abstandes von $(\alpha, 0)$ zum nächstgelegenen Punkt $\boldsymbol{x}^0(\alpha)$ in M:

$$\alpha \longmapsto M(\alpha) = f(\boldsymbol{x}^0(\alpha)) = \begin{cases} \alpha^2 + 1 & \alpha \leq -\frac{1}{2} \\ (\frac{2}{5} - \frac{1}{5}\alpha)^2 + (\frac{4}{5} - \frac{2}{5}\alpha)^2 & -\frac{1}{2} \leq \alpha \leq 2 \\ 0 & 2 \leq \alpha \end{cases}$$

2. Lsg. von a) und b):

1^0 Die Optimierungsaufgabe ist eine qadratische Optimierungsaufgabe mit affin-linearen Nebenbedingungen und Vorzeichenbeschränkung. Die Menge M der zulässigen Punkte ist

$$M = \{(x_1, x_2) : -\frac{1}{2}x_1 - x_2 + 1 \leq 0, x_2 - 2 \leq 0, x_1 \geq 0, x_2 \geq 0\}.$$

2^0 Die Slater-Bedingung kann ignoriert werden. Sie ist hier erfüllt.

3^0 Berechnung der Gradienten:

$$\begin{aligned} \text{grad } f(\boldsymbol{x}) &= (2(x_1 - \alpha), 2x_2) \\ \text{grad } g_1(\boldsymbol{x}) &= (-\frac{1}{2}, -1) \\ \text{grad } g_2(\boldsymbol{x}) &= (0, 1). \end{aligned}$$

4^0 Untersuchung von f auf freie Estrema:

$$\text{grad } f(\boldsymbol{x}^0) \stackrel{!}{=} (0,0) \quad \Leftrightarrow \quad \boldsymbol{x}^0(\alpha) = (\alpha, 0).$$

Für $\alpha \geq 2$ ist $\boldsymbol{x}^0(\alpha) = (\alpha, 0) \in M$ Minimallösung des Optimierungsproblems $(f, \boldsymbol{g}, V)$.

5^0 Auswertung der geometrischen lokalen Kuhn-Tucker-Bedingungen:
Finde $\boldsymbol{x}^0 \in \text{bd } M$, so dass es $\boldsymbol{u}^0 \in I\!R^2, \boldsymbol{u}^0 \geq \mathbf{o}$ und $\boldsymbol{\xi}^0 \in I\!R^2, \boldsymbol{\xi}^0 \geq \mathbf{o}$, gibt mit

$$-\text{grad } f(\boldsymbol{x}^0) \stackrel{?}{=} \sum_{j \in Q^0} u_j^0 \cdot \text{grad } g_j(\boldsymbol{x}^0) + \sum_{k \in P^0} \xi_k^0 \cdot \underbrace{\text{grad } s_k(\boldsymbol{x}^0)}_{=-(\boldsymbol{e}^k)^T}.$$

Dabei ist Q^0 die Indexmenge der in $\boldsymbol{x}^0$ aktiven Restriktionen und P^0 die Indexmenge der in $\boldsymbol{x}^0$ aktiven Vorzeichenrestriktionen.

Der Rand von M besteht aus 4 Teile, den Geradenstücken

(a) $x_2 = -\frac{1}{2}x_1 + 1 \quad 0 < x_1 < 2$
(b) $x_2 = 0 \quad 2 \le x_1 < \infty$
(c) $x_1 = 0 \quad 1 \le x_2 \le 2$
(d) $x_2 = 2 \quad 0 \le x_1 < \infty$

(a) $-(2(x_1^0 - \alpha), 2x_2^0) \stackrel{?}{=} u_1^0(-\frac{1}{2}, -1)$ mit $u_1^0 \ge 0$?
Wird diese Vektorgleichung komponentenweise ausgeschrieben, so ist sie äquivalent mit den Gleichungen

$$\begin{aligned} -2(x_1^0 - \alpha) + \frac{1}{2}u_1^0 &= 0 \\ -2x_2^0 + u_1^0 &= 0. \end{aligned}$$

Zusammen mit der aktiven Nebenbedingung

$$g_1(x_1^0, x_2^0) = -\frac{1}{2}x_1^0 - x_2^0 + 1 = 0$$

ist das ein System von 3 linearen Gleichungen für 3 Unbekannte x_1^0, x_2^0, u_1^0. Es wird am einfachsten mit dem Gaußschen Algorithmus gelöst:

x_1^0	x_2^0	u_1^0		
-2	0	$\frac{1}{2}$	-2α	$\mid \cdot (-\frac{1}{4})$
0	-2	1	0	
$-\frac{1}{2}$	-1	0	-1	$+$
-2	0	$\frac{1}{2}$	-2α	
0	-2	1	0	$\mid \cdot (-\frac{1}{2})$
0	-1	$-\frac{1}{8}$	$-1 + \frac{\alpha}{2}$	$+$
-2	0	$\frac{1}{2}$	-2α	
0	-2	1	0	
0	0	$-\frac{5}{8}$	$-1 + \frac{\alpha}{2}$	

Die Lösung lautet $(x_1^0, x_2^0, u_1^0) = (\frac{2}{5} + \frac{4}{5}\alpha, \frac{4}{5} - \frac{2}{5}\alpha, \frac{8}{5} - \frac{4}{5}\alpha)$. Für $\alpha \le 2$ ist $u_1^0 = \frac{8}{5} - \frac{4}{5}\alpha \ge 0$, und für $-\frac{1}{2} \le \alpha$ ist $x_1^0 = \frac{2}{5} + \frac{4}{5}\alpha \ge 0$ und $x_2^0 \ge 0$. Also ist nach 6.12.3(4) für diese α der Punkt

$$\boldsymbol{x}^0(\alpha) = (x_1^0(\alpha), x_2^0(\alpha)) = (\frac{2}{5} + \frac{4}{5}\alpha, \frac{4}{5} - \frac{2}{5}\alpha)$$

Minimallösung des Optimierungsproblems $(f, \boldsymbol{g}, V)$.

(b) Alle Punkte der Randkurve $x_2 = 0,\ 2 \le x_1 < \infty$ sind Minimallösungen des Optimierungsproblems $(f, \boldsymbol{g}, V)$ für $\alpha \ge 2$. Das wurde in 4^0 gefunden.

(c) $-(2(x_1^0 - \alpha), 2x_2^0) \stackrel{?}{=} -\xi_1^0 \cdot (1, 0) + u_1^0 \cdot (-\frac{1}{2}, -1)$ mit $\xi_1^0 \ge 0, u_1^0 \ge 0$?
Wird diese Vektorgleichung komponentenweise ausgeschrieben, so ist sie äquivalent zu den Gleichungen

$$\begin{aligned} -2x_1^0 + \xi_1^0 + \frac{1}{2}u_1^0 &= -2\alpha \\ -2x_2^0 + u_1^0 &= 0. \end{aligned}$$

Zusammen mit der Gleichung der aktiven Vorzeichenrestriktion

$$x_1^0 = 0, \quad 1 \le x_2^0 \le 2$$

und der aktiven Restriktion

$$-\frac{1}{2}x_1^0 - x_1^0 + 1 = 0$$

ist das ein System von 4 linearen Gleichungen für 4 Unbekannte $x_1^0, x_2^0, \xi_1^0, u_1^0$. Es wird am einfachsten gelöst mit dem Gaußschen Algorithmus:

x_1^0	x_2^0	ξ_1^0	u_1^0		
-2	0	1	$\frac{1}{2}$	-2α	
0	-2	0	1	0	$+$
1	0	0	0	0	
$-\frac{1}{2}$	-1	0	0	-1	$\mid \cdot (-2)$
	0	1	$\frac{1}{2}$	-2α	
	0	0	1	2	
	-1	0	0	-1	

Es hat die Lösung $(x_1^0, x_2^0, \xi_1^0, u_1^0) = (0, 1, -2\alpha - 1, 2)$. Genau für $\alpha \le -\frac{1}{2}$ ist $\xi_1^0 \ge 0$. Also ist nach 6.12.3(4) für diese α der Punkt $(x_1^0, x_2^0) = (0, 1)$ Minimallösung des Optimierungsproblems $(f, \boldsymbol{g}, V)$.

b) Die "Minimum-Wert-Funktion" ist

$$\alpha \longmapsto M(\alpha) = f(\boldsymbol{x}^0(\alpha)) = \begin{cases} \alpha^2 + 1 & \alpha \le -\frac{1}{2} \\ (\frac{2}{5} - \frac{1}{5}\alpha)^2 + (\frac{4}{5} - \frac{2}{5}\alpha)^2 & -\frac{1}{2} \le \alpha \le 2 \\ 0 & 2 \le \alpha. \end{cases}$$

(K9) Gegeben sei die Funktion

$$z = f(x, y) = \frac{x^2 + y^2}{x + y}.$$

a) Welches ist der genaue Definitionsbereich $\mathcal{D}_f$ der Funktion f?

b) Zeigen Sie, dass für alle $(x, y) \in \mathcal{D}_f \quad f(x, y) = f(y, x)$ gilt.

c) Berechnen Sie die Hesse-Matrix H_f von f und zeigen Sie, dass für alle $(x, y) \in \mathcal{D}_f \quad \det H_f(x, y) = 0$.

d) Ist f konvex?

e) Ist f homogen?

f) Berechnen Sie, um wieviel Prozent sich f verändert beim Übergang vom Punkt $(1, 1)$ zum Punkt $(0.98, 0.98)$.

Lsg.:

a) Die Funktion ist eine rationale Funktion von zwei Veränderlichen. Sie ist nicht definiert an den Nullstellen des Nenners. Deshalb ist $\mathcal{D}_f = \mathbb{R}^2 \setminus \{(x, -x) : x \in \mathbb{R}\}$.

b) Offensichtlich ist für alle $(x,y) \in \mathcal{D}_f \quad f(x,y) = f(y,x)$.

c) Die partiellen Ableitungen von f lauten

$$\begin{aligned} f_x &= \frac{2x(x+y)-(x^2+y^2)}{(x+y)^2} = \frac{x^2+2xy-y^2}{(x+y)^2} \\ f_y &= \frac{y^2+2xy-x^2}{(x+y)^2}. \end{aligned}$$

Dabei ist f_y aus der Symmetrie von f ohne Rechnung aus f_x durch Vertauschen von x mit y erhalten worden. Es ist

$$\begin{aligned} f_{xx} &= \frac{(2x+2y)(x+y)^2-(x^2+2xy-y^2)2(x+y)}{(x+y)^4} = \frac{4y^2}{(x+y)^3} \\ f_{xy} &= \frac{(2x-2y)(x+y)^2-(x^2+2xy-y^2)2(x+y)}{(x+y)^4} = \frac{-4xy}{(x+y)^3} \\ f_{yy} &= \frac{4x^2}{(x+y)^3} \text{ aus } f_{xx} \text{ durch Vertauschen von } x \text{ und } y \text{ erhalten.} \end{aligned}$$

$$\begin{aligned} \det H_f(x,y) &= \det \begin{bmatrix} \frac{4y^2}{(x+y)^3} & \frac{-4xy}{(x+y)^3} \\ \frac{-4xy}{(x+y)^3} & \frac{4x^2}{(x+y)^3} \end{bmatrix} \\ &= \frac{4y}{(x+y)^3}\frac{4x}{(x+y)^3} \cdot \det \begin{bmatrix} y & -x \\ -y & x \end{bmatrix} = 0, \end{aligned}$$

da die zweite Zeile der letzten Determinante das (-1)-fache der ersten Zeile ist.

d) f ist nicht konvex, da die Hesse-Matrix von f offensichtlich nicht positiv semidefinit ist, denn der erste Hauptminor wechselt sein Vorzeichen.

e) f ist homogen vom Grade 1, da für alle $\lambda > 0$

$$f(\lambda x, \lambda y) = \lambda f(x,y) \text{ für alle } (x,y) \in \mathcal{D}_f.$$

f) Mit dem Faktor $\lambda = 0.98$ ist der neue Punkt das λ–fache des Punktes $(1,1)$. Deshalb ist

$$f(0.98, 0.98) = 0.98 \cdot f(1,1),$$

also verkleinert sich f um 2% beim Übergang vom Punkt $(1,1)$ zum Punkt $(0.98, 0.98)$.

Kapitel 7

Eigenwerte von Matrizen

7.1 Komplexe Zahlen

(1) Def: Komplexe Zahlen sind geordnete Paare reeller Zahlen. Sie sind darstellbar in den Formen

$$z = (x, y) = x + iy$$

mit

$x =: \text{Re } z \in I\!R$	**Realteil** von z
$y =: \text{Im } z \in I\!R$	**Imaginärteil** von z
$i^2 = -1$	$i :=$ **imaginäre Einheit** .

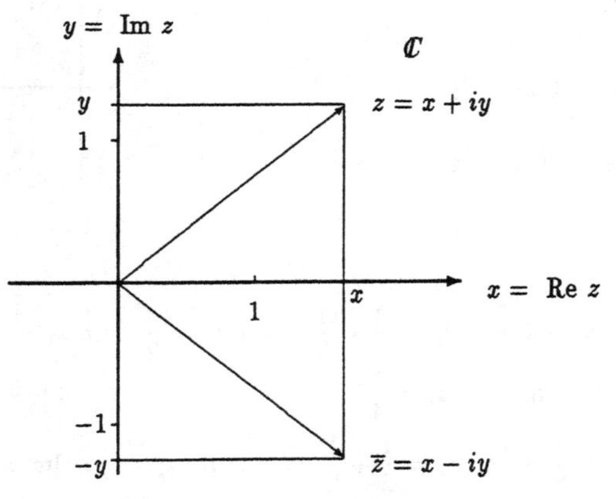

Die Menge aller komplexen Zahlen wird mit $\mathbb{C}$ bezeichnet. Da $\mathbb{C}$ mit der Ebene $I\!R^2$ identifiziert werden kann, heißt diese auch die **komplexe Zahlenebene**.

(2) Unter dem **Betrag der komplexen Zahl** $z = x + iy$ versteht man die nicht negative reelle Zahl

$$|z| := \sqrt{x^2 + y^2}.$$

Unter dem **Winkel** oder **Argument der komplexen Zahl** $z = x + iy$ versteht man den Winkel $\varphi =: \arg z$, den der Vektor $\overline{0z}$ mit der positiven x-Achse bildet. Er ist eindeutig bestimmt durch die Gleichungen

$$x = \cos(\varphi), \quad y = \sin(\varphi), \quad 0 \le \varphi < 2\pi.$$

In geometrischer Interpretation ist $|z|$ der Abstand des Punktes $z = (x, y)$ vom Ursprung. $|z - z_0|$ ist der **Abstand des Punktes** z **vom Punkt** z_0.

(3) Die komplexe Zahl

$$\overline{z} := x - iy$$

heißt die zu $z = x + iy$ **konjugiert komplexe Zahl**. $\overline{z}$ ist das Spiegelbild des Punktes z an der x-Achse.

(4) Es gilt für alle komplexen Zahlen z

$$z \cdot \overline{z} = |z|^2.$$

Merkregel: Man kann mit komplexen Zahlen rechnen wie mit reellen Zahlen, man hat nur $i^2 = -1$ zu berücksichtigen!

(B1) Man bestimme jeweils die konjugiert komlexe Zahl, den Realteil, den Imaginärteil, den Betrag und den Winkel der folgenden komplexen Zahlen und skizziere sie in der komplexen Zahlenebene:

a) $z_1 = \frac{1}{2}(1 + i)$ b) $z_2 = \frac{1}{2}(1 - i)$

c) $z_3 = z_1 \cdot z_2$ d) $z_4 = \frac{z_1}{z_2}$

e) $z_5 = \frac{1}{2}(z_1 + \overline{z}_2)$

f) $z_6 = \frac{1}{2}(z_1 - \overline{z}_2)$

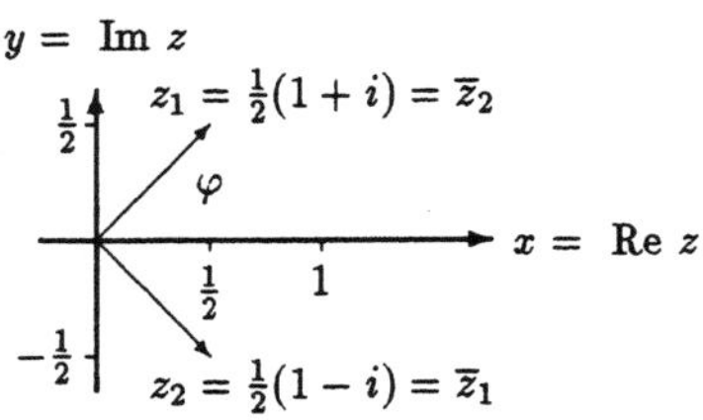

Lsg:

a) $z_1 = \frac{1}{2} + \frac{1}{2}i$, $\overline{z}_1 = \frac{1}{2} - \frac{1}{2}i$, $\text{Re } z_1 = \frac{1}{2}$, $\text{Im } z_1 = \frac{1}{2}$, $|z_1| = \sqrt{\frac{1}{4} + \frac{1}{4}} = \frac{1}{2}\sqrt{2}$, $\arg z_1 = \varphi_1 = \frac{\pi}{4}$

b) $z_2 = \frac{1}{2} - \frac{1}{2}i$, $\overline{z}_2 = \frac{1}{2} + \frac{1}{2}i = z_1$, $\text{Re } z_2 = \frac{1}{2}$, $\text{Im } z_2 = -\frac{1}{2}$, $|z_2| = |z_1| = \frac{1}{2}\sqrt{2}$, $\arg z_2 = \varphi_2 = -\frac{\pi}{4}$,

c) $z_3 = \frac{1}{2}(1 + i) \cdot \frac{1}{2}(1 - i) = \frac{1}{4}(1^2 - i^2) = \frac{1}{2} = |z_1|^2 = |z_2|^2$, $\overline{z}_3 = z_3, |z_3| = \frac{1}{2}$, $\arg z_3 = \varphi_3 = 0$

d) $z_4 = \frac{z_1 \cdot \overline{z_2}}{z_2 \cdot \overline{z_2}} = \frac{1}{|z_2|^2} \cdot z_1 \cdot \overline{z_2} = \frac{1}{1/2} \cdot \left(\frac{1}{4} + \frac{2}{4}i - \frac{1}{4}\right) = i$, $\overline{z}_4 = -i$,

$\text{Re } z_4 = 0$, $\text{Im } z_4 = 1$, $|z_4| = 1$, $\arg z_4 = \varphi_4 = \frac{\pi}{2}$

e) $z_5 = \frac{1}{2}(z_1 + \overline{z}_2) = \text{Re } z_1 = \frac{1}{2}$, $\overline{z}_5 = \frac{1}{2}$, $\text{Re } z_5 = \frac{1}{2}$, $\text{Im } z_5 = 0$, $|z_5| = \frac{1}{2}$, $\arg z_5 = \varphi_5 = 0$

f) $z_6 = \frac{1}{2}(z_1 - \overline{z}_1) = i\text{Im } z_1 = \frac{1}{2}i$, $\overline{z}_6 = -\frac{1}{2}i$, $\text{Re } z_6 = 0$, $\text{Im } z_6 = \frac{1}{2}$, $|z_6| = \frac{1}{2}$, $\arg z_6 = \varphi_6 = \frac{\pi}{2}$

(5) Fundamentalsatz der Algebra (C.F. Gauss) :

Jedes Polynom

$$y = p(z) = a_n \cdot z^n + a_{n-1} \cdot z^{n-1} + \ldots + a_1 \cdot z + a_0, \qquad a_n \neq 0$$

genau n-ten Grades (mit reellen oder komplexen **Koeffizienten** $a_n, a_{n-1}, \ldots, a_1, a_0$) besitzt genau n komplexe Zahlen $z_1, z_2, \ldots, z_n$ als Nullstellen; damit ist $p(z)$ als Produkt von n **Linearfaktoren** $z - z_i$ $(i = 1, \ldots, n)$ darstellbar in der Form

$$p(z) = a_n \cdot (z - z_1) \cdot (z - z_2) \cdot \ldots \cdot (z - z_n) \qquad \text{für alle } z \in \mathbb{C}.$$

"Linearfaktorzerlegung von p"

Bem.: Man kommt oft in die Lage, dass man alle Nullstellen eines gegebenen Polynoms mit reellen Koeffizienten braucht. Die praktische Bestimmung der Nullstellen eines Polynoms mit reellen Koeffizienten ist für Polynome 2. Grades einfach: man verwendet quadratische Ergänzung oder die "**p-q-Formel**" :

$$\begin{aligned} z^2 + pz + q &= 0 \qquad (p, q \in \mathbb{R}) \\ z_{1,2} &= -\frac{p}{2} \pm \sqrt{\frac{p^2}{4} - q} \\ z_{1,2} &= \begin{cases} -\frac{p}{2} \pm \sqrt{\frac{p^2}{4} - q} & \text{falls } \frac{p^2}{4} - q \geq 0 \\ -\frac{p}{2} \pm i\sqrt{q - \frac{p^2}{4}} & \text{falls } \frac{p^2}{4} - q < 0 \end{cases} \end{aligned}$$

Zwar gibt es für Polynome 3. und 4. Grades noch die berühmten "Cardanoschen Formeln", die es erlauben, die Nullstellen exakt zu berechnen. Aber sie sind für die Praxis zu kompliziert. Für allgemeine Polynome 5. oder höheren Grades gibt es keine Formeln mehr für die Nullstellen! Man ist dann auf Näherungsverfahren, z.B. das Newtonsche Verfahren angewiesen. In vielen (einfachen) Fällen gelingt es, eine Nullstelle z_1 eines Polynoms $p(z)$ zu erraten. Dann dividiert man $p(z)$ durch den Linearfaktor $(z - z_1)$. Die Division muss aufgehen! Man kann dann nach weiteren Nullstellen des Quotienten suchen, bis man alle Nullstellen von $p(z)$ gefunden hat.

(B2) Man bestimme die Linearfaktorzerlegung von

$$p(z) = -z^3 + \frac{1}{2}z + \frac{1}{2}.$$

Lsg:

$z_1 = 1$ ist eine Nullstelle von p (zu erraten!).

Division von $p(z)$ durch den Linearfaktor $z - z_1 = z - 1$ ergibt

$$\begin{array}{llll} (-z^3 + \frac{1}{2}z + \frac{1}{2}) : (z-1) & & & = -z^2 - z - \frac{1}{2} \\ -z^3 \quad +z^2 & & & \\ \qquad -z^2 & +\frac{1}{2}z & & \\ \qquad -z^2 & +z & & \\ & -\frac{1}{2}z + \frac{1}{2} & & \\ & -\frac{1}{2}z + \frac{1}{2} & & \\ & \qquad 0 & & \end{array}$$

Bestimmung der weiteren Nullstellen z_2, z_3 als Lösungen der quadratischen Gleichung:

$$-z^2 - z - \frac{1}{2} = 0 \iff z^2 + z + \frac{1}{2} = 0$$

$$\iff z_{2,3} = -\frac{1}{2} \pm \sqrt{\frac{1}{4} - \frac{1}{2}} = -\frac{1}{2} \pm \frac{1}{2}i, \quad i := \sqrt{-1}$$

Linearfaktorzerlegung von p:

$$p(z) = -z^3 + \frac{1}{2}z + \frac{1}{2} = -(z-1) \cdot \left(z + \frac{1}{2} - \frac{1}{2}i\right) \cdot \left(z + \frac{1}{2} + \frac{1}{2}i\right).$$

Probe: Ausmultiplizieren!

Bem: Ein Polynom mit reellen Koeffizienten kann nicht-reelle Nullstellen haben; dieses sind dann stets Paare zueinander konjugiert komplexer Zahlen, vgl. (B2).

(6) Def.: $z_1 \in \mathbb{C}$ heißt ***m*-fache Nullstelle** eines Polynoms p :gdw in der Linearfaktorzerlegung von $p(z)$ kommt der Faktor $(z - z_1)$ genau m-mal vor.

(B3) Welche Nullstellen besitzt das Polynom

$$p(z) = z^3 - 3z^2 + 4 = (z-2)^2 \cdot (z+1)\ ?$$

Man bestimme ihre Vielfachheiten.

Lsg:

$z_{1,2} = 2$ ist 2-fache und $z_3 = -1$ einfache Nullstelle von p.

Zahlenfolgen $(a_n)_{n\in\mathbb{N}_0}$ und **unendliche Reihen** $\sum_{n=0}^{\infty} a_n$ mit komplexen Gleidern $a_n \in \mathbb{C}$ werden genauso definiert wie solche mit reellen Gliedern, ebenso die Begriffe "Konvergenz", "absolute Konvergenz" bzw. "Divergenz". **Potenzreihen zum Entwicklungspunkt** $z_0 \in \mathbb{C}$

$$z \longmapsto f(z) = \sum_{n=0}^{\infty} a_n \cdot (z - z_0)^n$$

sind ganz natürlich als Funktion einer komplexen Variablen z definiert, wobei jetzt die Koeffizienten auch komplexe Zahlen sein dürfen. Die in Abschnitt 2.9 angegebenen Formeln für den Konvergenzradius einer Potenzreihe sind unverändert gültig, insbesondere die Formel von Cauchy-Hadamard. Der Begriff "Konvergenzkreis einer Potenzreihe" wird in der komplexen Ebene erst richtig sinnfällig.

(B4) Welchen Konvergenzradius besitzt die folgende Potenzreihe

$$\sum_{n=1}^{\infty} \frac{1}{n!} z^n \ ?$$

Lsg.: Mit dem Konvergenzkriterium 2.9(4) erhält man für den Konvergenzradius R der Reihe

$$R = \lim_{n\to\infty} \frac{\frac{1}{n!}}{\frac{1}{(n+1)!}} = \lim_{n\to\infty} \frac{n+1}{1} = \infty.$$

Die Funktion, die durch diese Potenzreihe dargestellt wird, heißt die **komplexe Exponentialfunktion**. Sie wird wie im Reellen mit $\exp(z) = e^z$ bezeichnet.

(B5) Man beweise die sogenannten **Eulerschen Formeln**:

$$\begin{array}{ll} e^{ix} = \cos(x) + i\sin(x), & \cos(x) = \mathrm{Re}\, e^{ix}, \quad \sin(x) = \mathrm{Im}\, e^{ix} \\ e^{-ix} = \cos(x) - i\sin(x) & \text{für alle reellen Zahlen } x. \end{array}$$

Lsg.: Wegen $i^2 = -1, i^3 = -i, i^4 = 1, i^5 = i, i^6 = -i$ etc. folgt aus 2.9(B2)

$$\begin{aligned} e^{ix} &= 1 + \tfrac{ix}{1!} + \tfrac{i^2x^2}{2!} + \tfrac{i^3x^3}{3!} + \tfrac{i^4x^4}{4!} + \tfrac{i^5x^5}{5!} + + \tfrac{i^6x^6}{6!} + \ldots \\ &= 1 - \tfrac{x^2}{2!} + \tfrac{x^4}{4!} - \tfrac{x^6}{6!} + \ldots + i(\tfrac{x}{1!} - \tfrac{x^3}{3!} + \tfrac{x^5}{5!} - + \ldots) \\ &= \cos(x) + i\sin(x). \end{aligned}$$

7.2 Grundlegende Begriffe zum Eigenwertproblem

(B1) Betrachtet werde eine (abgeschlossene) Population von Individuen dreier verschiedener Altersstufen zu diskreten Zeitpunkten t (nach Ablauf von t Zeitperioden "Jahren"). Die Population bestehe ausschließlich aus Individuen der Altersstufen 1,2 und 3, d.h. alle Individuen leben maximal 3 Zeitperioden. Genauer wird die mengenmässige Zusammensetzung der Population in Abhängigkeit von der Zeit t betrachtet, die sog. "Alterspyramide".

Population bestehend aus			Anzahl zum Zeitpunkt t
Individuen	im	1. Lj.	x_1^t
Individuen	im	2. Lj.	x_2^t
Individuen	im	3. Lj.	x_3^t
			"Alterspyramide"

[Um ein konkretes Beispiel vor Augen zu haben, kann man an eine Pflanzenart, eine Tierart oder an Firmen einer speziellen Art denken.]

Bekannt seien:

(i) die "Alterspyramide" in einem Anfangspunkt $t = 0$:

$$\boldsymbol{x}^0 = \begin{bmatrix} x_1^0 \\ x_2^0 \\ x_3^0 \end{bmatrix} = \begin{bmatrix} 1000 \\ 300 \\ 50 \end{bmatrix}$$

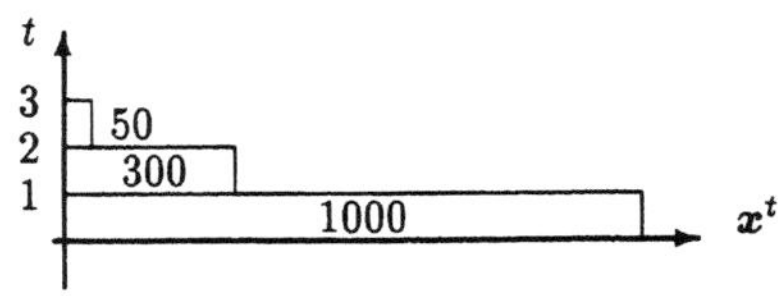

(ii) die "Vermehrungsrate":

Individuen	im	1. Lj.	haben	keine	Nachkommen
"	"	2. Lj.	"	je einen	"
"	"	3. Lj.	"	je drei	"

$\Rightarrow$

$$x_1^{t+1} = 0 \cdot x_1^t + 1 \cdot x_2^t + 3 \cdot x_3^t.$$

(iii) die "Überlebensrate":

die Hälfte der Individuen im 1. Lj. erreicht das 2. Lj.
ein Drittel " " " 2. Lj. " " 3. Lj.
spätestens nach 3 Jahren sterben alle

$\Rightarrow$

$$\begin{aligned} x_2^{t+1} &= \tfrac{1}{2} \cdot x_1^t \\ x_3^{t+1} &= \tfrac{1}{2} \cdot x_2^t \end{aligned}$$

1) Man stelle den Zusammenhang zwischen den Alterspyramiden zum Teitpunkt t bzw. $t+1$ durch eine Matrizengleichung dar.

2) Man berechne die Alterspyramide $\boldsymbol{x}^t$ zu den Zeitpunkten $t = 1, 2, 3, \ldots, 11$.

3) Für welchen Faktor λ und welchen Vektor $\boldsymbol{x}^0 = \boldsymbol{x} = \begin{bmatrix} x_1 \\ x_2 \\ x_3 \end{bmatrix} \neq 0$ gilt $\boldsymbol{x}^1 = \lambda \cdot \boldsymbol{x}$?

   Äquivalent: Für welchen Faktor λ und welchen Vektor $\boldsymbol{x}$ nehmen alle 3 Altersgruppen im ersten Jahr im gleichen Verhältnis zu oder ab?

4) Existiert $\lim\limits_{t\to\infty} \boldsymbol{x}^t$?

Lsg:

1) Der Zusammenhang zwischen den Alterspyramiden zum Zeitpunkt t bzw. $t+1$ wird durch die Matrizengleichung

$$x^{t+1} = A \cdot x^t \text{ mit } A = \begin{bmatrix} 0 & 1 & 3 \\ 1/2 & 0 & 0 \\ 0 & 1/3 & 0 \end{bmatrix}$$

   beschrieben.

2) $\boldsymbol{x}^1 = A \cdot \boldsymbol{x}^0 = \begin{bmatrix} 450 \\ 500 \\ 100 \end{bmatrix}, \quad \boldsymbol{x}^2 = A \cdot \boldsymbol{x}^1 = \begin{bmatrix} 800 \\ 225 \\ 500/3 \end{bmatrix}.$

t	3	4	5		6	7	8
	725	625	762,5		676	693	719
$\boldsymbol{x}^t$	400	725/2	625/2	$\approx$	381	338	347
	225/3	400/3	$120 + 5/6$		104	127	113

t	9	10	11	∞		
	686	708	703	702		6
$\boldsymbol{x}^t$	360	343	354	351	$= 117\cdot$	3
	116	120	114	117		1

(Ab $t = 6$ sind die Komponenten von x^t auf ganze Zahlen gerundet; bei exakter Rechnung ist $\boldsymbol{x}^\infty = (700, 350, 350/3)^T = \frac{350}{3} \cdot (6, 3, 1)^T$.)

3) $\left(\begin{array}{c} \boldsymbol{x}^1 = \lambda \cdot \boldsymbol{x}^0 \\ \text{mit } \boldsymbol{x}^0 =: x \neq \mathbf{o} \end{array} \right) \begin{array}{ll} \Leftrightarrow & A \cdot \boldsymbol{x} = \lambda \cdot \boldsymbol{x} \quad \text{mit } \boldsymbol{x} \neq \mathbf{o} \\ \Leftrightarrow & (A - \lambda E) \cdot \boldsymbol{x} = \mathbf{o} \quad \text{mit } \boldsymbol{x} \neq \mathbf{o} \end{array}$

$$\Leftrightarrow \begin{bmatrix} -\lambda & 1 & 3 \\ 1/2 & -\lambda & 0 \\ 0 & 1/3 & -\lambda \end{bmatrix} \cdot \begin{bmatrix} x_1 \\ x_2 \\ x_3 \end{bmatrix} = \begin{bmatrix} 0 \\ 0 \\ 0 \end{bmatrix} \quad \text{mit } \boldsymbol{x} \neq \mathbf{o}$$

$$\Leftrightarrow \begin{vmatrix} -\lambda & 1 & 3 \\ 1/2 & -\lambda & 0 \\ 0 & 1/3 & -\lambda \end{vmatrix} = 0 \quad \text{und} \quad A \cdot \boldsymbol{x} = \lambda \boldsymbol{x} \text{ mit } \boldsymbol{x} \neq \mathbf{o}$$

$$= (-\lambda) \begin{vmatrix} -\lambda & 0 \\ 1/3 & -\lambda \end{vmatrix} - \tfrac{1}{2} \begin{vmatrix} 1 & 3 \\ 1/3 & -\lambda \end{vmatrix} \qquad \text{(Entwicklung nach der 1. Spalte)}$$

$$= (-\lambda^3) + \tfrac{1}{2}(\lambda + 1) \qquad \text{Bemerkung: } \lambda = 1 \text{ ist Nullstelle.}$$

$$= -(\lambda - 1) \cdot (\lambda^2 + \lambda + \tfrac{1}{2}) = 0 \qquad \text{[vgl. 7.1(B2)]}$$

Nullstellen: $\lambda_1 = 1$, $\lambda_2 = -\frac{1}{2} + \sqrt{\frac{1}{4} - \frac{1}{2}} = -\frac{1}{2} + \frac{1}{2}i$

$\lambda_3 = -\frac{1}{2} - \sqrt{\frac{1}{4} - \frac{1}{2}} = -\frac{1}{2} - \frac{1}{2}i$

($\lambda_{2,3}$ zueinander konjugiert komplex)

($\lambda_1, \lambda_2, \lambda_3$ heißen "**Eigenwerte der Matrix** A")

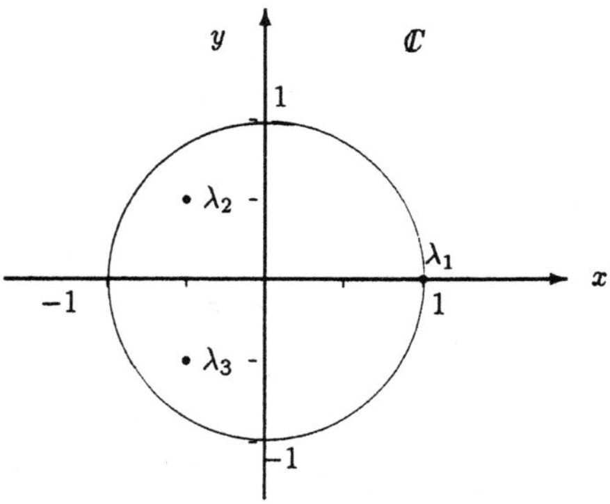

Berechnung von Vektoren $\boldsymbol{x} \neq \mathbf{o}$ aus $(A - \lambda E) \cdot \boldsymbol{x} = \mathbf{o}$ ("**Eigenvektoren** von A", die zum Eigenwert λ gehören):

$$\lambda_1 = 1: \begin{bmatrix} -1 & 1 & 3 \\ 1/2 & -1 & 0 \\ 0 & 1/3 & -1 \end{bmatrix} \cdot \begin{bmatrix} x_1 \\ x_2 \\ x_3 \end{bmatrix} = \begin{bmatrix} 0 \\ 0 \\ 0 \end{bmatrix}$$

$$\Rightarrow \begin{bmatrix} x_1 \\ x_2 \\ x_3 \end{bmatrix} = \mu \cdot \begin{bmatrix} 6 \\ 3 \\ 1 \end{bmatrix} =: \mu \cdot \boldsymbol{u}^1, \quad 0 \neq \mu \in \mathbb{R} \quad \text{beliebig.}$$

$$\lambda_2 = -\frac{1}{2} + \frac{i}{2}: \begin{bmatrix} \frac{1}{2} - \frac{i}{2} & 1 & 3 \\ \frac{1}{2} & \frac{1}{2} - \frac{i}{2} & 0 \\ 0 & \frac{1}{3} & \frac{1}{2} - \frac{i}{2} \end{bmatrix} \cdot \begin{bmatrix} x_1 \\ x_2 \\ x_3 \end{bmatrix} = \begin{bmatrix} 0 \\ 0 \\ 0 \end{bmatrix}$$

$$\Rightarrow \begin{bmatrix} x_1 \\ x_2 \\ x_3 \end{bmatrix} = \nu \cdot \begin{bmatrix} -3i \\ -\frac{3}{2}(1-i) \\ 1 \end{bmatrix} =: \nu \cdot \boldsymbol{u}^2, \quad 0 \neq \nu \in I\!R \quad \text{beliebig.}$$

$$\lambda_3 = -\frac{1}{2} - \frac{i}{2}: \begin{bmatrix} \frac{1}{2}+\frac{i}{2} & 1 & 3 \\ \frac{1}{2} & \frac{1}{2}+\frac{i}{2} & 0 \\ 0 & \frac{1}{3} & \frac{1}{2}+\frac{i}{2} \end{bmatrix} \cdot \begin{bmatrix} x_1 \\ x_2 \\ x_3 \end{bmatrix} = \begin{bmatrix} 0 \\ 0 \\ 0 \end{bmatrix}$$

$$\Rightarrow \begin{bmatrix} x_1 \\ x_2 \\ x_3 \end{bmatrix} = \omega \cdot \begin{bmatrix} 3i \\ -\frac{3}{2}(1+i) \\ 1 \end{bmatrix} =: \omega \cdot \boldsymbol{u}^3, \quad 0 \neq \omega \in I\!R \quad \text{beliebig.}$$

Für die Paare $(\lambda_1, \boldsymbol{u}^1), (\lambda_2, \boldsymbol{u}^2), (\lambda_3, \boldsymbol{u}^3)$ gilt, daß in jedem Jahr jeweils alle 3 Altersgruppen im gleichen Verhältnis zu- oder abnehmen. [Dabei sind Startvektoren mit nicht-reellen Komponenten unrealistisch.] Insbesondere: Startet man mit der Alterpyramide $\boldsymbol{x}^0 = \boldsymbol{u}^1 = \begin{bmatrix} 6 \\ 3 \\ 1 \end{bmatrix}$ (dem Eigenvektor zum betragsgrößten Eigenwert $\lambda_1 = 1$ von A), so sind alle Alterspyramiden $\boldsymbol{x}^t$ identisch mit $\boldsymbol{x}^0$, wegen $\boldsymbol{x}^1 = A \cdot \boldsymbol{x}^0 = \lambda_1 \cdot \boldsymbol{x}^0 = 1 \cdot \boldsymbol{x}^0 = x^0$, etc [**stationäres Verhalten**]. Aber auch, wenn eine beliebige Alterspyramide $\boldsymbol{x}^0$ als Startvektor gegeben ist, stellt sich schließlich, für $t \to \infty$, ein stationäres Verhalten ein [siehe Lsg. zu 4)].

4) $\lim\limits_{t\to\infty} \boldsymbol{x}^t = \alpha_1 \cdot \boldsymbol{u}^1$, wobei α_1 der Koeffizient von $\boldsymbol{u}^1$ in der Darstellung von $\boldsymbol{x}^0$ bzgl. der Basis $\boldsymbol{u}^1, \boldsymbol{u}^2, \boldsymbol{u}^3$ ist:

$$(*) \qquad \boldsymbol{x}^0 =: \alpha_1 \cdot \boldsymbol{u}^1 + \alpha_2 \cdot \boldsymbol{u}^2 + \alpha_3 \cdot \boldsymbol{u}^3.$$

Beweis: Wird $\boldsymbol{x}^0$ als Linearkombination der Eigenvektoren $\boldsymbol{u}^1, \boldsymbol{u}^2, \boldsymbol{u}^3$ geschrieben, so gilt

$$\begin{array}{llllll}
\boldsymbol{x}^1 & = A \cdot \boldsymbol{x}^0 & = A \cdot (\alpha_1\, \boldsymbol{u}^1 & +\alpha_2\, \boldsymbol{u}^2 & +\alpha_3\, \boldsymbol{u}^3) \\
 & & = \alpha_1\, A\boldsymbol{u}^1 & +\alpha_2\, A\boldsymbol{u}^2 & +\alpha_3\, A\boldsymbol{u}^3 \\
 & & = \alpha_1\, \lambda_1\, \boldsymbol{u}^1 & +\alpha_2\, \lambda_2\, \boldsymbol{u}^2 & +\alpha_3\, \lambda_3\, \boldsymbol{u}^3 \\
\boldsymbol{x}^2 & = A \cdot \boldsymbol{x}^1 & = \alpha_1\, \lambda_1^2\, \boldsymbol{u}^1 & +\alpha_2\, \lambda_2^2\, \boldsymbol{u}^2 & +\alpha_3\, \lambda_3^2\, \boldsymbol{u}^3 \\
\vdots & & & & \\
\boldsymbol{x}^t & = A \cdot \boldsymbol{x}^{t-1} & = \alpha_1\, \lambda_1^t\, \boldsymbol{u}^1 & +\alpha_2\, \lambda_2^t\, \boldsymbol{u}^2 & +\alpha_3\, \lambda_3^2\, \boldsymbol{u}^3 \\
 & & = \lambda_1^t \cdot (-\alpha_1\, \boldsymbol{u}^1 & +\alpha_2 \left(\frac{\lambda_2}{\lambda_1}\right)^t \boldsymbol{u}^2 & +\alpha_3 \left(\frac{\lambda_3}{\lambda_1}\right)^t \boldsymbol{u}^3) \\
 & & & \downarrow t \to \infty & \downarrow t \to \infty \\
 & \stackrel{t\to\infty}{\longrightarrow} & \alpha_1 \boldsymbol{u}^1 & 0 & 0
\end{array}$$

[wegen $\lambda_1 = 1$ und $|\lambda_2| = |\lambda_3| = \frac{1}{\sqrt{2}} < 1$].

Bem: Hätte die Matrix A einen betragsgrößten Eigenwert λ_1 mit $|\lambda_1| > 1$, so hätte man eine **Bevölkerungsexplosion**, wäre der betragsgrößte Eigenwert λ_1 von A dem Betrage nach kleiner als 1, würde die Population mit der Zeit aussterben.

Speziell findet man für

$$\boldsymbol{x}^0 = \begin{bmatrix} 1000 \\ 300 \\ 50 \end{bmatrix} = \frac{350}{3} \cdot \boldsymbol{u}^1 + \alpha_2\, \boldsymbol{u}^2 + \alpha_3\, \boldsymbol{u}^3,$$

also $\alpha_1 = \frac{350}{3}$ [die Koeffizienten $\alpha_2 = -\frac{100}{3} + 50i, \alpha_3 = -\frac{100}{3} - 50i$ werden nicht benötigt], d.h.

$$\lim_{t \to \infty} \boldsymbol{x}^t = \frac{350}{3} \cdot \begin{bmatrix} 6 \\ 3 \\ 1 \end{bmatrix}$$

[das ist der unter Lsg: 2) angegebene Vektor $\boldsymbol{x}^\infty$].

(1) Def: Es sei $A \in I\!R^{n \times n}$. Eine Zahl $\lambda \in \mathbb{C}$ heißt **Eigenwert** von A :gdw es gibt einen Vektor $\boldsymbol{x} \in \mathbb{C}^n, \boldsymbol{x} \neq \mathbf{o}$, so daß

$$A \cdot \boldsymbol{x} = \lambda \cdot \boldsymbol{x}.$$

Jeder solche Vektor $\boldsymbol{x}$ heißt ein **Eigenvektor** von A zum Eigenwert λ. Das Paar $(\lambda, \boldsymbol{x})$ heißt auch ein **Eigenpaar** von A.

(2) Die Menge aller Eigenvektoren von $A \in I\!R^{n \times n}$ zu einem Eigenwert λ vereinigt mit dem Nullvektor bildet einen (komplexen) Vektorraum, den man den **Eigenraum** zum Eigenwert λ nennt.

Bew: Ist $\boldsymbol{x}$ EV zum EW λ von A $\Leftrightarrow$ $A \cdot \boldsymbol{x} = \lambda \cdot \boldsymbol{x}$ mit $\boldsymbol{x} \neq \mathbf{o}$,
und ist $\boldsymbol{y}$ EV zum EW λ von A $\Leftrightarrow c \cdot |$ $A \cdot \boldsymbol{y} = \lambda \cdot \boldsymbol{y}$ mit $\boldsymbol{y} \neq \mathbf{o}$,
und ist $c \in \mathbb{C}$ beliebig, so gilt $A \cdot (\boldsymbol{x} + c\boldsymbol{y}) = \lambda \cdot (\boldsymbol{x} + c\boldsymbol{y})$, wzbw.

(3) $\lambda \in \mathbb{C}$ ist Eigenwert von $A \in I\!R^{n \times n}$ gdw $\det\,(A - \lambda E) = 0$.

(4) Def: Die Matrix $A - \lambda E$ heißt **charakteristische Matrix**; das Polynom n-ten Grades

$$\mathbb{C} \ni \lambda \mapsto \varphi_A(\lambda) := \det\,(A - \lambda E)$$

heißt das **charakteristische Polynom** der Matrix A.

Bem: (3) besagt in Worten mit anderen Worten:

(3) $\lambda \in \mathbb{C}$ ist Eigenwert von $A \Leftrightarrow \lambda$ ist Nullstelle des char. Polynoms φ_A.

(5) Def: λ heißt m**–facher Eigenwert** von A :gdw λ ist m-fache Nullstelle von φ_A.

(B2) Man berechne die Eigenwerte und zugehörige Eigenvektoren der Matrizen

a) $\begin{bmatrix} 8 & 1 \\ 7 & 2 \end{bmatrix} = A$ b) $\begin{bmatrix} -2 & 2 \\ -4 & 2 \end{bmatrix} = B$ c) $\begin{bmatrix} 1 & 0 & -1 \\ 1 & 2 & 1 \\ 2 & 2 & 3 \end{bmatrix} = C.$

Lsg:

a) Charakteristisches Polynom von A:

$$\varphi_A(\lambda) = \det \begin{bmatrix} 8-\lambda & 1 \\ 7 & 2-\lambda \end{bmatrix} \begin{aligned} &= (8-\lambda)(2-\lambda) - 7 \\ &= \lambda^2 - 10\lambda + 9 = (\lambda - 1)(\lambda - 9). \end{aligned}$$

Eigenwerte von A: $\lambda_1 = 1, \lambda_2 = 9$.
Bestimmung der Eigenvektoren von A

zu $\lambda_1 = 1$: $\begin{bmatrix} 7 & 1 \\ 7 & 1 \end{bmatrix} \cdot \begin{bmatrix} x_1 \\ x_2 \end{bmatrix} = \begin{bmatrix} 0 \\ 0 \end{bmatrix} \Rightarrow \boldsymbol{x}^1 = \mu \cdot \begin{bmatrix} -1/7 \\ 1 \end{bmatrix}$,

$0 \neq \mu \in I\!R$ beliebig;

zu $\lambda_2 = 9$: $\begin{bmatrix} -1 & 1 \\ 7 & -7 \end{bmatrix} \cdot \begin{bmatrix} x_1 \\ x_2 \end{bmatrix} = \begin{bmatrix} 0 \\ 0 \end{bmatrix} \Rightarrow \boldsymbol{x}^2 = \nu \cdot \begin{bmatrix} 1 \\ 1 \end{bmatrix}$,

$0 \neq \nu \in I\!R$ beliebig.

b) Charakteristisches Polynom von B:

$$\varphi_B(\lambda) = \det \begin{bmatrix} -2-\lambda & 2 \\ -4 & 2-\lambda \end{bmatrix} \begin{aligned} &= (-2-\lambda)(2-\lambda) + 8 \\ &= \lambda^2 - 4 + 8 = \lambda^2 + 4. \end{aligned}$$

Eigenwerte von B: $\lambda_1 = 2i$, $\lambda_2 = -2i$ (konj. komplex).
Bestimmung der Eigenvektoren von B

zu $\lambda_1 = 2i$: $\begin{bmatrix} -2-2i & 2 \\ -4 & 2-2i \end{bmatrix} \cdot \begin{bmatrix} x_1 \\ x_2 \end{bmatrix} = \begin{bmatrix} 0 \\ 0 \end{bmatrix}$ die 2. Gleichung ist das $(1-i)$-fache der ersten;

$x_2 = \mu \in \mathbb{C}$ beliebig, $\mu \neq 0 \Rightarrow x_1 = \frac{1}{2}(1-i) \cdot \mu$

$$\boldsymbol{x}^1 = \mu \cdot \begin{bmatrix} \frac{1}{2}(1-i) \\ 1 \end{bmatrix}, \quad 0 \neq \mu \in \mathbb{C} \text{ beliebig;}$$

zu $\lambda_2 = -2i$: $\begin{bmatrix} -2+2i & 2 \\ -4 & 2+2i \end{bmatrix} \cdot \begin{bmatrix} x_1 \\ x_2 \end{bmatrix} = \begin{bmatrix} 0 \\ 0 \end{bmatrix}$ die 2. Gleichung ist das $(1+i)$-fache der ersten;

$x_2 = \nu \in \mathbb{C}$ beliebig, $\nu \neq 0 \Rightarrow x_1 = \frac{1}{2}(1+i) \cdot \nu$

$$\boldsymbol{x}^2 = \nu \cdot \begin{bmatrix} \frac{1}{2}(1+i) \\ 1 \end{bmatrix}, \quad 0 \neq \nu \in \mathbb{C} \text{ beliebig.}$$

c) Charakteristisches Polynom von C:

$$\varphi_C(\lambda) = \det \begin{bmatrix} 1-\lambda & 0 & -1 \\ 1 & 2-\lambda & 1 \\ 2 & 2 & 3-\lambda \end{bmatrix} = \text{Entwicklung nach der 1. Zeile}$$

$$= (1-\lambda) \begin{vmatrix} 2-\lambda & 1 \\ 2 & 3-\lambda \end{vmatrix} - \begin{vmatrix} 1 & 2-\lambda \\ 2 & 2 \end{vmatrix}$$

$$= (1-\lambda)\cdot((2-\lambda)(3-\lambda)-2) \underbrace{-(2-2\cdot(2-\lambda))}_{=2\cdot(1-\lambda)}$$

$$= (1-\lambda)\cdot[(2-\lambda)(3-\lambda)-2+2]$$

$$= (1-\lambda)\cdot(2-\lambda)\cdot(3-\lambda).$$

Eigenwerte von C: $\lambda_1 = 3, \lambda_2 = 2, \lambda_3 = 1$
(nach fallender Größe der Beträge numeriert).

Bestimmung der Eigenvektoren von C

zu $\lambda_1 = 3$: $\begin{bmatrix} -2 & 0 & -1 \\ 1 & -1 & 1 \\ 2 & 2 & 0 \end{bmatrix} \cdot \begin{bmatrix} x_1 \\ x_2 \\ x_3 \end{bmatrix} = \begin{bmatrix} 0 \\ 0 \\ 0 \end{bmatrix} \Rightarrow \boldsymbol{x}^1 = \mu \cdot \begin{bmatrix} -1 \\ 1 \\ 2 \end{bmatrix}$

$0 \neq \mu \in I\!R$ beliebig;

zu $\lambda_2 = 2$: $\begin{bmatrix} -1 & 0 & -1 \\ 1 & 0 & 1 \\ 2 & 2 & 1 \end{bmatrix} \cdot \begin{bmatrix} x_1 \\ x_2 \\ x_3 \end{bmatrix} = \begin{bmatrix} 0 \\ 0 \\ 0 \end{bmatrix} \Rightarrow \boldsymbol{x}^2 = \nu \cdot \begin{bmatrix} 1 \\ -1/2 \\ -1 \end{bmatrix}$

$0 \neq \nu \in I\!R$ beliebig;

zu $\lambda_3 = 1$: $\begin{bmatrix} 0 & 0 & -1 \\ 1 & 1 & 1 \\ 2 & 2 & 2 \end{bmatrix} \cdot \begin{bmatrix} x_1 \\ x_2 \\ x_3 \end{bmatrix} = \begin{bmatrix} 0 \\ 0 \\ 0 \end{bmatrix} \Rightarrow \boldsymbol{x}^3 = \omega \cdot \begin{bmatrix} -1 \\ 1 \\ 0 \end{bmatrix}$

$0 \neq \omega \in I\!R$ beliebig.

(6) Def: Zwei Matrizen $A, B \in I\!R^{n\times n}$ heißen **ähnlich** :gdw es gibt eine invertierbare Matrix $T \in \mathbb{C}^{n\times n}$, so daß

$$B = T^{-1}AT.$$

T heißt die **Transformationsmatrix** der **Ähnlichkeitstransformation**

$$A \mapsto B = T^{-1}AT.$$

(7) Ähnliche Matrizen haben dasselbe charakteristische Polynom.

Bew: $\det(B-\lambda E) = \det(T^{-1}AT-\lambda E)$
$= \det(T^{-1}\cdot(A-\lambda E)\cdot T) = \det T^{-1}\cdot \det(A-\lambda E)\cdot \det T$ [n. 5.3(10)]
$= \det(A-\lambda E)$ [n. 5.3(B8)].

(B3) Man berechne die Eigenwerte und -vektoren von $A = \begin{bmatrix} 7 & 2 & -2 \\ -3 & 2 & 3 \\ 1 & -1 & -2 \end{bmatrix}$.

Hinweis: Es ist $T^{-1} \cdot A \cdot T = D$ mit

$$D = \begin{bmatrix} 3 & 0 & 0 \\ 0 & -1 & 0 \\ 0 & 0 & 5 \end{bmatrix}, \quad T^{-1} = \begin{bmatrix} 2 & 3 & 1 \\ 0 & 1 & 3 \\ 3 & 2 & 0 \end{bmatrix}, \quad T = \frac{1}{12} \begin{bmatrix} -6 & 2 & 8 \\ 9 & -3 & -6 \\ -3 & 5 & 2 \end{bmatrix}.$$

Lsg:

(i) Die Eigenwerte von A sind die von D: $\lambda_1 = 3, \lambda_2 = -1, \lambda_3 = 5$, da A zu D ähnlich ist und D eine Diagonalmatrix ist.

(ii) Eigenpaare von D sind $(3, \boldsymbol{e}^1), (-1, \boldsymbol{e}^2), (5, \boldsymbol{e}^3)$ mit den kanonischen Einheitsvektoren $\boldsymbol{e}^1, \boldsymbol{e}^2, \boldsymbol{e}^3$ des $\mathbb{R}^3$.
Wegen

$$\begin{aligned} D \cdot \boldsymbol{y} = \lambda \cdot \boldsymbol{y} \Leftrightarrow \quad T^{-1}AT \cdot \boldsymbol{y} &= \lambda \cdot \boldsymbol{y} \\ \Leftrightarrow \quad AT\, \boldsymbol{y} &= \lambda T\, \boldsymbol{y} \\ \Leftrightarrow \quad A\, \boldsymbol{x} &= \lambda\, \boldsymbol{x} \text{ mit } \boldsymbol{x} = T\, \boldsymbol{y} \end{aligned}$$

sind $(\boldsymbol{x}^1, \boldsymbol{x}^2, \boldsymbol{x}^3) = T \cdot (\boldsymbol{e}^1, \boldsymbol{e}^2, \boldsymbol{e}^3) = T \cdot E = T$ die Spaltenvektoren von T Eigenvektoren von A zu den Eigenwerten $\lambda_1 = 3, \lambda_2 = -1$ bzw. $\lambda_3 = 5$ von A.

(8) Es sei $A \in \mathbb{R}^{n \times n}$. Wenn es eine invertierbare Matrix $C \in \mathbb{C}^{n \times n}$ gibt, so daß

$$C^{-1} \cdot A \cdot C = D$$

eine Diagonalmatrix $D = \begin{bmatrix} \lambda_1 & & & \\ & \lambda_2 & & \\ & & \ddots & \\ & & & \lambda_n \end{bmatrix}$ (freie Plätze sind mit Nullen zu besetzen) ist, so ist $\lambda_j \quad (j = 1, \dots, n)$ Eigenwert von A mit zugehörigem Eigenvektor $\boldsymbol{c}^j = j$-te Spalte von C.

Bew: $C^{-1}AC = D \quad \Leftrightarrow \quad A \cdot C = C \cdot D \quad \Leftrightarrow \quad A \cdot \boldsymbol{c}^j = \lambda_j \cdot \boldsymbol{c}^j \; (j = 1, \dots, n)$.

Bem: (8) besagt in Worten:
Wenn die Matrix A durch eine Ähnlichkeitstransformation mit der Transformationsmatrix C in eine Diagonalmatrix D transformiert werden kann, stehen in der Diagonale von D die Eigenwerte von A, und ein zum j-ten Diagonalelement gehöriger Eigenvektor von A ist der j-te Spaltenvektor der Transformationsmatrix C.
Umgekehrt, ist ein volles System $(\lambda_j, \boldsymbol{c}^j)$ $(j = 1, \dots, n)$ von Eigenpaaren der Matrix A bekannt, wobei die Eigenvektoren $\boldsymbol{c}^1, \dots, \boldsymbol{c}^n$ linear unabhängig sind, so ist A durch Ähnlichkeitstransformation mit der Transformationsmatrix $C = (\boldsymbol{c}^1, \dots, \boldsymbol{c}^n)$ auf Diagonalgestalt D transformierbar.

(9) Def.: Eine Matrix A, die zu einer Diagonalmatrix ähnlich ist, heißt **diagonalisierbar**.

(10) Eine $n \times n$ Matrix A ist diagonalisierbar [mit der Transformationsmatrix $C = (\mathbf{c}^1, \ldots, \mathbf{c}^n)$] gdw A besitzt n linear unabhängige Eigenvektoren $\mathbf{c}^1, \ldots, \mathbf{c}^n$.
Leider ist nicht jeder Matrix diagonalisierbar.

(B4) Ist $A = \begin{bmatrix} 7 & 2 & -2 \\ -3 & 2 & 3 \\ 1 & -1 & -2 \end{bmatrix}$ diagonalisierbar? Hinweis: Man beachte (B3).

Lsg: A ist durch Ähnlichkeitstransformation mit der Transformationsmatrix T auf Diagonalgestalt transformierbar:

$$T^{-1} \cdot A \cdot T = D = \text{ Diagonalmatrix.}$$

Folglich besitzt A die Eigenwerte $\lambda_1 = 3, \lambda_2 = -1, \lambda_3 = 5$ mit den zugehörigen Eigenvektoren (Spalten von T)

$$\mathbf{c}^1 = \begin{bmatrix} -1/2 \\ 3/4 \\ -1/4 \end{bmatrix}, \quad \mathbf{c}^2 = \begin{bmatrix} 1/6 \\ -1/4 \\ 5/12 \end{bmatrix}, \quad \mathbf{c}^3 = \begin{bmatrix} 2/3 \\ -1/2 \\ 1/6 \end{bmatrix}.$$

(11) Die zu verschiedenen Eigenwerten einer Matrix gehörenden Eigenvektoren sind linear unabhängig.

(12) Die Anzahl der zu einem Eigenwert λ einer Matrix $A \in \mathbb{R}^{n \times n}$ gehörenden linear unabhängigen Eigenvektoren ist

$$n - \operatorname{rg}(A - \lambda E) \qquad =: \text{“}\mathbf{Rangabfall}\text{” von } A - \lambda E$$

Das ist die Dimension des zu λ gehörenden Eigenraumes.

(13) Ist $A \in \mathbb{R}^{n \times n}$ symmetrisch, so sind sämtliche Eigenwerte von A reell. Die zu paarweise verschiedenen Eigenwerten $\lambda_1, \lambda_2, \ldots, \lambda_r$ von A gehörenden Eigenvektoren $\mathbf{x}^1, \ldots, \mathbf{x}^r$ sind dann paarweise orthogonal.

Bew:

a) Aus $A \cdot \mathbf{x} = \lambda \cdot \mathbf{x}$ $(\mathbf{x} \neq \mathbf{o})$ folgt $A \cdot \overline{\mathbf{x}} = \overline{\lambda} \cdot \overline{\mathbf{x}}$ und $\overline{\mathbf{x}}^T \cdot A^T = \overline{\mathbf{x}}^T \cdot A = \overline{\lambda} \cdot \overline{\mathbf{x}}^T$.
Multipliziert man von rechts mit dem Spaltenvektor $\mathbf{x}$, so erhält man
$\overline{\mathbf{x}}^T A\, \mathbf{x} = \overline{\lambda} \overline{\mathbf{x}}^T \cdot \mathbf{x} = \overline{\lambda} \cdot (|x_1|^2 + \ldots + |x_n|^2)$.
Multipliziert man andererseits $A \cdot \mathbf{x} = \lambda \cdot \mathbf{x}$ von links mit den Zeilenvektor $\overline{\mathbf{x}}^T$, so erhält man
$\overline{\mathbf{x}}^T A\, \mathbf{x} = \lambda \overline{\mathbf{x}}^T \cdot \mathbf{x} = \lambda \cdot (|x_1|^2 + \ldots + |x_n|^2)$.
Durch Vergleich findet man $\lambda = \overline{\lambda}$, also λ reell.

b) Aus $A \cdot \mathbf{x}^i = \lambda_i \cdot \mathbf{x}^i$ $(\mathbf{x}^i \neq \mathbf{o}), A \cdot \mathbf{x}^j = \lambda_j \cdot \mathbf{x}^j$ $(\mathbf{x}^j \neq \mathbf{o})$ folgt
$\mathbf{x}^{jT} A \mathbf{x}^i = \lambda_i \mathbf{x}^{jT} \mathbf{x}^i = (A\mathbf{x}^j)^T \mathbf{x}^i = \lambda_j \mathbf{x}^{jT} \mathbf{x}^i$ wenn $\lambda_i - \lambda_j \neq 0 \Rightarrow \mathbf{x}^{jT} \cdot \mathbf{x}^i = 0$, also $\mathbf{x}^i$ und $\mathbf{x}^j$ orthogonal, wzbw.

(14) Diagonalisierbarkeit symmetrischer Matrizen:

Jede symmetrische Matrix $A \in I\!R^{n\times n}$ besitzt n paarweise orthogonale Einheitsvektoren $\boldsymbol{c}^1, \ldots, \boldsymbol{c}^n \in I\!R^n$ als Eigenvektoren. A ist durch Ähnlichkeitstransformation mit der Transformationsmatrix $C = (\boldsymbol{c}^1, \ldots, \boldsymbol{c}^n)$ auf Diagonalgestalt transformierbar. Dabei gilt $C^{-1} = C^T$ und

$$C^{-1} \cdot A \cdot C = \begin{bmatrix} \lambda_1 & & 0 \\ & \ddots & \\ 0 & & \lambda_n \end{bmatrix}$$

wobei $(\lambda_j, \boldsymbol{c}^j)$ $(j = 1, \ldots, n)$ Eigenpaare von A sind. Alle Eigenwerte $\lambda_1 \ldots, \lambda_n$ von A sind reell.

(B5) Man transformiere die Matrix $A = \frac{5}{2}\begin{bmatrix} 1 & -1 \\ -1 & 1 \end{bmatrix}$ durch eine Ähnlichkeitstransformation auf Diagonalgestalt.

Lsg:

(i) Bestimmung des charakteristischen Polynoms von A:

$$\varphi_A(\lambda) = \det \begin{bmatrix} 5/2 - \lambda & -5/2 \\ -5/2 & 5/2 - \lambda \end{bmatrix} = (\frac{5}{2} - \lambda)^2 - \frac{25}{4}.$$

(ii) Bestimmung der Eigenwerte von A:

$$\left(\frac{5}{2} - \lambda\right)^2 = \frac{25}{4}, \qquad \frac{5}{2} - \lambda_{1,2} = \pm\frac{5}{2}$$

$$\lambda_1 = 0, \quad \lambda_2 = 5.$$

(iii) Bestimmung der zugehörigen Eigenvektoren von A:

zu $\lambda_1 = 0$: $\frac{5}{2} \cdot \begin{bmatrix} 1 & -1 \\ -1 & 1 \end{bmatrix} \cdot \begin{bmatrix} x_1 \\ x_2 \end{bmatrix} = \begin{bmatrix} 0 \\ 0 \end{bmatrix} \Rightarrow x^1 = \mu \begin{bmatrix} 1 \\ 1 \end{bmatrix}$

$\boldsymbol{x}^1$ normiert auf den Betrag 1: $\boldsymbol{c}^1 = \frac{1}{\sqrt{2}}\begin{bmatrix} 1 \\ 1 \end{bmatrix}$;

zu $\lambda_2 = 5$: $\begin{bmatrix} 5/2 - 5 & -5/2 \\ -5/2 & 5/2 - 5 \end{bmatrix} \cdot \begin{bmatrix} x_1 \\ x_2 \end{bmatrix} = \begin{bmatrix} 0 \\ 0 \end{bmatrix} \Rightarrow \boldsymbol{x}^2 = \nu \begin{bmatrix} -1 \\ 1 \end{bmatrix}$

$\boldsymbol{x}^2$ normiert auf den Betrag 1: $\boldsymbol{c}^2 = \frac{1}{\sqrt{2}}\begin{bmatrix} -1 \\ 1 \end{bmatrix}$.

(iv) Transformationsmatrix:

$$C = (\boldsymbol{c}^1, \boldsymbol{c}^2) = \frac{1}{\sqrt{2}}\begin{bmatrix} 1 & -1 \\ 1 & 1 \end{bmatrix}.$$

(v) Inverse der Transformationsmatrix:

$$C^{-1} = C^T = \frac{1}{\sqrt{2}} \begin{bmatrix} 1 & 1 \\ -1 & 1 \end{bmatrix}.$$

(vi) Ähnlichkeitstransformation von A auf Diagonalgestalt:

$$C^{-1} \cdot A \cdot C = \begin{bmatrix} 0 & 0 \\ 0 & 5 \end{bmatrix} \qquad \text{(Probe!)}$$

(15) Besitzt $A = (a_{ik}) \in \mathbb{R}^{n\times n}$ die Eigenwerte $\lambda_1, \ldots, \lambda_n$, so lautet ihr charakteristisches Polynom

$$\varphi_A(\lambda) = (\lambda_1 - \lambda) \cdots (\lambda_n - \lambda) = \begin{vmatrix} a_{11} - \lambda & a_{12} & \cdots & a_{1n} \\ a_{21} & a_{22} - \lambda & \cdots & a_{2n} \\ \vdots & \vdots & \ddots & \vdots \\ a_{n1} & a_{n2} & \cdots & a_{nn} - \lambda \end{vmatrix}$$

$$= (-\lambda)^n + b_{n-1}(-\lambda)^{n-1} + \ldots + b_1(-\lambda) + b_0.$$

Koeffizientenvergleich ergibt

$$\begin{aligned} b_0 &= \lambda_1 \cdot \lambda_2 \cdot \ldots \cdot \lambda_n &&= \det A \\ b_{n-1} &= \lambda_1 + \ldots + \lambda_n &&= \operatorname{sp} A. \end{aligned}$$

(16) Es sei $A \in \mathbb{R}^{n\times n}$ und $(\lambda, \boldsymbol{x})$ ein Eigenpaar von A. Dann gelten:

(i) für jedes $k \in \mathbb{N}$ ist $(\lambda^k, \boldsymbol{x})$ ein Eigenpaar von A^k;

(ii) existiert A^{-1}, so ist $(\lambda^{-1}, \boldsymbol{x})$ ein Eigenpaar von A^{-1}.

(17) Es sei $A \in \mathbb{R}^{n\times n}$. Dann gilt:

$$\begin{aligned} \operatorname{rg} A = r < n \;&\Leftrightarrow\; \lambda = 0 \text{ ist Eigenwert von } A\text{, und der zugehörige} \\ &\;\; \text{Eigenraum hat die Dimension } n - r \\ &\Rightarrow\; \lambda = 0 \text{ ist } (n-r)\text{-facher Eigenwert von } A. \end{aligned}$$

7.3 Einfache Eigenwertabschätzungen

(1) Def: Es sei $A \in I\!R^{n\times n}$. Die Zahl

$$\rho(A) := \max\{\ |\lambda| : \lambda \text{ ist Eigenwert von } A\}$$

heißt der **Spektralradius** von A.

Bem: Alle Eigenwerte von A liegen in der komplexen Zahlenebene im abgeschlossenen Kreis um den Ursprung mit dem Radius $\rho(A)$.

(2) Es sei $A = (a_{ik}) \in I\!R^{n\times n}$. Dann gilt

$$\rho(A) \le \max_{1\le i\le n}\Big(\underbrace{|a_{i1}| + |a_{i2}| + \ldots + |a_{in}|}_{\substack{\text{Summe der Beträge der Elemente}\\ \text{der } i\text{-ten Zeile von } A}}\Big)$$

und

$$\rho(A) \le \max_{1\le k\le n}\Big(\underbrace{|a_{1k}| + |a_{2k}| + \ldots + |a_{nk}|}_{\substack{\text{Summe der Beträge der Elemente}\\ \text{der } k\text{-ten Spalte von } A}}\Big)$$

(B1) Man bestimme eine Schranke für die Beträge der Eigenwerte der Matrix

a) $A = \begin{bmatrix} 7 & 2 & -2 \\ 3 & 2 & 3 \\ 1 & -1 & -2 \end{bmatrix}$ b) $B = \begin{bmatrix} 0 & 1 & 3 \\ 1/2 & 0 & 0 \\ 0 & 1/3 & 0 \end{bmatrix}$

Lsg:

a) $\rho(A) \le \max(11, 8, 4) = 11, \quad \rho(A) \le \max(11, 5, 7) = 11.$
Exakt gilt $\rho(A) = 5$ [vgl. 7.2(B4)]

b) $\rho(B) \le \max(4, \frac{1}{2}, \frac{1}{3}) = 4, \quad \rho(B) \le \max(\frac{1}{2}, \frac{4}{3}, 3) = 3.$
Exakt gilt $\rho(B) = 1$ [vgl. 7.2(B1)].

(3) Gerschgorinscher Kreisesatz:
Es sei $A = (a_{ik}) \in I\!R^{n\times n}$. Dann gilt: alle Eigenwerte von A liegen in der Vereinigungsmenge der abgeschlossenen Kreise

$$K_i : |z - a_{ii}| \le r_i \quad \text{mit} \quad r_i = \underbrace{|a_{i1}| + \ldots + |a_{in}| - |a_{ii}|}_{\substack{\text{Summe der Beträge der Elemente der } i\text{-ten Zeile}\\ \text{von } A \text{ ohne das Diagonalelement } a_{ii}}}, \quad (i = 1, \ldots, n).$$

Ist ein Kreis disjunkt zu der Vereinigung der übrigen Kreise, so liegt darin genau ein Eigenwert von A.

Bem: Entsprechendes gilt bzgl. der Spalten von A.

(B2) Man gebe Näherungen (mit Fehlerabschätzungen) für die Eigenwerte der Matrix

$$A = \begin{bmatrix} 5 & 1/2 & 1/2 \\ -1 & 8 & 0 \\ -1 & 1 & -3 \end{bmatrix}.$$

1. Lsg: Betrachtung der Zeilen von A:

$$\begin{aligned} K_1: \quad |z-5| &\leq 1 \\ K_2: \quad |z-8| &\leq 1 \\ K_3: \quad |z+3| &\leq 2. \end{aligned}$$

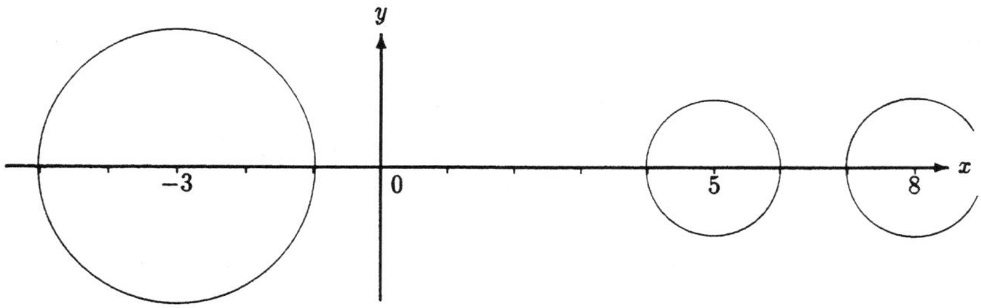

2. Lsg: Betrachtung der Spalten von A:

$$\begin{aligned} K_1': \quad |z-5| &\leq 2 \\ K_2': \quad |z-8| &\leq 3/2 \\ K_3': \quad |z+3| &\leq 1/2. \end{aligned}$$

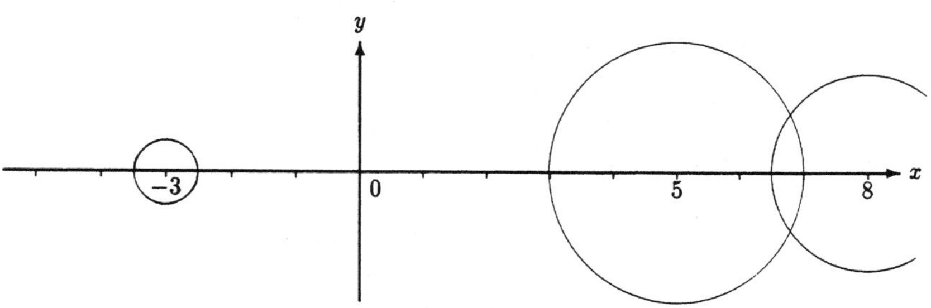

Daraus ergeben sich die folgenden Näherungen und Fehlerabschätzungen:

$$\begin{aligned} \lambda_1 &\approx 5, & |\lambda_1 - 5| &\leq 1 \\ \lambda_2 &\approx 8, & |\lambda_2 - 8| &\leq 1 \\ \lambda_3 &\approx -3, & |\lambda_3 + 3| &\leq 1/2. \end{aligned}$$

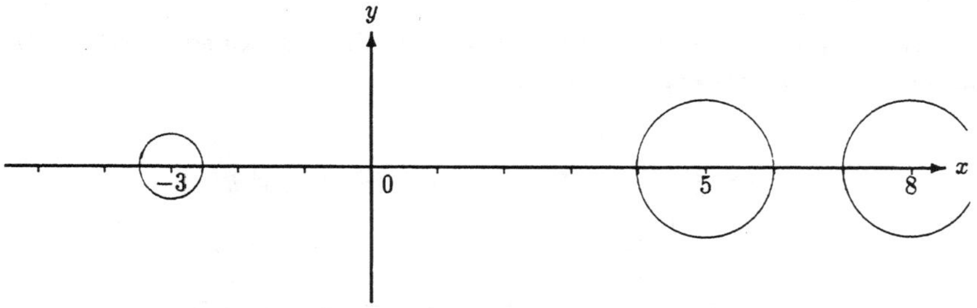

Bem: Da in jedem der Kreise genau ein Eigenwert von A liegt, muß dieser reell sein [vgl. 7.1(6)].

(4) Bemerkungen zu Berechungsverfahren:
Es gibt verschiedene Verfahren zur Berechnung der Eigenwerte und Eigenvektoren einer gegebenen Matrix. Dabei ist man bei größerer Zeilenzahl der Matrix auf Maschinenrechnung angewiesen [s. Programmbibliotheken von Rechenzentren]. Alle diese Verfahren beruhen darauf, daß die gegebene Matrix durch geeignete Ähnlichkeitstransformationen in eine Matrix von einfacherer Gestalt transformiert wird, deren Eigenwerte und Eigenvektoren berechenbar sind.

Die direkte Berechnung des charakteristischen Polynoms für Zeilenzahlen $n \geq 4$ ist nicht empfehlenswert.

7.4 Quadratische Formen

(1) Def: Es sei $A = (a_{ik}) \in I\!R^{n\times n}$ symmetrisch. Unter der **quadratischen Form** mit der Matrix A versteht man die Funktion

$$I\!R^n \ni \begin{bmatrix} x_1 \\ x_2 \\ \vdots \\ x_n \end{bmatrix} = \boldsymbol{x} \mapsto Q(\boldsymbol{x}) = \boldsymbol{x}^T \cdot A \cdot \boldsymbol{x} \in I\!R$$

$$\begin{array}{rcllll} Q(\boldsymbol{x}) & = & a_{11}x_1x_1 & +a_{12}x_1x_2 & +\ldots & +a_{1n}x_1x_n \\ & + & a_{21}x_2x_1 & +a_{22}x_2x_2 & +\ldots & +a_{2n}x_2x_n \\ & + & \ldots & \ldots & \ldots & \ldots \\ & + & a_{n1}x_nx_1 & +a_{n2}x_nx_2 & +\ldots & +a_{nn}x_nx_n \end{array}$$

$$= \sum_{i=1}^{n} a_{ii}(x_i)^2 + 2 \cdot \sum_{\substack{i=1 \\ i<j}}^{n} \sum_{j=1}^{n} a_{ij} \cdot x_i \cdot x_j.$$

(B1) a) Man ermittle eine explizite Darstellung der quadratischen Form mit der Matrix

$$A = \frac{5}{2}\begin{bmatrix} 1 & -1 \\ -1 & 1 \end{bmatrix}.$$

b) Welche Matrix gehört zu der quadratischen Form

$$Q(x_1, x_2) = 4x_1^2 - x_2^2 + 2x_1x_2?$$

Lsg:

a) $$I\!R^2 \ni \begin{bmatrix} x_1 \\ x_2 \end{bmatrix} = \boldsymbol{x} \mapsto Q(\boldsymbol{x}) = \boldsymbol{x}^T \cdot A \cdot \boldsymbol{x} = \frac{5}{2}(x_1^2 + x_2^2 - 2x_1x_2) = \frac{5}{2}(x_1 - x_2)^2$$

b) $$Q(x_1, x_2) = \begin{array}{ll} 4x_1x_1 & +x_1x_2 \\ +x_2x_1 & -x_2x_2 \end{array} = (x_1, x_2) \cdot \begin{bmatrix} 4 & 1 \\ 1 & -1 \end{bmatrix} \cdot \begin{bmatrix} x_1 \\ x_2 \end{bmatrix},$$

$$A = \begin{bmatrix} 4 & 1 \\ 1 & -1 \end{bmatrix}.$$

(2) Es sei $A \in I\!R^{n\times n}$ eine symmetrische Matrix mit den Eigenwerten $\lambda_1, \ldots, \lambda_n$. $C = (\boldsymbol{c}^1, \ldots, \boldsymbol{c}^n)$ sei die Matrix der zugehörigen auf die Länge 1 normierten Eigenvektoren:

$$C^T \cdot A \cdot C = \begin{bmatrix} \lambda_1 & & & 0 \\ & \lambda_2 & & \\ & & \ddots & \\ 0 & & & \lambda_n \end{bmatrix}.$$

Mit der Substitution $\boldsymbol{x} = C \cdot \boldsymbol{y}$, $\boldsymbol{y} \in \mathbb{R}^n$, vereinfacht sich die quadratische Form mit der Matrix A zu einer "**Diagonalform**" in der Variablen $\boldsymbol{y}$:

$$\boldsymbol{x}^T \cdot A \cdot \boldsymbol{x} = \boldsymbol{y}^T C^T A C \boldsymbol{y} = \lambda_1 y_1^2 + \lambda_2 y_2^2 + \ldots + \lambda_n y_n^2.$$

Man beachte: Da C invertierbar ist, durchläuft $\boldsymbol{x}$ den $\mathbb{R}^n$ gdw $\boldsymbol{y}$ den $\mathbb{R}^n$ durchläuft.

(3) Es sei $A = (a_{ik}) \in \mathbb{R}^{n \times n}$ eine symmetrische Matrix. Dann sind die folgenden Aussagen äquivalent:

(i) A ist **positiv definit**
[$:\Leftrightarrow \boldsymbol{x}^T \cdot A \cdot \boldsymbol{x} > 0$ für alle Vektoren $\mathbf{o} \neq \boldsymbol{x} \in \mathbb{R}^n$];

(ii) alle Eigenwerte von A sind positiv;

(iii) alle **Hauptminoren** $\det \begin{bmatrix} a_{11} & \ldots & a_{1k} \\ \vdots & & \vdots \\ a_{k1} & \ldots & a_{kk} \end{bmatrix}$ $(k = 1, \ldots, n)$ von A sind positiv;

(iv) A ist mit dem Gaußschen Algorithmus ohne Zeilen- und ohne Spaltenvertauschungen in eine obere Dreiecksmatrix transformierbar, deren Diagonalelemente sämtlich positiv sind.

Bem: Die Äquivalenz (i) $\Leftrightarrow$ (ii) folgt unmittelbar aus (2). Zur Äquivalenz (i) $\Leftrightarrow$ (iii) vgl. 6.5(9) und zur Äquivalenz (i) $\Leftrightarrow$ (iv) vgl. 6.5(7).

(B2) Wann ist $A = \begin{bmatrix} a_1 & b \\ b & a_2 \end{bmatrix}$ positiv definit ?

Lsg: Gemäß (iii) ist A positiv definit gdw $a_1 > 0$ und $a_1 \cdot a_2 - b^2 > 0$ [vgl. 6.9(B4)].

(4) Es sei $A = (a_{ik}) \in \mathbb{R}^{n \times n}$ eine symmetrische Matrix. Dann sind die folgenden Aussagen äquivalent:

(i) A ist **positiv semidefinit** $:\Leftrightarrow \boldsymbol{x}^T \cdot A \cdot \boldsymbol{x} \geq 0$ für alle $\boldsymbol{x} \in \mathbb{R}^n$;

(ii) alle Eigenwerte von A sind nicht-negativ.

Wenn A positiv semidefinit ist, sind alle Hauptminoren von A nicht negativ.

(5) Es sei $A = (a_{ik}) \in \mathbb{R}^{n \times n}$ eine symmetrische Matrix. Dann sind die folgenden Aussagen äquivalent:

(i) A ist **negativ definit**
[$:\Leftrightarrow \boldsymbol{x}^T \cdot A \cdot \boldsymbol{x} < 0$ für alle Vektoren $0 \neq \boldsymbol{x} \in \mathbb{R}^n$];

(ii) $-A$ ist positiv definit;

(iii) alle Eigenwerte von A sind negativ;

(iv) das Vorzeichen des k-ten Hauptminors $\det \begin{bmatrix} a_{11} & \dots & a_{1k} \\ \vdots & & \vdots \\ a_{k1} & \dots & a_{kk} \end{bmatrix}$ von A ist $(-1)^k$;

(v) A ist mit dem Gaußschen Algorithmus ohne Zeilen- und ohne Spaltenvertauschungen in eine obere Dreiecksmatrix transformierbar, deren Diagonalelemente sämtlich negativ sind.

(6) Es sei $A \in \mathbb{R}^{n \times n}$ eine symmetrische Matrix. Dann sind die folgenden Aussagen äquivalent:

(i) A ist **negativ semidefinit** $:\Leftrightarrow \boldsymbol{x}^T \cdot A \cdot \boldsymbol{x} \leq 0$ für alle $\boldsymbol{x} \in \mathbb{R}^n$;

(ii) $-A$ ist positiv semidefinit;

(iii) alle Eigenwerte von A sind nicht positiv.

(7) Es sei $A = (a_{ik}) \in \mathbb{R}^{n \times n}$ eine symmetrische Matrix. Dann sind die folgenden Aussagen äquivalent:

(i) A ist **indefinit**

[$:\Leftrightarrow$ es gibt $x \in \mathbb{R}^n$ mit $\boldsymbol{x}^T \cdot A \cdot \boldsymbol{x} > 0$ und es gibt $\boldsymbol{y} \in \mathbb{R}^n$ mit $\boldsymbol{y}^T \cdot A \cdot \boldsymbol{y} < 0$];

(ii) A hat positive und negative Eigenwerte.

(B3) Man zeige: Wenn A positiv definit ist, dann auch A^{-1}.

Lsg: A positiv definit $\Leftrightarrow$ alle Eigenwerte λ von A positiv
$\Leftrightarrow$ alle Eigenwerte λ^{-1} von A^{-1} positiv
$\Leftrightarrow$ A^{-1} positiv definit.

(8) Es sei $A \in \mathbb{R}^{m \times n}$. Dann ist die Matrix $A^T \cdot A \in \mathbb{R}^{n \times n}$ positiv semidefinit. $A^T \cdot A$ ist positiv definit gdw $\operatorname{rg} A = n$.

Bew:

$$\boldsymbol{x}^T A^T A \cdot \boldsymbol{x} = (A \cdot \boldsymbol{x})^T \cdot (A \cdot \boldsymbol{x}) = |A \cdot \boldsymbol{x}|^2 \geq 0 \quad \text{für alle } \boldsymbol{x},$$

und

$$|A \cdot \boldsymbol{x}|^2 = 0 \quad \Leftrightarrow \quad A \cdot \boldsymbol{x} = 0 \quad \Rightarrow \quad \boldsymbol{x} = 0 \quad \text{gdw} \quad \operatorname{rg} A = n.$$

(9) Lösung überbestimmter linearer Gleichungssysteme durch Ausgleich mit der Methode der kleinsten Quadrate: Es sei $A \in \mathbb{R}^{m \times n}$ eine Matrix vom Range n. Wann gibt es zu jedem Vektor $\boldsymbol{b} \in \mathbb{R}^m$ einen eindeutig bestimmten Vektor $\boldsymbol{z} \in \mathbb{R}^n$ mit

$$|\boldsymbol{b} - A \cdot \boldsymbol{z}| \le |\boldsymbol{b} - A \cdot \boldsymbol{x}| \quad \text{für alle} \quad \boldsymbol{x} \in \mathbb{R}^n?$$

$\boldsymbol{z}$ ist Lösung des linearen Gleichungssystems mit positiv definiter Koeffizientenmatrix

$$A^T \cdot A \cdot \boldsymbol{z} = A^T \cdot \boldsymbol{b}.$$

Bem: Die Matrix $A^- = (A^T A)^{-1} \cdot A^T$ heißt die **Pseudoinverse** von A.

(B4) Man löse das überbestimmte lineare Gleichungssystem durch Ausgleich mit der Methode der kleinsten Quadrate

$$\begin{array}{rcrcl} x_1 & + & x_2 & = & 1 \\ x_1 & - & x_2 & = & 1 \\ x_1 & + & x_2 & = & 0. \end{array}$$

Lsg: Das gegebene lineare Gleichungssystem lautet $A \cdot \boldsymbol{x} = \boldsymbol{b}$ mit $A = \begin{bmatrix} 1 & 1 \\ 1 & -1 \\ 1 & 1 \end{bmatrix} \in \mathbb{R}^{3 \times 2}$, $\boldsymbol{b} = \begin{bmatrix} 1 \\ 1 \\ 0 \end{bmatrix} \in \mathbb{R}^3$. Es ist

$$A^T \cdot A = \begin{bmatrix} 1 & 1 & 1 \\ 1 & -1 & 1 \end{bmatrix} \cdot \begin{bmatrix} 1 & 1 \\ 1 & -1 \\ 1 & 1 \end{bmatrix} = \begin{bmatrix} 3 & 1 \\ 1 & 3 \end{bmatrix}, \quad A^T \cdot \boldsymbol{b} = \begin{bmatrix} 2 \\ 0 \end{bmatrix}.$$

Das lineare Gleichungssystem

$$A^T A \cdot \boldsymbol{z} = A^T \cdot \boldsymbol{b} \quad \Leftrightarrow \quad \begin{bmatrix} 3 & 1 \\ 1 & 3 \end{bmatrix} \cdot \begin{bmatrix} z_1 \\ z_2 \end{bmatrix} = \begin{bmatrix} 2 \\ 0 \end{bmatrix}$$

besitzt die eindeutig bestimmte Lösung $\boldsymbol{z} = \begin{bmatrix} 3/4 \\ -1/4 \end{bmatrix}$.

Der Vektor $\boldsymbol{z}$ macht den Betrag des **Defektvektors** $\boldsymbol{b} - A \cdot \boldsymbol{x}$ zum Minimum.

Bsp: $\boldsymbol{x} = \begin{bmatrix} 1 \\ 0 \end{bmatrix}$ ist Lösung der ersten beiden Gleichungen des gegebenen Systems. Es ist

$$\begin{aligned} |\boldsymbol{b} - A \cdot \boldsymbol{z}| &= \left| \begin{bmatrix} 1 \\ 1 \\ 0 \end{bmatrix} - \begin{bmatrix} 1/2 \\ 1 \\ 1/2 \end{bmatrix} \right| = \sqrt{\frac{1}{4} + \frac{1}{4}} = \sqrt{\frac{1}{2}} \\ &< \left| \begin{bmatrix} 1 \\ 1 \\ 0 \end{bmatrix} - A \cdot \begin{bmatrix} 1 \\ 0 \end{bmatrix} \right| = \left| \begin{bmatrix} 1 \\ 1 \\ 0 \end{bmatrix} - \begin{bmatrix} 1 \\ 1 \\ 1 \end{bmatrix} \right| = 1. \end{aligned}$$

7.5 Ökonomische Anwendungen: input-output-Modelle

In ökonomischen Anwendungen werden noch die folgenden Begriffe benötigt.

(1) Def: Eine Matrix $A = (a_{ik}) \in I\!R^{m\times n}$ heißt **nicht-negativ [positiv]** :gdw alle Elemente a_{ik} sind nicht-negativ [positiv] $\Leftrightarrow$: $A \geq 0$ $[A > 0]$ [vgl. die analoge Definition 4.1(2) für Vektoren].

(2) Def: Eine quadratische Matrix $A = (a_{ik}) \in I\!R^{n\times n}$ heißt **zerlegbar** :gdw die Menge der Indizes $\{1, \ldots, n\}$ kann in zwei nichtleere Teilmengen N_1, N_2 aufgeteilt werden, so daß $N_1 \cap N_2 = \emptyset, N_1 \cup N_2 = \{1, \ldots, n\}$ und

$$a_{ik} = 0 \text{ für } (i,k) \in N_1 \times N_2;$$

andernfalls heißt A **unzerlegbar**.

Bem.: Unzerlegbare Matrizen $a \geq 0$ beschreiben Volkswirtschaften, in denen alle "Sektoren" miteinander verflochten sind. Zerlegbare Matrizen $A \geq 0$ beschreiben sog. "duale Wirtschaften".

(3) Eine Matrix $A \in I\!R^{n\times n}$ ist zerlegbar gdw A kann durch eine Permutation der Zeilen und durch dieselbe Permutation der Spalten auf die Form

$$\begin{bmatrix} A_{11} & A_{12} \\ 0 & A_{22} \end{bmatrix}$$

mit quadratischen Untermatrizen A_{11}, A_{22} und einer passenden Nullmatrix 0 gebracht werden.

(B1) Ist $A = \begin{bmatrix} 1 & 3 & 0 & 3 \\ 0 & 1 & 1 & 0 \\ 0 & 2 & 1 & 0 \\ -1 & 1 & 1 & 2 \end{bmatrix}$ zerlegbar ?

1. Lsg: A ist zerlegbar, da mit $N_1 = \{2,3\}, N_2 = \{1,4\}$ $a_{ik} = 0$ für $(i,k) \in N_1 \times N_2$ gilt.

2. Lsg: Vertauscht man die Zeilen 2 und 4 und simultan die Spalten 2 und 4 von A, so erhält man die Matrix

$$\begin{bmatrix} 1 & 3 & 0 & 3 \\ -1 & 2 & 1 & 1 \\ 0 & 0 & 1 & 2 \\ 0 & 0 & 1 & 1 \end{bmatrix},$$

also ist A zerlegbar.

(B2) Man zeige: eine quadratische Matrix $A = (a_{ik}) \in \mathbb{R}^{n \times n}$, in deren Sub- und Superdiagonale kein Element gleich Null ist: $a_{i+1,i} \neq 0$ und $a_{i,i+1} \neq 0$ für $i = 1, \ldots, n-1$, ist unzerlegbar.

Lsg: Beweis indirekt. Angenommen, es existiert eine nicht triviale Zerlegung $N_1 \cup N_2 = \{1, \ldots, n\}$ mit $a_{ik} = 0$ für $(i,k) \in N_1 \times N_2$.

Beh: es gibt einen Index $i, 1 \leq i \leq n-1$, so daß $(i, i+1) \in N_1 \times N_2$ oder $(i+1, i) \in N_1 \times N_2$. Das steht im Widerspruch zur Voraussetzung $a_{i+1,i} \neq 0$ und $a_{i,i+1} \neq 0$.

Bew: Entweder $n \in N_1$ oder $n \in N_2$.

1. Fall: $n \in N_1 : i := \max N_2 \Rightarrow i+1 \in N_1$, also $(i+1, i) \in N_1 \times N_2$

2. Fall: $n \in N_2 : i := \max N_1 \Rightarrow i+1 \in N_2$, also $(i, i+1) \in N_1 \times N_2$.

(4) Def: Eine Matrix $B = (b_{ij}) \in \mathbb{R}^{n \times n}$ heißt

zeilendiagonal-dominant
$$:\text{gdw } |b_{ii}| > \underbrace{\sum_{\substack{j=1 \\ j \neq i}}^{n} |b_{ij}|}_{\substack{\text{Summe der Beträge der Elemente der} \\ i\text{-ten Zeile von } B \text{ ohne } b_{ii}}} \qquad (i = 1, \ldots, n)$$

spaltendiagonal-dominant
$$:\text{gdw } |b_{jj}| > \underbrace{\sum_{\substack{i=1 \\ i \neq j}}^{n} |b_{ij}|}_{\substack{\text{Summe der Beträge der Elemente der} \\ j\text{-ten Spalte von } B \text{ ohne } b_{jj}}} \qquad (j = 1, \ldots, n)$$

diagonaldominant :gdw B ist zeilen- oder spaltendiagonaldominant.

(B3) Welche der folgenden Matrizen sind zeilendiagonaldominant, welche spaltendiagonaldominant, welche diagonaldominant ?

a) $B_1 = \begin{bmatrix} 2 & 1 & 0 \\ 0 & 2 & 1 \\ 0 & 1 & 2 \end{bmatrix}$ b) $B_2 = \begin{bmatrix} 5 & 1 & 0 & -1 \\ 2 & 7 & 2 & -1 \\ -1 & 0 & 3 & 1 \\ -1 & 0 & 1 & 4 \end{bmatrix}$

c) $B_3 = \begin{bmatrix} 2 & 1 & 1 \\ 1 & 2 & 0 \\ 1 & 0 & 2 \end{bmatrix}$

Lsg:

a) B_1 ist zeilendiagonaldominant und diagonaldominant, jedoch nicht spaltendiagonaldominant.

b) dto B_2.

c) B_3 ist nicht diagonaldominant.

(5) Satz von Hadamard-McKenzie: Jede diagonaldominante Matrix ist invertierbar.

Input-output-Modelle beschreiben den Austausch von Gütern im Produktionsbereich einer Gesamtwirtschaft, die dabei auf zweifache Weise, nämlich nach ihrer Herkunft und nach ihrer Verwendung erfaßt werden, um schließlich eine Aussage über die Abhängigkeit dieser Güter-Ströme von der Endnachfrage zu machen.

Es werden die folgenden **Modellvoraussetzungen** gemacht:

1. Die "Gesamtwirtschaft" wird in n **Sektoren** ("**Industrien**", "**Wirtschaftszweige**" oder "**Branchen**" genannt) eingeteilt, die hinsichtlich ihrer technischen Produktivität annähernd homogen sein sollen. In jedem Sektor wird ein bestimmtes "**Güterbündel**" oder "**Gut**" hergestellt, das sich von allen anderen unterscheidet.

2. Für jeden Sektor j $(j = 1, \ldots, n)$ und pro Mengeneinheit des im Sektor j produzierten Gutes ist eine bestimmte Menge

$$a_{ij} \geq 0$$

an **input** des Gutes aus dem Sektor i $(i = 1, \ldots, n)$ erforderlich. Unter **input** werden hier Produktionsfaktoren wie Rohstoffe oder Zwischenprodukte usw. verstanden, die als **output** aus einem anderen Sektor stammen. Für x_j ME output des j-ten Sektors sind dann $x_{ij} = a_{ij} \cdot x_j$ ME input aus dem i-ten Sektor erforderlich ("**Linearität des Modells**").

3. Es gibt keine Substitutionen zwischen den einzelnen inputs.

4. Jeder output benötigt wenigstens einen input aus einem anderen Sektor, und jeder Sektor benötigt wenigstens einen output der übrigen Sektoren als input.

Nach W.W. Leontief unterscheidet man zwischen einem "geschlossenen" und einem "offenen System". Beide Systeme sollen hier nur statisch betrachtet werden, d.h. als unabhängig von der Zeit angenommen werden.

7.5.1 Das offene input-output-Modell

sondert bestimmte Wirtschaftsbereiche als **exogen** aus (vor allem Haushalte, Staat oder die Auslandsbeziehungen). Der in Mengeneinheiten ME pro Zeitperiode gemessene output des Sektors i sei $x_i \geq 0$ $(i = 1, \ldots, n)$. Dieser output setzt sich zusammen aus den Teilen $x_{ij} \geq 0$ $(j = 1, \ldots, n)$, die als input in den Sektor j gehen, und einem Teil $c_i \geq 0$, der "nach außen" abgegeben wird. Oft wird c_i als "**autonome Nachfrage**" nach dem Produkt des Sektors i (z.B. für den Export, Konsum, für Investitionen o.ä.) bezeichnet. Aus der Voraussetzung der Linearität des Modells folgt, daß der im Sektor j zum Einsatz kommende Anteil x_{ij} proportional zum output x_j sein muß:

$$x_{ij} = a_{ij} \cdot x_j \quad \text{mit} \quad a_{ij} \geq 0 \qquad (i, j = 1, \ldots, n).$$

Dabei werden im allgemeinen die internen Transaktionen eines Sektors nicht registriert, d.h. $a_{ii} = 0\,(i = 1, \ldots, n)$. Diese Zusammenhänge lassen sich in einer Tabelle und als Matrizengleichungen formulieren:

input / output	Sektoren j: 1	2	3	$\cdots$	n	autonome Nachfrage d. Sektors i	gesamter output d. Sektors i
1	$a_{11} \cdot x_1$	$a_{12} \cdot x_2$	$a_{13} \cdot x_3$	$\cdots$	$a_{1n} \cdot x_n$	c_1	x_1
2	$a_{21} \cdot x_1$	$a_{22} \cdot x_2$	$a_{23} \cdot x_3$	$\cdots$	$a_{2n} \cdot x_n$	c_2	x_2
3	$a_{31} \cdot x_1$	$a_{32} \cdot x_2$	$a_{33} \cdot x_3$	$\cdots$	$a_{3n} \cdot x_n$	c_3	x_3
$\vdots$	$\vdots$	$\vdots$	$\vdots$		$\vdots$	$\vdots$	$\vdots$
n	$a_{n1} \cdot x_1$	$a_{n2} \cdot x_2$	$a_{n3} \cdot x_3$	$\cdots$	$a_{nn} \cdot x_n$	c_n	x_n

Leontief's **input-output-Matrix** $A \geq 0$

$$\Leftrightarrow \qquad x_i = x_{i1} + \ldots + x_{in} + c_i \qquad (i = 1, \ldots, n)$$

$$\Leftrightarrow \qquad \boldsymbol{x} = A \cdot \boldsymbol{x} + \boldsymbol{c}$$

$$\text{mit} \quad \boldsymbol{x} = \begin{bmatrix} x_1 \\ \vdots \\ x_n \end{bmatrix}, \quad A = \begin{bmatrix} a_{11} & \ldots & a_{1n} \\ \vdots & & \vdots \\ a_{n1} & \ldots & a_{nn} \end{bmatrix}, \quad \boldsymbol{c} = \begin{bmatrix} c_1 \\ \vdots \\ c_n \end{bmatrix}$$

$$\Leftrightarrow \qquad (E - A) \cdot \boldsymbol{x} = \boldsymbol{c}.$$

Die Koeffizienten a_{ij} heißen **Produktionskoeffzienten** oder auch **technische input-Koeffizienten**. Kennt man sie, so kann man die Gesamtproduktion $\boldsymbol{x}$ der einzelnen Sektoren als Funktion der autonomen Nachfrage $\boldsymbol{c}$ bestimmen. Die für den Ökonomen wichtigen Fragen lauten dabei:

(i) **Existenzproblem I (Starke Lösbarkeitsbedingungen):**
Gibt es zu gegebenem Vektor $\boldsymbol{c} \geq \mathbf{o}$ und zu gegebener Matrix $A \geq 0$ Lösungen $\boldsymbol{x}$ von

$$(E - A) \cdot \boldsymbol{x} = \boldsymbol{c} \quad \text{mit} \quad \boldsymbol{x} \geq \mathbf{o}?$$

(ii) **Existenzproblem II (Schwache Lösbarkeitsbedingunen):**
Gibt es einen Vektor $\boldsymbol{c} \geq \mathbf{o}$ mit $\boldsymbol{c} \neq \mathbf{o}$, so dass es dazu einen Vektor $\boldsymbol{x} \geq \mathbf{o}$ gibt mit $(E - A)\boldsymbol{x} = \boldsymbol{c}$?

Die Bedingungen (i) und (ii) sind äquivalent und äquivalent zu

(iii) $E - A$ ist positiv definit; und damit auch äquivalent zu

(iv) alle Hauptminoren von $E - A$ sind positiv.[1]

Die einfachste, positive Antwort auf die Frage (i) wäre: $(E - A)^{-1} \geq 0$. Man bezeichnet die Matrix $(E - A)^{-1}$ als die **Leontief-Inverse** von A.
Wann besitzt A eine nicht-negative, wann eine positive Leontief-Inverse?
Zur Beantwortung dieser Fragen lassen sich die folgenden Sätze heranziehen:

(5) Es sei $B = (b_{ik}) \in \mathbb{R}^{n \times n}$ eine spaltendiagonaldominante Matrix mit positiven Diagonalelementen und nicht positiven übrigen Elementen:

$$\begin{array}{ll} b_{ii} > 0 & (i = 1, \ldots, n) \\ b_{ij} \leq 0 & (i, j = 1, \ldots, n; i \neq j). \end{array}$$

Dann besitzt das lineare Gleichungssystem

$$B \cdot \boldsymbol{x} = \boldsymbol{c}$$

für jeden Vektor $\boldsymbol{c} \geq \mathbf{o}$ eine nicht-negative Lösung $\boldsymbol{x} \geq \mathbf{o}$.

Bew: Nach Gerschgorins Kreisesatz besitzt B nur Eigenwerte mit positiven Realteilen, insbesondere ist $\det B \neq 0$, also B invertierbar. Angenommen, $\boldsymbol{x} = B^{-1} \cdot \boldsymbol{c}$ besitzt negative Komponenten, etwa $x_j < 0$ für $j = 1, \ldots, m$ und $x_j \geq 0$ für $j = m + 1, \ldots, n$. Dann folgt aus

$$\sum_{j=1}^{m} b_{ij} \cdot x_j + \sum_{j=m+1}^{n} b_{ij} \cdot x_j = c_i \geq 0 \quad (i = 1, \ldots, n)$$

durch Summation über $i = 1, \ldots, m$

$$\underbrace{\sum_{j=1}^{m} \left(\sum_{i=1}^{m} b_{ij} \right) \cdot x_j}_{<0 \text{ nach Annahme}} + \underbrace{\sum_{i=1}^{m} \sum_{j=m+1}^{n} b_{ij} \cdot x_j}_{\leq 0 \text{ nach Voraussetzung}} = \sum_{i=1}^{m} c_i \geq 0;$$

denn weil B spaltendiagonaldominant ist, ist jede Summe $\sum_{i=1}^{m} b_{ij} > 0$ $(j = 1, \ldots, m)$. Dies steht im Widerspruch dazu, daß die rechte Seite ≥ 0 ist.
Aufgabe: Man modifiziere den Beweis geeignet, wenn irgendwelche m Komponenten von x negativ und die übrigen nicht-negativ sind.

(6) Es sei $A \in \mathbb{R}^{n \times n}$ nicht-negativ: $A \geq 0$. Dann gelten

(i) der Spektralradius $\lambda = \rho(A)$ ist ein Eigenwert von A;

(ii) zu $\lambda = \rho(A)$ gehört ein nicht-negativer Eigenvektor $\boldsymbol{x} \geq \mathbf{o}$ von A;

[1] Bedingung (iv) ist in den Wirtschaftswissenschaften unter der Bezeichnung "Hawkins-Simon-Bedingungen" bekannt, [Nik], p. 14-17.

(iii) für jeden reellen Parameter $\rho > \lambda$ ist die Matrix $\rho E - A$ invertierbar, und $(\rho E - A)^{-1}$ ist nicht-negativ.

Folgerung: $\lambda < 1 \Rightarrow (E - A)^{-1} \geq 0$.

Ist A positiv, $A > 0$, so gelten

(iv) $\lambda = \rho(A)$ ist ein einfacher Eigenwert von A, und für jeden Eigenwert μ von A gilt $|\mu| < \rho(A)$;

(v) für jeden reellen Parameter $\rho > \lambda$ ist $(\rho E - A)^{-1} > 0$.

Folgerung: $\lambda < 1 \Rightarrow (E - A)^{-1} > 0$.

Ist $A \geq 0$ unzerlegbar, so gelten

(vi) $\lambda = \rho(A) > 0$ ist einfacher Eigenwert von A, und jeder Eigenwert μ von A mit $|\mu| = \lambda$ ist ebenfalls einfach;

(vii) zu $\lambda = \rho(A)$ gehört ein positiver Eigenvektor $\boldsymbol{x} > \mathbf{o}$ von A;

(viii) für jeden reellen Parameter $\rho > \lambda$ ist $(\rho E - A)^{-1} > 0$.

Folgerung: $\lambda < 1 \Rightarrow (E - A)^{-1} > 0$.

Bem: Der in (6) genannte Eigenwert $\lambda = \rho(A)$ von A heißt die **Frobeniuswurzel** λ_A von A. Diese ist eine schwach monoton wachsende Funktion von A:

$$B \geq A \geq 0 \quad \Rightarrow \quad \lambda_B \geq \lambda_A \geq 0.$$

Wenn A unzerlegbar ist, so gilt

$$B > A \geq 0 \quad \Rightarrow \quad \lambda_B > \lambda_A > 0.$$

(7) Satz[2]**:** Es sei $A \geq 0$ und $\rho \in \mathbb{R}, \rho > 0,\ B := \rho E - A$. Dann sind äquivalent:

(i) Es gibt $\boldsymbol{x} \geq \mathbf{o}$ und $B \cdot \boldsymbol{x} > \mathbf{o}$.

(ii) Die Realteile aller Eigenwerte von B sind positiv.

(iii) $\rho > \lambda_A$, wobei λ_A die Frobenius-Wurzel von A ist.

(8) Satz von Fisher-Takayama: Es sei $A = (a_{ij}) \in \mathbb{R}^{n \times n}$ nicht negativ. Dann gilt für die Frobeniuswurzel λ von A

$$\min_{1 \leq i \leq n} (a_{i1} + a_{i2} + \ldots + a_{in}) \leq \lambda \leq \max_{1 \leq i \leq n} (a_{i1} + a_{i2} + \ldots + a_{in})$$

$(\ldots)$ = Summe der Elemente der i-ten Zeile von A

[2][Tak], p. 386

und

$$\min_{1\leq j\leq n}(a_{1j}+a_{2j}+\ldots+a_{nj})\leq\lambda\leq\max_{1\leq j\leq n}(a_{1j}+a_{2j}+\ldots+a_{nj})$$

$(\ldots)$ = Summe der Elemente der j-ten Spalte von A.

Ist A unzerlegbar, so gelten die strengen Ungleichheitszeichen, es sei denn es ist $\min\ldots=\max\ldots=\lambda$.

(9) Es sei $A=(a_{ij})\in I\!R^{n\times n}$ nicht-negativ. Wenn $E-A$ eine positive Diagonale besitzt und diagonaldominant ist, gilt $\rho(A)<1$.

Bew: Es ist für jedes $i=1,\ldots,n$

$$1-a_{ii}\quad>\quad\sum_{\substack{j=1\\ j\neq i}}^{n}a_{ij},$$

falls $E-A$ zeilendiagonaldominant ist; oder es ist für jedes $i=1,\ldots n$

$$1-a_{ii}\quad>\quad\sum_{\substack{k=1\\ k\neq i}}^{n}a_{ki},$$

falls $E-A$ spaltendiagonaldominant ist.

Folgerung: Für jedes $i=1,\ldots,n$ ist $1>\sum_{j=1}^{n}a_{ij}$, oder es ist für jedes $i=1,\ldots,n$ $1>\sum_{k=1}^{n}a_{ki}$, also nach 7.3(2) oder nach (7) $\rho(A)<1$.

Folgerung: Sind die Zeilensummen oder die Spaltensummen einer nicht-negativen Matrix A alle kleiner als 1, so liegt die Frobeniuswurzel λ von A im Intervall $[0,1)$. Nach (6) ist die Matrix $(E-A)^{-1}$ dann nicht-negativ bzw. positiv, wenn A noch unzerlegbar ist. Gilt letzteres, so gibt es zu jedem Vektor $\mathbf{c}\geq\mathbf{o},\mathbf{c}\neq\mathbf{o}$, einen positiven Vektor $\boldsymbol{x}>\mathbf{o}$, der die Lösung des offenen Leontief-Modells $(E-A)\cdot x=c$ darstellt. Dann gilt: Das System kann jeden positiven Überschuß $\mathbf{c}>\mathbf{o}$ produzieren:

$$\boldsymbol{x}=(E-A)^{-1}\cdot\mathbf{c}.$$

7.5.2 Geschlossenes input-output-Modell

In einem **geschlossenen input-output-Modell** werden alle outputs zugleich als inputs verwendet: der Vektor $\mathbf{c}$ der autonomen Nachfrage ist der Nullvektor. In einem solchen System werden sämtliche im Modell betrachteten Größen als voneinander abhängige Variablen angesehen, während die technischen und natürlichen Produktionsbedingungen die Parameter (in der Matrix A zusammengefaßt) liefern. Es wird hier nach einer Lösung $\boldsymbol{x}$ des Systems

$$A\cdot\boldsymbol{x}=\boldsymbol{x}\quad\text{mit}\quad\boldsymbol{x}\geq\mathbf{o}$$

gesucht, oder äquivalent von

$$(E - A) \cdot \boldsymbol{x} = \mathbf{o} \quad \text{mit} \quad \boldsymbol{x} \geq \mathbf{o}.$$

Nochmals äquivalent: Ist $\lambda = 1$ Eigenwert von A mit einem nicht-negativen Vektor $\boldsymbol{x}$ als zugehörigen Eigenvektor ?

(10) Sind die Spaltensummen $\sum_{i=1}^{n} a_{ij} = 1$ $(j = 1, \ldots, n)$ der nicht-negativen Matrix $A = (a_{ij}) \in \mathbb{R}^{n \times n}$ gleich 1, so existiert eine Gleichgewichtslösung $\boldsymbol{x} \geq \mathbf{o}$ von $A \cdot \boldsymbol{x} = \boldsymbol{x}$.

Bew: Aus (7) folgt, daß die Frobeniuswurzel von A $\lambda_A = 1$ ist, und nach (6) gehört zu $\lambda_A = 1$ ein nicht-negativer Eigenvektor $\boldsymbol{x}$ von A.

Aus dem 3. Teil von Satz (6) ergibt sich noch:

(11) Es sei A nicht-negativ, unzerlegbar und $\rho(A) \leq 1$. Dann existiert eine Gleichgewichtslösung $\boldsymbol{x} > \mathbf{o}$ von $A \cdot \boldsymbol{x} = \boldsymbol{x}$ dann und nur dann, wenn die Frobeniuswurzel λ_A von A gleich 1 ist: $\lambda_A = 1$.

7.6 Klausuraufgaben

(K1) a) Es seien z_1, z_2 die Nullstellen von $p(z) = z^2 - 4z + 6$. Man berechne $(z_1^{-1} + z_2^{-1})^{-1}$.

b) Es seien z_1, z_2 die Nullstellen von $p(z) = z^2 + az + b$, $(a, b \in \mathbb{C})$. Man zeige:

$$\begin{array}{lll} 1.) & z_1 \neq 0 \text{ und } z_2 \neq 0 & \text{gdw} \quad b \neq 0. \\ 2.) & z_1 + z_2 \neq 0 & \text{gdw} \quad a \neq 0. \\ 3.) & (z_1^{-1} + z_2^{-1})^{-1} = -\dfrac{b}{a} & \text{falls} \quad a \neq 0. \end{array}$$

Lsg.:

a) Mit der p, q-Formel, angewendet auf $p(z) = z^2 - 4z + 6 = 0$, erhält man $z_{1,2} = 2 \pm \sqrt{-2} = 2 \pm \sqrt{2} \cdot i$ und damit

$$(z_1^{-1} + z_2^{-1})^{-1} = \frac{1}{\dfrac{1}{z_1} + \dfrac{1}{z_2}} = \frac{z_1 z_2}{z_1 + z_2} = \frac{6}{4},$$

weil $z_1 + z_2 = 4$, $z_1 \cdot z_2 = (2 + \sqrt{2}i)(2 - \sqrt{2}i) = 4 + 2 = 6$.

b) Wegen $p(z) = z^2 + az + b = (z - z_1)(z - z_2) = z^2 - (z_1 + z_2)z + z_1 z_2$ erhält man durch Koeffizientenvergleich:

$$\begin{array}{ll} b = z_1 z_2, & \text{und damit ist 1.) klar,} \\ a = -(z_1 + z_2), & \text{und damit ist 2.) klar, und} \end{array}$$

$$(z_1^{-1} + z_2^{-1})^{-1} = \frac{1}{\dfrac{1}{z_1} + \dfrac{1}{z_2}} = \frac{z_1 z_2}{z_1 + z_2} = -\frac{b}{a}.$$

(K2) a) Man ermittle die Eigenwerte der Matrizen

$$A = \begin{bmatrix} 1 & 0 \\ 1 & 1 \end{bmatrix}, \quad B = \begin{bmatrix} -1 & 1 \\ 0 & -1 \end{bmatrix}, \quad C = \begin{bmatrix} 0 & 1 \\ 1 & 0 \end{bmatrix}.$$

b) Die Matrix $A \in I\!R^{n \times n}$ habe die Eigenwerte $\lambda_1, \ldots, \lambda_n$. Die Matrix $B \in I\!R^{n \times n}$ habe die Eigenwerte $\mu_1, \ldots, \mu_n$. Hat dann die Matrix $A + B$ die Eigenwerte $\lambda_1 + \mu_1, \ldots, \lambda_n + \mu_n$? Beweis oder Gegenbeispiel!

c) Die Matrix $A \in I\!R^{n \times n}$ habe die Eigenwerte $\lambda_1, \ldots, \lambda_n$. Es sei $k \in I\!N$. Welches sind die Eigenwerte von A^k?

d) Die Matrix $A \in I\!R^{n \times n}$ habe die Eigenwerte $\lambda_1, \ldots, \lambda_n$. Es sei $c \in I\!R$. Welches sind die Eigenwerte von $c \cdot A$?

Lsg.:

a) A hat die Eigenwerte $\lambda_1 = 1, \lambda_2 = 1$, da A eine untere Dreiecksmatrix ist. B hat die Eigenwerte $\mu_1 = -1, \mu_2 = -1$, da B eine obere Dreiecksmatrix ist. C hat die Eigenwerte $\sigma_1 = 1, \sigma_2 = -1$, da

$$\begin{vmatrix} -\sigma & 1 \\ 1 & -\sigma \end{vmatrix} = \sigma^2 - 1 = (\sigma - 1)(\sigma + 1) = 0 \quad \Rightarrow \quad \sigma_1 = 1, \sigma_2 = -1.$$

b) Die Aussage ist falsch. Gegenbeispiel [vgl. a)]: $C = A+B$ aber $\lambda_1+\mu_1 = 0 \neq \sigma_1, \lambda_2 + \mu_2 = 0 \neq \sigma_2$.

c) A hat die Eigenwerte $\lambda_1, \ldots, \lambda_n \quad \Leftrightarrow \quad$ für jedes $i = 1, \ldots, n$ ist $A \cdot \boldsymbol{x} = \lambda_i \cdot \boldsymbol{x}$ nicht-trivial lösbar. Dann ist für $i = 1, \ldots, n$

$$A^k \cdot \boldsymbol{x} = A^{k-1} \cdot A \cdot \boldsymbol{x} = A^{k-1} \cdot \lambda_i \cdot \boldsymbol{x} = \lambda_i \cdot A^{k-1}\boldsymbol{x} = \ldots = \lambda_i^k \boldsymbol{x}$$

nicht-trivial lösbar, d.h. $\lambda_1^k, \ldots, \lambda_n^k$ sind die Eigenwerte von A^k.

d) A hat die Eigenwerte $\lambda_1, \ldots, \lambda_n \quad \Leftrightarrow \quad$ für jedes $i = 1, \ldots, n$ ist $A\boldsymbol{x} = \lambda_i \boldsymbol{x}$ nicht-trivial lösbar.Dann ist für $i = 1, \ldots, n$

$$cA\boldsymbol{x} = c\lambda_i \boldsymbol{x}$$

nicht-trivial lösbar, d.h. $c\lambda_1, \ldots, c\lambda_n$ sind die Eigenwerte von cA.

Alternative Lösung von d):
Das charakteristische Polynom der Matrix A ist $\varphi_A(\lambda) = \det\,(A-\lambda E) = (\lambda_1-\lambda)\ldots(\lambda_n-\lambda)$. Ist $c \neq 0$, so lautet das charakteristische Polynom der Matrix $c \cdot A \quad \varphi_{cA}(\mu) = \det\,(cA-\mu E) = \det\,\big(c(A - \frac{\mu}{c}E)\big) = c^n \cdot \det\,(A - \frac{\mu}{c}E) = c^n \cdot \varphi_A(\frac{\mu}{c}) = c^n(\lambda_1 - \frac{\mu}{c})\ldots(\lambda_n - \frac{\mu}{c}) = (c\lambda_1 - \mu)\ldots(c\lambda_n - \mu)$. Also hat $c \cdot A$ die Eigenwerte $c \cdot \lambda_1, \ldots, c \cdot \lambda_n$. Und diese Aussage stimmt trivialerweise auch für $c = 0$.

(K3) a) Wie sind α und β zu wählen so dass die folgenden Matrizen zueinander ähnlich sind?

$$A = \begin{bmatrix} 2 & -1 & 2 \\ -1 & 2 & 2 \\ 2 & 2 & -1 \end{bmatrix}, \quad D = \begin{bmatrix} -3 & 0 & 0 \\ 0 & \alpha & 0 \\ 0 & 0 & \beta \end{bmatrix}.$$

b) Bestimmen Sie Transformationsmatrizen C und C^{-1}, so dass $D = C^{-1}AC$.

Lsg.:

a) Die Matrix A hat nur reelle Einträge und ist symmetrisch. Dann ist sie bekanntlich diagonalisierbar mit einer orthogonalen Transformationsmatrix C, die die auf Länge gleich 1 normierten Eigenvektoren von A als Spalten hat. Berechnung der Eigenwerte von A:

$$\begin{aligned} \varphi_A(\lambda) &= \det\,(A - \lambda E) \\ &= \begin{vmatrix} 2-\lambda & -1 & 2 \\ -1 & 2-\lambda & 2 \\ 2 & 2 & -1-\lambda \end{vmatrix} \\ &= (2-\lambda)\begin{vmatrix} 2-\lambda & 2 \\ 2 & -1-\lambda \end{vmatrix} + \begin{vmatrix} -1 & 2 \\ 2 & -1-\lambda \end{vmatrix} + 2\begin{vmatrix} -1 & 2 \\ 2-\lambda & 2 \end{vmatrix} \\ &= -(2-\lambda)^2(\lambda+1) - 4(2-\lambda) + (\lambda+1) - 4 - 4 - 4(2-\lambda) \\ &= -\lambda^3 + 3\lambda^2 + 9\lambda - 27 = 0. \end{aligned}$$

Eine Nullstelle (ein Eigenwert) ist gegeben: $\lambda = -3$. Division von $\varphi_A(\lambda)$ durch den Lnearfaktor $(\lambda + 3)$ ergibt:

$$\frac{\varphi_A(\lambda)}{\lambda + 3} = -\lambda^2 + 6\lambda - 9 = -(3-\lambda)^2.$$

Die Eigenwerte von A sind: $\lambda_1 = -3, \lambda_2 = 3, \lambda_3 = 3$. Deshalb lautet die Lösung der Frage a): $\alpha = \beta = 3$.

b) Berechnung der zugehörigen Eigenvektoren:

$\lambda_1 = -3$:

c_1^1	c_2^1	c_3^1		
5	−1	2	0	+
−1	5	2	0	$\mid \cdot 5$ $\mid \cdot 2$
2	2	2	0	+
0	24	12	0	+
−1	5	2	0	
0	12	6	0	$\mid \cdot (-2)$
0	0	0	0	
−1	5	2	0	
0	12	6	0	

$$c_3^1 = 1 \text{ gewählt} \quad \Rightarrow \quad c_2^1 = -\frac{1}{2},\ c_1^1 = -\frac{1}{2}.$$

$\lambda_{2,3} = 3$:

c_1	c_2	c_3	
−1	−1	2	0
−1	−1	2	0
2	2	−4	0

Der Rang der Koeffizientenmatrix ist 1. Deshalb gibt es eine zweiparametrige Lösungsschar:

$$\begin{array}{lll} c_3^2 = 0 \text{ gewählt}, & c_2^2 = 1 \text{ gewählt}, \Rightarrow & c_1^2 = -1 \\ c_3^3 = 1 \text{ gewählt} & c_2^3 = 1 \text{ gewählt}, \Rightarrow & c_1^3 = 1. \end{array}$$

Auf Länge = 1 normierte Eigenvektoren von A zu den Eigenwerten $\lambda_1 = -3, \lambda_{2,3} = 3$ sind

$$C = (\boldsymbol{c}^1, \boldsymbol{c}^2, \boldsymbol{c}^3) = \begin{bmatrix} -\frac{1}{\sqrt{6}} & -\frac{1}{\sqrt{2}} & \frac{1}{\sqrt{3}} \\ -\frac{1}{\sqrt{6}} & \frac{1}{\sqrt{2}} & \frac{1}{\sqrt{3}} \\ \frac{2}{\sqrt{6}} & 0 & \frac{1}{\sqrt{3}} \end{bmatrix}.$$

Das ist die gesuchte Transformationsmatrix. Ihre Inverse ist

$$C^{-1} = C^T = \begin{bmatrix} -\frac{1}{\sqrt{6}} & -\frac{1}{\sqrt{6}} & \frac{2}{\sqrt{6}} \\ -\frac{1}{\sqrt{2}} & \frac{1}{\sqrt{2}} & 0 \\ \frac{1}{\sqrt{3}} & \frac{1}{\sqrt{3}} & \frac{1}{\sqrt{3}} \end{bmatrix}$$

Damit gilt $C^{-1}AC = D$.

(K4) Die Matrix $A = \begin{bmatrix} \frac{3}{2} & 0 & \frac{1}{2} \\ 0 & -1 & 0 \\ \frac{1}{2} & 0 & \frac{3}{2} \end{bmatrix}$ besitzt $\boldsymbol{x} = \begin{bmatrix} 1 \\ 0 \\ 1 \end{bmatrix}$ und $\boldsymbol{y} = \begin{bmatrix} -1 \\ 0 \\ 1 \end{bmatrix}$ als Eigenvektoren.

a) Geben Sie eine Matrix C an, mit der A durch eine Ähnlichkeitstransformation $C^{-1}AC = D$ in eine Diagonalmatrix D transformiert werden kann.

b) Man berechne damit A^{-1}.

c) Man berechne damit A^{-10}.

d) Existiert $\lim_{n\to\infty} A^{-n}$?

Lsg.:

a) Ermittlung der zu $\boldsymbol{x}$ bzw. $\boldsymbol{y}$ gehörenden Eigenwerte:

$$A \cdot \boldsymbol{x} = \lambda_1 \cdot \boldsymbol{x}, \quad A\boldsymbol{x} = \begin{bmatrix} 2 \\ 0 \\ 2 \end{bmatrix} = 2 \cdot \boldsymbol{x}, \quad \lambda_1 = 2.$$

$$A \cdot \boldsymbol{y} = \lambda_2 \cdot \boldsymbol{y}, \quad A\boldsymbol{y} = \begin{bmatrix} -1 \\ 0 \\ 1 \end{bmatrix} = \boldsymbol{y}, \quad \lambda_2 = 1.$$

Ermittlung des dritten Eigenwertes von A aus. sp A= $2 = \lambda_1 + \lambda_2 + \lambda_3, \quad \lambda_3 = -1$.
Ermittlung eines zu $\lambda_3 = -1$ gehörenden Eigenvektors:

$$\begin{bmatrix} \frac{3}{2}+1 & 0 & \frac{1}{2} \\ 0 & 0 & 0 \\ \frac{1}{2} & 0 & \frac{3}{2}+1 \end{bmatrix} \cdot \begin{bmatrix} x_1 \\ x_2 \\ x_3 \end{bmatrix} = \begin{bmatrix} 0 \\ 0 \\ 0 \end{bmatrix}, \quad \begin{bmatrix} x_1 \\ x_2 \\ x_3 \end{bmatrix} = \begin{bmatrix} 0 \\ 1 \\ 0 \end{bmatrix}.$$

Da die Matrix A symmetrisch ist, existiert eine orthogonale Transformationsmatrix C, die in einer Ähnlichkeitstransformation A auf Diagonalgestalt D transformiert: $C^{-1} \cdot A \cdot C = D$. C ist die Matrix der auf Länge 1 normierten Eigenvektoren von A:

$$C = \frac{1}{\sqrt{2}} \begin{bmatrix} 1 & -1 & 0 \\ 0 & 0 & \sqrt{2} \\ 1 & 1 & 0 \end{bmatrix}.$$

Dann ist die Inverse von C die Transponierte C^T von C und

$$C^{-1} \cdot A \cdot C = D = \begin{bmatrix} 2 & 0 & 0 \\ 0 & 1 & 0 \\ 0 & 0 & -1 \end{bmatrix}.$$

b)

$$A = C \cdot D \cdot C^{-1} \quad \Rightarrow$$

$$A^{-1} = C \cdot D^{-1} \cdot C^{-1} = C \cdot \begin{bmatrix} \frac{1}{2} & 0 & 0 \\ 0 & 1 & 0 \\ 0 & 0 & -1 \end{bmatrix} \cdot C^{-1} = \frac{1}{2} \begin{bmatrix} \frac{3}{2} & 0 & -\frac{1}{2} \\ 0 & -2 & 0 \\ -\frac{1}{2} & 0 & \frac{3}{2} \end{bmatrix}.$$

c)

$$\begin{aligned}
A^{-10} &= \underbrace{(CD^{-1}C^{-1})\cdots(C^{-1}D^{-1}C^{-1})}_{10} = CD^{-10}C^{-1} \\
&= \frac{1}{2}\begin{bmatrix} \frac{1}{2^{10}}+1 & 0 & \frac{1}{2^{10}}-1 \\ 0 & 2 & 0 \\ \frac{1}{2^{10}}-1 & 0 & \frac{1}{2^{10}}+1 \end{bmatrix}.
\end{aligned}$$

d)

$$A^{-n} = CD^{-n}C^{-1} = \frac{1}{2}\begin{bmatrix} \frac{1}{2^n}+1 & 0 & \frac{1}{2^n}-1 \\ 0 & (-1)^n\cdot 2 & 0 \\ \frac{1}{2^n}-1 & 0 & \frac{1}{2^n}+1 \end{bmatrix}.$$

$\lim_{n\to\infty} A^{-n}$ existiert nicht, weil $\lim_{n\to\infty}(-1)^n$ nicht existiert.

Kapitel 8

Differentialgleichungen und Differenzengleichungen

8.1 Wirtschaftstheoretische Modelle

In der **Wirtschaftstheorie** wird versucht, das Wirtschaftsgeschehen durch ein System von Gleichungen (ein **wirtschaftstheoretisches Modell**)

$$(1)\qquad \begin{aligned} f_1(Y_1,\dots,Y_n,Z_1,\dots,Z_m) &= 0\\ &\vdots\\ f_n(Y_1,\dots,Y_n,Z_1,\dots,Z_m) &= 0 \end{aligned}$$

zwischen ökonomischen Variablen $Y_1,\dots,Y_n,Z_1,\dots,Z_m$ zu beschreiben und zu erklären. Den folgenden Beispielen mag man entnehmen, daß dazu einige "Mathematik" benötigt wird, in Problemen mit vielen Variablen insbesondere die Vektor- und Matrizenrechnung. Bei zeitabhängigen Modellen wird man automatisch auf Differenzengleichungen bzw Differentialgleichungen geführt, je nachdem, ob die Zeit als diskrete oder kontinuierliche Variable behandelt wird.

Bsp: Im einfachsten Fall eines **linearen Modells** sind $f_1,\dots,f_n$ lineare Funktionen mit Koeffizienten $\alpha_{ik},\beta_{ij},\gamma_i$ als **Modellparametern**

$$(1')\qquad f_i(Y_1,\dots,Y_n,Z_1,\dots,Z_m)=\sum_{k=1}^{n}\alpha_{ik}Y_k-\sum_{j=1}^{m}\beta_{ij}Z_j-\gamma_i=0\qquad (i=1,\dots,n)$$

$$(1'')\qquad \iff\qquad A\cdot Y=B\cdot Z+\gamma$$

$$\text{mit } A=\begin{bmatrix}\alpha_{11}&\dots&\alpha_{1n}\\ \vdots&&\vdots\\ \alpha_{n1}&\dots&\alpha_{nn}\end{bmatrix}\in I\!R^{n\times n},\quad B=\begin{bmatrix}\beta_{11}&\dots&\beta_{1m}\\ \vdots&&\vdots\\ \beta_{n1}&\dots&\beta_{nm}\end{bmatrix}\in I\!R^{n\times m}$$

$$Y=\begin{bmatrix}Y_1\\ \vdots\\ Y_n\end{bmatrix}\in I\!R^{n},\quad Z=\begin{bmatrix}Z_1\\ \vdots\\ Z_m\end{bmatrix}\in I\!R^{m},\quad \gamma=\begin{bmatrix}\gamma_1\\ \vdots\\ \gamma_n\end{bmatrix}\in I\!R^{n}.$$

Bezogen auf ein Modell unterscheidet man drei Arten von Variablen:

1) **Endogene Variablen** sind alle in einem Modell voneinander abhängigen ökonomischen Größen $Y_1, \ldots, Y_n$, die durch das Modell bestimmt werden, wie beispielsweise oft Preise, Einkommen, Verbrauchsausgaben, Investitionsausgaben etc.

2) **Exogene Variablen** sind von außen vorgegebene Größen $Z_1, \ldots, Z_m$, die als Daten die endogenen Variablen des Modells beeinflussen, aber nicht umgekehrt von endogenen Variablen beeinflußt werden. Beispiele sind physikalische Größen wie die Zeit, Temperatur etc. oder ökonomische Größen wie Staatsausgaben, technischer Fortschritt, Bevölkerungswachstum etc.

3) **Parameter** sind exogene Variablen, die für ein Modell als konstant angenommen werden. Gewöhnlich werden sie nicht explizit in den Modellgleichungen aufgeführt.

Aus ökonomischer Sicht können die Gleichungen (1) eines Modells sein

1) **Definitionsgleichungen**

[Bsp: $Y = C + I + Exp - Imp$, wobei

$$\begin{aligned} Y &:= \text{Nettosozialprodukt zu Marktpreisen} \\ C &:= \text{privater plus staatlicher Konsum} \\ I &:= \text{private plus staatliche Nettoinvestition} \\ Exp &:= \text{Export} \\ Imp &:= \text{Import} \end{aligned}$$]

2) **Verhaltensgleichungen** oder **Reaktionsgleichungen**

[Bsp: $x_N = \gamma_1 + \alpha_1 \cdot p$ Nachfragefunktion

$x_N :=$ die auf einem Markt in einer Zeitperiode nachgefragte Menge einer Ware
$p :=$ Preis der Ware
$\gamma_1 > 0$ Parameter
$\alpha_1 < 0$ Parameter]

3) **Technische Gleichungen**

[Bsp: $Y = K^\alpha N^{1-\alpha}$ Cobb-Douglas Produktionsfunktion

$Y :=$ output
$K :=$ Kapital
$N :=$ Arbeit
$0 < \alpha < 1$ Parameter [vgl. 6.8(B3)]]

4) **Instrumentelle Gleichungen**

[Bsp: der Staat setzt die Steuern S als Funktion des Nettosozialproduktes $S = S(Y)$ an].

5) **Gleichgewichtsbedingungen**

[Bsp: in einem isolierten Markt für ein Gut lautet die Gleichgewichtsbedingung

nachgefragte Menge = *angebotene Menge*].

Aus mathematischer Sicht können die Gleichungen (1) eines Modells sein

1) **algebraische Gleichungen**, oft sogar **lineare Gleichungen** [Bsp: (1')]
2) **nicht-lineare Gleichungen,**
3) **Differentialgleichungen,**
4) **Differenzengleichungen.**

Nach Art der **Modelle** kann man **statische** und **dynamische** unterscheiden, je nachdem ob eine Zeitabhängigkeit der Modellvariablen unterstellt wird oder nicht. Dynamische Modelle werden gewöhnlich mit Differentialgleichungen oder mit Differenzengleichungen formuliert. Die in den folgenden Beispielen auftretenden Differential- bzw. Differenzengleichungen werden in den folgenden Abschnitten gelöst.

Unter der **reduzierten Form** oder **der Lösung eines Modells** (1) versteht man ein zu (1) äquivalentes System von Gleichungen

$$\text{(2)} \qquad \begin{aligned} Y_1 &= g_1(Z_1,\ldots,Z_m) \\ &\vdots \\ Y_n &= g_n(Z_1,\ldots,Z_m), \end{aligned}$$

die nach den endogenen Variablen $Y_1,\ldots,Y_n$ aufgelöst sind. Diese sind dann in (2) als Funktionen der exogenen Variablen $Z_1,\ldots,Z_m$ und der Modellparameter dargestellt.

Bsp: Ist die Matrix A des linearen Modells (1') invertierbar, so lautet dessen Lösung (theoretisch)

$$\text{(2')} \qquad Y = A^{-1}\cdot B\cdot Z + A^{-1}\cdot\gamma.$$

(B1) Einfaches Marktmodell für den Fall vollständiger Konkurrenz:

Ein isolierter Markt für ein Gut wird beschrieben durch die

	Modellgleichungen:
Nachfragefunktion:	$x_N = f(p) = \gamma_1 + \alpha_1\cdot p$
Angebotsfunktion:	$x_A = \psi(p) = \gamma_2 + \alpha_2\cdot p$
mit Parametern $\alpha_1 < 0, \gamma_1 > 0$ $\alpha_2 > 0, \gamma_2 < 0$ und die	
Gleichgewichtsbedingung:	$x_N = x_A.$

Um was für ein Modell handelt es sich, und wie lautet seine Lösung?

Lsg:

Es handelt sich um ein statisches lineares Modell mit p, x_N, x_A als endogenen Variablen und den Koeffizienten $\alpha_1, \alpha_2, \gamma_1, \gamma_2$ als Modellparametern. Es besteht aus zwei linearen Reaktionsgleichungen und einer Gleichgewichtsbedingung. [vgl. 3.3(B8)].

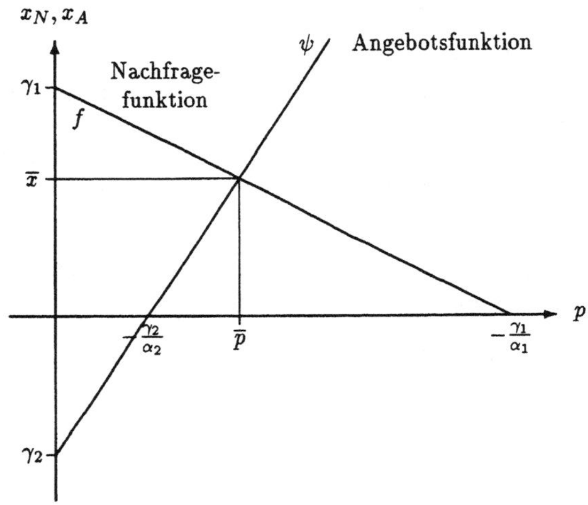

Die Lösung des Modells erhält man durch Auflösung der Gleichgewichtsbedingung nach p:

$$\begin{aligned} \gamma_1 + \alpha_1 p &= \gamma_2 + \alpha_2 p \\ \Leftrightarrow \quad \gamma_1 - \gamma_2 &= (\alpha_2 - \alpha_1) \cdot p \\ \Leftrightarrow \quad p = \overline{p} &:= \frac{\gamma_1 - \gamma_2}{\alpha_2 - \alpha_1}. \end{aligned}$$

Die Lösung des Modells wird durch die Werte $\overline{p}, \overline{x}$ ($\overline{x} = \gamma_1 + \alpha_1 \overline{p}$) gegeben; es sind die Markt-Gleichgewichtswerte des Preises und der Nachfrage. Hierzu vergleiche man auch das Bsp. 3.3(B8). Eine ökonomische Interpretation der Lösung dieses Modells folgt in 8.7(B5).

(B2) Einfaches dynamisches Marktmodell für den Fall vollständiger Konkurrenz mit kontinuierlicher Zeit $t \in [0, \infty)$:

Ein isolierter Markt für ein Gut wird beschrieben durch die

	Modellgleichungen:
Nachfragefunktion:	$x_N = x_N(t) = \gamma_1 + \alpha_1 \cdot p(t) + \beta_1 \cdot p'(t)$
Angebotsfunktion:	$x_A = x_A(t) = \gamma_2 + \alpha_2 \cdot p(t)$
Gleichgewichtsbedingung:	$x_A(t) = x_N(t)$ für alle t.

$x_N(t) :=$ die auf dem Markt zum Zeitpunkt t nachgefragte Menge des Gutes, das zum Preis $p(t)$ in der Menge
$x_A(t)$ angeboten wird.

Parameter: $\gamma_1 > 0, \gamma_2 < 0, \alpha_1 < 0, \alpha_2 > 0, \beta_1 \in \mathbb{R}$.

Um was für ein Modell handelt es sich, und wie gewinnt man seine Lösung?

Lsg:

Es handelt sich um ein dynamisches lineares Modell mit $p = p(t)$, $x_N = x_N(t)$, $x_A = x_A(t)$ als endogenen Variablen und den Koeffizienten α_1, α_2, γ_1, γ_2, β_1 als Modellparametern. Es besteht aus zwei linearen Reaktionsgleichungen und einer Gleichgewichtsbedingung.

Die Lösung des Modells gewinnt man, indem man die Gleichung für $p(t)$

$$\beta_1 \cdot p'(t) + (\alpha_1 - \alpha_2) \cdot p(t) = \gamma_2 - \gamma_1$$

löst, die äquivalent zur Gleichgewichtsbedingung ist. Wenn $\beta_1 \neq 0$ ist, ist dies eine **Differentialgleichung** für die (unbekannte) Funktion $p = p(t)$.

(B3) Einfaches dynamisches Marktmodell für den Fall vollständiger Konkurrenz mit diskreter Zeit $t = 0, 1, 2, \ldots$:

Ein isolierter Markt für ein Gut wird beschrieben durch die

	Modellgleichungen:
Nachfragefunktion:	$x_t^N = \gamma_1 + \alpha_1 \cdot p_t$
Angebotsfunktion:	$x_t^A = \gamma_2 + \alpha_2 \cdot p_{t-1}$
Gleichgewichtsbedingung:	$x_t^A = x_t^N$ für alle t.

$x_t^N :=$ die auf dem Markt in der Zeitperiode t nachgefragte Menge des Gutes, das zum Preis p_t in der Menge
x_t^A angeboten wird.

Parameter: $\alpha_1 < 0, \alpha_2 > 0, \gamma_1 > 0, \gamma_2 < 0$.

Um was für ein Modell handelt es sich, und wie gewinnt man seine Lösung?

Lsg:

Es handelt sich um ein dynamisches lineares Modell mit p_t, x_t^N, x_t^A als endogenen Variablen und der endogenen **Lag-Variablen** p_{t-1} (engl.: lag = Verzögerung). Dieses Modell beschreibt den isolierten Markt für ein nicht lagerfähiges Gut [Bsp: Schweinefleisch], für das die Erzeuger ihre Angebotsentscheidung eine Periode zuvor treffen müssen: die Angebotsfunktion ist eine "lagged supply function".

Die Lösung des Modells gewinnt man, indem man die Gleichung für p_t

$$\alpha_1 \cdot p_t - \alpha_2 \cdot p_{t-1} = \gamma_2 - \gamma_1$$

löst, die äquivalent zur Gleichgewichtsbedingung ist. Wenn $\alpha_2 \neq 0$ ist, ist dies eine **Differenzengleichung** für die (unbekannte) Folge $(p_t)_{t=0,1,\ldots}$. Sie wird gelöst in 8.7(B4).

(B4) Ein makroökonomisches Modell mit diskreter Zeitabhängigkeit nach J.M. Keynes:

Eine Volkswirtschaft wird beschrieben durch die

Modellgleichungen	
$Y_t = C_t + I_t + G_t$	$I_t =$ exogen
$C_t = \gamma_2 + \alpha_2 \cdot Y_t$	$G_t =$ exogen

Zur Vereinfachung ist dabei über die betrachteten Zeitperioden der Saldo der Zahlungsbilanz als ausgeglichen angenommen:

$Exp_t = Imp_t$ für alle $t = 0, 1, \ldots$.

Y_t	=	Volkseinkommen zu Marktpreisen in der Periode t
C_t	=	privater Konsum in der Periode t zu Marktpreisen
I_t	=	private Nettoinvestitionen in der Periode t zu Marktpreisen
G_t	=	Ausgaben des Staates in der Periode t für Konsum und Investitionen zu Marktpreisen

Parameter: γ_2, α_2.

Um was für ein Modell handelt es sich, und wie gewinnt man seine Lösung?

Lsg:

Für jedes $t = 0, 1, 2, \ldots$ handelt es sich um ein "komparativ statisches" lineares Modell mit Y_t, C_t als endogenen Variablen und I_t, G_t als exogenen Variablen und den Koeffizienten γ_2, α_2 als Modellparametern. Die erste Gleichung ist eine Definitionsgleichung und die zweite eine Reaktionsgleichung. Das Modell ist zeitabhängig nur dadurch, daß I_t und G_t als exogene Variablen zeitabhängig angenommen werden.

Das Modell läßt sich durch eine Matrizengleichung beschreiben:

$$A \cdot Y = B \cdot Z + \gamma \qquad \text{mit}$$

$$A = \begin{bmatrix} 1 & -1 \\ -\alpha_2 & 1 \end{bmatrix}, B = \begin{bmatrix} 1 & 1 \\ 0 & 0 \end{bmatrix}, \gamma = \begin{bmatrix} 0 \\ \gamma_2 \end{bmatrix}, Y = \begin{bmatrix} Y_t \\ C_t \end{bmatrix}, Z = \begin{bmatrix} I_t \\ G_t \end{bmatrix}.$$

Wegen

$$\begin{aligned}
A^{-1} &= \frac{1}{1-\alpha_2} \cdot \begin{bmatrix} 1 & 1 \\ \alpha_2 & 1 \end{bmatrix}, \quad \alpha_2 \neq 1 \text{ [n. 6.1(4)]} \\
A^{-1} \cdot B &= \frac{1}{1-\alpha_2} \cdot \begin{bmatrix} 1 & 1 \\ \alpha_2 & \alpha_2 \end{bmatrix} \\
A^{-1} \cdot \gamma &= \frac{1}{1-\alpha_2} \cdot \begin{bmatrix} \gamma_2 \\ \gamma_2 \end{bmatrix}
\end{aligned}$$

lautet die Lösung des Modells

$$\begin{aligned}
Y_t &= \frac{1}{1-\alpha_2} \cdot (I_t + G_t) + \frac{\gamma_2}{1-\alpha_2} \\
C_t &= \frac{\alpha_2}{1-\alpha_2} \cdot (I_t + G_t) + \frac{\gamma_2}{1-\alpha_2}.
\end{aligned}$$

(B5) Einfaches dynamisches Modell einer Volkswirtschaft mit diskreter Zeit:

Basierend auf (B4) wird eine Volkswirtschaft beschrieben durch die

Modellgleichungen:		
Y_t	$=$	$C_t + I_t$
$Y_t - Y_{t-1}$	$=$	$r \cdot I_{t-1}$
C_t	$=$	$c + m \cdot Y_t$

Zur Vereinfachung sind angenommen: $Exp_t = Imp_t, \quad G_t = 0$ für alle t.

Y_t = Volkseinkommen zu Marktpreisen in der Periode t
C_t = privater Konsum in der Periode t zu Marktpreisen
I_t = private Nettoinvestitionen in der Periode t zu Marktpreisen
Modellparameter: $0 < m < 1, c \geq 0, r \geq 0$.

Um was für ein Modell handelt es sich, und wie gewinnt man seine Lösung?

Lsg:

Es handelt sich um ein dynamisches lineares Modell mit Y_t, C_t, I_t als endogenen Variablen und I_{t-1}, Y_{t-1} als endogenen Lag-Variablen und den Koeffizienten c, m, r als Modellparametern. Es ist schon in 2.1(B4) behandelt worden.

Die Lösung läßt sich gewinnen, indem man aus den Gleichungen C_{t-1} und I_{t-1} eliminiert und so für Y_t die Gleichung

$$Y_t = Y_{t-1} \cdot [1 + r \cdot (1-m)] - r \cdot c$$

erhält. Diese ist eine **Differenzengleichung** für die (unbekannte) Folge $(Y_t)_{t=0,1,\ldots}$. Kennt man diese, kann man aus der 3. Gleichung die Folge

$(C_t)_{t\in\mathbb{N}_0}$ und schließlich aus der 1. Gleichung die Folge $(I_t)_{t\in\mathbb{N}_0}$ bestimmen. Die Lösung der Differenzengleichung für Y_t erfolgt in 8.7(B4), man vgl. auch 2.1(B4).

(B6) Einfaches Wachstumsmodell[1] mit kontinuierlicher Zeitabhängigkeit:

Baumol's Modell besteht aus den

Modellgleichungen:	*Bezeichnungen*
$S(t) = k \cdot Y(t)$	$S(t)$ = Ersparnis zum Zeitpunkt $t \geq 0$
$I(t) = g \cdot \frac{dY(t)}{dt}$	$Y(t)$ = Volkseinkommen zum Zeitpunkt t
$S(t) = I(t)$	$I(t)$ = die gesamten beabsichtigten Investitionen zum Zeitpunkt t
	Modellparameter: $0 \leq k \leq 1$ "Sparquote"
	$g \geq 0$ "Akzelerator"

Um was für ein Modell handelt es sich, und wie gewinnt man seine Lösung?

Lsg:

Es handelt sich um ein dynamisches lineares Modell mit $S(t), Y(t), I(t)$ als endogenen Variablen und den Koeffizienten k, g als Modellparametern. Die ersten beiden Gleichungen sind Reaktionsgleichungen, die dritte ist eine Gleichgewichtsbedingung.

Die Lösung läßt sich gewinnen, indem man $S(t)$ und $I(t)$ aus den Gleichungen eliminert. Man erhält die Gleichung

$$\frac{dY(t)}{dt} = \frac{k}{g} \cdot Y(t) \qquad t \geq 0, g \neq 0.$$

Diese ist eine **Differentialgleichung** für die (unbekannte) Funktion $t \mapsto Y(t)$. Sie wird gelöst in 8.3(B5).

(B7) Einfaches Wachstumsmodell mit diskreter Zeitabhängigkeit:

Harrod's Modell besteht aus den

Modellgleichungen	*Bezeichnungen*
$S_t = \alpha \cdot Y_t$	S_t = die in der Zeitperiode t gesparte Summe
$I_t = \beta \cdot (Y_t - Y_{t-1})$	Y_t = Volkseinkommen in der Zeitperiode t
$S_t = I_t$	I_t = die gesamten, in der Zeitperiode t beabsichtigten Investitionen.
	Modellparameter: $\alpha > 0, \quad \beta > 0.$

Um was für ein Modell handelt es sich, und wie gewinnt man seine Lösung?

[1][Bau], p. 281

Lsg:

Es handelt sich um ein dynamisches lineares Modell mit S_t, Y_t, I_t als endogenen Variablen und Y_{t-1} als endogener Lag-Variable und den Koeffizienten α, β als Modellparametern. Die ersten beiden Gleichungen sind Reaktionsgleichungen, die dritte ist eine Gleichgewichtsbedingung.

Die Lösung läßt sich gewinnen, indem man S_t und I_t als den Gleichungen eliminiert. Man erhält die Gleichung

$$Y_t = \frac{-\beta}{\alpha - \beta} \cdot Y_{t-1} \qquad (\alpha \neq \beta).$$

Dies ist eine **Differenzengleichung** für die (unbekannte) Folge $(Y_t)_{t \in \mathbb{N}_0}$. Sie wird gelöst in 8.7(B1).

8.2 Allgemeines über Differentialgleichungen. Anfangswertaufgaben

(B1) Zeitliche Veränderung einer Population: Es sei N_0 die Anzahl der Individuen einer Population zum Zeitpunkt $t = 0$ und $N = N(t)$ die Anzahl der Individuen der Population zum Zeitpunkt $t \geq 0$. Es sei b die **Geburtsrate** der Population [:= Zahl der Neugeborenen pro Zeiteinheit und Anzahleinheit der Individuen] und m die **Sterberate** dieser Population [:= Zahl der Sterbefälle pro Zeiteinheit und Anzahleinheit der Individuen]. Gesucht ist $N = N(t)$ als Funktion der Zeit t, wobei verschiedene Annahmen über b und m gemacht werden.

Bem: $N(t)$ ist zu jedem Zeitpunkt t ganzzahlig. Für große Werte von $N(t)$ kann dennoch $N(t)$ als stetig differenzierbare Funktion von t behandelt werden, solange Änderungen $N(t+\triangle t) - N(t)$ in einem kleinen Zeitintervall (der Länge $\triangle t$) absolut genommen klein sind, verglichen mit $N(t)$.

1. Annahme: $b = const, \quad m = const, \quad k := b - m = const$:

$$N'(t) = k \cdot N(t), \qquad t \geq 0;$$

diese Gleichung besagt in Worten: Die Änderungsgeschwindigkeit des Populationsumfanges $N'(t) = \frac{dN(t)}{dt}$ ist proportional zum vorhandenen Umfang der Population. Der Proportionalitätsfaktor ist die Differenz von Geburts- und Sterberate.

Lsg: $N(t) = N_0 \cdot e^{kt}, \qquad t \geq 0.$

Verifikation: $N'(t) = k \cdot N_0 \cdot e^{kt} = k \cdot N(t), \quad t \geq 0.$ [vgl. 8.3(B1)].

2. Annahme: $b = b_1 = const$
$m = m_1 \cdot N, \quad k = b - m = b_1 - m_1 \cdot N$:

$$N'(t) = (b_1 - m_1 \cdot N(t)) \cdot N(t), \qquad t \geq 0$$

Diese Gleichung ist auch als **logistische Gleichung** bekannt.

Lsg: $$N(t) = \frac{b_1 N_0 e^{b_1 t}}{b_1 + m_1 N_0 (e^{b_1 t} - 1)}, \quad t \geq 0$$ [vgl. 8.3(B2)].

3. Annahme: $b = b_1 \cdot N$
$m = m_1 = const, \quad k = b_1 N - m_1$:

$$N'(t) = (b_1 \cdot N(t) - m) \cdot N(t), \qquad t \geq 0.$$

Lsg: $$N(t) = \frac{-m_1 N_0}{(b_1 N_0 - m_1) e^{m_1 t} - b_1 N_0}, \quad t \geq 0.$$ [vgl. 8.3(B3)].

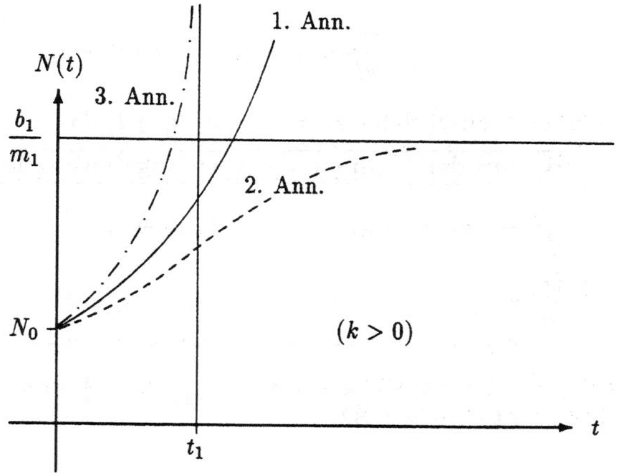

(B2) Stahlproduktion:

Es bezeichne

$x_1(t)$ die Menge an Stahl, die einer Volkswirtschaft oder einem Konzern zur Zeit t zur Verfügung steht, einschließlich Lagervorräten, gemessen in ME

$x_2(t)$ die momentane Kapazität der Stahlproduktion, zur Zeit t, gemessen in ME/ZE

1. Annahme: Die momentane Produktionsrate von Stahl $\frac{dx_1}{dt}$ (gemessen in ME/ZE) ist der momentanen Produktionskapazität $x_2(t)$ proportional mit einem dimensionslosen Faktor $0 \leq a_1 \leq 1$:

$$\frac{dx_1}{dt} = a_1 \cdot x_2, \qquad x_1(0) = c_1.$$

Bei positiver Kapazität der Stahlproduktion wächst die verfügbare Stahlmenge $x_1(t)$, wobei die Produktionsrate umso größer ist, je größer die momentane Produktionskapazität ist. Aber zur Vergrößerung der Kapazität der Stahlproduktion benötigt man Stahl! Deshalb modifizieren wir die erste Annahme zur

2. Annahme: Ein gewisser Bruchteil $b_1 \cdot x_1$ $(0 \leq b_1 \leq 1)$ der zum Zeitpunkt t verfügbaren Stahlmenge x_1 werde zur Erhöhung der Produktionskapazität (Bau neuer Stahlwerke) abgezweigt: Die momentane Änderung der Produktionskapazität ist selbst proportional zur verfügbaren Stahlmenge mit einem positiven Faktor a_2 von der Dimension $1/(\text{ZE})^2$:

$$\frac{dx_2}{dt} = a_2 \cdot x_1, \qquad x_2(0) = c_2.$$

Man erhält schließlich für $x_1 = x_1(t), x_2 = x_2(t)$ das

System der Dgln mit den	**Anfangsbedingungen**
$\frac{dx_1}{dt} = -b_1 \cdot x_1 + a_1 \cdot x_2$	$x_1(0) = c_1$
$\frac{dx_2}{dt} = a_2 \cdot x_1$	$x_2(0) = c_2.$

Bem: Für die Parameterwerte $a_1 = \frac{15}{16}, b_1 = \frac{1}{4}, a_2 = \frac{4}{5}, c_1 = 350, c_2 = 7$ wird es gelöst unter 8.5(B2).

(1) Def: Eine **gewöhnliche Differentialgleichung** (im folgenden mit **Dgl** abgekürzt) ist eine Gleichung zwischen Funktionen *einer* reellen Variablen etwa t

$$F(t, y_1(t), y_1'(t), \ldots, y_1^{(n_1)}(t), y_2(t), y_2'(t), \ldots) = 0,$$

und zwar enthält diese Gleichung endlich viele Ableitungen der unbekannten Funktion(en) $y_1, y_2, \ldots$, sowie die unbekannten Funktionen und bekannte Funktionen der unabhängigen reellen Variablen. Unter der **Ordnung einer Dgl** versteht man die Ordnung der höchsten, in ihr vorkommenden Ableitung einer unbekannten Funktion. Eine Dgl der Form

$$y_1^{(n)} = f(t, y_1, y_1', \ldots, y_1^{(n-1)}, y_2, y_2', \ldots, y_2^{(n-1)}, \ldots),$$

wobei als Argumente von f höchstens Ableitungen der Ordnung $n-1$ vorkommen, heißt eine **explizite Dgl** n-ter Ordnung.

Bem: Oft wird in einer Dgl bei den unbekannten Funktionen und ihren Ableitungen das Argument (die unabhängige reelle Variable, in den Wirtschaftswissenschaften meist die Zeit t) nicht hingeschrieben.

(B3) Welche der folgenden Gleichungen sind Dgln? Welche sind explizite Dgln? Man bestimme ggfs. deren Ordnung.

a) $y'(t) = -2y(t)$

b) $y' = -2y$

c) $y''(x) + 2y'(x) + y(x) = 0$

d) $y'' = -2y' - y$

e) $y^2 + 2y + 1 = 0$

f) $y(t+2) - 2y(t+1) + y(t) = 0$

g) $y'(t+1) - y(t) = 0$

h) $\frac{dx_1}{dt} = a_1 \cdot x_2 - b_1 \cdot x_1$

i) $\frac{dx_2}{dt} = a_2 \cdot x_1$

Lsg:

	Dgl	explizit	Ordnung	Bemerkung
a)	+	+	1	
b)	+	+	1	identisch mit der Dgl a)
c)	+		2	
d)	+	+	2	äquivalent mit der Dgl c)
e)				Bestimmungsgl. für y mit d. Lsg. $y_{1,2} = -1$
f)				Differenzengl. für y falls $t \in \mathbb{N}_0$
g)				Differenzen-Differentialgl. falls $t \in \mathbb{R}$
h)	+	+	1	
i)	+	+	1	

Bem: Eine **partielle Differentialgleichung** ist eine Gleichung zwischen Funktionen **mehrerer** reellen Variablen, und zwar enthält diese Gleichung endlich viele partielle Ableitungen der unbekannten Funktionen, sowie die unbekannten Funktionen und bekannte Funktionen der unabhängigen Variablen. In den Wirtschaftswissenschaften spielen partielle Differentialgleichungen gegenüber gewöhnlichen nur eine geringe Rolle.

Im folgenden werden ausschließlich gewöhnliche Dgln betrachtet.

(2) Def: Es sei $I \subset \mathbb{R}$ ein Intervall, das nicht nur aus einem Punkt besteht, und

$$f(t, y, y', \ldots, y^{(n)}) = 0$$

eine Dgl n-ter Ordnung für eine unbekannte Funktion y. Eine Funktion

$$I \ni t \longmapsto y = y(t) \in \mathbb{R}$$

heißt **auf I Lösung der Dgl** :gdw die Funktion y besitzt auf I eine n-te Ableitung, so daß für alle $t \in I$

$$f(t, y(t), y'(t), \ldots, y^{(n)}(t)) = 0$$

gilt.

Es seien $\tau \in I, \eta_0, \eta_1, \ldots, \eta_{n-1} \in \mathbb{R}$ gegeben. Die Bedingungen für eine Lösung der Dgl

$$\begin{aligned} y(\tau) &= \eta_0 \\ y'(\tau) &= \eta_1 \\ &\vdots \\ y^{(n-1)}(\tau) &= \eta_{n-1} \end{aligned}$$

nennt man **Anfangsbedingungen**. Die Aufgabe, eine Lösung der geg. Dgl zu finden, die einer geg. Anfangsbedingung genügt, nennt man eine **Anfangswertaufgabe**, abgekürzt **AWA**.

(B4) Welche der folgenden Funktionen sind Lösungen der Dgl

$$y' + 2y = 0?$$

Welche sind Lösungen der AWA

$$y' + 2y = 0, \qquad y(0) = 1?$$

a) $y = e^x$ b) $y = x$
c) $y = e^{-2x}$ d) $y = c \cdot e^{-2x}$

Lsg:

a) $y = e^x$ ist keine Lösung der geg. Dgl, da $(e^x)' + 2 \cdot e^x = 3 \cdot e^x \neq 0$ für alle x.

b) $y = x$ ist keine Lösung der geg. Dgl, da $\frac{d}{dx}x + 2x = 1 + 2x$ in keinem Intervall I positiver Länge gleich 0 ist.

c) $y = e^{-2x}$ ist auf $\mathbb{R}$ Lsg. der geg. Dgl, da $\frac{d}{dx}e^{-2x} + 2e^{-2x} = -2e^{-2x} + 2e^{-2x} = 0$ für alle $x \in \mathbb{R}$.
Diese Funktion ist auch Lösung der geg. AWA, da $y(0) = e^{-2 \cdot 0} = 1$.

d) $y = c \cdot e^{-2x}$ ist für jedes $c \in \mathbb{R}$ auf $\mathbb{R}$ Lösung der geg. Dgl, da
$\frac{d}{dx}(ce^{-2x}) + 2ce^{-2x} = -2ce^{-2x} + 2e^{-2x} = 0$ für alle $x \in \mathbb{R}$.
Genau für $c = 1$ ist diese Funktion Lsg. der AWA, wegen

$$c \cdot e^{-2 \cdot 0} = 1 \quad \Leftrightarrow \quad c = 1.$$

(3) Def: Eine vektorwertige Funktion einer reellen Variablen

$$I \ni t \longmapsto \boldsymbol{y} = \boldsymbol{y}(t) = \begin{bmatrix} y_1(t) \\ \vdots \\ y_n(t) \end{bmatrix} \in \mathbb{R}^n$$

heißt auf einem Intervall $I \subset \mathbb{R}$ **differenzierbar** :gdw $\boldsymbol{y}$ ist in I komponentenweise differenzierbar. Dann heißt die Funktion

$$I \ni t \longmapsto \boldsymbol{y}' = \boldsymbol{y}'(t) = \begin{bmatrix} y_1'(t) \\ \vdots \\ y_n'(t) \end{bmatrix} \in \mathbb{R}^n$$

die **Ableitung** von $\boldsymbol{y}$.

(B5) Man berechne die Ableitung von $\boldsymbol{y} = \boldsymbol{y}(t) = \begin{bmatrix} y_1(t) \\ y_2(t) \end{bmatrix} = \begin{bmatrix} e^t \\ t \cdot e^t \end{bmatrix}$.

Lsg:

$$\boldsymbol{y}'(t) = \begin{bmatrix} y_1'(t) \\ y_2'(t) \end{bmatrix} = \begin{bmatrix} e^t \\ e^t \cdot (t+1) \end{bmatrix} = e^t \cdot \begin{bmatrix} 1 \\ t+1 \end{bmatrix}.$$

(4) Def: Es sei $I \subset \mathbb{R}$ ein Intervall, das nicht nur aus einem Punkt besteht, und

$$\begin{aligned} y_1' &= f_1(t, y_1, \ldots, y_n) \\ &\vdots \\ y_n' &= f_n(t, y_1, \ldots, y_n) \end{aligned}$$

ein System von n expliziten Dgln 1. Ordnung für n unbekannte Funktionen. Eine vektorwertige Funktion

$$I \ni t \longmapsto \boldsymbol{y} = \boldsymbol{y}(t) = \begin{bmatrix} y_1(t) \\ \vdots \\ y_n(t) \end{bmatrix} \in \mathbb{R}^n,$$

die auf I differenzierbar ist, heißt auf I **Lösung des Systems von Dgln** :gdw für alle $t \in T$ gilt

$$\begin{aligned} y_1'(t) &= f_1(t, y_1(t), \ldots, y_n(t)) \\ &\vdots \\ y_n'(t) &= f_n(t, y_1(t), \ldots, y_n(t)). \end{aligned}$$

Es seien $\tau \in I$, $\eta_1, \eta_2, \ldots, \eta_n \in \mathbb{R}$ gegeben. Die Bedingungen für eine Lösung des geg. Systems von Dgln

$$\begin{aligned} y_1(\tau) &= \eta_1 \\ y_2(\tau) &= \eta_2 \\ &\vdots \\ y_n(\tau) &= \eta_n \end{aligned}$$

nennt man **Anfangsbedingungen**. Die Aufgabe, eine Lösung des geg. Systems von Dgln zu finden, die einer geg. Anfangsbedingung genügt, nennt man eine **Anfangswertaufgabe**, abgekürzt **AWA**.

(B6) Welche der folgenden Funktionen sind Lösungen des Systems von Dgln

$$\begin{aligned} y_1' &= \quad -y_2 \\ y_2' &= -y_1 \qquad ? \end{aligned}$$

Welche sind Lösungen der AWA

$$\begin{aligned} y_1' &= \quad -y_2 & y_1(0) &= 1 \\ y_2' &= -y_1 & y_2(0) &= -1\ ? \end{aligned}$$

a) $\boldsymbol{y}(t) = \begin{bmatrix} y_1(t) \\ y_2(t) \end{bmatrix} = \begin{bmatrix} e^{-t} \\ e^{-t} \end{bmatrix}$ b) $\boldsymbol{y}(t) = \begin{bmatrix} y_1(t) \\ y_2(t) \end{bmatrix} = \begin{bmatrix} e^{t} \\ -e^{t} \end{bmatrix}$

Lsg:

a) $\boldsymbol{y}(t) = \begin{bmatrix} e^{-t} \\ e^{-t} \end{bmatrix}$ ist auf $I\!R$ Lösung des geg. Systems von Dgln, wegen

$$\boldsymbol{y}'(t) = \begin{bmatrix} y_1'(t) \\ y_2'(t) \end{bmatrix} = \begin{bmatrix} -e^{-t} \\ -e^{-t} \end{bmatrix} = \begin{bmatrix} -y_2(t) \\ -y_1(t) \end{bmatrix},$$

wegen $\boldsymbol{y}(0) = \begin{bmatrix} 1 \\ 1 \end{bmatrix} \neq \begin{bmatrix} 1 \\ -1 \end{bmatrix}$ jedoch nicht Lösung der AWA.

b) $\boldsymbol{y}(t) = \begin{bmatrix} e^{t} \\ -e^{t} \end{bmatrix}$ ist auf $I\!R$ Lösung des geg. Systems von Dlgn, wegen

$$\boldsymbol{y}'(t) = \begin{bmatrix} y_1'(t) \\ y_2'(t) \end{bmatrix} = \begin{bmatrix} e^{t} \\ -e^{t} \end{bmatrix} = \begin{bmatrix} -y_2(t) \\ -y_1(t) \end{bmatrix},$$

und Lösung der AWA, wegen $\boldsymbol{y}(0) = \begin{bmatrix} 1 \\ -1 \end{bmatrix}$, [vgl. 8.5(B1)].

(5) Reduktion einer Dgl höherer Ordnung auf ein System von Dgln:
Jede explizite Dgl n-ter Ordnung

$$y^{(n)} = f(t, y, y', \ldots, y^{(n-1)})$$

für eine unbekannte Funktion ist einem System von n expliziten Dgln 1. Ordnung für n unbekannte Funktionen äquivalent. Indem man

$$y_i := y^{(i-1)} \qquad (i = 1, \ldots, n)$$

setzt, erhält man

$$\begin{aligned} y_1' &= y_2 \\ y_2' &= y_3 \\ &\vdots \\ y_{n-1}' &= y_n \\ y_n' &= f(t, y_1, y_2, \ldots, y_n). \end{aligned}$$

Kennt man die Lösung des Systems von Dgln, so auch die Lösung y_1 der geg. Dgl, und umgekehrt.

(6) Existenz- und Eindeutigkeitssatz für Systeme von n expliziten Dgln 1. Ordnung:
Es sei $G \subset I\!R \times I\!R^n$ offen und

$$\boldsymbol{f} : \begin{cases} G & \longrightarrow & I\!R^n \\ (t, y_1, \ldots, y_n) & \longmapsto & \begin{bmatrix} f_1(t, y_1, \ldots, y_n) \\ \vdots \\ f_n(t, y_1, \ldots, y_n) \end{bmatrix} \end{cases}$$

sei stetig und jede Komponente von $\boldsymbol{f}$ besitze in G stetige partielle Ableitungen nach allen Variablen $y_1, \ldots, y_n$. Dann gibt es zu jedem Punkt $(\tau, \boldsymbol{\eta}) \in G, \tau \in I\!R, \boldsymbol{\eta} = (\eta_1, \ldots, \eta_n)$ ein Intervall $I \subset I\!R$ mit $\tau \in I$ und genau einer vektorwertigen Funktion

$$I \ni t \longmapsto \boldsymbol{y} = \boldsymbol{y}(t) \in I\!R^n$$

mit stetiger Ableitung, die auf I Lösung der AWA

$$\text{(7)} \qquad \begin{array}{rcl} y_1' = f_1(t, y_1, \ldots, y_n) & , & y_1(\tau) = \eta_1 \\ \vdots & \vdots & \vdots \\ y_n' = f_n(t, y_1, \ldots, y_n) & , & y_n(\tau) = \eta_n \end{array}$$

ist.

Bem: Eine Lösung

$$I \ni t \longmapsto \boldsymbol{y} = \boldsymbol{y}(t, c_1, \ldots, c_n) = \begin{bmatrix} y_1(t, c_1, \ldots, c_n) \\ \vdots \\ y_n(t, y_1, \ldots, y_n) \end{bmatrix} \in I\!R^n$$

des Systems (7) von Dgln, die von n Parametern $c_1, \ldots, c_n$ abhängt, mit der Eigenschaft: zu jedem Punkt $(\tau, \boldsymbol{\eta}) \in G$ gibt es genau ein n-tupel $c_1, \ldots, c_n$ von Parametern, so daß $\boldsymbol{y} = \boldsymbol{y}(t, c_1, \ldots, c_n)$ die AWA (7) löst, heißt die **allgemeine Lösung** des Systems von Dgln (7). Demgegenüber heißt jede einzelne Lösung eine **spezielle** oder eine **partikuläre Lösung**.

8.3 Lösungsmethoden für spezielle Dgln. erster Ordnung

(1)

$y' = f(t) \cdot g(y)$	Typ: **Trennung der Veränderlichen**

Es seien $I \subset \mathbb{R}$ und $J \subset \mathbb{R}$ Intervalle, $f : I \to \mathbb{R}$ stetig und $g : J \to \mathbb{R}$ stetig und für alle $y \in J$ sei $g(y) \neq 0$. Wenn

G eine Stammfunktion von $\frac{1}{g}$ ist und F eine Stammfunktion von f,

so erhält man für geeignete $c \in \mathbb{R}$ alle Lösungen der Dgl

$$\boxed{y' = f(t) \cdot g(y)}$$

durch Auflösung der Gleichung

$$\boxed{G(y) = F(t) + c}$$

nach y. Ist y_0 eine Nullstelle von g, so ist die konstante Funktion $y = y(t) = y_0$, $t \in I$, Lösung der geg. Dgl.

Methode: Trennung der Veränderlichen
$\frac{dy}{dt} = f(t) \cdot g(y) \quad \Leftrightarrow \quad \frac{dy}{g(y)} = f(t)\,dt \quad \Leftrightarrow$
$\int \frac{dy}{g(y)} = \int f(t)\,dt \quad \Leftrightarrow \quad G(y) = F(t) + c,\ c \in \mathbb{R}$.

Zu jedem Punkt $(\tau, \eta) \in I \times \text{int J}$ gibt es genau eine Lösung von $y' = f(t) \cdot g(y)$, die der Anfangsbedingung $y(\tau) = \eta$ genügt, und zwar die durch

$$\int_\eta^y \frac{du}{g(u)} = \int_\tau^t f(s)\,ds$$

implizit definierte Funktion $y = y(t)$.

(B1) Man löse die Anfangswertaufgabe [vgl. 8.2(B1), 1. Annahme]

$$N' = k \cdot N, \quad N(0) = N_0 \qquad (k = const).$$

Lsg: $N' = k \cdot N$ ist vom Typ "Trennung der Veränderlichen".

a) $\frac{dN}{dt} = k \cdot N \quad \Leftrightarrow \quad \frac{dN}{N} = k \cdot dt \quad \Leftrightarrow \quad \int \frac{dN}{N} = \int k\,dt$

$\Leftrightarrow \quad \ln|N| = k \cdot t + c_1 \qquad (c_1 \in \mathbb{R})$

$\Leftrightarrow \quad |N| = e^{c_1} \cdot e^{k \cdot t} \qquad (c_1 \in \mathbb{R})$

$\Leftrightarrow \quad N = \pm e^{c_1} \cdot e^{kt} =: c \cdot e^{kt} \qquad (0 \neq c := \pm e^{c_1} \in \mathbb{R})$

b) Weitere Lösungen: Nullstellen von $g(N) = kN$: $N = N(t) = 0$ ist eine spezielle Lösung. Sie löst die geg. AWA gdw $N_0 = 0$.

Zusammenfassung von a) und b): $N = N(t) = c \cdot e^{kt}$ ist auf $\mathbb{R}$ Lösung der geg. Dgl mit $c \in \mathbb{R}$ beliebig.

c) Bestimmung der speziellen Lösung, die der Anfangsbedingung $N(0) = N_0$ genügt:

$N_0 \stackrel{!}{=} c \cdot e^{k \cdot 0} = c$. $N = N_0 e^{kt}$ ist Lösung der gestellten AWA.

(B2) Man löse die AWA mit der logistischen Gleichung

$$N' = (b_1 - m_1 \cdot N) \cdot N, \quad N(0) = N_0, \quad 0 < N_0 < \frac{b_1}{m_1}.$$

$(b_1, m_1 = const > 0)$ [vgl. 8.2(B1), 2. Annahme].

Lsg: durch Trennung der Veränderlichen:

a) $$\frac{dN}{dt} = (b_1 - m_1 N)N \quad \Leftrightarrow \quad \frac{dN}{(b_1 - m_1 N)N} = dt \quad \Leftrightarrow$$

$$\int \frac{dN}{(b_1 - m_1 N)N} = \int \left(\frac{1/b_1}{N} + \frac{m_1/b_1}{b_1 - m_1 N} \right) dN = \int dt$$

$$\Leftrightarrow \quad \frac{1}{b_1} \ln|N| - \frac{1}{b_1} \ln|b_1 - m_1 N| = t + c_1 \qquad c_1 \in \mathbb{R}$$

$$\Leftrightarrow \quad \ln\left|\frac{N}{b_1 - m_1 N}\right| = b_1 t + b_1 c_1 \qquad c_1 \in \mathbb{R}$$

$$\Leftrightarrow \quad \left|\frac{N}{b_1 - m_1 N}\right| = c_2 e^{b_1 t} \qquad c_2 = e^{b_1 c_1}$$

$$\Leftrightarrow \quad \frac{N}{b_1 - m_1 N} = c e^{b_1 t} \qquad 0 \neq c = \pm c_2 \in \mathbb{R}$$

b) Weitere Lösungen: Nullstellen von $g(N) = (b_1 - m_1 N)N$:

$N = N(t) = 0$ und $N = \frac{b_1}{m_1}$ sind spezielle Lösungen.

c) Berücksichtigung der Anfangsbedingung: $N(0) = N_0, 0 < N_0 < \frac{b_1}{m_1}$

$$\frac{N_0}{b_1 - m_1 N_0} = c e^{b_1 \cdot 0} = c.$$

Lösung der gestellten AWA:

$$\frac{N}{b_1 - m_1 N} = \frac{N_0}{b_1 - m_1 N_0} \cdot e^{b_1 t} \quad \Leftrightarrow \quad \frac{N}{N_0} = \frac{b_1 - m_1 N}{b_1 - m_1 N_0} \cdot e^{b_1 t}$$

$$\Leftrightarrow \quad \frac{N}{N_0}\left(1 + \frac{m_1 N_0}{b_1 - m_1 N_0} e^{b_1 t}\right) = \frac{b_1}{b_1 - m_1 N_0} e^{b_1 t}$$

$$\Leftrightarrow \quad N = N(t) = \frac{b_1 N_0 e^{b_1 t}}{b_1 + m_1 N_0 (e^{b_1 t} - 1)}, \quad t \geq 0.$$

(B3) Man löse die AWA

$$N' = (b_1 N - m_1) N, \quad N(0) = N_0, \quad N_0 > \frac{m_1}{b_1}$$

$(b_1, m_1 = const > 0)$ [vgl. 8.2(B1), 3. Annahme].

Lsg: durch Trennung der Veränderlichen:

a) $\frac{dN}{dt} = (b_1 N - m_1) N \quad \Leftrightarrow \quad \frac{dN}{(b_1 N - m_1) N} = dt \quad \Leftrightarrow$

$$\int \frac{dN}{(b_1 N - m_1) N} = \int \left(\frac{b_1/m_1}{b_1 N - m_1} - \frac{1/m_1}{N} \right) dN = \int dt$$

$$\Leftrightarrow \quad \frac{1}{m_1} \ln |b_1 N - m_1| - \frac{1}{m_1} \ln |N| = t + c_1 \qquad c_1 \in \mathbb{R}$$

$$\Leftrightarrow \quad \ln \left| \frac{b_1 N - m_1}{N} \right| = m_1 t + c_2 \qquad c_2 = m_1 c_1$$

$$\Leftrightarrow \quad \left| \frac{b_1 N - m_1}{N} \right| = c_3 e^{m_1 t} \qquad c_3 = e^{c_2}$$

$$\Leftrightarrow \quad \frac{b_1 N - m_1}{N} = c e^{m_1 t} \qquad 0 \neq c = \pm c_3$$

b) Weitere Lösungen: Nullstellen von $g(N) = (b_1 N - m_1) N$:
$N = 0$ und $N = \frac{m_1}{b_1}$ sind spezielle Lösungen.

c) Berücksichtigung der Anfangsbedingung: $N(0) = N_0, \quad N_0 > \frac{m_1}{b_1}$

$$\frac{b_1 N_0 - m_1}{N_0} = c e^{m_1 \cdot 0} = c.$$

Lösung der gestellten AWA:

$$\frac{b_1 N - m_1}{N} = \frac{b_1 N_0 - m_1}{N_0} \cdot e^{m_1 t} \Leftrightarrow \quad \frac{N_0}{N} = \frac{b_1 N_0 - m_1}{b_1 N - m_1} \cdot e^{m_1 t}$$

$$\Leftrightarrow \quad \frac{b_1 N - m_1}{b_1 N_0 - m_1} = \frac{N}{N_0} e^{m_1 t}$$

$$\Leftrightarrow \quad \frac{N}{N_0} \left(e^{m_1 t} - \frac{b_1 N_0}{b_1 N_0 - m_1} \right) = \frac{-m_1}{b_1 N_0 - m_1}$$

$$\Leftrightarrow \quad N = N(t) = \frac{-m_1 N_0}{(b_1 N_0 - m_1) e^{m_1 t} - b_1 N_0}, \quad 0 \leq t < t_1.$$

Die Funktion N besitzt an der Stelle t_1 mit

$$e^{m_1 t} := \frac{b_1 N_0}{b_1 N_0 - m_1} \quad \Leftrightarrow \quad m_1 t_1 = \ln \frac{b_1 N_0}{b_1 N_0 - m_1} \quad \Leftrightarrow \quad t_1 = \frac{1}{m_1} \ln \frac{b_1 N_0}{b_1 N_0 - m_1}$$

eine Unendlichkeitsstelle; die Lösung der AWA existiert nur im Intervall $[0, t_1)$.

(2) | $y' + f(t) \cdot y = g(t)$ | Typ: **lineare Dgl 1. Ordnung** |

Es sei $I \subset \mathbb{R}$ ein Intervall und $f : I \to \mathbb{R}$ und $g : I \to \mathbb{R}$ seien stetig. Dann heißt die für $(t, y) \in I \times \mathbb{R}$ definierte Dgl (2) eine **lineare Dgl 1. Ordnung**. Ist die "**Störfunktion**" g nicht die Nullfunktion, so heißt die Dgl **inhomogen**, andernfalls **homogen**.

(3) | $y' + f(t) \cdot y = 0$ | Typ: **homogene lineare Dgl. 1. Ordnung** |

Im folgenden werden 3 mathematisch äquivalente Lösungsmöglichkeiten für homogene lineare Dgln beschrieben.

(i) Ist u auf I eine **nicht-triviale Lösung** der homogenen linearen Dgl

$$y' + f(t) \cdot y = 0$$

[:$\Leftrightarrow$ u ist Lösung und nicht die Nullfunktion], so lautet ihre **allgemeine Lösung** auf I $\quad y = c \cdot u(t),\ c \in \mathbb{R}$.

(ii) Wenn F *eine* Stammfunktion von f auf I ist, dann lautet die **allgemeine Lösung** der homogenen linearen Dgl $y' + f(t)y = 0$

$$y = c \cdot e^{-F(t)}, \quad t \in I, \quad c \in \mathbb{R} \ .$$

(iii) Die homogene lineare Dgl $y' + f(t)y = 0$ kann durch Trennung der Veränderlichen gelöst werden.

Bem: Durch jeden Punkt $(\tau, \eta) \in I \times \mathbb{R}$ verläuft genau eine Lösung der Dgl (3); sie hat das Vorzeichen von η und existiert auf ganz I.

(B4) Man löse die AWA

$$y' + \frac{y}{t} = 0, \quad y(1) = 1.$$

Lsg: Die geg. Dgl ist eine homogene lineare Dgl. $F(t) = \ln|t|$ ist eine Stammfunktion von $f(t) = \frac{1}{t}$. Nach (3)(ii) lautet die allgemeine Lösung der geg. Dgl

$$\begin{aligned} y &= ce^{-F(t)} = ce^{-\ln|t|} = \frac{c}{|t|} && c \in \mathbb{R} \\ &= \frac{c_1}{t} && c_1 = \pm c. \end{aligned}$$

Spezielle Lösung durch den Punkt $(\tau, \eta) = (1, 1)$:

$$y(1) = \frac{c_1}{1} \stackrel{!}{=} 1 \quad \Longrightarrow \quad c_1 = 1 : \quad y = \frac{1}{t}.$$

(B5) Man bestimmte die allgemeine Lösung von [vgl. 1 (B6)]

$$\frac{dY(t)}{dt} = \frac{k}{g} \cdot Y(t), \quad t \geq 0, \quad k, g = const, \quad g \neq 0.$$

Lsg: Die geg. Dgl ist eine homogene lineare Dgl. $F(t) = -\frac{k}{g} \cdot t$ ist eine Stammfunktion von $f(t) = -\frac{k}{g} = const$. Nach (3)(ii) lautet die allgemeine Lösung der geg. Dgl

$$Y = ce^{-F(t)} = ce^{\frac{k}{g}t}, \quad t \geq 0, \quad c \in I\!R \text{ beliebig.}$$

(B6) Welche Funktionen $y = f(t)$ $(t > 0)$ haben eine konstante Elastizität $b > 0$?

Lsg: $e(f,t) = \dfrac{\frac{dy}{dt}}{\frac{y}{t}} = b \quad \Leftrightarrow \quad y' - \frac{b}{t}y = 0.$

Dies ist eine homogene lineare Dgl 1. Ordnung. Nach 2.7(B2a) ist $y = t^b$ eine spezielle Lösung. [Nachrechnen!] Deshalb ist die allgemeine Lösung

$$y = a \cdot t^b, \quad t > 0, \quad (a \in I\!R).$$

(4)	$y' + f(t)y = g(t)$	Typ: **inhomogene lineare Dgl 1. Ordnung**

Es sei $I \subset I\!R$ ein Intervall und $f : I \to I\!R$ und $g : I \to I\!R$ seien stetig.

(i) Ist $y = v(t)$ auf I eine Lösung der inhomogenen linearen Dgl $y' + f(t)y = g(t)$, und ist $y = u(t)$ auf I eine nicht-triviale Lösung der zugehörigen homogenen Dgl $y' + f(t)y = 0$, so lautet die **allgemeine Lösung** der inhomogenen linearen Dgl (2) auf I

$$\boxed{y = cu(t) + v(t), \qquad t \in I, c \in I\!R\ .}$$

(ii) **Lösungsformel**: Die **allgemeine Lösung** der Dgl (2) lautet

$$\boxed{y = e^{-F(t)} \cdot \left(c + \int g(t)e^{F(t)}\,dt\right), \qquad t \in I, c \in I\!R.}$$

Dabei ist F *eine* Stammfunktion von f und $\int g(t)e^{F(t)}\,dt$ *eine* Stammfunktion von $g \cdot e^F$.

(B7) Man bestimme die allgemeine Lösung von

$$y' + \frac{y}{t} = \frac{1}{t}, \; t > 0.$$

1. Lsg:

$v(t) = 1$ ist eine spezielle Lösung der inhomogenen Dgl. $y = \frac{c_1}{t}$ ist die allg. Lösung der zugehörigen hom. Dgl, n. (B4). Nach (2)(i) lautet die allgem. Lösung der geg. Dgl

$$y = \frac{c_1}{t} + 1, \; c_1 \in \mathbb{R}.$$

2. Lsg: mit der Lösungsformel:

$F(t) = \ln t$ ist eine Stammfunktion von $f(t) = \frac{1}{t}$ für $t > 0$. Nach (2)(ii) lautet die allgemeine Lösung der geg. Dgl

$$y = e^{-\ln t} \cdot \left(c + \int \frac{1}{t} e^{\ln t}\, dt\right) = \frac{1}{t}\left(c + \int \frac{t}{t}\, dt\right) = \frac{c}{t} + 1, \; c \in \mathbb{R}.$$

(B8) Man ermittle die allgemeine Lösung der Dgl

(5)

$y' + a \cdot y = b$ a, b reelle Konstanten	Typ: **inhomogenen lineare Dgl 1. Ordnung mit konstanten Koeffizienten**

Lsg:

$$y = \begin{cases} ce^{-at} + \frac{b}{a} & t \in \mathbb{R}, \quad c \in \mathbb{R}, \text{ für } a \neq 0 \\ c + bt & t \in \mathbb{R}, \quad c \in \mathbb{R}, \text{ für } a = 0. \end{cases}$$

(B9) Datieren mit der Radio-Carbon-Methode:[1]

Lebende Organismen nehmen Kohlenstoff auf, der Zeit ihres Lebens zu einem bestimmten, bekanntem Anteil aus radioaktivem C14 statt des normalen C12 besteht. Mit dem Zeitpunkt des Todes des Organismus nimmt der Anteil von C14 auf Grund dessen radioaktiven Zerfalls ab. Die Halbwertzeit von C14 beträgt 5568 Jahre, d.h. nach 5568 Jahren ist von der ursprünglich vorhandenen Menge C14 noch genau die Hälfte vorhanden.

Sei Q_0 die Menge des Kohlenstoffs C14 zum Todeszeitpunkt $t = 0$ in dem Organismus und $Q(t)$ die Menge C14 zum Zeitpunkt t nach dem Todeszeitpunkt.

a) Man bestimme die Konstante m in der Dgl

$$Q'(t) = -m \cdot Q(t).$$

Darin bezeichnet m die "Sterberate" von C14-Atomen =: "Zerfallskonstante" von C14.

[1] Für die Entwicklung dieser Datierungsmethode hat der Chemiker W. Libby 1980 den Nobelpreis für Chemie erhalten.

b) Man bestimme $Q(t)$ als Funktion von $t \geq 0$.

c) In einer konkreten organischen Probe ("Moorleiche") beträgt die Restmenge an C14 genau 20 % der Originalmenge Q_0. Wie alt ist die Probe? Gesucht ist also die Zeit t nach dem Todeszeitpunkt des Organismus.)

Lsg.:

b) Die Dgl ist eine homogene lineare Dgl erster Ornung mit konstanten Koeffizienten. Ihre allgemeine Lösung lautet $Q(t) = c \cdot e^{-mt}$, wobei $c \in I\!R$ eine beliebige Integrationskonstante ist. Das ergibt sich z.B. für $a = m \neq 0$ und $b = 0$ aus (B8). Aus der Anfangsbedingung $Q(0) = Q_0$ findet man $c = Q_0$, also $Q(t) = Q_0 e^{-mt}$, $t \geq 0$.

a) Die Kenntnis der Halbwertzeit von C14 liefert die Gleichung für m:

$$\frac{Q(5568)}{Q_0} = \frac{1}{2} = e^{-m \cdot 5568} \quad \Rightarrow \quad -\ln 2 = -m \cdot 5568$$

$$\Rightarrow \quad m = \frac{\ln 2}{5568} = 0.0001245[\text{Jahre}^{-1}]$$

Damit lautet die spezielle Lösung der Dgl, die der Anfangsbedingung genügt:

$$Q(t) = Q_0 e^{-0.0001245 \cdot t}, \quad t \geq 0, \quad t \text{ gemessen in Jahren.}$$

c) Das Alter der Probe ergibt sich jetzt aus der Gleichung

$$\frac{Q(t)}{Q_0} = \frac{1}{5} = e^{-0.0001245 \cdot t}$$

durch Auflösung nach t zu

$$-\ln 5 = -0.0001245 \cdot t \Rightarrow t = \frac{\ln 5}{0.0001245} = 12927[\text{Jahre}].$$

8.4 Lineare Dgln höherer Ordnung mit konstanten Koeffizienten

(1)

$y^{(n)} + a_{n-1}\, y^{(n-1)} + \ldots + a_1\, y' + a_0\, y = 0$ $a_{n-1}, \ldots, a_1, a_0$ konstante Koeffizienten	Typ: **homogene lineare Dgl n-ter Ordnung mit konst. Koeffizienten**

Die Funktion $I\!R \ni t \longmapsto y = e^{\lambda \cdot t} \in \mathbb{C}$ ist Lösung der homogenen linearen Dgl mit konstanten Koeffizienten (1) gdw λ ist Lösung der **charakteristischen Gleichung** der Dgl (1)

$$\lambda^n + a_{n-1}\, \lambda^{n-1} + \ldots + a_1\, \lambda + a_0 = 0.$$

Das Polynom $P(\lambda) := \lambda^n + a_{n-1}\, \lambda^{n-1} + \ldots + a_1\, \lambda + a_0$ heißt das **charakteristische Polynom** der Dgl (1). Man beachte, daß sich dieses unittelbar aus der DGl (1) gewinnen läßt, man hat nur die Ableitungen $y^{(k)}$ $(k = 0, \ldots, n)$ durch λ^k zu ersetzen. Darüber hinaus gelten:

(2) Zu jeder Nullstelle $\lambda \in \mathbb{C}$ des charakteristischen Polynoms P der Dgl (1) mit der Vielfachheit r gibt es r komplexwertige Lösungen der Dgl (1) von der Form

$$\begin{aligned} y_1(t) &= e^{\lambda \cdot t} \\ y_2(t) &= t\, e^{\lambda \cdot t} \\ &\vdots \\ y_r(t) &= t^{r-1}\, e^{\lambda \cdot t}. \end{aligned}$$

Eulersche Formel (vgl. 7.1(B5)):

$$\boxed{e^{\alpha + i\beta} = e^{\alpha} \cdot e^{i\beta} = e^{\alpha}\,(\cos\beta + i \sin\beta)}$$

(3) Sind die Koeffizienten $a_{n-1}, \ldots, a_1, a_0$ reell, so gehört zu jedem Paar konjugiert komplexer Nullstellen $\lambda = \alpha + i\beta$, $\overline{\lambda} = \alpha - i\beta$ je mit der Vielfachheit r des charakteristischen Polynoms P der Dgl (1) das System von $2r$ reellen Lösungen dieser Dgl von der Form

$$\begin{aligned} z_1(t) &= e^{\alpha \cdot t} \cdot \cos\beta t & z_2(t) &= e^{\alpha \cdot t} \cdot \sin\beta t \\ z_3(t) &= t\, e^{\alpha \cdot t} \cdot \cos\beta t & z_4(t) &= t\, e^{\alpha \cdot t} \cdot \sin\beta t \\ &\vdots & &\vdots \\ z_{2r-1}(t) &= t^{r-1}\, e^{\alpha \cdot t} \cdot \cos\beta t & z_{2r}(t) &= t^{r-1}\, e^{\alpha \cdot t} \cdot \sin\beta t. \end{aligned}$$

Das folgt unmitelbar durch Anwendung der Eulerschen Formel und aus der Tatsache, dass mit zwei Lösungen einer homogenen linearen Dgl auch jede Linearkombination dieser Lösungen wieder eine Lösung ist. Die **allgemeine Lösung** der Dgl (1) erhält man, indem man jede der zu einer Nullstelle von P gehörenden Lösungen der Dgl mit einer willkürlichen Konstanten ("**Integrationskonstanten**") multipliziert und alle diese Funktionen addiert:

$$y = c_1\, y_1 + \ldots + c_n\, y_n, \qquad c_1, \ldots, c_n \in I\!R.$$

Die **spezielle Lösung** der Dgl (1), die einer gegebenen Anfangsbedingung genügt, erhält man, indem man die Integrationskonstanten $c_1, \ldots, c_n$ aus den Anfangsbedingungen

$$\left.\begin{array}{rcl} y(\tau) & = & \eta_0 \\ y'(\tau) & = & \eta_1 \\ \vdots & & \vdots \\ y^{(n-1)}(\tau) & = & \eta_{n-1} \end{array}\right\}$$

lineares Gleichungssystem für $c_1, \ldots, c_n$, das eine eindeutig bestimmte Lösung $(c_1, \ldots, c_n)$ besitzt.

berechnet.

Bem: Die Menge aller Lösungen von (1) bildet einen n-dimensionalen Vektorraum, und die Funktionen $y_1, \ldots, y_n$ bilden eine Basis dieses Raumes.

(B1) a) Man bestimme die allgemeine Lösung der Dgl

$$y'' + 4y' + 3y = 0.$$

b) Man bestimme die spezielle Lösung dieser Dgl, die den Anfangsbedingungen $y(0) = 2, y'(0) = -4$ genügt.

Lsg:

a) charakteristische Gleichung: $\lambda^2 + 4\lambda + 3 = 0.$

Lösungen d. char. Gl.: $\lambda_{1,2} = -2 \pm \sqrt{4-3} = -2 \pm 1$

$\lambda_1 = -1, \quad \lambda_2 = -3.$

allgemeine Lösung der Dgl: $y = c_1\, e^{-t} + c_2\, e^{-3t}, \quad c_1, c_2 \in \mathbb{R}.$

b) Anpassung der allgemeinen Lösung an die Anfangsbedingungen:

$$\begin{array}{rrcrrcr} & y(0) & = & c_1 & +c_2 & = & 2 \\ (+) & y'(0) & = & -c_1 & -3c_2 & = & -4 \\ \hline & & & & -2c_2 & = & -2 \end{array}$$

$c_2 = 1, c_1 = 1$

spezielle Lösung: $y = e^{-t} + e^{-3t}, \quad t \in \mathbb{R}.$

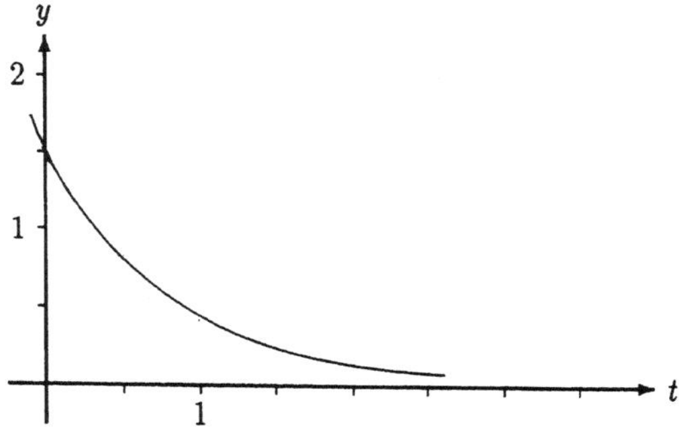

(B2) a) Man bestimmte die allgemeine Lösung der Dgl

$$y'' + 4y' + 5y = 0.$$

b) Man bestimme die spezielle Lösung dieser Dgl, die den Anfangsbedingungen $y(0) = 1, y'(0) = -1$ genügt.

Lsg:

a) charakteristische Gleichung: $\lambda^2 + 4\lambda + 5 = 0.$
Lösungen d. char. Gl.: $\lambda_{1,2} = -2 \pm \sqrt{4-5} = -2 \pm i$
$\lambda_1 = -2 + i, \quad \lambda_2 = -2 - i.$
allgemeine Lösung der Dgl: $y = e^{-2t}(c_1 \cos t + c_2 \sin t),\ c_1, c_2 \in I\!R.$

b) Anpassung der allgemeinen Lösung an die Anfangsbedingungen:

$$\begin{aligned} y(0) &= c_1 \stackrel{!}{=} 1 \\ y'(0) &= \left[e^{-2t} \cdot (-c_1 \sin t + c_2 \cos t) - 2e^{-2t} \cdot (c_1 \cos t - c_2 \sin t)\right]_{t=0} \\ &= c_2 - 2c_1 \stackrel{!}{=} -1 \end{aligned}$$

$c_1 = 1, c_2 = 1$

spezielle Lösung: $y = e^{-2t}(\cos t + \sin t), t \in I\!R.$

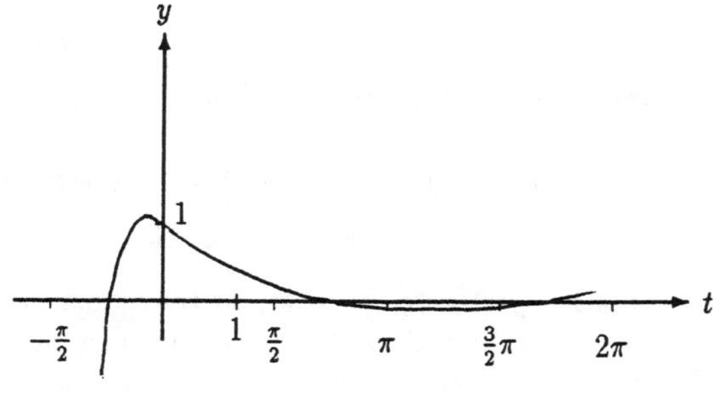

(4)	$y^{(n)} + a_{n-1}\, y^{(n-1)} + \ldots + a_1\, y' + a_0\, y = g(t)$ $a_{n-1}, \ldots, a_1, a_0$ konstante Koeffizienten; $I \ni t \longmapsto g(t)$ stetige Störfunktion	Typ: **inhomogene lineare Dgl n-ter Ordnung mit konstanten Koeffizienten und stetiger Störfunktion**

(i) Ist $y = c_1 y_1 + \ldots + c_n y_n$ die allgemeine Lösung der zugehörigen homogenen Dgl $y^{(n)} + a_{n-1} y^{(n-1)} + \ldots + a_1 y' + a_0 y = 0$, und ist v auf I eine **partikuläre Lösung** der inhomogenen linearen Dgl (4), so lautet die **allgemeine Lösung** der inhomogenen Dgl (4)

$$y = c_1 y_1 + \ldots + c_n y_n + v.$$

(ii) Ist $y = c_1 y_1 + \ldots + c_n y_n$ die allgemeine Lösung der zugehörigen homogenen Dgl $y^{(n)} + a_{n-1}\, y^{(n-1)} + \ldots + a_1\, y' + a_0\, y = 0$, so ist

$$v(t) = c_1(t)\, y_1(t) + \ldots + c_n(t)\, y_n(t)$$

auf I eine spezielle Lösung der inhomogenen linearen Dgl (4), wenn man die Koeffizientenfunktionen $c_1 = c_1(t), \ldots, c_n = c_n(t)$ mit folgender Methode bestimmt:

"Variation der Konstanten" (Lagrange):

1.) Man löst das inhomogen lineare Gleichungssystem für die Ableitungen $c_1'(t), \ldots, c_n'(t)$

$$\begin{array}{ccccccccc} y_1(t)c_1'(t) & + & y_2(t)c_2'(t) & + & \ldots & + & y_n(t)c_n'(t) & = & 0 \\ y_1'(t)c_1'(t) & + & y_2'(t)c_2'(t) & + & \ldots & + & y_n'(t)c_n'(t) & = & 0 \\ \vdots & & \vdots & & & & \vdots & & \vdots \\ y_1^{(n-2)}(t)c_1'(t) & + & y_2^{(n-2)}(t)c_2'(t) & + & \ldots & + & y_n^{(n-2)}(t)c_n'(t) & = & 0 \\ y_1^{(n-1)}(t)c_1'(t) & + & y_2^{(n-1)}(t)c_2'(t) & + & \ldots & + & y_n^{(n-1)}(t)c_n'(t) & = & g(t), \end{array}$$

welches eine eindeutig bestimmte Lösung $(c_1'(t), \ldots, c_n'(t))$, $t \in I$ besitzt.

2.) Man berechnet Stammfunktionen $c_1(t), \ldots, c_n(t)$ von $c_1'(t), \ldots, c_n'(t)$.

3.) Die **allgemeine Lösung** der Dgl (4) lautet

$$y = (k_1 + c_1(t))\, y_1(t) + \ldots + (k_n + c_n(t))\, y_n(t), \quad t \in I,$$
$$k_1, \ldots, k_n \in \mathbb{R}.$$

(iii) Ist die Störfunktion $g(t) = g = const$, so kann man nach einer speziellen Lösung $v(t) = v = const$ suchen. Geht man mit diesem Ansatz in die inhomogene Dgl (4) ein, so findet man $a_0 \cdot v = g$. Falls $a_0 \neq 0$ ist gibt es eine partikuläre, konstante Lösung $v = g/a_0$. Andernfalls gibt es zu $g \neq 0$ keine konstante Lösung von (4). Wenn $\lambda = 0$ eine k-fache Nullstelle des charakteristischen Polynoms ist, gibt es eine partikuläre Lösung der inhomogenen Dgl von der Form $v(t) = at^k$.

(iv) Ist die Störfunktion $g(t)$ ein Polynom und ist $\lambda = 0$ eine k-fache Nullstelle des charakteristischen Polynoms, so gibt es eine partikuläre Lösung der inhomogenen Dgl der Form $v(t) = t^k \cdot G(t)$, wobei G ein Polynom desselben Grades wie g ist.

(B3) Man bestimme die allgemeine Lösung der Dgl

$$y'' + 4y' + 3y = 5.$$

Lsg (i):

a) Die allgemeine Lösung der zugehörigen homogenen linearen Dgl $y'' + 4y' + 3y = 0$ lautet $y = c_1\, e^{-t} + c_2\, e^{-3t}$, $c_1, c_2 \in \mathbb{R}, t \in \mathbb{R}$, n. (B1).

b) Eine spezielle Lösung der inhomogenen linearen Dgl $y'' + 4y' + 3y = 5$ ist $y = 5/3$ [n. (4)(iii) ermittelt].

c) Die allgemeine Lösung der inhomogenen linearen Dgl lautet deshalb

$$y = \frac{5}{3} + c_1 e^{-t} + c_2 e^{-3t}, \quad t \in I\!R, \quad c_1, c_2 \in I\!R.$$

Lsg (ii):

1.) Lösung des inhomogenen linearen Gleichungssystems für $c_1'(t), c_2'(t)$:

$$\begin{array}{rrrl} & e^{-t}\, c_1'(t) & +e^{-3t} c_2'(t) & = 0 \\ (+) & -e^{-t}\, c_1'(t) & -3e^{-3t}\, c_2'(t) & = 5 \\ \hline & & -2e^{-3t}\, c_2'(t) & = 5 \end{array}$$

$$\Longrightarrow c_2'(t) = -\frac{5}{2} e^{3t}, \quad c_1'(t) = \frac{5}{2} e^{t}.$$

2.) Berechnung von Stammfunktionen von c_1', c_2':

$$c_1(t) = \frac{5}{2} e^{t}, \quad c_2(t) = -\frac{5}{6} e^{3t}.$$

3.) Eine spezielle Lösung der inhomogenen linearen Dgl ist

$$y = \frac{5}{2} e^{t} \cdot e^{-t} - \frac{5}{6} e^{3t} \cdot e^{-3t} = \frac{5}{2} - \frac{5}{6} = \frac{5}{3}.$$

4.) Die allgemeine Lösung der inhomogenen linearen Dgl lautet

$$y = \frac{5}{3} + k_1 e^{-t} + k_2 e^{-3t}, \quad t \in I\!R, \quad k_1, k_2 \in I\!R.$$

8.5 Systeme linearer Dgln mit konstanten Koeffizienten

<table>
<tr><td rowspan="2">(1)</td><td>$\begin{aligned} y_1' &= a_{11}\,y_1 + \ldots + a_{1n}\,y_n \\ &\vdots \\ y_n' &= a_{n1}\,y_1 + \ldots + a_{nn}\,y_n \end{aligned}$</td><td>$\boldsymbol{y}' = A \cdot \boldsymbol{y}, \quad \begin{array}{l} \boldsymbol{y} : I\!R \to I\!R^n, \\ A = (a_{ik}) \in I\!R^{n \times n} \end{array}$</td></tr>
<tr><td colspan="2">Typ: homogenes System von n expliziten homogenen linearen Dgln 1. Ordnung für n unbekannte Funktionen mit konstanten Koeffizienten</td></tr>
</table>

Die Funktion $I\!R \ni t \stackrel{\boldsymbol{y}}{\longmapsto} \boldsymbol{y} = \boldsymbol{c} \cdot e^{\lambda t} \in \mathbb{C}^n$ ist auf $I\!R$ eine nicht-triviale Lösung des homogenen Systems von n expliziten homogenen linearen Dgln 1. Ordnung

(1) $$\boldsymbol{y}' = A \cdot \boldsymbol{y}$$

gdw λ ist Eigenwert und $\boldsymbol{c}$ ein zugehöriger Eigenvektor der Matrix A. Besitzt die Matrix A n Eigenpaare $(\lambda_1, \boldsymbol{c}^1), \ldots, (\lambda_n, \boldsymbol{c}^n)$ mit n linear unabhängigen Eigenvektoren $\boldsymbol{c}^1, \ldots, \boldsymbol{c}^n$, so lautet die allgemeine Lösung von (1)

$$\boldsymbol{y} = k_1\, \boldsymbol{c}^1\, e^{\lambda_1 t} + \ldots + k_n\, \boldsymbol{c}^n\, e^{\lambda_n t}, \qquad k_1, \ldots, k_n \in \mathbb{C}.$$

Ist $(\lambda, \boldsymbol{c})$ mit $\lambda = \alpha + i\beta$, $\alpha = \text{Re}\ \lambda$, $\beta = \text{Im}\ \lambda$ und

$$\boldsymbol{c} = \begin{bmatrix} c_1 \\ \vdots \\ c_n \end{bmatrix} = \begin{bmatrix} u_1 + iv_1 \\ \vdots \\ u_n + iv_n \end{bmatrix} =: \begin{bmatrix} u_1 \\ \vdots \\ u_n \end{bmatrix} + i \begin{bmatrix} v_1 \\ \vdots \\ v_n \end{bmatrix} =: \boldsymbol{u} + i\, \boldsymbol{v}, \quad \begin{array}{l} u_\nu = \text{Re}\ c_\nu \\ v_\nu = \text{Im}\ c_\nu \end{array}$$

ein Eigenpaar der rellen Matrix $A \in I\!R^{n \times n}$, so ist auch $(\overline{\lambda}, \overline{\boldsymbol{c}})$ mit $\overline{\lambda} = \alpha - i\beta, \overline{\boldsymbol{c}} = \boldsymbol{u} - i\ \boldsymbol{v}$ ein Eigenpaar von A und

$$\boldsymbol{z}^1 = e^{\alpha t}\,(\boldsymbol{u} \cdot \cos \beta t - \boldsymbol{v} \cdot \sin \beta t) \qquad \boldsymbol{z}^2 = e^{\alpha t}\,(\boldsymbol{u} \cdot \sin \beta t + \boldsymbol{v} \cdot \cos \beta t)$$

sind zugehörige reelle "**Fundamentallösungen**". Das folgt unmittelbar aus der Eulerschen Formel und der Tatsache, dass mit je zwei Lösungen eines homogenen linearen Systems von Differentialgleichungen auch jede Linearkombination wieder eine Lösung ist. Man erhält die allgemeine Lösung in rein reeller Schreibweise, indem man jede zu einem Eigenpaar von A gehörige Fundamentallösung mit einer willkürlichen Konstanten ("**Integrationskonstanten**") multipliziert und alle Produkte addiert.

Bem: Die Menge aller Lösungen von (1) bildet einen n-dimensionalen Vektorraum und die Funktionen $\boldsymbol{y}^1 = \boldsymbol{c}^1\, e^{\lambda_1 t}, \ldots, \boldsymbol{y}^n = \boldsymbol{c}^n\, e^{\lambda_n t}$ bilden eine Basis dieses Raumes, wenn $\boldsymbol{c}^1, \ldots, \boldsymbol{c}^n$ linear unabhängig sind.

Bem: Auch wenn die Matrix A "kein volles System" von linear unabhängigen Eigenvektoren besitzt, läßt sich das System (1) lösen. Dazu muß auf die mathematische Literatur über Differentialgleichungen verwiesen werden.

(B1) (i) Man bestimme die allgemeine Lösung des Systems

$$\begin{aligned} y_1' &= \quad -y_2 \\ y_2' &= -y_1 \end{aligned}$$

(ii) Man bestimme die spezielle Lösung, die der Anfangsbedingung $y_1(0) = 1, \quad y_2(0) = -1$ genügt.

Lsg (i): Das geg. System von Dgln ist ein homogenes System von 2 expliziten homogenen linearen Dgln, das in Matrizenschreibweise lautet:

$$\boldsymbol{y}' = A \cdot \boldsymbol{y}, \quad A = \begin{bmatrix} 0 & -1 \\ -1 & 0 \end{bmatrix}, \quad \boldsymbol{y} = \begin{bmatrix} y_1 \\ y2 \end{bmatrix}.$$

a) Berechnung der Eigenwerte von A:

$$\varphi_A(\lambda) = \det(A - \lambda E) = \begin{vmatrix} -\lambda & -1 \\ -1 & -\lambda \end{vmatrix} = \lambda^2 - 1 = 0.$$

Eigenwerte von A: $\lambda_1 = 1, \quad \lambda_2 = -1.$

b) Berechnung zugehöriger Eigenvektoren von A:

$\lambda_1 = 1: \quad (A - \lambda_1 E) \cdot \boldsymbol{x}^1 = 0 \Leftrightarrow$

$$\begin{bmatrix} -1 & -1 \\ -1 & -1 \end{bmatrix} \cdot \begin{bmatrix} x_1^1 \\ x_2^1 \end{bmatrix} = \begin{bmatrix} 0 \\ 0 \end{bmatrix} \Rightarrow \boldsymbol{x}^1 = \begin{bmatrix} -1 \\ 1 \end{bmatrix} \qquad \begin{array}{l} x_2^1 = 1 \text{ gewählt} \\ x_1^1 = -1 \text{ berechnet.} \end{array}$$

$\lambda_2 = -1: \quad (A - \lambda_2 E) \cdot \boldsymbol{x}^2 = 0 \Leftrightarrow$

$$\begin{bmatrix} 1 & -1 \\ -1 & 1 \end{bmatrix} \cdot \begin{bmatrix} x_1^2 \\ x_2^2 \end{bmatrix} = \begin{bmatrix} 0 \\ 0 \end{bmatrix} \Rightarrow \boldsymbol{x}^2 = \begin{bmatrix} 1 \\ 1 \end{bmatrix} \qquad \begin{array}{l} x_2^2 = 1 \text{ gewählt} \\ x_1^2 = 1 \text{ berechnet.} \end{array}$$

c) Allgemeine Lösung des homogenen Systems von Dgln:

$$\boldsymbol{y} = k_1 \begin{bmatrix} -1 \\ 1 \end{bmatrix} e^t + k_2 \begin{bmatrix} 1 \\ 1 \end{bmatrix} e^{-t}, \; t \in I\!R, \quad k_1, k_2 \in I\!R.$$

$$\Leftrightarrow \begin{array}{l} y_1 = -k_1\, e^t + k_2\, e^{-t} \\ y_2 = k_1\, e^t + k_2\, e^{-t}, \quad t \in I\!R,\; k_1, k_2 \in I\!R. \end{array}$$

Lsg (ii):

Bestimmung der speziellen Lösung durch Anpassung der allgemeinen Lösung an die Anfangswerte:

$$\begin{array}{rrcrrcr} & y_1(0) & = & -k_1 & +k_2 & = & 1 \\ (+) & y_2(0) & = & k_1 & +k_2 & = & -1 \\ \hline & & & & 2\,k_2 & = & 0 \end{array} \quad k_2 = 0, \; k_1 = -1$$

Die gesuchte spezielle Lösung lautet [vgl. 8.2(B6)]:

$$\boldsymbol{y} = \begin{bmatrix} y_1 \\ y_2 \end{bmatrix} = \begin{bmatrix} e^t \\ -e^t \end{bmatrix}, \; t \in I\!R.$$

(B2) Man löse die AWA

$$\begin{aligned} y_1' &= -\frac{1}{4}y_1 + \frac{15}{16}y_2, & y_1(0) &= 350 \\ y_2' &= \frac{4}{5}y_1 \qquad\quad , & y_2(0) &= 7 \end{aligned}$$

Lsg: Das geg. System von Dgln ist ein homogenes System von 2 expliziten homogenen linearen Dgln mit konstanten Koeffizienten, das in Matrizenschreibweise lautet:

$$\boldsymbol{y}' = A \cdot \boldsymbol{y} \qquad \text{mit der Koeffizientenmatrix} \qquad A = \begin{bmatrix} -\frac{1}{4} & \frac{15}{16} \\ \frac{4}{5} & 0 \end{bmatrix}.$$

a) Berechnung der Eigenwerte von A:

$$\varphi_A(\lambda) = \det(A - \lambda E) = \begin{vmatrix} -\lambda - \frac{1}{4} & \frac{15}{16} \\ \frac{4}{5} & -\lambda \end{vmatrix} = \lambda(\lambda + \frac{1}{4}) - \frac{3}{4} = \lambda^2 + \frac{1}{4}\lambda - \frac{3}{4} = 0$$

Eigenwerte von A: $\lambda_{1,2} = -\frac{1}{8} \pm \sqrt{\frac{1}{64} + \frac{3}{4}} = -\frac{1}{8} \pm \sqrt{\frac{49}{64}}$

$$\lambda_1 = \frac{3}{4}, \quad \lambda_2 = -1.$$

b) Berechnung zugehöriger Eigenvektoren von A:

$\lambda_1 = \frac{3}{4}$: $\quad (A - \lambda_1 E) \cdot \boldsymbol{x}^1 = 0$

$$\Leftrightarrow \begin{bmatrix} -1 & \frac{15}{16} \\ \frac{4}{5} & -\frac{3}{4} \end{bmatrix} \cdot \begin{bmatrix} x_1^1 \\ x_2^1 \end{bmatrix} = \begin{bmatrix} 0 \\ 0 \end{bmatrix} \Rightarrow \boldsymbol{x}^1 = \begin{bmatrix} \frac{15}{16} \\ 1 \end{bmatrix} \qquad \begin{array}{l} x_2^1 = 1 \text{ gewählt} \\ x_1^1 = 15/16 \text{ berechnet.} \end{array}$$

$\lambda_2 = -1$: $\quad (A - \lambda_2 E) \cdot \boldsymbol{x}^2 = 0$

$$\Leftrightarrow \begin{bmatrix} \frac{3}{4} & \frac{15}{16} \\ \frac{4}{5} & 1 \end{bmatrix} \cdot \begin{bmatrix} x_1^2 \\ x_2^2 \end{bmatrix} = \begin{bmatrix} 0 \\ 0 \end{bmatrix} \Rightarrow \boldsymbol{x}^2 = \begin{bmatrix} -\frac{5}{4} \\ 1 \end{bmatrix} \qquad \begin{array}{l} x_2^2 = 1 \text{ gewählt} \\ x_1^2 = -5/4 \text{ berechnet.} \end{array}$$

c) Allgemeine Lösung des geg. homogenen linearen Systems von Dgln:

$$\boldsymbol{y} = k_1 \begin{bmatrix} \frac{15}{16} \\ 1 \end{bmatrix} e^{\frac{3}{4}t} + k_2 \begin{bmatrix} -\frac{5}{4} \\ 1 \end{bmatrix} e^{-t}, \; t \in I\!R, \quad k_1, k_2 \in I\!R$$

$$\Leftrightarrow \begin{aligned} y_1 &= \frac{15}{16} k_1 e^{\frac{3}{4}t} - \frac{5}{4} k_2 e^{-t} \\ y_2 &= \quad k_1 e^{\frac{3}{4}t} + \quad k_2 e^{-t}, \; t \in I\!R \;\; k_1, k_2 \in I\!R. \end{aligned}$$

d) Bestimmung der speziellen Lösung durch Anpassung der allgemeinen Lösung an die Anfangsbedingungen:

$$\begin{array}{rcrrcr} y_1(0) & = & \frac{15}{16}k_1 & -\frac{5}{4}k_2 & = & 350 \\ y_2(0) & = & k_1 & +k_2 & = & 7 \\ \hline \end{array}$$

Lösungen: $k_1 = 164, \quad k_2 = -157$

Die gesuchte spezielle Lösung lautet:

$$\begin{array}{rcl} y_1 & = & 164 \cdot \frac{15}{16} e^{\frac{3}{4}t} + \frac{5}{4} \cdot 157 e^{-t} = \frac{615}{4} e^{\frac{3}{4}t} + \frac{785}{4} e^{-t} \\ y_2(t) & = & 164 \cdot e^{\frac{3}{4}t} \quad -157 e^{-t}, \quad t \in I\!R. \end{array}$$

Bei der Untersuchung der Frage, ob wirtschaftswissenschaftliche Gleichgewichte stabil sind, wird man auf Systeme homogener linearer Dgln mit konstanten Koeffizienten

(1) $$\boldsymbol{y}' = A \cdot \boldsymbol{y} \qquad \text{mit } A \in I\!R^{n \times n}$$

geführt. In diesem Zusammenhang steht man vor der Frage: Unter welchen Bedingungen an die Matrix A konvergieren alle Lösungen des Systems (1) für $t \to \infty$ gegen Null? Genau dann, wenn das der Fall ist, nennt man die triviale Lösung $\boldsymbol{y} = \boldsymbol{o}$ **asymptotisch stabil.**

(2) Allgemeiner Stabilitätssatz:
Die Lösung $\boldsymbol{y} = \boldsymbol{o}$ von (1) ist asymptotsch stabil gdw alle Eigenwerte von A besitzen negative Realteile.

Bem.: Es wäre vorteilhaft, ein Stabilitätskriterium zu haben, das ohne die Berechnung aller Eigenwerte auskommt. Ein solches wird geliefert durch die folgenden Sätze:

(3) Stabilitätskriterium für $A \in I\!R^{2\times 2}$:
Die Lösung $\boldsymbol{y} = \boldsymbol{o}$ von (1) mit $A \in I\!R^{2\times 2}$ ist asymptotisch stabil gdw

$$\text{sp } A < 0 \quad \text{und} \quad \det A > 0.$$

Bew. von (3): sp $A = \lambda_1 + \lambda_2 < 0$ und det $A = \lambda_1 \cdot \lambda_2 > 0$ ist äquivalent mit:
im Falle (a): $\lambda_1, \lambda_2 \in I\!R$, dass $\lambda_1 < 0$ und $\lambda_2 < 0$;
im Falle (b): $\lambda_{1,2} = \alpha \pm i\beta$ mit $\beta \neq 0$, dass sp $A = \lambda_1 + \lambda_2 = 2 \cdot \text{Re } \lambda_1 < 0$, also Re $\lambda_1 =$ Re $\lambda_2 < 0$.

(4) Stabilitätskriterium von Hurwitz:
Genau dann hat jede Nullstelle des Polynoms

$$\varphi(\lambda) = a_0\lambda^n + a_1\lambda^{n-1} + \ldots + a_{n-1}\lambda + a_0$$

einen negativen Realteil, wenn alle Koeffizienten a_n und alle Hauptminoren der folgenden Matrix positiv sind (d.h. die sog. **Simon-Hawkins-Bedingungen** erfüllt sind):

$$C := \begin{bmatrix} a_1 & a_0 & 0 & 0 & 0 & 0 & \dots & 0 \\ a_3 & a_2 & a_1 & a_0 & 0 & 0 & \dots & 0 \\ a_5 & a_4 & a_3 & a_2 & a_1 & a_0 & & 0 \\ & & & & \cdot & & & \\ & & & & & \cdot & & \\ & & & & & & \cdot & \\ \vdots & \vdots & \vdots & & & & & \cdot \\ 0 & 0 & 0 & 0 & 0 & \dots & 0 & a_n \end{bmatrix}$$

In der Diagonale der Matrix C stehen die Koeffizienten $a_1, a_2, a_3, \dots, a_n$ des Polynoms φ ohne den Hauptkoeffizienten a_0. Die Spalten von C bestehen abwechselnd aus den Teilfolgen der Koeffizienten mit ungeraden und mit geraden Indizes, wobei Koeffizienten mit Indizes < 0 oder $> n$ durch Null zu ersetzen sind.

Bsp.: Die Matrix $A = \begin{bmatrix} 0 & 0 & -3 \\ 1 & 0 & -\frac{5}{2} \\ 0 & 1 & -2 \end{bmatrix}$ besitzt das charakteristische Poynom $\varphi_A(\lambda) = (-1)(\lambda^3 + 2\lambda^2 + \frac{5}{2}\lambda + 3)$. Die zu dem Polynom $-\varphi_A$ gehörige Marix C lautet

$$C = \begin{bmatrix} 2 & 1 & 0 \\ 3 & \frac{5}{2} & 2 \\ 0 & 0 & 3 \end{bmatrix}.$$

Ihre Hauptminoren sind $2 > 0$, $\begin{vmatrix} 2 & 1 \\ 3 & \frac{5}{2} \end{vmatrix} = 2 > 0$ und $\det C = 6 > 0$. Nach (4) besitzen alle Eigenwerte von A negative Realteile. (Tatsächlich sind die Eigenwerte von A auf 4 Dezimalen: $\lambda_1 = -1.6063$, $\lambda_{2,3} = -0.1968 \pm 1.3524i$.)

(5)	$\begin{array}{lclclcl} y_1' & = & a_{11}\,y_1 & + \dots + & a_{1n}\,y_n & + g_1(t) \\ \vdots & & \vdots & & \vdots & \vdots \\ y_n' & = & a_{n1}\,y_1 & + \dots + & a_{nn}\,y_n & + g_n(t) \end{array}$	$\boldsymbol{y}' = A \cdot \boldsymbol{y} + \boldsymbol{g}(t)$ $A = (a_{ik}) \in I\!R^{n \times n}$ $\boldsymbol{g}(t) = \begin{bmatrix} g_1(t) \\ \vdots \\ g_n(t) \end{bmatrix}$ stetig
	Typ: **inhomogenes System** von n expliziten linearen Dgln 1. Ordnung für n unbekannte Funktionen **mit konstanten Koeffizienten und stetiger Störfunktion** $I \ni t \longmapsto \boldsymbol{g}(t) \in I\!R^n$	

(i) Ist $\boldsymbol{y} = k_1\,\boldsymbol{y}^1 + \dots + k_n\,\boldsymbol{y}^n$ die allgemeine Lösung des zugehörigen homogenen Systems von Dgln $\boldsymbol{y}' = A \cdot \boldsymbol{y}$ und ist $I \ni t \overset{\boldsymbol{v}}{\longmapsto} \in I\!R^n$ eine **partikuläre Lösung** des inhomogenen Systems (5), so lautet die allgemeine Lösung des Systems (5)

$$\boldsymbol{y} = k_1\,\boldsymbol{y}^1 + \dots + k_n\,\boldsymbol{y}^n + \boldsymbol{v} \qquad k_1, \dots, k_n \in I\!R.$$

(ii) Ist $\boldsymbol{y} = k_1\, \boldsymbol{y}^1 + \ldots + k_n\, \boldsymbol{y}^n$ die allgemeine Lösung des zugehörigen homogenen Systems von Dgln $\boldsymbol{y}' = A \cdot \boldsymbol{y}$, so ist

$$\boldsymbol{v}(t) = k_1(t)\, \boldsymbol{y}^1 + \ldots + k_n(t)\, \boldsymbol{y}^n(t)$$

eine spezielle Lösung des inhomogenen Systems von Dgln (5), wenn man die Koeffizientenfunktionen $k_1 = k_1(t), \ldots, k_n = k_n(t)$ mit folgender Methode bestimmt:

"**Variation der Konstanten**" (Lagrange):

1.) Man löst das inhomogene lineare Gleichungssystem für die Ableitungen $k_1'(t), \ldots, k_n'(t)$

$$\begin{array}{ccccc} y_1^1(t)\, k_1'(t) & + \ldots + & y_1^n(t)\, k_n'(t) & = & g_1(t) \\ \vdots & & \vdots & & \vdots \\ y_n^1(t)\, k_1'(t) & + \ldots + & y_n^n(t)\, k_n'(t) & = & g_n(t), \end{array}$$

das eine eindeutig bestimmte Lösung $(k_1'(t), \ldots, k_n'(t)), t \in I$, besitzt.

2.) Man berechnet Stammfunktionen $k_1(t), \ldots, k_n(t)$ von $k_1'(t), \ldots, k_n'(t)$.

3.) Eine spezielle Lösung des inhomogenen linearen Systems von Dgln (5) ist

$$\boldsymbol{v}(t) = k_1(t)\, \boldsymbol{y}^1(t) + \ldots + k_n(t)\, \boldsymbol{y}^n(t).$$

(iii) Ist die Störfunktion $\boldsymbol{g}(t) = \boldsymbol{g} = \begin{bmatrix} g_1 \\ \vdots \\ g_n \end{bmatrix} = const$, so kann man nach einer speziellen Lösung $\boldsymbol{v}(t) = \boldsymbol{v} = \begin{bmatrix} v_1 \\ \vdots \\ v_n \end{bmatrix} = const$ suchen. Geht man mit diesem Ansatz in das inhomogene System von Dgln (5) ein, so findet man $A \cdot \boldsymbol{v} = \boldsymbol{g}$. Falls A invertierbar ist, gibt es eine spezielle konstante Lösung $\boldsymbol{v} = A^{-1}\boldsymbol{g}$. Andernfalls gibt es zu $\boldsymbol{g} \neq \mathbf{o}$ keine konstante Lösung von (5).

(B3) Man bestimme die allgemeine Lösung von

$$\begin{array}{rcrrr} y_1' & = & & -y_2 & +2 \\ y_2' & = & -y_1 & & +1. \end{array}$$

Lsg:

a) Die allgemeine Lösung des zugehörigen homogenen Systems von Dgln

$$\begin{array}{rcrr} y_1' & = & & -y_2 \\ y_2' & = & -y_1 & \end{array}$$

lautet [n. (B1)]

$$\boldsymbol{y} = \begin{bmatrix} y_1 \\ y_2 \end{bmatrix} = k_1 \begin{bmatrix} -1 \\ 1 \end{bmatrix} e^t + k_2 \begin{bmatrix} 1 \\ 1 \end{bmatrix} e^{-t},\ t \in \mathbb{R}, \qquad k_1, k_2 \in \mathbb{R}.$$

b1) Eine spezielle Lösung des inhomogenen Systems ist die konstante vektorwertige Funktion

$$\boldsymbol{v} = \begin{bmatrix} v_1(t) \\ v_2(t) \end{bmatrix} = \begin{bmatrix} 1 \\ 2 \end{bmatrix} \qquad \text{[nach (5)(iii) bestimmt]}$$

Die allgemeine Lösung des gegeb. inhom. lin. Systems von Dgln lautet dann [n. (5)(i)]

$$\boldsymbol{y} = k_1 \begin{bmatrix} -1 \\ 1 \end{bmatrix} e^t + k_2 \begin{bmatrix} 1 \\ 1 \end{bmatrix} e^{-t} + \begin{bmatrix} 1 \\ 2 \end{bmatrix}, \; t \in I\!R, \qquad k_1, k_2 \in I\!R.$$

Alternativ:

b2) Bestimmung einer speziellen Lösung des inhomogenen linearen Systems von Dgln durch Variation der Konstanten:

1.) Lösung des inhomogenen linearen Gleichungssystems für $k_1'(t), k_2'(t)$:

$$\begin{array}{rrcl} & -e^t\, k_1'(t) \;\; +e^{-t}\, k_2'(t) & = & 2 \\ (+) & e^t\, k_1'(t) \;\; +e^{-t}\, k_2'(t) & = & 1 \\ \hline & 2\, e^{-t}\, k_2'(t) & = & 3 \end{array} \qquad \begin{array}{l} k_2'(t) = \dfrac{3}{2}\, e^t \\ k_1'(t) = -\dfrac{1}{2}\, e^{-t} \end{array}$$

2.) Berechnung von Stammfunktionen von $k_1'(t), k_2'(t)$:

$$k_1(t) = \frac{1}{2}\, e^{-t}, \quad k_2(t) = \frac{3}{2}\, e^t.$$

3.) Eine spezielle Lösung des geg. inhom. lin. Systems ist:

$$\begin{aligned} \boldsymbol{v} &= k_1(t)\, \boldsymbol{y}^1(t) + k_2(t)\, \boldsymbol{y}^2(t) \\ &= \frac{1}{2} e^{-t} \begin{bmatrix} -1 \\ 1 \end{bmatrix} e^t + \frac{3}{2} e^t \begin{bmatrix} 1 \\ 1 \end{bmatrix} e^{-t} = \begin{bmatrix} 1 \\ 2 \end{bmatrix} \end{aligned}$$

4.) Die allgemeine Lösung des geg. inhom. lin. Systems lautet [n. (5)(i)]

$$\boldsymbol{y} = k_1 \begin{bmatrix} -1 \\ 1 \end{bmatrix} e^t + k_2 \begin{bmatrix} 1 \\ 1 \end{bmatrix} e^{-t} + \begin{bmatrix} 1 \\ 2 \end{bmatrix}, \; t \in I\!R, \qquad k_1, k_2 \in I\!R.$$

(B4) Die Aufnahme, Verteilung und Ausscheidung von Blei im menschlichen Körper.

Der menschliche Körper werde grob als ein System von 3 Teilen

1 Blut

2 Gewebe

3 Knochen

modelliert, die miteinander im Stoffaustausch stehen. Mit der Nahrung und beim Atmen nimmt der Körper Blei aus der Umwelt auf. $I_1(t)$ bezeichne den Blei-input pro Zeiteinheit zum Zeitpunkt t. Durch Körperausscheidungen und durch Abgabe von Haaren, Nägel, Haut wird vom Körper Blei an die externe Umwelt abgegeben, die Blei absorbiert. $x_i(t)$ bezeichne die unbekannte Bleikonzentration im Körperteil i zur Zeit t $(i = 1, 2, 3; t > 0)$. Das folgende Diagramm beschreibt den Blei-Transfer zwischen den Körperteilen und der Umwelt.

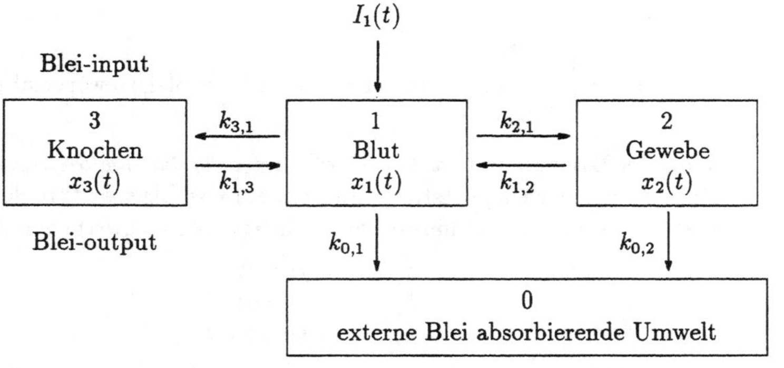

Man macht die Modell-Annahme: der Blei-Transfer vom Körperteil j nach Körperteil i oder der Umwelt 0 ist proportional zu $x_j(t)$ mit einem nicht negativen Proportionalitätsfaktor $k_{i,j}$. Die Koeffizienten $k_{i,j}$ kann man messen, ebenso wie $I_1(t)$. Das mathematische Modell basiert auf der Bilanz-Gleichung:

$$\begin{aligned} & \text{Änderungsgeschwindigkeit der Bleikonzentration im Körperteil } i \\ = \; & \text{Änderung der Konzentration } x_i(t) \text{ pro Zeiteinheit} \\ = \; & x_i'(t) \quad = \quad \text{input - output.} \end{aligned}$$

Stellt man diese Bilanzgleichungen für die drei Körperteile auf, so wird man auf das folgende System von Dgln geführt:

$$\begin{aligned} x_1'(t) &= -(k_{0,1} + k_{2,1} + k_{3,1})x_1(t) + k_{1,2}x_2(t) + k_{1,3}x_3(t) + I_1(t) \\ x_2'(t) &= k_{2,1}x_1(t) - (k_{0,2} + k_{1,2})x_2(t) \\ x_3'(t) &= k_{3,1}x_1(t) - k_{1,3}x_3(t) \end{aligned}$$

Es ist ein inhomogenes System von 3 linearen Dgln mit konstanten Koeffizienten.

Konkrete Messungen an Arbeitern in einer Bleihütte in den USA haben in einem bestimmten Zeitraum $I_1(t) = \text{const} = 49.3$ $[10^{-6}\text{g/Tag}]$ ergeben und Koeffizienten $k_{i,j}$, die zu dem folgenden System von Dgln führen:

$$\boldsymbol{x}'(t) = A \cdot \boldsymbol{x}(t) + \boldsymbol{b}$$

wobei

$$A = \begin{bmatrix} -0.0361 & 0.0124 & 0.000035 \\ 0.0111 & -0.0286 & 0 \\ 0.0039 & 0 & -0.000035 \end{bmatrix}, \quad \boldsymbol{b} = \begin{bmatrix} 49.3 \\ 0 \\ 0 \end{bmatrix}, \quad \boldsymbol{x} = \begin{bmatrix} x_1(t) \\ x_2(t) \\ x_3(t) \end{bmatrix}.$$

Welches ist die Bleikonzentration in den drei Körperteilen für $t \to \infty$? Welches ist die Bleikonzentration in den drei Körperteilen nach der Zeit t, wenn man die Anfangsbedingung $x_1(0) = 0,\ x_2(0) = 0,\ x_3(0) = 0$ stellt?

Die erste Frage wird durch den Vektor $\boldsymbol{x}_s = (x_1(\infty), x_2(\infty), x_3(\infty))^T$ der Bleikonzentration im "stationären Zustand" beantwortet, der Lösung des linearen Gleichungssystems

$$\mathbf{o} = A\boldsymbol{x}_s + \boldsymbol{b}$$

ist. Sie lautet

$$\boldsymbol{x}_s = \begin{bmatrix} 1800 \\ 699 \\ 200582 \end{bmatrix} \quad \text{in der Einheit } 10^{-6} \text{ g Blei/Gewebeeinheit.}$$

Wird der Lösungsansatz $\boldsymbol{x}(t) = \boldsymbol{c} \cdot e^{\lambda t}$, $\boldsymbol{c} \neq \mathbf{o}$, in das homogene System von Dgln $\boldsymbol{x}' = A \cdot \boldsymbol{x}$ eingesetzt, so wird man auf das Eigenwertproblem für die Matrix A geführt. Maschinenrechnung liefert die Eigenwerte von A:

$$\begin{aligned} \lambda_1 &= -0.04467 \\ \lambda_2 &= -0.02004 \\ \lambda_3 &= -0.00003063 \end{aligned}$$

mit den zugehörigen Eigenvektoren

$$\boldsymbol{c}^1 = \begin{bmatrix} -1 \\ 0.69078 \\ 0.08738 \end{bmatrix}, \quad \boldsymbol{c}^2 = \begin{bmatrix} -0.77157 \\ -1 \\ 0.15045 \end{bmatrix}, \quad \boldsymbol{c}^3 = \begin{bmatrix} -0.001120 \\ -0.0004351 \\ -1 \end{bmatrix}.$$

Damit lautet die allgemeine Lösung des homogenen Systems

$$\boldsymbol{x}_h(t) = \alpha_1 \boldsymbol{c}^1 e^{\lambda_1 t} + \alpha_2 \boldsymbol{c}^2 e^{\lambda_2 t} + \alpha_3 \boldsymbol{c}^3 e^{\lambda_3 t}, \quad t > 0$$

mit beliebigen Integrationskonstanten $\alpha_1, \alpha_2, \alpha_3 \in I\!R$. Da die Störfunktion konstant ist, ist der oben berechnete Vektor der Konzentrationen im stationären Zustand $\boldsymbol{x}_s$ eine partikuläre Lösung des inhomogenen Systems. Deshalb lautet die allgemeine Lösung des inhomogenen Systems

$$\boldsymbol{x}(t) = \alpha_1 \boldsymbol{c}^1 e^{\lambda_1 t} + \alpha_2 \boldsymbol{c}^2 e^{\lambda_2 t} + \alpha_3 \boldsymbol{c}^3 e^{\lambda_3 t} + \boldsymbol{x}_s.$$

Die Anpassung der allgemeinen Lösung an die Anfangsbedingung führt auf das folgende lineare Gleichungssystem für die Koeffizienten $\alpha_1, \alpha_2, \alpha_3$:

α_1	α_2	α_3	
−1	−0.77157	−0.001120	−1800
0.69078	−1	0.0004351	−699
0.08738	0.15045	−1	−200582

Es besitzt die Lösung $\alpha_1 = 720, \alpha_2 = 1109, \alpha_3 = 200812$, die maschinell berechnet worden ist. Damit lautet die Lösung der Anfangswertaufgabe

$$\boldsymbol{x}(t) = 720\boldsymbol{c}^1 e^{\lambda_1 t} + 1109\boldsymbol{c}^2 e^{\lambda_2 t} + 200812\boldsymbol{c}^3 e^{\lambda_3 t} + \begin{bmatrix} 1800 \\ 699 \\ 200582 \end{bmatrix}.$$

Die graphische Darstellung der Kurven $t \mapsto x_i(t)$ $(i = 1, 2, 3)$ in einem Koordinatensystem wird erschwert dadurch, dass der Gehalt an Blei in den Knochen ungefähr 133 mal so groß ist wie im Blut und ungefähr 287 mal so groß wie im Gewebe. Deshalb wird die Ordinatenachse mit einer logarithmischen Einteilung versehen. In den folgenden Graphiken sind die Zeit t in Tagen auf der Abszissenachse aufgetragen und auf der Ordinatenachse der Logarithmus der Konzentrationen, gemessen in Mikrogramm pro Gewebeeinheit. Sie zeigen, dass im Gewebe und Blut schon nach 150 Tagen Sättigungswerte in der Größenordnung von 400 bzw.1600 Mikrogramm/Gewebeeinheit einstellen, aber die Konzentration in den Knochen sich über Jahre hin anreichert zu sehr hohen Werten bis zu über 0.1 Gramm pro Gewebeeinheit! Entsprechend schwierig ist es, mit Medikamenten diese Bleikonzentration wieder abzubauen. Auf jeden Fall wird das sehr lange dauern.

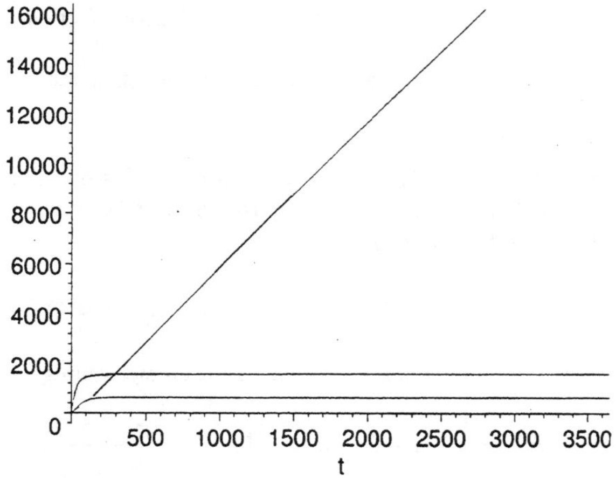

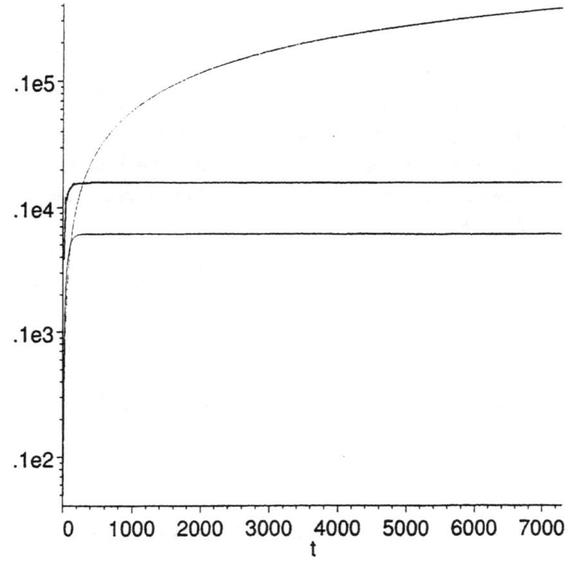

8.6 Differenzengleichungen, grundlegende Definitionen

(B1) Ein **Modell aus der Preistheorie**, das 8.1(B3) verallgemeinert:

Ein isolierter Markt für ein Gut wird beschrieben durch

	Modellgleichungen
Nachfragefunktion	$x_t^N = \gamma_1 + \alpha_1 \cdot t$
Angebotsfunktion	$x_t^A = \gamma_2 + \alpha_2 \cdot p_t^*$
Gleichgewichtsbedingung	$x_t^A = x_t^N$ für alle $t = 0, 1, \ldots$

x_t^N, x_t^A, p_t, $\alpha_1 < 0$, $\alpha_2 > 0$, $\gamma_1 > 0$, $\gamma_2 < 0$ haben dieselbe Bedeutung wie in 8.1(B3); $t = 0, 1, \ldots$, und p_t^* ist der in der Periode t erwartete Preis.

Im folgenden sollen verschiedene Annahmen über p_t^* gemacht werden. Die

1. Annahme: $p_t^* = p_{t-1}$
führt auf das in 8.1(B3) betrachtete Modell, das durch die inhomogene lineare Differenzengleichung 1. Ordnung mit konstanten Koeffizienten und konstanter Störfolge

$$\alpha_1 \cdot p_t - \alpha_2 \cdot p_{t-1} = \gamma_2 - \gamma_1, \quad t \in \mathbb{N}$$

beschrieben wird, oder äquivalent (Indexverschiebung $t \to t+1$) durch

$$(i) \qquad p_{t+1} = \alpha \cdot p_t + \beta, \quad \alpha := \frac{\alpha_2}{\alpha_1}, \quad \beta := \frac{\gamma_2 - \gamma_1}{\alpha_1}, \quad t \in \mathbb{N}_0 .$$

Die

2. Annahme: $p_t^* - p_{t-1} = \beta_1 \cdot (p_{t-1} - p_{t-2}), \quad t \geq 2$
mit einer Konstanten $\beta_1 \neq 0$ führt, wenn man x_t^A und x_t^N mit der Gleichgewichtsbedingung eliminiert, auf die inhomogene lineare Differenzengleichung 2. Ordnung mit konstanten Koeffizienten und konstanter Störfolge

$$\gamma_1 + \alpha_1 \cdot p_t = \gamma_2 + \alpha_2 \cdot [p_{t-1} + \beta_1 \cdot (p_{t-1} - p_{t-2})], \quad t \geq 2$$

$$\Leftrightarrow \quad p_t + \alpha \cdot p_{t-1} + \beta \cdot p_{t-2} = \gamma, \quad t \geq 2$$

$$\text{mit} \quad \alpha := -\frac{\alpha_2 \cdot (1 + \beta_1)}{\alpha_1}, \quad \beta := \frac{\alpha_2 \cdot \beta_1}{\alpha_1}, \quad \gamma := \frac{\gamma_2 - \gamma_1}{\alpha_1}$$

$\Longleftrightarrow$ (Indexverschiebung $t \to t+2$)

$$(ii) \qquad p_{t+2} + \alpha \cdot p_{t+1} + \beta \cdot p_t = \gamma, \quad t \in \mathbb{N}_0 .$$

(1) Def: Eine **Differenzengleichung** ist eine Gleichung zwischen Folgen (:= Funktionen, definiert auf $\mathbb{N}_0$)

$$F(t, y_t^1, y_{t+1}^1, \ldots, y_{t+n_1}^1, y_t^2, y_{t+1}^2, \ldots, y_{t+n_2}^2, \ldots) = 0, \quad t \in \mathbb{N}_0 ,$$

und zwar enthält diese Gleichung je endlich viele aufeinanderfolgende Glieder der unbekannten Folge(n) $y_t^1, y_t^2, \ldots$, die durch obere Indizes unterschieden werden, [dabei sind $n_1, n_2, \ldots$ feste natürliche Zahlen, unabhängig vom Folgenindex t, der in den Wirtschaftswissenschaften gewöhnlich eine Zeitperiode bezeichnet], sowie bekannte Folgen. Unter der **Ordnung** einer Differenzengleichung versteht man die größte vorkommende Differenz von Indizes einer unbekannten Folge. Eine Differenzengleichung der Form

$$y_{t+n}^1 = f(t, y_t^1, \ldots, y_{t+n-1}^1, y_t^2, \ldots, y_{t+n-1}^2, \ldots), \quad t \in \mathbb{N}_0$$

wobei als Argumente von f höchstens Folgenglieder mit höchstem Index $t+n-1$ vorkommen, heißt eine **explizite Differenzengleichung** $n-$ **ter Ordnung**.

(B2) Die folgende Gleichung

$$y_{t+2} = -y_{t+1} + 2y_t, \quad t \in \mathbb{N}_0$$

ist eine explizite Differenzengleichung 2. Ordnung für eine unbekannte Folge $(y_t)_{t\in\mathbb{N}_0}$. Sie wird in 8.7(B2) gelöst.

(B3) Die folgenden Gleichungen

$$\begin{aligned} y_{t+1}^1 &= \phantom{\tfrac{1}{2}y_t^1 +{}} y_t^2 + 3y_t^3 \\ y_{t+1}^2 &= \tfrac{1}{2}y_t^1 \\ y_{t+1}^3 &= \phantom{\tfrac{1}{2}y_t^1 +{}} \tfrac{1}{3}y_t^2 \end{aligned} \qquad t \in \mathbb{N}_0$$

bilden ein System von 3 expliziten linearen homogenen Differenzengleichungen 1. Ordnung für 3 unbekannte Folgen $(y_t^1)_{t\in\mathbb{N}_0}$, $(y_t^2)_{t\in\mathbb{N}_0}$, $(y_t^3)_{t\in\mathbb{N}_0}$, oder für eine Vektorfolge $(\boldsymbol{y}_t)_{t\in\mathbb{N}_0}$ mit $\boldsymbol{y}_t = \begin{bmatrix} y_t^1 \\ y_t^2 \\ y_t^3 \end{bmatrix}$. Damit und mit der Matrix $A = \begin{bmatrix} 0 & 1 & 3 \\ \frac{1}{2} & 0 & 0 \\ 0 & \frac{1}{3} & 0 \end{bmatrix}$ kann das gegebene System von Differenzengleichungen kürzer in der äquivalenten Form

$$\boldsymbol{y}_{t+1} = A \cdot \boldsymbol{y}_t, \quad t \in \mathbb{N}_0$$

geschrieben werden. Es wurde in 7.2(B1) aufgestellt und wird in 8.8(B2) gelöst.

(2) Def: Es sei $(y_t)_{t\in\mathbb{N}_0}$ eine Zahlenfolge. Dann werden **Differenzenoperatoren** rekursiv für alle $t \in \mathbb{N}_0$ definiert durch

$$\begin{array}{lllll}
\Delta^0 y_t & := & y_t & & \\
\Delta^1 y_t & := & \Delta^0 y_{t+1} - \Delta^0 y_t & = & y_{t+1} - y_t \\
\Delta^2 y_t & := & \Delta^1 y_{t+1} - \Delta^1 y_t & = & y_{t+2} - 2y_{t+1} + y_t \\
\vdots & & \vdots & & \vdots \\
\Delta^k y_t & := & \Delta^{k-1} y_{t+1} - \Delta^{k-1} y_t & = & \sum_{j=0}^{k} (-1)^{k-j} \binom{k}{j} y_{t+j}
\end{array}$$

[Bem: Statt Δ^1 wird im allgemeinen nur Δ geschrieben.]

(B4) Gegeben sei die Folge $y = (y_t)_{t\in\mathbb{N}_0}$ mit $y_t = 2t^2$. Man berechne die Differenzenfolgen $(\Delta y_t)_{t\in\mathbb{N}_0}$, $(\Delta^2 y_t)_{t\in\mathbb{N}_0}$, $(\Delta^k y_t)_{t\in\mathbb{N}_0}$ für $k \geq 3$.

Lsg: Für alle $t \in \mathbb{N}_0$ ist

$$\begin{array}{lllll}
\Delta^0 y_t & = & y_t & = & 2t^2 \\
\Delta^1 y_t & = & y_{t+1} - y_t & = & 2[(t+1)^2 - t^2] = 2[2t+1] \\
\Delta^2 y_t & = & \Delta^1 y_{t+1} - \Delta^1 y_t & = & 2\{[2(t+1)+1] - [2t+1]\} = 2 \cdot 2 = 4 \\
\Delta^3 y_t & = & \Delta^2 y_{t+1} - \Delta^2 y_t & = & 4 - 4 = 0 \\
\Delta^k y_t & = & \Delta^{k-1} y_{t+1} - \Delta^{k-1} y_t & = & 0 - 0 = 0, \quad \text{für alle } k \geq 3.
\end{array}$$

Bem: Der Name "**Differenzengleichung**" erklärt sich aus der Tatsache, daß die aufeinanderfolgenden Glieder $y_t, y_{t+1}, \ldots, y_{t+n}$ einer Zahlenfolge $(y_t)_{t\in\mathbb{N}_0}$ durch die Glieder $\Delta^0 y_t, \Delta^1 y_t, \ldots, \Delta^n y_t$ der Differenzenfolgen ausgedrückt werden können. Deshalb kommen in einer Differenzengleichung $n-$ter Ordnung Differenzenoperatoren der Ordnung n und niedrigerer Ordnung vor:

$$\begin{array}{lll}
y_t & = & \Delta^0 y_t \\
y_{t+1} & = & \Delta^1 y_t + \Delta^0 y_t \\
y_{t+2} & = & \Delta^2 y_t + 2\Delta^1 y_t + \Delta^0 y_t \\
\vdots & & \\
y_{t+n} & = & \sum_{j=0}^{n} \binom{n}{j} \Delta^j y_t.
\end{array}$$

(3) Def: Eine Folge $(y_t)_{t\in\mathbb{N}_0}$ heißt **Lösung einer Differenzengleichung** $n-$ter Ordnung

$$F(t, y_t, y_{t+1}, \ldots, y_{t+n}) = 0 \quad t \in \mathbb{N}_0$$

:gdw für alle $t = 0, 1, 2, \ldots$ gilt $F(t, y_t, y_{t+1}, \ldots, y_{t+n}) = 0$. Die Bedingungen

$$\begin{array}{lll}
y_0 & = & \eta_0 \\
y_1 & = & \eta_1 \\
\vdots & & \vdots \\
y_{n-1} & = & \eta_{n-1}
\end{array}$$

für eine Lösung $(y_t)_{t\in\mathbb{N}_0}$ der Differenzengleichung $F(t, y_t, y_{t+1}, \ldots, y_{t+n}) = 0$ nennt man **Anfangsbedingungen**; dabei sind $\eta_0, \eta_1, \ldots, \eta_{n-1}$ gegebene Zahlen. Die Aufgabe, eine Lösung einer Differenzengleichung zu finden, die gegebene Anfangsbedingungen erfüllt, nennt man eine **Anfangsertaufgabe**, abgekürzt **AWA**. Die Frage der Lösbarkeit von expliziten Differenzengleichungen ist viel einfacher zu beantworten als die entsprechende Frage bei Differentialgleichungen.

(4) Existenz- und Eindeutigkeitssatz für eine explizite Differenzengleichung: Ist

$$y_{t+n} = f(t+n, y_t, y_{t+1}, \ldots, y_{t+n-1}) \quad t \in \mathbb{N}_0$$

eine explizite Differenzengleichung n- ter Ordnung für eine unbekannte Folge (y_t) mit einer Funktion $f : \mathbb{R}^{n+1} \to \mathbb{R}$, die auf dem ganzen Raum $\mathbb{R}^{n+1}$ definiert ist, und sind beliebige Anfangsbedingungen

$$\begin{aligned} y_0 &= \eta_0 \\ y_1 &= \eta_1 \\ &\vdots \\ y_{n-1} &= \eta_{n-1} \end{aligned}$$

gegeben, so hat diese Anfangswertaufgabe genau eine Lösung $(y_t)_{t\in\mathbb{N}_0}$. Deren Glieder $y_n, y_{n+1}, \ldots$ können nacheinander aus der Differenzengleichung berechnet werden:

$$\begin{aligned} y_n &= f(n, \eta_0, \eta_1, \ldots, \eta_{n-1}) \\ y_{n+1} &= f(n+1, \eta_1, \eta_2, \ldots, \eta_{n-1}, y_n) \\ y_{n+2} &= f(n+2, \eta_2, \ldots, \eta_{n-1}, y_n, y_{n+1}) \\ &\vdots \end{aligned}$$

Bem: Wünschenswert ist eine explizite Darstellung der Lösung $(y_t)_{t\in\mathbb{N}_0}$ als Funktion von t und der Anfangswerte $\eta_0, \eta_1, \ldots, \eta_{n-1}$. In einfachen Fällen kann sie aus der **Rekursionsformel**

$$y_{t+n} = f(t+n, y_t, y_{t+1}, \ldots, y_{t+n-1})$$

für y_{t+n} gefolgert werden.

(B5) a) Man berechne die ersten 4 Glieder der Lösung $(y_t)_{t\in\mathbb{N}_0}$ der AWA

$$\begin{aligned} y_0 &= 500 \cdot 10^9 \\ y_{t+1} &= \alpha \cdot y_t + \beta, \quad \alpha = \tfrac{5}{4}, \quad \beta = -50 \cdot 10^9, \quad t \in \mathbb{N}_0 . \end{aligned}$$

b) Man gebe eine explizite Darstellung von y_t als Funktion von t, die der Anfangsbedingung $y_0 = \eta_0$ genügt.

Lsg:

a)

t	y_t	[in Einheiten von 10^9]
0	$y_0=$	500 gegeben (Anfangsbedingung)
1	$y_1 =$	$\frac{5}{4}y_0 - 50 = 575$
2	$y_2 =$	$\frac{5}{4}y_1 - 50 = 668.75$
3	$y_3 =$	$\frac{5}{4}y_2 - 50 = 785.94$

b)

t	y_t		
0	y_0	$= \eta_0$	gegeben (Anfangsbedingung)
1	y_1	$= \alpha\eta_0 + \beta$	
2	y_2	$= \alpha y_1 + \beta$	$= \alpha(\alpha\eta_0 + \beta) + \beta = \alpha^2\eta_0 + (\alpha+1)\beta$
3	y_3	$= \alpha y_2 + \beta$	$= \alpha^3\eta_0 + (\alpha^2 + \alpha + 1)\beta$
$\vdots$	$\vdots$		
$t+1$	y_{t+1}	$= \alpha y_t + \beta$	$= \alpha^{t+1}\eta_0 + (\alpha^t + \alpha^{t-1} + \ldots + \alpha + 1)\beta$
			$= \alpha^{t+1}\eta_0 + \dfrac{\alpha^{t+1} - 1}{\alpha - 1}\beta$

Diese Methode ist in den Beispielen 2.1(B4), 8.1(B5) und 8.7(B4) angewendet worden.

(5) Existenz- und Eindeutigkeitssatz für Systeme expliziter Differenzengleichungen 1. Ordnung:
Ein System

$$(6)\qquad \begin{aligned} y^1_{t+1} &= f_1(t, y^1_t, \ldots, y^n_t) \\ &\vdots \\ y^n_{t+1} &= f_n(t, y^1_t, \ldots, y^n_t) \end{aligned}$$

von n expliziten Differenzengleichungen 1. Ordnung

für n unbekannte Folgen äquivalent für eine Vektorfolge

$$\begin{matrix} (y^1_t)_{t\in\mathbb{N}_0} \\ \vdots \\ (y^n_t)_{t\in\mathbb{N}_0} \end{matrix} \qquad (\boldsymbol{y}_t)_{t\in\mathbb{N}_0} \text{ mit } \boldsymbol{y}_t := \begin{bmatrix} y^1_t \\ \vdots \\ y^n_t \end{bmatrix},$$

wobei

$$\begin{aligned} f_1 &: \mathbb{R}^{n+1} \to \mathbb{R} \\ &\vdots \\ f_n &: \mathbb{R}^{n+1} \to \mathbb{R} \end{aligned}$$

auf dem ganzen Raum $\mathbb{R}^{n+1}$ definierte Funktionen sind, hat für jedes System von Anfangswerten

$$\begin{matrix} y_0^1 = \eta_0^1 \\ \vdots \\ y_0^n = \eta_0^n \end{matrix} \quad \text{bzw. vektoriell geschrieben} \quad \boldsymbol{y}_0 = \boldsymbol{\eta}_0 \text{ mit } \boldsymbol{\eta}_0 = \begin{bmatrix} \eta_0^1 \\ \vdots \\ \eta_0^n \end{bmatrix}$$

eindeutig bestimmte Folgen bzw eine eindeutig bestimmte Vektorfolge

$$\begin{matrix} (y_t^1)_{t\in I\!N_0} \\ \vdots \\ (y_t^n)_{t\in I\!N_0} \end{matrix} \qquad (\boldsymbol{y}_t)_{t\in I\!N_0} \quad \text{mit} \quad \boldsymbol{y}_t = \begin{bmatrix} y_t^1 \\ \vdots \\ y_t^n \end{bmatrix}$$

als Lösung, deren Glieder nacheinander aus den Differenzengleichungen berechnet werden können.

Bemerkungen:

(i) Um Aussagen über die Konvergenz der Lösungsfolgen machen zu können (in der Ökonomie "**Stabilitätsaussagen**" genannt), ist eine explizite Darstellung von $\boldsymbol{y}_t$ als Funktion von t und von $\boldsymbol{\eta}_0$ gesucht. Eine solche "**Lösungsformel**" kann für einfache Systeme von Differenzengleichungen [linear, mit konstanten Koeffizienten] angegeben werden. Dies ist Gegenstand der nächsten Abschnitte.

(ii) Das System (6) kann äquivalent in der Form vgl.

$$(\mathbf{6'}) \qquad \begin{aligned} \Delta y_t^1 &= g_1(t, y_t^1, \ldots, y_t^n) \\ &\vdots \\ \Delta y_t^n &= g_n(t, y_t^1, \ldots, y_t^n) \end{aligned}$$

geschrieben werden, mit $g_\nu(t, y_t^1, \ldots, y_t^n) = f(t, y_t^1, \ldots, y_t^n) - y_t^\nu$ $(\nu = 1, \ldots, n)$.

(7) Jede explizite Differenzengleichung $n-$ter Ordnung

$$\Delta^n y_t = f(t, \Delta^0 y_t, \Delta^1 y_t, \ldots, \Delta^{n-1} y_t) \quad t \in I\!N_0$$

für eine unbekannte Folge (y_t) ist einem System von n expliziten Differenzengleichungen 1. Ordnung für n unbekannte Folgen äquivalent. Indem man $y_t^1 := y_t$ $y_t^2 := \Delta^1 y_t, \ldots,$ $y_t^n := \Delta^{n-1} y_t$ setzt, erhält man das System von Differenzengleichungen

$$\begin{aligned} \Delta^1 y_t^1 &= y_t^2 \\ \Delta^1 y_t^2 &= y_t^3 \\ &\vdots \\ \Delta^1 y_t^{n-1} &= y_t^n \\ \Delta^1 y_t^n &= f(t, y_t^1, y_t^2, \ldots, y_t^n). \end{aligned}$$

Kennt man eine Lösung dieses Systems, so auch eine Lösung $y_t^1 = y_t$ $(t \in I\!N_0\ )$ der gegebenen Differenzengleichung, und umgekehrt.

8.7 Lineare Differenzengleichungen höherer Ordnung mit konstanten Koeffizienten

(1) Def: Es seien $n \in \mathbb{N}$, $(g_t)_{t\in \mathbb{N}_0}$ eine gegebene Zahlenfolge und $c_0, c_1, \ldots, c_n$ gegebene Koeffizienten mit $c_0 \neq 0$ und $c_n \neq 0$. Dann nennt man die Differenzengleichung

$$c_n\, y_{t+n} + \ldots + c_1\, y_{t+1} + c_0\, y_t = g_t \qquad t \in \mathbb{N}_0$$

eine **lineare Differenzengleichung** n**-ter Ordnung mit konstanten Koeffizienten** und der **Störfolge** $(g_t)_{t\in \mathbb{N}_0}$. Ist letztere nicht "**die Nullfolge**" ($:\Leftrightarrow g_t = 0$ für alle $t \in \mathbb{N}_0$), so heißt die Differenzengleichung **inhomogen**, andernfalls **homogen**.

(B0) Bisher wurden die folgenden Beispiele betrachtet:

Lineare Differenzengleichungen mit konst. Koeffizienten	Ordg.	betrachtet in Bsp.
$p_{t+1} - \alpha\, p_t = \beta$	1	8.6(B1), 8.6(B5)
$p_{t+2} + \alpha\, p_{t+1} + \beta\, p_t = \gamma$	2	8.6(B1)
$Y_t = \dfrac{-\beta}{\alpha - \beta}\, Y_{t-1}$	1	8.1(B7)

(2)

$c_n\, y_{t+n} + \ldots + c_1\, y_{t+1} + c_0\, y_t = 0$ $c_0, c_1, \ldots, c_n$ konstante Koeffizienten $c_0 \neq 0, c_n \neq 0$	Typ: **homogene lineare Differenzengleichung** n**-ter Ordnung mit konst. Koeffizienten in Normalform**

Die Zahlenfolge $(\lambda^t)_{t\in \mathbb{N}_0}$ ist Lösung der Differenzengleichung (2) gdw λ ist Lösung der **charakteristischen Gleichung der Differenzengleichung** (2)

$$c_n\, \lambda^n + \ldots + c_1\, \lambda + c_0 = 0.$$

Das Polynom

$$P(\lambda) = c_n\, \lambda^n + \ldots + c_1\, \lambda + c_0$$

heißt das **charakteristische Polynom der Differenzengleichung** (2). Man beachte, daß sich dieses unmittelbar aus der Differenzengleichung (2) gewinnen läßt, man hat nur für $k = 0, \ldots, n$ die Folgenglieder y_{t+k} durch λ^k zu ersetzen.

(3) Zu jeder Nullstelle $\lambda \in \mathbb{C}$ des charakteristischen Polynoms P der Differenzengleichung (2) mit der Vielfachheit r gibt es r komplexe Zahlenfolgen, die Lösungen von (2) sind, von der Form

$$\begin{aligned} y^1 &= (\lambda^t)_{t\in \mathbb{N}_0} \\ y^2 &= (t \cdot \lambda^t)_{t\in \mathbb{N}_0} \\ &\vdots \\ y^r &= (t^{r-1} \cdot \lambda^t)_{t\in \mathbb{N}_0}. \end{aligned}$$

(4) Sind die Koeffizienten $c_0, \ldots, c_n$ reell, so gehört zu jedem Paar konjugiert komplexer Nullstellen $\lambda = \alpha + i\beta$, $\overline{\lambda} = \alpha - i\beta$ je mit der Vielfachheit r des charakteristischen Polynoms P der Differenzengleichung (2) das System von $2r$ reellen Lösungen dieser Differenzengleichung von der Form

$$\begin{array}{rclrcl} z^1 &=& (|\lambda|^t \cdot \cos(t\varphi))_{t\in\mathbb{N}_0} & z^2 &=& (|\lambda|^t \cdot \sin(t\varphi))_{t\in\mathbb{N}_0} \\ z^3 &=& (t \cdot |\lambda|^t \cdot \cos(t\varphi))_{t\in\mathbb{N}_0} & z^4 &=& (t \cdot |\lambda|^t \cdot \sin(t\varphi))_{t\in\mathbb{N}_0} \\ &\vdots& & &\vdots& \\ z^{2r-1} &=& (t^{r-1} \cdot |\lambda|^t \cdot \cos(t\varphi))_{t\in\mathbb{N}_0} & z^{2r} &=& (t^{r-1} \cdot |\lambda|^t \cdot \sin(t\varphi))_{t\in\mathbb{N}_0}. \end{array}$$

Dies folgt unmittelbar aus der Eulerschen Formel und der Tatsache, dass mit je zwei Lösungen einer homogenen linearen Differenzengleichung auch jede Linearkombination dieser Lösungen wieder eine Lösung ist.

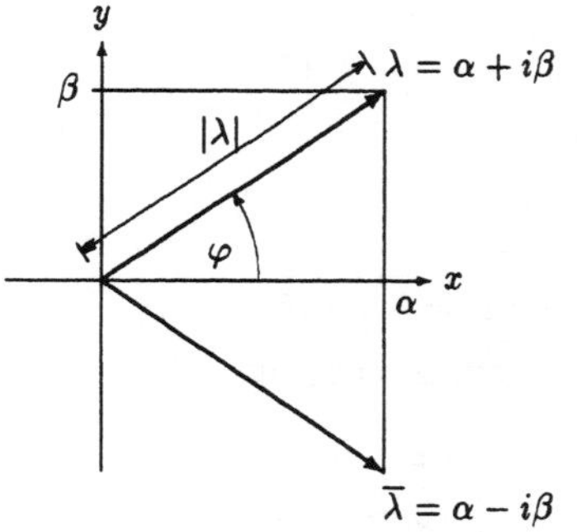

Hierbei ist $|\lambda| = \sqrt{\alpha^2 + \beta^2}$ der Betrag der komplexen Zahl $\lambda = \alpha + i\beta$ und φ der Winkel, den der Ortsvektor $\lambda = (\alpha, \beta) \in \mathbb{R}^2$ mit der positiven x-Achse bildet; man kann φ eindeutig aus den Beziehungen $\cos\varphi = \frac{\alpha}{|\lambda|}$, $\sin\varphi = \frac{\beta}{|\lambda|}$, $0 \le \varphi < 2\pi$ ermitteln.

(5) Die **allgemeine Lösung der Differenzengleichung** (2) erhält man, indem man jede zu einer Nullstelle von P gehörige Lösung der Differenzengleichung mit einer willkürlichen Konstanten multipliziert und alle diese Folgen addiert:

$$y_t = k_1\, y_t^1 + \ldots + k_n\, y_t^n, \qquad t \in \mathbb{N}_0,\ k_1, \ldots, k_n \in \mathbb{R}.$$

(6) Die **spezielle Lösung der Differenzengleichung** (2), die gegebenen Anfangsbedingungen genügt, erhält man, indem man die Konstanten $k_1, \ldots, k_n$ aus den n Anfangsbedinungen

$$\left.\begin{array}{rcl} y_0 &=& \eta_0 \\ y_1 &=& \eta_1 \\ &\vdots& \\ y_{n-1} &=& \eta_{n-1} \end{array}\right\} \quad \text{lineares Gleichungssystem für } k_1, \ldots, k_n, \text{ das eine eindeutig bestimme Lösung } (k_1, \ldots, k_n) \text{ besitzt.}$$

berechnet.

Bem: Die Menge der Lösungen von (2) bildet einen n-dimensionalen Vektorraum, und die Folgen $y^1, \ldots, y^n$ bilden eine Basis dieses Raumes.

(B1) Man bestimme die spezielle Lösung der Differenzengleichung

$$y_{t+1} = \alpha\, y_t, \qquad t \in \mathbb{N}_0,\ \alpha \neq 0$$

als Funktion von t und des Parameters α, die der Anfangsbedingung

$$y_0 = \eta_0$$

genügt.

1. Lsg: rekursiv, nach 8.6(4):

$$\begin{aligned}
y_0 &= \eta_0 & & \text{gegeben} \\
y_1 &= \alpha\, \eta_0 & & \\
y_2 &= \alpha\, y_1 &= {}& \alpha^2\, \eta_0 \\
y_3 &= \alpha\, y_2 &= {}& \alpha^3\, \eta_0 \\
&\vdots & \vdots & \\
y_t &= \alpha\, y_{t-1} &= {}& \alpha^t\, \eta_0 \quad t \in \mathbb{N}_0.
\end{aligned}$$

2. Lsg: nach (5):
Normalform der geg. Differenzenglg: $y_{t+1} - \alpha\, y_t = 0, t \in \mathbb{N}_0$,
homogene lineare Differenzenglg. mit konstanten Koeffizienten.

Charakteristische Gleichung:	$P(\lambda) = \lambda - \alpha = 0$
Lösung der char. Glg:	$\lambda = \alpha \quad (\neq 0$ nach Vor.)
zugeh. Basis-Lösung:	$y^1 = (\alpha^t)_{t \in \mathbb{N}_0}$
allgemeine Lösung	$y = k\, y^1,\ y_t = k\, \alpha^t, \quad t \in \mathbb{N}_0$
Bestimmung von k als Fkt von η_0:	$k\, \alpha^0 \overset{!}{=} \eta_0 \Rightarrow k = \eta_0$,

spezielle Lösung der gegebenen homog. linearen Differenzengleichung

$$y = (y_t)_{t \in \mathbb{N}_0},\ y_t = \eta_0\, \alpha^t,\ t \in \mathbb{N}_0.$$

(B2) a) Man bestimme die allgemeine Lösung der Differenzengleichung

$$y_{t+2} + y_{t+1} - 2y_t = 0 \qquad t \in \mathbb{N}_0.$$

b) Man bestimme die spezielle Lösung $(y_t)_{t \in \mathbb{N}_0}$, die den Anfangsbedingungen

$$y_0 = 0,\ y_1 = 1$$

genügt und skizziere sie.

Lsg: Die Differenzengleichung ist eine homogene lineare Differenzengleichung 2. Ordnung mit konstanten Koeffizienten, die in Normalform gegeben ist.

a) charakt. Glg: $P(\lambda) = \lambda^2 + \lambda - 2 = (\lambda - 1) \cdot (\lambda + 2) = 0$
Lösung der char. Glg: $\lambda_1 = 1,\ \lambda_2 = -2$
zugeh. Basis-Lösungen: $y^1 = (y_t^1)_{t\in\mathbb{N}_0},\ y_t^1 = 1$
$y^2 = (y_t^2)_{t\in\mathbb{N}_0},\ y_t^2 = (-2)^t$
allgemeine Lösung: $y = (y_t)_{t\in\mathbb{N}_0} = k_1\, y^1 + k_2\, y^2,\ k_1, k_2 \in \mathbb{R}$
$y_t = k_1 + (-1)^t\, k_2\, 2^t,\ t \in \mathbb{N}_0.$

b) Anpassung der allg. Lösung an die Anfangsbedingungen:

$$\begin{array}{rrcr} & k_1 + (-1)^0\, k_2\, 2^0 & = & 0 \\ (-) & k_1 + (-1)^1\, k_2\, 2^1 & = & 1 \\ \hline & 3\, k_2 & = & -1 \end{array} \qquad k_2 = -\frac{1}{3},\ k_1 = \frac{1}{3}.$$

Spezielle Lösung: $y = (y_t)_{t\in\mathbb{N}_0},\ y_t = \frac{1}{3} - \frac{1}{3}\,(-1)^t\, 2^t.$

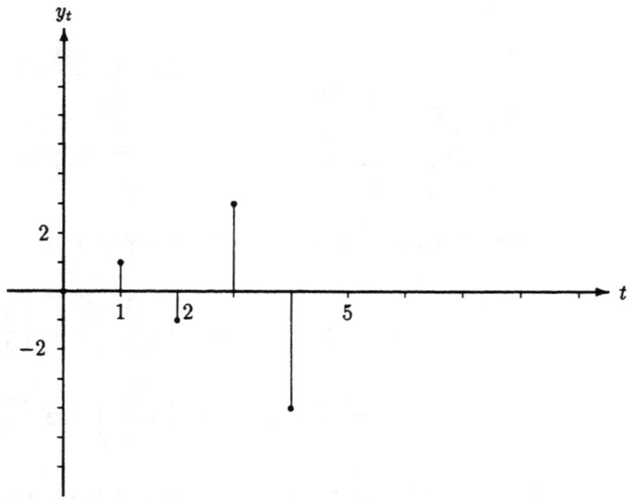

Tabelle der ersten Glieder der speziellen Lösung:

t	0	1	2	3	4	5	6	7	8
y_t	0	1	−1	3	−5	11	−21	43	−85

(B3) a) Man bestimme die allgemeine Lösung der Differenzengleichung

$$2\, y_{t+2} - 2\, y_{t+1} + y_t = 0, \qquad t \in \mathbb{N}_0.$$

b) Man bestimme die spezielle Lösung $(y_t)_{t\in\mathbb{N}_0}$, die den Anfangsbedingungen

$$y_0 = 0,\ y_1 = 100$$

genügt und skizziere sie.

Lsg: Die Differenzengleichung ist eine homogene lineare Differenzengleichung 2. Ordnung mit konstanten Koeffizienten, die in Normalform gegeben ist.

a) Charakt. Glg: $P(\lambda) = 2\,\lambda^2 - 2\,\lambda + 1 = 0$

Lösungen der char. Glg: $\lambda^2 - \lambda + \frac{1}{2} = 0$

$$\lambda_{1,2} = \frac{1}{2} \pm \sqrt{\frac{1}{4} - \frac{1}{2}} = \frac{1}{2} \pm \frac{1}{2}\,i$$

Bestimmung von $|\lambda|$ $\quad |\lambda_{1,2}| = \sqrt{\frac{1}{4} + \frac{1}{4}} = \sqrt{\frac{1}{2}} = \frac{1}{2}\sqrt{2}$

Bestimmung des Winkels φ von $\lambda_1 = \frac{1}{2} + \frac{1}{2}\,i$:

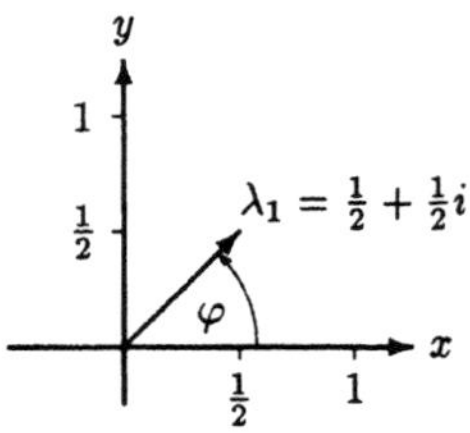

$$\left.\begin{aligned} \cos\varphi &= \frac{\frac{1}{2}}{\sqrt{\frac{1}{2}}} = \frac{1}{2}\sqrt{2} \\ \sin\varphi &= \frac{\frac{1}{2}}{\sqrt{\frac{1}{2}}} = \frac{1}{2}\sqrt{2} \end{aligned}\right\} \Rightarrow \varphi = \frac{\pi}{4}$$

zugeh. Basis-Lösungen: (in reeller Schreibweise)

$$y^1 = (y_t^1)_{t\in \mathbb{N}_0}, \quad y_t^1 = \left(\sqrt{\frac{1}{2}}\right)^t \cdot \cos\left(\frac{\pi}{4}\,t\right)$$

$$y^2 = (y_t^2)_{t\in \mathbb{N}_0}, \quad y_t^2 = \left(\sqrt{\frac{1}{2}}\right)^t \cdot \sin\left(\frac{\pi}{4}\,t\right)$$

allgemeine Lösung: $y = (y_t)_{t\in \mathbb{N}_0} = k_1\, y^1 + k_2\, y^2, \ \ k_1, k_2 \in \mathbb{R}$

$$y_t = k_1 \left(\sqrt{\frac{1}{2}}\right)^t \cdot \cos\left(\frac{\pi}{4}\,t\right) + k_2 \left(\sqrt{\frac{1}{2}}\right)^t \cdot \sin\left(\frac{\pi}{4}\,t\right), \quad t \in \mathbb{N}_0.$$

b) Anpassung der allg. Lösung an die Anfangsbedingungen:

$$\begin{aligned} k_1 \cdot 1 &= 0 \Rightarrow k_1 = 0 \\ k_2 \sqrt{\frac{1}{2}} \cdot \sin\frac{\pi}{4} &= 100 \Rightarrow k_2 = 200 \end{aligned}$$

Spezielle Lösung: $y = (y_t)_{t\in \mathbb{N}_0}, \ y_t = 200 \left(\sqrt{\frac{1}{2}}\right)^t \cdot \sin\left(\frac{\pi}{4}\,t\right).$

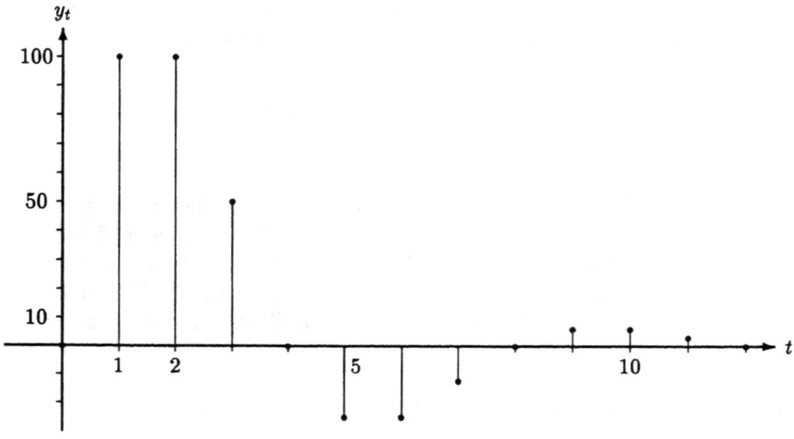

t	0	1	2	3	4	5	6	7	8	9	10	11	12
y_t	0	100	100	50	0	−25	−25	−12,5	0	6,25	6,25	3,125	0

(7)

$c_n\, y_{t+n} + \ldots + c_1\, y_{t+1} + c_0\, y_t = g_t$	Typ: **inhomogene lineare Differenzengleichung n-ter Ordnung**
$c_0, \ldots, c_n$ konstante Koeffizienten $c_0 \neq 0, c_n \neq 0, (g_t)_{t\in\mathbb{N}_0}$ geg. Störfolge	**mit konstanten Koeffizienten u. der geg. Störfolge** $(g_t)_{t\in\mathbb{N}_0}$.

(i) Ist $y = k_1 y^1 + \ldots + k_n y^n$ die allgemeine Lösung der **zugehörigen homogenen Differenzengleichung** $c_n\, y_{t+n} + \ldots + c_1\, y_{t+1} + c_0\, y_t = 0$, und ist $v = (v_t)_{t\in\mathbb{N}_0}$ eine **partikuläre Lösung** der inhomogenen Differenzengleichung (7), so lautet deren allgemeine Lösung

$$y = k_1\, y^1 + \ldots + k_n\, y^n + v.$$

(ii) Sei y^s die spezielle Lösung der zugehörigen homogenen linearen Differenzengleichung $c_n\, y_{t+n} + \ldots + c_1\, y_{t+1} + c_0\, y_t = 0$, die den Anfangsbedingungen

$$\begin{aligned} y_0^s &= 0 \\ &\vdots \\ y_{n-2}^s &= 0 \\ y_{n-1}^s &= 1 \end{aligned}$$

genügt. Dann ist die durch

$$\begin{aligned} v_0 &:= 0 \\ &\vdots \\ v_{n-1} &:= 0 \\ v_t &:= \frac{1}{c_n} \sum_{\nu=0}^{t-n} g_\nu \cdot y_{t-1-\nu}^s \quad \text{für alle } t \geq n \end{aligned}$$

definierte Folge $v = (v_t)_{t\in \mathbb{N}_0}$ eine spezielle Lösung der inhomogenen linearen Differenzengleichung (7), die den Anfangsbedingungen

$$v_0 = 0, \ldots, v_{n-1} = 0$$

genügt.

(iii) Ist $g_t = \beta = const$, so kann man nach einer speziellen Lösung $v_t = \sigma = const$ suchen. Geht man mit diesem Ansatz in die inhomogene Differenzengleichung (7) ein, so findet man $\sigma = \beta / P(1)$ sofern $P(1) = c_n + \ldots + c_0 \neq 0$. Andernfalls gibt es zu $g_t = \beta \neq 0$ keine konstante Lösung von (7). Man kann dann einen Lösungsansatz der Form $v_t = at^k$ mit $k \in \mathbb{N}$ und $a \neq 0$ versuchen.

(B4) Nach (i), (ii) bestimme man die allgemeine Lösung der Differenzengleichung

$$y_{t+1} = \alpha\, y_t + \beta, \qquad t \in \mathbb{N}_0$$

in Abhängigkeit von t und den Parametern α, β und die spezielle Lösung, die der Anfangsbedingung $y_0 = \eta_0$ genügt.

Lsg:

a) Die allgemeine Lösung der zugehörigen homogenen linearen Differenzengleichung $y_{t+1} = \alpha\, y_t$ lautet

$$y = (k\, \alpha^t)_{t\in \mathbb{N}_0}, \qquad k \in \mathbb{R} \qquad \text{[vgl.(B2)]}.$$

b) Da die Störfolge konstant gleich β ist, kann hier eine spezielle Lösung v der inhomogenen lineare Differenzengleichung nach (7)(iii) bestimmt werden:

Ansatz: $v_t = \sigma$ für alle $t \in \mathbb{N}_0$.

Geht man mit diesem Ansatz in die inhomogene Differenzengleichung ein, so erhält man für σ die Bestimmungsgleichung

$$\begin{aligned} & \sigma = \alpha\, \sigma + \beta \\ \Leftrightarrow\quad & \sigma(1-\alpha) = \beta \\ \Leftrightarrow\quad & \sigma = \frac{\beta}{1-\alpha}, \qquad \text{wenn } \alpha \neq 1. \end{aligned}$$

Wenn $\alpha = 1$ ist, lautet die inhomogene lineare Differenzengleichung

$$y_{t+1} - y_t = \beta \qquad t \in \mathbb{N}_0.$$

Hier kann man eine spezielle Lösung raten:

$$v_t = \beta\, t \qquad t \in \mathbb{N}_0.$$

Probe: $\Delta\, v_t = v_{t+1} - v_t = \beta\,(t+1) - \beta t = \beta, \qquad t \in \mathbb{N}_0.$

Allgemeine Lösung der gegebenen inhomogenen linearen Differenzengleichung: $y = (y_t)_{t\in\mathbb{N}_0}$

$$y_t = \begin{cases} k\,\alpha^t + \dfrac{\beta}{1-\alpha} & \text{für } \alpha \neq 1,\quad k \in \mathbb{R},\quad t \in \mathbb{N}_0 \\ k + \beta\, t & \text{für } \alpha = 1,\quad k \in \mathbb{R},\quad t \in \mathbb{N}_0. \end{cases}$$

Anpassung der allgemeinen Lösung an die Anfangsbedingungen $y_0 = \eta_0$:

$$y_0 = \begin{cases} k \cdot 1 + \dfrac{\beta}{1-\alpha} = \eta_0 & \text{für } \alpha \neq 1 \\ k = \eta_0 & \text{für } \alpha = 1 \end{cases}$$

Folgerung:

$$k = \begin{cases} \eta_0 - \dfrac{\beta}{1-\alpha} & \text{wenn } \alpha \neq 1 \\ \eta_0 & \text{wenn } \alpha = 1 \end{cases}$$

Spezielle Lösung, die der Anfangsbedingung $y_0 = \eta_0$ genügt:

$$y = (y_t)_{t\in\mathbb{N}_0} \text{ mit } y_t = \begin{cases} \eta_0\,\alpha^t + \beta\dfrac{\alpha^t - 1}{\alpha - 1} & \text{für } \alpha \neq 1,\quad t \in \mathbb{N}_0 \\ \eta_0 + \beta\, t & \text{für } \alpha = 1,\quad t \in \mathbb{N}_0. \end{cases}$$

b2) Alternative Lösung zu b) mit (7)(ii):
Die spezielle Lösung y^1 der zugehörigen homogenen linearen Differenzengleichung $y_{t+1} = \alpha\, y_t$, die der Anfangsbedingung $y_0^1 = 1$ genügt, lautet

$$y^1 = (\alpha^t)_{t\in\mathbb{N}_0}.$$

Dann ist [n. (7)(ii)] die durch

$$\begin{aligned} v_0 &:= 0 \\ v_t &:= \sum_{\nu=0}^{t-1} \beta \cdot y^1_{t-1-\nu} = \textstyle\sum_{\nu=0}^{t-1} \beta \cdot \alpha^{t-1-\nu} \qquad t \geq 1 \\ &= \beta \textstyle\sum_{\mu=0}^{t-1} \alpha^{\mu} = \begin{cases} \beta\,\dfrac{\alpha^t - 1}{\alpha - 1} & \text{für } \alpha \neq 1 \\ \beta t & \text{für } \alpha = 1 \end{cases} \end{aligned}$$

definierte Folge eine spezielle Lösung der inhomogenen linearen Differenzengleichung, die der Anfangsbedingung $v_0 = 0$ genügt.

Allgemeine Lösung:

$$y = (y_t)_{t\in\mathbb{N}_0} \text{ mit } y_t = \begin{cases} k\,\alpha^t + \beta\dfrac{\alpha^t - 1}{\alpha - 1} & \text{für } \alpha \neq 1 \\ k + \beta t & \text{für } \alpha = 1. \end{cases}$$

Anpassung an die Anfangsbedingungen $y_0 = \eta_0$: $k = \eta_0$.

(B5) Ökonomische Interpretation der mathematischen Lösung (B4) des Marktmodells 8.1(B3): **Cobweb-Theorem**[1] oder "**Phänomen der Schweine-Zyklen**". [vgl. auch 8.6(B1)].

Die

	Modellgleichungen	
Nachfragefunktion:	$x_t^N = \gamma_1 + \alpha_1\, p_t,$	$\alpha_1 < 0, \gamma_1 > 0$
Angebotsfunktion:	$x_t^A = \gamma_2 + \alpha_2\, p_{t-1},$	$\alpha_2 > 0, \gamma_2 < 0$
Gleichgewichtsbedingung:	$x_t^A = x_t^N$	für alle t

führten auf die inhomogene lineare Differenzengleichung 1. Ordnung mit konstanten Koeffizienten und konstanter Störfolge

$$p_{t+1} = \alpha\, p_t + \beta \quad \text{mit} \quad \alpha := \frac{\alpha_2}{\alpha_1} < 0, \;\; \beta := \frac{\gamma_2 - \gamma_1}{\alpha_1} > 0,$$

deren allgemeine Lösung [in Abhängigkeit von t, α, β, p_0] lautet:

$$p_t = \left(p_0 - \underbrace{\frac{\beta}{1-\alpha}}_{=:\overline{p}} \right) \cdot \alpha^t + \underbrace{\frac{\beta}{1-\alpha}}_{=\overline{p}>0}, \quad t \in I\!N_0.$$

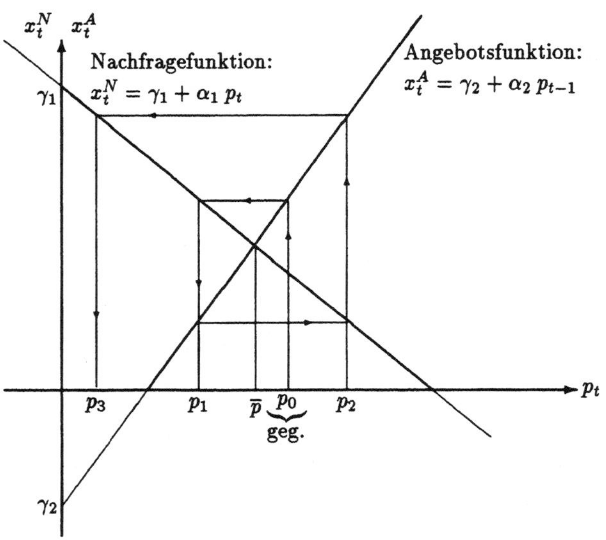

Fall: $\alpha_1 < -\alpha_2$.

---

[1] [FH], p. 259

Wenn $\alpha = \dfrac{\alpha_2}{\alpha_1} < -1$ und $p_0 > \overline{p} = \dfrac{\beta}{1-\alpha} = -\dfrac{\gamma_2 - \gamma_1}{\alpha_2 - \alpha_1}$ ist $p_1 = (p_0 - \overline{p}) \cdot \alpha + \overline{p} < \overline{p}$ und $\ldots < p_3 < p_1 < \overline{p} < p_0 < p_2 < \ldots$; die Preise oszillieren und divergieren (sind "**instabil**"). Analoges Verhalten der Preise findet man für $\alpha < -1$, wenn $p_0 < \overline{p}$ ist.

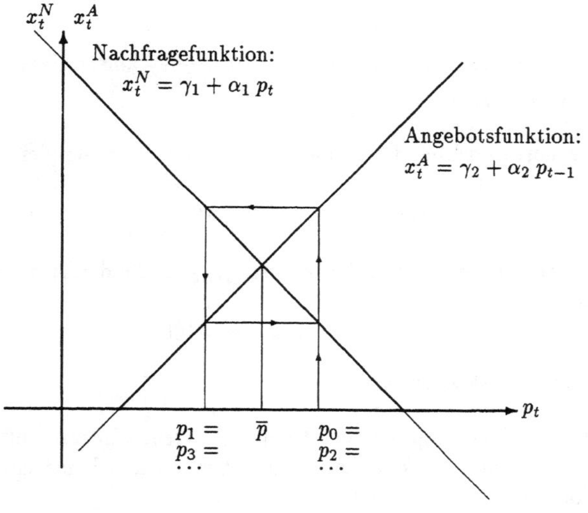

Fall: $\alpha_1 = -\alpha_2$.

Wenn $\alpha = -1$ ist und $p_0 \neq \overline{p}$, oszillieren die Preise ständig zwischen den Werten p_0 und $p_1 = \alpha \cdot p_0 + \beta$, auch in diesem Fall sind die Preise **instabil**.

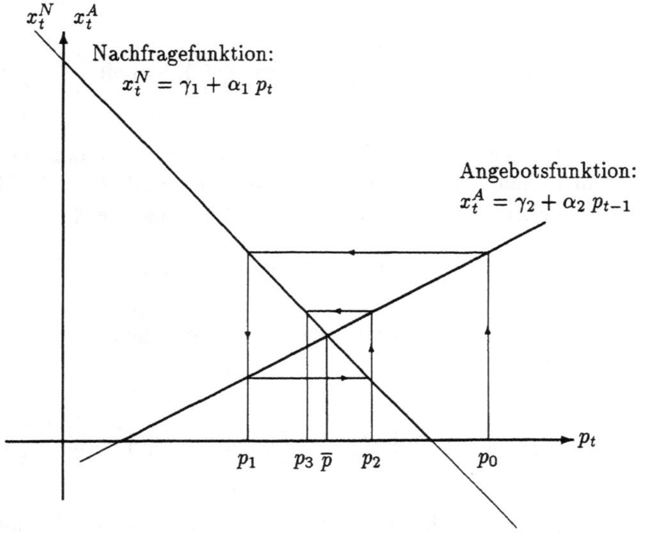

Fall: $-1 < \alpha = \frac{\alpha_2}{\alpha_1} < 0.$

Wenn $-1 < \alpha = \frac{\alpha_2}{\alpha_1} < 0$ ist und $p_0 > \overline{p}$, findet man

$$p_1 < p_3 < \ldots < \overline{p} < \ldots < p_4 < p_2 < p_0,$$

daß die Preise oszillieren und gegen $\overline{p} = \frac{\beta}{1-\alpha}$ konvergieren: die Preise "**stabilisieren**" sich.

(B6) a) Man bestimme die allgemeine Lösung der Differenzengleichung

$$2\, y_{t+2} - 2 y_{t+1} + y_t = \gamma \quad (\gamma = \text{ const } = 100), \quad t \in I\!N_0.$$

b) Man bestimme die spezielle Lösung $(y_t)_{t \in I\!N_0}$, die den Anfangsbedingungen

$$y_0 = 0, \;\; y_1 = 100$$

genügt und skizziere sie.

Lsg: Die Differenzengleichung ist eine homogenen lineare Differenzengleichung 2. Ordnung mit konstanten Koeffizienten und konstanter Störfolge, die in Normalform gegeben ist.

a) Die zugehörige homogene lineare Differenzengleichung

$$2\, y_{t+2} - 2\, y_{t+1} + y_t = 0 \qquad t \in I\!N_0$$

besitzt die allgemeine Lösung [vgl. (B3)]

$$y = (y_t)_{t \in I\!N_0}, y_t = \left(\sqrt{\frac{1}{2}}\right)^t \cdot \left(k_1 \cos\left(\frac{\pi}{4}\, t\right) + k_2 \sin\left(\frac{\pi}{4}\, t\right)\right), k_1, k_2 \in I\!R, t \in I\!N_0.$$

b) Ansatz einer speziellen Lösung $v = (v_t)_{t \in I\!N_0}$ der inhomogenen Differenzengleichung als konstante Folge: $v_t = h$ für alle $t \in I\!N_0$. Bestimmung von h durch Einsetzen von v_t in die Differenzengleichung:

$$2\,h - 2\,h + h = \gamma \Rightarrow h = \gamma.$$

Allgemeine Lösung der gegebenen inhomogenen linearen Differenzengleichung:

$$y = (y_t)_{t \in I\!N_0},\; y_t = \left(\sqrt{\frac{1}{2}}\right)^t \cdot \left(k_1 \cos\left(\frac{\pi}{4}\, t\right) + k_2 \sin\left(\frac{\pi}{4}\, t\right)\right) + \gamma.$$

Anpassung der allgemeinen Lösung an die Anfangsbedingungen:

$$\begin{array}{rcl} y_0 & = & k_1 \qquad\qquad\qquad\qquad +\gamma = 0 \\ y_1 & = & \sqrt{\frac{1}{2}}\cdot\left(k_1\cdot\sqrt{\frac{1}{2}}+k_2\cdot\sqrt{\frac{1}{2}}\right) +\gamma = 100 \\ \hline & & k_1=-\gamma,\ k_2=200-\gamma. \end{array}$$

Spezielle Lösung für $\gamma = 100$: $y = (y_t)_{t\in\mathbb{N}_0}$ mit

$$\begin{aligned} y_t &= \left(\sqrt{\frac{1}{2}}\right)^t\cdot\left(-100\cdot\cos\left(\frac{\pi}{4}t\right)+100\cdot\sin\left(\frac{\pi}{4}t\right)\right)+100 \\ &= 100\cdot\left\{\left(\sqrt{\frac{1}{2}}\right)^{t-1}\cdot\sin\frac{\pi}{4}(t-1)+1\right\} \end{aligned}$$

(nach dem Additionstheorem der sin-Funktion.)

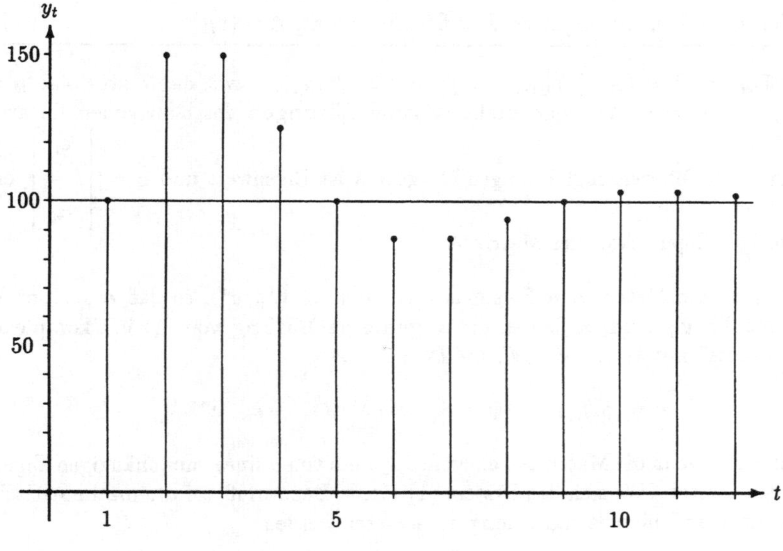

t	0	1	2	3	4	5	6	7	8	9	10
y_t	0	100	150	150	125	100	87,5	87,5	93,75	100	103,135

8.8 Homogene Systeme linearer Differenzengleichungen mit konstanten Koeffizienten

(1)

$$\begin{aligned} y_{t+1}^1 &= a_{11} \cdot y_t^1 + \ldots + a_{1n} \cdot y_t^n \\ &\vdots \\ y_{t+1}^n &= a_{n1} \cdot y_t^1 + \ldots + a_{nn} \cdot y_t^n \end{aligned} \iff \boldsymbol{y}_{t+1} = A \cdot \boldsymbol{y}_t, \quad \boldsymbol{y}_t = \begin{bmatrix} y_t^1 \\ \vdots \\ y_t^n \end{bmatrix}$$

$a_{11}, \ldots, a_{nn}$ konstante Koeffizienten, so daß $A = (a_{ik})$ nicht singulär

Typ: **homogenes System von n expliziten homogenen linearen Differenzengleichungen 1. Ordnung** für n unbekannte Folgen

$$\begin{aligned} y^1 &= (y_t^1)_{t \in \mathbb{N}_0} \\ &\vdots \\ y^n &= (y_t^n)_{t \in \mathbb{N}_0} \end{aligned} \quad \text{bzw für eine Vektorfolge} \quad \boldsymbol{y} = (\boldsymbol{y}_t), \quad \boldsymbol{y}_t = \begin{bmatrix} y_t^1 \\ \vdots \\ y_t^n \end{bmatrix}$$

mit konstanter, nicht singulärer Koeffizientenmatrix $A = (a_{ik})$

Die n Folgen $y^1 = (c_1 \cdot \lambda^t)_{t \in \mathbb{N}_0}, \ldots, y^n = (c_n \cdot \lambda^t)_{t \in \mathbb{N}_0}$ bzw. die Vektorfolge $\boldsymbol{y} = (\boldsymbol{y}_t)_{t \in \mathbb{N}_0}$, $\boldsymbol{y}_t = \boldsymbol{c} \cdot \lambda^t$, sind **nicht-triviale Lösungen** des homogenen linearen Systems von Differenzengleichungen (1) gdw λ ist Eigenwert und $\boldsymbol{c} = \begin{bmatrix} c_1 \\ \vdots \\ c_n \end{bmatrix}$ ein zugehöriger Eigenvektor der Matrix A.

(2) Besitzt die Matrix A n Eigenpaare $(\lambda_1, \boldsymbol{c}^1), \ldots, (\lambda_n, \boldsymbol{c}^n)$, so daß $\boldsymbol{c}^1, \ldots, \boldsymbol{c}^n$ linear unabhängig sind, so lautet die **allgemeine Lösung** von (1) in "komplexer Schreibweise" mit $k_1, \ldots, k_n \in \mathbb{C}$, $t \in \mathbb{N}_0$:

$$\boldsymbol{y} = (\boldsymbol{y}_t)_{t \in \mathbb{N}_0}, \quad \boldsymbol{y}_t = k_1 \cdot \boldsymbol{c}^1 \cdot \lambda_1^t + \ldots + k_n \cdot \boldsymbol{c}^n \cdot \lambda_n^t.$$

Bem: Auch wenn die Matrix A kein volles System von n linear unabhängigen Eigenvektoren besitzt, läßt sich das System (1) lösen. Dazu muß auf die mathematische Literatur über Differenzengleichungen verwiesen werden.

(3) Ist $A \in \mathbb{R}^{n \times n}$ eine reelle Matrix und ist $(\lambda, \boldsymbol{c})$ mit $\lambda = \alpha + i\beta$, $\alpha = \text{Re } \lambda$, $\beta = \text{Im } \lambda$ und

$$\boldsymbol{c} = \begin{bmatrix} c_1 \\ \vdots \\ c_n \end{bmatrix} = \begin{bmatrix} u_1 + iv_1 \\ \vdots \\ u_n + iv_n \end{bmatrix} =: \begin{bmatrix} u_1 \\ \vdots \\ u_n \end{bmatrix} + i \begin{bmatrix} v_1 \\ \vdots \\ v_n \end{bmatrix} =: \boldsymbol{u} + i\,\boldsymbol{v}, \quad \begin{aligned} u_\nu &= \text{Re } c_\nu \\ v_\nu &= \text{Im } c_\nu \end{aligned}$$

ein Eigenpaar von A, so ist auch $(\overline{\lambda}, \overline{\boldsymbol{c}})$ mit $\overline{\lambda} = \alpha - i\beta, \overline{\boldsymbol{c}} = \boldsymbol{u} - i\,\boldsymbol{v}$ ein Eigenpaar von A und

$$\boldsymbol{z}^1 = |\lambda|^t \left(\boldsymbol{u} \cdot \cos(\varphi t) - \boldsymbol{v} \cdot \sin(\varphi t)\right) \qquad \boldsymbol{z}^2 = |\lambda|^t \left(\boldsymbol{u} \cdot \sin(\varphi t) + \boldsymbol{v} \cdot \cos(\varphi t)\right)$$

sind zugehörige Basis-Lösungen in rein "reeller Schreibweise". Das folgt unmittelbar aus der Eulerschen Gleichung und der Tatsache, dass mit je zwei Lösungen eines Systems homogener linearer Differenzengleichungen auch jede Linearkombination dieser Lösungen wieder eine Lösung ist.

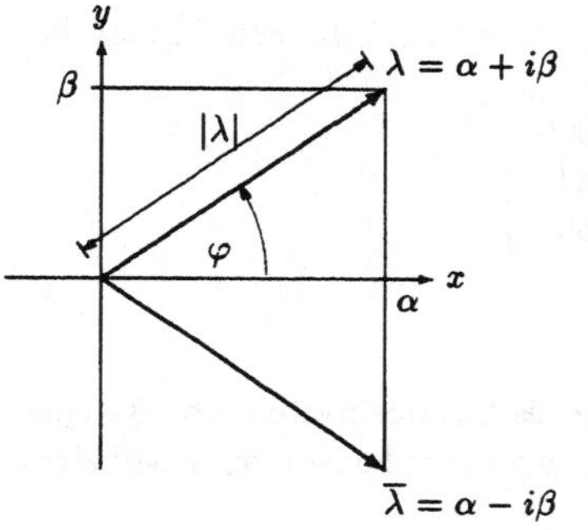

Hierbei ist $|\lambda| = \sqrt{\alpha^2 + \beta^2}$ der Betrag der komplexen Zahl $\lambda = \alpha + i\beta$ und φ der Winkel, den der Ortsvektor $\lambda = (\alpha, \beta) \in \mathbb{R}^2$ mit der positiven x-Achse bildet; man kann φ eindeutig aus den Beziehungen $\cos\varphi = \frac{\alpha}{|\lambda|}$, $\sin\varphi = \frac{\beta}{|\lambda|}$, $0 \leq \varphi < 2\pi$ ermitteln.

(B1) Man bestimme die allgemeine Lösung des Systems der Differenzengleichungen

$$\begin{aligned} y^1_{t+1} &= 8\,y^1_t + y^2_t \\ y^2_{t+1} &= 7\,y^1_t + 2\,y^2_t \end{aligned}$$

Lsg: Das gegebene System ist ein homogenes lineares System von 2 expliziten linearen Differenzengleichungen mit konstanter Koeffizientenmatrix

$$A = \begin{bmatrix} 8 & 1 \\ 7 & 2 \end{bmatrix}.$$

A besitzt die Eigenpaare [vgl. 7.2(B2)a)]

$$(\lambda_1, \boldsymbol{c}^1) = \left(1, \begin{bmatrix} -\frac{1}{7} \\ 1 \end{bmatrix}\right), \qquad (\lambda_2, \boldsymbol{c}^2) = \left(9, \begin{bmatrix} 1 \\ 1 \end{bmatrix}\right)$$

Zugehörige Basis-Lösungen:

$$\boldsymbol{y}^1 = (\boldsymbol{c}^1 \cdot \lambda_1^t)_{t\in\mathbb{N}_0} = \left(\begin{bmatrix} -\frac{1}{7} \\ 1 \end{bmatrix}\right)_{t\in\mathbb{N}_0}, \quad \boldsymbol{y}^2 = (\boldsymbol{c}^2 \cdot \lambda_2^t)_{t\in\mathbb{N}_0} = \left(\begin{bmatrix} 1 \\ 1 \end{bmatrix} \cdot 9^t\right)_{t\in\mathbb{N}_0}.$$

Allgemeine Lösung:

$$\boldsymbol{y} = (\boldsymbol{y}_t)_{t\in\mathbb{N}_0}, \quad \boldsymbol{y}_t = k_1 \cdot \begin{bmatrix} -\frac{1}{7} \\ 1 \end{bmatrix} + k_2 \cdot \begin{bmatrix} 1 \\ 1 \end{bmatrix} \cdot 9^t, \quad k_1, k_2 \in \mathbb{R}$$

$$\Leftrightarrow \quad \begin{aligned} y^1_t &= -\tfrac{k_1}{7} + k_2 \cdot 9^t \\ y^2_t &= k_1 + k_2 \cdot 9^t \end{aligned} \qquad t \in \mathbb{N}_0\,, \; k_1,\, k_2 \in \mathbb{R}.$$

(B2) a) Man bestimme die allgemeine Lösung des Systems von Differenzengleichungen

$$\begin{aligned} y^1_{t+1} &= \phantom{\tfrac{1}{2}y^1_t} y^2_t + 3\,y^3_t \\ y^2_{t+1} &= \tfrac{1}{2}y^1_t \\ y^3_{t+1} &= \phantom{\tfrac{1}{2}y^1_t} \tfrac{1}{3}y^2_t \end{aligned}$$

b) Man bestimme die spezielle Lösung $\boldsymbol{y} = (\boldsymbol{y}_t)_{t\in\boldsymbol{N}_0}$, die den Anfangsbedingungen

$$\boldsymbol{y}_0 = \begin{bmatrix} 1000 \\ 300 \\ 50 \end{bmatrix}$$

genügt. Hinweis: Man vgl. 7.2(B1).

Lsg: Das gegebene System ist ein homogenes lineares System von 3 expliziten homogenen linearen Differenzengleichungen mit konstanter Koeffizientenmatrix

$$A = \begin{bmatrix} 0 & 1 & 3 \\ \frac{1}{2} & 0 & 0 \\ 0 & \frac{1}{3} & 0 \end{bmatrix}.$$

a) Ein vollständiges System von Eigenpaaren von A ist:

$$\lambda_1 = 1, \quad \boldsymbol{c}^1 = \begin{bmatrix} 6 \\ 3 \\ 1 \end{bmatrix}$$

$$\lambda_2 = -\tfrac{1}{2} + \tfrac{1}{2}i, \quad \boldsymbol{c}^2 = \begin{bmatrix} -3i \\ -\frac{3}{2}(1-i) \\ 1 \end{bmatrix} = \begin{bmatrix} 0 \\ -\frac{3}{2} \\ 1 \end{bmatrix} + i \begin{bmatrix} -3 \\ \frac{3}{2} \\ 0 \end{bmatrix}$$

$$\lambda_3 = -\tfrac{1}{2} - \tfrac{1}{2}i, \quad \boldsymbol{c}^3 = \begin{bmatrix} 3i \\ -\frac{3}{2}(1+i) \\ 1 \end{bmatrix} = \begin{bmatrix} 0 \\ -\frac{3}{2} \\ 1 \end{bmatrix} - i \begin{bmatrix} -3 \\ \frac{3}{2} \\ 0 \end{bmatrix}$$

Zugehörige Basis-Lösungen (in komplexer Schreibweise):

$$\boldsymbol{y}^1 = \left(\begin{bmatrix} 6 \\ 3 \\ 1 \end{bmatrix} \right)_{t\in\boldsymbol{N}_0}$$

$$\boldsymbol{y}^2 = \left(\begin{bmatrix} -3i \\ -\frac{3}{2}(1-i) \\ 1 \end{bmatrix} \cdot (-\tfrac{1}{2} + \tfrac{1}{2}i)^t \right)_{t\in\boldsymbol{N}_0}$$

$$\boldsymbol{y}^3 = \left(\begin{bmatrix} 3i \\ -\frac{3}{2}(1+i) \\ 1 \end{bmatrix} \cdot (-\tfrac{1}{2} - \tfrac{1}{2}i)^t \right)_{t\in\boldsymbol{N}_0}$$

Allgemeine Lösung (in komplexer Schreibweise):

$$\boldsymbol{y} = k_1\boldsymbol{y}^1 + k_2\boldsymbol{y}^2 + k_3\boldsymbol{y}^3, \quad k_1.k_2, k_3 \in \mathbb{C}.$$

Zugehörige Basis-Lösungen (in reeller Schreibweise):

$$\boldsymbol{y}^1 = \left(\begin{bmatrix} 6 \\ 3 \\ 1 \end{bmatrix}\right)_{t\in\mathbb{N}_0}$$

$$\boldsymbol{z}^1 = \left(\sqrt{\tfrac{1}{2}}\right)^t \left(\begin{bmatrix} 0 \\ -\frac{3}{2} \\ 1 \end{bmatrix} \cdot \cos(\tfrac{3}{4}\pi t) - \begin{bmatrix} -3 \\ \frac{3}{2} \\ 0 \end{bmatrix} \cdot \sin(\tfrac{3}{4}\pi t)\right)_{t\in\mathbb{N}_0}$$

$$\boldsymbol{z}^2 = \left(\sqrt{\tfrac{1}{2}}\right)^t \left(\begin{bmatrix} 0 \\ -\frac{3}{2} \\ 0 \end{bmatrix} \cdot \sin(\tfrac{3}{4}\pi t) + \begin{bmatrix} -3 \\ \frac{3}{2} \\ 0 \end{bmatrix} \cdot \cos(\tfrac{3}{4}\pi t)\right)_{t\in\mathbb{N}_0}$$

da $|\lambda_2| = \sqrt{\frac{1}{4} + \frac{1}{4}} = \sqrt{\frac{1}{2}}$ und $\varphi = \frac{3}{4}\pi$ wegen

$$\cos\varphi = \frac{-\frac{1}{2}}{\sqrt{\frac{1}{2}}} = -\frac{1}{2}\sqrt{2} \quad \text{und} \quad \sin\varphi = \frac{\frac{1}{2}}{\sqrt{\frac{1}{2}}} = \frac{1}{2}\sqrt{2}.$$

Allgemeine Lösung (in reeller Schreibweise):

$$\boldsymbol{y} = (\boldsymbol{y}_t)_{t\in\mathbb{N}_0}, \quad \boldsymbol{y}_t = k_1 \cdot \boldsymbol{y}^1 + k_2 \cdot \boldsymbol{z}^1 + k_3\boldsymbol{z}^2, \quad k_1, k_2, k_3 \in \mathbb{R}.$$

b) Anpassung der allgemeinen Lösung an die Anfangsbedingungen:

$$\boldsymbol{y}_0 = \begin{bmatrix} 6k_1 & & & - & 3k_3 \\ 3k_1 & - & \frac{3}{2}k_2 & + & \frac{3}{2}k_3 \\ k_1 & + & k_2 & & \end{bmatrix} = \begin{bmatrix} 1000 \\ 300 \\ 50 \end{bmatrix}$$

Lösung: $k_1 = \frac{350}{3} \approx 117, \quad k_2 = -\frac{200}{3}, \quad k_3 = -100.$

Spezielle Lösung [vgl. 7.2(B1)]: $\boldsymbol{y} = (\boldsymbol{y}_t)_{t\in\mathbb{N}_0}$ mit

$$\begin{aligned} \boldsymbol{y}_t \; = \; & \tfrac{350}{3} \cdot \begin{bmatrix} 6 \\ 3 \\ 1 \end{bmatrix} - \tfrac{200}{3}\left(\sqrt{\tfrac{1}{2}}\right)^t \left(\begin{bmatrix} 0 \\ -\frac{3}{2} \\ 1 \end{bmatrix} \cos(\tfrac{3}{4}\pi t) - \begin{bmatrix} -3 \\ \frac{3}{2} \\ 0 \end{bmatrix} \sin(\tfrac{3}{4}\pi t)\right) \\ & - 100\left(\sqrt{\tfrac{1}{2}}\right)^t \left(\begin{bmatrix} 0 \\ -\frac{3}{2} \\ 1 \end{bmatrix} \sin(\tfrac{3}{4}\pi t) + \begin{bmatrix} -3 \\ \frac{3}{2} \\ 0 \end{bmatrix} \cos(\tfrac{3}{4}\pi t)\right) \end{aligned}$$

$\iff$

$$
\begin{aligned}
y_t^1 &= 700 + \left(\sqrt{\tfrac{1}{2}}\right)^t \cdot \left[-200\sin(\tfrac{3}{4}\pi t) + 300\cos(\tfrac{3}{4}\pi t)\right] \\
y_t^2 &= 350 + \left(\sqrt{\tfrac{1}{2}}\right)^t \cdot \left[250\sin(\tfrac{3}{4}\pi t) - 50\cos(\tfrac{3}{4}\pi t)\right] \\
y_t^3 &= \frac{350}{3} + \left(\sqrt{\tfrac{1}{2}}\right)^t \cdot \left[-100\sin(\tfrac{3}{4}\pi t) - \tfrac{200}{3}\cos(\tfrac{3}{4}\pi t)\right], \quad t \in \mathbb{N}_0 .
\end{aligned}
$$

Bem: Bei kleineren Systemen von Differenzengleichungen gelingt es oft, unbekannte Folgen zu eliminieren und dieses so in eine äquivalente Differenzengleichung evtl. höherer Ordnung für *eine* unbekannte Folge umzuformen. Bsp.: 8.1(B5).

(B3) Man reduziere das System von Differenzengleichungen

$$
\begin{aligned}
y_{t+1}^1 &= y_t^2 + 3y_t^3 \\
y_{t+1}^2 &= \tfrac{1}{2}y_t^1 \\
y_{t+1}^3 &= \tfrac{1}{3}y_t^2
\end{aligned}
$$

durch Elimination von y_t^2 und y_t^3 auf eine Differenzengleichung für y_t^1 und löse diese.

Lsg: Aus den Gleichungen 2 bzw. 3 erhält man

$$
\begin{aligned}
y_t^2 &= \tfrac{1}{2}y_{t-1}^1 \\
y_t^3 &= \tfrac{1}{3}y_{t-1}^2 = \tfrac{1}{6}y_{t-2}^1 .
\end{aligned}
$$

Dies eingesetzt in die erste Gleichung ergibt die homogene lineare Differenzengleichung 3. Ordnung für y_t^1:

$$y_{t+1}^1 = \frac{1}{2}y_{t-1}^1 + \frac{1}{2}y_{t-2}^1, \quad t \geq 2,$$

die durch Indexverschiebung $t-2 \to t$, d.h. $t \to t+2$ übergeht in die Differenzengleichung

(i) $\quad y_{t+3}^1 - \frac{1}{2}y_{t+1}^1 - \frac{1}{2}y_t^1 = 0, \quad t \in \mathbb{N}_0 .$

Lsg: von (i) : [vgl. 8.1(B2), 8.2(B1)]

charakteristische Gleichung: $P(\lambda) = \lambda^3 - \frac{1}{2}\lambda - \frac{1}{2} = 0$

Lösungen: $\lambda_1 = 1, \quad \lambda_2 = -\frac{1}{2} + \frac{1}{2}i, \quad \lambda_3 = -\frac{1}{2} - \frac{1}{2}i$

zugehörige Basis-Lösungen (in komplexer Schreibweise):

$$\xi = (\lambda_1^t)_{t\in\mathbb{N}_0}, \quad \eta^1 = (\lambda_2^t)_{t\in\mathbb{N}_0}, \quad \eta^2 = (\lambda_3^t)_{t\in\mathbb{N}_0}$$

zugehörige Basis-Lösungen (in reeller Schreibweise):

$$\xi = (1)_{t\in\mathbb{N}_0}, \quad \zeta_1 = \left(\left(\sqrt{\tfrac{1}{2}}\right)^t \cdot \cos(\frac{3}{4}\pi t)\right)_{t\in\mathbb{N}_0}, \quad \zeta_2 = \left(\left(\sqrt{\tfrac{1}{2}}\right)^t \cdot \sin(\frac{3}{4}\pi t)\right)_{t\in\mathbb{N}_0}$$

da $|\lambda_2| = \sqrt{\frac{1}{4}+\frac{1}{4}} = \sqrt{\frac{1}{2}}$ und der Winkel φ von λ_2 sich aus

$$0 \le \varphi < 2\pi, \quad \cos\varphi = \frac{-\frac{1}{2}}{\sqrt{\frac{1}{2}}} = -\frac{1}{2}\sqrt{2}, \quad \sin\varphi = \frac{\frac{1}{2}}{\sqrt{\frac{1}{2}}} = \frac{1}{2}\sqrt{2}$$

eindeutig zu $\varphi = \frac{3}{4}\pi$ ergibt [vgl. die Skizze in 7.2(B1)].

allgemeine Lösung von (i) in reeller Schreibweise:

$$y^1 = (y_t^1)_{t\in\mathbb{N}_0},$$

$$y_t^1 = m_1 + \left(\sqrt{\tfrac{1}{2}}\right)^t \cdot \left(m_2\cos(\frac{3}{4}\pi t) + m_3\sin(\frac{3}{4}\pi t)\right), \quad m_1, m_2, m_3 \in \mathbb{R}.$$

Die Folgen $y^2 = (y_t^2)_{t\in\mathbb{N}_0}$ und $y^3 = (y_t^3)_{t\in\mathbb{N}_0}$ können dann aus den Gleichungen 2 und 3 des gegebenen Systems ermittelt werden:

$$y_t^2 = \frac{1}{2}y_{t-1}^1 = \frac{m_1}{2} + \frac{1}{2}\left(\sqrt{\tfrac{1}{2}}\right)^t\left(m_2\cdot\cos(\frac{3}{4}\pi(t-1)) + m_3\cdot\sin(\frac{3}{4}\pi(t-1))\right),$$

$$y_t^3 = \frac{1}{3}y_{t-1}^2 = \frac{m_1}{6} + \frac{1}{6}\left(\sqrt{\tfrac{1}{2}}\right)^t\left(m_2\cdot\cos(\frac{3}{4}\pi(t-2)) + m_3\cdot\sin(\frac{3}{4}\pi(t-2))\right),$$

$$m_1, m_2, m_3 \in \mathbb{R}.$$

8.9 Inhomogene Systeme linearer Differenzengleichungen mit konstanten Koeffizienten

(1)

$$\begin{array}{rcl} y_{t+1}^1 & = & a_{11}\cdot y_t^1 + \ldots + a_{1n}\cdot y_t^n \;+\; g_t^1 \\ \vdots & & \\ y_{t+1}^n & = & a_{n1}\cdot y_t^1 + \ldots + a_{nn}\cdot y_t^n \;+\; g_t^n \end{array} \iff \boldsymbol{y}_{t+1} = A\cdot\boldsymbol{y}_t + \boldsymbol{g}_t$$

$a_{11},\ldots,a_{nn}$ konstante Koeffizienten, so daß $A = (a_{ik})$ nicht singulär, $\boldsymbol{g}_t$ geg.

Typ: **inhomogenes System von n expliziten inhomogenen linearen Differenzengleichungen 1. Ordnung** für n unbekannte Folgen

$$\begin{array}{rcl} y^1 & = & (y_t^1)_{t\in\mathbb{N}_0} \\ \vdots & & \\ y^n & = & (y_t^n)_{t\in\mathbb{N}_0} \end{array} \quad \text{bzw. für eine Vektorfolge} \quad \boldsymbol{y} = (\boldsymbol{y}_t)_{t\in\mathbb{N}_0}, \quad \boldsymbol{y}_t = \begin{bmatrix} y_t^1 \\ \vdots \\ y_t^n \end{bmatrix}$$

mit konstanter, nicht singulärer Koeffizientenmatrix $A = (a_{ik})$ und

gegebener **Störfolge** $\boldsymbol{g} = (\boldsymbol{g}_t)_{t\in\mathbb{N}_0}$, $\boldsymbol{g}_t = \begin{bmatrix} g_t^1 \\ \vdots \\ g_t^n \end{bmatrix}$

(i) Ist $\boldsymbol{y} = k_1\boldsymbol{y}^1 + \ldots + k_n\boldsymbol{y}^n$ die allgemeine Lösung des zugehörigen homogenen Systems von Differenzengleichungen $\boldsymbol{y}_{t+1} = A\boldsymbol{y}_t$, und ist $\boldsymbol{v} = (\boldsymbol{v}_t)_{t\in\mathbb{N}_0}$ eine **partikuläre Lösung** des inhomogenen Systems von Differenzengleichungen, so lautet dessen allgemeine Lösung

$$\boldsymbol{y} = k_1\boldsymbol{y}^1 + \ldots + k_n\boldsymbol{y}^n + \boldsymbol{v}$$

(ii) Ist speziell $(\boldsymbol{g}_t)$ eine konstante Störfolge, $\boldsymbol{g}_t = \begin{bmatrix} g^1 \\ \vdots \\ g^n \end{bmatrix}$, und ist 1 kein Eigenwert von A, so ist die Lösung $\boldsymbol{v}$ des linearen Gleichungssystems

$$(E - A)\boldsymbol{v} = \boldsymbol{g}$$

eine konstante Lösung des linearen inhomognen Systems von Differenzengleichungen. Andernfalls gibt es zu $\boldsymbol{g} \neq 0$ keine konstante Lösung von (1). Man kann dann einen Lösungsansatz der Form $\boldsymbol{v}_t = \boldsymbol{a}t^k$ mit $k \in \mathbb{N}$ und $\boldsymbol{a} \neq 0$ versuchen.

(B1) Man bestimme die allgemeine Lösung des inhomogenen Systems linearer Differenzengleichungen

$$\begin{array}{rcl} y_{t+1}^1 & = & -2y_t^1 + 2y_t^2 + 1 \\ y_{t+1}^2 & = & -4y_t^1 + 2y_t^2 + 3 \end{array}$$

und die spezielle Lösung, die der Anfangsbedingung

$$\boldsymbol{y}_0 = \begin{bmatrix} y_0^1 \\ y_0^2 \end{bmatrix} = \begin{bmatrix} 1 \\ 0 \end{bmatrix}$$

genügt.

Lsg.:

1.) Das zugehörige homogene System linearer Differenzengleichungen lautet in vektorieller Schreibweise

$$\boldsymbol{y}_{t+1} = A \cdot \boldsymbol{y}_t \quad \text{mit } A = \begin{bmatrix} -2 & 2 \\ -4 & 2 \end{bmatrix}, \quad \boldsymbol{y}_t = \begin{bmatrix} y_t^1 \\ y_t^2 \end{bmatrix}.$$

Nach 7.2(B2)b) besitzt A die Eigenpaare $(\lambda_1, \boldsymbol{c}^1) = (2i, \begin{bmatrix} \frac{1}{2}(1-i) \\ 1 \end{bmatrix})$ und $(\lambda_2, \boldsymbol{c}^2) = (-2i, \begin{bmatrix} \frac{1}{2}(1+i) \\ 1 \end{bmatrix})$. Es ist $|\lambda_1| = 2$, $\varphi = \frac{\pi}{2}$,

$$\boldsymbol{c}^1 = \begin{bmatrix} \frac{1}{2} \\ 1 \end{bmatrix} + i \begin{bmatrix} -\frac{1}{2} \\ 0 \end{bmatrix} =: \boldsymbol{u} + i\boldsymbol{v}, \quad \boldsymbol{c}^2 = \begin{bmatrix} \frac{1}{2} \\ 1 \end{bmatrix} + i \begin{bmatrix} \frac{1}{2} \\ 0 \end{bmatrix} =: \boldsymbol{u} - i\boldsymbol{v}.$$

Nach 8.8(3) lautet deshalb die allgemeine Lösung des homogenen Systems linearer Differenzengleichungen $(\boldsymbol{y}_t)_{t \in \boldsymbol{N}_0}$ mit

$$\begin{aligned} \boldsymbol{y}_t &= k_1 2^t \left(\begin{bmatrix} \frac{1}{2} \\ 1 \end{bmatrix} \cos(\tfrac{\pi}{2}t) - \begin{bmatrix} -\frac{1}{2} \\ 0 \end{bmatrix} \sin(\tfrac{\pi}{2}t) \right) \\ &\quad + k_2 2^t \left(\begin{bmatrix} \frac{1}{2} \\ 1 \end{bmatrix} \sin(\tfrac{\pi}{2}t) + \begin{bmatrix} -\frac{1}{2} \\ 0 \end{bmatrix} \cos(\tfrac{\pi}{2}t) \right). \end{aligned}$$

2.) Da die Störfolge $\boldsymbol{g}_t = \boldsymbol{g} = \begin{bmatrix} 3 \\ 1 \end{bmatrix}$ konstant und 1 kein Eigenwert von A ist, gibt es eine spezielle konstante Lösung $\boldsymbol{v}_t = \boldsymbol{v} = \begin{bmatrix} v_1 \\ v_2 \end{bmatrix}$ des gegebenen inhomognen Systems linearer Differenzengleichungen, die sich durch Lösung des linearen Gleichungssystems

$$(E - A)\boldsymbol{v} = \boldsymbol{g} \quad \Leftrightarrow \quad \begin{bmatrix} 3 & -2 \\ 4 & -1 \end{bmatrix} \boldsymbol{v} = \begin{bmatrix} 1 \\ 3 \end{bmatrix}$$

zu $\boldsymbol{v} = \begin{bmatrix} 1 \\ 1 \end{bmatrix}$ ergibt. Damit lautet die allgemeine Lösung des gegebenen inhomogenen Systems linearer Differenzengleichungen $(\boldsymbol{y}_t)_{t \in \boldsymbol{N}_0}$ mit

$$\begin{aligned} \boldsymbol{y}_t &= 2^t \left(\begin{bmatrix} \frac{1}{2} \\ 1 \end{bmatrix} (k_1 \cos(\tfrac{\pi}{2}t) + k_2 \sin(\tfrac{\pi}{2}t)) \right. \\ &\quad \left. + \begin{bmatrix} -\frac{1}{2} \\ 0 \end{bmatrix} (-k_1 \sin(\tfrac{\pi}{2}t) + k_2 \cos(\tfrac{\pi}{2}t)) \right) + \begin{bmatrix} 1 \\ 1 \end{bmatrix}. \end{aligned}$$

3.) Die den gegebenen Anfangsbedingungen genügende spezielle Lösung des inhomogenen Systems linearer Differenzengleichungen erhält man aus

$$\begin{array}{rcl} y_0^1 &=& \frac{1}{2}k_1 - \frac{1}{2}k_2 + 1 = 1 \\ y_0^2 &=& k_1 + 1 = 0 \end{array} \Rightarrow \begin{array}{rcl} k_1 &=& -1 \\ k_2 &=& -1, \end{array}$$

$$\boldsymbol{y}_t = 2^t \cdot \begin{bmatrix} -\sin(\frac{\pi}{2}t) \\ -\cos(\frac{\pi}{2}t) - \sin(\frac{\pi}{2}t) \end{bmatrix} + \begin{bmatrix} 1 \\ 1 \end{bmatrix}, \quad t \in \mathbb{N}_0$$

Bem: Bei kleineren Systemen von Differenzengleichungen gelingt es oft, unbekannte Folgen zu eliminieren und dieses so in eine äquivalente Differenzengleichung höherer Ordnung für *eine* unbekannte Folge umzuformen.

(B2) Modell einer Bevölkerungsentwicklung unter Berücksichtigung von Migration [Erweiterung des Bsps 7.2(B1)]:

Eine offene Population bestehe aus Individuen dreier verschiedener Altersstufen. Die Zeit werde als diskrete Variable $t \in \mathbb{N}_0$ angenommen. Zum Zeitpunkt t sei die Alterspyramide durch den Vektor

$$\boldsymbol{y}_t = \begin{bmatrix} y_t^1 \\ y_t^2 \\ y_t^3 \end{bmatrix}$$

beschrieben. Dabei ist y_t^i die Anzahl der Individuen der Population der Altersstufe i zum Zeitpunkt t. Der Zusammenhang zwischen den Alterspyramiden zu den Zeitpunkten t bzw $t+1$ sei [vgl. 7.2(B1) und 8.8(B2),(B3)]

$$\begin{array}{rcl} y_{t+1}^1 &=& y_t^2 + 3\,y_t^3 + 10 \\ y_{t+1}^2 &=& \frac{1}{2}\,y_t^1 + 15 \\ y_{t+1}^3 &=& \frac{1}{3}\,y_t^2 - 5 \end{array}$$

$$\Leftrightarrow \quad \boldsymbol{y}_{t+1} = A \cdot \boldsymbol{y}_t + \boldsymbol{g}_t \quad \text{mit} \quad A = \begin{bmatrix} 0 & 1 & 3 \\ 1/2 & 0 & 0 \\ 0 & 1/3 & 0 \end{bmatrix} \quad \text{und } \boldsymbol{g}_t = \begin{bmatrix} 10 \\ 15 \\ -5 \end{bmatrix}.$$

Die Störfolge $\boldsymbol{g}_t$ beschreibt den Individuenaustausch mit der "Außenwelt": in jeder Zeitperiode wandern von außen 10 Individuen der Altersstufe 1 und 15 Individuen der Altersstufe 2 ein, während pro Zeitperiode 5 Individuen der Altersstufe 3 auswandern.

a) Man bestimme die allgemeine Lösung der Differenzengleichung.

b) Man bestimme die spezielle Lösung, die der Anfangsbedingung

$$\boldsymbol{y}_0 = \begin{bmatrix} 1000 \\ 300 \\ 50 \end{bmatrix}$$

genügt.

c) Was passiert für $t \to \infty$?

d) Wie verhalten sich die Individuenzahlen der drei Altersstufen zueinander für $t \to \infty$?

Lsg: durch Reduktion des Systems auf eine Differenzengleichung wie in 8.8(B3):

Aus den Gleichungen 2 und 3 erhält man

$$\begin{aligned} y_t^2 &= \tfrac{1}{2}y_{t-1}^1 && + 15 \\ y_t^3 &= \tfrac{1}{3}y_{t-1}^2 && - 5. \end{aligned}$$

Wird dies in die erste Gleichung eingesetzt, ergibt sich die inhomogene lineare Differenzengleichung 3. Ordnung mit konstanten Koeffizienten und konstanter Störfolge für die Folge $(y_t^1)_{t\in\mathbb{N}_0}$

$$(*) \qquad y_{t+1}^1 = \frac{1}{2}y_{t-1}^1 + \frac{1}{2}y_{t-2}^1 + 25.$$

a_1) Die allgemeine Lösung der zugehörigen homogenen linearen Differenzengleichung ist in 8.8(B3) angegeben.

a_2) Die Störfolge ist konstant. Da hier das charakteristische Poloynom der Differenzengleichung (*) bei $\lambda = 1$ eine Nullstelle besitzt, $P(1) = 1 - \frac{1}{2} - \frac{1}{2} = 0$, gibt es keine konstante spezielle Lösung der inhomogenen Differenzengleichung. Man ist auf die in 8.7(7) beschriebene allgemeine Methode verwiesen oder darauf, eine spezielle Lösung zu raten. Hier ist $v_t = 10\,t$ eine spezielle Lösung der Gleichung (*): $10(t+1) = 5(t-1) + 5(t-2) + 25$ gilt tatsächlich für alle $t \in \mathbb{N}_0$. Deshalb lautet die allgemeine Lösung von (*) $(y_t^1)_{t\in\mathbb{N}_0}$ mit

$$y_t^1 = m_1 + \left(\sqrt{\frac{1}{2}}\right)^t \left(m_2 \cos(\frac{3}{4}\pi t) + m_3 \sin(\frac{3}{4}\pi t)\right) + 10t.$$

Durch Einsetzen von y_t^1 in die zur Elimination von y_t^2 und y_t^3 benutzten Gleichungen findet man explizite Darstellungen für y_t^2 und y_t^3:

$$\begin{aligned} y_t^2 &= \tfrac{1}{2}y_{t-1}^1 + 15 \\ &= \frac{m_1}{2} + \frac{1}{2}\left(\sqrt{\tfrac{1}{2}}\right)^t \left(m_2 \cos(\frac{3}{4}\pi(t-1)) + m_3 \sin(\frac{3}{4}\pi(t-1)\right) + 5t + 15 \\ y_t^3 &= \tfrac{1}{3}y_{t-1}^2 - 5 \\ &= \frac{m_1}{6} + \frac{1}{6}\left(\sqrt{\tfrac{1}{2}}\right)^t \left(m_2 \cos(\frac{3}{4}\pi(t-2)) + m_3 \sin(\frac{3}{4}\pi(t-2)\right) + \frac{5}{3}t. \end{aligned}$$

b) Anpassung der allgmeinen Lösung an die Anfangsbedingung:
Man erhält für die Konstanten m_1, m_2, m_3 das inhomogene lineare Gleichungssystem

$$\begin{array}{lclclcl} m_1 & + & m_2 & & & = & 1000 \\ \frac{1}{2}m_1 & + & \frac{1}{4}\sqrt{2}m_2 & + & \frac{1}{4}\sqrt{2}m_3 & = & 300 \\ \frac{1}{6}m_1 & & & + & \frac{1}{6}m_3 & = & 50 \end{array}$$

Dessen Lösung ist

$$\begin{aligned} m_1 &= 600 + 350\sqrt{2} \approx 1095, \\ m_2 &= 400 - 350\sqrt{2} \approx -95, \\ m_3 &= -1100 + 350\sqrt{2} \approx -605 \end{aligned}$$

c) Für $t \to \infty$ streben alle drei Individuenanzahlen $y_t^i \to \infty$ für $i = 1, 2, 3$. Die Divergenz wird durch die spezielle Lösung des inhomogenen Systems hervorgerufen, die die Migration berücksichtigt.

d) Für $t \to \infty$ verhalten sich die Individuenanzahlen der drei Altersstufen $y_t^1 : y_t^2 : y_t^3$ wie $6 : 3 : 1$ unabhängig von der Anfangsbedingung. Dasselbe Verhältnis stellt sich für $t \to \infty$ auch bei fehlender Migration ein. Dazu vgl. man 8.8(B3).

8.10 Klausuraufgaben

(K1) a) Berechnen Sie alle Lösungen der Differentialgleichung

$$y' + \frac{4x}{x^2+1} \cdot y = x.$$

b) Welche Lösung genügt der Anfangsbedingung $y(0) = 0$?

Lsg.:

a) Die Differentialgleichung ist eine inhomogene lineare Differentialgleichung erster Ordnung. Mit der "Lösungsformel" erhält man die allgemeine Lösung

$$y = e^{-F(x)} \cdot (c + \int x \cdot e^{F(x)} dx)$$

wobei $c \in I\!R$ eine beliebige Integrationskonstante ist und F eine Stammfunktion der Koeffizientenfunktion $f(x) = \frac{4x}{x^2+1}$:

$$F(x) = \int \frac{4x}{x^2+1} dx = 2\ln(x^2+1) = \ln(x^2+1)^2.$$

Deshalb lautet die allgemeine Lösung

$$y = \frac{1}{(x^2+1)^2}(c + \int x \cdot (x^2+1)^2 dx.$$

Substituiert man im verbliebenen Integral $x^2+1 = u$, $2xdx = du$, so folgt

$$\int x \cdot (x^2+1)^2 dx = \int \frac{1}{2} u^2 dy = \frac{1}{6} u^3 = \frac{1}{6}(x^2+1)^3.$$

Die Integrationskonstante ist gleich Null gesetzt worden, weil sie in der Lösungsformel schon mit der Konstanten c berücksichtigt wird. Ergebnis von a):

$$y = \frac{1}{(x^2+1)^2}(c + \frac{1}{6}(x^2+1)^3) = \frac{c}{(x^2+1)^2} + \frac{1}{6}(x^2+1)$$

b) Berücksichtigung der Anfangsbedingung ergibt

$$y(0) = 0 \quad \Rightarrow \quad c = -\frac{1}{6}.$$

Die spezielle Lösung, die der Anfangsbedingung genügt, lautet

$$y = \frac{1}{6}(x^2 + 1 - \frac{1}{(x^2+1)^2}).$$

(K2) a) Bestimmen Sie die allgemeine Lösung der Differentialgleichung

$$y(t) = \frac{e^{2t}}{y'(t)}.$$

b) Bestimmen Sie diejenige spezielle Lösung der Differentialgleichung, für die $y(0) = \frac{1}{2}$ gilt.

c) Berechnen Sie für die unter b) ermittelte spezielle Lösung
   (1) $y(\ln\sqrt{3})$;
   (2) den Wert von t, für den $y(t) = 1$ gilt.

Lsg.:

a) Die gegebene Dgl läßt sich umformen zu

$$y' = \frac{e^{2t}}{y}.$$

Das ist eine Dgl vom Typ "Trennung der Veränderlichen". Anwendung der "Trennung der Veränderlichen" liefert

$$\int y\,dy = \frac{y^2}{2} = \int e^{2t}dt = \frac{1}{2}e^{2t} + c,$$

also die allgemeine Lösung

$$y = \pm\sqrt{e^{2t} + \frac{c}{2}}.$$

b) Berücksichtigung der Anfangsbedingung ergibt

$$\begin{aligned} y(0) = \frac{1}{2} \quad &\Rightarrow \quad y(0) = \pm\sqrt{1 + \frac{c}{2}} = \frac{1}{2} \\ &\Rightarrow \quad \sqrt{1 + \frac{c}{2}} = \frac{1}{2} \\ &\Rightarrow \quad 1 + \frac{c}{2} = \frac{1}{4} \\ &\Rightarrow \quad c = -\frac{3}{2}. \end{aligned}$$

Die spezielle Lösung, die der gegebenen Anfangsbedingung genügt, lautet also

$$y = \sqrt{e^{2t} - \frac{3}{4}}.$$

c) (1)

$$y(\ln\sqrt{3}) = \sqrt{e^{2\ln\sqrt{3}} - \frac{3}{4}} = \sqrt{e^{\ln 3} - \frac{3}{4}} = \sqrt{\frac{9}{4}} = \frac{3}{2}.$$

(2)

$$\begin{aligned} y(t) = \sqrt{e^{2t} - \frac{3}{4}} = 1 \quad &\Rightarrow \quad e^{2t} - \frac{3}{4} = 1 \\ &\Rightarrow \quad e^{2t} = \frac{7}{4} \\ &\Rightarrow \quad 2t = \ln\frac{7}{4} \\ &\Rightarrow \quad t = \frac{1}{2}\ln\frac{7}{4}. \end{aligned}$$

(K3) a) Man bestimme die allgemeine Lösung der Differentialgleichung

$$y''' - y'' + y' - y = 2 - t, \quad t \in \mathbb{R}.$$

b) Wie lautet die spezielle Lösung der Differentialgleichung, die der Anfangsbedingung

$$y(0) = 1, \quad y'(0) = 1, \quad y''(0) = 0$$

genügt?

Lsg.:

a) (i) Lösung der zugehörigen homogenen linearen Dgl

$$y''' - y'' + y' - y = 0:$$

Der Ansatz $y = e^{\lambda t}$ für eine Lösung führt auf die charakteristische Gleichung

$$\lambda^3 - \lambda^2 + \lambda - 1 = 0.$$

Sie läßt sich umformen in

$$\lambda^2(\lambda - 1) + (\lambda - 1) = (\lambda^2 + 1)(\lambda - 1) = 0.$$

Daraus liest man die Nullstellen $\lambda_1 = 1, \lambda_{2,3} = \pm i$ ab. Die allgemeine Lösung der homogenen linearen Dgl lautet deshalb

$$y_h = c_1 e^t + c_2 \cos t + c_3 \sin t$$

mit beliebigen Integrationskonstanten $c_1, c_2, c_3 \in \mathbb{R}$.

(ii) Bestimmung einer speziellen Lösung der inhomogenen linearen Dgl: Der Ansatz $y_s = a + bt$ führt, wenn er in die inhomogene Dgl eingesetzt wird, auf die Gleichung

$$b - (a + bt) = 2 - t, \quad t \in \mathbb{R}$$

für die unbekannten Koeffizienten a und b. Aus ihr liest man mit Koeffizientenvergleich ab:

$$b = 1, \quad a = -1.$$

Die allgemeine Lösung der gegebenen inhomogenen Dgl lautet

$$y = c_1 e^t + c_2 \cos t + c_3 \sin t - 1 + t.$$

b) Man berechnet von der allgemeinen Lösung deren Ableitungen bis zur zweiten Ordnung:

$$\begin{aligned} y &= c_1 e^t + c_2 \cos t + c_3 \sin t - 1 + t \\ y' &= c_1 e^t - c_2 \sin t + c_3 \cos t + 1 \\ y'' &= c_1 e^t - c_2 \cos t - c_3 \sin t \end{aligned}$$

Die Anfangsbedingung führt auf das folgende lineare Gleichungssystem für die Koeffizienten c_1, c_2, c_3:

$$\begin{array}{rclllll} y(0) & = & c_1 & +c_2 & & -1 & = 1 \\ y'(0) & = & c_1 & & +c_3 & +1 & = 1 \\ y''(0) & = & c_1 & -c_2 & & & = 0 \end{array} \Rightarrow$$

c_1	c_2	c_3	
1	1	0	2
1	0	1	0
1	−1	0	0
1	1	0	2
1	0	1	0
2	0	0	2

Es hat die Lösung:

$$c_1 = 1,\ c_2 = 1\ c_3 = -1.$$

Die gesuchte spezielle Lösung lautet

$$y = e^t + \cos t - \sin t - 1 + t, \quad t \in \mathbb{R}.$$

(K4) Bestimmen Sie die allgemeine Lösung des folgenden Systems linearer Differentialgleichungen:

$$\begin{bmatrix} y_1' \\ y_2' \\ y_3' \end{bmatrix} = \begin{bmatrix} 1 & 0 & 2 \\ 0 & 5 & 0 \\ 3 & 0 & 2 \end{bmatrix} \cdot \begin{bmatrix} y_1 \\ y_2 \\ y_3 \end{bmatrix} - \begin{bmatrix} 2 \\ 0 \\ 0 \end{bmatrix}.$$

Lsg.: Das gegebene System ist ein inhomogenes System linearer Differentialgleichungen erster Ordnung mit konstanten Koeffizienten.

(i) Lösung des zugehörigen homogenen Systems linearer Differentialgleichungen:

$$\begin{bmatrix} y_1' \\ y_2' \\ y_3' \end{bmatrix} = A \cdot \begin{bmatrix} y_1 \\ y_2 \\ y_3 \end{bmatrix} \quad \text{mit } A := \begin{bmatrix} 1 & 0 & 2 \\ 0 & 5 & 0 \\ 3 & 0 & 2 \end{bmatrix}.$$

Geht man mit dem Ansatz $\boldsymbol{y} = \boldsymbol{y}(t) = \mathbf{c} \cdot e^{\lambda t}$, $\mathbf{c} \neq \mathbf{o}$, für eine Lösung in das homogene System ein, so erhält man die Eigenwertaufgabe für die Matrix A:

$$(A - \lambda E)\mathbf{c} = \mathbf{o}.$$

a) Berechnung der Eigenwerte von A:

$$\begin{aligned} \det(A - \lambda E) &= \begin{vmatrix} 1-\lambda & 0 & 2 \\ 0 & 5-\lambda & 0 \\ 3 & 0 & 2-\lambda \end{vmatrix} = 0 \\ &= (1-\lambda)\begin{vmatrix} 5-\lambda & 0 \\ 0 & 2-\lambda \end{vmatrix} + 3\begin{vmatrix} 0 & 2 \\ 5-\lambda & 0 \end{vmatrix} \\ &= (1-\lambda)(5-\lambda)(2-\lambda) - 6(5-\lambda) \\ &= (5-\lambda)(\lambda^2 - 3\lambda - 4) = 0 \end{aligned}$$

Die Eigenwerte von A sind: $\lambda_1 = 5$ und $\lambda_{2,3} = \frac{3}{2} \pm \sqrt{\frac{9}{4} + \frac{16}{4}} = \frac{3}{2} \pm \frac{5}{2} = 4, -1$.

b) Berechnung der zugehörigen Eigenvektoren:

$$\lambda_1 = 5 \quad \Rightarrow \quad \begin{bmatrix} -4 & 0 & 2 \\ 0 & 0 & 0 \\ 3 & 0 & -3 \end{bmatrix} \cdot \begin{bmatrix} c_1^1 \\ c_2^1 \\ c_3^1 \end{bmatrix} = \begin{bmatrix} 0 \\ 0 \\ 0 \end{bmatrix}$$

Offenbar kann c_2^1 beliebig gewählt werden. Wird $c_2^1 = 1$ gewählt, hat man für die übrigen Komponenten von $\mathbf{c}^1$ das folgende lineare Gleichungssystem:

c_1^1	c_3^1		
-4	2	0	$\mid \cdot \frac{3}{4}$
3	-3	0	$+$
-4	2	0	
0	$-\frac{3}{2}$	0	

Es besitzt die Lösung $c_1^1 = 0, c_3^1 = 0$. Damit ist

$$\mathbf{c}^1 = \begin{bmatrix} 0 \\ 1 \\ 0 \end{bmatrix} \quad \text{ein Eigenvektor zum Eigenwert } \lambda_1 = 5.$$

$$\lambda_2 = 4 \quad \Rightarrow \quad \begin{bmatrix} -3 & 0 & 2 \\ 0 & 1 & 0 \\ 3 & 0 & -2 \end{bmatrix} \cdot \begin{bmatrix} c_1^2 \\ c_2^2 \\ c_3^2 \end{bmatrix} = \begin{bmatrix} 0 \\ 0 \\ 0 \end{bmatrix}$$

Hier ist notwendig $c_2^2 = 0$ und c_3^2 kann beliebig gewählt werden. Wird $c_3^2 = 1$ gewählt, so folgt $c_1^2 = \frac{2}{3}$. Damit ist

$$\mathbf{c}^2 = \begin{bmatrix} \frac{2}{3} \\ 0 \\ 1 \end{bmatrix} \quad \text{ein Eigenvektor zum Eigenwert } \lambda_2 = 4.$$

$$\lambda_3 = -1 \quad \Rightarrow \quad \begin{bmatrix} 2 & 0 & 2 \\ 0 & 6 & 0 \\ 3 & 0 & 3 \end{bmatrix} \cdot \begin{bmatrix} c_1^3 \\ c_2^3 \\ c_3^3 \end{bmatrix} = \begin{bmatrix} 0 \\ 0 \\ 0 \end{bmatrix}$$

Hier ist notwendig $c_2^3 = 0$ und c_3^3 kann beliebig gewählt werden. wird $c_3^3 = 1$ gewählt, so folgt $c_1^3 = -1$. Damit ist

$$\mathbf{c}^3 = \begin{bmatrix} -1 \\ 0 \\ 1 \end{bmatrix} \quad \text{ein Eigenvektor zu Eigenwert } \lambda_3 = -1.$$

c) Eine Integralbasis des homogenen Systems lautet:

$$\mathbf{y}^1 = \begin{bmatrix} 0 \\ 1 \\ 0 \end{bmatrix} \cdot e^{5t}, \ \mathbf{y}^2 = \begin{bmatrix} \frac{2}{3} \\ 0 \\ 1 \end{bmatrix} \cdot e^{4t}, \ \mathbf{y}^3 = \begin{bmatrix} -1 \\ 0 \\ 1 \end{bmatrix} \cdot e^{-t}.$$

Die allgemeine Lösung des homogenen Systems lautet:

$$\mathbf{y}_h = k_1 \cdot \begin{bmatrix} 0 \\ 1 \\ 0 \end{bmatrix} \cdot e^{5t} + k_2 \cdot \begin{bmatrix} \frac{2}{3} \\ 0 \\ 1 \end{bmatrix} \cdot e^{4t} + k_3 \cdot \begin{bmatrix} -1 \\ 0 \\ 1 \end{bmatrix} \cdot e^{-t}$$

mit beliebigen Integrationskonstanten $k_1, k_2, k_3 \in I\!R$.

(ii) Bestimmung einer partikulären Lösung des inhomogenen Systems: Die Störfunktion des gegebenen Systems von linearen Differentialgleicungen ist konstant. Deshalb wird der Ansatz $\boldsymbol{h}(t) = \boldsymbol{h} = (h_1, h_2, h_3)^T$ für eine partikuläre Lösung des inhomogenen Systems versucht. Geht man damit in das inhomogene System ein, so erhält man das lineare Gleichungssystem für die unbekannten Komponenten h_1, h_2, h_3 von $\boldsymbol{h}$:

h_1	h_2	h_3		
1	0	2	2	$\mid \cdot(-3)$
0	5	0	0	
3	0	2	0	+
1	0	2	2	
0	5	0	0	
0	0	−4	−6	

Es besitzt die Lösung $h_3 = \frac{3}{2}, h_2 = 0, h_1 = -1$. Damit ist $\boldsymbol{h} = (-1, 0, \frac{3}{2})^T$ eine konstante Lösung des inhomogenen Systems linearer Differentialgleichungen.

c) Durch Überlagerung erhält man

$$\boldsymbol{y} = \boldsymbol{y}_h + \boldsymbol{h} = k_1 \cdot \begin{bmatrix} 0 \\ 1 \\ 0 \end{bmatrix} \cdot e^{5t} + k_2 \cdot \begin{bmatrix} \frac{2}{3} \\ 0 \\ 1 \end{bmatrix} \cdot e^{4t} + k_3 \cdot \begin{bmatrix} -1 \\ 0 \\ 1 \end{bmatrix} \cdot e^{-t} + \begin{bmatrix} -1 \\ 0 \\ \frac{3}{2} \end{bmatrix}$$

als allgemeine Lösung des gegebenen inhomogenen Systems von Differentialgleichungen.

(K5) Gegeben sei das Differentialgleichungssystem

$$\begin{aligned} y_1' &= y_1 + 2y_2 - 3 \\ y_2' &= 2y_1 - 2y_2. \end{aligned}$$

a) Wie lautet die allgemeine Lösung des Systems?

b) Wie lautet die Lösung, für die $y_1(0) = 2,\ y_2(0) = 1$ gilt?

Lsg.: Das gegebene Differentialgleichungssystem ist ein inhomogenes System linearer Differentialgleichungen erster Ordnung

$$\boldsymbol{y}' = A \cdot \boldsymbol{y} + \boldsymbol{g}$$

mit der konstanten Matrix

$$A = \begin{bmatrix} 1 & 2 \\ 2 & -2 \end{bmatrix} \text{ und der konstanten Störfunktion } \boldsymbol{g} = \begin{bmatrix} -3 \\ 0 \end{bmatrix}.$$

a) (i) Lösung des zugehörigen homogenen Systems:

$$\boldsymbol{y}' = A \cdot \boldsymbol{y}$$

Der Lösungsansatz $\boldsymbol{y} = \boldsymbol{c}e^{\lambda t}$ führt, wenn er in das homogene System eingesetzt wird, auf die Eigenwertaufgabe für die Matrix A.

1. Bestimmung der Eigenwerte von A:

$$\begin{aligned}\det(A-\lambda E) &= \begin{vmatrix} 1-\lambda & 2 \\ 2 & -2-\lambda \end{vmatrix} \\ &= (1-\lambda)(-2-\lambda)-4 = \lambda^2+\lambda-6 \\ &= (\lambda-2)(\lambda+3) = 0\end{aligned}$$

Die Eigenwerte von A lauten $\lambda_{1,2} = 2, -3$.

2. Bestimmung der zugehörigen Eigenvektoren:

$$\lambda_1 = 2 \quad \Rightarrow \quad \begin{bmatrix} -1 & 2 \\ 2 & -4 \end{bmatrix} \cdot \begin{bmatrix} c_1^1 \\ c_2^1 \end{bmatrix} = \begin{bmatrix} 0 \\ 0 \end{bmatrix}$$

Wird $c_2^1 = 1$ gewählt, so folgt $c_1^1 = 2$. Damit ist

$$\boldsymbol{c}^1 = \begin{bmatrix} 2 \\ 1 \end{bmatrix} \quad \text{ein Eigenvektor zum Eigenwert } \lambda_1 = 2.$$

$$\lambda_2 = -3 \quad \Rightarrow \quad \begin{bmatrix} 4 & 2 \\ 2 & 1 \end{bmatrix} \cdot \begin{bmatrix} c_1^2 \\ c_2^2 \end{bmatrix} = \begin{bmatrix} 0 \\ 0 \end{bmatrix}$$

Wird $c_1^2 = 1$ gewählt, so folgt $c_2^2 = -2$. Damit ist

$$\boldsymbol{c}^2 = \begin{bmatrix} 1 \\ -2 \end{bmatrix} \quad \text{ein Eigenvektor zum Eigenwert } \lambda_2 = -3.$$

Die allgemeine Lösung des homogenen Systems lautet damit

$$\boldsymbol{y}_h = k_1 \cdot \begin{bmatrix} 2 \\ 1 \end{bmatrix} \cdot e^{2t} + k_2 \cdot \begin{bmatrix} 1 \\ -2 \end{bmatrix} \cdot e^{-3t}, \quad t \in \mathbb{R}.$$

Hier sind $k_1, k_2 \in \mathbb{R}$ beliebige Integrationskonstanten.

(ii) Bestimmung einer partikulären Lösung des inhomogenen Systems: Da die Störfunktion konstant ist, wird ein Löungsansatz $\boldsymbol{h}(t) = \boldsymbol{h} = (h_1, h_2)^T$ mit einer konstanten Funktion $\boldsymbol{h}$ versucht: geht man damit in das inhomogene System ein, so erhält man das lineare Gleichungssyystem für die unbekannten Komponenten von $\boldsymbol{h}$:

h_1	h_2	
1	2	3
2	−2	0

Es hat die Lösung $h_1 = 1, h_2 = 1$. Damit ist

$$\boldsymbol{y}_s = \begin{bmatrix} 1 \\ 1 \end{bmatrix}$$

eine konstante Lösung des inhomogenen Systems.

(iii) Die allgemeine Lösung des gegebenen Differentialgleichungssystems lautet damit:

$$\boldsymbol{y} = \boldsymbol{y}(t) = k_1 \cdot \begin{bmatrix} 2 \\ 1 \end{bmatrix} \cdot e^{2t} + k_2 \cdot \begin{bmatrix} 1 \\ -2 \end{bmatrix} \cdot e^{-3t} + \begin{bmatrix} 1 \\ 1 \end{bmatrix}.$$

b) Bestimmung der speziellen Lösung, die der gegebenen Anfangsbedingung genügt: Die Integrationskonstanten k_1, k_2 werden aus der Anfangsbedingung

$$\boldsymbol{y}(0) = k_1 \cdot \begin{bmatrix} 2 \\ 1 \end{bmatrix} + k_2 \cdot \begin{bmatrix} 1 \\ -2 \end{bmatrix} + \begin{bmatrix} 1 \\ 1 \end{bmatrix} \stackrel{!}{=} \begin{bmatrix} 2 \\ 1 \end{bmatrix}.$$

bestimmt. Wird diese Vektorgleichung komponentenweise ausgeschrieben, so liefert sie das folgende lineare Gleichungssystem für die Unbekannten k_1, k_2:

k_1	k_2		
2	1	1	$\mid \cdot 2$
1	-2	0	$+$
2	1	1	
5	0	2	

Es besitzt die Lösung $k_1 = \frac{2}{5}$, $k_2 = \frac{1}{5}$. Damit lautet die spezielle Lösung, die der gegebenen Anfangsbedingung genügt,

$$\boldsymbol{y} = \begin{bmatrix} \frac{4}{5} \\ \frac{2}{5} \end{bmatrix} \cdot e^{2t} + \begin{bmatrix} \frac{1}{5} \\ -\frac{2}{5} \end{bmatrix} \cdot e^{-3t} + \begin{bmatrix} 1 \\ 1 \end{bmatrix}.$$

(K6) a) Wie lautet die allgemeine Lösung der Differenzengleichung

$$16x_{t+2} - 16x_{t+1} + 3x_t = 3, \quad t \in \mathbb{N}_0 \;?$$

b) Wie lautet die spezielle Lösung der Differenzengleichung aus a), die den Anfangsbedingungen $x_0 = 1, x_1 = \frac{1}{2}$ genügt?

c) Zeigen Sie, dass alle Lösungen von a) konvergent sind und bestimmen Sie ihren Limes.

d) Bestimmen Sie für die spezielle Lösung aus b) $\sup_{t \in \mathbb{N}_0} x_t$ und $\inf_{t \in \mathbb{N}_0} x_t$.

Lsg.: Die vorgelegte Differenzengleichung ist eine inhomogene lineare Differenzengleichung 2. Ordnung mit konstanten Koeffizienten und konstanter Störfolge.

a) (i) Lösung der zugehörigen homogenen Differenzengleichung

$$16x_{t+2} - 16x_{t+1} + 3x_t = 0, \quad t \in \mathbb{N}_0\,.$$

Geht man mit dem Ansatz für eine Lösung $\boldsymbol{x} = (x_t)_{t \in \mathbb{N}_0}$, $x_t = \lambda^t$, in die homogene Differenzengleichung ein, so erhält man die charakteristische Gleichung

$$16\lambda^2 - 16\lambda + 3 = 0 \quad \Leftrightarrow \quad \lambda^2 - \lambda + \frac{3}{16} = 0.$$

Ihre Lösungen sind $\lambda_{1,2} = \frac{1}{2} \pm \sqrt{\frac{1}{4} - \frac{3}{16}} = \frac{1}{2} \pm \sqrt{\frac{1}{16}} = \frac{1}{2} \pm \frac{1}{4} = \frac{3}{4}, \frac{1}{4}$. Damit lautet die allgemeine Lösung der homogenen Differenzengleichung

$$x_t^h = k_1 \cdot (\frac{3}{4})^t + k_2 \cdot (\frac{1}{4})^t, \quad t = 0, 1, 2, \ldots.$$

Hier sind $k_1, k_2 \in I\!R$ beliebige Konstanten.

(ii) Bestimmung einer partikulären Lösung der inhomogenen Differenzengleichung: Da die Störfolge konstant ist, wird für die inhomogenen Differenzengleichung ein Lösungsansatz mit einer konstanten Folge $(h_t)_{t \in I\!N_0} = (h)_{t \in I\!N_0}$ versucht. Wird dieser in die inhomogene Differenzengleichung eingesetzt, so erhält man für h die Gleichung:

$$16h - 16h + 3h = 3.$$

Sie wird durch $h = 1$ gelöst. Damit ist

$$\boldsymbol{x} = (x_t)_{t \in I\!N_0}, \quad x_t = k_1(\frac{3}{4})^t + k_2(\frac{1}{4})^t + 1, \quad t = 0, 1, 2, \ldots$$

die allgemeine Lösung der inhomogenen Differenzengleichung.

b) Aus der Anfangsbedingung erhält man das folgende lineare Gleichungssystem für die unbekannten Konstanten k_1, k_2:

$$\begin{array}{rcllcl} x_0 & = & k_1 & +k_2 & +1 & = 1 \\ x_1 & = & \frac{3}{4}k_1 & +\frac{1}{4}k_2 & +1 & = \frac{1}{2} \Rightarrow \end{array}$$

k_1	k_2		
1	1	0	$\vert \cdot(-\frac{3}{4})$
$\frac{3}{4}$	$\frac{1}{4}$	$-\frac{1}{2}$	+
1	1	0	
0	$-\frac{1}{2}$	$-\frac{1}{2}$	

Es besitzt die Lösung $k_2 = 1, k_1 = -1$. Damit lautet die spezielle Lösung, die der gegebenen Anfangsbedingung genügt,

$$\boldsymbol{x} = (x_t)_{t \in I\!N_0}, \quad x_t = -(\frac{3}{4})^t + (\frac{1}{4})^t + 1 = 1 - \frac{3^t - 1}{4^t}, \quad t = 0, 1, 2, \ldots.$$

c) Wegen $\lim_{t \to \infty} q^t = 0$ für $|q| < 1$, folgt

$$\lim_{t \to \infty} x_t = 1$$

für alle Lösungen der gegebenen Differenzengleichung.

d) Die spezielle Folge, die unter b) bestimmt worden ist, beginnt mit $x_0 = 1, x_1 = \frac{1}{2}$. Weil für $t \geq 1$

$$0 < x_t = 1 - \frac{3^t - 1}{4^t} < 1$$

ist, folgt

$$\sup_{t \in I\!N_0} x_t = 1.$$

Die Funktion

$$t \longmapsto f(t) := \frac{3^t - 1}{4^t}$$

ist für $t \geq 1$ streng monoton fallend, weil

$$f'(t) = \frac{3^t \cdot 4^t \ln 3 - (3^t - 1) \cdot 4^t \ln 4}{4^{2t}} = \frac{3^t(\ln 3 - \ln 4) + \ln 4}{4^t} < 0$$

ist für $t \geq 1$. Deshalb ist die Folge (x_t) für $t \geq 1$ streng monoton wachsend gegen 1. Daraus folgt

$$\inf_{t \in \mathbb{N}_0} x_t = x_1 = \frac{1}{2}.$$

(K7) Gegeben sei die Differenzengleichung

$$2y_{t+3} - y_{t+1} - y_t = 1, \quad t \in \mathbb{N}_0 .$$

a) Bestimmen Sie die allgemeine Lösung dieser Differenzengleichung.

b) Bestimmen Sie die Lösung dieser Differenzengleichung, die den Anfangsbedingungen $y_0 = 1$, $y_1 = \frac{1}{5}$, $y_2 = \frac{2}{5}$ genügt.

Lsg.: Die vorgelegte Differenzengleichung ist eine inhomogene lineare Differenzengleichung 3. Ordnung mit konstanten Koeffizienten und konstanter Störfolge.

(i) Lösung der zugehörigen homogenen linearen Differenzengleichung

$$2y_{t+3} - y_{t+1} - y_t = 0, \quad t \in \mathbb{N}_0 .$$

Geht man mit dem Lösungsansatz $y_t = \lambda^t$ in die homogene Differenzengleichung ein, so erhält man die charakteristische Gleichung

$$2\lambda^3 - \lambda - 1 = 0 \quad \Leftrightarrow \quad (\lambda - 1)(\lambda^2 + \lambda + \frac{1}{2}) = 0$$

Sie besitzt die Lösungen $\lambda_1 = 1$, $\lambda_{2,3} = -\frac{1}{2} \pm \frac{1}{2}i$. Man berechnet $|\lambda_2| = \sqrt{\frac{1}{4} + \frac{1}{4}} = \frac{1}{\sqrt{2}}$ und $\varphi = \arg \lambda_2 = \frac{3}{4}\pi$. Damit lauten die zugehörigen Basis-Lösungen der homogenen Differenzengleichung

$$\begin{aligned}
\boldsymbol{y}^1 &= (y_t^1)_{t \in \mathbb{N}_0}, \quad y_t^1 = 1^t = 1 \text{ (konstante Folge)} \\
\boldsymbol{y}^2 &= (y_t^2)_{t \in \mathbb{N}_0}, \quad y_t^2 = (\frac{1}{\sqrt{2}})^t \cos(t\frac{3}{4}\pi) \\
\boldsymbol{y}^3 &= (y_t^3)_{t \in \mathbb{N}_0}, \quad y_t^3 = (\frac{1}{\sqrt{2}})^t \sin(t\frac{3}{4}\pi).
\end{aligned}$$

Die allgemeine Lösung der homogenen Differenzengleichung lautet

$$\boldsymbol{y} = (y_t)_{t \in \mathbb{N}_0}, \quad y_t = k_1 + k_2(\frac{1}{\sqrt{2}})^t \cos(t\frac{3}{4}\pi) + k_3(\frac{1}{\sqrt{2}})^t \sin(t\frac{3}{4}\pi)$$

(ii) Bestimmung einer partikulären Lösung der inhomogenen linearen Differenzengleichung: Die Störfolge ist die konstante Folge (1). Da 1 hier auch Lösung der charakteristischen Gleichung ist, führt ein Ansatz $\boldsymbol{h} = (h)_{t\in \mathbb{N}_0}$ mit einer konstanten Folge nicht zum Ziel. Deshalb wird der Ansatz $\boldsymbol{h} = (at)_{t\in \mathbb{N}_0}$ versucht. Geht man damit in die inhomogene Differenzengleichung ein, so erhält man die Gleichung

$$2h_{t+3} - h_{t+1} - h_t = t(2a - a - a) + 5a \overset{!}{=} 1 \text{ für alle } t \in \mathbb{N}_0 .$$

Koeffizientenvergleich liefert $a = \frac{1}{5}$. Also ist $\boldsymbol{h} = (h_t)$, $h_t = \frac{1}{5}t$ eine partikuläre Lösung der inhomogenen Differenzengleichung. Die allgemeine Lösung der inhomogenen Differenzengleichung lautet

$$\boldsymbol{y} = (y_t)_{t\in \mathbb{N}_0}, \quad y_t = k_1 + k_2(\frac{1}{\sqrt{2}})^t \cos(t\frac{3}{4}\pi) + k_3(\frac{1}{\sqrt{2}})^t \sin(t\frac{3}{4}\pi) + \frac{1}{5}t, \quad t \in \mathbb{N}_0 .$$

b) Die Berücksichtigung der gegebenen Anfangsbedingungen liefert das folgende lineare Gleichungssystem für die Konstanten k_1, k_2, k_3:

$$\begin{array}{lllllll} y_0 & = & 1 & = & k_1 & +k_2 & \\ y_1 & = & \frac{1}{5} & = & k_1 & +\frac{1}{2}k_2 & -\frac{1}{2}k_3 \; +\frac{1}{5} \\ y_2 & = & \frac{2}{5} & = & k_1 & & -\frac{1}{2}k_3 \; +\frac{2}{5} \end{array}$$

Es wird wie üblich mit dem Gaußschen Algorithmus gelöst:

k_1	k_2	k_3		
1	1	0	1	$\vert\cdot(-1)$ $\vert\cdot(-1)$
1	$\frac{1}{2}$	$-\frac{1}{2}$	0	+
1	0	$-\frac{1}{2}$	0	+
1	1	0	1	
0	$-\frac{1}{2}$	$-\frac{1}{2}$	-1	(-2)
0	-1	$-\frac{1}{2}$	-1	+
1	1	0	1	
0	$-\frac{1}{2}$	$-\frac{1}{2}$	-1	
0	0	$\frac{1}{2}$	1	

Die Lösung ist $k_1 = 1$, $k_2 = 0$, $k_3 = 2$. Damit lautet die spezielle Lösung, die der gegebenen Anfangsbedingung genügt,

$$\boldsymbol{y} = (y_t)_{t\in \mathbb{N}_0}, \quad y_t = 1 + 2(\frac{1}{\sqrt{2}})^t \sin(\frac{3}{4}\pi t) + \frac{t}{5}, \quad t \in \mathbb{N}_0 .$$

(K8) Gegeben sei das System von Differenzengleichungen

$$\begin{aligned} y^1_{t+1} &= -2y^1_t + 2y^2_t + 1 \\ y^2_{t+1} &= -4y^1_t + 2y^2_t + 3, \quad t \in \mathbb{N}_0 . \end{aligned}$$

a) Man bestimme die allgemeine Lösung dieses Systems.

b) Man bestimme die spezielle Lösung, die den Anfangsbedingungen $y^1_0 = 1$, $y^2_0 = 0$ genügt.

Lsg.: Das gegebene System von Differenzengleichungen ist ein inhomogenes System linearer Differenzengleichungen 1. Ordnung mit konstanten Koeffizienten und konstanter Störfolge $\boldsymbol{g}$

$$\boldsymbol{y}_{t+1} = A \cdot \boldsymbol{y}_t + \boldsymbol{g} \text{ mit der Matrix } A = \begin{bmatrix} -2 & 2 \\ -4 & 2 \end{bmatrix} \text{ und mit } \boldsymbol{g} = \begin{bmatrix} 1 \\ 3 \end{bmatrix}.$$

a) (i) Lösung des zugehörigen homogenen Systems von Differenzengleichungen

$$\boldsymbol{y}_{t+1} = A \cdot \boldsymbol{y}_t$$

mit dem Lösungsansatz $\boldsymbol{y}_t = \boldsymbol{c} \cdot \lambda^t$, $t \in I\!N_0$, $\boldsymbol{c} \neq \mathbf{o}$. Geht man damit in das homogene System ein, so wird man auf das Eigenwertproblem der Matrix A geführt

$$\det(A - \lambda E) = \begin{vmatrix} -2-\lambda & 2 \\ -4 & 2-\lambda \end{vmatrix} = -(2+\lambda)(2-\lambda)+8 = \lambda^2+4 = 0$$

Die Eigenwerte von A sind $\lambda_{1,2} = \pm 2i$. Man sieht $|\lambda_1| = 2$ und $\varphi = \arg \lambda_1 = \frac{\pi}{2}$.
Berechnung der zugehörigen Eigenvektoren:

$$\lambda_1 = 2i: \quad \begin{bmatrix} -2-2i & 2 \\ -4 & 2-2i \end{bmatrix} \cdot \begin{bmatrix} c_1^1 \\ c_2^1 \end{bmatrix} = \begin{bmatrix} 0 \\ 0 \end{bmatrix}$$

Das lineare Gleichungssystem für die Komponenten eines Eigenvektors $\boldsymbol{c}^1$ wird mit dem Gaußschen Algorithmus gelöst:

c_1^1	c_2^1	
$-2-2i$	2	0
-4	$2-2i$	0

Wählt man $c_2^1 = 1$, so folgt $-4c_1^1 = -(2-2i)$, also $c_1^1 = \frac{1}{2}(1-i)$. Ein Eigenvektor zu $\lambda_1 = 2i$ ist

$$\boldsymbol{c}^1 = \begin{bmatrix} \frac{1}{2}(1-i) \\ 1 \end{bmatrix} = \begin{bmatrix} \frac{1}{2} \\ 1 \end{bmatrix} + i \begin{bmatrix} -\frac{1}{2} \\ 0 \end{bmatrix} =: \boldsymbol{u} + i\boldsymbol{v}.$$

Berechnung eines Eigenvektors zu $\lambda_2 = -2i$:

$$\lambda_2 = -2i: \quad \begin{bmatrix} -2+2i & 2 \\ -4 & 2+2i \end{bmatrix} \cdot \begin{bmatrix} c_1^2 \\ c_2^2 \end{bmatrix} = \begin{bmatrix} 0 \\ 0 \end{bmatrix}$$

Man kann das entsprechende lineare Gleichungssystem lösen. A ist eine reelle Matrix. Dann ist aus der Theorie bekannt, dass

$$\boldsymbol{c}^2 = \boldsymbol{u} - i\boldsymbol{v} = \begin{bmatrix} \frac{1}{2} \\ 1 \end{bmatrix} - i \begin{bmatrix} -\frac{1}{2} \\ 0 \end{bmatrix}$$

ein Eigenvektor zu $\lambda_2 = -2i$ sein muss. Damit besitzt das homogene System von Differenzengleichungen die Basis-Lösungen

$$\begin{aligned} \boldsymbol{y}^1 &= (\boldsymbol{y}_t^1)_{\in \mathbb{N}_0}, \quad \boldsymbol{y}_t^1 = 2^t \left(\begin{bmatrix} \frac{1}{2} \\ 1 \end{bmatrix} \cos(t\frac{\pi}{2}) - \begin{bmatrix} -\frac{1}{2} \\ 0 \end{bmatrix} \sin(t\frac{\pi}{2}) \right) \\ \boldsymbol{y}^2 &= (\boldsymbol{y}_t^2)_{\in \mathbb{N}_0}, \quad \boldsymbol{y}_t^2 = 2^t \left(\begin{bmatrix} \frac{1}{2} \\ 1 \end{bmatrix} \sin(t\frac{\pi}{2}) + \begin{bmatrix} -\frac{1}{2} \\ 0 \end{bmatrix} \cos(t\frac{\pi}{2}) \right) \end{aligned}$$

Dabei sind $k_1, k_2 \in \mathbb{R}$ beliebige reelle Konstanten. Die allgemeine Lösung des homogenen Systems lautet

$$\begin{aligned} \boldsymbol{y}_{\text{hom}} &= (\boldsymbol{y}_{\text{hom},t})_{t \in \mathbb{N}_0}, \\ \boldsymbol{y}_{\text{hom},t} &= k_1 \cdot \boldsymbol{y}_t^1 + k_2 \cdot \boldsymbol{y}_t^2 \\ &= 2^t \begin{bmatrix} \frac{1}{2} \\ 1 \end{bmatrix} (k_1 \cdot \cos(t\frac{\pi}{2}) + k_2 \cdot \sin(t\frac{\pi}{2})) \\ &+ 2^t \begin{bmatrix} -\frac{1}{2} \\ 0 \end{bmatrix} \left(-k_1 \cdot \sin(t\frac{\pi}{2}) + k_2 \cdot \cos(t\frac{\pi}{2}) \right) \end{aligned}$$

(ii) Die Störfolge $\boldsymbol{g} = (\boldsymbol{g}_t)$ mit $\boldsymbol{g}_t = \begin{bmatrix} 1 \\ 3 \end{bmatrix}$ ist eine konstante Folge. Deshalb wird der Lösungsansatz $(\boldsymbol{h}_t)$ mit einem konstanten Vektor $\boldsymbol{h}_t = \boldsymbol{h}$ versucht. Geht man damit in das inhomogene System ein, so wird man auf das inhomogene lineare Gleichungssystem geführt

$$\boldsymbol{h} \stackrel{!}{=} A \cdot \boldsymbol{h} + \boldsymbol{g} \quad \Leftrightarrow \quad (A - E)\boldsymbol{h} = -\boldsymbol{g}.$$

Es wird mit dem Gaußschen Algorithmus gelöst:

h_1	h_2	$-\boldsymbol{g}$	
-3	2	-1	+ ↰
-4	1	-3	$\mid \cdot(-2)$
5	0	5	
-4	1	-3	

Es besitzt die Lösung $h_1 = 1$, $h_2 = 1$. Damit ist die konstante Folge $(\boldsymbol{h})$ mit $\boldsymbol{h} = \begin{bmatrix} 1 \\ 1 \end{bmatrix}$ eine partikuläre Lösung des gegebenen inhomogenen Systems von Differenzengleichungen. Dessen allgemeine Lösung lautet

$$\begin{aligned} \boldsymbol{y} &= (\boldsymbol{y}_t)_{t \in \mathbb{N}_0}, \\ \boldsymbol{y}_t &= \boldsymbol{y}_{\text{hom},t} + \boldsymbol{h} \\ &= 2^t \begin{bmatrix} \frac{1}{2} \\ 1 \end{bmatrix} \left(k_1 \cdot \cos(t\frac{\pi}{2}) + k_2 \cdot \sin(t\frac{\pi}{2}) \right) \\ &+ 2^t \begin{bmatrix} -\frac{1}{2} \\ 0 \end{bmatrix} \left(-k_1 \cdot \sin(t\frac{\pi}{2}) + k_2 \cdot \cos(t\frac{\pi}{2}) \right) + \begin{bmatrix} 1 \\ 1 \end{bmatrix}. \end{aligned}$$

b) Die Anfangsbedingungen liefern das folgende lineare Gleichungssystem für die Konstanten k_1, k_2:

$$\begin{array}{lllllll} y_0^1 & = & 1 & = & \frac{1}{2}k_1 & -\frac{1}{2}k_2 & +1 \\ y_0^2 & = & 0 & = & k_1 & & +1 \end{array}$$

Es besitzt die Lösung $k_1 = -1$, $k_2 = -1$. Damit lautet die spezielle Lösung des gegebenen Systems von Differenzengleichungen, die den gegebenen Anfangsbedingungen genügt,

$$\begin{aligned} \boldsymbol{y} &= (\boldsymbol{y}_t)_{t\in \mathbb{N}_0}, \\ \boldsymbol{y}_t &= 2^t \begin{bmatrix} \frac{1}{2} \\ 1 \end{bmatrix} \Big(-\cos(t\frac{\pi}{2}) - \sin(t\frac{\pi}{2})\Big) \\ &+ 2^t \begin{bmatrix} -\frac{1}{2} \\ 0 \end{bmatrix} \Big(\sin(t\frac{\pi}{2}) - \cos(t\frac{\pi}{2})\Big) + \begin{bmatrix} 1 \\ 1 \end{bmatrix} \\ &= 2^t \cdot \begin{bmatrix} -\sin(t\frac{\pi}{2}) \\ -\sin(t\frac{\pi}{2}) - \cos(t\frac{\pi}{2}) \end{bmatrix} + \begin{bmatrix} 1 \\ 1 \end{bmatrix}, \quad t \in \mathbb{N}_0 . \end{aligned}$$

Symbolverzeichnis

Griechisches Alphabet

A	α	alpha	I	ι	iota	P	ϱ	rho
B	β	beta	K	κ	kappa	Σ	σ	sigma
Γ	γ	gamma	Λ	λ	lambda	T	τ	tau
Δ	δ	delta	M	μ	mü	Υ	υ	üpsilon
E	ε	epsilon	N	ν	nü	Φ	ϕ	phi
Z	ζ	zeta	Ξ	ξ	xi	X	χ	chi
H	η	eta	O	o	omicron	Ψ	ψ	psi
Θ	θ	theta	Π	π	pi	Ω	ω	omega

1 Funktionen

		Seite
gdw	genau dann, wenn	Vorkurs 32
$\mathbb{R}$	Menge der reellen Zahlen	Vorkurs 9
$\mathbb{N}$	Menge der natürlichen Zahlen	Vorkurs 9
$\mathbb{N}_0$	Menge der nicht negativen ganzen Zahlen	Vorkurs 9
$\mathbb{Z}$	Menge der ganzen Zahlen	Vorkurs 9
$\mathbb{Q}$	Menge der rationalen Zahlen	Vorkurs 9
$\mathbb{R}_{\geq 0} = \mathbb{R}^+$	Menge der nicht negativen reellen Zahlen	Vorkurs 9
$f : A \to B$	f ist Funktion, definiert auf A, mit Werten in B	12
$A \ni x \to y = f(x) \in B$	gleichbedeutend mit $f : x \mapsto y = f(x)$, $x \in A, y \in B$	12
$\mathcal{D}_f$	Definitionsbereich der Funktion f	12
$\mathcal{W}_f$	genauer Wertebereich der Funktion f	12
f^{-1}	Umkehrfunktion von f	15
id	identische Funktion	16
$g \circ f$	Komposition, mittelbare Funktion	20
a^β	Potenz	22
$\sqrt[n]{x}$	n-te Wurzel	23
$\log_a c$	Logarithmus von c zur Basis a	26

2 Differentialrechung der Funktionen einer Veränderlichen

(a_n)	Folge	37
$\mathcal{U}_\epsilon(a)$	ϵ- Umgebung von a	42
$\mathcal{U}_\epsilon^*(a)$	punktierte ϵ- Umgebung von a	42

$\lim_{n\to\infty} a_n$	Grenzwert der Folge (a_n)	42
$a_n \to a$	Konvergenz der Folge (a_n) gegen a	42
$\liminf_{n\to\infty} a_n$	untere Häufungsgrenze der Folge (a_n)	46
$\limsup_{n\to\infty} a_n$	obere Häufungsgrenze der Folge (a_n)	46
$a_n \nearrow a$	(a_n) ist monoton wachsend konvergent gegen a	43
$a_n \searrow a$	(a_n) ist monoton fallend konvergent gegen a	43
$\sum_{k=1}^{\infty} a_k$	unendliche Reihe	46
$\exp(x) = e^x$	natürliche Exponentialfunktion	54
ln	natürliche Logarithmusfunktion	56
$\lim_{x\to\infty} f(x)$	Grenzwert der Funktion f für $x \to \infty$	62
$\lim_{x\to x_0+} f(x)$	rechtsseitiger Grenzwert der Funktion f an der Stelle x_0	64
$\lim_{x\to x_0-} f(x)$	linksseitiger Grenzwert der Funktion f an der Stelle x_0	65
$\operatorname{sign} x$	Signumfunktion	65
$\lim_{x\to x_0} f(x)$	Grenzwert der Funktion f an der Stelle x_0	66
$\min\{a, b\}$	Minimum zweier reeller Zahlen	67
$\max\{a, b\}$	Maximum zweier reeller Zahlen	67
$f'(x_0) = \frac{df}{dx}(x_0) = \frac{df(x)}{dx}\|_{x=x_0}$	Wert der 1. Ableitung von f an der Stelle x_0	81
Δy	Zuwachs der Variablen y	82
dy	Differential	82
$W(K, t, \Delta t)$	durchschnittliche relative Änderungsrate von K im Intervall $[t, t + \Delta t]$	92
$E(K, t, \Delta t)$	durchschnittliche relative Elastizität von K bzgl t im Intervall $[t, t + \Delta t]$	92
$w(K, t)$	Wachstumsrate von K zum Zeitpunkt t	92,95
$e(K, t)$	Punkt-Elastitzität von K zum Zeitpunkt t	92,95
$f^{(n)}(x) = (\frac{d}{dx})^n f(x) = \frac{d^n y}{dx^n}$	Ableitung n-ter Ordnung	99
R	Konvergenzradius einer Potenzreihe	104

3 Integralrechnung der Funktionen einer Veränderlichen

$\int_a^b f(t)\,dt$	bestimmtes Integral	133
$F_a(x)$	Flächenfunktion	133
$\int f(x)\,dx$	unbestimmtes Integral	135
$[F(t)]_a^b$	$:= F(b) - F(a)$	138
$\int_{-\infty}^{\infty} f(t)dt$	uneigentliches Integral	156

4 Geometrie des $\mathbb{R}^n$; Matrizenalgebra, lineare Gleichungssysteme I

$\mathbb{R}^n$	n-dimensionaler arithmetischer Vektorraum	164
$\boldsymbol{x} = \begin{bmatrix} x_1 \\ x_2 \\ \vdots \\ x_n \end{bmatrix}$	n-dimensionaler Spaltenvektor	164
$\boldsymbol{x}^T$	transponierter Vektor	164
$\|\boldsymbol{x}\|$	Betrag des Vektors $\boldsymbol{x}$	168
$\mathrm{d}(\boldsymbol{x}, \boldsymbol{y}) = \|\boldsymbol{x} - \boldsymbol{y}\|$	Abstand der Vektoren $\boldsymbol{x}$ und $\boldsymbol{y}$	168
$\boldsymbol{x}^T \cdot \boldsymbol{y} = \boldsymbol{x}^T \boldsymbol{y}$	Skalarprodukt des Zeilenvektors $\boldsymbol{x}^T$ mit dem Spaltenvektor $\boldsymbol{y}$	166
$\boldsymbol{e}^1, \boldsymbol{e}^2, \ldots, \boldsymbol{e}^n$	kanonische Einheitsvektoren des $\mathbb{R}^n$	169
$\langle \boldsymbol{x}^1, \boldsymbol{x}^2, \ldots, \boldsymbol{x}^n \rangle$	Menge aller Linearkombinationen der Vektoren $\boldsymbol{x}^1, \boldsymbol{x}^2, \ldots, \boldsymbol{x}^n$	170
$(a_{i,j})$	Matrix	182
$\begin{bmatrix} a_{1,1} & \ldots & a_{1,n} \\ \vdots & & \vdots \\ a_{m,1} & \ldots & a_{m,n} \end{bmatrix}$	Matrix	182
$\boldsymbol{a}^{(i)}$	i-ter Zeilenvektor einer Matrix $(a_{i,j})$	181
$\boldsymbol{a}^j$	j-ter Spaltenvektor einer Matrix $(a_{i,j})$	181
A^T	transponierte Matrix	182
0	Null, Nullmatrix	184
$\mathbf{o}$	Nullvektor	167

7 Eigenwerte von Matrizen

$\mathbb{C}$	Menge der komplexen Zahlen, komplexe Zahlenebene	385
$z = (x, y) = x + iy$	komplexe Zahl	385
$\overline{z} = (x, -y) = x - iy$	zu $z = x + iy$ konjugiert komplexe Zahl	386
Re z	Realteil der komplexen Zahl z	385
Im z	Imaginärteil der komplexen Zahl z	385
arg z	Argument der komplexen Zahl z	385
i	imaginäre Einheit, $\boxed{i^2 = -1}$	385
$\|z\|$	Betrag der komplexen Zahl z	385
$\varphi = \arg z$	Winkel einer komplexen Zahl	385
$(\lambda, \boldsymbol{x})$	Eigenpaar einer Matrix	394
$\varphi_A(\lambda)$	charakteristisches Polynom der Matrix A	394
$A - \lambda E$	charakteristische Matrix	394
$\rho(A)$	Spektralradius der Matrix A	401
A^-	Pseudoinverse der Matrix A	407
$(E - A)^{-1}$	Leontief-Inverse der Matrix A	412
λ_A	Frobenius-Wurzel von A	413
$A \geq O$	A ist eine nicht-negative Matrix	408
$A > 0$	A ist eine positive Matrix	408

8 Differentialgleichungen und Differenzengleichungen

Dgl	gewöhnliche Differentialgleichung	432
AWA	Anfangswertaufgabe	435,463
$\boldsymbol{y}'(t)$	Ableitung der vektorwertigen Funktion $\boldsymbol{y}(t)$	434
$P(\lambda)$	charakteristisches Polynom	445,466
$e^{\alpha+i\beta}$	$= e^{\alpha}(\cos\beta + i\sin\beta)$ **Eulersche Formel**	445
Δ^k	Differenzenoperator	462
$(\boldsymbol{y}_t)$	Vektorfolge	478

Zitierte Literatur

[p. 428] gibt die Seite an, auf der das Buch zitiert wird.

[Bau] BAUMOL, W.J. Economic Dynamics, An Introduction, New York 1970[3], [p. 428]

[CW] COLLATZ, L., WETTERLING, W. Optimierungsaufgaben, Springer 1971[2], [p. 272,275,331,339,342,344,345]

[DK2] DÜCK, W., KÖRTH, H. Mathematik für Ökonomen II, Verlag Harri Deutsch, 1980, [p. 339]

[FH] FELDERER, B., HOMBURG, ST. Makroökonomik und neue Makroökonomik, Springer Verlag 1999[7], [p. 231,257,280,286,287,288,306,308,310,331,332,355,474]

[Gol] GOLDBERG, S. Differenzengleichungen und ihre Anwendungen in der Wirtschaftswissenschaft, Psychologie und Soziologie, Oldenbourg Verlag 1968, [p. 39]

[Gu1] GUTENBERG, E. Grundlagen der Betriebswirtschaftslehre, Bd. 1, Springer 1968, [p. 111,266,268,326]

[Gu2] GUTENBERG, E. Grundlagen der Betriebswirtschaftslehre, Bd. 2, Springer 1968, [p. 300,301]

[Int] INTRILIGATOR, M.D. Mathematical Optimization and Economic Theory, Prentice Hall, 1971, [p. 315,317]

[Karl] KARLIN, S. Mathematical Methods and Theory of Games, Programming and Economics, Dover 1992[2], [p.339,355]

[Karm] KARMANN, A. Mathematik für Wirtschaftswissenschaftler, Oldenbourg Verlag 1988[3], [p. 315]

[KK] KÜNZI, H.P., KRELLE, W. Nichtlineare Programmierung, Springer 1975, [p. 343,345]

[Mü] MÜHLBACH, G. Vorkurs zur Mathematik, Wiederholung von Schulmathematik in 3 Wochen, Binomi-Verlag, 1992 [p.4,55,242]

[Nik] NIKAIDO, H. Introduction to Sets and Mappings in Modern Economics, 1972, [p. 412]

[RSF] RICHTER, R., SCHLIEPER, U. FRIEDMANN, W. Makroökonomik, Springer Verlag 1973, [p. 290]

[Schn] SCHNEIDER, H. Mikroökonomie, Verlag Vahlen 1975², [p. 28,84,115,244]

[Schu] SCHUMANN, J. Grundzüge der mikroökonomischen Theorie, Springer Verlag 1971, [p. 115,117,250,251,257,268]

[Ste] STEFFEN, R. Produktions- und Kostentheorie, Kohlhammer, 1973³, [p. 267,339]

[Tak] TAKAYAMA, A. Mathematical Economics, Hinsdale/Ill, 1974, [p. 413]

[Var] VARIAN, H.R. Mikroökonomie, Oldenbourg Verlag 1994³, [p. 150,244,315,317,327,334,339]

[Wöh] WÖHE, G. Einführung in die Allgemeine Betriebswirtschaftslehre, Verlag Vahlen, 1997⁷, [p. 113,250]

Weiterführende Literatur

[**BK1**] BECKMANN, M.J., KÜNZI, H.P. Mathematik für Ökonomen I, Springer Verlag 1969 [p.]

[**BK2**] BECKMANN, M.J., KÜNZI, H.P. Mathematik für Ökonomen II, Springer Verlag 1973 [p.]

[**BK3**] BECKMANN, M.J., KÜNZI, H.P. Mathematik für Ökonomen I, Springer Verlag 1984 [p.]

[**Chi**] CHIANG, A.C. Fundamental Methods of Mathemaical Economics, McGraw Hill 1984[3]

[**DK1**] DÜCK, W., KÖRTH, H. Mathematik für Ökonomen I, Verlag Harri Deutsch, 1980

[**DK2**] DÜCK, W., KÖRTH, H. Mathematik für Ökonomen II, Verlag Harri Deutsch, 1980

[**Gal1**] GAL, T., KRUSE, H.J., PIEHLER, G., VOGELER, B., WOLF, H. Mathematik für Wirtschaftswissenschaftler I, Lineare Algebra, Springer Verlag 1983

[**Gal2**] GAL, T., KRUSE, H.J., PIEHLER, G., VOGELER, B., WOLF, H. Mathematik für Wirtschaftswissenschaftler II, Analysis, Springer Verlag 1983

[**HS**] HÄRTER, E., STÖWE, H. Lehrbuch der Mathematik für Volks- und Betriebswirte, Vandenhoek und ruprecht, 1990[3]

[**SB**] SIMON, C.P., BLUME, L. Mathematics for Economists, Norton co, 1994

Index

Finanzmathematik

Zinssatz $p\%$ jährlich, $q = 1 + \frac{p}{100}$ heißt **Zinsfaktor**

1. Einmalige Zahlung: Anfangskapital K

Kapital nach n Jahren: $K_n = K \cdot q^n$

Barwert einer in n Jahren fälligen Zahlung: $K = K_n \cdot q^{-n}$

Anzahl der Jahre: $n = \frac{\ln(K_n/K)}{\ln q}$

Faustformel: *Eine Verdoppelung tritt nach etwa* $\frac{70}{p}$ *Jahren ein.*

2. Periodische Zahlungsraten R (Zinsgutschrift am Jahresende)

Zahlungsperiode:
Monat ($k = 12$), Vierteljahr ($k = 4$), Halbjahr ($k = 2$), Jahr ($k = 1$)

Zahlung von R am Anfang der Zahlungsperiode: $K_1 = R(k + \frac{p}{100} \cdot \frac{k+1}{2})$

Zahlung von R am Ende der Zahlungsperiode: $K_1 = R(k + \frac{p}{100} \cdot \frac{k-1}{2})$

Kapital nach n Jahren: $K_n = K_1 \frac{q^n-1}{q-1}$

Im Fall $k = 1$ (jährliche Zahlung) heißt R die **Annuität** und es gilt
$K_n = R\frac{q^n-1}{q-1}q$ (vorschüssige Zahlung), $K_n = R\frac{q^n-1}{q-1}$ (nachschüssige Zahlung)

3. Startkapital S und periodische Entnahme oder Einlage R

Kapital nach n Jahren, K_1 wie in 2.: $K_n = S \cdot q^n \pm K_1 \frac{q^n-1}{q-1}$

Ein Schuldbetrag S ist abgetragen bzw. ein Startkapital S ist verbraucht, falls $S \cdot q^n = K_1 \frac{q^n-1}{q-1}$

die benötigte Anzahl an Jahren ist $n = \frac{\ln K_1 - \ln(K_1 - S(q-1))}{\ln q}$

Beispiel:

Durch welche monatliche Sparrate R kann eine Schuld von 20 000 € bei $p = 6\%$ in 5 Jahren abgetragen werden?

Lösung: $20\,000 \cdot 1{,}06^5 = R(12 + \frac{6}{100} \cdot \frac{13}{2}) \cdot \frac{1{,}06^5-1}{0{,}06} \implies \underline{R = 383{,}21\text{ €}}$.

4. Barwert B einer Ratenzahlung (Rente)

Erfolgt die Zahlung jeweils am Ende der Zahlungsperiode, gilt (vgl. mit 2.):

$$K_1 = R(k + \frac{p}{100} \cdot \frac{k-1}{2})$$
$$K_n = K_1 \cdot \frac{q^n-1}{q-1}$$

Der Barwert ist $B = K_1 \frac{q^n-1}{q-1} \cdot q^{-n}$

Der Barwert B einer ewigen Rente ($n \to \infty$) ist $B = \frac{K_1}{q-1}$.

Beispiel:

Welches Kapital B sichert eine ewige monatliche Rente von 1 000 € bei $p = 5\%$?

Lösung: $B = \frac{K_1}{q-1} = 1000(12 + \frac{5}{100} \cdot \frac{11}{2})/0{,}05 \implies \underline{B = 245\,500\text{ €}}$.

FORMELSAMMLUNG

Trigonometrische Funktionen

	0	$\frac{1}{6}\pi$	$\frac{1}{4}\pi$	$\frac{1}{3}\pi$	$\frac{1}{2}\pi$	$\frac{2}{3}\pi$	$\frac{3}{4}\pi$	$\frac{5}{6}\pi$	π	$\frac{7}{6}\pi$	$\frac{5}{4}\pi$	$\frac{4}{3}\pi$	$\frac{3}{2}\pi$	$\frac{5}{3}\pi$	$\frac{7}{4}\pi$	$\frac{11}{6}\pi$	2π
	0^0	30^0	45^0	60^0	90^0	120^0	135^0	150^0	180^0	210^0	225^0	240^0	270^0	300^0	315^0	330^0	360^0
$\sin x$	0	$\frac{1}{2}$	$\frac{\sqrt{2}}{2}$	$\frac{\sqrt{3}}{2}$	1	$\frac{\sqrt{3}}{2}$	$\frac{\sqrt{2}}{2}$	$\frac{1}{2}$	0	$-\frac{1}{2}$	$-\frac{\sqrt{2}}{2}$	$-\frac{\sqrt{3}}{2}$	-1	$-\frac{\sqrt{3}}{2}$	$-\frac{\sqrt{2}}{2}$	$-\frac{1}{2}$	0
$\cos x$	1	$\frac{\sqrt{3}}{2}$	$\frac{\sqrt{2}}{2}$	$\frac{1}{2}$	0	$-\frac{1}{2}$	$-\frac{\sqrt{2}}{2}$	$-\frac{\sqrt{3}}{2}$	-1	$-\frac{\sqrt{3}}{2}$	$-\frac{\sqrt{2}}{2}$	$-\frac{1}{2}$	0	$\frac{1}{2}$	$\frac{\sqrt{2}}{2}$	$\frac{\sqrt{3}}{2}$	1
$\tan x$	0	$\frac{\sqrt{3}}{3}$	1	$\sqrt{3}$	$\pm\infty$	$-\sqrt{3}$	-1	$-\frac{\sqrt{3}}{3}$	0	$\frac{\sqrt{3}}{3}$	1	$\sqrt{3}$	$\pm\infty$	$-\sqrt{3}$	-1	$-\frac{\sqrt{3}}{3}$	0
$\cot x$	$\pm\infty$	$\sqrt{3}$	1	$\frac{\sqrt{3}}{3}$	0	$-\frac{\sqrt{3}}{3}$	-1	$-\sqrt{3}$	$\pm\infty$	$\sqrt{3}$	1	$\frac{\sqrt{3}}{3}$	0	$-\frac{\sqrt{3}}{3}$	-1	$-\sqrt{3}$	$\pm\infty$

Additionstheoreme

$$\cos(x \pm y) = \cos x \cos y \mp \sin x \sin y$$
$$\sin(x \pm y) = \sin x \cos y \pm \cos x \sin y$$
$$\tan(x \pm y) = \frac{\tan x \pm \tan y}{1 \mp \tan x \tan y}$$

doppelter Winkel

$$\cos 2x = \cos^2 x - \sin^2 x = 1 - 2\sin^2 x = 2\cos^2 x - 1$$
$$\sin 2x = 2 \sin x \cos x$$
$$\tan 2x = \frac{2\tan x}{1 - \tan^2 x}$$
$$\cot 2x = \frac{\cot^2 x - 1}{2 \cot x}$$

halber Winkel

$$\cos\frac{x}{2} =^* \pm\sqrt{\frac{1}{2}(1 + \cos x)}$$
$$\sin\frac{x}{2} =^* \pm\sqrt{\frac{1}{2}(1 - \cos x)}$$
$$\tan\frac{x}{2} = \frac{1-\cos x}{\sin x} = \frac{\sin x}{1+\cos x} =^* \pm\sqrt{\frac{1-\cos x}{1+\cos x}}$$
$$\cot\frac{x}{2} = \frac{1+\cos x}{\sin x} = \frac{\sin x}{1-\cos x} =^* \pm\sqrt{\frac{1+\cos x}{1-\cos x}}$$

Symmetrie

$\cos(-x) = \cos x$	gerade Funktion
$\sin(-x) = -\sin x$	ungerade Funktion
$\tan(-x) = -\tan x$	ungerade Funktion
$\cot(-x) = -\cot x$	ungerade Funktion

$$\cos^2 x + \sin^2 x = 1$$

$$\cos^2 x = \frac{1}{2}(1 + \cos 2x)$$
$$\sin^2 x = \frac{1}{2}(1 - \cos 2x)$$
$$\sin x =^* \frac{\tan x}{\pm\sqrt{1+\tan^2 x}}$$
$$\cos x =^* \frac{1}{\pm\sqrt{1+\tan^2 x}}$$
$$\cos x = \sin\left(\frac{\pi}{2} \pm x\right)$$
$$\sin x = \cos\left(\frac{\pi}{2} - x\right)$$
$$\tan x = \frac{\sin x}{\cos x}$$
$$\cot x = \frac{\cos x}{\sin x} = \frac{1}{\tan x}$$

$$\sin x + \sin y = 2 \sin\frac{x+y}{2} \cos\frac{x-y}{2}$$
$$\sin x - \sin y = 2 \cos\frac{x+y}{2} \sin\frac{x-y}{2}$$
$$\sin x \cdot \sin y = \frac{1}{2}\big(\cos(x-y) - \cos(x+y)\big)$$
$$\cos x + \cos y = 2 \cos\frac{x+y}{2} \cos\frac{x-y}{2}$$
$$\cos x - \cos y = -2 \sin\frac{x+y}{2} \sin\frac{x-y}{2}$$
$$\cos x \cdot \cos y = \frac{1}{2}\big(\cos(x-y) + \cos(x+y)\big)$$
$$\sin x \cdot \cos y = \frac{1}{2}\big(\sin(x-y) + \sin(x+y)\big)$$

* Vorzeichen je nach Quadranten!

Hyperbelfunktionen

$$\cosh x = \frac{1}{2}(e^x + e^{-x})$$
$$\sinh x = \frac{1}{2}(e^x - e^{-x})$$
$$\tanh x = \frac{\sinh x}{\cosh x} = \frac{e^{2x}-1}{e^{2x}+1}$$
$$\tanh\frac{x}{2} = \frac{e^x - 1}{e^x + 1}$$

$\cosh 0 = 1, \ \sinh 0 = 0, \ \tanh 0 = 0$

$$\cosh^2 x - \sinh^2 x = 1$$

$\cosh(-x) = \cosh x$, $\sinh(-x) = -\sinh x$, $\tanh(-x) = -\tanh x$, $\coth(-x) = -\coth x$

Additionstheoreme

$$\cosh(x \pm y) = \cosh x \cosh y \pm \sinh x \sinh y$$
$$\sinh(x \pm y) = \sinh x \cosh y \pm \cosh x \sinh y$$

$$\cosh\frac{x}{2} = \sqrt{\frac{1}{2}(\cosh x + 1)}$$
$$\sinh\frac{x}{2} = \pm\sqrt{\frac{1}{2}(\cosh x - 1)}, \quad \text{für } \begin{cases} x \geq 0 \\ x < 0 \end{cases}$$

$$\cosh 2x = \cosh^2 x + \sinh^2 x$$
$$\sinh 2x = 2 \sinh x \cosh x$$

$$\operatorname{arsinh} x = \ln(x + \sqrt{x^2+1})$$
$$\operatorname{arcosh} x = \ln(x + \sqrt{x^2-1}), \quad \text{für } x \geq 1$$

FORMELSAMMLUNG

Differentiations- und Integrationsregeln

Produktregel: $(u\cdot v)' = u'\cdot v + u\cdot v'$

$(uvw)' = u'vw + uv'w + uvw'$

partielle Integration: $\int u'v\,dx = uv - \int uv'\,dx$

Quotientenregel: $\left(\frac{u}{v}\right)' = \frac{u'\cdot v - u\cdot v'}{v^2}$

Vektorfunktionen

$(\lambda\vec{u})' = \lambda'\vec{u} + \lambda\vec{u}\,'$

$(\vec{u}\cdot\vec{v})' = \vec{u}\,'\cdot\vec{v} + \vec{u}\cdot\vec{v}\,'$

$(\vec{u}\times\vec{v})' = \vec{u}\,'\times\vec{v} + \vec{u}\times\vec{v}\,'$

$(\vec{u}(\lambda(t)))' = \vec{u}\,'(\lambda(t))\cdot\lambda'(t)$

Kettenregel: $(y(x(t)))' = \frac{dy}{dt} = \frac{dy}{dx}\cdot\frac{dx}{dt} = y'(x(t))\cdot x'(t)$

Substitutionsregel: $\int f(x)\,dx = \int f(g(t))\,g'(t)\,dt$, dabei ist $\left\{\begin{array}{l} x = g(t) \\ dx = g'(t)\,dt \end{array}\right.$

f	f'
x^n	nx^{n-1}
$\frac{1}{x^n}$	$\frac{-n}{x^{n+1}}$
$\sqrt{x}$	$\frac{1}{2\sqrt{x}}$
$\sqrt[n]{x}$	$\frac{1}{n\sqrt[n]{x^{n-1}}}$
e^x	e^x
$\ln x$	$\frac{1}{x}$
a^x	$a^x \ln a$
$\log_a x$	$\frac{1}{\ln a}\frac{1}{x}$
$\sin x$	$\cos x$
$\cos x$	$-\sin x$
$\tan x$	$\frac{1}{\cos^2 x}$
$\cot x$	$\frac{-1}{\sin^2 x}$
$\arcsin x$	$\frac{1}{\sqrt{1-x^2}}$
$\arccos x$	$\frac{-1}{\sqrt{1-x^2}}$
$\arctan x$	$\frac{1}{1+x^2}$
$\text{arccot}\, x$	$\frac{-1}{1+x^2}$
$\sinh x$	$\cosh x$
$\cosh x$	$\sinh x$
$\tanh x$	$\frac{1}{\cosh^2 x}$
$\coth x$	$\frac{-1}{\sinh^2 x}$
$\text{arsinh}\, x$	$\frac{1}{\sqrt{x^2+1}}$
$\text{arcosh}\, x$	$\frac{1}{\sqrt{x^2-1}},\ x>1$
$\text{artanh}\, x$	$\frac{1}{1-x^2},\ \lvert x\rvert<1$
$\text{arcoth}\, x$	$\frac{1}{1-x^2},\ \lvert x\rvert>1$
$\int g\,dx$	g

$\int x^n\,dx = \frac{1}{n+1}x^{n+1}, \quad (n\neq -1)$ | $\int \frac{f'}{f}\,dx = \ln\lvert f\rvert$

$\int \frac{1}{x}\,dx = \ln\lvert x\rvert$

$\int \frac{dx}{x+a} = \ln\lvert x+a\rvert$

$\int \frac{dx}{(x+a)^2} = -\frac{1}{x+a}$

$\int \tan x\,dx = -\ln\lvert\cos x\rvert$

$\int \sin^2 ax\,dx = \frac{1}{2}x - \frac{1}{4a}\sin 2ax$

$\int \cos^2 ax\,dx = \frac{1}{2}x + \frac{1}{4a}\sin 2ax$

$\int \frac{1}{\sqrt{x}}\,dx = 2\sqrt{x}$

$\int \frac{1}{\sqrt[3]{x}}\,dx = \frac{3}{2}\sqrt[3]{x^2}$

$\int e^{ax}\,dx = \frac{1}{a}e^{ax}$

$\int x e^{ax}\,dx = \frac{ax-1}{a^2}e^{ax}$

$\int \ln x\,dx = x\ln x - x$

$\int x\ln x\,dx = x^2\left(\frac{\ln x}{2} - \frac{1}{4}\right)$

$\int \ln^2 x\,dx = x\ln^2 x - 2x\ln x + 2x$

$\int \sin ax\cos ax\,dx = \frac{1}{2a}\sin^2 ax$

$\int \frac{dx}{\sin ax\cos ax} = \frac{1}{a}\ln\lvert\tan ax\rvert$

$\int e^{ax}\sin bx\,dx = \frac{e^{ax}}{a^2+b^2}(a\sin bx - b\cos bx)$

$\int e^{ax}\cos bx\,dx = \frac{e^{ax}}{a^2+b^2}(a\cos bx + b\sin bx)$

$\int x\sin ax\,dx = \frac{1}{a^2}\sin ax - \frac{x}{a}\cos ax$

$\int x\cos ax\,dx = \frac{1}{a^2}\cos ax + \frac{x}{a}\sin ax$

Bezeichnungen: $X = ax^2 + bx + c, \quad \Delta = 4ac - b^2, \quad a\neq 0$

$$\int \frac{dx}{X} = \begin{cases} \frac{2}{\sqrt{\Delta}}\arctan\frac{2ax+b}{\sqrt{\Delta}} & (\Delta>0) \\ \frac{-2}{\sqrt{-\Delta}}\,\text{artanh}\,\frac{2ax+b}{\sqrt{-\Delta}} \ \text{bzw.}\ \frac{1}{\sqrt{-\Delta}}\ln\frac{2ax+b-\sqrt{-\Delta}}{2ax+b+\sqrt{-\Delta}} & (\Delta<0) \\ \frac{-2}{2ax+b} & (\Delta=0) \end{cases}$$

$$\int \frac{dx}{X^2} = \frac{2ax+b}{\Delta X} + \frac{2a}{\Delta}\int\frac{dx}{X}$$

$$\int \frac{x\,dx}{X} = \frac{1}{2a}\ln\lvert X\rvert - \frac{b}{2a}\int\frac{dx}{X}$$

$$\int\sqrt{x^2+a^2}\,dx = \frac{1}{2}\left(x\sqrt{x^2+a^2} + a^2\,\text{arsinh}\,\frac{x}{a}\right) = \frac{1}{2}\left(x\sqrt{x^2+a^2} + a^2\ln(x+\sqrt{x^2+a^2})\right)$$

$$\int\sqrt{x^2-a^2}\,dx = \frac{1}{2}\left(x\sqrt{x^2-a^2} - a^2\,\text{arcosh}\,\frac{x}{a}\right) = \frac{1}{2}\left(x\sqrt{x^2-a^2} - a^2\ln(x+\sqrt{x^2-a^2})\right)$$

$$\int\sqrt{a^2-x^2}\,dx = \frac{1}{2}\left(x\sqrt{a^2-x^2} + a^2\arcsin\frac{x}{a}\right)$$